U0212651

天津文化中心工程建设新技术集成与工程示范

本书编委会　编著

中国建筑工业出版社

图书在版编目(CIP)数据

天津文化中心工程建设新技术集成与工程示范/本书
编委会编著. —北京：中国建筑工业出版社，2014.3
ISBN 978-7-112-16323-6

Ⅰ.①天… Ⅱ.①本… Ⅲ.①文化中心-建筑工程-
工程技术-研究-天津市 Ⅳ.①TU242.4

中国版本图书馆 CIP 数据核字（2014）第 012952 号

　　本专著以天津文化中心超大型公共建筑群为工程背景，该工程的建筑类别多、部分结
构超限、施工难度大、复杂地质条件下钢管柱精确定位技术十分关键、多层富水地层中的
地连墙质量控制技术难度大。本书总结了该工程采用的先进施工技术和设备运行控制技
术，主要内容包括：复杂地质条件下钢管柱精确定位技术，多层富水地层中超深地下连续
墙最优施工工序和施工技术研究及应用，天津图书馆组合钢框架-支撑与复杂空间桁架相
融合的结构体系的设计方法研究，大型特殊结构布置条件下的钢结构工程设计、施工及关
键技术研究，超大规模建筑群可再生能源利用与综合蓄能技术研究，光伏发电系统的即发
即用不储能关键技术与应用研究。

　　本书可供从事土木工程设计、施工和建设管理的人员参考阅读。

责任编辑：王　梅　郭　栋　杨　允
责任设计：张　虹
责任校对：张　颖　党　蕾

天津文化中心工程建设新技术集成与工程示范
本书编委会　编著
*
中国建筑工业出版社出版、发行（北京西郊百万庄）
各地新华书店、建筑书店经销
北京科地亚盟排版公司制版
环球印刷（北京）有限公司印刷
*
开本：787×1092毫米　1/16　印张：38¾　字数：942千字
2014年9月第一版　　2014年9月第一次印刷
定价：**92.00**元
ISBN 978-7-112-16323-6
（25030）

本书编委会名单

编审委员会主任：窦华港

编审委员会副主任：韩培俊

编审委员会委员（按照姓氏笔画排序）：

王　沛　　王东林　　王建廷　　伍小亭

仲晓梅　　刘彦涛　　刘祖玲　　刘瑞光

孙培勇　　李忠献　　张淑朝　　陈志华

施航华　　柴寿喜　　郭春梅　　韩　宁

主　编：李忠献

副主编：施航华　　柴寿喜

统　稿：王　沛　　刘彦涛

3

编写分工说明

本专著第 1 章第 1.1 节、1.2 节王沛编写，第 1.3 节、1.4 节、1.5 节、1.6 节仲晓梅编写，第 1.7 节、1.8 节李顺群编写；第 2 章第 2.1 节、2.2 节、2.3 节熊维编写，第 2.4 节、2.5 节杨宝珠编写，第 2.6 节、2.7 节柴寿喜编写，第 2.8 节、2.9 节、2.10 节、2.11 节、2.12 节、2.13 节张淑朝编写；第 3 章第 3.1 节韩宁编写，第 3.2 节韩宁、陈志华、藤菲编写，第 3.3 节陈志华、韩宁、王小盾编写，第 3.4 节韩宁、陈志华、藤菲编写，第 3.5 节姜忻良、邓振丹、韩宁、韩阳编写，第 3.6 节陈志华、韩宁、藤菲编写，第 3.7 节韩宁、王小盾、藤菲编写，第 3.8 节陈志华、藤菲、王小盾编写，第 3.9 节陈志华、孟琳、闫翔宇编写，第 3.10 节陈志华、白晶晶、闫翔宇编写；第 4 章第 4.1 节、4.2 节陈志华编写，第 4.3 节、4.4 节孔翠妍、陈志华、刘红波编写，第 4.5 节牛奔、陈志华、孟琳编写，第 4.6 节丁阳、柴敬、刘月军编写，第 4.7 节陈志华、丁阳编写，第 4.8 节刘中华、陈志华、章立明编写，第 4.9 节陈志华、闫翔宇、卜宜都编写；第 5 章第 5.1 节、5.2 节、5.8 节伍小亭编写，第 5.3 节王砚、宋晨、芦岩编写，第 5.4 节、5.5 节由玉文编写，第 5.6 节刘九龙、卢宝编写，第 5.7 节郭春梅编写；第 6 章第 6.1 节、6.7 节、6.9 节王东林编写，第 6.2 节马子瑞编写，第 6.3 节、6.4 节、6.5 节、6.6 节潘雷编写，第 6.8 节徐磊编写，第 6.11 节郭曾良编写。

前　言

天津文化中心工程是天津市委、市政府落实文化发展战略的重大举措，是传承天津历史底蕴，弘扬传统文化，打造现代宜居城市的重大建设工程。天津文化中心位于中心城区的核心区，濒临行政中心、梅江居住区和规划的商业服务业中心，区位优势十分显著，有力促进了天津经济、文化产业发展，被市民称为"天津新的城市客厅"。

天津文化中心总建筑面积100万平方米，工程占地面积90公顷，其中，地上53万平方米，地下47万平方米，包括博物馆、美术馆、图书馆、大剧院、阳光乐园、银河购物中心、地下交通枢纽等项目。该建筑群规模较大，功能各异，为达到风格上的统一，从规划、设计、施工到后期管理，文化中心整体做到了精细设计、精心施工、精严管理，努力打造世纪精品。

天津市委、市政府高度重视文化中心工程建设，成立了文化中心工程建设指挥部，由主管副市长为总指挥，市建交委主任为副总指挥。本着"争创国际国内一流、打造世纪精品工程"的目标，高质量高水平完成此项工程建设，文化中心工程在规划设计阶段采用了国际招标的方式，共有来自12个国家和40余家设计单位参与文化中心的各个阶段的设计方案竞赛，提交了200余个方案，最终由中国、德国、日本、美国12家国际一流设计单位（德国GMP建筑师事务所、日本高松伸建筑设计事务所等）承担单体设计。

该项目的建设，实现了一系列设计上的创新，施工难点的突破，贯穿了科技环保节能的建设和管理理念，共创建了108项同类项目的领先指标体系，成为工程建设实施的标准。坚持"以科技创新为先导"，更好地发挥科研工作对提高工程建设质量的促进与示范作用，开展了"天津文化中心工程建设新技术集成与工程示范"项目的科学研究。该项目得到了天津市科委在科研经费、技术方面的大力支持，并被市科委列为科技支撑计划重大项目。课题旨在推广可再生能源综合利用和建筑节能工程示范，解决建设过程中的不规则组合结构体系和地下工程的设计施工技术难题，达到建设优质工程和高科技含量示范工程的目标。经市科委鉴定，研究成果达到国际领先水平，并获得2013年天津市科技进步一等奖。

广大工程建设者按照"以科技创新为先导、打造世纪精品工程"的定位目标，将技术研究与科技攻关贯穿工程建设全过程，在创造高质量、高速度建设的同时，取得了一系列的科研成果：

一、采用区域能源系统理念，实现超大规模建筑群可再生能源利用与综合蓄能技术的耦合。

二、针对大型特殊结构布置条件下桁架钢板蒙皮效应的研究，提出了平板与桁架组合钢结构形式及施工关键技术。

三、提出了组合钢框架-支撑与空间桁架相融合的结构体系的设计方法。

四、创新了软土地层中深埋钢管柱的快速精确定位技术。

五、丰富了多层富水地层中超深地连墙的槽壁稳定和接头防渗技术。

六、实现了光伏发电系统专电专用的即发即用控制技术。

本专著由天津市科技支撑计划重大项目——"天津文化中心工程建设新技术集成与工程示范"中的六项研究成果提炼而成，旨在推广和应用工程建设上的新技术与新工法，希望对今后类似工程建设起到借鉴和参考作用。

鉴于编者水平有限，不当之处，敬请批评指正。

2014 年 6 月

目　　录

第1章　复杂地质条件下钢管柱精确定位技术

1.1　概论

随着我国城市化进程的加快，为满足日益增长的市民出行、轨道交通换乘、商业、停车等功能的需要，开发和建设大型地下空间已成为一种必然。一方面地下空间开发规模越来越大，基坑的深度也越来越深[1]；另一方面，这些深大基坑一般都位于密集城市中心，基坑工程周围密布着地下管线、建筑物、交通干道、地铁隧道等地下构筑物，对基坑周边设施环境保护要求高。

逆作法施工一般是先沿建筑物地下室轴线施工地下连续墙，或沿基坑的周围施工其他临时围护墙，同时在建筑物内部的有关位置浇筑或打下中间桩和柱，作为施工期间于底板封底之前承受上部结构自重和施工荷载的支承；然后施工地面一层的梁板结构，作为地下连续墙或其他围护墙的水平支承，随后逐层向下开挖土方和浇筑各层地下结构，直至底板封底；同时，由于地面一层的楼面结构已经完成，为上部结构的施工创造了条件，因此可以同时向上逐层进行地上结构的施工；如此地面上、下同时进行施工，直至工程结束。

采用逆作法施工，由结构梁板作支承，其水平轴向刚度大，挡土安全性高，围护结构和土体的变形小，对周围的环境影响小，因此在很多工程中应用。

1933年日本首次提出了逆作法的概念，并于1935年应用于东京都千代田区第一生命保险相互会社本社大厦的建设；20世纪50年代末意大利米兰地铁施工首次采用逆作法以来，欧洲、美国、日本等许多国家的地铁车站都用该方法建造。在国内，1955年哈尔滨地下人防工程中首次应用了逆作法的施工工艺；20世纪90年代初上海地铁一号线的常熟路站、陕西南路站和黄陂南路站三个地铁车站成功实践了支护结构与主体结构相结合的方式，进一步推动了其在上海地区更多基坑工程中应用。与此同时，国内其他地区如北京、广州、杭州、天津、深圳等地也均开始应用支护结构与主体结构相结合的方式。21世纪以来，随着大城市的基坑向"大、深、紧、近"的方向发展和环境保护要求的提高，支护结构与主体结构相结合在国内迅速发展，成为软土地区和环境保护要求严格条件下基坑支护的重要方法。

竖向支承体系设计是逆作法施工的关键环节之一。在地下室逆作施工期间，基础底板、承台及墙、柱等竖向受力构件尚未形成，地下各层和地上计划施工楼层的结构自重及施工荷载均由竖向支承体系承担。有机地结合主体结构柱位置设置的钢立柱和立柱桩，使其能够同时满足基坑逆作实施阶段和永久使用阶段的要求是逆作法施工的关键环节之一。

对于一般承受结构梁板荷载及施工荷载的竖向支承系统，结构水平构件的竖向支承立柱和立柱桩可采用与主体地下结构柱及工程桩相结合的立柱和立柱桩的"一柱一桩"形式。

"一柱一桩"指逆作阶段在每根结构柱位置仅设置一根钢立柱和立柱桩,以承受相应区域的荷载。当采用"一柱一桩"时,钢立柱设置在地下室的结构柱位置,待逆作施工至基底并浇筑基础底板后再逐层在钢立柱的外围浇筑外包混凝土,与钢立柱一起形成永久性的组合柱。一般情况下,若逆作阶段立柱所需承受的荷载不大或者主体结构框架柱下是大直径钻孔灌注桩、钢管桩等具有较高竖向承载能力的工程桩,应优先采用"一柱一桩"。"一柱一桩"的支承柱的定位和垂直度必须严格满足要求。一般规定,立柱中心线和基础中心线允许偏差±5mm,标高控制在±10mm内;垂直度控制在1/1000~1/300以内,而且最大偏差不大于15mm。

逆作法施工"一柱一桩"主要关键问题有以下几个方面:①钢管柱定位方法的选择、垂直度调整和精度控制方法;②钻孔桩混凝土浇筑过程中对钢管柱扰动影响及其控制措施;③钢管柱的安装误差对地下结构的影响及其控制措施。

对于软土地区,钢管混凝土柱的安装定位是在地下或水下完成的,其施工难度大、工艺复杂是其他构件无法比拟的。当由于施工不当引起偏心作用时,钢管混凝土柱的承载力将大幅降低。因此,钢管混凝土柱的精确定位安装技术在地下工程特别是富水地区的地下工程中显得非常重要。钢管混凝土柱的定位误差主要来源于制作误差和安装误差两个环节。制作过程是在地面完成的,因此管段的连接误差控制相对简单。而钢管柱的安装属于隐蔽工程,其关键是垂直度控制,主要包括垂直度监测、纠偏与控制系统的建立等三个方面。所以,加强富水软弱地层中钢管混凝土柱的定位研究具有重要的理论意义和工程应用价值。

钢管混凝土灌注柱在工序上是待钻孔后浇筑混凝土桩,浇筑到一定程度后下放钢管,之后继续浇筑剩余部分的桩混凝土和钢管内混凝土,最终形成"一柱一桩"。一般情况下,钢管的定位与垂直度测控只能采用吊线法、经纬仪法等传统方法,其垂直度难以精确控制和调整。在吊装后的桩柱混凝土浇筑过程中,由于对钢管的扰动与冲击,不可避免地会影响和改变钢管的初始垂直度从而产生初始偏心,初始偏心的存在有可能在后续工作中被进一步放大,同时对其他构件的内力和变形产生复杂影响。

目前,钢管柱安装定位方法有多种,常用的定位调垂方法有:①气囊调垂法;②地面校正架法;③钢护筒定位器两点调节法;④HPE液压垂直插入钢管柱工法;⑤螺旋千斤顶两点定位法等。尽管各种方法采用手段各有不同,但主要核心思想一致,即两点调垂方法。

目前,最常用的钢管柱定位方法是HPE液压垂直插入钢管柱工法。在灌注桩混凝土浇筑后且混凝土初凝前,为保证吊装时钢管柱不产生变形、弯曲,通常采用两台吊车抬吊,将钢管垂直缓慢放入液压垂直插入机上,然后液压插入机将钢管抱紧,同时用两台经纬仪和一个垂直传感器复测钢管柱的垂直度,由上下液压垂直插入装置同时驱动,通过其向下的压力将底端封闭的钢管柱插入灌注桩混凝土中。重复以上步骤,直到插入符合设计标高位置[2]。HPE插入钢管柱工法垂直度小于$L/500$,其工法避免常规永久性钢管柱安装人工入桩孔内施工作业,降低安全风险。而对于垂直度要求控制在$L/1000$以内时,常采用螺旋千斤顶两点定位法。其施工工艺流程为:施工地表测量放线—钻机成孔—孔内安装钻孔桩钢筋笼—施工地表安装定位平台—吊装钢管柱入钻孔—地表定位平台定位钢管柱顶部—激光垂准仪测量钢管柱垂直度—螺旋千斤顶定位钢管柱下部—水下浇筑钻孔桩混凝土至钢管柱设计埋深—钻孔桩内混凝土达到设计强度的 70%—浇筑钢管柱内混凝土至钢管顶等。

地表定位平台可以对钢管柱顶部进行精确的平面定位[3-4]。通过全站仪测量出钢管柱的平面位置，当钢管柱吊装入钻孔内后，通过调节定位大板螺旋千斤顶移动定位大板的方法，对钢管柱进行初步定位。然后调节精确定位螺旋千斤顶，以便精确定位钢管柱顶部。通过激光垂准仪可以对钢管柱的垂直度进行测量，以便进一步提高其垂直度。其做法是将激光垂准仪安设在钢管柱顶部，并对准钢管柱中心，通过红色激光将钢管柱中心投影到钢管柱底部平面上[5-8]。使用螺旋千斤顶可以完成对钢管柱底部的定位，其方法是施工工人通过爬梯下到钢管柱底部，并测量红色激光在钢管柱内的投影点与钢管柱中心是否重合。当两者存在偏差时，手动调节四个螺旋千斤顶中的一个或几个，直到钢管柱中心与激光投影点重合为止。随后，固定螺旋千斤顶从而完成钢管柱底部的定位。由于钢管柱定位要求精度较高，因此一般使用定位精确度较高的地脚螺栓固定。定位法兰在钢管柱加工厂与钢管柱底法兰同厂加工，并使用同一钻孔模具，以保证所有定位法兰的孔眼尺寸与钢管柱底法兰完全吻合。同一位置设置十字交叉凿点（八个点）以确定方向[9-11]。采用以上方法后，安装偏差就可以控制在规范及设计要求的范围之内。

钢管的垂直度监测主要是通过倾角传感器完成，系统的精度主要由倾角传感器的精度控制。目前，常用于垂直度监测的传感器有应变片式、钢丝振弦式、加速度测斜仪、陀螺水平仪、电感式水平仪、激光测斜仪等。激光垂准仪定位测量钢管垂直度的方法较为常用。首先，将激光垂准仪安设在钢管顶部并对准钢管中心，红色激光将钢管中心投影到钢管内，工人在钢管内测量红色激光在钢管内的投影点，调节螺旋千斤顶以便使投影点与钢管中心重合。当监测系统监测到在混凝土浇筑过程中钢管出现倾斜时，必须立即采取有效措施调直。因此，选择一个能及时推动钢管在水平方向进行小位移调整的外力系统是保证钢管垂直度的重要环节。目前，调整的外力系统主要有伺服液压系统、气压调整式气囊装置以及机械千斤顶等。其中，伺服液压系统控制精度最高，但由于成本高而多限于实验室实验；气压调整式气囊装置一般通过气囊的充气、放气来施加作用力，因此往往存在一定的滞时性，且动力较小难以推动重达十余吨的钢管柱；机械千斤顶一般根据监测数据给钢管加压，具有很大的随意性且控制精度也较低[12-13]。

钢管柱是用钢板卷制而成的，接缝处一般通过焊接连接。所以，焊缝是地下水可能进入钢管内部的唯一通道，因此高质量的焊接工艺是保证钢管良好密封性能的决定条件。另外，钢管接头的密封也是杜绝地下水进入钢管的重要环节。目前的施工工艺一般均在柱底焊有焊钉，柱钉围焊的焊缝为 6mm，在钢柱底焊有柱底钢圈，焊缝为连续焊 10mm，柱顶往下 100mm 处焊内加强钢圈，焊缝为间隔 200mm，焊长 50mm，焊高 10mm。在内加强钢圈上焊有内衬管，焊缝为间隔 300mm，焊长 30mm，焊高 6mm。承重销与钢管的相交焊缝采用连续焊缝，缝高 10mm。竖向缝间隔一般为 100mm，焊长 30mm，焊缝高度为 6mm。柱内承重销腹板交接处采用连续焊缝 10mm。钢柱的上下都有内衬管和内置加强钢板圈，故在开孔部位，钢柱的补强采用外贴 50×50×8 预制穿孔钢板与钢柱焊接，焊缝形式为连续 6mm 焊缝。主钢柱对接处采用单坡全熔透焊，采用二氧化碳气体保护焊，将上下钢管的截面、内衬管一次焊成，连续焊缝等级要求达到二级，并要求 100% 超声波磁粉探伤检测合格，以确保钢管柱各部位的密封。

以上施工工艺基本能满足水密性要求，但焊接过程复杂，劳动强度大，生产效率低。

且在工程现场实施焊接，质量受工地环境和焊工熟练程度影响，施工质量难以保证。所以，研究更加合理的钢管连接方法和焊接工艺对保证钢管的水密性和确保钢管在施工过程中不产生形变从而完成精确定位是非常重要的。

桩的水下混凝土灌注是成桩的关键环节，但往往由于施工工艺不当，断桩、堵管、夹泥、蜂窝、少灌等质量问题也时有发生。在类似天津这样的地下水丰富地区，一方面钢管吊装后的桩柱混凝土浇筑多为水下浇筑与高抛，水下浇筑的返浆或高抛混凝土的冲击力不可避免地会产生对钢管的水平推力。当钢管的自身重量无法与这些水平推力平衡时，钢管即产生倾斜，并且这种倾斜对未来钢管柱和桩的受力性能和变形影响很大。另一方面，在钻孔桩混凝土浇筑过程中，混凝土会对钢管柱外壁产生向下的摩擦力，如果钢管四周不同方向上的摩擦力大小不同，就会使钢管柱的受力不均匀，从而产生向某一方向的倾斜[14]。因此，运用科学合理的混凝土灌注工艺以确保工程质量显得极为重要。

从混凝土材料组成看，其粗骨料宜选用卵石，石子含泥量应小于2%，以提高混凝土的流动性，防止堵管[15-16]。一般混凝土的初凝时间仅3～5小时，只能满足浅孔小桩径灌注要求，而深桩灌注时间为5～7小时，因此应加缓凝剂，使混凝土初凝时间大于8小时。混凝土搅拌方法和搅拌时间的选择应以混凝土具有良好的保水性和流动性为原则[17]。混凝土分段抛落振捣浇灌的关键是混凝土抛落后不产生离析现象。根据钢管柱的长度，结合操作安全与施工方便等原则配置振捣机械，目前一般选用插入式振捣器。振捣器选择如果不当，则在振捣过程中有可能会捣碰到钢管柱内壁，从而可能使钢管柱的位置和方向发生某种改变。下料漏斗一般采用钢板制作的钢管柱顶漏斗，漏斗上口尺寸与下口尺寸都要量测好，以便混凝土下料时管内空气能顺利排出。

从混凝土灌注操作技术上讲，首批灌注混凝土的灌注量与泥浆至混凝土面的高度、混凝土面至孔底的高度、泥浆的密度、导管内径及桩孔直径等因素有关。孔径越大，首批灌注的混凝土量越多。由于混凝土量大，搅拌时间长，因此可能出现离析现象。首批混凝土在下落过程中，由于孔壁吸水，混凝土的和易性会变差，受到的阻力会变大，常出现导管中堵满混凝土，甚至漏斗内存留部分混凝土的现象。此时应加大设备起重力，以便迅速向漏斗添加混凝土，然后再稍拉导管。若起重能力不足，则用卷扬机拉紧漏斗晃动，以便使混凝土顺利下滑至孔底。下灌后，继续向漏斗加入混凝土，进行后续灌注。后续混凝土灌注过程中，当出现非连续性灌注时，漏斗中的混凝土下落后，应当牵动导管，并观察孔口返浆情况，直至孔口不再返浆，再向漏斗中加入混凝土。

牵动导管主要有以下两方面的作用：

（1）有利于后续混凝土的顺利下落，如果混凝土在导管中存留时间长，随着流动性的变差，与导管间的摩擦阻力会随之增强，从而造成水泥浆的缓缓流坠而骨料滞留在导管中的现象，最终导致断桩等后果。同时，由于粗骨料间有大量空隙，后续混凝土加入后形成的高压气囊，会挤破管节间的密封胶垫而导致漏水，有时还会形成蜂窝状混凝土，严重影响成桩质量。

（2）牵动导管可以增强混凝土向周边扩散，从而加强桩身与周边地层的有效结合，以增大桩体摩擦阻力，同时加大混凝土与钢筋笼的结合力，最终达到提高桩基承载力的效果。

钢管柱的理论安装误差来源于与现实存在差异的分析计算。当然钢管柱自身的质量也会导致出现安装误差，而实际安装误差则来源于安装操作的各个环节。

为减小钢管混凝土柱的实际安装误差，一般通过对钢管等原材料进行第三方平行抽检、加强钢管柱在装卸及运输过程中的控制、严格控制底板平整度、严格底部焊接（包括钢管柱与柱脚板的焊接）等措施予以实现[18-20]。测量监理工程师准确控制液压插入机就位、定位、水平，并严格控制钢管柱的垂直度及插入深度，直至达到设计标高为止。调整柱脚板高程，并严格检查底板的平整度。柱脚板定位后，将底板下锚筋与底纵梁钢筋焊接牢固，浇筑底纵梁混凝土时振捣不能碰到底板及其锚筋、定位杆，以防柱脚底板移位。

1.2　施工测量

在钢管柱安装过程中，主要存在三项误差，即垂直误差、标高误差和轴线偏移，对不同的误差来源采用不同的控制手段。测量是控制误差的第一步，因此做好测量工作具有举足轻重的作用。

1.2.1　控制测量

控制测量包括平面控制测量和高程控制测量两个方面。控制测量是准确定位和正确施工的基础，因此加强控制测量非常重要。

1. 平面控制测量

按照由整体到局部先控制后细部逐级控制的原则进行平面测量。对于钢管桩-柱结构形式来讲，一般设三级控制网，控制网分级如表1.2.1所示。

平面测量控制网的分级　　　　　　　　　　　　　　　表1.2.1

控制网分级	布网形式	测量等级	主要作用
首级控制网	交会插点	四等	总体定位，布设监测二、三级网
二级控制网	附和导线	精密导线	地面施工放线，布设三级网
三级控制网	方格轴线控制网	一级建筑方格网	施工轴线定位，构件放线

首级控制网是测控网的根本，应设在不受干扰且不影响施工作业的地方。点位设置在距基坑边缘5～20m范围内设置围栏，禁止施工机械和物料进入。首级控制网的部分点位也可设在不受影响的周边建筑物楼顶。

首级控制网具有容易扩展、放线精度高、点位稳定、使用方便等特点。首级控制点全部采用强制对中标志，不使用三脚架。利用它进行扩展下级网或放线时，仪器和棱镜强制对中，消除对点误差，观测过程中仪器和目标稳定，不易受风力等环境因素影响。为防止施工现场控制点的变形，点位应远离基坑，并采用承台基础、设立围栏等措施保证点位稳定，以满足施工全过程控制测量的需要。设在周边楼顶的点位，必须远离基坑，以便点位更加稳定可靠。建筑物楼顶的点位应有很好的通视条件，以便实现对现场所有点的监测和困难部位的放线。

二级控制网的作用是作为首级控制网的扩展和补充，以控制所有首级控制网通视盲区；与首级点一起完成围护结构、桩、钢管柱及顶板的施工放线，并为布设三级网点提供基准点。二级控制网是由点位组成的附和导线，一般布置在两个首级控制点中间或缺少首级控制点的区域；和首级控制网合并后，形成对施工区域的均匀控制。二级控制点尽量布设在和建筑物横轴线平行的辅助轴线上，以方便轴线测设和三级控制网的扩展。

施工区域之内的二级控制网应浇筑在不小于 1000mm×1000mm×1000mm 的混凝土墩台上，预埋直径 12mm 以上的钢筋，中间刻划十字线作为标志。施工区之内可用 1.5m 长钢管镶木桩标志。挖土到顶板下皮标高时在点位处立钢管和顶板钢筋焊牢，路面恢复后重新测定点位，并用钢钉十字线作标志。

水平角一般采用Ⅱ级全站仪进行测量。观测时打开全站仪双轴补偿系统，输入即时气象数据。边长的测定一般需要往返各两测回测定，每测回取 5 次测量平均值。单程各测回差小于 3mm，往返测差小于 $2(a+bD)$mm。平差指标应符合《地下铁道、轻轨交通工程测量规范》3.3.1 条精密导线精度要求。

三级控制网为轴线控制网，直接指导施工且在地面定位，施工过程中需多次布设。因此，要求该网在满足施工精度要求的前提下，做到简单、实用、方便放线。三级网为二级网直线控制下的方格网，由控制点组成闭合环，所有环线都布设在偏离设计轴线的辅助轴线上，并与设计轴线平行或垂直。

2. 高程控制测量

高程控制测量分两级进行，布网形式及功能如表 1.2.2 所示。

高程测量控制网的分级　　　　　　　　　　　　　表 1.2.2

控制网分级	布设形式	测量等级	功　能
首级控制网	附和水准路线	二等	施工及监测
二级控制网	附和水准路线	四等	高程传递

施工现场两个首级平面控制点兼作首级水准点，强制对中螺栓即为点位标志，与已知水准点组成附和水准路线。按《工程测量规范》3.2.1 条、3.2.6 条二等水准测量技术要求施测，闭合差应≤$4\sqrt{L}$。

二级水准点平均点距 50m 左右，均匀分布在施工区域之内，与首级水准点组成附和水准路线。二级水准点在开工前进行布设，用于指导地下连续墙、钻孔灌注桩高程施工。用 1.5m 长 ϕ22 以上钢筋打入地基土中作为标志，用水平墨线和油漆进行标识。水准测量技术要求如表 1.2.3 所示。

水准测量技术要求　　　　　　　　　　　　　表 1.2.3

等级	仪　器	观测次数	视线长	前后视较差	前后视累计差	基辅分划读数差	高差较差	闭合差
二等	DS1 钢钢尺	往返各一次	50m	1m	3m	0.5mm	0.7mm	$4\sqrt{L}$
四等	DS1 钢钢尺	往返各一次	75m	5m	10m	3mm	5mm	$20\sqrt{L}$

1.2.2 工程测量施工工艺

控制网建立之后，工程测量施工工艺流程一般为：计算机输出放线数据—验算放线数据—控制点检验—放线—闭合差检验—报验—验线—资料填报—线位交接等。施工放线包括桩位控制、钢管柱定位及垂直度控制等。

以三级控制方格网为准，布设轴线网。纵横轴线挂线后，拉钢尺以确定桩位。开钻前用全站仪极坐标法测出护筒中心位置坐标，当与理论坐标之差在 30mm 之内时可以开钻，否则应重新调整护筒位置。

所有钢管柱所在轴线均建轴线控制桩。打桩后进行控制桩加密，保证控制桩距柱中心不大于20m。钢管吊装过程用磁力线坠找垂直，同时两台经纬仪从90°交叉方向对吊装进行控制，每下降3m进行一次垂直度测量和校正。吊装到设计标高时将钢管中心调整到两台经纬仪视线交点位置，同时再次用全站仪检验其中心位置坐标。当误差在5mm之内时，即可进行钢管加固。

地面施工高程测量以二级水准点为基准点，采用常规方法控制标高。导墙模板支设每10m控制一点，中间拉线控制。灌注桩每桩测定护筒上口标高，控制孔深和钢筋笼位置。钢管柱吊装钢管上口标高均以二级水准点为依据，用两台水准仪同时测定，测定误差在5mm之内取中数作为控制依据。

1.2.3 工程测量数字化和信息化

在传统测量方法中，数据的传输和计算均由测量员手工完成，难免出现一些误差和错误。使用GPS接收机、全站仪、数字水准仪进行外业测量，自动采集观测数据，传输给计算机，利用软件进行数据处理，最后输出测量成果。这样能大大提高工作效率，同时减小误差和错误。

一项复杂的工程，参与建设的单位很多，建立局域网实现测量资源共享，确保信息快速有效传递，可以大幅度提高工作效率。利用现代网络和通信手段建立与相关测量单位（测量总控单位、设计单位、相邻标段施工单位、甲方、监理、第三方监测单位等）的有效沟通，可以及时解决与外界相关的工程测量方面问题。

1.2.4 质量保证措施

所有控制点均应有明显标识，防止误用。控制点的保护措施应安全有效。占压、撤销控制点必须经专业测量工程师批准；定期对控制点进行监测；挖槽降水期间增加监测频率；发现控制点位移，水准点沉降，及时对成果数据进行修正。

项目工程部应设专职计量员，按相关要求进行日常管理，并定期对仪器的不确定度进行评定和报告。工程使用的全部测量仪器，除按要求周期制订检定计划按时送检外，测量人员还应随时检查仪器的技术状态，发现问题及时送检，并对有疑问的点位重新测量。进场后按仪器使用情况确定仪器保管责任人，责任人负责仪器的维护保养。测量仪器应在远离高温、高湿、振动环境下保管。

严格按照以下操作规程进行测量。

（1）尽量选择在目标成像清晰、大气稳定条件下进行外业测量。雨天、雾天、风力超过五级停止外业作业。

（2）所有仪器安置在三脚架上5分钟之后方准进行观测，以消弱外界环境对仪器的影响。

（3）GPS点位要远离大功率无线电发射源、高压电线等，以免电磁场对信号的干扰，观测选择气压稳定、低湿度时间段进行。

（4）全站仪、经纬仪角度测量时，不论何种原因造成气泡偏离一格，本测回成果作废，并调整仪器重测。测设控制网时，一测回之内不准调焦，仪器应设遮阳伞。

（5）全站仪距离测量均采用精测模式，取5次测量平均值。钢尺丈量重要点位时，使用弹簧秤加入标准拉力进行尺长、温度修正。

（6）仪器对中应作180°检验，垂准仪投点应在0°、90°、180°、270°四个方向上进行，投线高度大于2m时必须从下向上投点。

（7）所有水准仪每周进行一次 i 角检验，对于 S_3 型，要求 $i \leqslant 20''$；对于 S_1 型，要求 $i \leqslant 15''$。超差仪器必须校正后方准使用。

（8）彻底消除建筑施工测量记录不规范的弊端，建立统一的外业观测手簿、放样记录手簿。每次测量、放线数据都应翔实记录，仪器自动采集数据也必须记录备查。观测员读数后，记录员必须复述后记入手簿。记录数据允许划改，不允许涂改。角度秒值、距离毫米值不准更改。所有记录手簿由资料员收集存档。

（9）测量人员必须确保仪器设备的安全，观测过程观测员不准离开仪器，并随时观察施工现场机械动态，避开或消除安全隐患。如果需要迁移测站，仪器要装箱搬运。

应将所有控制点和放线点在 CAD 图上进行编号，并将编号及坐标输入全站仪存储，放线前从 CAD 图上拾取所需数据并输出放线数据表，放线时与全站仪坐标放样程序自动生成的数据进行验核，两者一致方可进行点位放线。否则查出错误原因，重新组织数据。每次放线抽取 10%且不少于三个点进行手算验核。

实测过程中，当闭合差超出规范要求时，由测量组长查出超差原因，并写出重测报告，报专业工程师批准后实施重测，同时将超差及重测情况记录存档，严禁随意调整点位处理超差。

所有线位，测量人员必须百分之百自检，自检合格后填写测量放线资料。地面定位线、垫层墨线由项目总工程师签字并组织验线。其余线位由专业测量工程师签字后报建设单位或监理验线。验线合格后，测量组长与主管工长、施工队技术员进行交接，三方签字后存档。严禁不经验线进入下道工序的情况发生。

1.3 施工准备

准备工作应从技术准备、材料准备、钢管柱的外加工、定位平台布置、施工机械配备等多个方面考虑。

1.3.1 技术准备工作

技术准备包括熟悉、审查施工图以及技术交底等过程和环节。熟悉和审查施工图纸及其设计文件，在此基础上做好施工图设计交底。了解和审查图纸要弄清设计意图和设计要求。为便于贯彻实施，审查时还应对图纸是否存在错误、不明确或疑点进行检查，归纳后通过设计交底会议向设计单位提出，以便达成统一意见。检查技术参数、结构尺寸、标高数据、图面反映是否清晰或有遗漏；图与图之间是否存在矛盾；图纸要求的做法在实际操作中是否可行等。

由工程部长向参与施工及管理的项目管理人员、技术人员和机组班长进行交底。同时，施工员应在施工前按工序和操作要点向各机组成员再进行技术交底。

1.3.2 施工设备、材料准备

根据工程需要，提前做好施工机械设备的计划报批和调拨工作，于开工前五日安排和组织调运进场，并责成专人于规定的开工日前，负责落实好设备的维修保养和安装调试试运转工作。机械设备配置和控制的重点是选型合理、配套完善，机械性能状态经现场试运转验收，证明能满足连续施工的需要。对用于实施监视和测量所需的器具（水准仪、经纬仪和 50m 钢卷尺）的符合性进行开工前的检查验收。测量仪器控制的重点是，自检无明

显几何尺寸走样，具备证明自身精度合格的《检定证书》或《校准报告》且在有效期内。

计算包括损耗在内的各种材料计划总用量和分批进货量，由设备物资部办理材料订购审批手续和组织采购。材料进场后，由质量员会同材料员及当班负责人对材料进行现场验收，并将验收结果记入当天的《施工日记》进行备案。进场材料严格把好质量、数量关，并按指定地点堆（码）放好。为避免不合格材料经非正规渠道流入施工现场，材料必须从合格供应商处购买。同时，材料必须有质量证明文件。

1.3.3 现场准备

根据工期要求，首先选择适当数量和适当型号的钻孔桩机和定位平台。之后根据桩位做好控制测量，将平面控制网和高程控制网引入施工区，并做好点保护。为保证施工精度和自检方便，施工现场建立施工方格控制网，所选择的纵、横主控制轴线必须引至施工区以外予以埋设固定。根据控制网定出其他轴线，然后按设计围护平面布置图定出桩位点及轴线。做好施工方格控制网的闭合检查，闭合误差必须符合测量规范要求。为防止定位出错，所定拐点位置之间尺寸必须由二人以上校验核对，并签字确认。定位数据计算稿应由技术负责人复核无误后方可放样，并报请监理验收合格后方可施工。测量放线点采用$\phi 8mm$钢筋或涂红色油漆作为醒目标记，经监理复核后方能施工。放样允许偏差20mm，施工前，再次测量拐点之间的相对位置关系，校正无误后施工。

1.3.4 钢管柱的外加工

钢管柱的质量关系到施工质量和长期使用的可靠度。为保证钢管柱制作的精度和质量，钢管柱的制作一般全部在工厂进行。即委托给有钢结构加工资质的第三方专业加工厂加工，在确定构件加工厂之前必须通过现场考察。加工及验收标准按设计要求执行，钢管柱必须经过验收合格后方可运往施工现场。

构件的连接处均为双侧焊缝，所有焊接全部必须经超声波检查及X射线探伤，达到二级焊接缝质量要求方为合格，并按照有关规范要求提供出厂合格证及检测报告。钢管柱制作完成后，要逐一根据《钢结构工程施工质量验收规范》GB 50205—2001进行验收，验收合格后运至现场。出厂钢构件应附焊接质量保证书。钢管柱在运输过程中，应做到轻吊轻放，并在运输过程中固定牢固，严防摩擦及碰撞，保证钢管柱不产生变形。

原材料和半成品的抽检频率为施工单位规定的自检数的15%。钢管柱加工完毕出厂前，监理人员应该到厂验收钢管柱加工质量，验收内容包括钢管的材质、物理力学性能指标、构件长度、垂直度、弯曲矢高等项目，钢管柱的加工质量应符合设计及规范要求。所以项目检查合格后，予以验收确认并准予出厂。经检验合格运入工地的钢管，监理人员还需查验钢管的材质单、物理力学性能试验报告、质检证明、出厂合格证等质量保证资料。钢管柱在装卸及运输过程中，监理人员应要求施工单位采取支顶、加固、捆绑等有效措施防止钢管变形、滚动。工地内设场地堆放钢管，钢管堆上设篷布遮盖防雨，以防其锈蚀。钢管吊装时，应设法减少因吊装可能引起的变形，吊点的位置根据钢管自身的承载力和稳定性经验算确定。吊点在加工厂对称标定在柱的两侧，必要时采取临时加固措施。为保证吊装时不产生变形、弯曲，采用两台吊车多点抬吊。

1.3.5 定位平台设计与制作

定位平台设计为由H型钢焊接而成，其尺寸为2200mm×2200mm。钢管柱在定位平台上的固定效果如图1.3.1所示。

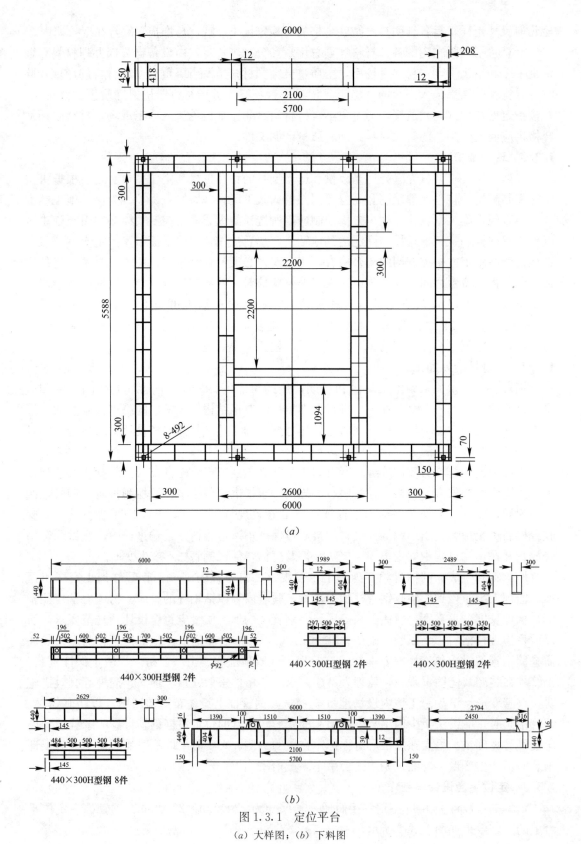

图 1.3.1 定位平台

(a) 大样图；(b) 下料图

1.3.6　连接台模制作

由于加工条件和运输条件限制，钢管柱一般分节加工，每节长度为 10～14m。因此，在施工现场，首先要对钢管柱进行连接。钢管柱的连接在连接台模上完成。连接台模由型钢和转轮焊接而成，两端安装电机以转动钢管柱便于焊接。焊接好的钢管柱堆放在临时存放平台上。该平台由型钢搭设而成，以保证钢管柱顺直和便于起吊。

1.3.7　施工机械配备

考虑实际施工能力，以高效适用、满足需要为标准和绩效优先为目的进行机械设备配置。在满足使用前提下，尽量减少规格种类，以便共同备用和必要时抽调。"一柱一桩"的施工分项主要由钻孔桩和钢管柱组成，其主要施工机械为钻孔灌注桩成桩机械、钢筋成型机械、钢管柱安装机械、孔底后注浆机械等。

根据工程量、工期要求及进度计划安排劳动力配置。结合机械设备配备情况、施工经验、技术水平及劳动力工效水平，按照"一柱一桩"施工工艺要求，劳动力主要配置测量班组、钢筋班组、吊装班组、混凝土班组、回填班组等。其中吊装班组包含钢管柱定位施工。钢管柱的施工以满足工期要求和充分利用施工场地，且不影响深地下连续墙施工为原则，分区域组织支承桩和钢管柱施工。钢管柱的施工可以与深地下连续墙穿插进行，以确保工期要求。

1.4　钻孔灌注桩施工

灌注桩是位于钢管柱下面的支撑体系，其质量好坏至关重要。钻孔灌注桩的整个施工过程都是隐蔽工作，每道工序都必须从严要求，保证施工质量，任何一道工序出现问题都将带来严重后果。因此，要保证钻孔灌注桩的施工质量，必须选择先进的设备，合格的操作人员，严格把握每道工序质量。现场指挥人员具有周密的组织协调能力，有高度的责任心，各部门全面配合，做到精益求精，才能保证工程质量。根据工程钻孔灌注桩直径、深度、垂直度等特点，选用环境适应性强、成孔精度有保障的合适钻机非常重要。

1.4.1　定位

定位包括孔口水平定位和垂直度保证措施。根据已测定的桩点用十字线法将桩位外引，安放定位架，并操作丝杠调节水平，重新拉十字线使定位架中心与桩中心重合，复测合格后锁定定位架以完成孔口水平定位。

旋挖钻机自身拥有调节垂直装置，桅杆相邻两侧安装"双铅珠垂直尺"和先进的电子感应垂直器，"双铅珠垂直尺"是依据重力原理做的物理调节器。电子感应垂直器也是依据重力感应调节垂直度。双重的保证措施保障了钻杆每次挖掘都是在垂直的情况下工作。

1.4.2　护筒施工

在放好的桩点处拉十字线，引到桩的外侧，放置定位架，使定位架的中心点与十字线的中心重合，用仪器进行桩点复测。钻机自行至桩位处，把钻机的钻头对准桩位，复读钻机底盘水平，然后调整钻机桅杆垂直度，待调整完成后重新用钻斗中心点对准桩位放样中心，关闭钻机调节装置。在钻头上装扩孔器，开始钻进取土，钻机动力头正转钻头的钻齿取土，同时钻头自动跟进，不断挖掘新土，待装满一斗后，反转提升钻头到地面，开底盖卸土，然后钻机盖好底盖回位再次对准孔的中心反复挖土，达到护筒深度后，取大于桩径

20cm护筒依定位架导向埋入复测护筒口中心点，请监理工程师验收。

护筒采用12mm厚钢板加工制成，长度4m，且必须进入原始土20cm。复核护筒偏差，要求垂直度<1‰，平面高于地面20cm，底部进入原始土≥20cm。护筒埋设完成后四周用黏土回填、压实，防止涌浆。

1.4.3　调制泥浆

泥浆主要由水和膨润土按一定比例混合而成，为使泥浆的性能适合钻孔灌注桩施工要求，需根据具体情况有选择地加入适当的外加剂，如增粘剂（CMC）、分散剂（FCL）、纯碱（Na_2CO_3）等。CMC即钠羧甲基纤维素的1.5‰水溶液；分散剂常用的有碳酸钠或三（聚）磷酸钠。含少量砂层的黏土所需泥浆的性能指标如表1.4.1所示。

泥浆性能指标要求　　　　　　　　　　　　　　　表1.4.1

项　次	项　目	性能指标	检验方法
1	比重	1.1～1.15	泥浆比重计
2	黏度	10～25Pa·s	50000/70000漏斗法
3	含砂率	<6%	
4	胶体率	>95%	量杯法
5	失水量	<30mL/30min	失水量仪
6	泥皮厚度	1～3mm/30min	失水量仪
7	静切力	1min，20～30mg/cm^2 10min，50～100mg/cm^2	静切力计
8	稳定性	<0.03g/cm^2	
9	pH值	7～9	pH试纸

护壁泥浆参考配合比（以重量计，%）根据地质条件选用，如表1.4.2所示。

护壁泥浆配合比　　　　　　　　　　　　　　　表1.4.2

土　类	黏　土	砂	软　土	软黏土
膨润土	6～8	6～8	6～8	6～8
CMC	0～0.02	0～0.05	0.05	
纯碱			4	0.5～0.7
分散剂	0～0.5	0～0.5		
水	92～94	92～94	88～90	92～94

钻孔灌注桩是在泥浆护壁下进行的，为检验泥浆的质量，使其具备物理和化学稳定性、流动性、良好的泥皮形成能力以及适当的相对密度，需对制备的泥浆和循环泥浆利用专用仪器进行质量控制。

施工期间护筒内的泥浆面应高出地下水位1.0m以上，在受水位涨落影响时，泥浆面应高出最高水位1.5m以上。在清孔过程中，应不断置换泥浆，直至浇筑混凝土前，孔底500mm以内的泥浆比重应小于1.25、含砂率≤8%、黏度≤28Pa·s，在容易产生泥浆渗漏的土层中应采取维持孔壁稳定措施。使用泥浆比重仪、黏度计、含砂率测量筒、pH试纸来分别测定泥浆的比重、黏度、含砂率、pH值。每根桩施工前应对泥浆进行检测，指标不合格者应使用泥浆运输车辆抽走并外弃。

1.4.4 钻孔

护筒埋设完毕后，向孔内注浆，用水泵从泥浆池中泵送泥浆，通过软管进入桩孔，保证浆面在护筒口下 1m 处为宜，确保孔内的承压力。钻机根据预设的桩径开始钻孔、挖掘，往孔内加入泥浆稳定液，边钻孔边加入稳定液，孔中的泥土被装入钻头中，钻进一定深度后，将钻头提升到地面，清除钻头内的泥土。然后再次钻孔，泥浆稳定液不断补充到孔内，如此反复工作，达到设计的标高为止。旋挖钻机上配备有深度仪，与钻头下放的钢丝绳相匹配，能实时监控出每斗的钻进情况和孔深。

淤泥质土层中，应根据泥浆补给情况，严格控制钻进速度，一般不宜大于 1m/min；在松散砂层中，钻进速度不宜超过 3m/h。当钻孔倾斜时，可往复扫孔修正；偏斜过大时，填入石子、黏土至偏孔处上部 0.5m 重新钻进。在成孔过程中或成孔后孔壁坍塌，轻度塌孔应加大泥浆密度和提高水位；严重塌孔应投入黏土，待孔壁稳定后采用低速钻进。钻孔漏浆，可适当加稠或倒入黏土，慢速钻动；护筒周围及底部接缝用土回填密实，适当控制孔内水头高度，不要使压力过大。成孔后，使用仪器对孔的垂直度、沉渣厚度、孔型质量等进行检测。

在钻孔达设计标高后进行清孔，并使用超声波井径仪进行孔底标高、孔底沉渣、泥浆指标检验。合格后，通知、会同测试单位共同对成孔进行验收，验收合格后进行提钻。每个孔在提钻后需及时进行孔径、垂直度、孔壁稳定变形等的检测，以验收成孔质量，若质量未达到设计要求，需采取相应措施，并经验收合格后方可进行下道工序施工。

1.4.5 钢筋笼的制作

钢筋试件在甲方、监理的监督下取样，到经由监理工程师认可的第三方实验室送检。制作钢筋笼的钢筋每 60 吨原材做实验一组，焊接试验一组。钢筋笼主筋、加劲箍、螺旋箍筋的间距及笼长、笼直径、焊接长度、焊接质量、保护层垫块设置均应符合设计要求。钢筋笼制作前清除钢筋表面污垢、锈蚀，钢筋下料时应准确控制下料长度。

钢筋笼采用钢制环型模制作，制作场地采用混凝土硬化地面，用 16~20mm 厚的钢板制成两块弧形卡板（其弧面直径为钢筋笼主筋外径），卡板按加强筋间距依次设置，按主筋位置在卡座上做出支托主筋的半圆形槽（槽深等于主筋半径，槽与槽中心距为主筋中心距）。卡板位置用经纬仪控制布设，使卡板弧面中心沿钢筋笼纵向方向在一条线上，卡板面与钢筋笼纵向中心线保持垂直，然后用水准仪对卡板的标高进行调平，最后把几块卡板位置固定。

钢筋笼的吊筋长度根据笼固定位置标高计算，并保证孔口固定和焊接牢固，确保笼顶安装标高满足设计要求。根据设计意图，桩身保护垫块采用定位垫块形式，并设置在加强筋处沿圆周等距离分布 3 块，成型的钢筋笼应平卧放在平整干净的地面上。混凝土灌注桩钢筋笼制作及质量检验标准如表 1.4.3 所示。

混凝土灌注桩钢筋笼制作及质量检验标准　　　　　　　　　　　　　表 1.4.3

项目类别	检查项目	允许偏差或允许值	检查方法
主控项目	主筋间距	±10	用钢尺量
	长度	±100	用钢尺量
一般项目	钢筋材质检验	设计要求	抽样送检
	箍筋间距	20	用钢尺量
	直径	10	用钢尺量

1.4.6 钢筋笼的下放

钢筋笼成型后，为了使钢筋笼主筋有一定的保护层，通过在钢筋笼外侧设置保护层垫块来控制保护层的厚度。每节钢筋笼长度方向设置三组垫块，每组垫块沿钢筋笼同一截面圆周方向对称设置 4 块，垫块均设置在箍筋上。

由于纵向抗弯能力较差，钢筋笼在起吊时采用双机抬吊、三点起吊的方式。钢筋笼起吊时标好起吊点，用两台吊车平衡抬起，然后垂直下放吊点，起吊点布置应防止钢筋笼变形。

钢筋笼下放时应对准孔位中心，慢慢逐步下沉，钢筋笼吊放时严禁碰撞孔壁，下入孔内受阻时严禁强行下入，必须查明原因采取措施修正后再下入，放至标高后立即固定。钢筋笼是分节下入孔内的，先入孔的钢筋笼在孔口固定，第二节入孔时和上节笼进行对接施焊时，应使钢筋笼和上节钢筋笼之间保持垂直，对接时应保证焊接长度，两边对称施焊。孔口对接钢筋笼完毕后，需进行中间验收，合格后方可继续进行下一节笼的安装。

钢筋笼下放至设计标高后，应进行钢筋笼的中心定位，中心偏差不大于 2cm，然后沿周边布置 4 道定位筋至护筒壁，以防止混凝土灌注时导管碰撞钢筋笼造成钢筋笼偏位。钢筋笼吊筋应按计算要求满足钢筋笼自重的 1.5 倍进行配置。

1.4.7 清孔

在钢筋笼下放完成后，如果孔底沉渣厚度超过质量标准的允许偏差，必须进行清孔。清孔利用与钻机配套的循环泵进行。循环泵下放至孔底，在泵的上部连接导管，利用反循环原理进行孔底清渣和孔内泥浆置换。清孔时间根据沉渣厚度进行控制，清孔过程中应不断摆动循环泵，使循环泵沿孔壁四周运动。

在清孔时应下放混凝土灌注导管，待清孔完成后应及时进行混凝土灌注。清孔后，孔底沉渣厚度应<30cm，稳定液指标为比重 $1.15\sim1.17g/cm^3$、黏度 $18\sim25Pa\cdot s$、含砂率不大于 2%。在以上各项指标都达到后，应及时报监理工程师进行混凝土灌注前的验收。

1.4.8 钻孔桩混凝土的灌注

在开工前要仔细检查导管的平直度和密封性。在平整地面上水平连接导管，全套导管可分两节进行试验。导管连接好后，一端封死，另一端用螺纹口连接法兰帽。通过法兰帽上的高压管进行注水，注满水后，连接压力表和空气压缩机进行加压。压力表读数稳定在 $0.6\sim1.0MPa$ 时，关闭进气阀门，稳定十分钟，观察导管是否有渗水现象。导管接头处要用 O 形密封圈，接头要用扳手紧固使其密封。导管距孔底不小于 30cm，灌注时距孔底 $50\sim80cm$。导管壁厚不宜小于 3mm，直径宜为 300mm，偏差不应超过 2mm。导管的分节长度视工艺要求确定，底管长度不宜小于 4m，接头宜用螺纹快速接头。

采用商品混凝土，混凝土使用前必须向产品供应商索要水泥、砂石料及其外加剂质保书、复试报告和混凝土配合比报告。导管吊装完毕，进行隐蔽工程验收，合格后应立即浇筑混凝土。混凝土应具备良好的和易性，其配合比应通过试验确定，坍落度宜为 $180\sim220mm$，水泥用量不少于 $360kg/m^3$，含砂率宜为 $40\%\sim50\%$，并宜选用中粗砂，粗骨料的最大颗粒应<40mm。为改善和易性，缓凝混凝土，宜掺外加剂。使用的隔水栓应具有良好的隔水性能，保证顺利排出，导管底部至孔底的距离宜为 $300\sim500mm$；工程桩灌注时混凝土面上升接近钢筋笼时，导管埋深宜控制在 3m 左右，灌注速度适当放慢，待混凝土面进入钢笼底端 $2\sim3m$ 后可平稳提升导管，谨防钢筋笼上浮。

导管提升时，工程桩桩顶混凝土面灌注至自然地面。起拔最后三、四节导管时要增加插捣次数，并视管内贮存混凝土情况及时补料，起拔速度要慢。不得挂住钢筋笼，为此可设置防护三角形加劲板或设置锥形法兰护罩。混凝土运至浇筑地点时，间隔一车应检查其均匀性和坍落度，如不符合要求，不得使用。

应有足够的混凝土储备量，使导管一次埋入混凝土面以下2m以上；导管埋深宜为2～6m，严禁导管提出混凝土面，应有专人测量导管埋深及管内外混凝土面的高差，填写混凝土浇筑记录。混凝土必须连续施工，每根桩的浇筑时间按初盘混凝土的初凝时间控制，对浇筑过程中的一切故障均应记录备案；控制最后一次灌注量，桩顶不得偏低，应凿除的泛浆高度必须保证暴露的桩顶混凝土达到强度设计值。灌注时应按规定做好坍落度测定，试块制作在监理的监督下取样，并将制作好的试块标明桩号、日期，放入标准养护室中进行养护。养护期到时，到经监理工程师认可的第三方实验室送检。灌注过程中，取样制作一组试块，养护后送检测定28天龄期强度，每根灌注桩留置三组试块。

1.4.9 后压浆施工和技术要求

灌注桩后压浆按中国建筑科学研究院地基基础研究所编制的《灌压桩后压浆（PPG）工法》YJGF 04—98标准执行。灌注桩后压浆施工流程如图1.4.1所示。

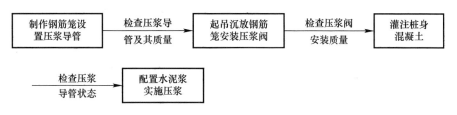

图1.4.1 灌注桩后压浆施工流程图

后压浆质量采用注浆量和注浆压力双控方法，以水泥注入量控制为主，泵送终止压力控制为辅。压浆所用水泥标号为P.O32.5，注浆水灰比为0.60～0.70。当水泥压入量达到设计值的70%，泵送压力不足预定压力的70%时，应调小水灰比，继续压浆至满足预定压力。若水泥浆从桩侧溢出，应调小水灰比，间歇压浆至水泥压入量满足要求。当水泥压入量和泵送压力均达设计要求或泵送压力超过6.0MPa时，可停止压浆。后压浆起始作业时间一般于成桩2天以后进行，具体时间可视施工态势进行调整，但一般不宜超过成桩后30天（遇有特殊情况，可作提前或拖后压浆）。

后压浆质量保证关键在于压浆装置的焊接绑扎入孔及各道工序成品保护和水泥浆压入操控等全过程控制和及时的检测信息反馈。压浆导管的连接一般采用套管焊接，经检查确认无误后，方可进入下道工序。压浆导管与钢筋笼固定采用12号铁丝绑扎，桩端压浆管绑扎于加劲箍内侧，与钢筋笼主筋靠紧绑扎，每道加劲箍处设绑扎点；钢筋笼最下一道加劲箍距纵筋底部500mm。

钢筋笼起吊直立入孔前旋接桩端压浆阀，桩端压浆阀应旋接牢固；空孔段压浆导管焊接应牢靠密闭。应经常检查巡视待压浆桩导管留口的保护情况，如有异常，应会同有关方及时修复补救。

1.5 两种常规的钢管柱定位方法

钢管柱常规的定位方法有钢护筒定位器两点定位方法和HPE插入定位方法等。

1.5.1 钢护筒定位器两点定位方法

定位器呈十字锥形，由钢板组合焊接而成。锥底宽度每侧比钢管柱内径小5mm，主要有锥形引渡板、平直定位板、水平支板、平面十字形托板，如图1.5.1所示。定位器制作质量必须严格控制，并保证其有足够的强度、刚度和精确度，以保证钢管柱安装时，定位器不发生破坏、变形、移位现象。

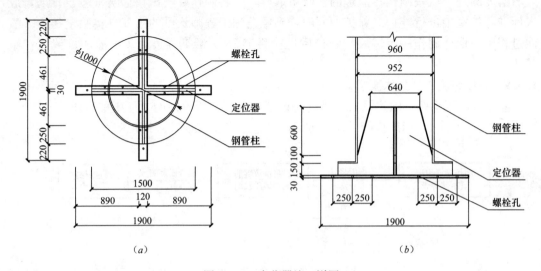

（a）   （b）

图1.5.1 定位器施工详图

参照《钢结构设计规范》，钢管受力结构要求钢管壁厚不小于直径的百分之一。若钢管的直径为2m，则护筒壁厚应大于20mm。同理，直径大于2.2m的护筒，壁厚应大于22mm。根据钢管加工厂的生产能力，钢管可分节制作。护筒各节的长度以便于拔出、降低成本为原则。各节护筒之间采用法兰螺栓连接，法兰盘采用25mm厚86mm宽的环形钢板制作，法兰盘上钻ϕ22mm孔，间距140mm，孔间加焊肋板。连接螺栓全部采用20mm高强螺栓。在法兰盘连接中间设3mm厚膨胀胶垫，接缝外侧粘贴SBS柔性防水卷材以满足防水要求。安装吊点由安装施工工艺决定，底节上端焊接吊点两个，中节上下两端焊接吊点各一个，上节上端对称开孔，并焊接加劲板作吊点用。

定位器定位钢管柱施工工艺可以描述为：施工准备（钢管柱加工、钢管柱组装、底部柱内混凝土浇筑）—桩位测量放线—钻孔操作平台安装—钻孔护筒安装—钻机就位及校正—旋挖钻机成孔—钢管护筒安装—100T与50T吊车配合吊放支承桩钢筋笼—吊放、安装钢管柱—定位平台安装—双导管安装—清孔—水下灌注支承桩混凝土—安装定位器—钢管柱垂直度校核、固定—混凝土等强（复测钢管柱垂直度）—导管安装—灌注钢管柱混凝土—空桩位置回填—拆撤护筒，如图1.5.2所示。

施工过程可以分解为以下步骤：

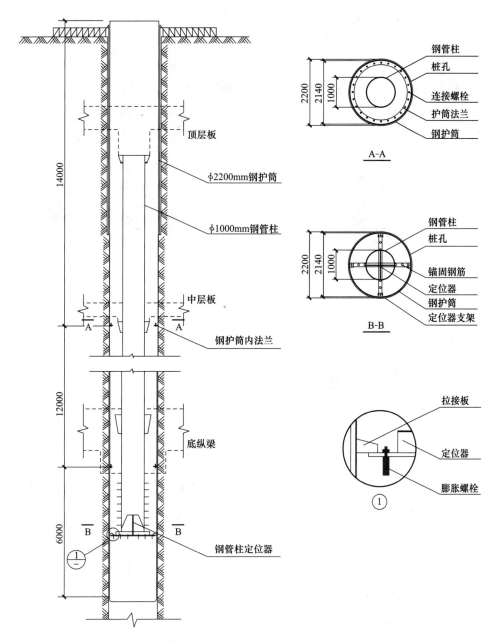

图 1.5.2 钢管柱安装定位示意图

（1）预制钢筋笼，将底节护筒与桩钢筋笼焊接固定，焊接过程中要保证护筒与钢筋笼同心。

（2）将焊有护筒的钢筋笼起吊入孔，并将护筒及钢筋笼临时固定于孔口之上；然后吊装上部护筒，在孔口位置与下节护筒对接后，安装到设计位置固定，如图 1.5.3 所示。

（3）下导管，浇筑灌注桩混凝土至设定标高，撤除导管。

（4）排除护筒内泥浆，安置爬梯、通风、通信、照明、卷扬机、安全护罩等设施。

（5）灌注桩混凝土强度达到 4MPa 时，人工剔除超灌部分混凝土至设定标高，即至钢管柱下 150mm 处。

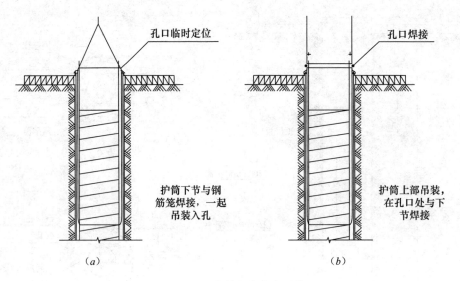

（*a*）   （*b*）

图 1.5.3　护筒的定位与连接

（6）由地面定位点、高程点测定孔内定位器的位置和标高后，安置定位器，如图 1.5.4 所示。

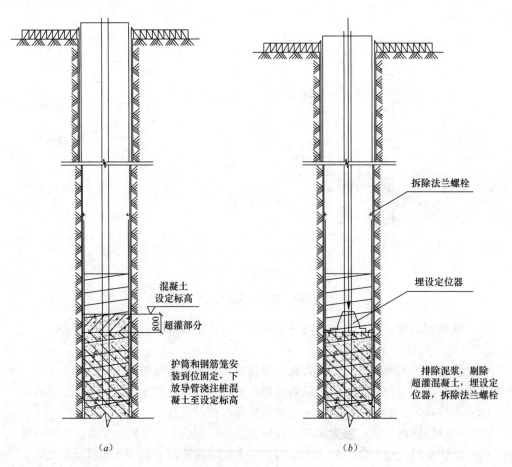

（*a*）   （*b*）

图 1.5.4　定位器的安装

（7）定位器安装完成后，施工人员撤出桩孔，并将法兰连接螺栓全部拆除，为将来拆撤护筒做好准备。

（8）吊装钢管柱，钢管柱起吊后在地面找准定位中心，然后慢慢下放，待套住引渡板后，快速插入，钢管柱上端采用特制校准器校准后，用短钢筋作支撑焊接固定，如图 1.5.5 所示。

（9）浇筑钢管柱内混凝土。

（10）钢管柱混凝土强度达到 30％后做部分回填，稳定钢管柱，其余部分回灌清水后撤拆护筒。

（11）全部回填石屑至地面。

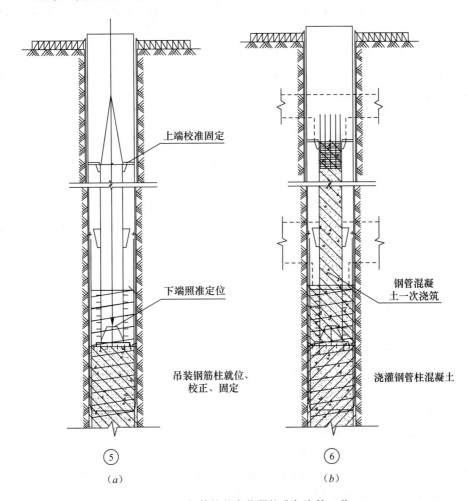

图 1.5.5　钢管柱的定位器校准与浇筑工艺

依照现场半永久性水准点要求，将桩柱标高控制点倒测到护筒上口的内壁上，并做出明显标识。按照护筒内壁水准标高倒测到孔底护筒内壁上，作为定位器安装控制标高基准点使用。依地面放线定位的控制桩，在孔口处做十字线，确定桩柱中心点。按照此中心点用线锤垂至孔底定位，将此点用两条线分别引测到护筒壁上做临时校准用。按工程工序要求随时将孔口的原始中心点投测到工作面上。标高及定位点由项目工长、质量员测量，由项目测量员复测、检验，合格后报监理复测确认后，再进行下道工序施工。

灌注桩超灌部分的混凝土用人工剔凿，剔除超灌混凝土分为粗剔、细剔两步施工。第一步用风镐、空压机、大锤、钢钎剔凿至设定标高上 50mm 处；第二步采用人工、小锤、细钎精凿至设定标高。剔凿后用清水反复清洗工作面，标高挂线检查，平整度用水平尺检查。自检合格后报监理复验，监理复验合格后进行定位器安装。定位器的安装主要包括两方面工作，一是将定位器十字底板中心与设计钢管柱中心对中，并调至设计标高；二是将定位器锥形引渡板与十字底板焊接，并复核中心位置。定位器标高依照护筒内壁上的基准点进行控制，误差应小于 2mm。平面位置依据桩孔上口中心点进行控制，误差应小于 2mm。定位器由吊车从孔口运至孔底，在不脱钩的情况下进行标高、定位校准，校准无误后落实，用拉接板将定位器的托板与护筒焊接牢固，检验无误后拆除吊具。按双向对称进行打孔埋设膨胀螺栓，将定位器固定在桩顶混凝土上。定位器托板底部与混凝土表面有缝隙时，用楔形钢板填充、背实，每点垫板层数不得超过两层，每点间距不得大于 200mm。定位器安装后，由项目工长、质量员进行定位、标高、安装节点等方面的检验，合格后报监理复验，无误后进行钢管柱安装。

钢管柱安装为整柱一次吊装。钢管柱起吊至孔口，在孔口处对准桩孔口十字线中心点，然后慢慢下放。下放过程中，随时观测中心偏移情况。待钢管柱下口套住引渡板后快速插入，此时钢管柱下端已准确定位。在不脱钩的情况下，进行钢管柱上端找正、定位。

分别将两个微调校准器呈 90°置于钢管柱顶部加强环上，对照桩孔口十字定位线中心点进行调整校准。待完全对零时，用短钢筋将钢管柱顶端与护筒焊接连接牢固。钢管柱上端定位固定完毕后，拆除吊具。全部校验定位点、垂直度，无误后报监理复核，之后浇筑钢管混凝土。

1.5.2　HPE 插入定位方法

HPE 垂直插入钢管柱施工技术与传统人工安装钢管柱相比，该工法施工难度低、危险性小、周期短，极具推广价值。HPE 垂直插入钢管柱的优点主要有：（1）垂直精度高，垂直度 $\leqslant l/500$（l 为钢管柱长度）；（2）定位准确，单柱安装施工周期短，大大节约施工工期；（3）避免常规永久性钢管柱安装人工入桩孔内施工作业，降低安全风险；（4）无须埋设外钢套管，节约能源降低施工成本。

HPE 插入法施工钢管桩的一般工序为：桩混凝土浇筑—放出桩位中心—HPE 垂直插入机就位—吊装—HPE 垂直插入机插入钢管柱—配重平衡—HPE 垂直插入机移位—回填砂石—吊放钢筋笼—浇筑混凝土—回填孔口—拔除钢护筒。

施工过程可以分解为以下步骤：

（1）施工准备包括对施工场地进行混凝土硬化处理，设置钢筋笼加工平台，设置钢筋堆放区、泥浆池、钢管柱堆放和连接区等。

（2）考虑到 HPE 插入钢管柱的工艺要求，混凝土的初凝时间控制在 36 小时。灌入过程中，应认真做好灌注记录，严格施工过程中的自检、专检、抽检和互检。

（3）混凝土灌注完成后，重新放出桩位，并用十字线标记在护筒上。复核桩位后，将 HPE 液压插入机的定位器中心与桩位对中，调整垂直插入机的水平度。

（4）根据钢管柱的长度，采用两台吊车、多点抬吊的方法，将钢管柱垂直缓慢放入垂直插入机上。抬吊的设计以保证钢管柱不产生变形、弯曲为前提。

（5）当钢管柱吊放至垂直插入机后，慢慢下放钢管柱至第二道法兰。此时，HPE 垂直插入机抱紧钢管柱，并复测钢管柱的垂直度，满足要求后垂直插入孔内。当钢管柱插至混凝土顶面后，复测其垂直度，满足要求后继续下压插入混凝土直至满足深度要求。

（6）插入钢管柱后，即可对其四周进行砂或碎石回填。回填时注意四周均匀填入，回填高度超出钢管顶标高以下 500mm 为宜。

（7）由插入机抱紧钢管柱，控制好柱顶标高后即可进行钢管柱内混凝土的浇筑。先下放钢筋笼，并采用吊筋将钢筋笼固定在钢管柱上口。控制好钢筋笼顶标高，再下放导管进行钢管柱内的混凝土灌注。

（8）当钢管柱四周回填并浇筑钢管柱内混凝土后，即可拆除和移位相关设备。混凝土达到初凝后，即可对钢管柱内上口 350～500mm 范围内未浇筑混凝土部位回填细砂，并拔除回填孔口钢护筒。

1.6 钢管柱螺旋千斤顶两点定位法

1.6.1 混凝土初灌

根据钢管柱设计特点，首先在钢管柱内浇筑一定高度的混凝土，再进行安装。利用钢管柱内混凝土阻隔钻孔桩泥浆进入钢管柱内，为人工到钢管柱中下部定位提供条件。同时利用混凝土和钢管自重平衡钢管柱在泥浆和钻孔桩混凝土中的浮力。钢管柱内初灌混凝土在地表提前灌注，为保证混凝土施工质量，选择具有一定高差的地形结合型钢制作成浇筑平台，保证钢管柱倾斜角度不小于 15°浇筑混凝土前，必须将钢管柱固定牢固。要加强混凝土和易性、坍落度的控制，并加强混凝土捣固，确保钢管柱混凝土的密实度。混凝土初凝后，立即派人进入钢管柱内对斜面混凝土进行凿除，对钢管柱内混凝土截面进行凿毛，保证后续施工时混凝土面的良好连接性。钢管柱内混凝土凝固后，采有吊车吊至连接模台上与其他节进行连接。钢管柱的千斤顶校准与固定如图 1.6.1 所示。

钻孔桩采用水下浇筑混凝土，待混凝土达到设计强度后，浇筑钢管柱内剩余混凝土。钢管柱采用工厂制作、汽车运输到工地现场，采用陶瓷衬垫焊接组装；钻孔桩采用回旋钻机成孔、泥浆护壁、导管法灌注水下混凝土成桩；钢管柱采取两台吊车整体吊装、定位平台校直、固定。假设钢管柱总高度为 H，柱内混凝土初灌高度为 H_1，为保证钢管柱能顺利下放到泥浆中，混凝土初灌高度必须满足 $G_{钢管自重} + G_{混凝土自重} > G_{浮力}$。

1.6.2 误差计算

由于钢管柱底部浇筑了一段混凝土，采用两点一线法控制钢管柱垂直度，其下端定位点离钢管底部有一段距离，对安装精度影响较大。下端定位时，采用垂准仪将点位投到钢管

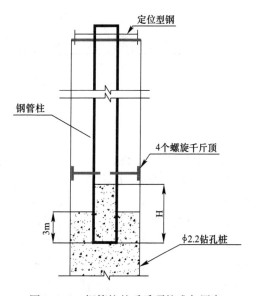

图 1.6.1 钢管柱的千斤顶校准与固定

柱下端，其误差受到垂准仪的精度影响。垂准仪的精度不超过 5mm，按最不利情况考虑，即钢管柱顶端误差为 0，下端定位点误差按 5mm 计算，则钢管柱底部最大误差不超过 $5H/(H-H_1)$。

1.6.3　钢管柱节段间的连接

分节加工运到现场的合格钢管柱，在最下一节浇筑混凝土后，采用二氧化碳（CO_2）气体保护陶瓷衬垫单面焊。由于钢管柱钢板厚度较厚，宜采用不带钝边的单V形坡口焊接，坡口间隙 4～8mm，保证坡口底部两侧的母材金属能均匀熔化，焊缝反面成型良好，如图 1.6.2 所示。

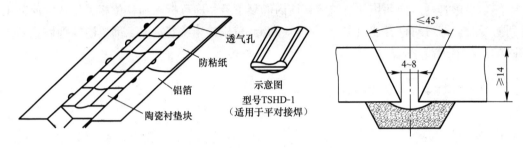

图 1.6.2　钢管连接坡口焊接工艺

CO_2 单面焊的关键是第一层打底焊，要防止焊缝反面下垂过多、存有夹渣和未焊透；焊缝正面不能形成中间高、两边低的形状，如图 1.6.3 所示。焊点太靠前会使铁水过早前淌，使熔宽减小，严重时会导致两底边未熔合；若焊点太靠后，会使铁水前淌过缓，增加熔宽，焊缝下垂过多，易使焊缝正面形成中间高、两边低的形状。焊丝角度 10°～15°，采用左焊法，操作速度比右焊法慢，熔敷层较厚，操作者能较好地看到熔池的前方；右焊法熔敷金属厚度较薄，双面成型较美观，但焊枪会挡住视线，影响对熔池的观察。焊枪必须在焊缝两边进行均匀摆动，并在两侧进行适当停留，在焊缝中心则不进行停留。

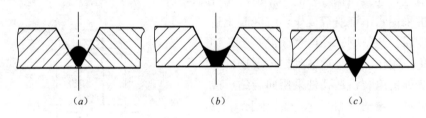

图 1.6.3　打底焊的不同形状
（a）上凹过高；（b）最佳成形；（c）下垂过多

1.6.4　测量定位、埋设护筒

根据施工图纸，从控制点、基准测点和基线出发进行引测，定出桩位中心点后打入定位桩，再挖设工作坑、埋放护筒。为确保放样精度，选用 J2 级以上经纬仪并用全站仪进行复核。桩位在工作坑开挖及放好护筒、坑土压密回填后进行复核。为确保后续施工中钢管的垂直度，作业地坪应进行硬化。钢护筒放好后底部周边可洒上适量水泥，防止因地坪漏浆。

1.6.5　定位平台安装与拆除

钻孔桩钢筋笼吊装完成，采用型钢扁担将钢筋笼悬挂在混凝土地面上后，立即安装钢管柱工作平台。用吊车配合安装专用工作平台，根据硬化地坪上的桩位十字控制线进行平面定位。通过脚螺旋杆调节平整度，进行高程控制。采用水准仪测量定位平台上成三角关系的控制点，根据水平仪精平原理调整定位平台平整度，保证偏差小于 2mm，如图 1.6.4 所示。

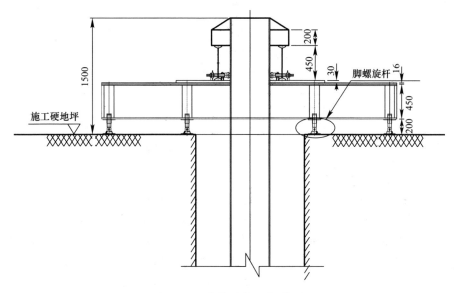

图 1.6.4　定位平台的水平调整

平面位置和水平高度调整完毕后，平台的 8 个撑脚与事先预埋在硬地坪内的预埋件焊接或与膨胀螺栓固定，以增加定位平台的稳定性。调节平台的安装质量直接影响到钢管柱的吊放质量。安装后的位置和水平高度由专人进行验收复核。定位平台必须在钻孔桩混凝土浇筑完成 10 小时后或混凝土试块终凝后拆除。

1.6.6　钢管柱定位安装

在施工过程中尤其要注意以下事项。

（1）钢管柱尽量不要拼接接长，如必须拼接时，必须在接缝处设置附加衬管，并确保拼接钢管几何尺寸符合设计要求。

（2）保证钢管内壁与核心混凝土紧密粘结，钢管内不得有油污等污物。

（3）钢管柱吊装时应减少吊装荷载作用下的变形，吊点的位置应根据钢管柱本身的承载力和稳定性经验算后确定，必要时应采取临时加固措施。

（4）钢管柱吊装时应将其上口包封，防止异物落入管内。

（5）钢管柱吊装就位后，应立即进行校正，并采取临时固定措施以保证构件的稳定性。

钢管柱的吊装采用简易门式架分节吊装。用手动葫芦起吊第一节钢管柱—沿挖孔桩徐徐下放—下放到孔口位置时—用专用夹具固定好—起吊第二节钢管柱—与第一节钢管柱对接并用法兰连接—吊起钢管柱—松开夹具下放钢管柱—重复上道工序—直至钢管柱吊装栓接完毕。

吊装最后一节钢管时，应串入最后一节钢筋笼。随后进行钢筋笼的连接和钢管柱法兰连接。钢管柱下放时落在柱脚钢板上，与柱脚板上的限位角钢密贴。复核钢管柱外轮廓与测量位置的偏差。柱脚就位后，调整柱顶位置，用磁力线锥检查钢管柱垂直度，使钢管柱垂直度满足设计要求。确认钢管柱位置无误后，用加劲钢板将柱脚板与钢管柱底部进行焊接。为保证钢管柱的稳定，在人工挖孔桩上、下部范围内桩护壁与钢管柱间空隙处灌注混凝土，中间部分填充砂子。同时在钢管柱四周增加钢管斜撑，防止在浇筑钢管柱柱内混凝土及顶纵梁施工时钢管柱柱顶发生偏移。钢管柱采用100T和50T两台吊车整体吊装，根据需要可采用三点吊装或两点吊装。吊装要求如表1.6.1所示。

钢管柱的吊装要求　　　　　　　　　　　　　　表 1.6.1

序　号	检查项目	允许偏差
1	立柱中心线和基础中心线	±5mm
2	柱顶及底板顶计标高	+0～−20mm
3	立柱顶面不平度	±5mm
4	立柱不垂直	长度的 1/1000，最大不大于 15mm
5	立柱上下两平面相应对角线差	长度的 1/1000，最大不大于 20mm

当定位平台水平调整好后，测量定位平台顶标高，根据测量结果在钢管柱上焊接两个钢板定位卡，钢管柱吊放入桩内后，定位卡悬挂在 I45 工字钢上，既保证钢管柱高程定位准确，又保证钢管柱处于垂直状态。钢管柱吊放应慢吊、轻放、直放，从调节平台下部的桩位限位孔中慢慢入孔。入孔时应特别注意尽量避免钢管柱碰撞平台，如图 1.6.5 所示。

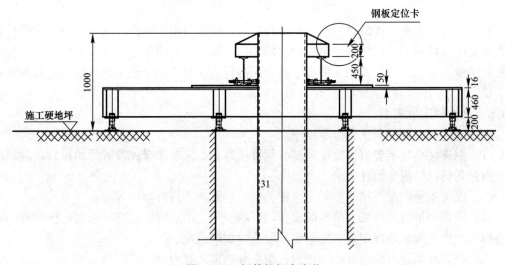

图 1.6.5　钢管柱标高定位

利用定位平台顶部螺旋千斤顶进行钢管柱顶端平面定位。钢管柱吊装入定位平台中心孔内后，通过全站仪在定位架顶部定出桩位中心点，并悬挂锤球，采用加工好的定位十字架放在钢管柱上口，并通过顶升臂移动钢管柱，当悬挂锤球尖与定位十字架中心重合后，对钢管柱顶端进行固定，如图 1.6.6 所示。

当钻孔桩混凝土浇筑到设计标高后，进行钢管柱垂直度定位。钢管柱顶端悬挂在定位平台上，由于自重作用，钢管将处于铅垂状态。但由于钻孔桩浇筑混凝土的扰动，钢管柱可能会倾斜。采用垂准仪进行检查，当出现偏移时，操作工人通过爬梯下到钢管柱底部，

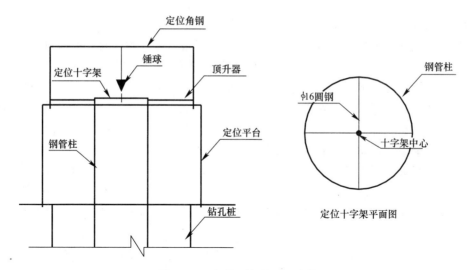

图 1.6.6 钢管顶部的平面定位

通过密封螺旋千斤顶进行调节，如图 1.6.7 所示。

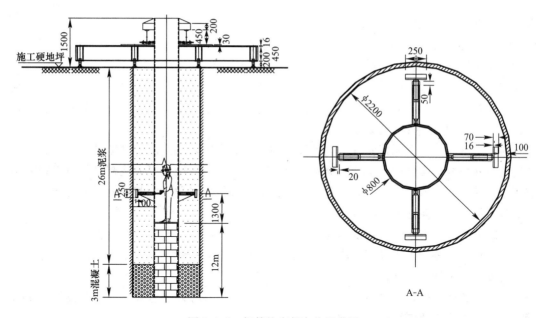

图 1.6.7 钢管柱底部定位示意图

1.6.7 钢管柱防渗漏密封措施

钢管外加工质量和现场钢管的拼接质量是影响其防渗漏的关键环节，只有这两方面的工作做好了，才能保证其密封质量，才能保证富水地质条件下的优良施工环境，并保证其施工质量达到要求。

进入钢管加工厂的钢板必须平直，不得使用表面锈蚀或受过冲击的钢板，并应有出厂证明书或试验报告单，经检验合格方可投入生产使用。在采购材料前用电脑放样，计算出各构件所需板材的尺寸并留有余量，必要时需用数控切割机辅助下料，编制下料卡片及进行胎架设计等，下好料的板材必须根据要求开坡口，检验合格以后做上标记，以便等待下一步的拼接组焊。

卷板之前应该仔细检查坡口是否符合要求，合格后方可开始卷管。卷板过程中，应注意保证管端平面与管轴线垂直，钢管内不得有油渍等污物。在焊接之前，要检查卷板尺寸，测量其变形程度。下好料的钢板送到焊接胎架上，焊接时采用埋弧自动焊正反双面焊工艺。并且要焊接引弧板和熄弧板，然后在管施焊的反面贴上陶瓷衬垫或者垫上内衬管。衬垫要贴紧，焊接过程中要注意对焊接参数的控制。宜采用多道焊的方式来减少由于焊接热输入带来的变形，在焊接完成后应采用必要的措施消除残余应力。

如果变形过大，应在卷管机上进行校正，直至符合要求。焊好之后进行无损探伤，检验合格后方可进行下一步校正工序。

由于文化广场钢管柱呈直线排列布置，且地质条件差、地下水位浅，孔壁的稳定性很差。因此，钻孔施工采用"跳钻"方式进行（即每钻完 1 个桩孔后，跳离 2～3 个孔位进行下一个孔位的施工），以避免钻孔时对相邻桩孔的影响。考虑到水位变化时，护筒底部容易出现冒浆而造成塌孔，所以在钻孔过程中要经常检查筒底有无冒浆现象。同时，采取如下措施以免地下水进入钢管内部，①向桩孔内抛放黏土以增加泥浆稠度；②是在护筒底部周边铺放黏土并压实；③是加长护筒，使其底部进入弱透水层。经过上述处理后，钢管密封效果良好，没有出现地下水进入现象。

1.6.8 混凝土浇筑过程中钢管柱的受力特征及扰动因素

天津文化中心地区地下水埋藏浅，钢管桩-柱施工均在水下进行，属于典型的隐蔽工程。在混凝土灌注过程中，钢管柱受到的扰动是不可避免的。对桩-柱定位误差产生扰动的可能因素有地下水位的变化、泥浆的密度、浇筑混凝土时导管的位置、浇筑混凝土的速度、浇筑过程中对钢管的振动作用等。

地下水位的变化和泥浆密度影响钢管受到的浮力作用，从而决定其惯性大小，并最终影响其对外力的响应程度。本地区地下水位相对稳定，所以控制好泥浆密度就可以很好地控制钢管受到的浮力大小。因此，在施工过程中，必须严格泥浆配制过程中的各个环节以保证其质量，从而保证泥浆密度一致。

初凝前的混凝土具有一定的流动性，能对各种结构或构件产生类似于土压力的水平向压力。在导管一侧，由于混凝土浇筑面较高，因此必然对钢管产生一个水平推力，导致钢管下端发生水平移位，即钢管绕着定位平台固定点发生旋转，从而影响定位准确度。为了避免这种现象的发生，浇筑时导管务必不停地改变位置并控制好混凝土浇筑速度，以保证钢管周围的混凝土浇筑面保持一致。

浇筑过程中对钢管的振动作用是影响钢管定位的最主要因素，这种作用最显著的时候发生在混凝土浇筑面由低到高接触到钢管底部的一段区域。此时，混凝土没有任何强度，对钢管下端基本没有约束作用但有一定的竖向支撑作用。在水平振动作用下，钢管下端受到一个水平推力作用，势必引起其绕定位平台的旋转，从而发生定位偏差。处理的方法是尽量减小水平振动力，在浇筑到一定高度且混凝土初凝前进行垂直度测量并及时调整。

Z1 线文化中心站主体为地下三层三跨现浇钢筋混凝土框架结构，基坑宽度 25.7m，深度约 26.3m，采用盖挖顺作法施工。结构采用一桩一柱，设计桩长 35m，钢管柱内浇筑C50 微膨胀混凝土。在混凝土灌注过程中，钢管柱受到的扰动是不可避免的。

在建立的钢管柱浇筑过程中，钢管混凝土柱、桩基础采取的是弹性模型。为了使划分的网格共面、共线、共点，利用 Midas/GTS 布尔运算中的并集和实体嵌入功能，使土体分离出钢管混凝土柱和桩基础实体单元。采用实体单元中的高阶单元将模型划分为四面体网格，共得到 1999 个单元。为使生成的单元与节点耦合，利用析取单元的方法生成钢管混凝土柱。钢管混凝土柱处于自由悬挂状态，其下部没有约束。

为了进行特征值分析，利用弹性边界来定义边界条件。利用曲面弹簧来定义弹性边界，然后利用地基反力系数计算弹簧模量，桩基的地基反力系数为 30000kN/m³，浇筑混凝土的地基反力系数为 8000000kN/m³，钢管混凝土柱的地基反力系数取 10000000kN/m³。将数据输入模型进行特征值分析，可得到模型的前 10 阶振型周期。取前两个计算可得模型的自振频率在 150Hz 左右。

混凝土振捣频率有低频式、中频式和高频式三种，低频式的振动频率为 25～50Hz (1500～3000 次/min)；中频式的振动频率为 83～133Hz (5000～8000 次/min)；高频式的振动频率为 167Hz (10000 次/min) 以上。所以取达到共振时频率 150Hz 进行计算，施加的振动荷载也标注在图 1.6.8 上。

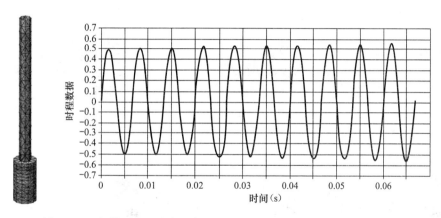

图 1.6.8　钢管混凝土柱在混凝土浇筑时的力学模型和施加的循环荷载

根据实际施工过程设置模型分析步骤，按照规范要求将混凝土分六段浇筑 (0.5m 一段)，下面一段浇筑以后会对钢管柱有一定的约束作用。分析类型设置为施工阶段，非线性迭代计算方法采取的是牛顿-拉普森法，最大迭代次数设为 20 次，内力范数设为 0.001。混凝土浇筑对钢管混凝土柱位移的影响如图 1.6.9 所示。

由图 1.6.9 可以看出，振动荷载对钢管柱位移的影响较大。由于混凝土在浇筑后的初凝前没有强度，因此影响钢管柱各部位的变形主要是刚体位移，即绕上部定位平台的转动。所以，位移最大响应的部位位于钢管柱底端，且在浇筑最下部混凝土时钢管柱的水平位移响应最大。随着浇筑过程的进行，刚体转动位移部分恢复，所以形变有一定程度的恢复。

图 1.6.10 是混凝土浇筑过程中，钢管柱不同部位的应力响应。可以看出，振动荷载对钢管柱的应力有一定影响，应力最大部位出现在混凝土浇筑部位。但是远未达到屈服应力，尤其是钢管柱上部位置，由浇筑引起的应力很小，并无太多实际意义。由此可见，桩上部混凝土的浇筑过程对钢管柱的定位有一定影响，但不会引起较大应力作用。所以，在混凝土初凝前应该采取必要措施促使钢管的刚体位移恢复到合理位置。可行的方法是在混

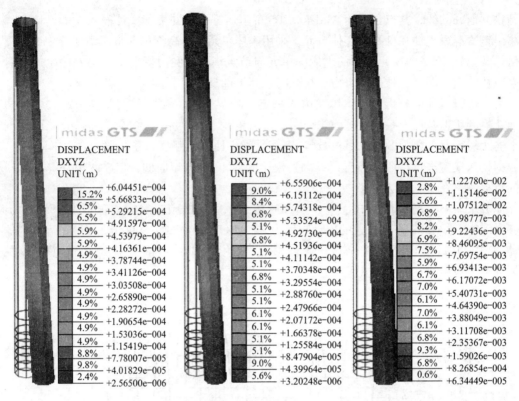

图 1.6.9　第一、二、六段混凝土浇筑前后钢管柱的位移对比（灰显为初始位移）

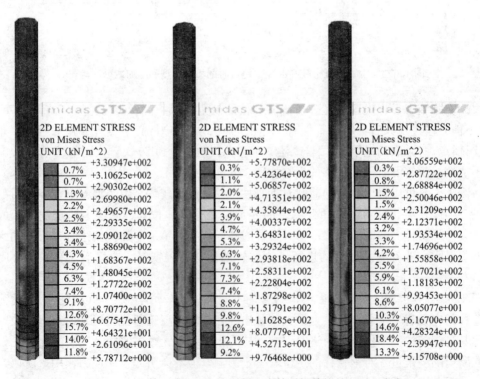

图 1.6.10　第一、二、六段混凝土浇筑时钢管柱的 Mises 应力

凝土浇筑完毕且混凝土初凝前，通过人工调节预先设置四个千斤顶的方法，迫使钢管恢复到理想位置。

1.6.9 安全措施

钢管桩柱的施工应配置吊车、上人吊笼、物料提升笼、斜流风机、防毒面具、氧气袋、摄像监控系统、对讲机、安全爬梯、防噪耳塞、安全带、保险绳、空气检测仪器等安全设施。地面配备一台斜流风机向井下进行换风，风量 $500m^3/h$；配有一个活动吊挂钢爬梯，分三节连接挂于套筒的壁上，作为应急备用并在爬梯下端距底部 2m 处，安放一个可翻转、开启的防护盖。孔内停止作业时，必须盖好孔口或设置不低于 1.2m 的防护栏杆，并将孔口封闭围住，且应设立醒目的警示牌。操作人员上下孔口，由专用吊笼运送，配备一台 8T 液压吊车，上下物料配备专用物料斗。作业人员下孔必须佩戴安全帽、安全带、防滑鞋，并配有一条专用尼龙绳（一头挂在安全带上，一头固定在井口）。井孔内设置专用对讲机，便于上下联系，确保通信畅通。孔井用电必须分闸，要求一机一闸一漏一箱设置。孔上电线、电缆必须架空，现场所有设备和机具必须做好保护接零。垂直运输起重设备，支架应牢固，应能承受一定的冲击力，不致翻倒，必须经检验合格后方可使用。桩孔内作业照明，必须使用 36V 安全电压，灯具应符合防爆要求，孔内电缆必须固定并有防破损、防潮措施。

下井人员必须提前进行身体检查，患有心脏病、高血压等以及年龄超过 50 岁的人员严禁下井作业。下井人员三人一组，其中两人井下作业，一人在井上监控，井下作业人员连续作业时间小于两小时。所有下井作业人员与监护人员必须经过专业安全技术培训，未经培训人员严禁下井作业。

施工前，由工长及专职安全管理人员对施工人员进行安全教育，并作书面安全交底。施工人员下井作业前必须向项目部进行申报，申报内容为下井时间、人员、作业时间等，由项目部专职安全管理人员对申报人的安全设施进行检查，合格后方可下井施工。为了预防有害气体中毒和孔井内缺氧，每天作业前必须先通风送氧，下井前进行检测。施工现场所有设备、设施、安全防护装置、工具、配件以及个人防护用品必须经检查确保完好和正确使用。孔内有人作业，孔口有专人监护。发现涌水及有异味气体等时，应立即停止作业并迅速将孔内作业人员撤至地面，并报告施工负责人处理，在排除隐患后方可继续施工。作业人员上下孔井，使用安全性能可靠的吊笼或爬梯，使用吊笼时其起重机械各种保险装置必须齐全有效。井孔上方安排一名有经验的专业人员进行指挥吊车作业，并设一名专业监护人员。桩孔内作业需要的工具应放在提桶内递送，上端用绳捆绑在起重机上，禁止向孔内抛掷。井口、井下作业人员严禁吸烟，严格用火管理。

另外，作业现场井上监护人员应配备齐全的防护装备及其他应急救援设备；现场配备专业医护人员并配备急救用氧气枕；现场作业时有车辆随时待命；现场监护人员熟知救护常识，并配备常用电话号码表及通信器材，出现问题及时联系相关部门及人员。

1.7 钢管混凝土桩-柱初始定位偏差对地下结构的影响

无论采用哪种施工工艺，钢管柱-桩的定位偏差是客观存在的。研究这种偏差在后续施工过程中的发展变化规律及对整个地下结构的影响，对制定合理的误差标准，以达到质量与效率的和谐统一具有重要意义。虽然国内外学者对钢管混凝土柱的设计方法、力学性能、施工技术和节点构造等方面展开了系统性研究，并取得了很多重要研究成果，但针对钢管柱-桩初始定位偏差对地下结构在施工过程中的影响尚不多见。

而且从试验分析方法来看，存在很多不足。首先，由于试验条件限制，试验所采用的试件大多为单根钢管混凝土柱或者为实际工程中真实钢管混凝土柱的比例缩小模型，试验中的边界条件及试验方案也进行了简化处理，这会导致试验数据与真实结果存在较大偏差。其次，为了研究各种偏差类型对地下结构位移的影响，要按照参数变化进行多组试验，工作量大、周期长、劳动强度大。

与试验相比，有限元模拟具有很多优点。首先，不需要试验场地和制作模型，可以缩短研究时间。其次，不受外界因素干扰，可以方便地设置偏差大小和类型、物理参数及环境条件，能够实现实物试验中难以做到的细节，以至整体模型的建立。此外，该方法可以借助计算机技术，按照真实的工程施工步骤、材料特性、边界条件、荷载施工步骤，模拟出地下结构在土方开挖过程中变形的全过程。

1.7.1 挡土结构位移与土压力的关系

近年来，随着地下空间开发利用的发展，人们对挡土结构位移的检测越来越重视。目前基坑工程设计正在由强度控制设计向变形控制设计转变，常规的设计方法已不能满足要求。考虑建立基坑支护结构变形与土压力关系，合理的计算土压力是基坑变形控制设计面临的关键问题。针对文化中心地质资料，结合基坑开挖过程，本部分着重研究挡土结构的位移土压力。

依据《岩土工程勘察规范》GB 50021—2001，文化中心地铁车站的重要等级为一级，场地复杂程度等级为二级，地基复杂程度等级为二级。根据《岩土工程技术规范》DB 29-20—2000、《天津市地基土层序划分技术规程》DB/T 29-191—2009 及勘察资料，该场地主要地层分布及土质特征如下。

(1) 人工填土层：全场地均有分布，分为 2 个亚层。第一亚层，杂填土（地层编号 1-1），厚度一般为 0.70～4.00m；第二亚层，素填土（地层编号 1-2），厚度为 0.40～2.40m。

(2) 坑、沟底新近淤积层：本层厚度 0.60～1.20m。

(3) 全新统上组陆相冲积层：厚度 0.70～4.30m，分为 2 个亚层。第一亚层，粉质黏土（地层编号 4-1），厚度为 0.50～3.20m；第二亚层，粉土（地层编号 4-2），厚度一般为 0.50～2.00m。

(4) 全新统中组海相沉积层：分为 2 个亚层。第一亚层，粉土（地层编号 6-3）。第二亚层，粉质黏土（地层编号 6-4），厚度 3.90～7.50m。

(5) 全新统下组沼泽相沉积层：厚度一般为 0.80～1.90m，主要有粉质黏土（地层编号 7）组成。

(6) 全新统下组陆相冲积岩：厚度为 5.20～8.90m，分为 2 个亚层。第一亚层，粉质黏土（地层编号 8-1）；第二亚层，粉土（地层编号 8-2），厚度一般为 2.50～6.00m。

(7) 上更新统第五组陆相冲积层：厚度 4.30～11.60m，分为 2 个亚层。第一亚层，粉质黏土（地层编号 9-1），厚度一般为 2.20～6.50m；第二亚层，粉土（地层编号 9-2），厚度一般为 2.00～6.00m。

（8）上更新统第四组滨海潮汐带沉积层：厚度 1.00～4.20m 主要由粉质黏土（地层编号 10-1）组成。

（9）上更新统第三组陆相冲积层：厚度为 16.50～21.70m，分为 4 个亚层。第一亚层，粉质黏土（11-1），厚度一般为 4.00～7.80m；第二亚层，粉土（地层编号 11-2），厚度为 1.50～5.00m；第三亚层，粉质黏土（地层编号 11-3），厚度一般为 1.70～5.00m；第四亚层，粉砂（地层编号 11-4），埋深 55.00m 范围内揭示最大厚度 14.00m。

（10）上更新统第二组海相沉积层：埋深 55.00m 范围内揭示本层最大厚度 7.50m，分为 2 个亚层。第一亚层，粉质黏土（地层编号 12-1），埋深 55.00m 范围内揭示最大厚度 7.5m；第二亚层，粉砂（地层编号 12-2），埋深 55.00m 范围内仅少数孔揭示该层，最大厚度 5.00m。

根据以上地质勘查资料，各层土的统计物理力学指标如表 1.7.1 和表 1.7.2 所示。

抗剪强度指标统计　　　　　　　　　　　　　　　　kPa　表 1.7.1

地层编号	最大值	最小值	平均值	标准差	变异系数	标准值	子样数
4-1	15.0	9.0	12.7	2.066	0.163	11.0	7
4-2	13.0	10.0	12.0	1.095	0.091	10.1	6
6-2	13.0	9.0	11.8	1.472	0.124	9.6	6
6-4	19.0	12.0	14.5	3.507	0.242	12.6	6
7	19.0	10.0	15.1	2.902	0.193	11.9	7
8-1	19.0	15.0	17.2	1.722	0.100	15.7	6
8-2	17.0	7.0	12.5	3.507	0.281	9.6	6
9-1	27.0	11.0	18.7	5.293	0.283	13.6	10
9-2	13.0	8.0	10.0	1.773	0.177	8.8	8
10-1	36.0	18.0	28.2	6.852	0.243	23.9	9

抗剪强度指标统计　　　　　　　　　　　　　　　　（°）　表 1.7.2

地层编号	最大值	最小值	平均值	标准差	变异系数	标准值	子样数
4-1	25.2	18.6	21.8	2.240	0.103	19.9	7
4-2	34.4	29.1	31.3	2.414	0.077	29.3	6
6-2	32.0	28.0	30.3	1.443	0.048	29.1	6
6-4	18.6	12.1	15.3	2.164	0.142	13.5	6
7	25.9	16.0	20.9	3.411	0.163	18.4	7
8-1	28.5	23.6	25.7	1.794	0.070	23.6	6
8-2	33.7	30.0	32.2	1.396	0.043	31.0	6
9-1	27.5	17.5	24.9	3.455	0.139	22.9	10
9-2	39.9	31.0	33.8	2.925	0.086	31.8	8
10-1	26.3	13.5	21.1	4.107	0.195	18	9

有研究表明，挡土结构受到的土压力与其位移大小紧密相关，并可以用双曲线描述，非极限平衡土压力与位移的关系如图 1.7.1 所示。

一般定义挡土结构的位移当向着被支护土体时为正，当远离被支护土体时为负，即

$$p_{\mathrm{p}} - p_0 = \frac{x}{\lambda_1 + \lambda_2 x} \quad 0 < x \leqslant x_{\mathrm{pcr}} \tag{1.7.1}$$

$$p_a - p_0 = \frac{x}{\lambda_3 + \lambda_4 x} \quad x_{acr} \leqslant x < 0 \tag{1.7.2}$$

式中　　p_a，p_p——挡土结构远离和向着被支护土体移动时受到的土压力，即非极限平衡主动位移土压力和非极限平衡被动位移土压力，简称主动位移土压力和被动位移土压力，或统称为位移土压力；

x_{acr}，x_{pcr}——达到主动和被动极限平衡状态时需要的位移；

x——围护结构的实际位移；

λ_1、λ_2、λ_3 和 λ_4——与土的性质有关的参数；

p_0——静止土压力。

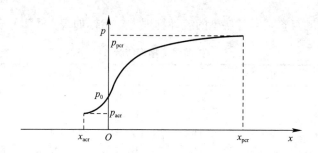

图 1.7.1　非极限平衡土压力与位移的关系

定义 p_{acr} 为极限主动土压力，p_{pcr} 为极限被动土压力，即常规的主动土压力和常规的被动土压力。

当土的变形较小，即挡土结构的位移非常小时，土体处于弹性平衡状态。也即当 $x \to 0^-$ 和 $x \to 0^+$ 时，左右两段曲线的斜率相等且等于基床系数 k 即

$$\lim_{x \to 0^+} \frac{dp_p}{dx} = \lim_{x \to 0^-} \frac{dp_a}{dx} = k \tag{1.7.3}$$

由式 (1.7.1)、式 (1.7.2) 和式 (1.7.3) 得到

$$\lim_{x \to 0^+} \frac{\lambda_1}{(\lambda_1 + \lambda_2 x)^2} = \lim_{x \to 0^-} \frac{\lambda_3}{(\lambda_3 + \lambda_4 x)^2} = k \tag{1.7.4}$$

即

$$\lambda_1 = \lambda_3 = \frac{1}{k} \tag{1.7.5}$$

当 $x \to +\infty$ 时，$p_p = p_{pcr}$，即

$$\lambda_4 = \frac{1}{p_{pcr} - p_0} \tag{1.7.6}$$

同理，当 $x \to -\infty$ 时，$p_a = p_{acr}$，即

$$\lambda_2 = \frac{1}{p_{acr} - p_0} \tag{1.7.7}$$

所以，式 (1.7.1) 和式 (1.7.2) 可以改写为

$$p_p = p_0 + \frac{x}{\dfrac{1}{k} + \dfrac{x}{p_{pcr} - p_0}} \quad 0 < x \leqslant x_{pcr} \tag{1.7.8}$$

$$p_a = p_0 + \cfrac{x}{\cfrac{1}{k} + \cfrac{x}{p_{\mathrm{acr}} - p_0}} \qquad x_{\mathrm{acr}} \leqslant x < 0 \tag{1.7.9}$$

土体本构模型采取的是摩尔—库伦模型，地下连续墙采取的是弹性模型，土体与地下连续墙之间设置接触单元。模型采用二维单元中的高阶单元划分网格，采用计算精度较高且计算过程稳定的四边形单元为主作为土层的有限元网格划分单元。所有模型的力学边界条件采用下方（Y方向）、左右方（X方向）约束，其中基坑模型依据实际施工步骤，设置约束支撑。

考虑到地基土均为粉土、粉质黏土或黏土，且部分土层的物理力学指标非常相近，建模过程中对某些厚度较小、土质均匀、分布稳定的土层进行了合并，土的力学参数取各土层的加权平均值。最后得到的各层土的物理力学指标如表 1.7.3 所示。

各土层的物理力学参数 表 1.7.3

土层名称	重度 γ (kN·m^{-3})	弹性模量 E (MPa)	内摩擦角 φ (°)	黏聚力 c (kPa)	泊松比 ν
土 1	16.5	50.0	30	20.0	0.30
土 2	19.0	20.0	20	10	0.28
土 3	16.9	80.0	33	100	0.35
土 4	23.0	200	35	200	0.25

为了更好地模拟基坑开挖过程中，地下连续墙变形与土压力的关系，二维单层土模型和二维多层土模型的土体高度与基坑深度相一致。其中二维单层土模型选取的土层力学物理参数为土 2，二维多层土模型选取的土层力学物理参数以及土层厚度与基坑选取一致，所建立的二维模型如图 1.7.2 所示。

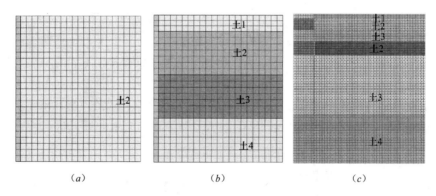

图 1.7.2　位移土压力计算的有限元模型
（a）单层土；（b）多层土；（c）基坑开挖

模型设置挡土墙在 X 方向的位移变化量为自变量，然后提取分析计算得到的土压力为因变量，由计算结果得出单层土与多层土在不同深度处的土压力与位移关系曲线，如图 1.7.3 和图 1.7.4 所示。

从图 1.7.3 可以看出，从曲线的趋势来看单层土的与土压力位移曲线能够较好的符合双曲线型。在 X 方向上位移量相等时，随深度增加，地下连续墙所受的土压力逐渐增大且增加量比较均匀。在被动土压力区域，随深度增加土压力非线性增大，当位移足够大时土压力趋近于一个常数。

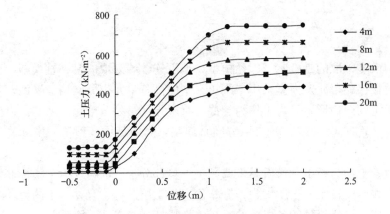

图 1.7.3　单层土不同深度处土压力与位移的关系曲线

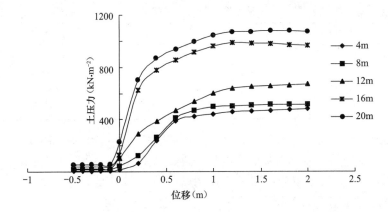

图 1.7.4　多层土不同深度处土压力与位移的关系曲线

从图 1.7.4 可以看出，从曲线的趋势来看多层土的深度与土压力位移曲线能够较好的符合双曲线型。随深度增加，地下连续墙所受的土压力逐渐增大且不同的土层增加量相差较大。在被动土压力区域中，随深度增加线性阶段也随之增加，而主动土压力区别不大。

为了比较单层土和多层土在土压力方面的异同，这里取两者在 4~10mm 之间的力学参数为土 2，提取 5m、9m 处的参数，绘出土压力与位移的关系曲线，进行比较分析，得到图 1.7.5。

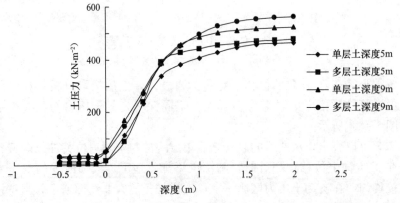

图 1.7.5　深度 5m 与 9m 处单、多层土土压力与位移的关系曲线

由图 1.7.5 可以看出，相同深度、相同节点、相同土质的土压力与位移关系曲线能够较好重合。由此可以认为，在基坑开挖过程中，地下连续墙所受土压力和位移关系曲线也符合双曲线方程。图 1.7.6 是有限元计算与检测结果的关系。

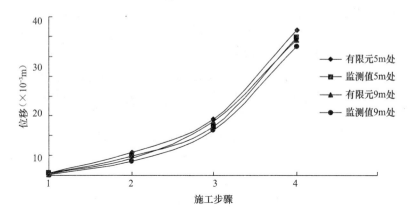

图 1.7.6　有限元计算值与监测值比较

从图 1.7.6 可以看出，有限元计算值与检测值能够较好重合，说明所建立的数值模型能够符合实际工程施工步骤。在实际工程中，挡土结构实际变形很小，有限元计算值与双曲线计算值相差较小。因此得出结论，用简单的数值模型可以代替复杂的基坑开挖工程施工步骤，为研究挡土结构与土压力位移关系节省大量工作，同时可以为类似实际基坑开挖过程中计算土压力与挡土结构的位移关系提供参考依据。图 1.7.7 是有限元计算值与双曲线计算值比较。

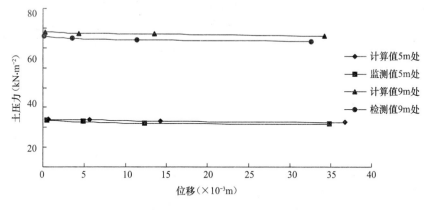

图 1.7.7　有限元计算值与双曲线计算值比较

分析表明随着土层深度的增加，土压力随之增加，水平基床系数随深度增加而增加；单层土与多层土在深度，土质相同的情况下，曲线能够较好重合。在实际工程中，挡土结构水平位移是难以避免的，必须对挡土结构水平位移影响引起足够的重视，如合理安排土方开挖顺序、增大支护结构的厚度等。

1.7.2　钢管柱-桩定位偏差对结构影响的数值模拟

Z1 线文化中心站主体为地下三层三跨现浇钢筋混凝土框架结构，基坑宽度 25.7m，深度约 26.3m，采用盖挖顺做法施工。结构采用一桩一柱，底板以下支承桩采用 $\phi2\,200$ 钻孔灌注桩，设计桩长 35m，共 71 根，底板以上安装 $\phi1000$ 钢管柱（$\delta=20mm$），钢管柱内浇筑 C50 微膨胀混凝土，对盖挖法结构顶板起支撑作用。钢管的焊接件、连接件均采用 20mm 厚的 Q235B 的钢板加工。Midas/GTS 的输入界面既能在基于 CAD 界面直接建立几何模型，也能直接导入 DXF2D/3D（线框）。模型采取的是实体模型，实体单元是利用四节点、六节点和八节点构成的三维实体单元。

先建立二维几何线，再利用扩展功能建立实体模型，考虑到分析基坑开挖对周围土层及建筑物的影响，以及模拟的准确性，基坑外沿向东西两侧各延伸 24m。Z1 线车站地下结构桩-柱结构采取的是"一柱一桩"形式，地下连续墙同时作为支护结构和地下结构的一部分，楼板采用现浇钢筋混凝土结构，其剖面图如图 1.7.8 所示。

土体本构模型采取摩尔-库伦模型，地下连续墙、钢管混凝土柱、桩基础采取的是弹性模型。操作步骤为首先选择操作对象几何体和网格维数，然后在各边界线生成一维网格，接着在各边界面上生成二维网格，最后在实体内部生成三维网格。使用指定重要区域的线的网格尺寸方法是最可靠的方法。与结构网格不同，非结构网格不受几何体形状、构成、分割数量等限制，所以对复杂的任意形状的几何体也可以自由地划分网格。为了使划分的网格共面、共线、共点，利用布尔运算中的并集和实体嵌入功能，使土体分离出钢管混凝土柱和桩基础实体单元。采用实体单元中的高阶单元将模型划分为四面体网格，共得到了 126 398 个单元。

节点边界条件包括约束自由度，用于地基的边界条件；弹性支承用于地基弹簧，弹性连接。单元的边界条件包括刚性连接，释放单元端部约束。这里利用节点边界条件的约束自由度功能。模型的边界采用前后（Y 方向）、左右（X 方向）、底面（X、Y、Z 方向）位移约束条件。钢管混凝土柱与桩基础底端设为扭转约束（Rz 方向）。所建立的模型如图 1.7.9（a）所示，图 1.7.9（b）是其中地下结构部分的单元划分。

为便于对钢管混凝土柱定位偏差类型进行分类，这里把钢管混凝土柱分为 A、B 两列，如图 1.7.10 所示。

根据《钢结构工程施工及验收规范》等，钢管柱立柱中心线和基础中心线允许偏差 $\pm5mm$，同时考虑钢管柱的制作尺寸偏差、支座范围、柱轴线位移等因素，分别设置 5.0mm、10.0mm 和 15.0mm 三种不同的定位偏差值。因此，可以得到八种不同的定位偏差组合，如表 1.7.4 所示。其中"$+$"表示正方向存在定位偏差；"$-$"表示负方向存在定位偏差，"$\times$"表示无偏差。

根据实际施工过程设置模型分析步骤，主要施工过程与步骤如下。

施工步骤一：施工地下连续墙与桩基础以及钢管柱安装，激活重力荷载、边界组，并进行位移清零。

施工步骤二：进行第一个开挖阶段，土方开挖至顶板底，此时使第一个开挖组处于钝化状态。

施工步骤三：整体浇筑中心区域顶板，激活顶板修改单元。

施工步骤四：进行第二个开挖阶段，土方开挖至二层楼板，此时使第二个开挖组处于钝化状态。

施工步骤五：浇筑第二层楼板，激活二层楼板修改单元。

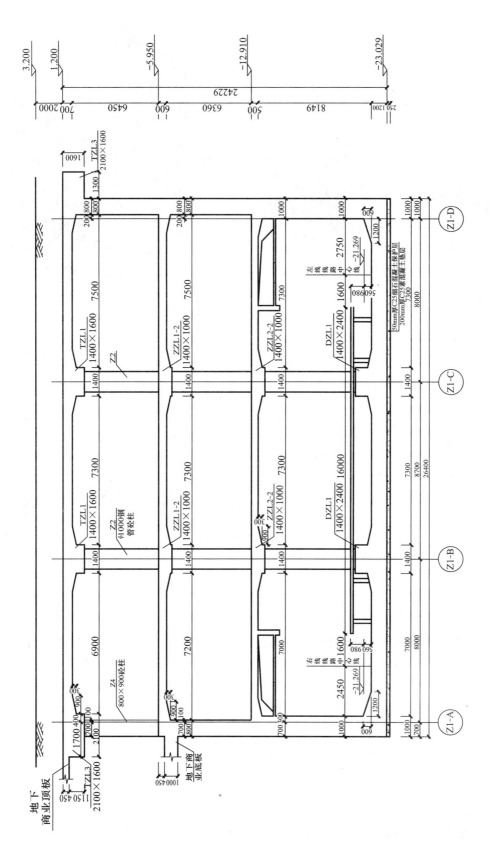

图 1.7.8 Z1线车站剖面图

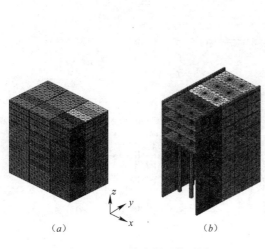

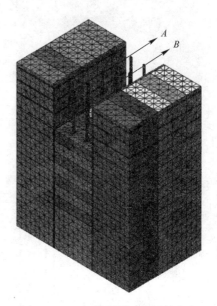

图 1.7.9 三维有限元模型图　　　　　　　　　图 1.7.10 钢管混凝土柱列的定义

(a) 模型；(b) 地下结构部分单元划分

钢管混凝土的定位偏差类型　　　　　　　表 1.7.4

编号	1		2		3		4		5		6		7		8	
柱列	A	B	A	B	A	B	A	B	A	B	A	B	A	B	A	B
X	×	×	+	+	−	×	×	×	×	×	+	×	−	×	+	×
Y	×	×	×	×	+	×	+	+	+	−	×	+	×	+	−	×

施工步骤六：进行第三层开挖阶段，土方开挖至三层楼板，此时使第三个开挖组处于钝化状态。

施工步骤七：浇筑第三层楼板，激活三层楼板修改单元。

施工步骤八：进行第四层开挖阶段，挖土至坑底并浇筑底板，此时使第四个开挖组处于钝化状态。

施工步骤九：浇筑第四层楼板，激活四层楼板修改单元。

岩土的有限元分析模型包含节点、单元、边界条件。节点决定模型的位置，单元决定模型的形状和材料特性，边界条件决定连接状态。岩土分析是为了分析岩土及与岩土连接的结构在荷载作用下的反应。

一般来说，岩土材料都是非线性材料，材料的非线性特性可从岩土的初始条件获得。所谓初始条件，是指施工前的现场条件，也叫原场地条件，其中原场地应力最具代表性。一般来说获得原场地的应力条件后，可得挖掘荷载、材料的剪切强度等。然后在原场地条件下按施工顺序进行全施工阶段分析，施工阶段分析采用累加模型，即每个施工阶段都继承了上一个施工阶段的分析结果，并累加了本施工阶段的分析结果。添加单元和荷载时，只需添加本阶段增加的单元和荷载。进入执行计算阶段，将各个施工步骤设置好，就可以进行计算分析了。分析类型设置为施工阶段，非线性迭代计算方法采取的是牛顿-拉普森法，最大迭代次数设为 20 次，内力范数设为 0.001。

1.7.3 水平位移计算结果分析

计算结果包括位移、应力、内力等成果。鉴于位移和内力是主要控制指标，这里仅列出以上两类数据。计算结果表明，三种偏差值对 Y 方向（即平行地下结构的方向）上的位移影响很小，因此不将其作为分析的重点。每个施工步骤对地下结构的变形影响最大的是开挖步骤，即施工步骤二、施工步骤四、施工步骤六、施工步骤八。将针对七种偏差类型与不存在初始偏差的模型作比较，分析地下结构在四个施工步骤中在 X 方向上位移的差异。图 1.7.11 是地下连续墙 X 方向的位移。

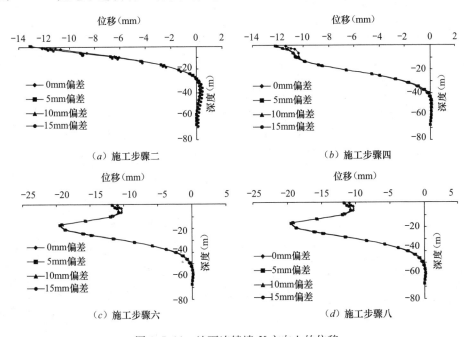

图 1.7.11　地下连续墙 X 方向上的位移

从图 1.7.11 可以看出，四个开挖施工步骤地下连续墙 X 方向上的位移变化，偏差对地下连续墙在 X 方向的总体水平位移变化趋势影响很小。当深度为 $0\sim10\mathrm{m}$ 时，存在偏差与不存在偏差的情况对地下连续墙 X 方向的位移有较明显的区别。可见，偏差对地下连续墙偏向基坑内侧方向位移最大的部位发生在地下连续墙的顶部，大约为 $0.75\mathrm{mm}$；偏差对地下连续墙偏向基坑外侧方向位移最大的部位发生在地下连续墙深度 $30\sim45\mathrm{m}$，为 $0.35\sim0.55\mathrm{mm}$。

模型的差别分析是建立在钢管柱存在各种偏差的基础上的，所以偏差对钢管桩的影响是最大的。下面以每个施工步骤为分析步，针对各个偏差类型对钢管柱 X 方向水平位移的影响进行比较，选取 A 柱列中间的钢管柱进行比较分析。为了图形简单明了，对不同的偏差类型进行编号，如表 1.7.5 所示。

钢管柱列的偏差类型编号　　　　　　　　　　　　　　　　　　　　　表 1.7.5

编　号	类　型
a	A、B 柱列在 X 方向上的定位偏差均为正值
b	A 柱列在 X 方向上的定位偏差为负值，且 B 柱列在 X 方向上的定位偏差为正值
c	A、B 柱列在 Y 方向上的定位偏差均为正值
d	A 柱列在 Y 方向上的定位偏差为正值，且 B 柱列在 Y 方向上的定位偏差为负值

编　号	类　　型
e	A 柱列在 X 方向上的定位偏差为正值，且 B 柱列在 Y 方向上的定位偏差为正值
f	A 柱列在 X 方向上的定位偏差为负值，且 B 柱列在 Y 方向上的定位偏差为正值
g	A 柱列在 X 方向上的定位偏差为正值，且 B 柱列在 X 方向上的定位偏差为负值

从图 1.7.12 可以看出，施工步骤二钢管混凝土柱——X 方向上的位移随深度的变化，七种偏差类型对地下连续墙在 X 方向的总体水平位移变化趋势影响很小，整体上随深度的增加 X 方向的位移变小。

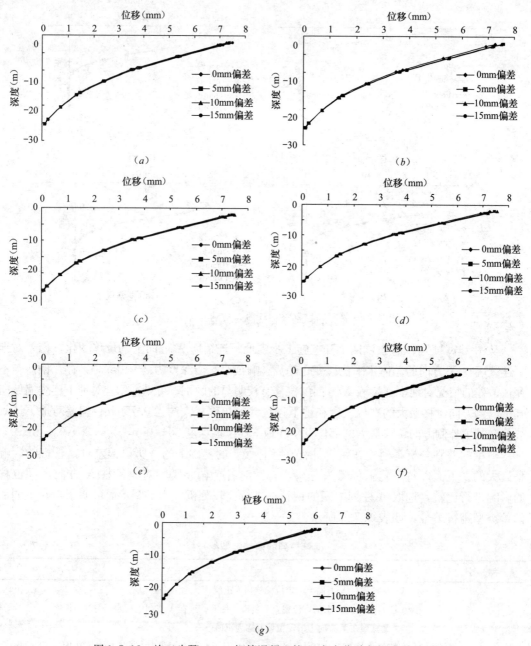

图 1.7.12　施工步骤二——钢管混凝土柱 X 方向位移与深度的关系

不同偏差对钢管混凝土柱 X 方向的位移表现出不同的影响，但整体上呈现随深度的增加 X 方向的位移增加量变小的趋势。当 A、B 柱列在 X 方向上的定位偏差均为正值时，偏差为 15mm 比偏差为 5mm、10mm 时增加的位移都比较大。偏差 5mm 时与偏差 10mm 时对钢管柱 X 方向水平位移相差不大，并且影响比较小，不大于 0.1mm。三种偏差类型对钢管混凝土柱 X 方向水平位移影响相似，偏差值为 5mm、10mm、15mm 时位移增加量与深度的关系曲线基本一致。说明小偏差范围内这三种偏差类型对钢管柱 X 方向位移影响一致，对于柱顶 X 方向上水平位移为 0.2～0.3mm。

当 A 柱列在 Y 方向上的定位偏差为正值且 B 柱列在 Y 方向上的定位偏差为负值时，三个偏差值对钢管柱 X 方向位移增加量相差比较大，偏差越大对钢管柱水平方向位移就越大。

从图 1.7.13 可以看出，施工步骤——四钢管混凝土柱 X 方向上的位移随深度的变化，七种偏差类型对地下连续墙在 X 方向的总体水平位移变化趋势影响主要表现在深度 2～15m 之间，整体上呈现随深度的增加 X 方向的位移变小的趋势。

不同偏差对钢管混凝土柱 X 方向的位移表现出不同的影响，但整体上呈现随深度的增加 X 方向的位移增加量变小的趋势。当 A、B 柱列在 X 方向上的定位偏差均为正值时，深度 2～15m 范围内，钢管柱 X 方向水平位移增量为正值，15m 以下有很小的负值增量；

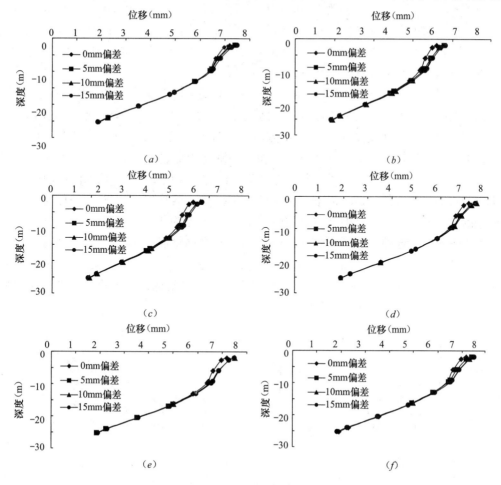

图 1.7.13　施工步骤四——钢管混凝土柱 X 方向位移与深度的关系（一）

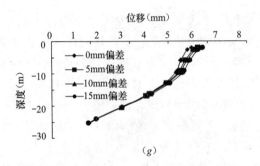

(g)

图 1.7.13 施工步骤四——钢管混凝土柱 X 方向位移与深度的关系（二）

偏差值为 15mm 时比偏差值为 5mm、10mm 时对钢管柱水平位移的影响大，偏差值 5mm 和 10mm 对钢管柱的影响相差不大。

四种偏差类型对钢管混凝土柱 X 方向水平位移影响相似，即三种偏差值影响相差不大，其中当 A 柱列在 Y 方向上的定位偏差为正值且 B 柱列在 Y 方向上的定位偏差为负值对 X 方向水平位移最小。

当 A 柱列在 X 方向上的定位偏差为正值且 B 柱列在 Y 方向上的定位偏差为正值时，偏差为 10mm 和 15mm 与偏差为 5mm 相比，相差比较大，偏差 10mm 与 15mm 对钢管柱 X 方向水平位移的影响基本是相同的。当 A 柱列在 Y 方向上的定位偏差为正值且 B 柱列在 Y 方向上的定位偏差为负值时，三个偏差值对钢管柱 X 方向位移增加量相差比较大，偏差越大对钢管柱水平方向位移就越大。

从图 1.7.14 可以看出，施工步骤六——钢管混凝土柱 X 方向上的位移随深度的变化，七种偏差类型对地下连续墙在 X 方向的总体水平位移变化趋势影响主要表现在深度 2～18m 之间，整体上呈现随深度的增加 X 方向的位移变小的趋势，施工步骤六与施工步骤二、施工步骤四比较，钢管柱 X 方向上的位移差别比较小。

当 A、B 柱列在 X 方向上的定位偏差均为正值时，深度 2～15m 范围内，钢管柱 X 方向水平位移增量为正值，15m 以下有很小的负值增量；钢管柱 X 方向水平位移增加量随着偏差的增大而增加。当 A 柱列在 X 方向上的定位偏差为正值且 B 柱列在 Y 方向上的定位偏差为正值时，偏差 10mm 比偏差 5mm，15mm 对钢管混凝土柱 X 方向位移增加量都要大。当 A 柱列在 X 方向上的定位偏差为负值且 B 柱列在 Y 方向上的定位偏差为正值时，三个偏差值对钢管柱 X 方向位移增加量相差比较大，偏差越大对钢管柱水平方向位移就越大。

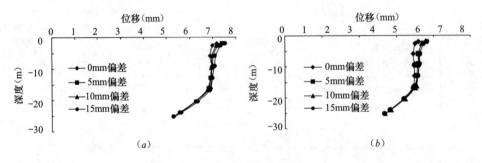

(a)　　　　　　　　　　　(b)

图 1.7.14 施工步骤六——钢管混凝土柱 X 方向位移与深度的关系（一）

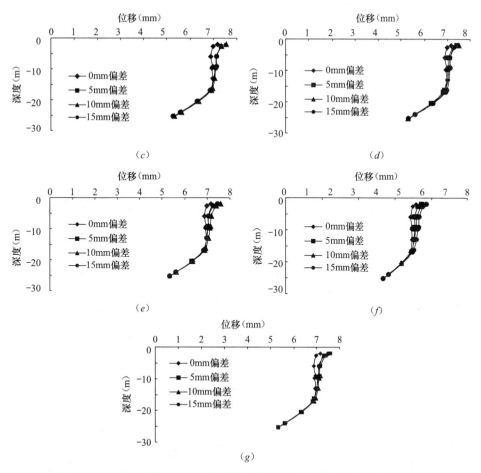

图 1.7.14 施工步骤六——钢管混凝土柱 X 方向位移与深度的关系（二）

从图 1.7.15 可以看出，施工步骤八——钢管混凝土柱 X 方向上的位移随深度的变化，七种偏差类型对地下连续墙在 X 方向的总体水平位移变化趋势影响主要表现在深度 $2 \sim$ 18m 之间，钢管柱底端 X 方向水平位移最大。

可以看出，不同偏差对钢管混凝土柱 X 方向的位移与深度的关系表现出线性关系，当深度 $2 \sim 18$m 时，钢管柱 X 方向水平位移为正值，随深度的增加 X 方向的位移增加量变小，深度 18m 以下为负值，随着深度增加而变大。

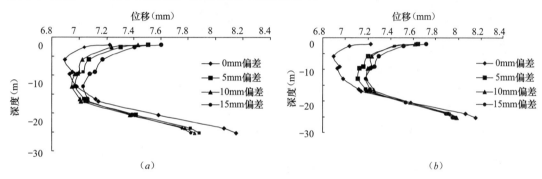

图 1.7.15 施工步骤八——钢管混凝土柱 X 方向位移与深度的关系（一）

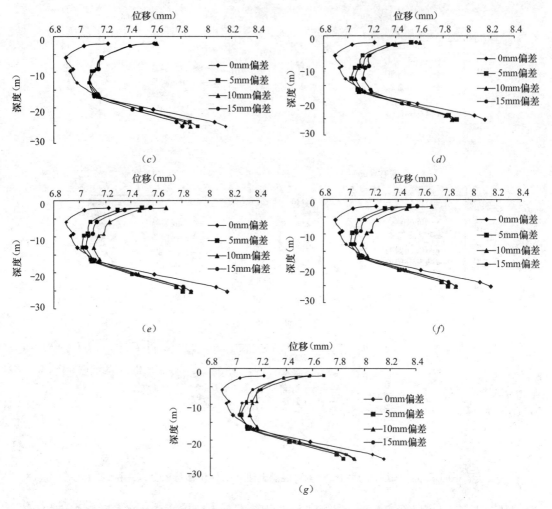

图 1.7.15　施工步骤八——钢管混凝土柱 X 方向位移与深度的关系（二）

　　楼板的变形可能引起楼板裂缝等问题，有的裂缝会影响结构的整体性，降低建筑物的刚度，进而影响结构的承载力。有的裂缝虽对结构影响不大，但会引起局部钢筋锈蚀等问题，降低建筑物构件的使用寿命，或者发生渗漏水而影响正常使用。有的虽然不会影响结构和出现渗漏水等问题，但却破坏了建筑物的美观，使使用者产生不良的心理影响。因此，研究楼板的变形是有必要的。

　　数值分析表明，定位偏差对顶板 X 方向水平位移与横向长度的曲线趋势影响很小，且顶板水平方向的位移增加量呈现出波浪式增加，在横向长度 0m、3m、5m 处为极大值，2m、4m、6m 处为极小值，最大增加量为 1.2mm。

　　由于桩基础在土层深度 25m 以下，深度比较大，上部的土方开挖对桩基础的位移影响度比较小。数据显示，当 A、B 柱列在 X 方向上的定位偏差均为正值时桩基础 X 方向位移增加量是负数，即偏差使桩基础在 X 方向水平位移变小，且随深度的增加而减小，在桩的顶端偏差最明显、相差最大。综合分析表明，几乎所有偏差类型对桩基础在 X 方向上的水平位移的影响基本相同，说明钢管混凝土在偏差范围较小时，对桩基础的水平位移影响是相同的。偏差使桩基础 X 方向位移变小，影响主要体现在施工步骤八中，且随深度增加而变小，其中最大的部位发生在桩基础顶部，大约为 0.35mm。

1.7.4 竖直位移计算结果分析

沉降观测包括地下连续墙沉降、钢管混凝土柱沉降、顶板沉降、周围土体沉降观测，是监测报告中的重要内容。由于钢管混凝土柱的初始偏差可能引起地下结构以及周围土体的沉降是不容忽视的，下面对不同偏差值和偏差类型诱发的沉降进行比较分析。

选取地下连续墙墙顶中心节点为研究对象。为了图表清晰明了，各个不同的偏差类型用编号表示，编号见表 1.7.5。从图 1.7.16 可以看出，施工步骤二的初始定位偏差会引起地下连续墙在 Z 方向上的位移变大，各种不同的定位偏差类型对地下连续墙在 Z 方向上的最终位移影响量基本相同。

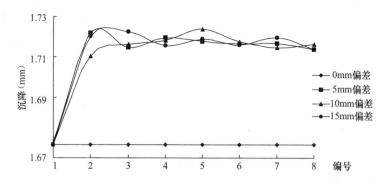

图 1.7.16 不同定位偏差类型条件下施工步骤二地下连续墙墙顶沉降对比

从图 1.7.17 可以看出，当施工步骤四时，初始定位偏差会引起地下连续墙在 Z 方向上的位移变大，各种不同的定位偏差类型对地下连续墙在 Z 方向上的最终位移影响不一，偏差为 5mm 时，Z 方向的位移增加量在 A、B 柱列在 Y 方向上的定位偏差均为正值时增加量为最大；偏差为 10mm 时，Z 方向的位移增加量在 A 柱列在 Y 方向上的定位偏差为正值且 B 柱列在 Y 方向上的定位偏差为负值、A 柱列在 X 方向上的定位偏差为正值且 B 柱列在 X 方向上的定位偏差为负值时增加量为最大；偏差为 15mm 时，Z 方向的位移增加量在 A、B 柱列在 X 方向上的定位偏差均为正值、A 柱列在 X 方向上的定位偏差为负值且 B 柱列在 X 方向上的定位偏差为正值、A 柱列在 X 方向上的定位偏差为负值且 B 柱列在 Y 方向上的定位偏差为正值时增加量为最大。

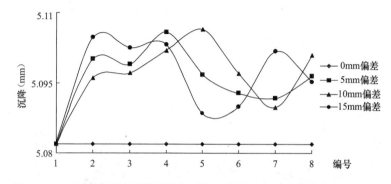

图 1.7.17 不同定位偏差类型条件下施工步骤四地下连续墙墙顶沉降对比

从图 1.7.18 可以看出，当施工步骤六时，初始定位偏差会引起地下连续墙在 Z 方向上的位移变小，各种不同的定位偏差类型对地下连续墙在 Z 方向上的最终位移影响量基本相同。

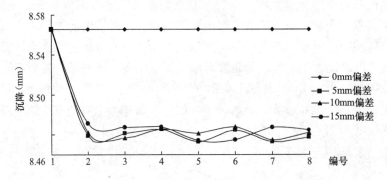

图 1.7.18 不同定位偏差类型条件下施工步骤六地下连续墙墙顶沉降对比

从图 1.7.19 可以看出，当施工步骤八时，初始定位偏差会引起地下连续墙在 Z 方向上的位移变小，各种不同的定位偏差类型对地下连续墙在 Z 方向上的最终位移影响量基本相同。

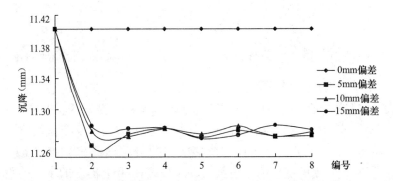

图 1.7.19 不同定位偏差类型条件下施工步骤八地下连续墙墙顶沉降对比

从图 1.7.20 可以看出，当施工步骤二时，钢管混凝土是向下沉降的，初始定位偏差会引起钢管混凝土柱柱顶在 Z 方向上向下沉降变大，当偏差类型为 A、B 柱列在 X 方向上的定位偏差均为正值，A、B 柱列在 Y 方向上的定位偏差均为正值，A 柱列在 X 方向上的定位偏差为正值且 B 柱列在 Y 方向上的定位偏差为正值时，位移增加量基本相等；当偏

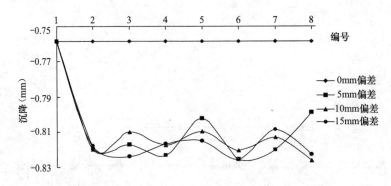

图 1.7.20 不同定位偏差类型条件下施工步骤二钢管混凝土柱柱顶沉降对比

差类型为 A 柱列在 X 方向上的定位偏差为负值且 B 柱列在 X 方向上的定位偏差为正值、A 柱列在 Y 方向上的定位偏差为正值且 B 柱列在 Y 方向上的定位偏差为负值时，偏差 15mm 竖直方向位移增加量最大；当偏差类型为 A 柱列在 X 方向上的定位偏差为负值且 B 柱列在 Y 方向上的定位偏差为正值时，偏差 5mm 竖直方向位移增加量最大；当偏差类型为 A 柱列在 X 方向上的定位偏差为正值且 B 柱列在 X 方向上的定位偏差为负值时，偏差为 10mm 竖直方向位移增加量最大。

从图 1.7.21 可以看出，当施工步骤四时，钢管混凝土是向上上升的，初始定位偏差会引起钢管混凝土柱柱顶在 Z 方向上向下沉降，当偏差类型为 A、B 柱列在 X 方向上的定位偏差均为正值、A 柱列在 X 方向上的定位偏差为负值且 B 柱列在 X 方向上的定位偏差为正值、A 柱列在 X 方向上的定位偏差为正值且 B 柱列在 Y 方向上的定位偏差为正值、A 柱列在 X 方向上的定位偏差为负值且 B 柱列在 Y 方向上的定位偏差为正值、A 柱列在 X 方向上的定位偏差为正值且 B 柱列在 X 方向上的定位偏差为负值时，竖直方向位移增加量基本相等，当偏差类型为 A 柱列在 Y 方向上的定位偏差为正值且 B 柱列在 Y 方向上的定位偏差为负值时，偏差 5mm 竖直方向位移减小量最大，当偏差类型为 A、B 柱列在 Y 方向上的定位偏差均为正值时，偏差为 10mm 竖直方向位移减小量最大。

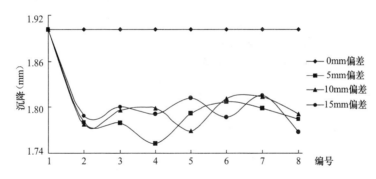

图 1.7.21　不同定位偏差类型条件下施工步骤四钢管混凝土柱柱顶沉降对比

从图 1.7.22 可以看出，当施工步骤六时，钢管混凝土是向上上升的，初始定位偏差会引起钢管混凝土柱柱顶在 Z 方向上向下沉降，各种不同的定位偏差类型对地下连续墙在 Z 方向上的最终位移基本重合，当偏差类型为 A、B 柱列在 Y 方向上的定位偏差均为正值时，偏差 5mm 竖直方向位移减小量最大。

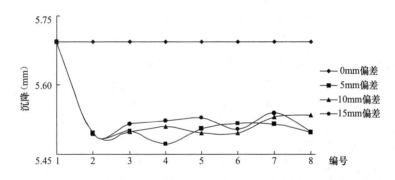

图 1.7.22　不同定位偏差类型条件下施工步骤六钢管混凝土柱柱顶沉降对比

从图 1.7.23 可以看出，当施工步骤八时，钢管混凝土是向上上升的，初始定位偏差会引起钢管混凝土柱柱顶在 Z 方向上向下沉降，各种不同的定位偏差类型对钢管混凝土柱在 Z 方向上的最终位移基本重合，当偏差类型为 A 柱列在 X 方向上的定位偏差为正值且 B 柱列在 X 方向上的定位偏差为负值时，偏差为 15mm 竖直方向位移减小量最大。

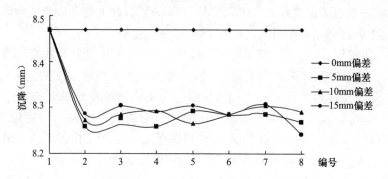

图 1.7.23　不同定位偏差类型条件下施工步骤八钢管混凝土柱柱顶沉降对比

1.7.5　应力计算结果分析

计算结果表明，三种偏差值对 Y 方向（即平行地下结构的方向）上的应力影响很小，对地下结构 X 方向、Z 方向正应力的影响也不大。以地下连续墙墙顶为研究对象。从图 1.7.24 可以看出，当施工步骤八时，初始定位偏差会引起地下连续墙在 X 方向上的正应力变小，各种不同的定位偏差类型对地下连续墙在 X 方向上的最终正应力影响量基本相同。

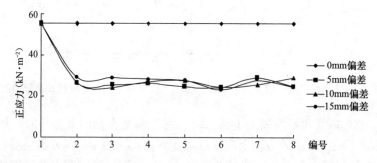

图 1.7.24　不同定位偏差类型条件下施工步骤八地下连续墙 X 方向正应力对比

从图 1.7.24 可以看出，当施工步骤八时，A、B 柱列在 X 方向上的定位偏差均为正值、A 柱列在 Y 方向上的定位偏差为正值且 B 柱列在 Y 方向上的定位偏差为负值、A 柱列在 X 方向上的定位偏差为正值且 B 柱列在 Y 方向上的定位偏差为正值、A 柱列在 X 方向上的定位偏差为负值且 B 柱列在 Y 方向上的定位偏差为正值、A 柱列在 X 方向上的定位偏差为正值且 B 柱列在 X 方向上的定位偏差为负值时存在初始定位偏差会引起钢管柱在 X 方向上的正应力变小，且三种不同的偏差值对正应力影响量相差不大。

A 柱列在 X 方向上的定位偏差为负值且 B 柱列在 X 方向上的定位偏差为正值存在初始偏差时，初始定位偏差会引起钢管柱在 X 方向上的正应力变小，且随着偏差值增大，影响量变小。A、B 柱列在 Y 方向上的定位偏差均为正值时，几乎对钢管柱 X 方向正应力没有什么影响。各种不同的定位偏差类型对钢管柱在 X 方向上的最终正应力影响量基本相同。

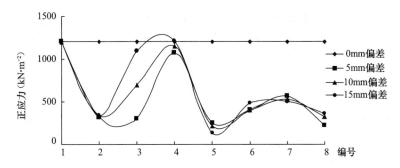

图 1.7.25　不同定位偏差类型条件下施工步骤八钢管柱 X 方向正应力对比

从图 1.7.26 可以看出，当施工步骤八时，A 柱列在 X 方向上的定位偏差为负值且 B 柱列在 X 方向上的定位偏差为正值，A、B 柱列在 Y 方向上的定位偏差均为正值，A 柱列在 Y 方向上的定位偏差为正值且 B 柱列在 Y 方向上的定位偏差为负值，A 柱列在 X 方向上的定位偏差为正值且 B 柱列在 Y 方向上的定位偏差为正值，A 柱列在 X 方向上的定位偏差为正值且 B 柱列在 X 方向上的定位偏差为负值时存在初始定位偏差会引起顶板在 X 方向上的正应力变大，且三种不同的偏差值对正应力影响量相差不大。

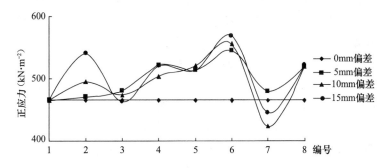

图 1.7.26　不同定位偏差类型条件下施工步骤八顶板 X 方向正应力对比

其中 A 柱列在 X 方向上的定位偏差为负值且 B 柱列在 X 方向上的定位偏差为正值几乎对顶板 X 方向正应力没有什么影响。A、B 柱列在 X 方向上的定位偏差均为正值存在初始定位偏差会引起周围顶板在 X 方向上的正应力变大，且随着偏差值增大，影响量变大。A 柱列在 X 方向上的定位偏差为负值且 B 柱列在 Y 方向上的定位偏差为正值，偏差值 5mm 时顶板在 X 方向上正应力变大，10mm、15mm 时顶板在 X 方向上正应力变小。

计算结果表明，不同偏差值对本工程 Y 方向（即平行地下结构的方向）上的位移影响很小，对 X 方向（即垂直地下结构的方向）、竖直方向（沉降）影响比较大。不同的偏差类型对地下连续墙在 X 方向上的水平位移影响基本相同，说明钢管混凝土在初始偏差范围较小时，对地下连续墙的水平位移影响是相同的。初始偏差对地下连续墙偏向基坑内侧方向位移最大的部位发生在地下连续墙的顶部，大约为 0.75mm 且随基坑开挖深度的增加，初始偏差对其影响量基本不变；偏差对地下连续墙偏向基坑外侧方向位移最大的部位发生在地下连续墙深度 30～45m，为 0.35～0.55mm 且随基坑开挖深度的增加，初始偏差对其影响量逐渐变大。随着基坑开挖深度的不断增加，初始偏差对钢管混凝土柱在 X 方向上的水平位移的影响总体趋势是随深度的增加而变小，柱顶位移增加量随开挖深度增加而增加。但不同的偏差类型在不同的偏差值情况下表现出不同的。

初始定位偏差对顶板 X 方向水平位移与横向长度的曲线趋势影响很小，不同的偏差类型对顶板在 X 方向水平位移的增加量趋势也基本相同，增加量大小有一定的差距，其中增加量最大的是 A、B 柱列在 Y 方向上的定位偏差均为正值、A 柱列在 X 方向上的定位偏差为正值且 B 柱列在 X 方向上的定位偏差为负值时为 1.7mm，A 柱列在 X 方向上的定位偏差为负值且 B 柱列在 Y 方向上的定位偏差为正值时为 1.5mm。不同的偏差类型对桩基础在 X 方向上的水平位移影响基本相同，说明钢管混凝土在偏差范围较小时，对桩基础的水平位移影响是相同的。偏差使桩基础 X 方向位移变小，影响主要体现在第四层土开挖时，且随深度增加而变小，其中最大的部位发生在桩基础顶部，大约为 0.55mm。在开挖第一、二层土时，初始偏差使地下连续墙墙顶竖向位移变大、在开挖第三、四层土时，初始偏差使地下连续墙墙顶竖向位移变小，总体上不同的偏差类型对地下连续墙墙顶的沉降量的影响相差不大。在开挖第一层土时，初始偏差使钢管混凝土柱柱顶沉降量变大，不同的偏差类型对柱顶的沉降量影响程度相差不大；开挖第二、三、四层土时，初始偏差使钢管混凝土柱柱顶沉降量变小，不同的偏差类型对柱顶的沉降量影响程度相差不大。随着基坑土方开挖的进行，顶板中心沉降量逐渐变大，各种偏差类型对顶板中心的沉降影响趋势是相同的，不同的偏差类型对顶板中心的沉降影响是不同的。当偏差类型 A、B 柱列在 X 方向上的定位偏差均为正值时，偏差 5mm 和偏差 10mm 对顶板中心沉降增加量基本相等，比偏差为 15mm 时的增加量大；当偏差类型 A 柱列在 X 方向上的定位偏差为负值且 B 柱列在 X 方向上的定位偏差为正值时，偏差 5mm 和偏差 10mm 对顶板中心沉降增加量不大，偏差 15mm 时沉降量变小；当偏差类型为 A、B 柱列在 Y 方向上的定位偏差均为正值时，三种偏差值对顶板中心沉降量没有影响；当偏差类型为 A 柱列在 Y 方向上的定位偏差为正值且 B 柱列在 Y 方向上的定位偏差为负值时，偏差 5mm 和偏差 10mm 使顶板中心沉降变小且基本相等，偏差 15mm 时使顶板中心沉降量变大；当偏差类型为 A 柱列在 X 方向上的定位偏差为正值且 B 柱列在 Y 方向上的定位偏差为正值时，偏差 5mm 和偏差 15mm 对顶板中心增加量基本相等，比偏差 10mm 增加量大；当偏差类型为 A 柱列在 X 方向上的定位偏差为负值且 B 柱列在 Y 方向上的定位偏差为正值时，三种偏差值对顶板中心沉降增加量基本相同；当偏差类型为 A 柱列在 X 方向上的定位偏差为正值且 B 柱列在 X 方向上的定位偏差为负值时，偏差值为 5mm 增加量最大，偏差值 10mm 增加量最小。初始偏差使周围土层的沉降量变大且随着基坑深度的开挖对沉降的影响也越来越大，不同的偏差类型对周围土层沉降的影响趋势基本一致。

初始定位偏差会引起地下连续墙在 X 方向上的正应力变小、Y 方向的正应力变大。各种不同的定位偏差类型对地下连续墙最终正应力影响量基本相同。A 柱列在 X 方向上的定位偏差为负值且 B 柱列在 X 方向上的定位偏差为正值存在初始偏差时，初始定位偏差会引起钢管柱在 X 方向上的正应力变小，且随着偏差值增大，影响量变小。A、B 柱列在 Y 方向上的定位偏差均为正值时，几乎对钢管柱 X 方向正应力没有什么影响。其他偏差类型存在初始定位偏差会引起周围土体在 X 方向上的正应力变小，且三种不同的偏差值对正应力影响量相差不大。各种不同的定位偏差类型对钢管柱在 X 方向上的最终正应力影响量基本相同。

A 柱列在 X 方向上的定位偏差为负值且 B 柱列在 X 方向上的定位偏差为正值存在初

始偏差时，初始定位偏差会引起钢管柱在 Z 方向上的正应力变小，且随着偏差值增大，影响量变大。其他偏差类型存在初始定位偏差会引起钢管柱在 Z 方向上的正应力变大，且三种不同的偏差值对正应力影响量相差不大。

A、B 柱列在 X 方向上的定位偏差均为正值存在初始定位偏差会引起顶板在 X 方向上的正应力变大，且随着偏差值增大，影响量变大。A 柱列在 X 方向上的定位偏差为负值且 B 柱列在 Y 方向上的定位偏差为正值，偏差值 5mm 时顶板在 X 方向上正应力变大，10mm、15mm 时顶板在 X 方向上正应力变小。其他偏差类型存在初始定位偏差会引起顶板在 X 方向上的正应力变大，且三种不同的偏差值对正应力影响量相差不大。初始定位偏差会引起周围土体正应力变大，各种不同的定位偏差类型对周围土体最终正应力影响量基本相同。

1.8 小结

1.8.1 定位技术研究方面

在汲取最新文献成果的基础上，进行实际工程的参观和考察，详细研究了最新精确安装技术，借鉴类似工程的经验教训，对目前常用的钢管柱定位方法进行了对比分析和现场研究。结合天津工程地质条件和水文地质条件，从定位平台的设计、测量控制、混凝土导管浇筑、施工顺序等方面提出了改进措施。研究认为，天津地区值得推荐和推广的钢管柱定位方法是螺旋千斤顶定位方法。该方法通过调节和固定螺旋千斤顶，使钢管柱中心与激光投影点重合，从而达到高精度控制的目的。该定位方法涉及钢管柱混凝土的浇筑、螺旋千斤顶调整、定位平台安装、激光垂准仪和全站仪的应用等不同环节，是一个可靠度较高的钢管混凝土柱施工工艺。结合天津工程地质条件的区域特点、施工条件等因素，进一步细化了该工法的实施步骤和注意事项。归纳后的方法具有操作简单、施工效率高、成本低、安装精度高且安全风险小等特点。

1.8.2 定位平台及灌注混凝土引起的位置偏差影响因素分析方面

研制定位平台，对其受力情况进行分析。考虑到在混凝土灌注过程中钢管柱受到的扰动是不可避免的，建立了钢管柱浇筑过程中的有限元模型。利用 Midas/GTS 布尔运算中的并集和实体嵌入功能，得到了共面、共线、共点网格，使土体分离出钢管混凝土柱和桩基础实体单元。采用实体单元的高阶单元将模型划分为四面体网格，利用析取单元方法生成了钢管混凝土柱。计算表明，钢管柱的共振频率约为 150Hz。根据施工过程设置分析步，将混凝土分六段浇筑。研究表明，在钢管桩上部混凝土浇筑过程中，钢管柱受到的应力、变形较小，但有一定程度的位移，可以借助于螺旋千斤顶予以调整。

1.8.3 施工过程数值模拟方面

考虑制作误差和安装误差等原因，建立了文化广场 Z1 线地铁车站盖挖逆作法二维有限元模型，对挡土结构位移土压力曲线进行了分析，在此基础上，建立了盖挖逆作法三维有限元模型，对桩柱存在不同初始偏差情况下施工过程中各部位的响应进行了研究。研究表明，当偏差的绝对数值控制在规范许可的范围内时，不同偏差类型对地下连续墙、桩基础、钢管混凝土、地下结构各层楼板以及地基土位移、应力的影响基本相同，且数值较小。随着开挖的进行，初始偏差对钢管混凝土柱在 X 方向上的水平位移的影响总体趋势随深度的增加而变小，柱顶位移增加量随开挖深度增加而增加。在开挖第一、二层土时，初始偏差使地下连续墙墙顶竖向位移变大，在开挖第三、四层土时，初始偏差使地下连续墙墙顶竖向位移变小，但不同偏差类型对地下连续墙墙顶沉降量的影响相差不大。随基坑开挖，顶板中心沉降量逐渐变大，各种偏差类型对顶板中心的沉降影响趋势基本相同，而不同偏差类型对顶板中心的沉降影响稍有不同。

参 考 文 献

[1] 刘国彬，王卫东. 基坑工程手册（第2版）[M]. 北京：中国建筑工业出版社，2009.

[2] 郑念屏. PHC管桩在填石层的应用[J]. 工业建筑，2007，3（3）：17-21.

[3] 关宝树. 隧道施工要点集[M]. 北京：人民交通出版社，2003.

[4] 韦伟鸿，田才煜，黄建彰，等. 钢管柱高抛自密实混凝土浇筑工艺的足尺试验研究[J]. 工程质量，2010，28（4）：60-64.

[5] 胡曙光，丁庆军. 钢管混凝土[M]. 北京：人民交通出版社，2007.

[6] 黄辉. 圆柱形钢管混凝土柱三维的解析解[J]. 铁道工程学报，2009，1（9）：36-41.

[7] 钟善. 钢管混凝土结构[M]. 北京：清华大学出版社，2004.

[8] 田宏伟，赵均海，魏锦. 圆钢管混凝土轴压长柱的极限承载力[J]. 建筑科学与工程学报，2007，2（2）：74-79.

[9] 韦伟鸿，田才煜，黄建彰，等. 钢管柱高抛自密实混凝土浇筑工艺的足尺试验研究[J]. 工程质量，2010，28（4）：14-21.

[10] 戎君明. 高抛免振自密实混凝土. 工业建筑[J]. 2002，15（6）：19-23.

[11] 钟善桐. 钢管混凝土结构（第三版）[M]. 北京：清华大学出版社，2003.

[12] 林海. 钢管混凝土结构理论与实践[M]. 北京：科学出版社，2001.

[13] 吴光建，赵东明，叶强. 珠海华银广场钢管混凝土柱施工[J]. 建筑技术，2001，9（2）：29-36.

[14] 建筑桩基技术规范 JGJ 94—2008 [S]. 北京：中国建筑工业出版社，2008.

[15] 廖秋林，江绍忠，许宁，等. 超深逆作钢管柱垂直度控制施工技术[J]. 工程质量，2010，28（1）：21-25，29.

[16] 韩林海，杨有福. 现代钢管混凝土结构技术[M]. 北京：中国建筑工业出版社，2007.

[17] 臧德胜. 钢管混凝土支架的工程应用研究[J]. 岩土工程学报，2001，4（3）：342-344.

[18] 沈忠星，权大桥，陶金华，等. 地下室结构梁兼深基坑水平支撑梁逆作施工工法的应用[J]. 工程质量，2009，27（7）：31-36.

[19] 徐至钧，赵锡宏. 深基坑支护设计理论与技术新进展逆作法设计与施工[M]. 北京：机械工业出版社，2002.

[20] 张锋. 广州兴业大厦大直径钢管混凝土柱施工技术[J]. 建筑施工，2003，25（1）：29-30.

第 2 章　多层富水地层中超深地下连续墙最优施工工序和施工技术研究及应用

2.1　绪论

2.1.1　研究背景与意义

目前，随着天津市经济的快速发展，城市化步伐的加快，城市用地愈发紧张，同时随着城市人口的不断增加，还出现了出行难、停车难等交通难题。因此，在密集城市中心，结合城市建设和改造开发大型地下空间、发展地下轨道交通已经成为一种必然。近年来，诸如高层、超高层建筑的多层地下室、地下铁道及地下车站、地下道路、地下停车场、地下街道、地下商场、地下医院、地下变电站、地下仓库、地下民防工事以及多种地下民用和工业设施等地下工程不断涌现。在天津地区，对于埋深较浅的地下工程，基坑开挖多采用围护桩作为临时挡土结构，同时采用水泥搅拌桩作为止水帷幕。随着多层地下室、地下停车场、地下交通换乘枢纽的出现，基坑开挖深度不断增加，对于此类埋深较大的地下工程，则需要采用刚度较大的地下连续墙作为围护结构。

地下连续墙技术是根据打井和石油钻井所用膨润土泥浆护壁以及水下浇筑混凝土施工方法而发展起来的。其方法是在地下挖一段狭长的深槽，将钢筋笼吊入槽内，再浇筑混凝土，筑成一段钢筋混凝土墙段，最后把这些墙段逐一连接起来构成连续的地下连续墙壁。在欧美国家其被称为"混凝土地下连续墙"或"泥浆墙"，在日本则称之为"地下连续壁"或"连续地中壁"。地下连续墙最初多以防渗墙的形式用于水利工程，但由于其具有良好的挡水、挡土、承重性能，其应用逐渐扩大到城市地下工程领域。在某些地下工程中，地下连续墙被同时用作防水、挡土的两墙合一的临时结构，而从经济角度考虑，多数工程将其作为防水、挡土、承重三墙合一的永久性地下结构。

天津市自 20 世纪 70 年代末期引进地下连续墙施工技术以来，地下连续墙在城市地下工程中的应用范围不断扩大，而且地下连续墙的厚度和深度也不断增加，例如天津站交通枢纽工程地下连续墙厚 1.2m，深 53m；海河隧道地下连续墙厚 1.2m，深 52.5m；滨海新区于家堡交通枢纽地下连续墙厚 1.2m；深 61m，天津文化中心交通枢纽地下连续墙厚 1m，深 66.5m。一般来说深度超过 50m 的地下连续墙可称之为超深地下连续墙。超深地下连续墙因为深度大，要穿越多种地层，同时还要穿过多层地下水，甚至还要截断承压水，因此相比普通地下连续墙，超深地下连续墙的施工存在工程地质条件复杂，不利槽壁稳定；成槽深度大，垂直度要求更高；钢筋笼起吊重量大，长度高，下放时间长，安全风险高等问题。因此有必要对现有地下连续墙的施工工艺进行改进及创新，以满足超深地下连续墙的施工要求。

天津市文化中心 Z1 线文化中心站为地下三层三跨现浇钢筋混凝土框架结构，基坑宽度 25.7m，深度 26.3m，车站全长 323m，采用盖挖法施工，围护结构选用地下连续墙，厚度 1m，最大深度 66.5m，钢筋笼长度 62.5m，重约 89t，是目前天津市地下连续墙成槽最大深度。在成槽深度范围内包括有杂填土层、黏土层、粉土层和粉砂层，中间还要穿越潜水层、第 1 承压水层和第 2 承压水层，水文地质条件复杂，没有经验可循，采取何种施工工艺和技术措施保证地下连续墙顺利成槽、钢筋笼下放和成墙质量成为技术难题。因此，对超深地下连续墙施工工艺和技术措施进行科学研究，有效解决超深地下连续墙施工过程中出现的问题，保证 Z1 线文化中心站超深地下连续墙的顺利施工成为本文研究的内容。同时，随着天津轨道交通的迅速发展，在多条地铁交汇的换乘车站还需要建设更多的深度超过 70m 的地下连续墙。因此，在总结 Z1 线文化中心站超深地下连续墙施工经验的基础上，结合天津市其他工程超深地下连续墙施工经验，编写适用于天津地区的超深地下连续墙施工工法，可安全、有效的保证多层富水地层中超深地下连续墙的顺利施工，为今后类似工程提供参考。

2.1.2 国内外研究概况

1. 国外地下连续墙施工技术的发展概述

地下连续墙施工方法起源于欧洲。1920 年德国开始用此方法施工并获得专利，1921 年发表了泥浆开挖技术报告，1929 年正式使用膨润土制作泥浆。20 世纪 50 年代意大利米兰以连锁钻孔方式成墙的地下连续墙获得成功（最初称为米兰法），1950 年最早出现在意大利实施的两项工程，SantaMa 北大坝下深达 40m 的防渗墙和 Venafro 附近的储水池及引水工程中深达 35m 的防渗墙，后来在意大利全国各地地下工程中得到推广和应用。随后地下连续墙技术随着二战结束后经济大发展的脚步取得了惊人的发展，包括挖槽机械、施工工艺、膨润土泥浆在基础工程中的应用。1954 年，真正的地下连续墙"槽板式"开发成功，20 世纪 50 年代法国正式使用该法施工，到 1968 年就达到 $1.0 \times 10^6 \mathrm{m}^3$，然后，联邦德国、比利时、瑞士、美国、东欧国家、俄罗斯、澳大利亚和东南亚各国等也相继采用。地下连续墙施工工艺也随之有了很大改进，创造了许多新技术，如意大利采用导板抓斗和冲击钻成槽的伊科斯（ICOS）法、单斗挖槽的埃尔塞（ELSE）法、法国的冲击回转钻机成槽的索列汤舍（Soletanche）法、联邦德国的反循环法等。进入 60 年代以后，各国大力改进和研究成槽机械和配套设备，以便提高地下连续墙的施工效率，向着更深更复杂的目标进军。目前，欧洲以德国、意大利和法国在这个行业中的实力最雄厚且竞争力最强，现在最先进的挖槽机械——液压抓斗和双轮铣产自德国和意大利。加拿大则致力于在水电开发中大量使用地下防渗墙，建成的地下防渗墙（马尼克-3），深达 131m。美国盛行泥浆槽法地下连续墙，常常用开挖料与水泥混合物来建造临时的或永久的防渗墙。英国则把预应力技术引用在地下连续墙工程中。

日本于 1959 年开始引进这一新技术，并结合具体国情，研制成功许多新工艺、新方法，如多头切削式 BW 工法、双头滚刀式成槽机 TBW 法、凿刨式成槽机 TM 法等。日本地下连续墙施工技术的发展可分为两个飞跃阶段。第一阶段是 20 世纪 80 年代以后，由于日本大量从海外进口液化天然气燃料（简称 LNG），需要建造许多大型的 LNG 地下储藏罐，因此当时利用地下连续墙以挡土壁、止水壁的形式应用于大型 LNG 地下储藏罐建设，使得地下连续墙一跃达到了壁厚 1.2m、深度 100m 左右的大型化程度，与此同时，施工精度、安定液等管理技术也有实质性的发展。第二阶段是 1986 年以后，针对东京湾横断道路工程，研究开发了壁厚达 3.2m，深度达 170m 的超大型地下连续墙施工技术。施工实例有东京湾横断道路川崎人工岛地下连续墙工程，壁厚达 2.8m，而日本建设省关东地方建设局外郭放水路立坑，深度达 140m。随着城市的日益密集化以及地下工程不断开发，相邻工程日益增多，地下利用也不断大深度化，因此大深度、大壁厚的地下连续墙施工技术在日本城市大规模土木工程建设中，得到非常广泛的应用。

2. 国内地下连续墙施工技术的发展与现状

地下连续墙技术于 20 世纪 50 年代末期被引入我国，同样首次在水利水电工程中采用了地下连续墙技术。我国水电部门在 1958 年首次应用桩排式混凝土地下连续墙作为防渗芯墙获得成功，其后在数十项水利工程中使用地下连续墙工法建造了蓄水库大坝的防渗墙，取得了良好的技术和经济效果。1958 年在湖北省明山水库创造了连锁管柱防渗墙施工方法。同年在山东省青岛月子口水库用这种办法在砂砾石地基中首次建成了桩柱式防渗墙，共完成直径 0.6m 的桩柱 959 根，在土坝的坝踵形成了一道长 472m，深 20m，有效厚度 0.43m 的混凝土防渗墙。1959 年，北京市密云水库创造出一套以钻劈法建造槽孔的新方法，仅用 7 个月就修建了一道长 953m，深 44m，厚 0.8m 的槽孔式混凝土连续墙，截水面积达 1.9 万 m²。这道连续墙的建成开创了我国地下连续墙的先河，钻劈法成为我国至今仍在使用的传统施工方法。20 世纪 60 年代后期，许多地质条件差的工程都纷纷采用了混凝土连续墙方案。如四川岷江上的映秀湾水电站闸基防渗墙和渔子溪一级水电站闸基防渗墙。这些防渗墙的建成，为在山区河谷的大粒径漂卵石地层中修建防渗墙积累了经验，标志着我国连续墙施工技术达到了一个新的水平。此后，我国陆续建设了一批国家中特大型水利枢纽工程，如：20 世纪 70 年代末到 80 年代初建成的葛洲坝水利枢纽，该坝大江围堰采用混凝土连续墙作为防渗体，连续墙最大深度为 47.3m，厚 0.8m，总面积 74421m²，其规模仅次于长江三峡工程围堰防渗墙。且在该坝体的建设中实现了多个"第一"：第一次将日本液压导板抓斗挖槽法运用在我国地下连续墙建设中；第一次进行了用拔管法施工连续墙接头的试验。1998 年建成的小浪底主坝防渗墙是迄今我国墙体材料强度最高的混凝土防渗墙。小浪底主坝防渗连续墙深 81.9m，墙厚 1.2m，右岸部分防渗面积 10541m²，墙体混凝土设计强度 35MPa。到目前为止，水利水电系统已经建成地下连续墙约 90 万 m²。

鉴于地下连续墙可以用来作为集挡土、防水和承重于一身的"三合一"结构。地下连续墙也在工业、民用等诸多领域中得到广泛应用。20 世纪 70 年代末，地下连续墙技术在上海、天津、广州、福州等沿海城市地下工程施工中得到应用，并不断发展和完善。上海近年来开挖深度在 10m 以上的深大基坑，绝大多数都采用地下连续墙作为围护结构的护墙。其中金茂大厦地下连续墙深 38m，墙厚 1.0m；环球金融中心墙深 31.5m、墙厚 1.0～1.2m；世博 500kV 地下变电站墙深 57.5m，厚 1.2m。天津近年来的高层建筑如津塔塔楼区开挖深度 22.1m，地下连续墙深 45.8m，厚 1.0m。除此之外，地下连续墙还日益广泛用于建造桥梁的基础和悬索锚定墩、盾构法隧道施工工作井，工业用池等地下设施。如阳逻长江大桥南锚锭地下连续墙采用利勃海尔 HD852 液压抓斗成槽机和法国 HF1200 铣槽机抓铣结合成槽，成墙厚度 1.5m，最大深度 62m；润扬长江大桥北锚碇地下连续墙采用铣槽机、钢丝绳抓斗及重凿和冲击反循环钻，在上部土层采用纯抓法、纯铣法施工，下部岩层采用钻凿法、钻铣法施工，成墙厚度 1.2m，深达 55.78m；南水北调穿黄工程始发井地下连续墙采用宝娥 BC32 铣槽机施工，成墙厚度 1.5m，深 76.6m；宝钢热轧厂铁皮坑地下连续墙采用日本里根多头钻成槽机，成墙厚度 1.2m，深 50.7m；首钢京唐 1580mm 热轧水处理旋流沉淀池地下连续墙设计深度 60m，厚 1.2m，采用液压抓斗对上部土体成槽，坚硬基层采用冲击钻成槽。

施工生产带动了科学技术的发展，我国一直十分重视连续墙施工技术的引进、开发和研究。密云水库创造的钻劈法就是对引进的前苏联凿井技术加以改进发展而成的。进入 80 年代后，我国对连续墙施工技术、施工机具、工艺、墙体材料、仪器埋设和检测手段等，进行了更系统的研究。研制成功了冲击式反循环钻机，该钻机比老式钢绳冲击钻机提高工效 2～3 倍，在小浪底、三峡和其他许多防渗墙工程中发挥了显著的作用，成为老式钢绳冲击钻机的替代产品。20 世纪 70 年代，我国开始引进并研制了抓斗挖槽机，包括液压抓斗和钢绳抓斗。研制了专用于薄防渗墙施工的射水法成槽机、链斗式挖槽机、锯槽机和薄型抓斗。在施工方法的研究方面，在借鉴国外经验的基础上，研制完善了"两钻一抓"法，铣槽法和抓铣结合成槽方法。研制了具有 2000kN 起拔力的拔管机，开发了拔管、拔板和安设 PVC 止水带的墙段接头施工方法。在墙体材料的研究方面，不仅使用了强度达 45MPa 的高强混凝土，也有用仅 2～3MPa 的塑性混凝土以及强度更低的固化灰浆和自硬泥浆来建造地下连续墙，其力学性能（主要是弹强比）优于国外的水平，并已应用到实际工程中。在测孔仪器和仪器埋设的研究方面，成功研制了超声波孔形孔径测量仪，性能达到了国外同类产品的水平。研究了用液压缸定位法埋设土压力计，弥补了挂布埋设法的不足，完善了连续墙仪器埋设的方法。所有这些成果用于生产实践，极大地推动了地下连续墙技术的发展。

3. 超深地下连续墙技术存在的不足

从总体上来看，地下连续墙向大规模、大深度化发展是今后土木工程的一个发展方向。地下连续墙技术的开发使得大深度的超深地下连续墙施工成为可能，但是随着开挖深度的进一步增大，地质、水文情况将更加复杂，对于施工人员、施工机械和施工工艺也提出了更高的要求，虽然近十年来我国已经积累了一定的超深地下连续墙施工经验。但我国幅员辽阔，所积累的经验并不适用于所有地区，超深地下连续墙还处于发展之中，技术上也还不够完善，还有许多不清楚的问题，有待今后在实践中解决。

（1）两段超深地下连续墙之间的接头质量较难控制，往往容易形成结构的薄弱点，开挖后易出现渗漏水情况；

（2）超深地下连续墙整体垂直度不易保证，尤其是局部坍塌后，形成的墙面比较粗糙，需加工处理或做衬壁；

（3）施工技术要求高，无论是成槽机械选择、槽体施工、泥浆下浇筑混凝土、接头、泥浆处理等环节，均应处理得当，不容疏漏；

（4）制浆及处理系统占地较大，管理不善易造成现场泥泞和污染；

（5）超长钢筋笼整体吊装困难，分节吊装尚无规范的、经济有效的连接技术；

（6）如施工不当或土层条件特殊，容易出现不规则超挖或槽壁坍塌，引起槽壁坍塌的原因有地下水位急剧上升、护壁泥浆液面急剧下降、有软弱疏松或砂性夹层，以及泥浆的性质不当或者已经变质等，而槽壁坍塌轻则引起墙体混凝土超方和结构尺寸超出允许的界限，重则引起相邻地面沉降、坍塌，危害邻近建筑和地下管线的安全；

（7）与板桩、浇筑桩及水泥土搅拌桩相比，地下连续墙造价较高，对其选用必须经过技术经济比较，确认采用的合理性时才可采用。

2.1.3 研究的主要内容和技术路线

1. 研究内容

（1）对天津地区超深地下连续墙施工进行调研，确定超深地下连续墙施工存在的重点和难点问题；

（2）通过有限元软件模拟不同土质条件对成槽稳定的影响，优化成槽顺序和成槽方法，采用有效技术措施，保证超深地下连续墙槽孔稳定、成槽垂直度和成槽效率；

（3）通过实验和数值模拟不同配合比泥浆对槽壁稳定的影响，针对不同土层优化泥浆配比，保证超深地下连续墙成槽稳定；

（4）通过有限元模拟不同接头形式的抗渗性能，探讨超深地下连续墙最佳接头形式，确定超深地下连续墙接头防绕流和防渗漏措施；

（5）通过三维有限元软件模拟钢筋笼吊装受力过程，对钢筋笼加固设计进行优化，合理布置吊点，确保起吊安全；

（6）总结研究成果和成功经验，编写适应于天津地区的超深地下连续墙施工工法。

2. 技术路线

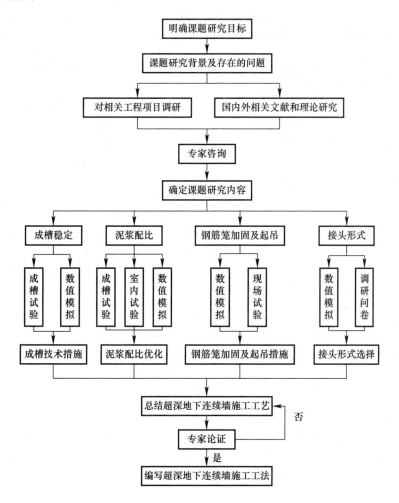

57

2.2 超深地下连续墙设计、施工重难点及对策分析

2.2.1 超深地下连续墙设计的主要问题

作为基坑围护结构，主要基于强度、变形和稳定性三个大的方面对地下连续墙进行设计和计算，强度主要指墙体的水平和竖向截面承载力、竖向地基承载力；变形主要指墙体的水平变形和作为竖向承重结构的竖向变形；稳定性主要指作为基坑围护结构的整体稳定性、抗倾覆稳定性、坑底抗隆起稳定性、抗渗流稳定性等，以下针对地下连续墙设计的主要方面进行详述。

1. 墙体厚度和槽段宽度

超深地下连续墙厚度一般为 0.6～1.2m，而随着挖槽设备大型化和施工工艺的改进，地下连续墙厚度可达 2.0m 以上。日本东京湾新丰洲地下变电站圆筒形地下连续墙的厚度达到了 2.4m。天津地区近期的几个大型地下连续墙工程的墙体厚度均达到 0.8～1.2m。在具体工程中地下连续墙的厚度应根据成槽机的规格、墙体的抗渗要求、墙体的受力和变形计算等综合确定。地下连续的常用墙厚为 0.6m、0.8m、1.0m 和 1.2m。

确定地下连续墙单元槽段的平面形状和成槽宽度时需考虑众多因素，如墙段的结构受力特性、槽壁稳定性、周边环境的保护要求和施工条件等，需结合各方面的因素综合确定。一般来说，壁板式一字形槽段宽度不宜大于 6m，T 形、折线形槽段等槽段各肢宽度总和不宜大于 6m。

2. 地下连续墙的入土深度

一般工程中地下连续墙入土深度在 10～50m 范围内，超深地下连续墙的入土深度超过 50m，最大深度可达 150m。在基坑工程中，地下连续墙既作为承受侧向水土压力的受力结构，同时又兼有隔水的作用，因此地下连续墙的入土深度需考虑挡土和隔水两方面的要求。作为挡土结构，地下连续墙入土深度需满足各项稳定性和强度要求；作为隔水帷幕，地下连续墙入土深度需根据地下水控制要求确定。

（1）根据稳定性确定入土深度

作为挡土受力的围护体，地下连续墙底部需插入基底以下足够深度并进入较好的土层，以满足嵌固深度和基坑各项稳定性要求。在软土地层中，地下连续墙在基底以下的嵌固深度一般接近或大于开挖深度方能满足稳定性要求。如天津文化中心工程基坑深度 26.3m，作为围护结构的地下连续墙，最大深度 66.5m，最小深度 43.14m，嵌固深度根据土层的不同有所调整。在基底以下为密实的砂层或岩层等物理力学性质较好的土（岩）层时，地下连续墙在基底以下的嵌入深度可大大缩短。例如南京绿地紫峰大厦开挖深度约 21.4m，基底以下均为中风化安山岩，地下连续墙嵌入基底以下 7m 即满足稳定性要求。对于天津地区水文地质情况而言，从稳定性角度出发，连续墙入土深度和基坑开挖深度之比约在 0.7 左右。

（2）考虑隔水作用确定入土深度

作为隔水帷幕，地下连续墙设计时需根据基底以下的水文地质条件和地下水控制确定入土深度，当根据地下水控制要求需隔断地下水或增加地下水绕流路径时，地下连续墙底部需进入隔水层隔断坑内外潜水及承压水的水力联系，或插入基底以下足够深度以确保形成可靠

的隔水边界。如根据隔水要求确定的地下连续墙入土深度大于受力和稳定性要求确定的入土深度时，为了减少经济投入，地下连续墙为满足隔水要求加深的部分可采用素混凝土浇筑。

天津城区地下水在70m深度范围内可分为1个潜水含水层和3个微承压含水层，对于深度超过20m的深基坑，地下连续墙渗漏多发生在25～33m的第二含水层（粉土、粉细砂）范围内。因此对于开挖较深的基坑，地下连续墙需隔断承压含水层，如天津津塔基坑开挖深度22.1m，采用1.0m厚的"两墙合一"地下连续墙作为围护体。其地面下约40m深分布有⑧b粉土层第二承压含水层，基坑不满足承压水突涌稳定性要求，根据基地周边环境保护要求需采取隔断措施。根据稳定性计算，地下连续墙插入基底以下17.2m即可满足各项稳定性要求。而要隔断第二承压水，地下连续墙底部需进入⑧c粉质黏土层，插入基底以下的深度需达到23.7m。因此综合考虑稳定性和隔承压水两方面的因素，地下连续墙插入基底以下23.7m，并根据受力和稳定性要求在基底以下17.2m范围采用钢筋混凝土，在基底以下17.2～23.7m段采用素混凝土段作为隔水帷幕。目前该工程已经竣工，从基坑开挖到底后，基坑隆起监测情况看，地下连续墙下部素混凝土段有效的隔断了第二承压水层。

3. 内力与变形计算及承载力验算

（1）内力和变形计算

地下连续墙作为基坑围护结构的内力和变形计算目前应用最多的是平面弹性地基梁法，该方法计算简便，可适用于绝大部分常规工程；而对于具有明显空间效应的深基坑工程，可采用空间弹性地基板法进行地下连续墙的内力和变形计算；对于复杂的基坑工程需采用连续介质有限元法进行计算。

墙体内力和变形计算应按照主体工程地下结构的梁板布置，以及施工条件等因素，合理确定支撑标高和基坑分层开挖深度等计算工况，并按基坑内外实际状态选择计算模式，考虑基坑分层开挖与支撑进行分层设置，以及换撑拆撑等工况在时间上的先后顺序和空间上的位置不同，进行各种工况下的连续完整的设计计算。

（2）承载力验算

应根据各工况内力计算包络图对地下连续墙进行截面承载力验算和配筋计算。常规的壁板式地下连续墙需进行正截面受弯、斜截面受剪承载力验算，当承受竖向荷载时，需进行竖向受压承载力验算。对于圆筒形地下连续墙除需进行正截面受弯、斜截面受剪和竖向受压承载力验算外，尚需进行环向受压承载力验算。

当地下连续墙仅用作基坑围护结构时，应按照承载能力极限状态对地下连续墙进行配筋计算，当地下连续墙在正常使用阶段又作为主体结构时，应按照正常使用极限状态根据裂缝控制要求进行配筋计算。

地下连续墙正截面受弯、受压、斜截面受剪承载力及配筋设计计算应符合现行国家标准《混凝土结构设计规范》GB 50010—2010的相关规定。

4. 地下连续墙设计构造

（1）墙身混凝土

地下连续墙混凝土设计强度等级不应低于C30，水下浇筑时混凝土强度等级按相关规范要求提高。墙体和槽段接头应满足防渗设计要求，地下连续墙混凝土抗渗等级不宜小于P6级。地下连续墙主筋保护层在基坑内侧不宜小于50mm，基坑外侧不宜小于70mm。

地下连续墙的混凝土浇筑面宜高出设计标高以上300～500mm，凿去浮浆层后的墙顶标高和墙体混凝土强度应满足设计要求。

（2）钢筋笼

地下连续墙钢筋笼由纵向钢筋、水平钢筋、封口钢筋和构造加强钢筋构成。纵向钢筋沿墙身均匀配置，且可按受力大小沿墙体深度分段配置。纵向钢筋宜采用 HRB335 级或 HRB400 级钢筋，直径不宜小于 16mm，钢筋的净距不宜小于 75mm，当地下连续墙纵向钢筋配筋量较大，钢筋布置无法满足净距要求时，实际工程中常采用将相邻两根钢筋合并绑扎的方法调整钢筋净距，以确保混凝土浇筑密实。纵向钢筋应尽量减少钢筋接头，并应有一半以上通长配置。水平钢筋可采用 HPB300 级钢筋，直径不宜小于 12mm。封口钢筋直径同水平钢筋，竖向间距同水平钢筋或按水平钢筋间距间隔设置。地下连续墙宜根据吊装过程中钢筋笼的整体稳定性和变形要求配置架立桁架等构造加强钢筋。

钢筋笼两侧的端部与接头管（箱）或相邻墙段混凝土接头面之间应留有不大于 150mm 的间隙，钢筋下端 500mm 长度范围内宜按 1：10 收成闭合状，且钢筋笼的下端与槽底之间宜留有不小于 500mm 的间隙。地下连续墙钢筋笼封头钢筋形状应与施工接头相匹配。封口钢筋与水平钢筋宜采用等强焊接。

单元槽段的钢筋笼宜在加工平台上装配成一个整体，一次性整体沉放入槽。当单元槽段的钢筋笼必须分段装配沉放时，上下段钢筋笼的连接宜采用机械连接，并采取地面预拼装措施，以便于上下段钢筋笼的快速连接，接头的位置宜选在受力较小处，并相互错开。

转角槽段钢筋笼小于 180°角侧水平筋锚入对边墙体内应满足锚固长度，且宜与对边水平钢筋焊接，以加强转角槽段吊装过程中的整体刚度。转角宜设置斜向构造钢筋，以加强转角槽段吊装过程中的整体刚度。

T 形槽段钢筋笼外伸腹板宜设置在迎土面一侧，以防止影响主体结构施工。根据相关规范进行 T 形槽段截面设计和配筋计算，翼板侧拉区钢筋可在腹板两侧各一倍墙厚范围内均匀布置。

（3）墙顶冠梁

地下连续墙顶部应设置封闭的钢筋混凝土冠梁。冠梁的高度和宽度由计算确定，且宽度不宜小于地下连续墙的厚度。地下连续墙采用分幅施工，墙顶设置通长的冠梁有利于增强地下连续墙的整体性。冠梁宜与地下连续墙迎土面平齐，以便保留导墙，对墙顶以上土体起到挡土护坡的作用，避免对周边环境产生不利影响。

地下连续墙墙顶嵌入冠梁的深度不宜小于 50mm，纵向钢筋锚入冠梁内的长度宜按受拉锚固要求确定。

2.2.2　施工重点分析

1. 超深地下连续墙施工质量是重点

超深地下连续墙穿越多种地层和含水层，成槽过程容易出现塌孔现象，施工过程中控制好地下连续墙的垂直度和止水效果，对于确保基坑安全，周边环境稳定，具有十分重要的意义。因此，地下连续墙的施工质量是围护结构施工重点，必须针对施工过程中可能发生的问题进行全面的分析，做到提前预防和控制。

2. 超长超重钢筋笼安全起吊是重点

长而重的钢筋笼起吊风险大，一旦发生钢筋笼散落、弯折或吊车倾覆，其后果严重，因此超长超重的钢筋笼安全起吊是围护结构施工重点，必须对钢筋笼的加工制作质量以及起吊方案仔细审查，做到万无一失。

　　3. 确保安全是重点

　　超深超厚地下连续墙施工中需要大量先进的机械设备，包括大型成槽机、旋挖钻机、搅拌桩机和吊车等各种大型设备，这些大型设备在场地内往复行驶，交叉作业，存在较大安全风险。

　　4. 确保工期是重点

　　超深地下连续墙工程量大、工期紧，一旦出现问题就会延误工期，因此超深地下连续墙施工必须合理安排施工机械、人员、工序、确保施工安全，才能保证合同工期。

2.2.3　施工难点分析

　　1. 防止塌槽是难点

　　文化中心交通枢纽地面下 40～59m 范围内主要为粉砂层，标贯值大于 60。根据相关施工经验，在标贯值大于 30 的土层中，液压成槽机的成槽效率急剧下降，大于 50 就很难挖掘。而且由于该层粉砂处于微承压水层，地下水丰富，孔壁稳定性差，可能发生流变，因此 40m 深度以下的砂土层易发生塌孔，对成槽垂直度影响很大。

　　同时，由于在硬砂土层的成槽效率低，耗时长，40m 以上的杂填土、淤泥质黏土、粉土、粉质黏土层在成槽过程中和成槽后长时间晾槽也容易出现塌孔。因此，如何在施工过程中合理地配置泥浆、控制成槽进度，防止塌孔是超深地下连续墙施工的难点之一。

　　2. 成槽精度控制是难点

　　超深地下连续墙要求成槽垂直度必须控制在 3‰ 以内，垂直度较难保证。为此，需要在机械设备、施工工法及施工过程中加强控制才能保证垂直度，满足设计及规范要求。地下连续墙垂直度控制是超深地下连续墙成槽施工的难点之一。

　　3. 砂土层中控制泥浆指标是难点

　　由于超深地下连续墙成槽时间较长，对泥浆护壁功能提出了更高的要求，同时由于槽段穿越含砂率较高的粉砂层，土层中泥沙颗粒和有害离子不断混入，使得泥浆黏度降低、比重大幅增加，大比重、低黏度的泥浆将严重影响成槽质量和混凝土浇筑质量。

　　4. 控制槽段端头内缩是难点

　　地下砂层易发生流变，在槽段端头处土层可能会发生内缩，槽段端头发生内缩时会直接影响接头箱的下放，因此必须首先要保证最初成槽时端头垂直度的要求，并在完成成槽后采取有效的措施对发生内缩的端头进行修正，确保端头最终的垂直度要求。

　　5. 地下连续墙接缝止水是难点

　　地下连续墙的接缝止水性能对基坑开挖的安全至关重要。但基坑开挖前的降水工作会使坑内外水头差近 20m，地下连续墙接缝一旦发生渗漏水情况，堵漏工作极其困难，将会影响到基坑和周边环境的安全，因此接缝处理是施工的难点之一。

　　6. 超深接头箱顶拔是难点

　　接头箱放置深度大，接头箱自重、混凝土的握裹力和土体的摩擦力极大，常规的接头箱和顶拔机将难以达到施工要求。另外极高的顶拔力要求导墙的基础必须牢固，防止出现导墙塌陷的风险，而且也会发生接头箱在顶拔过程中断裂的现象。

　　7. 保护预埋袖阀管橡胶套是难点

　　在地下连续墙施工时需预埋注浆用袖阀管，袖阀管形式采用钢管外加橡胶套，但刷壁时橡胶套容易受到破坏，橡胶套一旦被破坏，整个注浆管将可能失去功能。

8. 地下连续墙墙头破除时保护预埋管是难点

地下连续墙中预埋了测斜管（塑料管）、声测管、注浆管（钢管）等，在施工局部盖挖顶板或地下连续墙冠梁时，需要破除地下连续墙墙头超灌部分，破除设备冲力较大，容易造成预埋管破裂、弯曲及堵孔等。

9. 素混凝土段止水钢板防挠曲变形是难点

素混凝土段止水钢板长细比大，且加固筋稀少，而接头箱不能完全下放到底，因此在混凝土浇筑过程中，止水钢板因受挤压而容易产生挠曲变形，止水钢板一旦变形，将会造成下一槽段成槽、下放钢筋笼等都很困难。

2.2.4 重难点应对措施

1. 保证工期及安全的措施

科学合理规划部署施工场地，编制有效可行的施工计划、施工方案及安全方案等，为保证工期，首先需保证选用足够数量的适合本工程地质特点的机械设备及时投入到工程的施工中去。在机械设备选择上，本着上足数量，同条件下优先选用具有良好性能设备的原则。

2. 防塌槽措施

（1）严格控制槽边荷载

成槽机本身很重，如此的荷载施加到上部的软弱地层很容易导致土体产生滑移，使槽段发生塌孔或导墙坍塌。所以在成槽机施工过程中在成槽机下铺设钢板或路基箱，将成槽机对土层形成的附加应力分散，减小土体内的应力，保证土体稳定。同时，在成槽施工范围 5m 内禁止大型机械行走。挖出的土方及时由装卸车运到临时堆土场地放置，严禁在槽边堆放土方。

控制坑边荷载后，若在挖槽时仍出现上部槽段塌方，则在槽段两侧进行水泥搅拌桩或粉喷桩加固施工，提高土体的黏聚力和强度，控制塌方事故的发生。

另外，在挖槽初期慢速挖槽，控制槽段内泥浆液面高于地下水位 1.0m 以上；在砂层中开挖，控制进尺，不能过快；以免扰动泥浆形成负压导致塌槽。

（2）在导墙施工前在槽段两侧采取水泥土搅拌桩加固措施，加固深度为 15m 左右，以防止淤泥质粉质黏土层塌方。

（3）成槽时根据土质情况选用合格泥浆，并通过试验确定泥浆配比，严格控制泥浆质量；在砂土层中挖槽时提高泥浆比重，控制在 1.2 左右，并尽量提高槽段内泥浆液面；但是需要控制其含砂量，对循环泥浆用大功率振动除砂器进行除砂，处理后含砂率仍不符合要求的（＞8％），予以废弃。以免因含砂量大导致沉渣过厚、减小对压油管的磨损。

（4）针对泥浆比重大导致混凝土浇筑困难的情况，在完成钢筋笼、导管下放后，对槽底进行清孔，当槽底泥浆比重小于 1.15 时，方可进行混凝土浇筑。同时，对槽内的泥浆也进行置换，减小比重和含砂率。

（5）成槽结束后，要紧跟吊装钢筋笼并浇筑混凝土，减少搁置时间。

（6）如在挖槽或混凝土浇筑过程中发生轻微塌槽，使用空气吸泥机或其他吸泥设备吸掉泥土后继续挖槽或继续浇筑。如发现大面积坍塌，应及时将抓斗提出地面，用优质黏土（渗入 20％水泥）回填至坍塌处以上 1～2m，待沉积密实在槽壁外侧注浆后再行挖槽。

3. 施工质量、垂直度等控制措施

（1）关键工序质量控制

连续墙采取跳幅作业法。施工过程中严格控制导墙质量，成槽，吊放接头箱，吊放钢筋笼，浇筑水下混凝土，起拔接头箱等工序施工质量，确保泥浆比重、黏度、失水量、含砂量、pH 值等泥浆质量控制指标符合规范要求，并保证钢筋笼的吊点设计位置正确，水下混凝土的坍落度，混凝土初灌量，导管埋入深度，混凝土浇筑面上升速度，接头箱的起拔时间等施工参数实测值符合设计及规范要求。

（2）导墙垂直度控制

成槽垂直度控制的第一步就是导墙的垂直度控制。导墙是成槽机破土入槽时保证抓斗垂直度的有力保障，所以必须严格控制导墙的施工质量，尤其是其内墙面的垂直度和平整度。但是根据现场地质情况来看，在场地内土层上部分布了较厚的一层粉质黏土和淤泥质黏土，标贯值 2~3，承载力极低。坐落在该层土的导墙为保证其基底的稳定性，预先应对导墙下的土体进行搅拌桩加固施工，提高其承载力，保证在机械成槽和钢筋笼下放过程中，导墙的坚实稳定。

（3）成槽垂直度控制

成槽机在正常挖槽过程中其垂直度控制主要是依赖于其自身的垂直度显示仪和自动纠偏装置，以及操作人员的操作经验和水平。挖槽过程中抓斗的中心线与导墙的中心线重合，抓斗入槽、出槽应慢速、稳定，抓斗下放时，应靠其自重缓速下放，不得放空冲放，并根据成槽机的仪表显示的垂直度情况及时纠偏，如出现较大偏斜，纠偏困难时，应暂时停止挖槽，采用优质黏土回填至偏斜位置以上 1~2m，待回填土沉积密实后，先用旋挖钻机打导向孔，再用成槽机顺着导向孔继续挖槽，以使成槽满足精度要求。同时，通过测量监测手段从其钢丝绳垂直度情况间接判断其抓斗垂直度也是一个行之有效的辅助手段。

4. 泥浆质量控制及防内缩措施

（1）邀请专家现场指导，设计符合本工程地质情况的泥浆配比，泥浆必须专门配制，并使其充分溶胀，储存 24h 以上，严禁将膨润土等直接倒入槽中；所用水质要符合要求；

（2）成槽过程中加大泥浆指标检测频率，如发现超标现象及时置换旧浆；

（3）为防止槽段端头内缩，首先保证泥浆质量，同时要严格控制最初成槽时端头的垂直度，并在成槽结束后对发生内缩的端头进行修正，确保端头最终的垂直度要求。

5. 地下连续墙接头止水措施

（1）为增强接缝的止水效果，地下连续墙采用合理的止水接头，使止水性能比较可靠。

（2）为了增强刷壁效果，首开幅（带止水钢板）施工完成后，连接幅或闭合幅成槽时，由于泥浆的粘附作用，可能在止水钢板上形成一层泥皮，成为地下水的渗漏通道。采用专门止水钢板刷壁器，并利用导向配重使刷壁器上下刷壁，且紧贴止水钢板，达到良好的刷壁效果。

（3）在进行水下混凝土浇筑时，由于槽内混凝土液面在导管处混凝土面高，而在止水钢板侧的混凝土面低，容易导致在混凝土浇筑时将混凝土面上的泥砂等挤向止水钢板并积存在止水钢板和混凝土面之间形成夹泥，导致接缝漏水。针对这一情况，一方面每个槽段设 2 个浇筑管同时浇筑（转角处设置 3 个导管浇筑）；导管埋入混凝土深度为 2.0~6.0m

之间，两导管混凝土高度差不大于 0.5m，始终保持快速连续浇筑，槽内混凝土上升速度不应低于 2m/h，尽量减小槽内的混凝土面落差。另一方面，做好浇筑混凝土前的第二次清孔和泥浆比重调整工作，以便严格控制在混凝土浇筑过程中的泥浆比重，控制沉渣。再者，根据设计图纸，开挖前在接头处打 2 根咬合高压旋喷桩，增加接头止水效果。

6. 接头箱难于起拔应对措施

（1）为防止接头箱难于起拔的现象，接头箱制作精度（垂直度）应在 1/1000 以内，安装时必须垂直插入，偏差不大于 50mm；拔管装置能力应大于 1.5 倍摩阻力。

（2）抽拔时掌握时机，一般混凝土达到自立强度（3.5～4h），即开始顶拔，混凝土初凝 5～8h 内将拔出。同时考虑到混凝土浇筑时将产生极大的侧向推力，导致接头箱的摩擦力增加，地下连续墙钢筋笼制作时采用以首开幅和连接幅施工为主的措施。其中首开幅的钢筋笼两侧均设置止水钢板，与钢筋笼水平筋牢固焊接，整体起吊入槽。连接幅设置单边止水钢板，减少接头箱起拔的风险。由于止水钢板与钢筋笼水平筋焊接，混凝土浇筑时产生的侧向压力受到水平筋的约束，可大大减小止水钢板的侧向变形，保证止水钢板和反力箱之间的间隙，有利于起拔。

（3）在接头箱上涂抹减摩剂减小摩阻力。

（4）保证导墙施工质量，特别是导墙竖向承载力要能满足接头箱顶拔力要求。

（5）针对超深地下连续墙，接头箱如果强行下放到底，势必难以起拔。可将接头箱下放到开挖面以下 10m 位置，接头箱长约 35m，接头箱下部用袋装砂石进行填充，并用吊车悬吊重物（接头箱或自制铁块）进行夯实。根据以往的施工经验，只要砂袋填充密实，能够给止水钢板提供足够的支撑反力，能够有效地控制混凝土绕流。

（6）起拔时每次抬高 5cm，每间隔 5min 顶拔一次，严格按照混凝土浇筑记录曲线表所实际记录的混凝土在某一高度的终凝时接头装置允许顶拔的高度，严禁早拔、多拔。

7. 预埋件保护措施

预埋注浆袖阀管橡胶套部位拟采用焊接钢板护块或弧形交叉钢筋进行保护，但考虑到不能影响到刷壁器操作，保护块要尽可能小。

8. 止水钢板防变形措施

（1）首先保证止水钢板和加固钢筋笼的整体刚度，可申请设计变更，在原设计基础上增加竖向主筋数量、桁架筋数量，加大工字钢板厚度、增加中板、翼板腋角处增加肋板等。

（2）其次保证钢筋笼制作和吊装过程中的垂直度，精确控制钢筋笼下放标高，防止止水钢板受力变形。

（3）最重要的是要保证止水钢板外侧接头箱安置要到位、砂石袋填注密实。

9. 混凝土夹泥应对措施

为防止发生地下连续墙混凝土夹泥现象，在浇筑混凝土时，采用 2 套导管同时浇筑，导管埋入混凝土深度为 2.0～6.0m，两导管混凝土高度差不大于 0.5m，导管接头采用粗丝扣，设橡胶圈密封；首批灌入混凝土量要足够充分，使其有一定的冲击量，能把泥浆从导管中挤出，同时始终保持快速连续进行，中途停歇时间不超过混凝土初凝时间，槽内混凝土上升速度不应低于 2m/h，导管提升时要缓慢，不可猛拔。浇筑过程中如果发生槽壁土体坍塌，可将沉积在混凝土上的泥土吸出，然后继续浇筑。

10. 钢筋笼难以入槽应对措施

(1) 严格控制钢筋笼加工平台的标高，保证钢筋笼加工平台的平整，根据以往施工经验，平台标高差应控制在 10mm 以内，以保证钢筋笼加工平整度。

(2) 严格控制钢筋笼外形尺寸，其长宽应比槽孔小 20cm，使其误差在规范允许范围内。

(3) 为防止钢筋笼难以入槽或卡笼现象，成孔要保持槽壁面平整及垂直度，如因槽壁弯曲钢筋笼不能放入则应修整后再放钢筋笼，不得强行冲击入槽。

(4) 起吊时，制定专项钢筋笼吊装方案，合理设计吊点位置，吊点设置在纵、横向桁架交点处，设置吊环、拉筋、斜拉筋，并加设大直径圆钢以使钢筋笼受力均匀；吊装过程中轻起慢放，防止产生较大冲击荷载，避免钢筋笼产生纵向弯曲变形，钢筋笼入槽孔时，保持垂直状态。

(5) 为确保钢筋笼下放精确到位，可在导墙上设置锚固点固定钢筋笼，清除槽底沉渣，加快浇筑速度。

11. 混凝土绕流防治措施

地下连续墙混凝土绕流的主要原因有：槽内泥浆液面高度不够、泥浆性能指标不合格、地下连续墙钢筋笼平整度差、成槽垂直度不满足要求、成槽到浇筑时间过长等原因引起的槽壁坍塌；地下连续墙工字钢板下端未插入槽底或插入深度不满足要求；地下连续墙工字钢板两侧与槽壁间未采取防绕流措施；接头箱未下放到槽底或起拔时间过早；接头箱背后回填料不密实。

挖槽过程中派专人控制槽内泥浆液面高度，液面下降及时补浆，确保槽内液面高于地下水位 1m 以上；根据不同的地层条件选择合适的泥浆，保证泥浆的护壁效果；加强挖槽过程控制，充分利用成槽机垂直度控制系统，随时检查挖槽垂直度，发生偏斜后及时对槽壁进行修正，合格后方可继续挖槽；钢筋笼起吊时合理设计吊点位置，避免钢筋笼产生纵向弯曲变形，使钢筋笼入槽孔时，保持垂直状态；挖槽过程中严格控制成槽深度，避免因超挖造成地下连续墙工字钢板悬空或插入深度不足；挖槽时适当放大幅宽，保证接头箱正常下放；提前装好充足碎石袋，接头箱下放完成后，其背后空隙用碎石回填，为保证回填密实，每回填 8~10m 用吊车吊接头箱或其他重物将碎石砸压密实；按设计要求安放好工字钢两侧 Φ30 的钢筋，防止混凝土从钢板两侧绕流；工字钢两端也可以采用适当的止浆形式，在加工钢筋笼时，在工字钢板两侧，沿笼体通长设置无纺布或两块 1mm 的薄铁皮，铁皮宽 1m 左右，浇筑混凝土时，利用混凝土的流动性，使无纺布或薄铁皮受挤压后紧贴槽壁，封堵接头钢板与槽壁间空隙，使混凝土不能从两侧绕流。若发生绕流，则在混凝土浇筑完拔出接头箱后，采用旋挖钻对工字钢板后的绕流进行处理，对工字钢夹角处的混凝土绕流也能起到松动的作用，然后再用自制的铲刀对工字钢背后的绕流混凝土进行处理，铲刀安装到液压抓斗上，利用液压抓斗的自重，将铲刀贴紧在工字钢上。对于强度比较高的绕流混凝土可以采用接头箱底部焊接钢板三角形铲刀，对绕流混凝土进行定位冲击。

2.3 超深地下连续墙施工前的准备工作

在进行超深地下连续墙施工之前，必须对施工现场的工程地质和水文地质条件、周围环境条件和施工作业条件进行认真的调查研究，在此基础上，制定经济合理的施工方案，编制具体周密的施工组织设计,这是确保施工顺利进行必不可少的施工前期准备工作。

2.3.1 工程地质和水文地质调查

施工现场的工程地质和水文地质条件对于验算地下连续墙槽壁的稳定性,决定单元槽段的长度,设计护壁泥浆的性能指标和循环工艺,选用何种类型挖槽机,采用何种导墙形式等关键工作都有密切关系,地下连续墙施工的成败在很大程度上取决于地质条件,因此,施工前必须先对施工现场作详细的地质勘探,取得必要的地质资料。

1. 工程地质调查

(1) 对地质钻探孔位置的要求

地质钻探孔位置应根据工程范围、挖槽长度、地形起伏等因素来确定,钻孔布置的间隔距离一般是 10~15m,在地层倾斜方向不明的地方,应加密布置钻探孔。钻孔深度至少超过地下连续墙深度的 1.3 倍。

(2) 地下连续墙施工必需收集的地质资料

土质柱状图表明了地质钻探孔位置上各层土体的名称、厚度和埋藏深度,地表土层密实的地方,导墙可做得浅一些,地表有松散回填土层的地方,就要把导墙筑深到回填土层以下的原状土层中。土质柱状图又是地下连续墙施工选用何种类型挖槽机、采用何种导墙形式、确定泥浆性能指标和循环工艺的重要依据。如:在软土地基中挖槽可采用抓斗式挖槽机,在硬土地基中挖槽就要用冲击式挖槽机;在黏土层中挖槽不容易坍塌,泥浆的黏度、比重可小一些,而在无黏性的砂土层中挖槽,必须提高泥浆的黏度和比重。

必需的土质参数见表 2.3.1。

必需的土质参数及其用途　　　　　　　　　　　　　　　　　　　　表 2.3.1

土质参数	参数意义	用 途
$\gamma(kN/m^3)$	天然重度	
φ (度)	内摩擦角	验算槽壁的稳定性
$c(kPa)$	内聚力	
$w(\%)$	含水量	
e	孔隙比	估计挖槽效率
N	标准贯入	
L_p	塑性指数	计算地基沉降量
L_L	液性指数	
$K_n(cm/s)$	水平渗透系数	判断泥浆护壁效果
$K_v(cm/s)$	垂直渗透系数	和井点降水效果

(3) 文化中心交通枢纽地质状况 (见表 2.3.2)

工程地质情况表　　　　　　　　　　　　　　　　　　　　表 2.3.2

层号	土层名称	深度 (m)	重度 (kN/m³)	c(kPa)	φ (°)	压缩模量 (MPa)	泊松比	标贯	土层状态
①₂	素填土	−2.8	17.0	11.7	12.4	3.0	0.35		软塑-可塑
④₁	粉质黏土	−4.3	19.7	23.5	24.8	6.5	0.35	4.6	可塑
④₂	粉土	−5.4	19.8	19.1	36.9	13.9	0.34	8.8	稍密-中密
⑥₃	粉土	−6.5	19.8	19.1	36.9	13.2	0.32	10.8	稍密-中密
⑥₄	粉质黏土	−14.0	18.9	19.4	22.7	6.0	0.33	4.5	软塑

层号	土层名称	深度（m）	重度（kN/m³）	c(kPa)	φ（°）	压缩模量（MPa）	泊松比	标贯	土层状态
⑦	粉质黏土	−15.3	18.3	28.3	23.6	5.5	0.32	6.7	可塑
⑧₂	粉土	−21.3	20.2	26.6	37.6	14.5	0.31	23.3	密实
⑨₁	粉质黏土	−29.5	20.7	31.0	24.8	6.3	0.33	13.1	可塑
⑩₁	粉质黏土	−32.3	20.9	33.3	22.2	8.0	0.31	15.6	可塑-硬塑
⑪₁	粉质黏土	−40.0	20.2	39.3	20.5	7.8	0.29	17.3	可塑
⑪₄	粉砂	−48.0	20.8	0	36.2	17.1	0.30	62.0	密实
⑫₂	粉砂	−59.0	20.4	0	36.2	13.6	0.30	66.1	密实
⑬₁	粉质黏土	−65.0	20.2	39.3	20.5	8.6	0.29	26.3	可塑-硬塑

2. 水文地质调查

（1）水文调查的内容

地下水与槽壁稳定性的关系非常密切。因为泥浆液面高于地下水位，使泥浆与地下水之间产生压力差，并使泥浆浸渗到地基土中形成泥皮，这是槽壁稳定的主要因素之一。因而我国的地下连续墙施工规范规定：泥浆液面需高于地下水位 0.5m 以上。如果地下水位接近地面，需要构筑高导墙来提高泥浆液面或设置井点来降低地下水位。此外，地下潜流水或承压水会稀释泥浆，引起槽壁坍塌，地下水水质不好会污染泥浆、侵蚀混凝土，因此地下连续墙施工必须了解地下水的情况：地下水水位及水位变化情况；地下潜流水的流动速度；承压水层的分布与压力大小；地下水的水质对泥浆与混凝土有无侵蚀作用。

（2）文化中心交通枢纽水文地质情况

文化中心交通枢纽场地内表层地下水类型为第四系孔隙潜水及上层滞水。赋存于第Ⅱ陆相层以下粉砂及粉土中的地下水具有微承压性，为微承压水。

潜水存在于人工填土层①层、新近沉积层②层、第Ⅰ陆相层③层及第Ⅰ海相层④层中。该层水以第Ⅱ陆相层⑤₁层的粉质黏土、⑥₁粉质黏土为隔水底板。人工填土层为①₁杂填土①₂素填土，土体结构松散，含水量丰富，土层渗透系数较大；第Ⅰ陆相层，以③₁粉质黏土、③₂粉土为主，土体渗透性能较好，土层渗透系数较大；第Ⅰ海相层主要含水层为④₂粉土、④₁粉质黏土中夹有大量的粉土薄层，呈千层状，储水量较高，但出水量较小，垂直、水平方向渗透系数差异较大。

潜水地下水位埋藏较浅，勘测期间地下水埋深 0.6～1.6m（高程 1.26～1.76m）。潜水主要依靠大气降水补给，其水位变化受季节影响明显，高水位期出现在雨季后期的 9 月份，低水位期出现在干旱少雨的 4～5 月份。潜水位年变化幅度的多年平均值为 0.8m。

本工程第 1 层承压水地下埋深约 18.0～22.0m，以第Ⅱ陆相层⑤₁粉质黏土、⑥₁粉质黏土为隔水顶板。⑥₂粉土、⑥₄粉砂、⑦₂粉砂、⑦₄粉砂为主要含水层，各含水层局部夹透镜体状粉质黏土。承压水水位受季节影响不大，水位变化幅度小。该层承压水接受上层潜水的补给，以地下径流方向排泄，同时以渗透方式补给深层地下水。该层微承压水为非典型的承压水，水位观测初期，该层水上升很快，一般在 30min 之内即完成全部上升高度的 80% 左右，30min 后，水位上升速度变缓慢，经过 24h 之后，稳定水位一般稳定于潜水位之下，稳定埋深水位约 1.7m。第 2 层承压水埋深为 31.0～36.0m，该层水位上升速度缓慢，经过 48h 之后，水位趋于稳定，稳定水位一般稳定于第 1 层微承压水之下，稳定水位埋深约为 1.98m。

场地内黏性土渗透系数小，弱透水性，具有相对隔水层性质，渗透系数 $K \leqslant 1.2 \times 10^{-5} \sim 1.2 \times 10^{-4}$ cm/s，粉土为中等透水层，为相对赋水地层，渗透系数 $K = 1.2 \times 10^{-3} \sim 1.44 \times 10^{-3}$ cm/s。

场地内地下水位高，含水层呈层状分布，在垂直方向具有不均匀性。潜水、微承压水含水层含水介质颗粒较细，水力坡度小，地下水径流十分缓慢。

第Ⅱ陆相层之上的潜水对混凝土结构无腐蚀性，对钢筋混凝土结构中的钢筋具有中等腐蚀，对钢结构具有中等腐蚀。第Ⅱ陆相层及以下的微承压水对混凝土结构具有硫酸盐中等-强腐蚀性，对钢筋混凝土结构中的钢筋具弱腐蚀性，对钢结构具有中等腐蚀。

2.3.2 施工现场调查

调查施工现场的目的是为了解决施工机械进场、挖槽土方外运、施工现场平面布置及供配电、给排水等与地下连续墙施工有关的问题，并了解地下障碍物、邻近建（构）筑物及噪声、振动等公害情况，以便制定相应的对策。

1. 施工现场地形图

施工现场地形图表明了施工场地的平面形状和面积，它是考虑施工现场总平面布置时的前提条件。如果施工场地很大，就可以把泥浆池和拌浆设备、钢筋笼制作场地、工程材料堆放场地、施工设备堆放场地、工程车辆停放场地及挖槽土方堆放场地等作业场地和施工人员的生活设施都设置在工地上；如果施工场地不大，只好先设置地下连续墙施工所必需的挖槽机和起重机的行驶道路和作业场地，再考虑能不能设置其他作业场地，如果不能设置其他作业场地，就要考虑在场外配制好泥浆、制作好钢筋笼，运送到施工现场来使用；如果施工场地小到连挖槽机和起重机的行驶道路和作业场地也布置不下，就要考虑扩大施工场地或采取有效措施满足地下连续墙施工所必需的场地条件。

2. 施工设备进场条件调查

因为投入地下连续墙施工的挖槽机、起重机和接头管等都是大型设备，在运输进场的途中很可能会遇到障碍，因此事先要对施工设备进场条件进行调查：

（1）调查施工现场的地形是否影响施工机械进场。

（2）调查施工机械外场运输途中道路的宽度、坡度、弯曲半径、路面状况和桥梁承载能力以及立交桥、架空电缆的净空高度等条件是否影响施工机械进场。

3. 给排水条件调查

地下连续墙施工需要大量用水，尤其是配制新鲜泥浆时，需要集中用水，而下雨天工地上的雨水和施工时产生的污水又需要及时排放，因而需要调查施工现场的给排水条件，如果施工现场的给排水条件不能满足施工要求，则可事先设法解决。由于地下连续墙施工时需要泥浆护壁，挖槽时挖出的土方中沾有泥浆，又难免滴漏，因此冲洗车辆、道路时排出的污水往往混有许多土渣泥沙，需要先经过沉淀处理后再排放，以免堵塞。

4. 供配电条件调查

地下连续墙施工时，泥浆泵、电焊机等机械需要电力驱动，因而需要调查施工现场的供配电条件。如：当地电压、可供电量、供电源引入工地的距离等。如果可供电量不能满足施工用电的要求，则可事先配备发电机来解决供电不足的问题。

5. 地下管线调查

地下管线主要有上水管、污水管、雨水管、煤气管、电力电缆、通信电缆等。通常情况下，在地下连续墙工程开工之前，建设单位已经把地下连续墙施工区之内的地下管线作了搬迁处理。但也有一些地下连续墙工程因为工期紧，上马急，建设单位还未把地下连续墙施工区之内的地下管线搬迁干净，就交给施工单位进场施工，如果不搞清楚地下连续墙施工区之内有没有搬迁未净的地下管线就开沟挖槽，可能会造成管线损坏事故。有些地下管线虽然不在地下连续墙施工区之内，但离地下连续墙很近，如果在地下连续墙施工时不采取保护措施，同样会造成管线损坏事故。因而在进行地下连续墙施工之前，必须对地下连续墙施工区之内和邻近的外围地区作地下管线调查，以便采取相应的管线保护措施。

6. 地下障碍物调查

地下障碍物主要有埋藏在回填土中的桥墩护岸、木桩块石、人防工事，拆除建筑物后留下的基础承台和搬迁改道后废弃的地下管线等。由于地下障碍物会阻碍挖槽机作业，影响成槽垂直精度和成墙的截水性能，甚至引起障碍性施工事故，使施工被迫停工。因而在进行地下连续墙施工之前，必须对地下障碍物进行调查，以便事先排除地下障碍物，或事先准备好排除地下障碍物的施工机械与特制设备，需要时随叫随到。

7. 地面障碍物调查

地面障碍物是指妨碍挖槽机和起重机在地面上行驶调度的树木、建筑和妨碍挖槽机和起重机在空间作业的电线杆、架空电线等物。因为地面障碍物大多是施工单位不能随便处理的东西，必须与有关管理单位进行协商之后才能作出处理，因而在进行地下连续墙施工之前，必须对地面障碍物进行调查，以便事先与有关管理单位进行协商，及时排除地面障碍物，使之不妨碍挖槽机和起重机的施工作业。

但是，在规定不能搬迁的高压电线、屋顶房檐以及铁路和公路桥下施工时，由于净空受到限制，只能降低挖槽机和起重机的高度，并将整幅钢筋笼分为几段制作与吊装。

8. 邻近构筑物调查

构筑物包括建造在地下的结构物和地面上的建筑物。在邻近构筑物的地方进行地下连续墙施工时，槽壁的安全与邻近构筑物的安全有互相影响的关系。因为由构筑物形成的地基附加荷载会对槽壁产生侧向压力，压力大到一定程度，就会引起沟槽收缩或槽壁坍塌，而沟槽的变化又会引起沟槽周边的地基沉降，导致邻近构筑物开裂损坏。因而在进行地下连续墙施工之前，必须对邻近构筑物进行调查，以便事先采取技术措施保证槽壁稳定和邻近构筑物的安全。

9. 工程测量标志的调查

工程测量标志是地下连续墙平面定位和高程定位的依据，因而在进行地下连续墙施工之前，必须对工程测量标志进行调查，必要时将坐标点和水准点引进工地，以便地下连续墙平面定位和钢筋笼高程定位。

10. 挖槽土方弃土点调查

由于地下连续墙施工的地基大多是软弱地基，地基土的含水量与一般工程中的地基土相比要大得多，加上挖槽作业在泥浆中进行，挖出的土方中混有土渣与泥浆，状态比较稀烂，驳运时常会沿途滴漏，这就使挖槽湿土比一般土方难以找到弃土点，遇到下雨天要找弃土点就更困难，因为挖槽湿土会使弃土场地泥泞化，有些晴天可以弃土的场地到了雨天就不能使用了。因而在进行地下连续墙施工之前，必须对挖槽土方的弃土点进行调查，如果弃土点在雨天不一定能使用，则应在工地上设置一个集土坑作应急之用，以免雨天不能弃土，影响施工进度。

11. 劣化泥浆废弃点调查

所谓劣化泥浆，是指浇筑墙体混凝土时，因为混入混凝土中的水泥成分而变质劣化的泥浆和经过多次重复使用，混入许多细微泥沙，致使性能恶化的泥浆。因为这两种泥浆不能再次使用，必需作废弃处理。劣化泥浆是流体物质，如不及时处理就会四处流淌，成为污染环境、堵塞下水道的公害。在天津市区施工，废弃劣化泥浆的办法一般是用罐车运到郊外倒入废水池中，而且大多要靠土方单位所属的运输单位来包办此事，因而在进行地下连续墙施工之前，必需办好废弃劣化泥浆的托运事宜，以免开工后因为无法废弃劣化泥浆而停工。

12. 商品混凝土供应点调查

浇筑地下连续墙混凝土时，如果中断下料时间超过半小时，浇入槽内的混凝土就会失去流动性，导管中的混凝土就会结硬，不但会给继续浇筑带来困难，还可能引起导管堵塞事故。所以，地下连续墙混凝土浇筑作业必须保持供料的连续性，并要使混凝土在槽内上升的速度大于 2m/h。如果施工单位用自拌混凝土来浇筑地下连续墙，要满足混凝土的供料要求是十分困难的，最好采用混凝土搅拌站生产的商品混凝土。因而在进行地下连续墙施工之前，必须对商品混凝土供应点进行调查，落实好能满足地下连续墙施工供料要求的混凝土供应点，并提出供料的具体要求，尤其要强调单位时间的供料量和供料的连续性。

13. 施工现场平面布置

施工现场布置市针对现场施工实际要求并结合现场条件进行的，其布置的原则是：

（1）划分施工区域和材料堆放场地，保证材料运输道路通畅，施工方便。

（2）符合施工流程要求，减少对专业工种和其他工程方面施工的干扰。

（3）施工区域与生活区域分开，且各种生产设施布置便于施工生产安排，且满足安全防火、劳动保护要求。

（4）符合天津市中心建设工程项目总体环境的要求，进行封闭施工，不影响附近的居民生活和工作正常运行。

在此原则的前提下，以文化中心工程为例，现场平面布置如图 2.3.1 所示。

2.3.3 制定地下连续墙施工方案

地下连续墙施工方案是地下连续墙施工的基本法则，也是地下连续墙施工组织设计中最主要的内容。制定地下连续墙施工方案时，应根据工程设计图纸、技术文件和有关施工规范，结合施工现场的工程地质、水文地质条件和作业环境条件，具体地解决以下施工技术问题：

（1）根据施工现场的工程地质和水文地质条件，验算分析槽壁的稳定性。

（2）根据槽壁的稳定性，确定护壁泥浆的性能指标。

（3）根据护壁泥浆的性能指标，确定泥浆材料的配合比。

（4）根据地基土的软硬程度，确定选用何种挖槽机类型与成槽方法。

（5）根据选用的挖槽机类型与成槽方法，确定泥浆的循环方式与工艺流程。

（6）根据地基表面土层的状况，确定导墙形式与入土深度。

（7）根据钢筋笼的长度、宽度、重量和所配起重机的允许起吊高度与起吊重量，确定钢筋笼的制作方法与吊装方法。

（8）根据地下连续墙的深度与接头形式，选用与其适应的接头管及配套的顶拔装置。

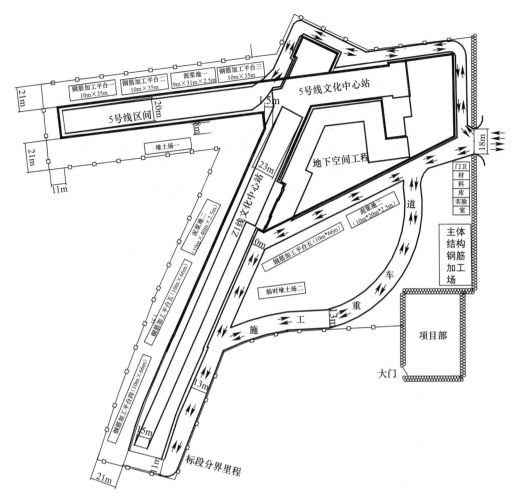

图 2.3.1　文化中心工程施工现场平面布置图

（9）根据单元槽段的混凝土体积，确定混凝土单位时间的供料量与混凝土浇筑的工艺流程。

（10）根据地下障碍物的种类、埋深和影响范围，制定排除地下障碍物的施工技术措施。

（11）根据地下管线对地下连续墙施工的影响程度和邻近地下管线受地下连续墙施工的影响程度，制定保护地下管线的技术措施。

（12）根据邻近构筑物基础结构与地面建筑的形式及其同地下连续墙之间的距离，制定保护邻近构筑物的技术措施。

（13）针对设计上特殊的要求或施工现场特定的作业环境，制定相应的施工技术措施。

2.3.4　地下连续墙施工组织设计

地下连续墙施工组织设计是经过细化、深化和具体化的施工方案，也是地下连续墙施工全过程中必须执行的法规。编制地下连续墙施工组织设计应包括以下内容：

（1）工程概况

1）工程建设地点及周围环境。

2）工程的性质、用途、规模及特点。

3）地下连续墙成墙总面积和总体积。

4）计划开工日期与竣工日期。

（2）工程地质

1）施工现场的地貌及自然地面标高。

2）施工现场的地质状况。

3）施工现场的地下水状况。

（3）地下管线、施工障碍物和邻近构筑物

1）影响地下连续墙施工的地下管线和受地下连续墙施工影响的地下管线。

2）影响地下连续墙施工的地下、地面和空间障碍物。

3）影响地下连续墙施工和受地下连续墙施工影响的邻近构筑物。

（4）施工前期准备工作

1）四通一平

水通、路通、电通、信息通，整平施工场地。

2）施工现场总平面布置

① 工地出入口大门与门卫布置。

② 工程测量标志点布置。

③ 配电间与供配电线路布置。

④ 给水管路与排水明沟布置。

⑤ 泥浆系统布置。

⑥ 钢筋笼制作场布置。

⑦ 材料、设备堆场布置。

⑧ 集土坑或临时堆土场布置。

⑨ 机修间和水泵房布置。

⑩ 料库、油库和危险品仓库布置。

⑪ 生产和生活设施布置。

（5）地下连续墙施工

1）地下连续墙施工采用的工法。

2）地下连续墙施工工艺流程。

3）主要工序施工方法。

4）特殊工艺施工方法。

（6）施工技术措施

1）防止槽壁失稳坍塌的措施。

2）清除地下障碍物的措施。

3）特大型钢筋笼吊装措施。

4）超深槽段接头管顶拔措施。

5）挖槽湿土驳运措施。

6）劣化泥浆废弃措施。

7）冬季、雨季施工措施。

8）地下管线保护措施。

9）邻近构筑物保护措施。

10）其他特定条件下的施工技术措施。

（7）施工监测措施

1）地下连续墙沉降观测。

2）地下连续墙周边地表沉降观测。

3）邻近地下管线与构筑物沉降观测。

（8）施工管理措施

1）施工组织措施。

2）质量和计量保证措施。

3）安全生产措施、文明施工措施、消防与卫生管理措施。

4）配合交通措施。

（9）施工组织设计附图

1）施工现场总平面布置图。

2）施工现场供配电平面布置图。

3）地下连续墙平面布置与施工槽段划分图。

4）钢筋混凝土导墙、道路及排水明沟施工图。

5）泥浆池和集土坑施工图。

6）安全设施和管线保护设施施工图。

7）预埋构件加工图。

8）地下连续墙中预埋钢筋、接驳器、构件和量测器材埋设位置立面展开图。

9）超长型钢筋笼桁架、吊点布置图。

10）施工组织网络图。

11）地下连续墙施工管理图。

（10）施工组织设计附表

1）地下连续墙施工进度计划表。

2）工程地质状况表。

3）生产工人与技术工种需要量计划表。

4）主要工程材料需要量计划表。

5）主要施工机具设备需要量计划表。

2.3.5 施工技术交底

（1）工程设计图纸及设计变更交底。

（2）施工组织设计交底。

（3）对关键工序的施工人员作专题交底。

（4）对新工艺的工艺要求和质量要求作专题交底。

（5）对大型钢筋笼整幅吊装等特殊施工方法及其安全操作规程作专题交底。

2.4 超深地下连续墙的施工工艺过程

超深地下连续墙与普通地下连续墙的施工工序基本相同，但是超深地下连续墙与普通地下连续墙主要区别就在于其深度、厚度较大，施工困难，在超深地下连续墙施工的某些环节必须采取相应和必要的施工工艺才能更好地提高成槽精度，加快施工进度，保证施工安全和成墙质量。

2.4.1 施工顺序

（1）平整场地

施工前平整场地并进行预压实，做到"四通一平"。由于超深地下连续墙成槽机械和钢筋笼起吊机械重量比较大，要求地面必须具有较大的承载力，因此在成槽机械和起重机械行走工作路段还需修筑钢筋混凝土路面，以满足承载力的要求。

（2）测量放线

在复测建设单位提供的基点、导线点及水准点后，根据测量放样成果、地下连续墙的厚度，实地放样出导墙的开挖宽度。

（3）加固处理

天津地区存在上软下硬的地质条件，在超深地下连续墙成墙过程中要穿越这两层土体，由于超深地下连续墙施工时间长，上部软土易产生流塑变形，抓挖下部土体对上部软土产生较长时间的扰动，槽壁易出现坍塌，所以在天津地区施工超深地下连续墙时，应视工程地质情况对上部软土进行加固处理。目前多采用水泥搅拌桩进行加固。

（4）导墙制作

超深地下连续墙的导墙具有承载力大，稳定性好的特点。因此应该根据场地地质条件和施工荷载进行设计确定导墙截面形式和尺寸。导墙应坐落在有一定承载力的原状土上，当承载力不够时，也可通过置换或加固后，再将导墙坐落其上。

（5）配置泥浆

泥浆配合比应根据地层、地下水状态及施工条件和地区施工经验进行设计配比，在成槽试验过程中根据实际情况进行调整，最终确定合适的配合比。在成槽施工前应根据成槽体积和施工经验，进行泥浆池容量计算，制备充足泥浆保证成槽施工中的循环利用。在成槽过程中还要根据地质情况调整泥浆配比。

（6）成槽施工

成槽施工首先要根据土层地质情况、挖深和成槽工艺选择合适的成槽机械，再根据成槽机械和现场情况进行槽段划分及施工工序安排。成槽过程中要随时进行垂直度检查，尽量减少对槽壁的扰动，防止槽壁坍塌。

（7）刷壁

成槽施工到底后，需对前期槽段接头处进行刷壁处理，铲除附着于其上的泥皮、绕流混合物等，从而保证两片墙体接头处的止水效果。

（8）成槽检查

槽段开挖结束后，检查槽位、槽深、槽宽及槽壁垂直度，合格后可进行清槽换浆。槽壁垂直度检查采用超声波检测，检测频率为20%。

（9）清底换浆

待泥浆静止沉淀完成后，对槽底沉渣进行清理，并对泥浆进行补充置换，经检测满足设计要求后方能下放钢筋笼。

（10）钢筋笼的制作

钢筋笼应按设计要求在现场加工制作，钢筋笼加工平台应平整坚实。钢筋笼制作前应核对单元槽段实际宽度与成型钢筋尺寸，无差异才能上平台制作；钢筋尺寸、搭接长度及搭接方式应满足设计要求；预埋件应精确定位，与主筋连接牢固并做好防护措施，纵、横向钢筋桁架及其他加固措施应满足起吊刚度要求。

（11）钢筋笼的吊装

钢筋笼吊装应根据钢筋笼重量和长度合理选择起吊吊车，在吊车满足要求的情况下尽可能选择一次起吊。当分段吊装时，可选择螺纹套筒连接。吊点布置应根据吊装工艺通过计算确定，确保钢筋笼整体起吊的刚度和稳定性。钢筋笼吊放应缓慢下放，不得强行入槽并严格控制钢筋笼标高。

（12）混凝土浇筑

混凝土浇筑采用导管法施工，用吊车将导管吊入槽段规定位置，导管上顶端按上方形漏斗。导管插入到离槽底标高 50cm 左右方可浇筑混凝土。导管插入混凝土深度应保持在 2～6m。

2.4.2 施工工艺流程

超深地下连续墙施工流程见图 2.4.1。

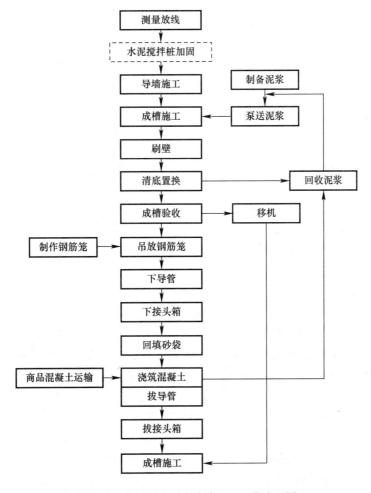

图 2.4.1 超深地下连续墙施工工艺流程图

2.5 超深地下连续墙的导墙

地下连续墙成槽开挖前应浇筑导墙，其作用除了在成槽过程中起一定的定位和导向作用外，其主要作用还为了满足如下几方面的施工要求：承受施工过程中车辆设备的荷载，避免槽口坍塌；存储泥浆，稳定液位；搁置入槽后的钢筋笼；承受顶拔接头管时产生的集中反力。而超深地下连续墙在成槽过程中，存在成槽设备荷载大，成槽时间长，成槽机频繁出入导墙，泥浆对导墙冲击频繁，以及钢筋笼重量大，顶拔接头管反力大等特点。因此，超深地下连续墙的施工更需要承载能力高和稳定性好的导墙，导墙质量的好坏及其稳定性直接影响超深地下连续墙的定位以及成槽质量和精度。导墙制作必须做到合理选择，精心施工。

2.5.1 导墙形式的确定

在确定导墙形式时，需考虑表层土特性、荷载情况、地下水位情况等因素的影响，根据使用要求及地质条件等通过计算确定导墙断面。目前，常用的导墙形式有 2 种，见图 2.5.1。"⌐ ⌐"型和"] ["型，"⌐ ⌐"型造价低，施工简单快捷，适用于表层土质较好的情况；"] ["型造价相对较高，施工速度慢，但相对"⌐ ⌐"形导墙而言，其稳定性好、承载力高，容易保证地下连续墙的成墙质量，而"] ["形导墙上板可与成槽机作业一侧硬化路面连接成整体，承载力更高，稳定性更好，因此在超深地下连续墙施工过程中可优先采用。

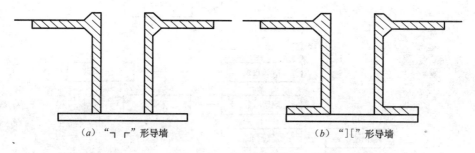

(a) "⌐ ⌐"形导墙   (b) "] ["形导墙

图 2.5.1　常用导墙形式

2.5.2 导墙设计

导墙均采用现浇钢筋混凝土结构，导墙混凝土强度等级不应低于 C20，内配 $\phi 8$ 以上双向钢筋网；导墙应高出地下水位 0.5m 且高于地面 10cm，防止雨水或现场泥水倒灌；当泥浆压力不能保持槽壁稳定时，还可根据设计需要高出地面一定高度。视现场土质情况，导墙墙趾宜进入原状土不小于 30cm，因此在施工过程中，导墙高度可随实际情况进行调整，当表层为稳定性较差的杂填土时，须将导墙加深至原状土层，如杂填土较厚，可采用置换土的方法进行加固，如表层原状土层较厚、土质较软、承载力低，可用水泥搅拌桩加固后，将导墙坐落其上。导墙外侧需用素土或灰土分层回填压实。

导墙断面尺寸应根据使用要求、地质条件及荷载情况等通过计算确定，导墙高度可取 1.5～2m，厚度取 15～30cm，顶板宽 40～80cm，底板宽 50～120cm。导墙的净距按照

《钢筋混凝土地下连续墙施工技术规程》DB 29-103-2010 的要求大于地下连续墙的设计宽度 40~60mm。为了保证主体结构的净空尺寸要求，地下连续墙四周轴线需向外平均移 15cm，因此导墙位置也向外平移 15cm，以此准确测放地下连续墙的轴线位置。

2.5.3 导墙施工

导墙施工顺序：平整场地→测量放样→挖槽→浇筑垫层混凝土→绑扎钢筋→立竖墙模板→浇筑底板及竖墙混凝土→养护→设置横向支撑→外侧回填土→浇筑顶板。

（1）平整场地：施工前平整场地，采用推土机平整施工场地，并于场地上行走 4~5 遍进行预压实，做到"三通一平"。

（2）测量放线：导墙开挖前根据测量放样成果、地下连续墙的厚度、轴线位置，实地放样出导墙的开挖宽度。

（3）挖槽：沟槽测量放样后，用反铲挖土机根据放样位置进行沟槽开挖作业，挖土标高及槽壁由人工修整控制。槽壁两侧 1：1.5 放坡，沟槽基底相对于导墙底超挖 10cm，用于填筑垫层混凝土，沟槽开挖后在槽底设置排水沟，配备水泵排除积水。导墙必须筑于坚实的土面上，不得以杂填土为地基。若遇建筑物拆除后回填的杂填土，应挖除后用三合土分批回填分层夯实。

（4）浇筑垫层混凝土：导墙沟槽开挖后立即将导墙中心线引至沟槽中，将预先用方木制作好的底模放入槽内并调整至设计位置，再用混凝土固定。

（5）绑扎钢筋：底模施工结束后，在混凝土垫层面上弹线定出钢筋位置，然后绑扎钢筋。导墙钢筋设计用螺纹钢，在钢筋加工场加工成型，然后现场绑扎。

（6）立竖墙模板：为确保导墙施工质量，导墙侧墙模板采用大型整体钢模或木模，模板在施工前先检查模板的平整度。模板外侧用钢管或方木加固以增加模板整体刚度，纵向三道，横向间距 0.6m；两侧导墙之间应加对撑，外侧用方木支撑于开挖土体上；每侧导墙模板之间还须加设对拉钢筋，上下两道，间距 0.6m。所有用的钢管支撑或木支撑必须支牢固、无松动，并保证轴线和净空的准确。混凝土浇筑前先检查模板的垂直度和中线是否符合要求，检查合格后方可进行混凝土浇筑。

（7）浇筑底板及竖墙混凝土：导墙混凝土采用商品混凝土，混凝土罐车运输，浇筑时采用溜槽入模，利用插入式振捣器振捣，间距为 600mm 左右。施工时如发生走模，应立即停止混凝土的浇筑，重新加固模板，并纠到设计位置后，方可继续进行浇筑。竖墙纵向分段浇筑，一次浇筑到倒角位置。

（8）养护：竖墙混凝土洒水养护，强度达到 70％设计强度后方可拆模。

（9）设置横向支撑：模板拆除后立即架设 10cm×10cm 木支撑或钢支撑，支撑上中下各一道，横向间距 1m，防止导墙内挤，并在导墙顶面铺设安全网片，保障施工安全。

（10）外侧回填土：待 36h 后拆模（内侧模板与对撑不拆），用 2：8 灰土或拌合水泥土对导墙两侧回填夯实，每次虚铺灰土厚度不超过 30cm，回填至导墙顶板设计底标高。然后再进行导墙顶板钢筋、混凝土施工。

（11）浇筑顶板：竖墙外侧回填土至竖墙倒角后夯平，在上面浇筑顶板混凝土。达到设计强度后在导墙顶板上用红油漆作好分幅线并标上幅号。

（12）导墙验收标准

导墙质量验收标准见表 2.5.1。

	导墙质量验收标准表	表 2.5.1	
序 号	验收项目	标 准
1	内导墙与地下连续墙轴线平行度	10mm
2	内外导墙间距	5mm
3	内导墙面垂直度	2‰
4	导墙内墙面平整度	3mm
5	导墙顶面平整度	5mm

（13）导墙施工注意事项

在保证成槽位置的准确性和垂直精度方面，导墙的施工质量有着极为重要的作用。为了确保导墙的稳定性，导墙施工以底部深入未经扰动的原状土30cm和在回填夯实的加固土体上制作牢固的导墙为原则。根据测量放样在导墙位置首先开挖，清除导墙施工障碍，直至原状土，然后进行钢筋混凝土的导墙施工。

由于路面大型设备较多，路面和导墙需要承受较大重量。在此情况下必须防止导墙施工后净宽和位置出现超出规范的变形，对地下连续墙质量产生不利影响，因此对导墙支撑要求较高。沿导墙纵向每间隔1～1.5m设置2～3道支撑，完成支撑后马上对导墙进行回填，以确保导墙的稳定。在导墙混凝土凝固前，禁止大型机械靠近。

2.5.4 导墙转角及特殊部位的处理

因成槽机的抓斗呈圆弧状，同时由于分幅槽宽等原因，为保证地下连续墙成槽时能顺利进行以及转角断面完整，转角处导墙需沿轴线外放不小于0.3m。

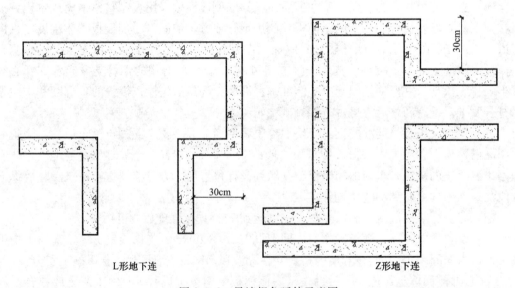

L形地下连　　　　　　　　　　　　　　　　Z形地下连

图 2.5.2　导墙拐角延伸示意图

2.5.5 导墙地下土的加固

当上部土层存在较厚的软弱土层时，由于超深地下连续墙成墙时间较长，槽壁稳定性差，极易出现塌槽现象。对于异型地下连续墙，成槽后阳角部位处于两面临空状态，也是容易出现坍塌的部位。为了避免此类现象的发生，工程上多采用水泥搅拌桩加固措施，对超深地下连续墙两侧或异型地下连续墙阳角部位进行加固处理。

1. 施工部位

导墙下软弱土层多采用水泥土搅拌桩进行加固，采用湿法施工。为防止水泥浆侵入槽内，造成成槽困难，搅拌桩应准确定位，保证垂直，搅拌桩内侧净距应比导墙净距大60～100mm。根据对现场软弱土层埋深和厚度的统计，为保证搅拌桩在开挖过程中能够整体保持稳定，必须使搅拌桩的桩趾进入较为稳定的土层。同时，将搅拌桩桩顶施作到导墙底，将导墙直接施作在搅拌桩顶，以保证导墙的承载力和稳定性。导墙下水泥土搅拌桩加固示意图见图2.5.3和图2.5.4。

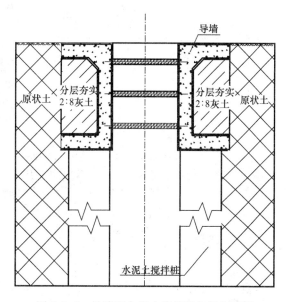

图2.5.3　导墙下水泥土搅拌桩加固剖面图

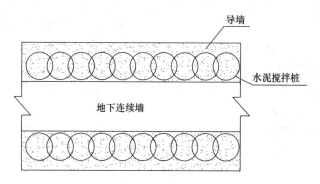

图2.5.4　导墙下水泥土搅拌桩加固平面图

2. 施工参数

水泥土搅拌桩施工采用42.5号普通硅酸盐水泥，水灰比为0.45～0.55，水泥浆液比重1.77～1.87，水泥掺入量不宜大于15％。

由于水灰比较小，水泥浆液较为黏稠，现场根据制浆设备、泵机及泵浆管长度等因素的限制，可能存在难以泵送的现象，现场可根据实际情况，酌情增大水灰比。但是，水泥浆液水灰比不得大于1∶1.2，比重最小不得小于1.6，且每组两根搅拌桩其每延米水泥用量及总体水泥工用量必须严格按要求控制，不得少于设计用量。

3. 工艺流程

现场水泥土搅拌桩施工采用四搅二喷工艺，具体施工程序如图 2.5.5 所示。

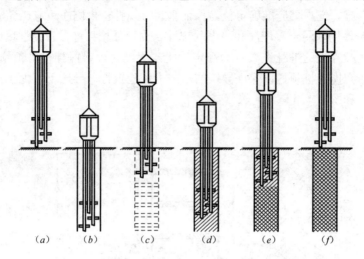

图 2.5.5　水泥土搅拌桩加固施工程序示意图
(a) 定位下沉；(b) 沉入到设计要求深度；(c) 第一次提升喷浆搅拌；
(d) 原位重复搅拌下沉；(e) 第二次提升喷浆搅拌；(f) 搅拌完毕形成加固体

2.6　超深地下连续墙的成槽

超深地下连续墙施工过程中，成槽是关键工序。成槽时间约占地下连续墙施工工期的 60%，成槽效率的高低将直接影响地下连续墙的工期；此外成槽质量的好坏将直接影响钢筋笼下放以及地下连续墙的成墙质量。超深地下连续墙成槽深度大，涉及地质水文条件复杂，对槽壁垂直度和稳定性比普通地下连续墙要求更高，必须选择合理的成槽顺序、成槽机械和成槽工艺，才能有效保证超深地下连续墙成墙质量，加快施工进度，保证施工按期完成。

2.6.1　超深地下连续墙的槽段划分

超深地下连续墙施工前，需先沿墙体长度方向把地下连续墙划分为多段某种长度的施工单元，一般把这种施工单元称为单元槽段。地下连续墙的成槽是分别对每个单元槽段进行挖掘，在同一个单元槽段内，成槽机械可以分一个或几个挖掘段挖土。划分单元槽段就是在墙体平面图上对单元槽段的长度进行合理划分，这是超深地下连续墙施工设计中的首要环节。

一般来说，超深地下连续墙槽段划分应尽可能加大槽段宽度，这样不仅可以减少槽段接头数量，增加地下连续墙的整体性，还能提高其止水抗渗能力和施工效率。但是，单元槽段长度过大，槽壁稳定性差，成槽时间过长，出现坍塌的危险性就越大。此外槽段的划分还受到超深地下连续墙的整体尺寸、场地水文地质情况、成槽施工工艺、成槽设备的性能、钢筋笼制作、吊车起吊能力和单元槽段混凝土浇筑强度等多种因素的限制，必须根据设计及施工条件合理划分。

(1) 影响槽段长度的因素

1) 地质条件：地下连续墙所处的地层情况和地下水位对槽段稳定性的影响。

2）设计条件：①地下连续墙的使用目的、构造、形状；②墙体的厚度、深度。

3）施工条件：①对相邻构筑物的影响；②挖槽机的最小挖槽长度；③工地所具备的起重机的能量和钢筋笼的重量及尺寸；④混凝土的供应和浇筑能力；⑤泥浆池容量；⑥成槽机连续作业时间。

在这些因素中，最主要的是保证槽壁的稳定性。当施工过程中出现地质条件较差，在软弱土层或易液化的砂土层中成槽；在临近建筑物距离较近，有较大侧向土压力作用；施工附加荷载或动荷载较大；有拐角、十字等形状复杂的槽段时，槽段的长度就会受到限制。

（2）单元槽段的划分

单元槽段的划分方法，是综合考虑以上因素后，以连续墙的形状或施工机械来决定单元槽段长度的。

1）以挖槽机的最小挖掘长度为单元槽段长度，适用于减少对相邻结构物的影响，或必须在较短的作业时间内完成一个单元槽段，或特别注意保证槽壁稳定的情况。

2）较长的单元槽段，在长度方向上分几次开挖。

3）为在开挖地下连续墙内侧的基坑后，使墙体和柱子连接，将接头设在柱子位置上，但有时也将柱子和接头位置错开。

4）通过浇筑柱子和地下连续墙成为一个整体，地下连续墙的接头设在柱和柱的中间。

5）钝角拐角，使用整体钢筋笼，为避免造成墙体断面不足，可使导墙向外侧扩大一部分。

6）直角形拐角，最好使用整体钢筋笼，但有时也将钢筋笼分割开插入槽内。

7）T字形槽段，为便于制作和插入钢筋笼，单元槽段长度不宜太大。

8）按成槽机成槽长度计算

采用钻抓结合成槽时，构成单元槽段划分基础的标准挖槽长度为：

$$L = W + D \text{ 或 } L = W + T$$

式中　L——标准挖槽长度；

W——成槽机成槽长度；

D——旋挖孔直径；

T——连墙设计厚度。

划分单元槽段时的标准单元槽段长度用下式计算：

$$E = nL - nD = nW$$

式中　E——标准单元槽段长度；

$L = W + D$——标准挖槽长度；

W——成槽机成槽长度；

n——每单元槽段的成槽机挖掘次数。

（3）成槽顺序

槽段划分完毕后，还要合理安排成槽顺序，根据成槽顺序做适当调整。目前采用的成槽顺序主要有以下两种：

1）采用一期和二期槽段分期施工，即先间隔完成数段一期槽段，一期槽段钢筋笼两端设止水钢板，当混凝土浇筑超过 24h，且强度达到或大于 5MPa 时，再施工二期槽段。

二期槽段为闭合槽段，钢筋笼两端无止水钢板。

2）第二种施工顺序是按幅顺序施工，即先完成首开幅槽段的施工，尔后在首开幅的两侧施工连接幅，连接幅钢筋笼一侧设止水钢板，另一侧无止水钢板。

这两种顺序在施工过程中根据实际情况采用，首开幅槽段施工尽可能从转角槽段开始施工。

2.6.2 成槽机械选择

地下连续墙施工用的成槽机械，是在地面上操作，穿过泥浆向地下深度处开挖一条预定断面深槽的工程施工机械。由于不同工程地质条件复杂多样，地下连续墙的深度、厚度、宽度和技术要求也不相同，目前还没有能够适用于各种情况下的成槽机械。目前，在地下连续墙施工中国内外常用的成槽机械，按其工作机理可分为挖斗式、冲击式、回转式三大类，而每一类又可分为多种形式，其分类见图 2.6.1，优缺点比较见表 2.6.1。

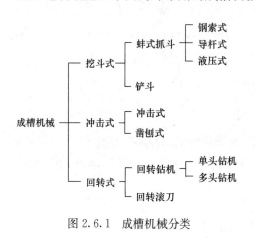

图 2.6.1　成槽机械分类

成槽机械对于成槽精度和成槽效率至关重要，超深地下连续墙施工工程地质条件复杂，选择合适的成槽设备直接关系到地下连续墙施工的成败。成槽机械选择首先要考虑工程地质条件和水文地质条件的限制，其次是成槽厚度和深度，在满足以上两者条件的情况下还要考虑成槽效率和经济效益。在一种机械不能满足要求的情况下，也可采用多种机械配合作业，以满足各种条件的需求。

成槽设备优缺点比较　　　　　　　　　　表 2.6.1

机械类型	优　点	缺　点
抓斗式	结构简单，易于操作维修，运转费用低；广泛应用在较软弱的冲积地层	不适用大块石、漂石、基岩等；当标准贯入度值大于 30 时，效率很低
铣槽机	最先进，工效快、成槽精度高；适用不同地质条件，包括基岩	设备昂贵，成本高；不适用漂石、大孤石地层
多头钻	挖掘速度快，机械化程度高，但设备体积自重大	不适用卵石、漂石地层，更不能用于基岩
冲击式	价格低廉，对地层适应性强，适用一般软土地层，也可使用砂砾石、卵石、基岩，设备低廉	成槽精度差，效率低

（1）抓斗式成槽机

抓斗式成槽机是以其斗齿切削土体，并将切削下的土体收容在斗体内，再借助成槽机的运载机械把抓斗连同土体一起从槽内提升出地面，在地面开斗卸土后，又返回槽内挖土，如此循环作业进行成槽作业。因为抓斗式成槽机每挖一斗土就要从地面到槽底往返作业一次，挖槽越深效率越低，所以抓斗式成槽机的成槽深度一般不宜超过 50m。抓斗式成槽机切削土体的力量来自成槽机抓斗的自重，抓斗重量过轻，不易抓土入斗，而过分增大抓斗自重会使机型庞大，造成动力浪费。由于抓斗成槽机的自重限制成槽机的切土能力，当土层的标贯值 $N>30$ 时，挖槽效率就会急剧下降，当标贯值 $N>50$ 时，就难以成槽。

抓斗式成槽机有多种形式，具体分类比较见表 2.6.2，从表中可以看出，悬吊式液压抓斗由于其可根据抓斗重量选配吊车，根据土层情况选用抓斗重量，根据挖掘深度配置液压管路和钢丝绳，原则上其挖掘深度不受限制，适用地质条件也比较广泛，且抓斗自带自动纠偏装置，工作精度高，技术先进，在工程中使用最为广泛，是目前国内外地下连续墙抓斗成槽机械发展的趋势。

抓斗式成槽机分类　　　　　　　　　　　　　表 2.6.2

结构形式分类		结构配置特点	技术水平
悬吊式	机械式 不带自动纠偏装置	悬吊式抓斗配履带起重机联合作业。施工前需要预先挖掘导槽。	技术落后
	液压式 带自动纠偏装置		靠液压抓斗自身导板导向工作精度高，技术先进
导板式（半导式）		履带起重机底盘，桁架臂，导向杆，液压抓斗。施工前自身导杆可做导向，挖掘出精度高的导槽	使用普及，精度较高
倒杆式（全导式）		桩工机械底盘或挖掘机底盘，可伸缩的套叠式导杆（结构形式类似旋挖钻机）。施工前不需要预先挖掘导槽	应用不普及，成槽深度一般不超过40m

　　悬吊式液压抓斗成槽设备常见的有德国宝峨（BAUER）GB系列，德国利勃海尔（LIEBHERR）HS系列，日本真砂（MASGO）MHL系列，意大利土力公司（SOILMEC）BH系列，法国地基建筑公司BAYA系列，意大利卡沙哥兰地集团（CASAGRANDE）KRC系列，徐工的XG系列，三一重工的SH系列和上海金泰公司生产的SG系列等。图2.6.2为徐工XG液压抓斗成槽机。

　　相对来讲，这些设备中，进口设备成槽效率及精度要好于国产设备，但由于其购置或租赁、维修和保养价格也相对较高，从经济性上要差于国产成槽机。部分液压抓斗成槽机性能参数见表2.6.3。

图 2.6.2　悬吊式液压抓斗成槽机

悬吊式液压抓斗性能表　　　　　　　　　　　表 2.6.3

设备参数	利勃海尔 HS855HD	宝峨 GB	真砂 MHL	土力 HC-60	金泰 SG60	徐工 XG450D	三一 SH500
最大成槽宽度（m）	1.2	1.5	1.2	1.2	1.5	1.5	1.5
最大成槽深度（m）	90	80	60	75	100	75	85
单绳拉力（kN）	2×250	2×230			2×300	2×250	
系统压力（MPa）	35		14	30	33	32	
功率（kW）	450	230	240		298	242	
纠偏系统	有	有	有	有	有	有	有
成槽精度	1/800	0.1°	1/1000		0.1°		1/1000
抓斗净重（t）	13～19.4	30	27.5	16	15～30	19	20～30
油耗（L/h）	40	30			35		

从上表可以看出，随着自主研发能力的提高，国产液压抓斗成槽机已经在某些参数上优于进口或合资设备，在成槽深度，精度和成槽效率上均能满足工程需要，且其价格低廉，维修简单快捷，因此在工程上得到广泛应用，可以优先选择。对于标贯值较大的土层，选用大吨位抓斗也能施工，但是成槽效率低，可采用钻抓结合，铣抓结合和冲抓结合等方式进行成槽，以保证成槽效率和精度。

（2）铣槽机

铣槽机是在机架的底端安装了两个液压马达，由液压马达驱动两个竖向铣轮反方向旋转，对岩土进行切削，并使切削下来的岩土屑向吸渣口方向移动，由泥浆泵经排渣管送到地面振动筛，将岩土碎屑清除，经过净化处理后再次流回槽内形成循环。

铣槽机在土层中成槽效率高，在较硬岩层中成槽，可装配切削硬岩的特殊铣轮。铣槽机成槽精度高，且对槽壁扰动小，清孔方便。槽段接头可采用铣式接头，加快了施工速度，且易保证接头质量。但由于其价格昂贵，维修困难，在国内只有少数工程采用过。铣槽机主要有德国宝峨公司生产的 BC 系列、法国地基基础公司的 HF 系列、意大利卡沙哥兰地集团的 K 系列等。图 2.6.3 为德国宝峨公司生产的 BC 系列双轮铣槽机。

（3）回转钻机

回转钻机是以回转的钻头切削土体来成槽的，切削下来的土渣随正循环或反循环的泥浆排到地面进行泥水分离处理。钻头回转式成槽机有单头钻机和多头钻机，多头钻成槽机实际是几台回转钻机（潜水钻机）的组合，一次成槽，施工速度快，对槽壁的扰动少，完成的槽壁光滑，无噪声，施工文明。多头钻主要有日本利根公司开发 BW 型多头钻机，我国所用的 SF-60 型和 SF-80 型多头钻是参考 BW 钻机设计制造的。天津市场还很少见，工程应用不广泛，施工经验较少。图 2.6.4 为 LQ 型多头钻。

图 2.6.3　双轮铣槽机　　　　　　　　　图 2.6.4　多头钻

（4）冲击钻

冲击钻是依靠钻头的自重，在充满泥浆的槽孔中反复冲击破碎岩土，然后用带有活底的取渣筒将破碎下来的岩土屑取出，或用通过泥浆循环携带出渣。该设备构造简单，操作容易，对地层适应性强，在坚硬土层，含砾石、卵石和基岩等复杂地层中均可应用。但是冲击钻采用掏渣筒排除槽内碎渣时，钻进和排渣间断进行，因此效率低下，钻孔噪声和振动较大，不宜在人口密集和靠近建筑物地区成槽作业。现已很少单独采用，多用于和其他成槽机械配合使用，对较硬地层进行成槽施工。

冲击钻机的种类很多，主要设备有国产的 CZ-20、CZ-22、CZ-30 型，仿苏联的 YKC-22、YKC-30 型以及意大利、日本等国生产的 ICOS 型等。

综上所述，对于一般较软土层，液压抓斗成槽机可独立成槽，对于标贯值较大的土层，抓斗成槽机效率低，可采用钻抓结合，铣抓结合和冲抓结合等方式进行成槽，以保证成槽效率和精度。液压抓斗式成槽机结构简单，易于操作维修，运转费用低，目前已成为国内地下连续墙成槽机械的首选。而铣槽机对土层

图 2.6.5　冲击钻

适用范围广，对于标贯值较大的砂层和基岩也能顺利成槽，且铣槽机成槽稳定，成槽精度高，目前正受到日益广泛的应用。但由于其还未国产化，价格昂贵，维修困难，使其使用受到限制，目前多和抓斗式成槽机结合使用，应用于较硬土层的成槽。

2.6.3　标准和非标准槽段成槽的方法

地下连续墙的成槽方法与工程地质条件、成槽机械和槽段施工顺序相关，当现场地下连续墙施工范围内的地层状况存在差异时，成槽过程不能局限于某种单一的挖槽形式，应根据现场实际情况，实时调整挖槽方法。但无论采用何种方法，首先是保证地下连续墙的成槽质量，在保证成槽质量的前提下，选择合适的成槽方法，可以显著提高施工效率，创造良好的经济效益。

根据以往施工经验，对于使用抓斗成槽机成槽，要使成槽效率高，槽壁垂直，关键要使抓斗两端抓土阻力均衡，要么使抓斗两边斗齿都抓在土中，要么使两边斗齿都落在空洞中，切忌抓斗斗齿一边抓在实土中，一边落在空洞中。根据这一原则，抓斗式成槽机的成槽可采用单抓成槽，抓铣结合成槽和钻抓结合成槽方法。

（1）标准槽段首开幅

对于标准槽段的首开幅，一般较软地层，可采用三抓成槽，第一、第二抓分别在槽段两端直接采用液压抓斗进行挖槽，两抓之间留设能够自立的"鼻梁土"，在两抓完成后，最后一次抓挖中间留土，具体成槽示意图见图 2.6.6。

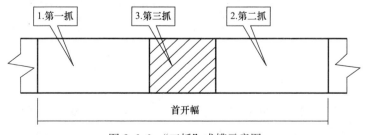

图 2.6.6　"三抓"成槽示意图

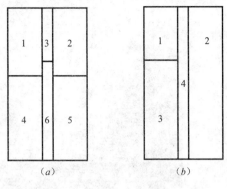

图 2.6.7 深度方向成槽顺序示意图

(a) 六步成槽顺序；(b) 四步成槽顺序

成槽过程中为避免塌槽埋斗，在深度方向采用分步成槽，如图 2.6.7 所示。地质条件较差时用六步开挖成槽工艺，地质条件较好时采用四步开挖成槽工艺。

对于较硬地层，将抓斗斗齿落在实土上进行抓土困难，成槽效率低。因此可采用三钻两抓成槽，即先使用旋挖钻机在槽段两端和中间钻挖引导孔，两孔中心间距小于抓斗宽度，然后，以抓斗两端斗齿都落在空洞处进行抓土成槽，挖净三孔之间的留土。成槽示意图见图 2.6.8。

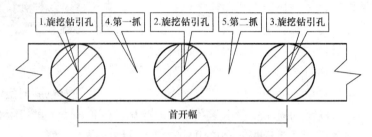

图 2.6.8 "三钻两抓"成槽示意图

当施工经过的硬土层较厚或成槽深度较大，对垂直度要求较高时，可直接采用铣槽机施工。当存在上软下硬土层时，也可采用抓铣结合成槽，上部软土层部分采用液压抓斗直接成槽，下部硬土层改用铣槽机成槽，在深度方向可根据土层分步成槽，成槽顺序可借鉴图 2.6.6 和图 2.6.7。

（2）标准槽段顺序幅

对于顺序幅，可采用一钻两抓成槽。此方法是在远离已成槽段一端进行一抓，然后在靠近已成槽段端，采用旋挖钻机进行钻挖成孔，最后将引导孔和第一抓之间的留土抓净。成槽示意图见图 2.6.9。

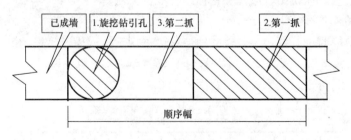

图 2.6.9 "一钻两抓"成槽示意图

（3）标准槽段闭合幅

对于闭合幅，可采用三钻两抓，首先用旋挖钻机在两侧已成槽段进行旋挖成孔，清除埋设的砂袋和绕流混凝土，再在槽段中心成孔，然后用抓斗成槽机抓除孔间余土。

（4）"T"形首开幅

"T"形首开幅成槽采用"三抓两钻"成槽的方法，第一抓施工完成后，第二抓和第三抓施工前均采用旋挖钻机打设引导孔，再用液压抓斗成槽机进行挖槽施工，提高挖槽效率。成槽顺序见图2.6.10。

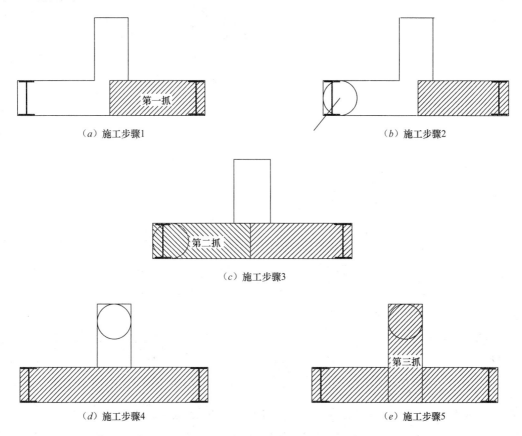

（a）施工步骤1 　　　　　　　　　（b）施工步骤2

（c）施工步骤3

（d）施工步骤4 　　　　　　　　　（e）施工步骤5

图2.6.10 "T"形首开幅成槽工艺

（5）"T"形闭合幅

"T"形闭合幅成槽采用"三抓一钻"成槽的方法，第一抓和第二抓施工完成后，在第三抓施工前采用旋挖钻机打设引导孔，再用液压抓斗成槽机进行挖槽施工，以提高挖槽效率。成槽顺序见图2.6.11。

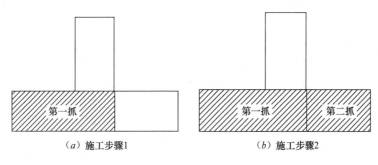

（a）施工步骤1 　　　　　　　　　（b）施工步骤2

图2.6.11 "T"形闭合幅成槽工艺（一）

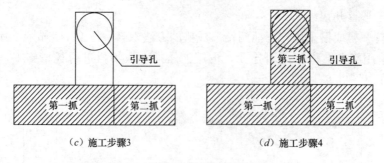

（c）施工步骤3　　　　　　　　　　（d）施工步骤4

图 2.6.11　"T"形闭合幅成槽工艺（二）

（6）非标准槽段

对于地下连续墙的拐角及一些异型槽段，可根据槽段长度和成槽机的开挖宽度，将槽段划分为几段直线段，确定出首开幅和闭合幅，保证成槽机切土时两侧受力的均衡性，以确保槽壁垂直。成槽施工顺序如图 2.6.12 所示。

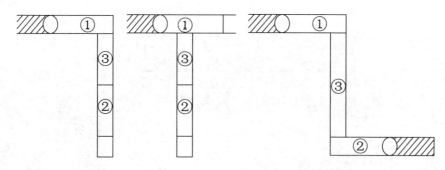

图 2.6.12　异形槽段成槽施工顺序

2.6.4　刷壁

对于采用刚性接头的地下连续墙来说，刷壁是地下连续墙施工中的一个至关重要的环节，刷壁的好坏将直接影响到地下连续墙围护防水的效果。由于超深地下连续墙槽段超深，接头箱直接放置在止水工字钢板之后，很难完全紧密贴合，从而导致浇筑混凝土的过程中，在接头箱和止水钢板夹缝内不可避免产生或多或少的混凝土砂浆和进入的土体等混合形成结牢物。在成槽过程中悬浮在泥浆中的砂颗粒迅速沉淀在工字钢板的内侧，沉积后，又形成了非常坚硬的胶结物。如果以上所说的这些结牢物、胶结物不能有效清除，地下连续墙接头就形成了夹泥，成为基坑开挖后渗漏水的渠道，会严重危害基坑开挖的安全。为了妥善处理该部位，避免这些结牢物、胶结物在后期强度上升以后难以处理，在前序幅接头箱顶拔完成之后，应立即用成槽机或旋挖钻进行相邻幅段与其接头部位的成槽施工。同时，现场连接专用的可拆卸液压抓斗（图 2.6.13），对工字钢板上的泥皮、土渣、绕流物等进行铲除。

对于槽段下较深处的混合物、绕流混凝土等，由于成槽时间较长变得较硬且液压抓斗铲刀冲击力减小而难以铲除，则在槽段成槽结束后采用地下连续墙接头部位接头箱底部增加钢板三角铲刀（图 2.6.14），并借助锁口管定位冲击。

通过以上两种措施，紧排挖槽工序，将止水钢板上的硬化附着物在其最终凝固上强度之前进行铲除，保证止水钢板接缝处的止水效果。

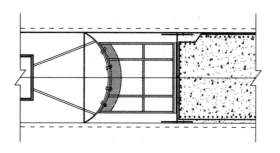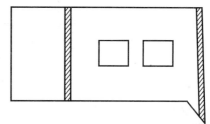

图 2.6.13　液压抓斗装可拆卸铲刀示意图

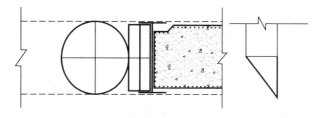

图 2.6.14　接头箱铲刀示意图

在用铲刀清除绕流附着物后再采用刷壁器进行刷壁，以去掉接头钢板上的泥皮。刷壁器采用偏心吊刷，以保证钢刷面与接头面紧密接触从达到清刷效果。后续槽段挖至设计标高后，用偏心吊刷清刷先行幅接头面上的沉渣或泥皮，上下刷壁的次数应不少于 20 次，直到刷壁器的毛刷面上无泥为止，确保接头面的新老混凝土接合紧密。接头偏心吊刷见图 2.6.15。

2.6.5　成槽质量控制措施

1. 成槽过程控制措施

（1）成槽机就位前要求场地平整坚实，表层土承载力较小时可硬化或铺钢板减小机械压力，防止槽口坍塌。

（2）成槽机履带与导墙垂直，抓斗中心应每次对准放在导墙上的孔位标志物，保证挖土位置准确。

（3）各抓作业顺序注意保证成槽时二侧邻界条件的均衡性，以保证槽壁二个方向的垂直度良好。

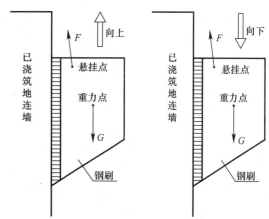

图 2.6.15　接头偏心吊刷示意图

（4）抓斗闭斗下放，开挖时再张开，抓斗下放时，应靠其自重缓速下放，不得放空冲放；抓斗入槽、出槽应慢速、稳定，避免形成涡流冲刷槽壁，引起塌槽。

（5）抓土过程中要保证抓斗钢丝绳绷紧，抓斗每次进尺深度控制在 0.3m 左右，遇有较硬砂层时，要少抓多放，避免抓斗长时间停留槽底反复抓土。

（6）在深厚砂层中长时间成槽，砂层对抓斗磨损严重，要勤对抓斗厚度进行测量，以免成槽厚度不够，难以下放钢筋笼。

（7）成槽过程中如发现大面积塌槽，应及时将抓斗提出地面，用优质黏土掺入 20％水泥回填至坍塌处以上1～2m，待沉积密实在槽壁外侧注浆后再行挖槽。

（8）单元槽段中每抓挖到设计槽底标高以上0.5m时停挖，待全槽达到此标高时，再由一端向另一端用抓斗细抓扫孔清底至设计标高。

（9）成槽完成后用超声波测壁仪检测成槽的垂直度，用测锤、量具检测槽深、槽长和槽位精度。

2. 成槽作业垂直度控制措施

成槽垂直度的好坏，关系到钢筋笼吊装，预埋装置安装及整个地下连续墙工程的质量，规范规定地下连续墙垂直精度达到3‰要求，但超深地下连续墙控制更为严格，应力争达到2‰以上。可采取以下有效措施保证垂直度。

（1）好的成槽司机是成功的一半，必须选择有成槽机操作证书且具有两年以上操作经验的人员进行成槽操作，且专机专人操作以保证成槽垂直度、安全和效率。

（2）成槽过程须随时注意槽壁垂直度情况，发现倾斜指针超出规定范围，应立即启动纠偏系统调整垂直度。

（3）采用钻抓结合时，要采取措施保证旋挖钻机成孔垂直度，当旋挖成孔深度较大时，可采用大功率钻机配小钻头来保证引导孔的垂直度。

（4）在槽壁稳定性有保证的情况下，每开挖10～15m用超声波测壁仪检测成槽的垂直度。

（5）当槽壁垂直度出现小偏差时，可用抓斗或旋挖钻机修正，当垂直度出现大偏差，影响钢筋笼下放时，可回填槽孔至一定高度，待稳定后，重新成槽。

3. 成槽时泥浆液控制

（1）成槽时，派专人负责泥浆的放送，视槽内泥浆液面高度情况，随时补充槽内泥浆，确保泥浆液面高出地下水位1.0m以上，同时也不能低于导墙顶面0.3m，杜绝泥浆供应不足的情况发生。

（2）成槽中如发现泥浆面下降迅速，应不断补充比重1.3以上的泥浆，同时回填槽段直到泥浆液面稳定，再重新成槽，适当提高泥浆比重，且注意观察泥浆液面变化。

4. 清底换浆

（1）清底换浆使用空气升液器，由起重机悬吊入槽，空气压缩机输送压缩空气，以泥浆反循环法吸除沉积在槽底部的土渣淤泥，并置换槽内黏度、比重或含砂量过大的泥浆，使全槽泥浆都符合清底后泥浆的质量要求。

（2）清底开始时，令起重机悬吊空气升液器入槽，使空气升液器的喇叭口在离槽底0.5m处上下左右移动，吸除槽底部土渣淤泥。

（3）当空气升液器在槽底部往复移动不再吸出土渣，实测槽底沉渣厚度小于10cm时，方可停止移动空气升液器，开始置换槽底部泥浆。

（4）清底换浆是否合格，以取样试验为准，当槽内每递增5m深度及槽底处各取样点的泥浆采样试验数据都符合规定指标后，泥浆比重不应大于1.2，清底换浆才算合格。

（5）在清底换浆全过程中，控制好吸浆量和补浆量的平衡，不能让泥浆溢出槽外或让浆面落低到导墙顶面以下30cm。

2.6.6 小结

本章通过对超深地下连续墙成槽机械和成槽工艺进行总结，得到如下结论：

（1）对天津上部土层，液压抓斗成槽机可独立成槽，对于标贯值较大的砂土层，抓斗成槽机效率低，可采用钻抓结合，抓铣结合方式进行成槽，以保证成槽效率和精度；

（2）在天津地区施工超深地下连续墙，应对上部软弱土层进行加固处理，选用"〕〔"形导墙坐落其上，保证成槽过程上部土体的稳定；

（3）充分利用土拱效应，成槽顺序采用跳幅施工，深度方向采用分段开挖，保证深部土体稳定；

（4）选用熟练操作人员，根据操作人员经验和成槽机自身监测仪器随时检测垂直度，30m以下每隔10～15m进行超声波检测，保证超深地下连续墙成槽垂直度。

2.7 超深地下连续墙槽孔稳定

地下连续墙成槽过程中，主要依靠槽壁土体的自立性和槽段内的护壁泥浆来维持槽壁的稳定性，施工中稍有不慎就有可能产生槽壁失稳坍塌，引起墙体混凝土超方或结构尺寸超出允许界限，严重时还会出现埋斗事故，甚至引起槽壁两侧地面坍陷，造成附近建筑物倾斜、管线断裂、道路破坏等更严重的不良后果。如在吊放钢筋笼之后，或是在浇筑混凝土过程中产生槽壁坍塌，坍塌的土体会混入混凝土内，造成墙体缺陷，甚至会使墙体内外贯通，成为地下水渗流的通道。由此可见，施工过程中，一旦出现槽壁坍塌，就需要耗用巨大的人力、物力、财力进行后继处理，延误工期，造成巨大的经济损失。

因此，泥浆护壁成槽过程中槽壁的稳定是保证地下连续墙安全施工和墙体施工质量的关键。虽然在长期的工程实践中，泥浆护壁成槽技术在施工工艺、施工机械和设备、施工质量控制等方面已经较为成熟，但是开挖失稳并导致埋斗或邻近建（构）筑物损坏进而造成生命财产损失的情况仍然时有发生。其主要原因在于，影响泥浆护壁条件和成槽开挖稳定的因素众多且关系复杂，工程技术人员对其认知程度还相当不够，主要还是凭施工经验对成槽开挖稳定进行控制，而对开挖稳定的科学预见性不足等。

2.7.1 影响因素

泥浆护壁成槽稳定性的影响因素分为内因和外因两个主要方面，内因主要包括场地地质条件、水文地质情况、护壁泥浆的性质以及开挖槽段的形状和尺寸等，外因主要包括成槽开挖机械、开挖时间、槽段施工顺序以及槽段外场地施工荷载等。

1. 内在因素

（1）场地地质条件

场地地质条件是影响成槽稳定最根本的因素，不同土质条件对于槽壁稳定影响很大。对于较硬土层和岩层，其自立性强，一般采用泥浆护壁就能保证槽壁稳定；对于较软土层，抗剪强度低，自立性差，开挖后易随时间产生蠕变变形，槽壁不易稳定，多需进行加固；对于砂性土层，由于其黏聚力小，自立性差，极易出现塌槽。对于深部标贯值较大的土层，由于开挖困难，施工时间长，容易对槽壁产生扰动，也会影响成槽稳定性。

泥浆具有护壁作用的一个重要原因是泥浆能够渗入槽壁周围土体孔隙内，并在槽壁面上形成的凝胶层，即泥皮。泥皮形成的必要条件是泥浆渗入地层并能在壁面上产生滤层，也就是地层必须具有一定的渗透性。因此，在砂性土层内容易形成泥皮，而在黏土中则比较困难。

泥浆向槽壁周围地层中渗透而形成的泥皮对槽壁稳定是有利的。如果地层的渗透系数很大，泥浆的触变性能很差，那么泥浆就会渗入到砂砾卵石地层中很远的地方而不能形成凝胶，从而使泥浆大量流失，这就会造成槽段内泥浆液面迅速下降。当泥浆液面过低，槽段外地下水便会大量涌入槽段内，降低了泥浆比重，槽壁就可能失稳。就槽壁面上泥皮的形成条件来看，粗粒径土（砂土和粉土）较黏性土有利，但粗粒径土的渗透系数过大又可能会造成泥浆的流失和泥浆液面的迅速下降，进而可能造成槽壁局部坍塌，因此土体粒径与渗透系数两者间存在矛盾关系。

（2）水文地质情况

不同水质对于泥浆配合比的影响，天津地区临近渤海，地下水含盐量大，对于泥浆配比影响较大，当采用地下水配置泥浆时，要对水质进行化验，水质不符要求时，要采用自来水配置泥浆。

从静力平衡角度来看，护壁泥浆压力必须大于地下水压力并平衡掉部分土压力，泥浆的护壁作用才能有效发挥。泥浆液面与地下水位之间的相对高差因此成为工程实施的控制条件之一。施工中一般均要求泥浆液面高出地下水位 0.5m 以上。一些槽壁失稳的实例有时是由于地下断层、裂隙或岩溶发育造成漏浆或跑浆引起泥浆液面下降到地下水位以下导致的，或是由于突发洪水引起地下水位上升高于泥浆液面而产生的。另外，如工程施工场紧邻潮位周期变化的江（河）时，潮位变化也会引起地下水位的变化，进而影响槽壁的稳定。特别是当地下水位与江水存在水力联系时，地下水的渗漏极易造成槽壁坍塌。因此，提高对场地水文地质条件的认识，可以提高槽壁失稳的科学预见性，提前或及时采取有效措施，预防突发失稳事件的发生。

（3）护壁泥浆的性质

目前工程中大多以膨润土作为制备泥浆的主要原料，另外还适当添加一些外加剂如惰性材料或聚合物材料等。膨润土主要由晶层间吸附可交换钠离子或钙离子的蒙脱石黏土矿物组成，它在水中可以水化。在没有添加剂时，膨润土在咸水中会絮凝。膨润土泥浆具有触变性，这是由于黏土矿物在水中会形成薄板状颗粒的悬液，颗粒表面和端头部分别带有负电荷和正电荷，通过正负电荷间的引力作用，在颗粒间形成弱胶结，使得膨润土泥浆在静置时絮凝、扰动时液化。膨润土泥浆的这种弱胶结性质有两个作用：一是可以悬浮部分土颗粒，减少槽段底部的沉渣；二是当泥浆液面高度高于地下水位，泥浆在内外压力差的作用下可向槽壁周围土体内渗入，土颗粒间的孔隙被填充封堵后，很快就可以在槽壁上形成一层类似于不透水薄膜的泥皮，以保证泥浆的静液压力能够作用在槽壁上，抵抗槽壁周围土体的土压力和水压力。

由于槽壁稳定的机理是借助泥浆与地下水压力差的作用来抵抗槽壁外的水土压力，从而维持槽壁的稳定，因而一般要求新拌制泥浆的比重不小于 1.05。成槽后，泥浆由于受到泥砂"污染"而使比重增大，如果泥浆比重过大，不但影响混凝土的浇筑，同时由于泥浆的流动性差而使泵送混凝土困难并且消耗输送设备的功率，所以一般清底后泥浆比重不应大于 1.15。

泥浆在槽段内通过水头压力差向周围地层中浸渗，而槽壁土体则类似于过滤器，使得泥浆中只有水分可以通过，而把膨润土等颗粒阻留在土体的孔隙中，使泥浆中的部分水分流失到地基中，同时在槽壁表面形成泥皮，这就是泥浆失水与泥皮形成的表面。泥浆失水量的大小与形成泥浆质量的好坏有密切关系，失水量小的泥浆所形成的泥皮薄而韧，截水性强；失水量大的泥浆所形成的泥皮厚而脆，截水性差。疏松透水的泥皮不但没有护壁作用，还会阻碍成槽机械的上下运动，造成槽壁表面土体的剥落或槽壁坍塌。因此，泥浆的失水量越小越好，泥浆失水量的大小，主要取决于泥浆中膨胀土的浓度与质量，测定泥浆失水量和泥皮厚度，可了解泥浆中膨润土的浓度与质量，是调整泥浆性能指标的重要依据之一。

（4）开挖槽段的形状与尺寸

泥浆护壁成槽开挖工程中槽段的平面形状主要是矩形，有时也有"T"、"L"、"Z"形等异形槽段开挖。对于矩形槽，槽段长度是影响开挖稳定性的主要因素，槽段越长，开挖引起的应力重分布更接近于平面应变情况，土拱效应减弱，槽壁越不稳定。对于异型槽段，其拐角部位由于两面临空，也是容易出现塌槽的部位。

超深地下连续墙槽段的尺寸直接影响成槽体积，成槽时间越长，成槽机械进出越频繁，对于槽壁稳定越不利。

2. 外在因素

（1）开挖机械

开挖机械的重量和施工中的振动对槽壁的稳定是不利的，因此地下连续墙在成槽前必须先修筑导墙，一方面维护表土层的稳定，避免发生槽口坍塌，另一方面作为地下连续墙按设计要求进行施工的准绳，控制槽段开挖的垂直度。在开挖过程中，挖斗的形状、循环往复的提升和下降速度会影响成槽中泥浆的流动，使槽壁周围地基土体中的孔隙水压力上升，当泥浆的流动从层流转变为湍流时，槽壁上的泥皮或土颗粒将会受到冲蚀，增加局部破坏甚至可能整体失稳的风险。

目前软土地基中常用的成槽机械主要有冲击式成槽机、抓斗式成槽机和回转式成槽机。冲击式成槽机在水工结构中土坝的心墙和防渗帷幕中使用较多，这种方法一般难以保证槽壁的平直度和垂直度，施工效率也比较低，难以满足城市建筑密集区内施工的需要。目前软土地基的地下连续墙成槽较多使用抓斗式成槽机，这种施工机械在成槽深度不大时施工效率一般较高，但随着成槽深度的增加，抓斗每次提升和下沉所消耗的时间也相应增加，使其施工效率降低。另外当软土层下存在较为坚硬的土层时，这种方式就会出现成槽掘进困难而施工效率低下的问题。这种情况下，下部硬土层通常采用适合于硬层掘进的回转式成槽机进行开挖，其施工效率会大大提高。

从成槽机械对槽壁泥皮的影响来看，如果用回转式成槽机进行挖土则不会有太大的影响，若使用冲击式或抓斗式的成槽机，则由于机具在槽段内需要上下移动，容易把槽壁面上的泥皮碰落。在多数情况下，槽内的泥浆又会立即在那一部分壁面上向土层渗透，仍可重先形成新的泥皮。但是，当土层是黏性小的砂层或砂砾层时，或者泥皮被成槽机连续大面积碰落时，槽壁面就会在新泥皮形成前坍塌。因此，为了保护槽壁面的泥皮，也必须注意施工机械的选择问题。

（2）施工工艺

不同槽段成槽的先后顺序对槽壁的稳定也有一定的影响。一般采用间隔施工比顺序施工更有利于地基土拱效应的发挥，从而提高开挖的稳定性。此外，开挖时间或成槽后的静置时间如果过长，泥浆会发生絮凝和沉淀，上部泥浆的重度将减小，降低槽壁的稳定性。

因此，泥浆护壁成槽开挖后应及时下放钢筋笼并浇筑混凝土。

2.7.2 有限元模拟土层种类和深度对槽孔稳定的影响

不同土层种类和开挖深度对超深地下连续墙成槽施工过程中槽壁稳定性影响很大，本节基于 ABAQUS 数值模拟软件，建立三维有限元模型，对地下连续墙的成槽过程进行数值模拟计算，研究不同开挖深度、不同地质条件和不同泥浆荷载条件下超深地下连续墙在成槽过程由于槽段开挖引起槽壁水平方向的变形规律和周围的地表沉降规律，探讨了土层种类和深度对槽孔稳定的影响。

（1）模型的建立

模拟地下连续墙成槽深度为 61m，宽 6m，厚 1.2m，模型采用的尺寸为 100m×100m×60m，划分完网格的模型见图 2.7.1。由于成槽深度达 61m，抓斗成槽次数较多，综合分析了成槽过程中的各因素及实际工程情况，模型中分 12 步进行抓土，前面 55m 为每一抓成槽深度为 5m，最后一抓为 6m。

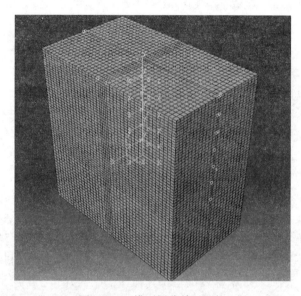

图 2.7.1　模型划分单元网格

土体单元类型采用的是 C3D8，土体参数和深度分布选取两种情况进行计算，一是根据于家堡交通枢纽工程（简称于家堡工程）地质勘察报告选取，具体参数见表 2.7.1，一是根据天津市文化中心工程（简称文化中心工程）地质勘查报告选取参数见表 2.7.2。

于家堡工程土体参数　　　　　　　　　　　　　　表 2.7.1

土层编号	厚度（m）	密度（kg·m⁻³）	弹性模量 E_s（MPa）	黏聚力（kPa）	内摩擦角（°）	泊松比
1	2	1850	4.24	11.7	12.4	0.35
2	10	1960	15	19.3	24.3	0.32
3	10	1940	20	26.6	23.6	0.31
4	20	2000	40	33.3	24.8	0.30
5	24	2080	55	10	36.2	0.30
6	32	2040	45	39.3	20.5	0.30

文化中心工程土体参数 表 2.7.2

土层编号	厚度（m）	密度（kg·m⁻³）	弹性模量 E_s（MPa）	黏聚力（kPa）	内摩擦角（°）	泊松比
1	3	1700	3.0	11.0	12.0	0.35
2	10	1950	14	18.9	25.6	0.31
3	8	1930	21	25.5	24.7	0.31
4	22	2030	39	36.9	26.5	0.30
5	18	2080	55	10	36.2	0.30
6	39	2040	45	39.3	20.5	0.30

  槽段施工中的荷载考虑了土体的自重以及在槽段开挖过程中施加于槽壁上的沿深度方向均匀变化成三角形的泥浆荷载，三角形荷载是针对整个槽壁来说的，除了槽段的第一开挖步完成后施加在槽壁是真正的三角形荷载，以下的其他开挖步形成的槽壁上施加的都是梯形荷载，由于软件中荷载施加的设置，采用的荷载施加方法是施加一个三角形荷载和一个矩形荷载，即把梯形荷载给分开形成一个三角形荷载和一个矩形荷载。模型的边界条件

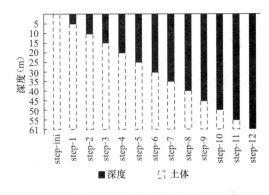

设置：模型底部约束了 X、Y、Z 三个方向的位移，而在模型侧面上仅仅约束垂直于侧面的位移，如模型 X 方向仅仅约束 X 方向位移，Z 方向仅仅约束 Z 方向的位移。

  模型的计算工况见图 2.7.2。开挖的同时，泥浆看作是均匀增加的液体荷载施加在槽壁上，用泥浆荷载模拟开挖过程中的泥浆护壁过程，是对实际工程的一种简化，并且进行了一定假定：地下水与护壁泥浆之间没有渗流，并且忽略两者之间的过滤。

图 2.7.2   槽段开挖工况

在成槽过程中假定泥浆液面与地面齐平，泥浆荷载施加如图 2.7.3 所示。

  （2）不同土层种类对槽壁稳定性影响分析

  图 2.7.4 为模型的计算云图：在云图中有两个深色的特殊位置，这两个位置的槽壁水

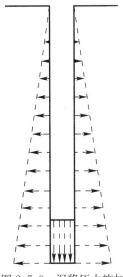

图 2.7.3   泥浆压力施加

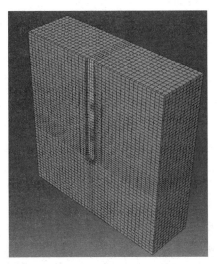

图 2.7.4   槽段开挖完成后的槽壁变形云图

95

平位移比较大；由图可见槽段宽度方向的槽壁水平位移变化小，地表处土体的水平位移也比较小，因此槽壁稳定性问题主要是在槽段长度方向的槽壁上，主要是在槽壁长度方向的中间位置处，本文研究的槽壁变形曲线均取自槽段长度方向中间位置处槽壁的水平变形。

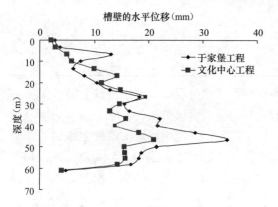

图 2.7.5　不同地质条件下的槽壁变形曲线

对于家堡工程和文化中心工程两种不同土质情况超深地下连续墙成槽过程进行模拟计算，研究在相同泥浆荷载作用下不同地质条件下的槽壁稳定性，采用的泥浆比重为 1.25，所选择的超深地下连续墙的深度和厚度是一样的，厚 1.2m、深 61m。对两种不同地质条件下的超深地下连续墙成槽过程的模拟结果如图 2.7.5 所示。

通过图 2.7.5 对比，可以很明显地看出：在于家堡工程开挖过程中，在地下深 9m 左右的位置处有一突变的水平位移，9m 深度以下位移又变小，再逐渐变大，以下的水平位移随深度的增加而逐渐增大；但是在文化中心工程的地下连续墙成槽过程中，槽壁水平位移在地下 18m 的位置处开始出现大的变形，从这个深度往下的槽壁位置处的水平位移变化比较均匀，没有太大突变。图中明显地看得出来两个工程的槽壁水平位移出现一段交叉处，即深度在 12~30m 之间，文化中心工程的槽壁水平位移比于家堡工程的水平位移变形要大，其他深度处的槽壁水平位移均是于家堡工程比文化中心工程的大。在土层分布情况可以看到两个模型的地质条件差异，于家堡工程砂土层层厚比较大，成槽困难，并且极易出现塌槽现象，是成槽过程中的难点；文化中心工程的地质条件中也有一部分的砂层，不过该部分砂层比较薄，而且深度比较深，具体的最大变形位置是在第 4 土层的位置处约为地下 48m 位置处，还有一个稍微比这个最大水平位移小一点的变形是在 27m 左右的深度处。在合适的泥浆荷载护壁条件下的成槽过程中，槽壁面上也会出现微量的凸起和缩进，都是由于抓斗在抓土时对土体进行压力的突然释放而产生的变形。

通过两个数值模型的分析对比可以看得出，在相同泥浆荷载护壁作用下，深度在 30~61m 之间于家堡工程地下连续墙成槽过程中槽壁的水平位移相对要大一些，大厚度砂层对地下连续墙施工产生了影响。在比重为 1.25 的泥浆荷载护壁作用下，文化中心工程的地下连续墙施工过程中槽壁变形可以得到控制，但槽段地表周围有其他荷载时应适当增大泥浆重度以给槽壁提供更大的泥浆压力保证槽壁稳定。在于家堡工程的地下连续墙成槽过程中：比重为 1.25 的泥浆荷载所引起的槽壁变形较大为 34mm，但是在实际工程中泥浆比重增大到了 1.30，因此在施工中地下连续墙开挖到大厚度砂层时应该加大泥浆重度，可适当再增加护壁泥浆的液面高度。在出现砂土层时，大量的土体混入泥浆中使泥浆重度增大，因此要增大泥浆的携带泥浆的能力，就需要增大泥浆的黏度。

（3）不同开挖深度引起的槽壁水平变形

地下连续墙的开挖深度不同所引起的地下连续墙的槽壁变形是不一样的，在比重为 1.25 的泥浆护壁下对不同开挖深度分别进行模拟，开挖深度主要有 30m、40m、50m、61m，综合对比不同开挖深度下地下连续墙的槽壁变形。得出在相同泥浆荷载作用下不同开挖深度地下连续墙成槽引起的槽壁变形规律。

模型一的槽壁变形模拟：模拟于家堡工程地下连续墙在比重为1.25的泥浆护壁下开挖到不同深度时的槽壁变形，选取的成槽深度分别为30m、40m、50m、61m，开挖到这几种不同深度时的槽壁变形曲线见图2.7.6。

从该变形曲线中可以看出：在地面下9m深的位置处，在这几种不同的成槽深度下槽壁均有水平变形且都是13mm左右没有变化，说明上部的槽壁变形与成槽深度没有关系；随着开挖深度的增加，槽壁的变形逐渐增大，开挖到61m时槽壁水平位移变形最大为34.5mm；当开挖深度为30m时，下面未开挖到的槽壁位移有向着周围土体的外扩变形，但变形量很小；在开挖到40m、50m时下部未开挖的土体也都有微量的外扩变形；该工程在不同开挖深度下的槽壁变形呈明显的阶梯形变化，变形量比较明显，尤其是在开挖到50m位置处可以明显地看出槽壁向着槽内有一个大的突变。在相同泥浆荷载护壁作用下，开挖深度增加，槽壁稳定性就越差，因为随着成槽深度的增加，泥浆荷载的护壁效果就会变得更差，泥浆对槽壁产生的压力也就逐渐地被土压力所抵消，越往下土的侧压力也就越大。

模型二的槽壁变形模拟：文化中心工程的地下连续墙的开挖成槽过程模拟，主要研究在比重为1.25的泥浆护壁条件下，槽段不开挖同深度下的槽壁变形，选取的成槽深度同样为30m、40m、50m、61m，开挖到这几种深度时的槽壁变形曲线见图2.7.7。

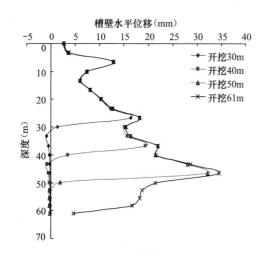

图2.7.6　于家堡工程不同开挖
深度下的槽壁变形

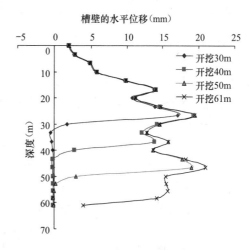

图2.7.7　文化中心工程不同开挖
深度下的槽壁变形

在该图中可以很明显地看出：文化中心工程的地下连续墙不同成槽深度下的槽壁变形，变形量随着成槽深度的加大也逐渐地增大，上部25m深度以内的土体的槽壁变形在不同开挖深度的条件下是一样的；同样和模型1的有一定相似，即在开挖到30m时，下部未开挖到的槽壁有着向周围土体的外扩变形；槽壁变形随着开挖深度的增加也逐渐增大，但是变化量比较均匀，没有模型1的变形量大；该工程的槽壁变形量在30m以下位置处变化比较均匀，没有很大的突变，相比模型1的开挖不同深度下的变形曲线变化较缓和，有两个比较大的变形点，分别在地面下30m左右的位置处和地面下50m左右的位置处。

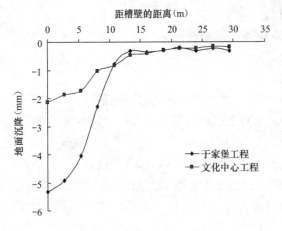

图2.7.8 两个工程的地面沉降变形对比

（4）不同土层条件下成槽施工引起地面沉降分析

以两个工程在相同护壁泥浆（比重为1.25）荷载作用下进行了的地下连续墙开挖为研究对象，两个模型的开挖完成以后所引起的地面沉降变形进行对比得出的变形曲线见图2.7.8。

从变形曲线可以看得出来于家堡交通枢纽工程的整体沉降变形较大，即相同比重的泥浆护壁条件下天津滨海新区于家堡地区的地面沉降较大，天津市区内的变形就小一些，但是在两个工程的变形曲线中出现了一些交叉，并不是绝对的于家堡地区的地面沉降大，在距离槽壁水平位移为10～16.5m之间出现了文化中心工程的地面沉降比于家堡沉降变形大，其他距离槽壁的水平位移处均是于家堡的地面沉降较大。图中最大沉降变形均发生在槽段边缘处，于家堡工程在61m地下连续墙成槽完成以后所引起的地面最大沉降变形为5.3mm，天津文化中心工程的61m地下连续墙成槽完成以后所引起的地面最大沉降变形为2.1mm，两个工程最大沉降变形量相差3.2mm左右。该变形曲线的对比也就验证了于家堡工程的地质条件较文化中心要差。

2.7.3 在砂土层中保证槽孔稳定的措施

在砂土层中尤其是深部砂土层中成槽，存在阻力大、成槽困难、效率低下、槽壁易坍塌、地下水压力和渗透性大、不易形成泥皮护壁等困难，因此在深部砂土层成槽时，需要采取一些特殊的施工技术措施，来保证成槽安全和质量。根据以往施工经验，在砂土层中成槽可采取以下措施维护槽壁稳定：

（1）尽可能使槽段内护壁泥浆液面保持较高的高度，保持泥浆液面高度不低于导墙下15cm，必要时采用高导墙技术，提高泥浆液面高度，增加水头压力。

（2）成槽时，在砂土层适当增加泥浆的重度，增加泥浆黏度。

（3）采用深导墙，保持上部土体稳定，在成槽开挖前进行槽壁加固处理，提高上部土体的强度。

（4）适当降低槽段外地下水位，在场地允许的情况下，可采用导墙外轻型井点降水技术措施，提高土体固结性。

（5）对大型施工机械采用硬化路面或铺钢板分散压力，避免槽段外地面超载，同时尽量减少大型机器具在槽边行走。

（6）在砂层成槽时，放慢抓斗的提升和下放速度，减少抓斗抓土时间，避免长时间反复抓土，减少对土层的冲击。

2.7.4 小结

本章通过分析影响槽壁稳定的诸多因素，采用三维有限元软件对不同地质条件下成槽过程进行模拟分析，得到如下结论：

（1）在相同泥浆荷载条件下，文化中心站工程成槽过程引起的槽壁水平位移的变形比较平缓，位移量较均匀，成槽过程引起的槽壁变形较小；而深部砂土层较厚的于家堡工程成槽引起的槽壁变形较大，说明土层中的大厚度砂层对槽壁的稳定性影响较大。

（2）在相同的密度泥浆护壁下，开挖深度越大槽壁变形就越大；而随着开挖深度的增大，上部槽壁变形也会增大，因此随开挖深度越大，泥浆比重应逐渐增大，同时注意在补充泥浆过程中保证上部泥浆比重不会减小，从而保证深部成槽时上部槽壁的稳定。

（3）砂层为主的地质条件下进行超深地下连续墙的成槽，需要密度较大的泥浆荷载进行护壁以保证槽壁的稳定性，同时应减少抓斗在砂土层抓土时间，以免出现塌槽埋斗现象。

（4）在砂土层中成槽费时较长，上部土层易出现蠕变变形，在加固上部土体的基础上要采取其他措施，减轻槽壁荷载，抓斗轻入轻出，减少对槽壁的影响。

2.8　超深地下连续墙成槽过程中的泥浆

超深地下连续墙成槽到一定深度后，两边槽壁处于一面临空的状态，当土体的平衡状态超过极限后，槽壁就会发生坍塌。将槽内灌满泥浆，通过泥浆本身重力，泥浆在槽壁上形成的泥皮和泥浆对槽壁土层的渗透固结作用，可以平衡部分土压力，增强槽壁直立性，从而防止槽壁坍塌；此外，黏度适当的泥浆可以悬浮挖槽过程中产生的部分土渣，减少沉渣的产生，并通过泥浆循环，将悬浮在泥浆中的土渣携带出地面，通过振动筛分离出来；在挖槽机械破土过程，泥浆不仅可以把机械因连续冲击或回转而升高的温度冷却下来，又可起到切土润滑作用，减轻磨损，提高挖槽效率。

泥浆在成槽过程中的主要作用是保证槽壁的稳定，其护壁原理主要包括以下几个部分：

（1）泥浆自身的作用

1）泥浆的相对密度比水大，泥浆液面高于地下水位，泥浆作用在槽壁上的水头压力可平衡部分土压力和地下水压力。

2）泥浆具有触变性，在槽壁之间是一种具有一定抗剪强度的凝胶体，对槽壁具有被动抵抗力。

3）泥浆的浓度比水大，两者浓度差产生的电动势能使泥浆产生类似电渗透作用，对地下水具有反渗透压力。

（2）泥皮的作用

1）泥浆在槽壁表面形成不透水的薄泥皮能把泥浆和地下水隔开，使泥浆的水头压力作用在槽壁上。

2）槽壁表面覆盖薄泥皮能防止表土剥落，保护壁面。

3）泥皮对槽壁产生约束效应，能减小土层位移，增加槽壁强度。

（3）泥浆渗透固结层的作用

泥浆渗透到土层中，在槽壁周边土层形成泥浆固结层，能够提高土层抗剪强度，增加槽壁稳定性。

性能良好的泥浆能确保成槽时槽壁的稳定，防止坍方和提高成槽效率，同时又能保证浇筑混凝土的质量。因此，在地下连续墙挖槽过程中，要保证成槽安全与质量，护壁泥浆生产、循环系统的质量控制是关键的一个环节。

2.8.1 泥浆的配合比设计

(1) 泥浆材料

泥浆可选用膨润土或高分子聚合物材料、纯碱、高纯度的 CMC、重晶石和自来水作原料，通过清浆冲拌和混合搅拌二次拌合而成，其各种成分性能如下：

1）膨润土

膨润土是一种以含水铝硅酸盐为主体的高岭石、水云母、微晶高岭石等混合矿物经过加热、干燥、粉碎、分筛等工序加工而成的粉末状袋装商品。化学式为：$(MgCaO)Al_2O_35SiO_2 \cdot NH_2O$，成分中：$SiO_2$（68% 以上），$Al_2O_3$（13% 以上），$CaO$、$MgO$ 为 1.5%，Fe_2O_3 为 2.5%。硅铝率：$SiO_2/Al_2O_3 + Fe_2O_3 \geq 4$ 称为膨润土。否则称为高岭土。高岭土可以冒充膨润土，也有一定膨胀性，但性能要比膨润土差许多。膨润土具有强大的吸水膨胀性，能使膨胀土颗粒充满在水溶液中，膨润土的膨胀倍数一般达 20～30 倍。膨润土需具有良好的分散性，其质量可以在其悬浊液静止 24 小时后，观察其性状按表 2.8.1 进行区分。

膨润土质量判别　　　　　　　　　　　　　表 2.8.1

浓　度	沉淀状态	质　量	取　舍
<8%	无沉淀	优良	可使用
8%	无沉淀	优	可使用
>8%	在 8% 时有沉淀	良	使用时要注意
<10%	在 10% 时无沉淀		
>10%	在 10% 时有沉淀	稍差	使用时严加注意
<12%	在 12% 时无沉淀		
>12%	有沉淀	不良	不可用

根据其表面吸附阳离子的种类，膨润土可分为钠质膨润土和钙质膨润土。钙质膨润土吸水量少，吸水速度快，膨胀率小（一般几倍到十多倍），由于分散不好，容易发生沉淀。钠质膨润土吸水量多，吸水速度慢，膨胀率大（20～30 倍以上），薄片铅硅酸盐叠层片是钙质膨润土悬浮液的 15～20 倍。能使泥浆形成网状结构，而成为优质膨润土泥浆，并且在混凝土浇筑时，能抵抗水泥中钙质污染。但钠质膨润土容易受阳离子的影响，对于溶解水中含有大量的阳离子或施工过程中可能会受阳离子显著污染时，最好采用钙质膨润土。

2）聚合物

聚合物是以长链有机聚合物和各种无机硅酸盐类为主体的膨润土代用品的统称，用其制备的泥浆叫作聚合物泥浆。虽然通常可将这种聚合物单独使用，但根据需要也可和膨润土或黏土混合使用。工程上对聚合物泥浆的使用还较少，且作为泥浆使用时，并非所有性质都比膨润土泥浆优越，所以使用时须充分研究。

3）水

根据水中含钙镁杂质的多少，水可以分为软水和硬水。一般硬度在 6° 以下为软水，6° 以上为硬水。配置泥浆最好用软水，因为硬水中的大量钙、镁等盐类会降低膨润土的水化作用，使泥浆凝聚沉淀。因此在使用性质不明的水源时，应事先化验，如果是硬水，可在拌浆时加入 Na_3PO_4（磷酸钠）或 Na_2CO_3（纯碱）进行软化处理。

4）分散剂

泥浆中如果混入水泥的钙离子、地下水或土中的钠离子或镁离子等，就会产生泥浆黏度提高，泥皮形成性能降低，比重增加，膨润土凝聚而产生泥水分离等现象，丧失和降低泥浆的性能，这不仅不能保证施工精度，而且可能造成槽壁坍塌。分散剂是可以减小泥浆黏度的一种溶剂，在泥浆中的作用主要是增加膨润土的分散度和水化程度，还可以调整泥浆 pH 值，控制泥浆的质量变化。

分散剂有碱类、复合磷酸盐类、木质素磺酸盐类和腐殖酸类等，最常用的是碱类中的 Na_2CO_3（纯碱）。泥浆中加入 Na_2CO_3（碱）就是利用一价的 Na^+ 离子来置换二价 Ca^{2+} 离子，使土颗粒外离子扩散层增厚，从而达到土颗粒分散性好的目的，我们称 Na^+ 为分散剂，Ca^{2+} 为凝结剂。加入分散剂后的泥浆，其颗粒分散愈好，其稳定性愈好，触变性也更好。

分散剂在泥浆中的作用有以下三方面：提高膨润土颗粒的负电荷电位，从而提高泥浆的表面性质；抵抗泥浆中的有害离子，提高泥浆的化学稳定性；置换有害离子，控制泥浆质量变化。

5）增黏剂

配置泥浆用的增黏剂主要是钠羧甲基纤维素，简称 CMC。是一种高分子聚合的化学浆糊，溶解于水中后会形成黏度很大的透明胶体溶液。市场上 CMC 种类很多，根据其黏度大小可分为高、中、低三种，越是黏度高的 CMC 价格越高，但其防漏效果好。当预计有海水混入泥浆时，应选用耐盐性的 CMC；当溶解性有问题时，可使用颗粒状的易溶 CMC。

CMC 在泥浆中的作用主要有三方面：提高泥浆黏度；减少失水量，提高泥皮形成性能；具有胶体保护作用，防止膨润土颗粒受到水泥或盐分的污染。但 CMC 也会对钢筋与混凝土握裹力产生不好影响。

6）其他外加剂

在复杂地质条件下，当泥浆相对密度不够平衡槽壁外的压力或泥浆中缺少填充地层孔隙的材料造成泥浆严重渗漏时，可添加特殊材料来处理泥浆。

① 加重剂

在松软地层或有较大承压水头存在的地层中成槽时，需提高泥浆的相对密度从而增大水头压力才能保证槽壁稳定。若只用增加膨润土浓度来提高相对密度，则泥浆黏度过大，造成泵送困难和影响混凝土浇筑等问题。此时，可选择在泥浆中掺加加重剂，达到增大泥浆相对密度而又不明显增大黏度的效果。

加重剂一般有由相对密度较大的惰性材料加工而成，如重晶石粉、铜矿渣粉、方铅矿粉和磁铁矿粉等。其中最常用的是重晶石粉，它取材容易，掺入泥浆中不易沉淀。重晶石是一种以硫酸钡为主要成分的灰白色粉末，相对密度在 4.2 以上，粉末理解为 $74\mu m$ 筛余小于 3%。

② 防漏剂

在渗透系数很大的砂层、砂砾层或是有裂隙的地层中成槽时，普通泥浆会很快地流入土层中的空隙，容易产生大量漏失，此时可在泥浆中掺加防漏剂，用来堵塞土层中的空隙。

防漏剂大小从几十微米至几十毫米，使用时可根据需要来选定材料规格和掺加量，其常用材料有：

粒状：棉花籽碎壳、核桃碎壳、木材锯末、珍珠岩、蛭石粉末等。

片状：碎云母片、碎塑料片等。

纤维状：短石棉纤维、碎甘蔗纤维、碎稻草纤维、纸浆纤维等。

③ 盐水泥浆

对于近海岸的工程，要考虑盐分对泥浆的污染。根据现场情况可采用以海水或盐水为主的盐水泥浆。耐盐性黏土即使在含盐浓度很高的水中也同在清水中一样具有较高的黏度、屈服值和凝胶强度，可以用作制备盐水泥浆。但它与清水配置的膨润土泥浆相比，由于在过滤试验中失水量较多，泥皮厚，所以要使用其他的外加剂才能得到良好的泥浆性能。一般工程中可使用纤维蛇纹石类黏土。

（2）泥浆的性能指标

1）重力稳定性

泥浆经过长时间静置，其中的膨润土颗粒就会在重力作用下离析沉淀，这种现象就是泥浆重力稳定性的表现。稳定性好的泥浆即使静置 24 小时以上，也不会发生离析沉淀现象，稳定性差的泥浆静置几个小时后，上部就会析出清水或近似清水的稀泥浆。泥浆的重力稳定性取决于膨润土的质量及其水化程度。可用泥浆胶体率粗略测定泥浆重力稳定性，新鲜泥浆胶体率应在 99％以上，回收泥浆胶体率达到 96％以上方可使用。

2）化学稳定性

泥浆使用后，槽壁土层和地下水中的钙、镁等有害离子及混凝土中的水泥就会混入泥浆中，泥浆中的悬浮颗粒就会产生凝聚，失去形成泥皮的能力。同时，凝聚增大的膨润土颗粒也会离析沉淀，使泥浆相对密度下降，失去护壁作用。

泥浆的化学稳定性可用泥浆 pH 值粗略反映，泥浆中混入水泥或大量钙、镁离子后，pH 值就会变大，当 pH 值大于 12 时，泥浆就会凝聚离析，失去护壁作用。一般应把泥浆 pH 值控制在 7～9.5 之间。

3）相对密度

泥浆是通过其重力水头抵抗作用在槽壁上的土压力和地下水压力而保持槽壁稳定的，泥浆的相对密度越大，槽壁的稳定性越高。但泥浆相对密度过大会造成泥浆泵抽送阻力大，浇筑混凝土时置换困难，影响墙体质量等问题，因此，泥浆的相对密度要适当，一般不宜大于 1.2。可通过增加膨润土浓度或掺加重晶石粉等外加剂的方式增大泥浆相对密度。

4）黏度

黏度表示泥浆流动时内在摩阻力的大小。泥浆黏度大，悬浮携带土渣的能力强，降低泥浆离析沉淀、渗透流失和防止槽壁表土剥落的作用也越大。然而黏度过大的泥浆会产生泵送阻力增大，不易分离净化以及降低钢筋握裹力等问题。因此，泥浆黏度要适当，应根据现场地质条件和施工情况来确定。

5）失水量和泥皮

失水量的大小和形成泥皮质量的好坏有密切关系，失水量小的泥浆形成的泥皮薄而韧，截水性强，护壁作用好；失水量大的泥浆形成的泥皮厚而脆，截水性差，护壁作用差。

泥浆失水量的大小，主要取决于泥浆中膨润土的浓度与质量，如果泥浆中含有适当浓度的优质膨润土，泥浆失水量可控制在 10mL 以下，并形成厚度 1mm 以下的泥皮。

（3）泥浆制备程序和主要内容

泥浆配比可根据地层、地下水状态、施工条件和地区施工经验进行设计。地下连续墙成槽前，在施工现场应根据所选用的原料和泥浆配合比先行试配，通过对比重、黏度、含砂率和pH值的测定，检验泥浆配比是否符合新制泥浆的性能要求。如不符合，对泥浆原料配比进行调整直至符合为止。在进行成槽过程中，进一步观察泥浆的稳定性、形成泥皮性能、泥浆流动特性以及槽壁的稳定性，对循环泥浆性能进行监测，根据成槽情况适当调整泥浆配比或增加外加剂，改善泥浆性能，使之符合要求。遇到土层极松散、颗粒粒径较大、含盐或受污染时，应配置专用泥浆。

泥浆制备程序和主要内容为：

1）掌握地层情况和施工条件。

2）选定泥浆材料：①是否使用自来水；②选定膨润土的种类；③选定CMC的种类；④选定分散剂的种类；⑤是否用加重剂→选定种类；⑥是否用防漏剂→选定种类。

3）确定所需黏度：①确定最容易坍塌的土层；②确定使最容易坍塌土层稳定所需黏度。

4）确定基本配合比：①根据所需黏度，确定膨润土及CMC的掺加量；②确定分散剂的掺加量；③确定加重剂的掺加量；④确定防漏剂的掺加量。

5）泥浆制备试验及调整：①验证泥浆是否有较高的稳定性；②验证泥浆是否良好的泥皮形成性能；③验证泥浆是否有适当的黏度、屈服值和凝胶强度；④验证泥浆是否有适当的比重。

（4）基本配比设计

基本配合比是为了保证泥浆具有必要的性质及其性能指标而规定的泥浆材料的掺加浓度。由于膨润土的质量差异很大，CMC的品种不同，通常应先根据工程地质情况和施工条件，参考同类工程经验数值，确定泥浆的各项主要性能指标，再通过室内试验得出达到各项性能指标的新鲜泥浆的基本配合比。表2.8.2为新鲜泥浆的性能控制指标表。

新制泥浆控制指标表

表2.8.2

泥浆性能	黏性土	砂性土	检验方法
相对密度	1.04～1.05	1.06～1.08	相对密度秤
黏度（s）	20～21	25～30	500mL/700mL漏斗黏度计
含砂率（%）	<3	<4	洗砂瓶
pH值	8～9	8～9	pH试纸
失水量（mL/30min）	<10	<10	泥浆过滤装置
胶体率（%）	>99%	>99%	量筒
泥皮厚度（mm）	<1.5	<1.5mm	泥浆过滤装置

一般新鲜泥浆的配合比可根据表2.8.3选用。

新鲜泥浆基本配合比

表2.8.3

土层类型	膨润土（%）	增黏剂CMC（%）	纯碱 Na_2CO_3（%）
黏性土	8～10	0.4～0.5	3.5～4.5
砂性土	10～12	0.5～0.7	4.0～4.5

注：CMC和Na_2CO_3的浓度为膨润土重量百分比。

（5）原材料投放量计算

1）膨润土投放量

根据新鲜泥浆设计性能指标中相对密度一项，可以换算膨润土的浓度百分比，当新鲜泥浆的相对密度为 1.045 时，膨润土的浓度百分比为 8%。新鲜泥浆的相对密度每增减 0.005，膨润土的浓度百分比相应增减 1%。

2）纯碱投放量

$$纯碱投放量 = 膨润土投放量 \times 4\%$$

3）CMC 投放量

$$CMC 投放量 = 膨润土投放量 \times (0.5\% \sim 1\%)$$

4）清水用量

考虑到纯碱和 CMC 在泥浆中所占体积不大且清水在配置泥浆过程中有损耗，在计算每立方米新鲜泥浆中清水所占体积时，只需扣除膨润土所占体积。

$$清水用量 = (1m^3 - 膨润土投放量 / 膨润土密度) \times 清水密度$$

2.8.2 泥浆池容量及结构设计

（1）泥浆池容量设计

泥浆池容量可按每个槽段的体积计算和施工经验推算，一机一组布设。泥浆池的容量应能满足成槽施工时的泥浆用量。

设标准槽段深、宽、厚分别为 D、W、T。

地下连续墙的标准槽段挖土量：

$$V_1 = D \times W \times T$$

新浆储备量：

$$V_2 = V_1 \times 25\%$$

泥浆循环再生处理池容量：

$$V_3 = V_1 \times 1.2$$

混凝土浇筑产生废浆量：

$$V_4 = V_1 \times 25\%$$

泥浆池总容量：

$$V = V_2 + V_3 + V_4$$

（2）泥浆池结构设计

泥浆池底采用钢筋混凝土底板，厚 100mm，铺设双层 φ10@200 钢筋网片；池壁采用 37 砖墙砂浆砌筑，砂浆为 M5.0，并设 C15 混凝土圈梁；池内壁抹水泥砂浆（1：2），泥浆池平面布置详见图 2.8.1。

泥浆池采用半埋式，地下埋深 2.0m，地上 0.5m。地下部分因装满泥浆后，在泥浆的压力下，墙体受被动土压力，因此无垮塌危险；地上 0.5m，当泥浆池装满泥浆时，主要受泥浆的侧压力，可在泥浆池周围堆土夯实防止垮塌。

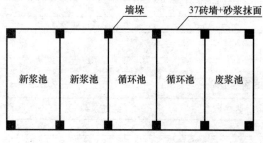

图 2.8.1 泥浆池平面尺寸及结构图

2.8.3 泥浆的制备、使用及管理

（1）制备工艺

新泥浆应选用膨润土或高分子聚合物材料、纯碱、高纯度的 CMC、重晶石和自来水

作原料，通过清浆冲拌和混合搅拌二次拌合而成。配置的工艺流程如图 2.8.2 所示。

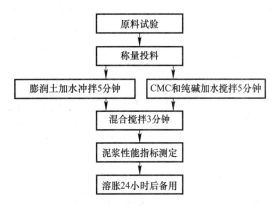

图 2.8.2　泥浆浆配置工艺流程图

（2）泥浆的循环使用与回收处理

新鲜泥浆在成槽过程，由于泥浆向槽壁两侧土层渗透，在槽壁表面形成泥皮，泥浆中膨润土、纯碱和 CMC 等成分会不断消耗；在切土成槽和浇筑混凝土过程中，泥浆中会混入大量泥沙、地下水和水泥中的有害离子，从而使泥浆受到污染而变质。因此必须对循环使用中的泥浆进行分离净化和再生处理，尽可能提高泥浆的重复使用率。经过净化处理大部分泥浆可以回收利用，部分不可回收的劣质泥浆则需废弃处理。泥浆循环净化处理过程见图 2.8.3。

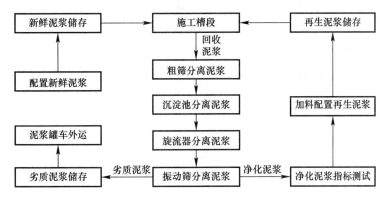

图 2.8.3　泥浆生产循环工艺流程图

1）泥浆储存：泥浆储存采用半埋式砖砌泥浆池。包括一个新浆池、一个循环池、一为废浆池，输送方式为泵送软管方式。对于需过路的泥浆管路，在路面内预留沟槽，所用软管随用随收。

2）在开挖过程中，不断向开挖槽段中供给浆液。利用置于贮浆池中的泥浆泵将泥浆泵入开挖槽段中，保持槽段中泥浆液面高于地下水位 1m 以上。

3）循环池中的泥浆，一部分来自旧泥浆的再生处理，一部分为配制的新鲜浆液，新泥浆配制采用螺旋桨式搅拌机按配合比进行调配。

液压抓斗成槽施工泥浆处理方式：旧浆液主要采用物理再生处理方式，即重力沉淀处理。利用泥浆泵将旧浆泵入循环池沉淀，浆液中的土渣粗粒沉淀到池的底部，较轻的浆液在上。循环池中下部废浆、泥砂，用挖掘机清除或用泥浆泵抽入废浆池，泥浆车外运排弃。

4）在正常施工中，保证泥浆性能符合现场泥浆指标的规定。在穿过松散透水、稳定性差的粉砂层时，适当提高泥浆比重，添加堵漏剂，增加泥浆黏度，提高泥浆悬浮砂粒的能力。遇砂层等稳定性较差的地层，适当调整泥浆指标，以保证槽内压力平衡，从而保护槽壁。

5）回收的泥浆分不同部位予以处理。槽段内大部分泥浆可回收利用，对于距槽底 5m 以上的泥浆必须先经过除砂振动器除砂，使其砂粒充分去除，排入循环池调整后待用。对于距槽底 5m 以内泥浆排入废浆池，并及时外运。

6）废浆处理

抽入废浆池中的废弃泥浆每天组织全封闭泥浆运输车晚上外运至规定的泥浆排放点弃浆。

护壁泥浆对表 2.8.4 中的有关指标进行测试，检查新浆、循环泥浆和废弃泥浆的质量。

泥浆性能指标控制标准

表 2.8.4

性　质	阶　段								试验方法
	新制		循环再生		混凝土浇筑前		废弃泥浆		
	黏性土	砂性土	黏性土	砂性土	黏性土	砂性土	黏性土	砂性土	
相对密度	1.04～1.05	1.06～1.08	＜1.10	＜1.15	≤1.20	≤1.20	＞1.25	＞1.35	泥浆比重计
马氏黏度（s）	20～21	25～30	＜25	＜35	45～50	45～50	＞50	＞60	马氏漏斗
失水量（mL/30min）	≤10		≤30		≤30	≤30			1009 型失水量仪
泥皮厚（mm）	3		≤3		不要求	不要求			
pH 值	8～9	8～9	8～11	8～11	9.5～11	9.5～11	＞14	＞14	试纸
含砂量（%）	＜3	＜4	＜4	＜7	≤5	≤5	＞8	＞11	1004 型含砂量测定仪
检测频次	2次/d	2次/d	2次/d	2次/d	1次/槽	1次/槽			

（3）泥浆管理

1）配备专人，负责原材料管理及泥浆质量监控。

2）搭建泥浆作业棚、原材料棚，避免膨润土受潮。

3）配备专人负责泥浆管理，外运等工作，防止泥浆泄漏，污染施工场地及周围环境。

4）泥浆制作所用原料应符合技术性能要求，制作时，应严格执行试验室所制定的配合比，泥浆拌制后应熟化 24 小时后方可使用。泥浆制作中，每班进行二次质量指标检测。

5）在成槽过程中，泥浆会受到各种因素的影响而降低质量，为确保护壁效果、保证槽壁稳定，应对槽段被置换后的泥浆进行测试，充分利用各种再生处理手段，提高泥浆质量和重复利用率，直至各项指标符合要求后方可使用。

6）严格控制泥浆液位，保证泥浆液位在地下水位 1.0m 以上，并不低于导墙顶面以下 0.3m，液位下落及时补浆，以防坍塌。

7）再生泥浆受水泥、砂土等污染，如性能指标达到合格标准，可再利用；检验如指标不合格，应予废弃。

8）对严重水泥污染及超比重的泥浆作废浆处理。

9）根据现场泥浆控制指标，现场由专人随时进行泥浆指标的测试，并对泥浆的性能指标进行控制。主要测试部位包括新拌制泥浆、供给泥浆、槽内的泥浆等，具体控制措施如表 2.8.5 所示。

泥浆质量控制表 表 2.8.5

编号	泥浆	取样时间和次数	取样位置	试验项目	备注
1	新拌制泥浆	搅拌泥浆达到 100m³ 时取样一次。搅拌后和放置一天后各取一次。	新浆池	稳定性、比重、漏斗黏度、pH、（含砂率）	
2	供给的泥浆	开挖前，挖至中间深度和接近挖槽完了时各取样一次。	优质泥浆的送浆泵吸口	稳定性、比重、漏斗黏度、pH、含砂率、（含盐量）	因土渣混入而泥浆质量急剧恶化时，应增加测定次数
3	槽内的泥浆	在槽挖完时，静置一段时间后取样。	槽内泥浆的上、中、下三个位置	稳定性、比重、漏斗黏度、pH、含砂率、（含盐量）	按 3、6、12 小时定期进行测定

2.8.4 不同地层泥浆的渗透能力研究

泥浆的护壁作用除了依靠泥浆自重平衡水土压力外，泥浆渗透到地层中在槽壁表面形成的泥皮和槽壁周边土体形成的泥浆固结层也对槽壁的稳定具有很大的作用。而对于不同的地层，其渗透系数不同，泥浆在其表面形成的泥皮厚度和向周边渗透的范围也不同，此外对于同一土层不同性质的泥浆作用也不尽相同。泥皮护壁示意图见图 2.8.4。

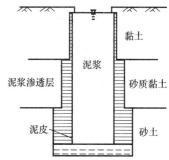

图 2.8.4 泥皮护壁示意图

（1）不同地层形成泥皮厚度

泥浆在槽内受压力差的作用，其部分水会渗入土层，叫泥浆失水，渗失水的数量叫失水量。在泥浆失水时，于槽壁上形成一层固体颗粒的胶结物叫泥皮。泥浆失水量小，泥皮薄而致密，有利于稳定槽壁。失水量的大小和形成泥皮质量的好坏有密切关系，失水量小的泥浆形成的泥皮薄而韧，截水性强，护壁作用好；失水量大的泥浆形成的泥皮厚而脆，截水性差，护壁作用差。

泥浆失水量的大小，主要取决于泥浆中膨润土的浓度与质量，如果泥浆中含有适当浓度的优质膨润土，泥浆失水量可控制在 10mL 以下，并形成厚度 1mm 以下的泥皮。

（2）不同地层泥浆渗透范围

在泥浆在槽壁形成泥皮前，部分泥浆渗透到土层中，在槽壁周边土层形成泥浆固结层，能够提高土层抗剪强度，增加槽壁稳定性。因此泥浆的渗透范围越大对于槽壁稳定越有帮助，而泥浆的渗透性和土层渗透系数大小以及泥浆的黏度有关。

2.8.5 不同深度不同土层泥浆参数变化对槽壁稳定性的影响

在 2.7.4 节三维模型的基础上，研究地下连续墙成槽过程不同泥浆比重变化对槽壁稳定性的影响。

根据实际工程中所使用的泥浆对文化中心工程和于家堡工程两个工程进行数值模拟。文化中心工程所使用的泥浆主要是比重为 1.20 的泥浆为主，随着开挖深度的增大，1.20 的泥浆护壁就不能很好的控制槽壁变形，需对泥浆进行调整，即把泥浆比重增大到 1.25 左右，因此文化中心工程模型模拟所选用的泥浆比重为：1.05、1.10、1.15、1.20、1.25，在这几种比重不同的泥浆护壁作用下，分别模拟地下连续墙的成槽过程，研究该工程地下连续墙成槽所引起的槽壁变形；于家堡工程中所需要的泥浆比重比文化中心工程所需的泥浆比重要大一些，主要在不同比重的泥浆即 1.05、1.10、1.15、1.20、1.25，1.30 泥浆护壁作用下，分别进行模拟地下连续墙成槽引起的槽壁水平位移。

泥浆比重为 1.05、1.10、1.15、1.20、1.25 的条件下，模拟文化中心工程开挖完成后引起的槽壁水平位移变形曲线及周围土体地面沉降变化规律见图 2.8.5 和图 2.8.6。

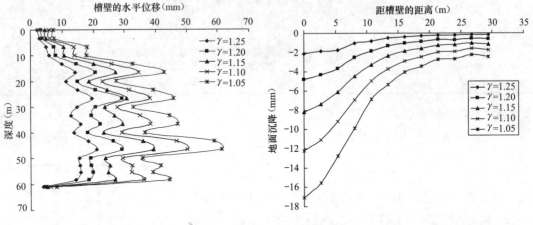

图 2.8.5　文化中心工程槽壁水平位移　　　　图 2.8.6　文化中心工程地面沉降

泥浆比重为 1.05、1.10、1.15、1.20、1.25、1.30 的条件下，模拟于家堡工程开挖完成后引起的槽壁水平位移变形曲线及周围土体地面沉降变化规律见图 2.8.7 和图 2.8.8。

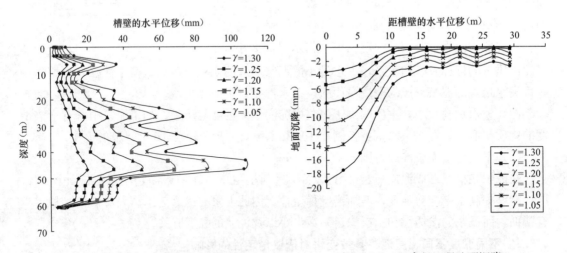

图 2.8.7　于家堡工程槽壁水平位移　　　　图 2.8.8　于家堡工程地面沉降

从两工程槽壁水平变形曲线可以看出：比重为 1.05 的泥浆对于地下连续墙槽壁稳定性最差，次之是比重为 1.10 的泥浆，比重为 1.15、1.20 的泥浆荷载下地下连续墙的槽壁稳定也不是很理想仍然存在着大变形，1.25 的泥浆荷载效果最好，槽壁的水平位移变形最好。从变形曲线可以看得出来槽壁水平位移最大的位置均在深 48m 左右处。在于家堡工程变形曲线中深度为 9m 左右的位置处也有一水平位移较大点，因为该处在施工中所受的泥浆护壁压力较小，实际情况下可采用搅拌桩进行加固，该加固方法保证了槽壁上部土体的稳定性，在于家堡工程中就很好地应用了这一点，对槽壁采用搅拌桩进行加固，桩深18m以上，加固深度已经超过了该最大水平变形点位置。

从两工程地下连续墙开挖引起地面的沉降变化曲线，可以很明显看出来文化中心工程的地面最小沉降所用泥浆的比重为1.25、1.20次之，比重为1.15、1.10、1.05的泥浆下沉降依次增大，从沉降这个方面可以看得出来1.25是最佳的泥浆选择。于家堡工程的槽段开挖引起的地面沉降变化量最小是在比重为1.30的泥浆护壁下，1.25、1.20、1.15、1.10、1.05的沉降量依次增大。两个工程中使用的最大泥浆分别是比重为1.25和1.30的泥浆，在两个最大荷载作用下，于家堡交通枢纽的地面最小沉降是在比重为1.30的泥浆护壁条件下的变形，相比文化中心比重为1.25的泥浆荷载下的地面沉降，于家堡的地面沉降仍然较大，最大沉降量相差近2mm。比重为1.30、1.25泥浆条件下的成槽过程影响地面沉降的范围是距离槽壁35m范围内，其他几种泥浆荷载下影响的范围随泥浆比重的减小而逐渐增大。文化中心的超深地下连续墙成槽过程引起的地面沉降较于家堡地区地下连续墙成槽要小一些，还是因为文化中心的地质条件比较好。数值模拟应该与实际工程相结合，所选用的这几个比重的泥浆就经常在实际施工中使用。在实际工程中泥浆比重要适当，泥浆荷载的作用形式就是用泥浆压力抵抗土压力和地下水压力来维持槽壁的稳定和减小地面的沉降变形。泥浆比重增大就可以增加泥浆压力，也就提高了槽壁稳定性和控制了地面沉降。

在文化中心工程中的比重1.20的泥浆荷载作用就能起到很好的效果，因此在该工程地下连续墙的施工中使用的护壁泥浆为比重1.15的泥浆，随着槽段开挖深度增加再逐渐增加泥浆比重增至1.20甚至增大到1.25。于家堡工程超深地下连续墙槽段开挖过程中，使用比重为1.25的泥浆变形还是有点大，其他几种较小比重的泥浆护壁情况下变形更大，尤其是在挖到下部大厚度砂层时变形明显增大，因此在实际工程中调整了泥浆荷载，增加了泥浆比重到1.30，因为遇到了砂层，需提高泥浆携带土渣的能力，也增加了泥浆的黏度。

在超深地下连续墙成槽过程中，比重为1.05、1.10的泥浆使用较少，比重为1.15、1.20的泥浆使用较多，适用于较深的地下连续墙开挖，适用的地质条件也比较广泛，但是在超深地下连续墙施工中尤其是砂土层特殊地质条件下，比重为1.20的护壁泥浆在实际工程中更多地被采用。就针对以砂层为主的特殊地质条件下的超深地下连续墙施工来说，1.20的泥浆荷载是在成槽前期使用的，即地下连续墙开挖不是特别深、地质条件还不很差的情况下使用的，而1.25的护壁泥浆则是在后期成槽难度大、成槽深度大、地下遇到易于坍塌的大厚度砂层的时候使用的，就是在施工中我们常说的增加泥浆比重就是在这种情况。基于模拟研究可以看得出来泥浆荷载比重对于地下连续墙的成槽过程中槽壁的变形起着很重要的作用，选择合适的泥浆可以有效地阻止槽壁大的水平变形，保证成槽过程中槽壁的稳定性。

从模拟的结果可以看得出来：泥浆重度越大就越能够满足地下连续墙的槽壁稳定性要求，但不是在现实施工中就一定得选择重度大的泥浆荷载，这得根据实际情况来选择合适的泥浆。因为在施工过程中既要考虑施工工效的要求又要考虑经济性要求。重度大的泥浆虽然能保证槽壁稳定性的要求，但是对于施工效率就会有一定的降低，经济性不好；泥浆重度越大反而会使得成槽抓斗很难提出，对施工产生不利影响，因而在施工中要综合考虑实际工程来选择泥浆。

2.8.6 小结

通过对泥浆成分分析和成槽过程三维有限元分析,本章得到如下结论:

(1) 泥浆比重越大,槽壁变形越小,泥浆比重对地面沉降的影响比对水平变形的影响要大。

(2) 成槽过程中新鲜泥浆混入土渣,比重自然增大,可将泥浆比重控制在 1.2 左右。对于深部砂层为保证槽壁稳定,可增大比重至 1.3,在开挖到底后再进行置换。

(3) 泥浆重度大有利于槽壁稳定,但施工效率和经济性会有所下降,施工中要综合考虑工程实际来选择泥浆比重。

(4) 在提高泥浆比重的同时,针对不同土层,还可调整泥浆黏度以提高形成泥皮的质量来维护槽壁稳定。

2.9 超深地下连续墙的钢筋笼

地下连续墙的钢筋笼制作不同于地面钢筋混凝土结构,地下连续墙深度大且槽内充满泥浆,无法在槽内制作钢筋笼,需要在地面上将钢筋预制成桁架式的钢筋笼,然后用起重机将其吊放入槽内就位。相比普通地下连续墙钢筋笼而言,超深地下连续墙钢筋笼具有尺寸大,重量沉,柔度大,制作过程复杂,耗时长,钢筋笼尺寸准确性和平整度要求高,吊装过程复杂,安全风险性高,就位准确性要求高等特点,因此,超深地下连续墙的钢筋笼制作、吊装和就位必须做到合理安排、精心施工。

2.9.1 钢筋笼节数确定

(1) 钢筋笼分节

超深地下连续墙的钢筋笼长度和重量都较大,如采用整体一次吊装,施工方便、快捷,可以节省钢筋笼下放时间,有利于控制槽底淤积,继而保证混凝土浇筑质量。但是,一次吊装需要大吨位的起吊机械,吊机费用高,安全风险性高。而分段吊装虽然可以降低吊车的费用和吊装的安全风险性,但是钢筋笼在槽口需要对接,耗时长,增加了槽壁坍塌的安全隐患的,也不利于混凝土的浇筑质量。

综合分析一次吊装和分段吊装的优缺点,对于超深地下连续墙钢筋笼来说,应尽量不要将其分段吊装,以免影响其整体性和成墙质量。当施工作业空间小,或吊装机械难以满足起吊重量或高度的要求时,可以将钢筋笼分成几段吊入,但应采取有效措施保证对接顺利。如文化中心 Z1 线地下连续墙钢筋笼全长 62.5m,按标准幅宽 6m 计算,最大钢筋笼重达 90t,如采用一次性吊装,则无论起吊重量和高度均难以满足需要,且安全风险性较高。因此,钢筋笼分两段焊接和吊装,采用双机抬吊法。其中钢筋笼最长段为 34m,重约 40t。

(2) 钢筋笼分节连接方式

当超深地下连续墙的钢筋笼分节吊装时,钢筋笼主筋需在槽口进行连接,其连接方式的选择不仅影响钢筋笼的整体质量,还直接关系到吊装时间,因此必须本着质量第一,确保工期,争取效益的原则,合理选择连接方式。不同主筋连接方式比较见表 2.9.1。

表 2.9.1

主筋连接方式	优　点	缺　点
熔槽帮条焊	不需要另外购买专用设备，附加材料费用较低；可以在工作面允许的情况下，尽可能多地安排人员及设备；对钢筋笼分节加工的精度要求不是很高	连接质量直接受操作人员水平天气等因素的影响，具有不可控性，且不易对质量进行有效检验，连接耗时长
墩粗直螺纹	可靠的检验标准，连接质量易于保证；一部分工作可以提前安排	需专用设备和购买螺纹套筒，成本较高，对钢筋笼分节加工的精度有很高的要求，即使在平台上整体加工，也可能因钢筋焊接的次应力导致连接困难
挤压套筒	有可靠的检验标准，对钢筋笼分节加工的精度要求低于"墩粗直螺纹"法，易于操作，连接质量和时间均可保证	需专用设备和购买挤压套筒，成本较高，钢筋间距较小时不适用

从上表可以看出"挤压套筒"法不仅对接质量高，而且效率高。工程实践证明，同等情况下"挤压套筒"法对接时间是"墩粗直螺纹"法的 70%，是"熔槽帮条焊"的 40%。对接时间的缩短有利于槽壁稳定，减少槽底淤积量，保证混凝土的浇筑质量。因此，推荐优先选用"挤压套筒"法进行钢筋笼主筋连接。

2.9.2 吊装机械选择

超深地下连续墙的钢筋笼在加工平台加工成形后，需用吊装机械完成钢筋笼抬升、运输到槽口、下放的工作。由于超深地下连续墙的钢筋笼的长度都比较大，即使经过加固处理，其整体刚度仍很小，因此钢筋笼的抬升需采用多点吊装，往往需要两台吊车进行抬升。待钢筋笼垂直立起后，再由主吊运输到槽口，完成钢筋笼的下放。而副吊的工作仅是辅助主吊将钢筋笼从平躺状态旋转至垂直状态。因此，对于主吊和副吊的功能要求也不一样。

主吊最终要独自承受钢筋笼的整体质量，并将其运输到槽口完成下放，因此，对于主吊性能参数要求比较严格，尤其是起吊重量，有效高度、回转半径必须满足钢筋笼起吊及运输的要求。而副吊虽然对于起吊高度和起吊重量要求较低，但是在抬升过程中，副吊要配合主吊旋转完成钢筋笼从平躺到垂直的过程，对于其回转半径和起重量也有一定的要求。

最常见的起吊机械为履带吊，300t 履带吊和 150t 履带吊的参数见表 2.9.2 和表 2.9.3。

300t 履带吊　　　　　　　　　　　　　　　　　　　　表 2.9.2

序　号	QUY300 型履带吊性能	参　数
1	起重量	95t/78t/66t
2	回转半径（54m 主臂）	14m/16m/18m
3	有效高度（m）	52.1m/51.6/50.9m
4	仰角（度）	74.8°/72.9°/70.5°

150t 履带吊　　　　　　　　　　　　　　　　　　　　表 2.9.3

序　号	QUY150 型履带性能	参　数
1	起重量	50.9/42.8t/35.6t
2	回转半径（48m 主臂）	12m/14m/16m
3	有效高度	46.5/45.9m/45.2
4	仰角	75.6°/73°/70.3°

选择主吊垂直高度时，不仅要考虑主吊臂架最大仰角和钢筋笼的最大尺寸、质量，而且要考虑钢筋笼起吊后还能旋转 180° 不碰主吊臂架，见图 2.9.1，即必须满足 BC 大于 3m 的要求，实际取 $BC=3.5$m。

则
$$AB = BC\tan\varphi$$
$$h_3 = AB - h_1 - h_2$$

主吊高度
$$H = h_2 + h_3 + h_4 + h_5$$

式中　h_1——起重滑轮组定滑轮到吊钩中心距离，取 3m；

　　　h_2——铁扁担净高；

　　　h_3——钢筋笼吊索高度；

　　　h_4——钢筋笼高度；

　　　h_5——起吊后钢筋笼距地面高度，取 0.5m。

主吊起重臂长 $L = (H + h_1 - h_5)/\sin\varphi$

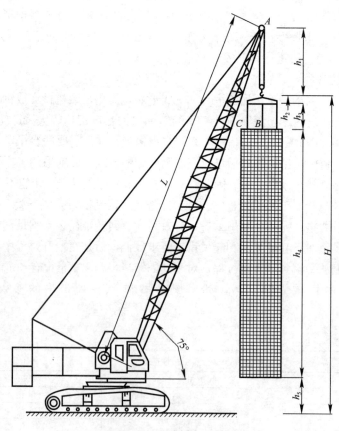

图 2.9.1　主吊吊装示意图

2.9.3　钢筋笼吊装过程中的受力及变形计算

为了分析钢筋笼吊装过程中钢筋笼受力及变形情况，采用 ABAQUS 软件建立三维钢筋笼模型，对钢筋笼吊装过程进行了模拟计算，模型为"一"字形钢筋笼，幅宽 6m，厚 1m、长 55m。其中竖向分布筋和桁架采用 HRB400 级 φ28 钢筋；横向分布筋采用

HRB335级φ18钢筋。钢筋加固措施采取纵向3、4、5榀桁架，加固位置示意图见图2.9.2，横向每隔5m设置一道桁架。吊点布置采用横向2吊点布置，纵向采用3、4、5点三种布置，吊点位置示意图见图2.9.3。每种加固措施下分别计算了3、4、5点起吊后和地面成30°、45°角时的工况。变形曲线取自钢筋笼横向中间剖面处钢筋变形。

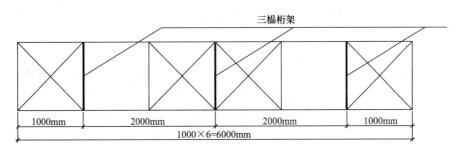

（a）3榀桁架加固

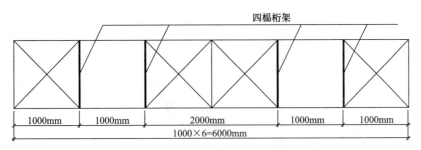

（b）4榀桁架加固

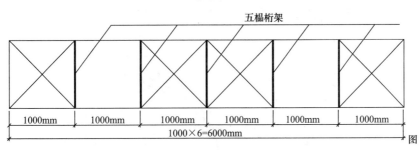

（c）5榀桁架加固

图2.9.2 纵向桁架布置示意图

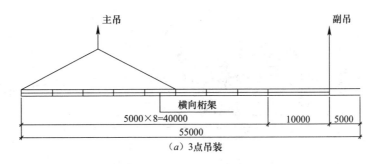

（a）3点吊装

图2.9.3 吊装位置示意图（一）

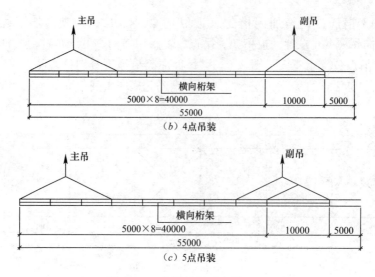

（b）4点吊装

（c）5点吊装

图 2.9.3 吊装位置示意图（二）

（1）相同吊点不同角度吊装钢筋笼变形比较

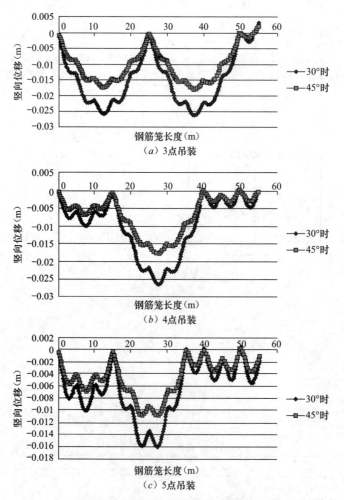

（a）3点吊装

（b）4点吊装

（c）5点吊装

图 2.9.4 3 榀桁架相同吊点不同角度吊装钢筋笼变形曲线

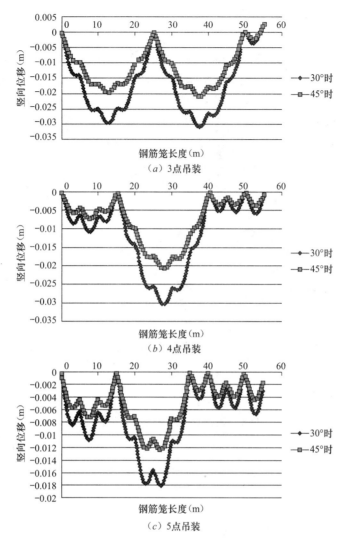

图 2.9.5　4 榀桁架相同吊点不同角度吊装钢筋笼变形曲线

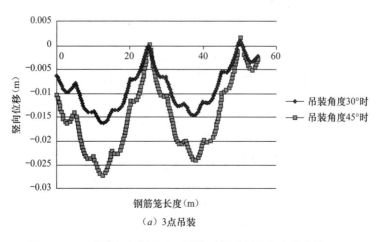

图 2.9.6　5 榀桁架相同吊点不同角度吊装钢筋笼变形曲线（一）

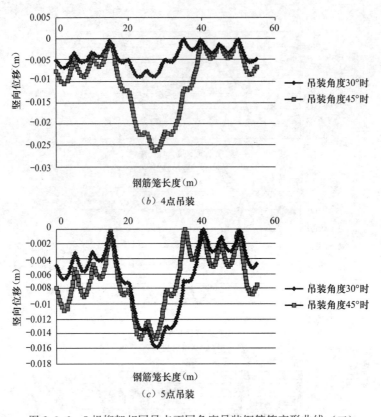

（b）4点吊装

（c）5点吊装

图2.9.6　5榀桁架相同吊点不同角度吊装钢筋笼变形曲线（二）

从以上图中可以看出，几种计算模型最大变形量均没有超出规范规定1/400的要求，即使采用3榀桁架3点吊装的最不利吊装方式，变形量也满足吊装要求。

从图中还可以看出，变形曲线在吊点之间有多个向上突起点，其位置均为横向桁架布置处，可以看出横向桁架虽然加固的是横向刚度，但它和纵向桁架共同作用，对减小钢筋笼纵向变形也起到了作用。因此，除吊点位置处必须设置横向桁架外，吊点间横向桁架间距布置一定要合理，且横向桁架和纵向钢筋一定要焊接牢固。

（2）相同角度不同吊点吊装钢筋笼变形比较

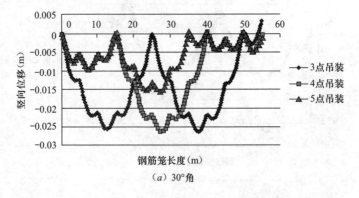

（a）30°角

图2.9.7　3榀桁架相同角度不同吊点吊装钢筋笼变形曲线（一）

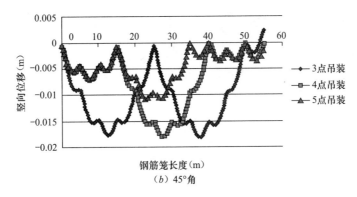

（b）45°角

图2.9.7　3榀桁架相同角度不同吊点吊装钢筋笼变形曲线（二）

从上图中可以发现，钢筋笼竖向位移最大值随吊点数量增加而减小，在起吊至30°角时，5点吊装，4点吊装和3点吊装的位移最大值依次为16mm、26mm和27mm，钢筋笼竖向位移最大相差约10mm。在起吊至45°时，5点吊装，4点吊装和3点吊装的位移最大值依次为11mm、16mm和17mm，钢筋笼竖向位移最大相差约5mm。

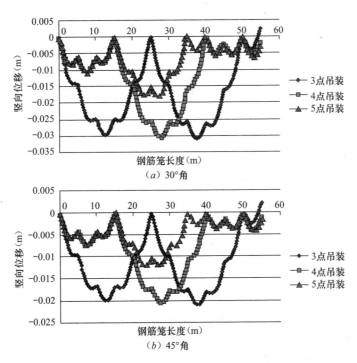

（a）30°角

（b）45°角

图2.9.8　4榀桁架相同角度不同吊点吊装钢筋笼变形曲线

从上图中可以发现，在起吊至30°角时，5点吊装，4点吊装和3点吊装的位移最大值依次为18mm、30mm和31mm，钢筋笼竖向位移最大相差约12mm；在起吊至45°角时，5点吊装，4点吊装和3点吊装的位移最大值依次为12mm、20mm和22mm，钢筋笼竖向位移最大相差约8mm。而和3榀桁架钢筋笼相比，4榀桁架钢筋笼最大变形值大于3榀桁架，这是因为变形曲线取自钢筋笼横向中间剖面处，4榀桁架没有在中间位置布置桁架，所以变形反而大。

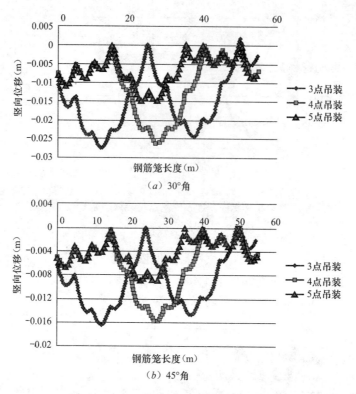

图 2.9.9　5 榀桁架相同角度不同吊点吊装钢筋笼变形曲线

从上图中可以发现，在起吊至 30°角时，5 点吊装，4 点吊装和 3 点吊装的位移最大值依次为 15mm、26mm 和 27.5mm，钢筋笼竖向位移最大相差约 12.5mm；在起吊至 45°角时，5 点吊装，4 点吊装和 3 点吊装的位移最大值依次为 9mm、16mm 和 16.5mm，钢筋笼竖向位移最大相差约 7.5mm。

综合分析以上变形结果，可以看出采用相同加固措施的钢筋笼在不同吊点情况下变形差值均随吊装角度增大而减小，吊点布置时应以平行起吊时最不利位置考虑。

无论吊点数量如何，变形峰值均出现在吊点间中心位置，因此在布置吊点时，尽量要均匀布置，且吊点距离不宜过大。

在相同角度下，最大变形值随吊点数量增加而减小，且在钢筋笼吊装过程中采用五点吊装方式出现竖向位移极值为三处，四点吊装方式出现竖向位移极值为一处，三点吊装方式出现竖向位移极值为两处。因此，考虑分担风险的因素，五点吊装方式具有更好的安全性，安全系数更高。

（3）30°角时不同桁架加固吊装钢筋笼变形比较

由计算结果可知，起吊角度越小时，钢筋笼变形越大，以 30°角为例，对钢筋笼采用不同桁架加固吊装时的钢筋笼变形进行计算，得到变形曲线如图 2.9.10 所示。

从图中可以看出，无论采用几点吊装，桁架数量对于变形峰值影响不大，可见只要钢筋笼纵向刚度足够，钢筋笼变形量就可以满足要求。桁架数量再多，钢筋笼重量增加，对减少钢筋笼变形量有害无益，且造成钢材和人力的浪费。因此钢筋笼纵向桁架布置数量要合理，从计算结果和工程实际来看，对于幅宽 5～6m 的钢筋笼，设置 3 榀纵向桁架可以满

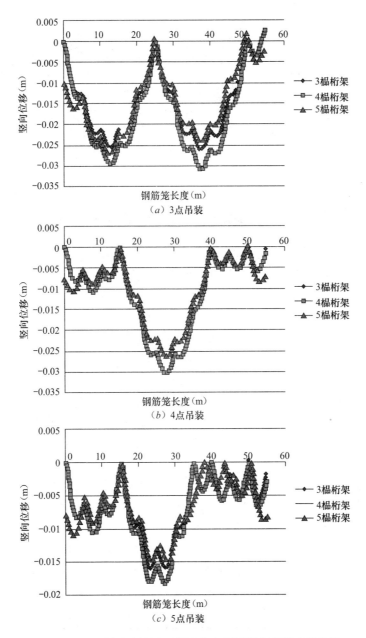

图 2.9.10　30°角相同吊点不同桁架加固吊装钢筋笼变形曲线

足钢筋笼变形要求。

（4）3 榀桁架加固 3 点吊装不同角度下钢筋笼的变形比较

由计算结果得知，钢筋笼起吊初始变形最大，因此对 3 榀桁架加固钢筋笼进行 3 点吊装 0°和 15°角模拟计算，得出 3 榀桁架加固 3 点吊装不同角度下钢筋笼的变形曲线图 2.9.11 所示。

从图 2.9.11 可以看出，钢筋笼平吊时变形量最大，15°和 30°时，变形量趋同，到 45°时有显著减小，由此可以推断，钢筋笼变形在最初起吊时，变形最大，随着钢筋笼的调直，重心矩减小，钢筋笼变形逐渐减小，因此钢筋笼起吊时，一定要先进行试吊，在钢筋

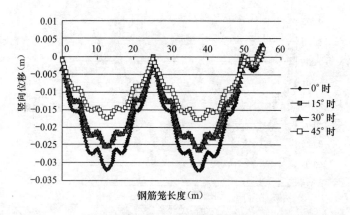

图 2.9.11　3 榀桁架加固 3 点吊装不同角度钢筋笼变形曲线

笼没有出现弯曲变形、焊点开焊现象后，方能缓慢起吊；起吊开始要缓慢，但是也要尽快将钢筋笼调垂直，以防钢筋笼出现大的变形。

　　采用最少加固措施和最少吊点即 3 榀桁架 3 点吊装钢筋笼变形也可以满足吊装要求，但是模型建立时，钢筋间的连接采用的融合，使纵横向钢筋连接成一个整体，而实际钢筋间采用焊接 50% 连接，且焊接质量无法保证。而增加吊点既不增加经济费用，也不会延误太多时间，从安全性角度出发，对于本次试算钢筋笼，可采用 3 榀桁架 5 点起吊。

2.9.4　吊点布置及计算

　　钢筋笼吊装时，吊点位置特别重要，如果吊点位置布置不合理，起吊过程中钢筋笼会产生较大的变形，使焊缝开裂，整体结构散架而无法起吊，甚至还会引起吊车倾翻，造成安全事故。因此，吊点位置的确定是吊装过程中的一个关键步骤，必须经过精心计算后再进行布置。

　　超深地下连续墙的钢筋笼的吊装采用多点吊装，对于钢筋笼宽度方向吊点，所受弯矩较小，一般可视钢筋笼宽度选择两点或三点作为吊点。以钢筋笼宽度方向选择 2 点进行吊装，其受力图简化为双悬臂简支梁进行计算，其弯矩如图 2.9.13 所示。根据弯矩平衡定律，吊点两侧正负弯矩相等时所受弯矩变形最小，即 $+M=-M$。$-M=-qL_1^2/2$，$+M=qL_2^2/8-qL_1^2/2$，又 $2L_1+L_2=L$，解得 $L_1=0.2L$，$L_2=0.6L$。

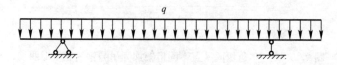

图 2.9.12　钢筋笼横向吊点受力图

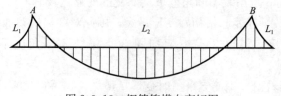

图 2.9.13　钢筋笼横向弯矩图

　　对钢筋笼长度方向，根据弯矩平衡定律，吊点两侧正负弯矩相等时所受弯矩变形最小，即$+M=-M$。以钢筋笼长度方向选择4点吊装为例，其简化受力图形见图2.9.14，其弯矩图如图2.9.15所示。

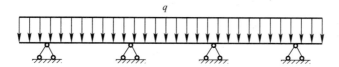

图2.9.14　钢筋笼纵向吊点受力图

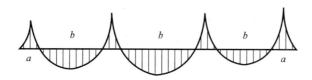

图2.9.15　钢筋笼纵向弯矩图

在钢筋笼两端吊点处，$-M=-qa^2/2$，$+M=qb/8-q(a+b/2)^2/2$，又有$3b+2a=L$，计算可得$a=0.1L$，$b=0.267L$。考虑到吊装方便，将主吊靠近端部的点移向钢筋笼上口，则吊点布置如图2.9.16所示。

2.9.5　钢筋笼的加固、吊装步骤及方法

1. 钢筋笼的加固

由于超深地下连续墙的钢筋笼面积和重量都很大，起吊时容易产生变形，甚至出现

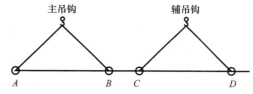

图2.9.16　纵向吊点布置图

钢筋笼溃散或折断的现象，因此除了满足钢筋笼在地下连续墙中的受力和变形要求外，还需对钢筋笼进行加固处理，在钢筋笼内构造竖向桁架、横向桁架、斜向拉筋、吊点加强筋等，增强钢筋笼起吊时的刚度。

（1）竖向桁架

竖向桁架视钢筋笼宽度不同设置2～4榀，竖向桁架通常利用钢筋笼上下两层的竖向主筋作为上下弦杆，间隔1m左右设置1档蹲筋，蹲筋之间焊接剪刀形腹筋。

（2）横向桁架

横向桁架沿钢筋笼长度一般每隔5m架设一道，但在钢筋笼各道吊点的高程水平线上必须架设。竖向、横向桁架的交叉点就是钢筋笼各吊点的位置，横向桁架构造方式和竖向桁架一样，但其剪刀形腹筋应避开混凝土导管插入通道的位置，不能影响插入通道的有效空间。

（3）斜向拉筋

为防止钢筋笼在起吊时产生对角错动变形，可在钢筋笼上设置斜向拉筋，斜向拉筋通常布置在两侧水平钢筋的平面上，以"X"形为一组，根据钢筋笼长度分段布置几组。

（4）吊点加强筋

吊点加强筋通常用$\phi25\sim40$一级钢筋弯成蹲筋，设置于吊点处与上下竖向主筋焊接。

（5）吊耳

通常用$\phi20$以上一级钢筋弯成或用钢板割成，置于吊点处与竖向主筋焊接，作为安装

吊索卸扣的吊耳。

2. 吊装步骤及方法

由于超深地下连续墙的钢筋笼尺寸和重量都较大，吊放采用双机抬吊，空中回直。以大吨位作为主吊，一台小吨位履带吊机作副吊机。起吊时必须使吊钩中心与钢筋笼重心相重合，保证起吊平衡。

钢筋笼吊放具体分六步走：

第一步：指挥两吊机转移到起吊位置，起重工分别安装吊点的卸扣。

第二步：检查两吊机钢丝绳的安装情况及受力重心后，开始同时平吊。

第三步：钢筋笼吊至离地面 0.3m～0.5m 后，应检查钢筋笼是否平稳，后主吊起钩，根据钢筋笼尾部距地面距离，随时指挥副机配合起钩。

第四步：钢筋笼吊起后，主吊机向左（或向右）侧旋转、副吊机顺转至合适位置，让钢筋笼垂直于地面。

第五步：指挥起重工卸除钢筋笼上副吊机起吊点的卸扣，然后远离起吊作业范围。

第六步：指挥主吊机吊笼入槽、定位，吊机走行应平稳，钢筋笼上应拉牵引绳，保证钢筋笼不出现大的晃动。

3. 吊装注意事项

（1）吊车应满足起吊高度及起吊重量的要求，主吊和副吊选择应根据计算确定。

（2）钢筋笼吊点布置应根据吊装工艺和计算确定，并进行加固处理。

（3）钢筋笼平行起吊后要检查笼内是否有散落钢筋，待清除完毕后再缓慢调直钢筋笼。

（4）钢筋笼吊放时应对准槽段中心线缓慢沉入，不得强行入槽，下放时注意吊车吨位变化，一旦吨位变小，可能发生卡笼，应立即停止下放。

（5）当钢筋笼难以下放时，可上下缓慢错动钢筋笼，反复多次仍无法下放时，只能提起钢筋笼，待修槽完毕后再行下放。

（6）吊筋长度应根据导墙标高确定，确保钢筋笼入槽标高正确无误。

（7）钢筋笼在搬运、堆放及吊装过程中，不应产生不可恢复的变形、焊点脱离及散架等现象。

（8）钢丝绳和卸扣应能满足起吊重量要求，并应经常检查钢丝绳和卸扣的磨损程度，并按规定及时更新。

2.9.6 小结

本章通过理论分析和三维有限元分析，对钢筋笼加固方案，吊点布置以及吊装过程变形特征进行了研究，得到了如下结论：

（1）超深钢筋笼吊装应尽可能采用一次吊装，如受场地和吊装机械限制，必须分节吊装，分节位置可选择弯矩较小处或下部钢筋截断处，分节连接应快捷方便、经济可靠。

（2）钢筋笼纵向桁架布置数量要合理，太多会造成钢材和人力浪费，对于幅宽 5～6m 的钢筋笼，设置 3 榀纵向桁架可以满足钢筋笼变形要求。

（3）横向桁架不仅可以增加横向刚度，对于减小纵向变形也有利，除了吊点处布置横向桁架外，吊点间横向桁架布置要均匀，间距不宜过大。

（4）为使纵横向桁架和钢筋笼形成整体刚度，纵横桁架和钢筋笼焊接质量一定要有保证。

（5）增加吊点既不增加经济费用，也不会延误太多工时，从安全性角度出发，对于超长钢筋笼吊装，可以通过增加吊点数量提高安全储备。

（6）钢筋笼最初起吊时，变形最大，因此钢筋笼起吊时，一定要先进行试吊，在钢筋笼没有出现弯曲变形、焊点开焊现象后，方能缓慢起吊；起吊开始要缓慢，但是也要尽快将钢筋笼调垂直，以防钢筋笼出现大的变形。

2.10　超深地下连续墙接头

地下连续墙成墙是分幅进行的，槽段与槽段之间通过槽段接头连接成整体，槽段接头的功能包括以下几个方面：

止水：槽段接头起到连接先后两个超深地下连续墙墙段之间的作用，于是接合处成为止水的薄弱环节，因此止水是槽段接头的首要功能，流水路线的长短和阻力的大小决定了槽段接头的止水效果。

挡混凝土：由于槽段内浇筑混凝土施工是按先后顺序进行，先行施工的槽段需要靠接头作挡体，在此充当浇筑混凝土时的模板，为确保浇筑混凝土时防止发生混凝土扰流现象，接头须能承受混凝土的侧向压力而不发生弯曲或变形。

传递应力：槽段接头作为超深地下连续墙墙体的结构组成部分之一，同超深地下连续墙一样也要承受外界的应力。

抗剪切：由于单元槽段之间的连接形式视自身的强度而定，一般都能达到设计要求。

因此，止水和传递应力是决定地下连续墙结构稳定的主要因素，它们都是由槽段接头形式而定的。因此必须研究槽段接头形式，而选择最佳流水线路和最大限度重叠两单元槽段的刚性连接是保证地下连续墙具有防漏抗渗、传递应力的前提。

槽段接头作为地下连续墙施工中的关键技术，其构成要素应满足以下要求：

施工要求：纵向接头不得妨碍下一单元槽段的开挖；浇筑混凝土不得从接头构造物和槽壁之间的空隙流向背面或从接头底部流向背面。接头应能承受混凝土的侧压力，而不发生弯曲和变形；当挖掘下一单元槽段时，不得碰损上一单元槽段的壁体或者构件；在施工时附着在接头上的泥浆或者黏土，要便于清除；浇筑的混凝土必须密实且填满整个接头；对于水平接头，地下连续墙与楼板、柱、梁等构筑物的接头可通过预埋件实现。基本要求是，便于连接，保证强度，利于水下混凝土的浇筑，同时还要注意不能因泥浆浮力而产生位移或损坏。

设计要求：根据结构的设计目的，能够传递单元槽段之间的应力并起到伸缩接头的作用。结构合理、构件简洁、止水效果佳且能传递应力。

变形要求：接头不可因浇筑混凝土时可能产生的侧压力受压而导致变形。

经济要求：施工费用要经济。

2.10.1　国内外常见接头形式

1. 直接连接接头

一般使用冲击钻、双轮铣直接在两个地下连续墙槽段连接处凿毛，而双轮铣能够直接适用于超深地下连续墙槽段接头使用，称作"铣接法"，如图 2.10.1 所示。

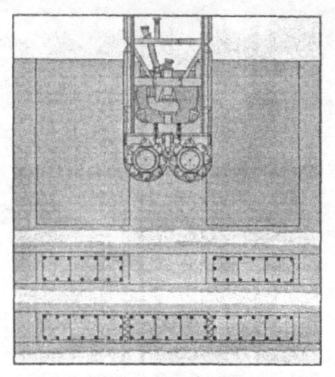

图 2.10.1　铣接法施工示意图

（1）施工工艺

对于超深超厚地下连续墙槽段之间的连接可以采用"铣接法"。施工步骤如下：①铣削一期槽段右边单元，铣掉一期槽孔端的部分混凝土以形成锯齿形搭接；②铣削二期槽段左边单元，使得一、二期槽孔在地下连续墙轴线上的搭接长度为 25cm；③吊放钢筋笼入槽；④浇筑混凝土入槽。

（2）槽段接头特点

由于采用液压铣槽机施工，铣轮在旋转的过程中不断地将一、二期槽的混凝土切割成锯齿状，这相当于在原有的混凝土表面打毛的作用；浇筑一、二期槽段中间部分的混凝土时可以很好地与一、二期槽混凝土相结合，是较为理想的一种连续墙接头形式；同时，该接头形式施工的工艺简单，出现事故的几率很低。但是，该方法由于所选用的铣槽机价格高昂，经济上存在不合理性，因此制约了"铣接法"的普遍推广使用。

2. 模具接头（接头管接头、接头箱接头）

将与已开挖槽段等宽的柱体或箱体吊放入首幅槽段尾部，通过占据一部分体积起到解决混凝土的绕流问题，一般在混凝土浇筑数小时后将模具拔起，这样就在已浇筑完成的墙体尾部留下了模具形状，形成与下幅墙体连接的接头形式。

（1）施工工艺

模具接头（接头管接头、接头箱接头）是地下连续墙施工中最常采用的一种接头形式，见图 2.10.2。其主要施工步骤如下：①在成槽完成后清底；②用起吊设备将该幅墙段的钢筋笼吊放入槽；③用起吊设备将模具吊放入该幅墙段端部并浇筑混凝土；④当混凝土强度达到 0.05～0.2MPa 时（通常在混凝土浇筑 2～4h 之间，但具体顶拔施工时间依据当时现场施工的气温），将模具接头用吊车或液压顶升机拔升出槽，拔升速度应控制在 2～4m/h 内，且必须在浇筑混凝土完成的 8 小时以内将模具接头完全拔升出槽；⑤该幅地下连续墙施工完毕。

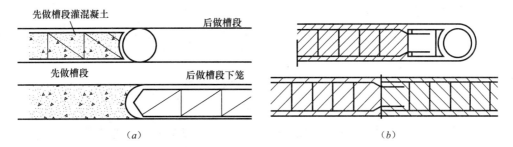

图 2.10.2　模具接头形式
(a) 接头管施工示意图；(b) 接头箱施工示意图

（2）模具接头的特点

模具接头的优点有：①结构形式简单；②施工工艺成熟且操作简单；③清槽方便，便于刷壁；④便于向下一开挖槽段内吊放钢筋笼；⑤经济性好，造价低廉。缺点有：①由于模具型接头属于柔性接头，故接头整体性不足，刚度和抗弯剪能力不佳且易变形；②由于两幅墙段连接处呈光滑面，无止水路径，故易在接头处产生渗水；③接头管或接头箱的拔升施工时易发生"埋管"或"塌槽"事故，故需要进行实时跟踪监测。

（3）模具接头的最佳起拔时间

拔出接头管（箱）的施工过程是整个接头管（箱）接头施工中最为关键的一步。起拔时间过早将因混凝土尚未达到初凝状态而坍塌；起拔时间过晚则因混凝土的凝固时间过长，导致接头管（箱）起拔困难或不能拔出。其拔出时间必须在浇筑混凝土结束后视混凝土的硬化速度而定，依次适当地拔动，且不得影响地下连续墙及接头处的强度与形状。因此，根据实验研究及现场施工经验，接头管（箱）最佳起拔时间为 $1.1t$（t 为混凝土初凝时间）且拔升速度应控制在 2～4m/h 内，并应在浇筑混凝土完成的 8 小时以内将接头管（箱）完全拔升出槽。

（4）模具接头的顶拔施工

当接头管使用在超深、超厚地下连续墙时，接头管的拔升施工较困难。为此，可采用"注砂-钢管接头工艺"，该种工艺即在浇筑混凝土之前，在槽内吊放一个直径与槽宽相同的钢管。在浇筑混凝土时，将粗砂投放在钢管中。在浇筑混凝土的同时缓慢地上拔钢管，便形成了一个砂柱在槽段接头处。于是该砂柱便起到了侧模的作用。为了便于拔升接头管，可将黄油涂抹在管身。

3. 预制构件接头

（1）预制构件接头施工工艺

目前较常用的预制接头材质是混凝土材质，其制作分为车间和现场分节制作两种，采用预埋件连接，厚度与墙体相同且一般制作成工字型，见图 2.10.3。具体施工步骤如下：①将分节制作的预制构件接头连接起来；②将钢筋笼吊放入槽；③吊放预制接头入槽；④在预制构件接头的另一侧回填砂石料，以抵抗浇筑混凝土时的侧压力；⑤浇筑混凝土；

⑥该幅墙体施工完毕。

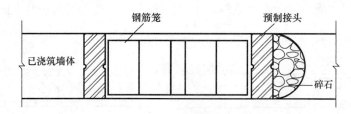

图 2.10.3 预制接头施工示意图

（2）预制构件接头特点

预制钢筋混凝土接头的优点是：①由于每个预制构件接头都是单独制作完成的，与模具接头相比较，省去了吊拔接头管（箱）的时间，确保了地下连续墙施工的流水作业，提高了施工效率。②预制钢筋混凝土接头较模具接头能够较准确地放置到设计位置，对下一幅墙段的施工影响较少，准确性更好。③预制型接头不会出现超挖的问题。④预制钢筋混凝土接头无需选择特定的首开幅，槽段开挖的顺序有了较大的选择性。⑤由于预制钢筋混凝土接头实际上代替了部分地下连续墙墙体，即减少了地下连续墙施工的工程量，有助于造价的降低。

值得注意的地方是，预制构件接头是采用钢筋混凝土制成，体积和质量都较其他接头形式大，所以必须使用大型起吊设备，对施工企业的机械选型是不小的考验。

4. 柔性隔板式接头（平板式接头、"V"形接头）

（1）柔性隔板式接头施工工艺

柔性隔板式接头有平隔板和"V"形隔板式两种，见图 2.10.4。具体施工工艺如下：①将隔板与钢筋笼相连接，再外罩高强度纤维布或薄铁皮，以防止浇筑混凝土时，混凝土绕过隔板外面，影响下一幅墙段的施工；②将钢筋笼吊放入槽；③浇筑混凝土；④该幅地下连续墙墙体施工完毕。

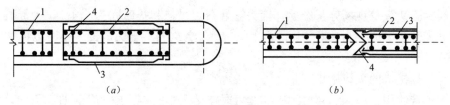

（a）   （b）

图 2.10.4 柔性隔板式接头示意图

（a）平板式接头；（b）"V"形隔板式接头

1—在施槽段钢筋；2—已浇槽段钢筋笼；3—罩布（化纤布）；4—钢隔板

（2）柔性隔板式接头特点

柔性隔板式接头优点为：①设有罩布或薄铁皮的隔板式接头将该幅地下连续墙墙段完全封闭，能有效地防止混凝土的绕流与外溢问题；②施工工艺简洁；③刷壁与清槽的效果较好，方便下一幅地墙的施工。缺点是由于刚度较差，抗弯性能不佳且在接缝处易发生渗漏。

5. 工字钢板接头

（1）工字钢板接头施工工艺

工字钢板接头因其施工方便，防水效果好且地层适应性强，目前在大厚度大深度的地下连续墙施工中较普遍采用的一种接头形式。如图2.10.5所示。施工步骤如下：①对开挖完成的槽段清底；②将工字钢焊接在钢筋笼端部；③采用吊装设备将焊接好的钢筋笼与工字钢板一并吊装入槽；④为防止浇筑混凝土时，混凝土从工字钢板与槽壁之间的两侧缝隙流出，影响下一幅槽段的施工，再在工字钢板的另一侧填充泡沫与砂包，具体做法见图2.10.6；⑤浇筑混凝土；⑥取出放置在槽段内的填充物。

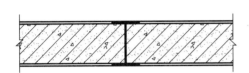

图2.10.5　工字钢施工示意图

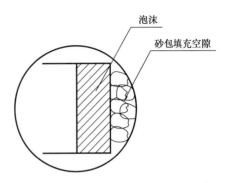

图2.10.6　泡沫加砂包填充方式示意图

（2）工字钢板接头特点

工字钢板接头的优点有：①施工便捷，流水化程度高，对接头质量的控制有利；②由于接头折点多，流水路径较长，大幅度地提高了接头处的防渗性能；③工字钢板的接头形式形成了凹凸榫，有利于地下连续墙接头刚度的提高；④配合回填"泡沫＋砂包"的施工技术，有力地解决了混凝土绕流的问题。缺点是：①由于工字钢接头为柔性接头，故抗弯性能不佳；②由于工字钢板接头与钢筋笼焊接后一并吊装入槽，极大地增加了整体吊装的体积与重量，对于吊装设备与吊装水平提出了不小的难度；③工字钢板接头用钢量大，增加了造价成本，不利于施工成本控制。

6. 双管接头管接头

双管接头管是对接头管接头做出了构造上的变化，是将原来单根钢管改成双根，且在两根钢管之间相隔一定距离（依现场实际施工的槽宽而定）用钢材焊接牢固。目前该种接头在实际工程应用中使用尚少，其性能有待进一步考证与研究，见图2.10.7。

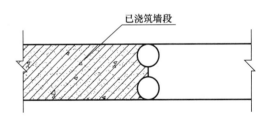

图2.10.7　双管接头管示意图

（1）双管接头管接头施工工艺

双头接头管接头施工工艺同接头管接头施工工艺相仿。

（2）双管接头管接头特点

双管接头管除具有接头管接头全部的特点外，也具有一些自身的独特之处。①两根钢管加单板的构造设计，延长了渗流路径且折点增加，将大幅度地提高防渗效果。②虽然为双管接头管的设计，但该种接头的刚度仍不理想，受力后较易发生变形，会出现渗水现象，对接头质量的控制不利。

7. 接缝灌浆式接头

接缝灌浆式接头是一种借鉴水工结构坝体接缝灌浆原理而设计研究的一种具有较好的

防渗效果的新型地下连续墙接头，见图 2.10.8。

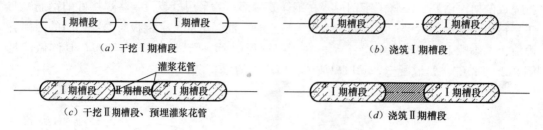

图 2.10.8　接缝灌浆式接头示意图

（1）接缝灌浆式接头施工工艺

接缝灌浆接头需采取跳幅法开挖地下连续墙，具体施工步骤如下：①首先分别开挖Ⅰ期槽段，并浇筑混凝土；②在施工Ⅱ期槽段时，将带孔的灌浆花管分别埋置于Ⅱ期槽段的两端。其中灌浆花管的具体做法如下：花管采用内壁光滑，管底封闭的钢管。沿花管自上而下每隔 30～50mm 左右钻出一圈出浆孔，每圈出浆孔宜 3～4 个，孔径宜 10～15mm。出浆孔的上下两侧宜用 100～150mm 宽橡胶套将空洞分成两部分套住；其中为施工便捷可用自行车内胎代替橡胶套。同时，必须用细铁丝或塑料胶布将橡皮套扎牢，以免橡皮套移动，影响喷浆效果。且下设灌浆花管时宜在Ⅰ期墙段的中间处，出浆孔宜对称布置在接缝处，以利于灌浆时浆液的扩散。预埋管的单根长度不宜过长或过短，宜 6～10m，钢管接头采用对口焊接的方法连接；③在浇筑Ⅱ期槽段混凝土时，必须注意预理的接缝灌浆管的保护；④当Ⅰ、Ⅱ期槽段墙体混凝土强度分别不低于 70％和 50％时，才允许进行接缝灌浆作业。需要注意的是，灌浆采用自上而下分段孔内阻塞、孔内循环法浇筑。通过改变灌浆压力，压开灌浆花管上的橡皮套。当灌浆时压力骤减或吸浆率骤增时，表示已经压开橡皮套。之后，进行灌浆作业要注意灌浆的压力，以免破坏墙体；⑤完成该幅墙体的施工。

（2）接缝灌浆式接头特点

接缝灌浆式接头特点包括：①施工方便，简化了接头处的施工工艺，缩短了工期；②经济性好，由于缩短了工期，从而降低了工程的投资，同时与模具接头、预制混凝土接头以及隔板接头相比，避免了浪费大量钢筋、混凝土与钢板，减少了工程的造价；③防渗效果佳，由于该种形式的接头将接缝处的泥皮排挤或挤压到外侧，有利于两期墙段连接密实，降低了因墙缝之间的裂缝影响整片墙体的防渗效果。

8. 十字钢板接头

十字钢板接头一般用 8mm 或 10mm 厚的钢板在现场制作，见图 2.10.9。

（1）十字钢板接头施工工艺

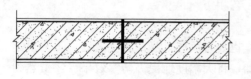

图 2.10.9　十字钢板接头示意图

具体施工步骤如下：①首先制作十字钢板，并将其焊接在钢筋笼端部，与其形成整体；②在Ⅰ期槽段十字钢板一侧沿墙段长度方向双侧焊接薄铁皮，以防止发生混凝土绕流现象；③用起吊设备将焊接十字钢板的钢筋笼吊放入槽；④浇筑混凝土，完成该幅墙段的施工。需要注意的是，对于附着在十字钢板上的泥皮，在下放Ⅱ期槽段钢筋笼之前，必须反复刷壁至完全干净，以免影响地下连续墙接头处质量。

（2）十字钢板接头的特点

十字钢板接头的优点：①由于接头属于刚性接头，故接头的刚度高，抗弯性能好；②十字钢板的构造措施，使得渗水路径延长，增强了接头的防渗效果。

缺点是：①由于要现场制作，工序较多，且要求精度高，施工复杂，焊接难度较大；②由于槽宽要比钢板接头处的宽度略大，故在浇筑混凝土时，易发生混凝土绕流现象，将给下一幅地下连续墙的施工造成不便，故如何防止混凝土绕流以及绕流后如何完全刷壁，对于地下连续墙接头的防渗效果好坏起到关键作用。③由于十字钢板接头耗钢量大不利于控制成本。

9. 公母刚性接头

当地下连续墙既充当基坑支护体系又充当建筑的承重结构且处于软弱等不良地质条件下时，可考虑采用公母刚性接头，见图 2.10.10。

（1）公母式刚性接头施工工艺

具体施工步骤如下：①将封头钢板焊接于母槽段钢筋笼上，并外包铁皮，需注意在制作钢筋笼时，要求端部处的封头钢板长度要比钢

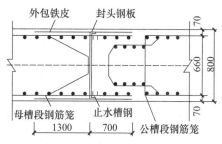

图 2.10.10　公母式刚性接头示意图

筋笼长约 1m，以使钢板足以插入槽底，以免混凝土在底部发生绕流现象，影响下一幅地下连续墙的施工作业；②用起吊设备吊装母槽段钢筋笼入槽；③在封头钢板外侧填充大粒径的砂石，以防浇筑混凝土时发生混凝土绕流和钢板变形等问题，影响下一幅地下连续墙的施工作业；④浇筑该幅墙体；⑤完成母段墙段施工后，将先前的填充物挖除，再清槽刷壁，继续进行公段墙段施工。

（2）公母刚性接头的特点

公母刚性接头较其他接头的优点是：①公母槽段的钢筋笼接合构成了凹凸形的榫式接头，这样的构造形式大幅度地提高了接头的刚度与抗弯变形能力；②封头钢板与外包铁皮的构造设计，有效地防控了混凝土的绕流问题与接头处的渗流问题。缺点是：①公母刚性接头的接头构造比较复杂，施工难度大，技术水平要求高；②由于公母刚性接头的钢筋笼采用榫式接法，使得接头处钢筋密集，浇筑混凝土困难，施工完成的效果不好，露筋严重。

10. 墙体接头柔性止水带接头

墙体接头柔性止水带接头，目前在中国香港地区被普遍采用的接头形式，见图 2.10.11。

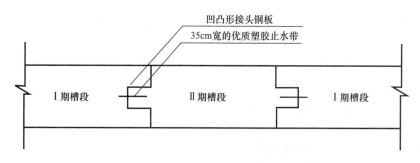

图 2.10.11　止水带装置示意图

（1）墙体接头柔性止水带接头施工工艺：

该种接头形式有一条 350mm 宽与墙同深的优等级的塑胶止水带被夹在凹凸形的接头处。为了确保止水带起到最佳的防渗止水效果，具体工艺如下：①必须严格控制接头的入土深度，槽段底部必须进入不透水层，且要求止水带较接头板深约 2m，以确保拔升接头板时，止水带不被一同拔出；②必须在与接头垂直方向且相距 2m 处焊加一条扶正铁片，以确保止水带与接头板垂直；③为保证止水带不被夹断，不脱落，故止水带与接头板之间应留有缝隙（宜控制在 2～3mm），并在接头板壁上涂以适量的润滑剂；④必须控制凹凸形接头钢板的起拔时间与拔升速度。

（2）墙体接头柔性止水带接头特点

该种形式的接头，止水防渗效果良好，墙体水平刚度大，是较好的接头形式，但是对施工技术与施工精度要求甚高，目前在国内仍处于探索研究阶段，在国内工程中应用极少；但在香港地铁工程中已被普遍使用。

11. RWS 接头板加止水带接头

由于新加坡国土面积狭小，而且对于施工现场环保要求较高，因此目前在新加坡普遍采用的是 RWS（Rubber Water Stop）接头板与墙体接头止水带接头，如图 2.10.12。实际上，RWS 接头板是基于在香港采用的墙体柔性止水带接头形式结合新加坡的地质水文条件基础上本土化的一种柔性止水带接头。其施工方法上类似于接头管施工，但其止水效果更好且由于施工设备简单，所以特别适合于施工占地面积狭小的地区使用。除此之外，由于 RWS 接头板需结合液压铣成槽设备与循环制浆设备共同配合，所以工程所产生的废渣、废液极少，有利于环境保护，适合于类似新加坡这样环保要求较高的地区采用。

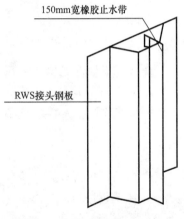

图 2.10.12　RWS 止水带
接头示意图

（1）RWS 接头施工工艺

由于 RWS 接头与目前在香港地区采用的墙体接头柔性止水带接头在构造设计上拥有异曲同工之处，即在采用模具接头配合止水带基础上设计出了一种新型接头形式。与墙体接头柔性止水带接头施工工艺大致相仿，需要特别说明之处如下：①RWS 接头板的设计宽度应与墙宽相同；②止水带的规格为 150mm 宽，夹于梯形断面接头板凸形部位的中间；③在Ⅰ期槽段成槽后，按设计深度下放 RWS 接头板，浇筑混凝土，橡胶止水板留于Ⅰ期混凝土中；④待Ⅱ期槽段施工且Ⅰ期混凝土达到一定强度时，用吊装设备拔出 RWS 接头钢板；⑤浇筑Ⅱ期槽段混凝土，使形成了防渗可靠的地下连续墙结构。

（2）RWS 接头的特点

因 RWS 接头与墙体接头柔性止水带接头结构形式相似，与其特点相仿，即具有在接头处防渗效果佳、水平刚度大和施工机械化程度高等优点；同样由于施工水平要求高，目前在国内工程应用尚少。

12. 在 SMW 地下连续墙中的接头形式

SMW 工法是采用专用的水平三轴混合搅拌钻孔机在设计位置上采取跳幅钻孔成墙的

施工方法。SMW地下连续墙的槽段接头采用重叠钻孔喷浆的方法连接各个喷浆形成的圆柱形的墙段。

（1）SMW地下连续墙施工工法

SMW地下连续墙基本的施工顺序为：①施工准备；②SMW墙体制作；③插入补强芯材（型钢、钢筋、混凝土预制构件等）；④泥土处理；⑤SMW墙体硬化；⑥帽梁设置，详见图2.10.13。"接头"的施工体现在施工的第二个步骤，SMW墙体制作，首先用单轴钻孔机喷浆制作Ⅰ期墙体1、2、3等，之后用三轴钻孔机，将三轴分别对准4、2、5号设计位置，钻孔喷浆，即4、5号墙段，既充当了Ⅱ期墙段，又成为连接1、2号墙段的接头。以此为模式，进而完成整片SMW地下连续墙的墙体制作，详见图2.10.14。

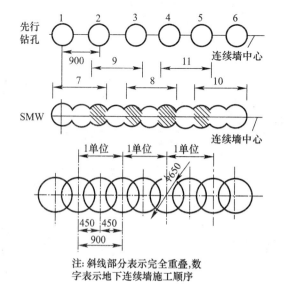

注：斜线部分表示完全重叠，数字表示地下连续墙施工顺序

图2.10.13　SMW施工工序

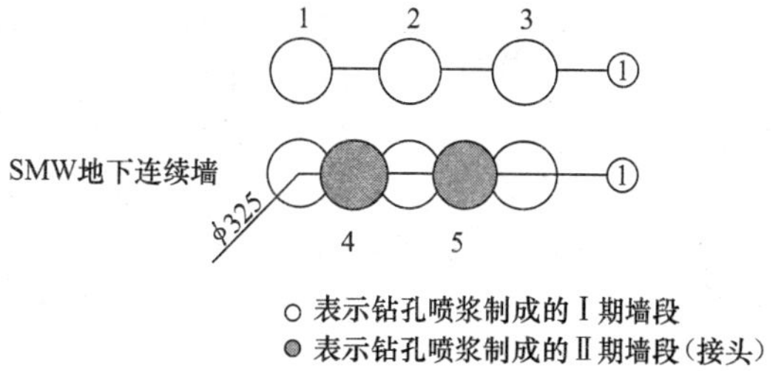

○ 表示钻孔喷浆制成的Ⅰ期墙段
● 表示钻孔喷浆制成的Ⅱ期墙段（接头）

图2.10.14　SMW接头施工示意图

（2）SMW地下连续墙施工工法（接头）的特点

SMW地下连续墙施工工法（接头）的特点：①防渗效果佳，多轴钻孔机的各个钻孔轴相互配合，各段墙体咬合密实，止水效果显著；②施工风险小，对周围的土体扰动和既有建筑物影响小，且地下连续墙的孔壁失稳概率小，降低了施工的潜在风险；③机械化程度高，有利于缩短工期，经济性较可观。

2.10.2　接头形式比较

1. 基于指标评价的接头形式选择

（1）评判标准选择

为了评判各种接头形式的优劣，通过文献资料搜集和现场工程调查相结合的方式将施工的流水化程度、抗渗效果、最终变形、经济指标与设计构造合理化等五项作为接头优化评价指标，基于目前国际上采用抗渗指标、变形指标和内力指标三项指标作为最基本评判标准，其中又以抗渗指标为最重要的评判标准。考虑我国目前国内经济水平状况、现场施工水平与设计人员的设计水平。最终制定了五项指标评分标准，并采用10分制，以最终加权平均分评定一个槽段接头形式的优劣。地下连续墙接头优化的评分标准，如表2.10.1所示。

接头形式优化评分标准表 表 2.10.1

评分项目	评分标准	评 分
施工标准（2分）	施工便捷、流水化程度高、安全可靠	
抗渗效果（3分）	能够保证基坑开挖过程中，地下连续墙接头处基本不渗透	
变形标准（2分）	接头处不因浇筑混凝土时可能发生的侧压力或主动/被动土压力变形	
经济标准（2分）	施工费用（人工费、材料费和机械使用费）	
设计标准（1分）	结构合理、构件简洁、清晰	
总得分：		

（2）评分结果

将搜集到的目前国内、外各种接头形式总结综述与接头形式优化评分标准表邮寄给 5 位土木工程领域的教授专家和施工现场一线的管理专家，分别从学术理论科研与实际操作两个方面来判定各种接头的优劣。根据专家问卷调查得分对 5 位专家每项评分标准进行加权平均，得到每种接头的单项评价标准得分，再对 5 项评价标准进行求和，得到最终评价结果见表 2.10.2。

专家评判结果表 表 2.10.2

评分标准 接头形式	施工标准 （2分）	抗渗效果 （3分）	变形标准 （2分）	经济标准 （2分）	设计标准 （1分）	总计 （分）
SMW 接头	1.6	2.5	1.56	1.52	1	8.18
RWS 接头	1.4	2.5	1.56	1.72	0.96	8.14
工字钢接头	1.575	2.5	1.5	1.525	1	8.1
柔性止水带接头	1.4	2.5	1.56	1.62	1	8.08
十字钢板接头	1.4	2.5	1.56	1.36	1	7.82
接缝灌浆接头	2	2	1	1.575	1	7.575
公母刚性接头	1.1	2.5	1.58	1.4	0.86	7.44
双管接头	1.5	2	1	1.5	1	7
模具接头	1.575	1.825	1.05	1.575	0.75	6.775
预制接头	1.5	1.5	1	1.575	1	6.575
柔性隔板式接头	1.425	1.925	0.95	1.05	0.525	5.475

在各个单项指标中，施工标准指标中，得分最高和最低的分别是 SMW 地下连续墙中的接头形式和公母刚性接头；在抗渗标准指标中，得分最高的是工字钢板接头、十字钢板接头、公母刚性接头、柔性止水带接头、RWS 接头形式和 SMW 地下连续墙中的接头形式，得分最低的是预制接头；在变形标准指标中，得分最高和最低的分别是公母刚性接头和柔性隔板式接头形式；在经济标准指标中，得分最高和最低的分别是 RWS 接头和柔性隔板式接头；在设计标准指标中，得分最低的是柔性隔板式接头，最高的是工字钢板接头、双管接头管接头、接缝灌浆式接头、十字钢板接头、柔性止水带接头和 SMW 地下连续墙中的接头形式。

将专家优化评分结果综合得分从高到低依次排列是 SMW 地下连续墙中的接头形式、RWS 接头形式、工字钢板接头、柔性止水带接头、十字钢板接头、接缝灌浆式接头、公母刚性接头、双管接头管接头、模具接头和预制接头、柔性隔板式接头形式。

基于指标评价结果综合分析 SMW 地下连续墙中的接头形式虽然排名第一，但是不适用于超深地下连续墙；RWS接头形式在国内采用还很少，缺乏实践经验；而目前天津地区超深地下连续墙常用的工字钢和十字钢板接头形式综合排名和抗渗效果都比较高，如果施工得当，可以满足超深地下连续墙接头要求。

2. 基于ABAQUS软件数值模拟结果的接头选择

结合天津地区常用接头形式和实际工程背景选取综合得分较高、适合目前中国经济水平且符合我国施工水准的几种接头形式，进行数值模拟分析，进一步探究这几种接头形式在超深地下连续墙开挖过程中的抗渗情况与接头位置的变形状况。选取目前国内在超深地下连续墙工程中施工成熟，做法稳定的模具接头、综合得分较高的工字钢钢板接头形式与在新加坡所采用的RWS（Rubber Water Stop）接头形式进行三维数值模拟分析对比。

地下连续墙选取两段槽段，每段墙深50m，长5m，厚1m，接头选在两段墙体之间。基坑深30m，采用盖挖逆作施工，分三步开挖，每次开挖10m，支撑采用混凝土板，厚度0.12m。开挖到底后的模型变形云图见图2.10.15。所有分析剖面均取自两段地下连续墙之间接头处。

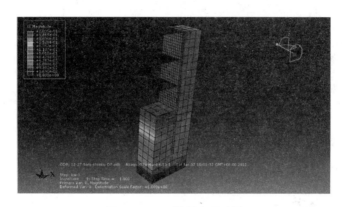

图2.10.15　模型变形云图

（1）水平位移变化的分析

通过数值模拟计算结果绘制的三种接头形式的水平变形曲线如图2.10.16、图2.10.17、图2.10.18所示。

从各图可以看出，对于盖挖逆作施工的基坑工程，在开挖首层土体后，地下连续墙接头沿深度方向的水平位移变化范围为－0.015～0.05m（向坑内位移为负方向），在接头顶部处出现了累计50mm的水平位移，在开挖面深度附近，出现了向坑外的最大累计水平位移15mm，而在地下连续墙接头底部处，水平位移趋近于零。

在开挖中间层土体后，地下连续墙接头沿深度方向的水平位移变化范围为－0.02～0.055m，在接头顶部处出现了累计55mm的水平位移，在开挖面深度附近，出现了向坑外的最大累计水平位移20mm，但尚可满足国家标准中基坑变形的监控值的相关规定。同样的，在超深地下连续墙接头底部处，水平位移也趋近于零。

在开挖底层土体后，地下连续墙接头沿深度方向的水平位移变化趋势与开挖中间土体后大致相似，唯一不同的是向坑外的最大变形出现在第三开挖面深度30m附近，最大累计沉降量亦为20mm。

综合上述，可以发现上述三种接头变化曲线形式相近、发展趋势类似，且均符合国家

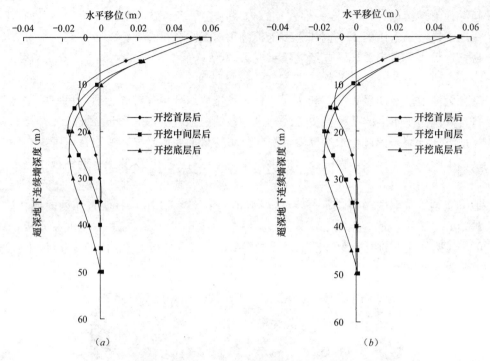

图 2.10.16 模具接头水平变形曲线

（a）接头箱接头；（b）接头管接头

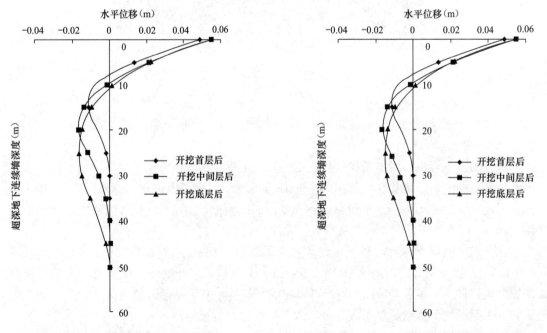

图 2.10.17 工字钢接头水平变形曲线   图 2.10.18 RWS 接头形式水平变形曲线

标准关于基坑变形监控值的相关规定。故从变形角度观察，以上三种接头形式均可应用于超深地下连续墙施工中。

（2）接头弯矩变化的分析

由数值模拟计算结果所绘制的各个接头形式在不同工况情况下的弯矩对比曲线如图 2.10.19 所示。

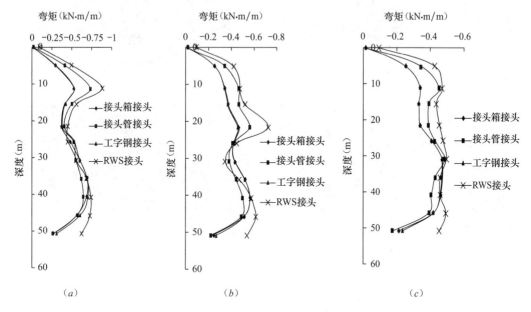

图 2.10.19　不同工况时各个接头的弯矩曲线
（a）开挖首层；（b）开挖二层；（c）开挖底层

从图 2.10.19 中发现，在开挖首层土体后上述四种接头形式，接头箱接头形式与工字钢接头形式的弯矩图变化趋势几乎一致，只是在深度约为 25～30m 处，弯矩略微有差异。且从纵向来看四种接头形式接头箱接头形式与工字钢接头形式弯矩幅度波动最小，接头管接头形式弯矩幅度波动次之，RWS 柔性止水带接头形式弯矩幅度波动最大。

在开挖中间层土体后，同样是接头箱接头形式与工字钢接头形式的弯矩图变化趋势依然几近一致，且四种接头形式的最大弯矩都在逐渐减小，其中 RWS 柔性止水带接头形式最大弯矩大幅度减少。

在开挖底层土体后，四种接头形式的弯矩幅度都在逐步减小，其中除 RWS 柔性止水带接头形式的弯矩几乎无变化幅度外，其余三种接头形式的弯矩幅度依然有一定的波动。而且，三种接头形式中接头箱接头与工字钢接头较接头管接头弯矩幅度变化小，整体曲线趋势较接头管接头变化平滑。

因此，通过不同角度的弯矩图分析之后，可以发现 RWS 柔性止水带接头形式、接头管接头形式和工字钢接头形式较接头箱接头形式的弯矩变化幅度小，较适合于超深地下连续墙接头。

（3）抗渗效果的分析

由数值模拟计算结果所绘制的不同接头处的孔压等值云图如图 2.10.20 所示。

由图可见，在地下连续墙端头处孔压均为负值，根部处孔压全为正值，这说明地下连续墙沿深度方向（z 方向）同时存在着饱和渗流和非饱和渗流。且沿地下连续墙体深度孔压呈梯度变化，这说明采用不同接头形式的地下连续墙沿其深度方向孔压呈增加趋势，即

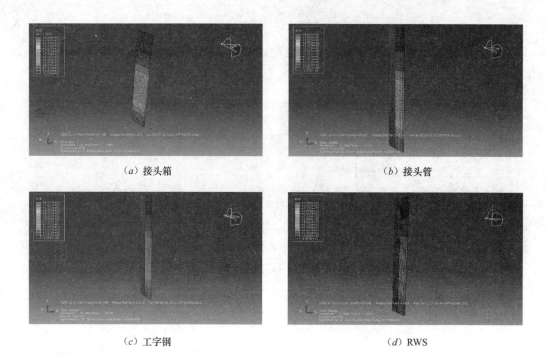

（a）接头箱　　　　　　　　　　　　　　（b）接头管

（c）工字钢　　　　　　　　　　　　　　（d）RWS

图 2.10.20　不同接头形式孔压等值云图

从不饱和渗流状态逐渐过渡到饱和渗流状态。在地下连续墙端头处至深度约为 10m 之间存在着负孔压，意味着该区域是非饱和的，再执行【Options】/【Contour】命令，弹出 Contour Plot Options，切换到 Limits 选项卡，将等值曲线云图显示最小值 Min 设为零。在 ABAQUS/Standard 中按照非饱和土力学理论，将整个区域作为分析区域并基于固定网格求解，浸润面取为孔隙水压力为零处，因此在图中，黑色部分即为孔隙水在地下连续墙的浸润面（线）。值得注意的是地下连续墙体的黑色部分仅代表孔隙水在该部分会发生渗透现象，不一定会发生大面积渗漏这样的危及基坑安全的重大安全事故，但是，对于该部分仍值得我们重点关注，做到发现渗漏现象及时处置。

　　而且在地下连续墙沿深度方向（z 方向），孔压均呈逐步增加趋势，这说明随着地下连续墙深度的增加，墙体从非饱和渗流向饱和渗流逐步过渡，几种接头整体趋势相似。

　　因此，从接头处孔压分别看，四种接头在计算终止时的孔压等值云图相似，墙体中均存在非饱和渗流和饱和渗流两种渗流模式；无论采用哪种接头形式的超深地下连续墙，均是在端头部位为负孔压，在根部部位为正孔压，且饱和度都趋近于 4.0×10^2 MPa。且均在墙体深约 10m 左右处出现浸润面；四种接头孔压变化幅度与变化梯度相似。这说明在相同土体深度、相同地下连续墙深度、相同开挖深度与孔隙水压力的条件下，上述四种接头形式的地下连续墙体整体孔压变化趋势趋近。

　　在 ABAQUS 软件分析的过程中，假设在各接头形式地下连续墙体已出现渗漏问题最危险的部位，肯定出现渗漏问题的前提下，通过 ABAQUS 软件的三维数值模拟，得到了以上四种接头形式渗流的渗流量等值云图 2.10.21 所示。

　　从图 2.10.21 结合前述分析可以看出，在采用接头箱接头形式的地下连续墙体沿深度方向的接头处出现了渗漏且主要渗流面为墙体沿深度方向上 6～9m 区间范围内。而结合

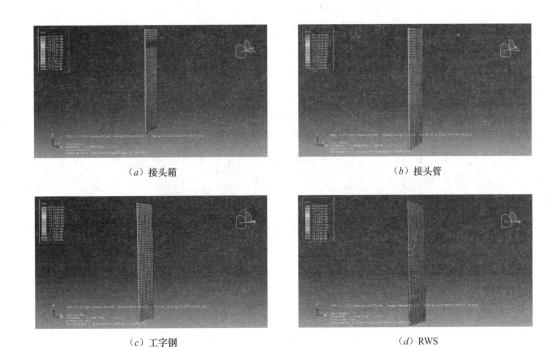

(a) 接头箱   (b) 接头管

(c) 工字钢   (d) RWS

图 2.10.21　不同接头形式渗流量等值云图

地质勘察报告中的水文条件，在 6～9m 土体范围内赋存了第 II 陆相层以下粉砂及粉土中的地下水且该层地下水具有微承压性。而这层微承压水正好位于第一层开挖面的中下部，即在此范围内切断了该微承压水层。所以，如若发生接头渗流则在此范围内。通过在 ABAQUS 内输入相应土体渗透系数与水头坡度等相应参数，经计算后，接头箱接头形式的最大渗流量为：3.143e-04m³/s/m；接头管接头形式的最大渗流量为：6.236e-04m³/s/m；工字钢接头形式的最大渗流量为：2.985e-04m³/s/m；RWS 接头形式的最大渗流量为：1.593e-04m³/s/m。因此，从渗流量（RVF）角度可以分析来看，RWS（柔性止水带）接头形式较其他三种接头形式更好。

通过对四种不同形式地下连续墙接头三维数值模拟计算，对水平位移变化、墙顶竖向位移、弯矩变化指标和孔压（POR）、饱和度（SAT）、渗流量（RVF）3 项抗渗效果指标综合分析，得到表 2.10.3。

综合评分表　　　　　　　　　　　　　　　　　　　　　表 2.10.3

接头形式	接头箱接头	接头管接头	工字钢接头	RWS 接头
水平位移	1	1	1	1
墙顶竖向位移	0.7	0.8	0.7	1
弯矩变化	0	0	0	1
孔压（POR）	1	1	1	1
饱和度（SAT）	0	1	0.5	0
渗流量（RVF）	0.5	0	0	1
综合得分	2.5	3	2.5	4

通过 ABAQUS 有限元软件三维数值模拟计算分析对比后，RWS（柔性止水带）接头

形式指标效果最佳，接头管接头形式次之，而接头箱接头形式与工字钢接头形式相对一般。这与之前调查专家的评审问卷略有差别，其中当时排在第一位的是 RWS 接头，综合得分 8.14 分；第二位的是工字钢板接头，综合得分 8.1 分；第三位的是模具接头（接头箱接头形式与接头管接头形式），综合得分 6.775 分。虽然两者之间存在差异，但并不能说明专家调查评审问卷或者是软件三维模拟有任何的偏差，只能说明在某些条件下，得出的结论是某种情况，而在改变条件之后得出的结论就是稍有差别的，而且三维数值模拟是在绝对理想条件下施工的，没有考虑施工便捷性与施工成本，因此得出的结论仅就以上 6 项指标而言，具有相对性。

2.10.3　防止混凝土的绕流问题

目前在超深地下连续墙施工中解决接头处混凝土的绕流问题长久以来一直是个工程难题。

（1）混凝土绕流原因分析

产生混凝土绕流的原因有两个：一是在槽段的开挖过程中，出现在接头处的超挖问题；二是预制型接头、地下连续墙中的钢筋笼分别与槽壁之间普遍有 30～50mm 和 50～70mm 不等的空隙。由于上述的两个原因，在浇筑混凝土的过程中，很容易产生混凝土的绕流现象，这将对下一幅地墙的施工带来极大不便，而且大幅度地降低了接头处的止水效果。

（2）混凝土绕流对策

目前，常用的防止混凝土绕流的措施大致可以分为两种，外包法与填充法。外包法，即将待施工的地连墙墙段用薄铁皮从接头处至钢筋笼的末端完全封包起来，形成一个封闭的整体，再浇筑混凝土时，就可以极大地减少混凝土绕流的现象。填充法，即在接头的另一侧自上而下地填充土、砂、碎石等填充材料，以期达到解决混凝土绕流的问题。

需要特别指出的是，除直接接头形式、接缝灌浆式接头、SMW 工法以及 TRUST 工法中的接头形式无须考虑混凝土绕流问题，其他接头形式均应在施工前认真周全地考虑应对问题的对策。

2.10.4　超深地下连续墙渗漏的防治

1. 超深地下连续墙接头渗漏的原因分析与应对措施

（1）接头处清壁不彻底

若施工出现下列情况极易造成槽段接头处有残渣或余泥，都将导致在接缝处出现渗漏情况。

① 对已完成施工的槽段刷壁不彻底。

② 泥浆护壁效果不佳，出现掉渣或轻微塌壁现象。

③ 钢筋笼下放过程中触碰槽壁。

针对以上三种情况的应对措施有：严格配置护壁泥浆，确保成槽及清槽过程中槽壁稳定；下放钢筋笼的过程中最好配合高精度位置管理系统，提高作业精度，尽量减少钢筋笼下放过程中触碰槽壁的次数；在清槽与刷壁作业中，要提高施工人员的责任心，确定清槽与刷壁作业的彻底；而且在完成清槽、刷壁作业后，尽量减少槽段的空置时间，应抓紧时间，浇筑混凝土。

（2）钢筋笼的偏斜

施工中若出现下列两种情况，则将导致钢筋笼偏斜出现，钢筋笼的偏斜将使浇筑后的地下连续墙整体刚度下降，严重影响接头的防渗性能。

① 受现场施工条件的限制，不能采取跳幅施工，只能依次施工相邻地下连续墙墙段，导致后期施工的槽段钢筋笼不对称，吊放时因偏心作用产生偏斜；

② 因接头处清槽刷壁不彻底，吊放钢筋笼入槽时，将产生偏斜；

针对以上两种情况的应对措施有：在施工前周详地考虑现场条件与施工机械，尽量避免相邻槽段的施工，消除偏心钢筋笼造成的影响；在吊放钢筋笼入槽施工前，必须彻底清槽刷壁，且吊放过程中必须确保吊装钢筋笼的垂直度，缓慢地下放，切不可强行插入。

（3）支撑架设不及时

对于采用柔性接头的地下连续墙，在基坑开挖过程中，若开挖速度过快，支撑架设不及时，在采用地下连续墙作为支护结构的基坑中，将因变形过大，在接头处渗漏水。

针对该种情况的应对措施有：严格控制开挖进度，及时架设支撑，同时可以采取刚度更大的刚性接头。

当然，无论选择哪种接头形式，为了确保地下连续墙墙段接头处的止水效果，皆宜在墙段接头处外侧的一定范围内增设高压旋喷桩作为第一道止水帷幕，这样可以更好地提高地下连续墙墙段接缝处的止水效果。

2. 超深地下连续墙渗漏的修复（点漏、面漏；线漏；综合修复）

（1）点漏、面漏的修复

根据现场渗水的情况，可以分成轻微渗漏与较严重渗漏情况。对于轻微渗漏的情况，可以采取如下施工的应对措施：

1）采用人工方式清除渗缝周围的杂质，凿去混凝土表面松动的石子，并凿毛处理。

2）选用超早强膨胀水泥与适量的中粗砂配制的水泥砂浆或混凝土来进行修补。也可用 TZS 水溶性聚氨酯堵漏剂与超早强双快水泥配合进行防渗堵漏。

对于较严重渗漏的情况，可以采取如下的应对措施：

1）插管引流，将镀锌水管或塑料管作为引流管插入渗水处，周围填充早强水泥。

2）支模堵墙，在槽段渗缝之间支设模板，配制早强混凝土浇筑止水内衬墙。

3）封堵注浆，采用双管注浆法，具体施工措施如下：

① 注浆材料为：浆液采用 42.5 级普通硅酸盐水泥调制，水灰比 0.8～1.0。

② 凝固浆液为水玻璃，水玻璃模数为 2.5～3.3，要求不溶性杂质含量小于 2%。其中现场可用工程地质钻机在漏水点正后方 2m 处开机钻孔，钻孔深度比漏水点浅 2m，孔径为 100mm 左右，成孔后在孔内并排插入 2 根注浆管，注浆管间距 2cm 左右，在其中一根管中首先用注浆泵泵入水泥浆，待发现水泥浆液从漏水点流出后，再在另一根管中泵入水玻璃溶液，由于水玻璃的凝结固化作用，过一段时间之后，渗漏点即可逐渐闭合。为增强封闭止水效果，同时填补可能存在的裂隙，应继续原地注浆 30min 左右，然后停止送入水玻璃，但边往上拔管边注入水泥浆液，用以填补钻孔形成的孔洞。

（2）线漏的修复

对于线漏的槽段接头处，采用如下施工应对措施（图 2.10.22）：

① 凿缝，在槽段接头渗水处，凿成深约 1/3～1/2 墙厚，宽约 0.5m 的凹槽。

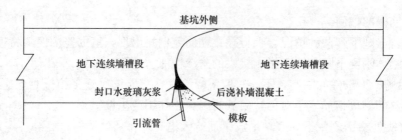

图 2.10.22　渗缝处理示意图

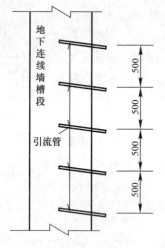

图 2.10.23　引水管布置图

② 插管引流，选用直径 14mm，长约 0.6～0.7m 的引流管，按间隔 0.5m 依次布置于渗缝处，如图 2.10.23 所示。

③ 填缝，将水泥与水玻璃溶液拌合物，自下而上，填充插完引流管后剩余的凿缝处。

④ 焊筋，将接头处的左右两个墙段的水平钢筋凿出，用短钢筋将左右墙段的水平钢筋焊接。

⑤ 补浇混凝土，在开凿处的凹缝处，支模、配制快凝混凝土并浇筑混凝土，以补全地下连续墙。

⑥ 压浆，采用压浆设备，用软管与引流管接好，自下而上，逐个施压，压力宜控制在 1.5～2MPa。其中压浆材料采用掺 UEA 膨胀水泥浆；

⑦ 拔管，压浆完成三天之后，将超出墙宽部分的引流管锯除。

（3）严重的修复（综合修复）

对于比较严重的渗漏事故发生后，可以采用基坑外侧施工止水帷幕，基坑内侧采取分水引流、化学注浆的综合处理施工措施。

① 双液压浆，将接头渗水处凿开，找出渗漏点，然后下两列注浆管，用 2 台压浆设备自下而上同时压浆，压浆的压力宜控制在 0.1MPa 左右，注浆材料分别是比重为 1.70 的水泥浆与浓度为 45°Be 的水玻璃。

② 加设坑外止水帷幕，在坑外以接缝处为中心，施工一排 ϕ250mm 的水泥旋喷桩，桩与桩之间咬合密实且有搭接，形成一道止水帷幕。

③ 坑内化学注浆，在裂缝处凿开一道深 1/3～1/2 墙宽的 "V" 形槽，清洗开凿处，然后用掺和速效堵漏剂的水泥砂浆或混凝土，填充开凿好的沟槽处，并间隔 10cm 埋好注浆嘴形成 "水漏"。之后，再从下到上的顺序进行注浆，注浆材料为早强膨胀水泥砂浆；完成注浆后，依次封堵 "水漏"。最后完成整个封堵过程。

2.10.5　小结

本章对不同接头的特点、施工工艺和防绕流措施进行了总结，并对其优缺点进行了比较；通过问卷调查综合排名和三维有限元模型分析，得到如下结论：

（1）基于指标评价结果综合分析 SMW 地下连续墙中的接头形式虽然排名第一，但是不适用于超深地下连续墙；RWS 接头形式在国内采用还很少，缺乏实践经验。

（2）从变形曲线看 RWS 柔性止水带接头、接头箱、接头管接头和工字钢接头变形均符合国家标准关于基坑变形监控值的相关规定。

（3）从弯矩图分析可以发现RWS柔性止水带接头、接头管接头和工字钢接头的弯矩变化幅度小，较适合于超深地下连续墙接头。

（4）从渗透性角度分析RWS接头抗渗效果较好，工字钢接头次之，可推广使用。

（5）综合来看，目前天津地区超深地下连续墙常用的工字钢和十字钢板接头形式综合排名和抗渗效果都比较高，如果施工得当，可以满足超深地下连续墙接头要求。

（6）超深地下连续墙接头防绕流措施可采取两种，一是在钢筋笼接头处从头部至末端满焊1m宽薄铁皮，延长混凝土绕流路径，二是采用下部密填砂石袋，上部放接头箱，接头箱背部密填砂石袋的措施，防止因混凝土压力造成的绕流。

（7）工字钢和十字钢板接头对于刷壁要求较高，施工中一定要刷壁到无泥皮为止，防止接头出现渗漏。

2.11 超深地下连续墙水下混凝土的浇筑

超深地下连续墙的混凝土浇筑是在泥浆中进行，为防止泥浆混入混凝土而影响地下连续墙的浇筑质量，通常采用导管法进行混凝土浇筑。由于采用导管法浇筑混凝土无法用振捣设备来振实，混凝土的密实性只能依靠其自重和浇筑时产生的局部振动来实现；浇筑过程隐蔽，一旦浇筑过程中将泥浆和槽内沉渣卷入墙体而又无法发现，就会造成局部混凝土质量劣化，从而影响地下连续墙的成墙质量。此外，超深地下连续墙的混凝土浇筑量大，浇筑时间长，槽壁在浇筑过程出现坍塌的几率大，而混凝土浇筑过程中一旦出现槽壁坍塌，不仅会增加混凝土用量，耽误工期，也会严重影响地下连续墙的成墙质量。因此，超深地下连续墙对于混凝土的性能、质量和浇筑工艺要求更为严格。

2.11.1 混凝土浇筑前的准备工作

1. 物资准备

施工前首先要精确计算本次浇筑所需混凝土量，落实商品混凝土的供料，搅拌站应根据施工条件，既不中断又不积压地供料。

2. 混凝土性能要求

（1）混凝土强度

在泥浆中浇筑混凝土，其强度通常低于在空气中采用相同配合比的混凝土强度，且在墙面上强度的分散性也较大。因此，施工中实际浇筑混凝土的强度应比设计强度提高5MPa。

（2）水灰比

水灰比采用0.5～0.6。

（3）流动性

浇筑地下连续墙混凝土时，无法用振动器进行振捣密实，因而混凝土必须具有良好的流动性。其坍落度为18～22cm，扩散度为34～38cm。

（4）流动保持系数K

流动保持系数K就是维持坍落度在15cm以上的最小时间，要求$K＝1～2h$，应保证在每根导管的管辖范围内，满足$0.5m^3/(m^2 \cdot h)$以上浇筑量。该浇筑量也称为浇筑强度

I，用 m/h 表示。

3. 导管浇筑参数要求

(1) 导管作用半径

从导管流出的混凝土由于其良好的流动性，在重力作用下，会从导管向四周扩散，出现近管口处的混凝土比远离管口处的混凝土质地均匀、密实、强度高等现象。因此要求离导管管口一定距离内的混凝土强度均达到质量标准，这一距离成为导管的作用半径。

导管的最大作用半径与混凝土的保持流动系数 K、混凝土的浇筑强度 I、混凝土柱的压力 P、导管插入深度 T、混凝土面平均坡度 i 等因素有关。施工中可用经验公式求得混凝土的最大扩散半径 R_{max}。

$$R_{max} = K \cdot I/i$$

式中当导管插入深度为 1.0~1.5m 时，i 值取 1/7。

导管的作用半径一般取 $0.85R_{max}$，则 $R = 0.85R_{max} = 0.85K \cdot I/i = 0.85 \ (K \cdot I)/(1/7) = 6KI$

在实际工程应用中，导管作用半径 R 最大值一般不超过 4m。

(2) 混凝土初始浇筑数量

开始浇筑混凝土时，首批混凝土冲出导管后，保证导管下口插入混凝土内 30cm，而

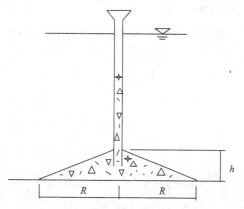

图 2.11.1 首批混凝土浇筑量示意图

出口处混凝土堆高不小于 50cm。当施工中首批混凝土的坍落度偏小时，出料后混凝土表面呈 0.25 的坡度，如图 2.11.1 所示，所需混凝土体积为 $V_0 = \pi R^2 h/3$ 来计算，式中 R 为作用半径，h 为堆高。

(3) 导管插入混凝土深度

当导管插入混凝土内深度不足 0.5m 时，混凝土出口形成的锥体会出现骤然下落，导管附近有局部隆起，表面曲线有突然转折。这种情况说明混凝土不是在表面混凝土保护下流动，流出管口的混凝土极有可能在浇筑压力作用下顶穿表面保护层，在已浇筑的混凝土表面形成流动，影响混凝土的整体性和均匀性。

当导管插入混凝土 1m 以上时，混凝土表面的坡度均一，新浇筑的混凝土在已浇筑的混凝土内部流动，混凝土质量均匀，整体性好。

由此可见，导管深度越深，混凝土向四周均匀扩散的效果越好，混凝土的密实程度好，表面平坦。但如果导管埋入过深，易造成混凝土在导管内流动不畅而形成堵管。因此，有一个最佳埋入深度范围值的概念，该范围与混凝土浇筑强度和混凝土的性质有关，约等于流动保持系数 K 和混凝土面上升速度 I 乘积的两倍。

$$T = 2K \times I$$
$$T = 2K \cdot q/F$$

式中　T——导管插入最佳深度 (m)；

　　　I——混凝土面上升速度 (m/h)；

　　　K——流动性保持系数 (h)；

q——每根导管的浇筑强度（m^3/h）；

F——每根导管的浇筑面积（m^2）。

施工中是无法始终控制在最佳插入深度值的，应有一个范围，从而引出最大插入深度和最小插入深度两个值。

导管最大插入深度可按式计算：

$$T_{max} = (0.8 \sim 1.0)t_f \cdot I$$

式中　T_{max}——导管最大插入深度（m）；

t_f——混凝土初凝时间（h）；

I——混凝土面上升速度（m/h）。

而导管的最小插入深度，以混凝土在水下扩散坡面不陡于 1：5 和极限扩散半径不小于导管间距考虑。

$$T_{min} = i \cdot L$$

式中　T_{min}——导管最小插入深度（m）；

i——混凝土面扩散坡率（取 1/5～1/6）；

L——两导管间距（m）。

浇筑施工时，导管提升高度 h 不得超过最大和最小插入深度的差值。

（4）导管高出泥浆高度

导管浇筑混凝土时，导管底部出口混凝土柱的压力须大于等于槽内泥浆和导管底部已浇筑混凝土所产生的阻力之和，混凝土方能通过导管下口流出，而导管出口处混凝土的压力取决于导管高出泥浆的高度，因此在施工中要控制导管高出泥浆的高度。

$$h_1 = [P - (\gamma_1 - \gamma_2)h_2]/\gamma_1$$

式中　h_1——导管高出泥浆高度（m）；

P——导管出口压力（按表 2.11.1 取值）（kPa）；

γ_1——混凝土重度（N/m^3）；

γ_2——泥浆重度（N/m^3）；

h_2——槽内混凝土面至泥浆面高度（m）。

导管出口压力 P 的最小值　　　　　　　　　　　　表 2.11.1

导管作用半径 R（m）	最小超压力 P（kPa）
4.0	250
3.5	150
3	100
≤2.5	75

（5）导管数量

根据导管作用半径和单元槽段宽度，可以求出需要导管数量 N

$$N = 单元槽段宽度 /(2 \times R)$$

导管间距一般不应大于 3m，导管设置要靠近接头部位，距离不应大于 1.5m。

4. 浇筑混凝土的必备条件

混凝土浇筑之前，除应进行混凝土浇筑量计算、车辆运输安排、混凝土制备、运输道

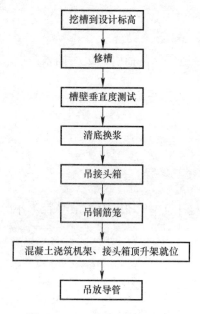

图 2.11.2　地下连续墙混凝土
浇筑前准备工作流程图

路安排、劳动力配置和防意外措施等方面的准备工作之外，有关槽段的准备工作流程见图 2.11.2。

2.11.2　浇筑机械的选择

（1）混凝土车

混凝土要连续浇筑，不能长时间中断，混凝土车的数量要根据路程和浇筑速度进行合理安排，既不使混凝土浇筑长时间中断，也不要积压供料。

（2）混凝土导管

混凝土浇筑用导管由 4mm 以上钢板卷制成筒或采用无缝钢管，直径为 200～300mm，分节长度 1～3m，连接方式有两种，一种为加密封圈的快速接头连接，一种为加平板橡胶密封圈的法兰连接。导管接头的密封要求为水密，耐压 0.3MPa 不渗漏。

（3）提升与拆卸混凝土导管的机械

导管的吊放、提升和拆卸可以用起重机或专用机架，将导管吊入槽段规定位置，导管上顶端安放方形漏斗。导管浇筑水下混凝土及其机械布置示意图见图 2.11.3。

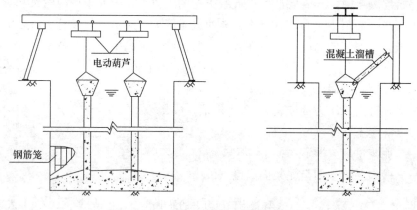

图 2.11.3　导管浇筑水下混凝土示意图

2.11.3　混凝土的浇筑方法

超深地下连续墙的混凝土浇筑量大，浇筑在泥浆下进行，浇筑应连续，其浇筑方法如下：

（1）每幅槽段一般采用 2～3 根导管，导管间距一般在 3m 以下，最大不得超过 4m，同时距槽段端部不得超过 1.5m，其底部应与槽底相距 300～500mm。

（2）导管上口接上方形漏斗，在导管内放置隔水球（橡皮球胆等）以便混凝土浇筑时能将管内泥浆从管底排出。

（3）采用混凝土车直接浇筑的方法，混凝土初灌量应经过计算，首批混凝土数量应满足导管首次埋置深度和填充导管底部的需要。混凝土初灌后，导管埋深应大于 500mm。

（4）混凝土浇筑中要保持连续均匀下料，混凝土面上升速度不低于 2m/h，且不宜大于 4m/h。

（5）混凝土浇筑过程中，导管埋置深度控制在 2～4m，参考图 2.11.4（混凝土浇筑曲线图），在浇筑过程中随时观察、测量混凝土面标高和导管的埋深，严防将导管口提出混凝土面。同时通过测量掌握混凝土面上升情况，推算有无塌方现象。

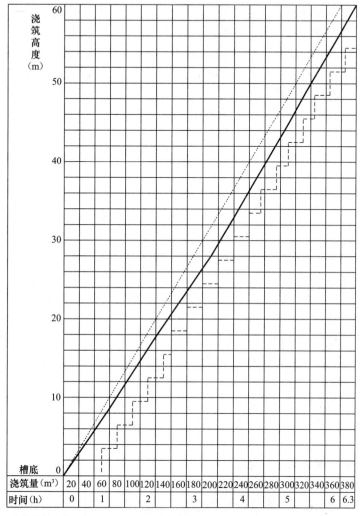

图 2.11.4　混凝土浇筑曲线图

（6）混凝土要连续浇筑，因故中断浇筑时间不得超过 30min。

（7）两根混凝土导管进行混凝土浇筑时，应注意浇筑的同步进行，保持混凝土面呈水平状态上升，其混凝土面高差不得大于 0.5m。防止因混凝土面高差过大而产生夹层现象。

（8）在浇筑过程中，导管不能作横向运动，导管横向运动会把沉渣和泥浆混入混凝土内。

（9）当混凝土在导管中不能通畅下落时，可对导管进行上下抽动，但抽动范围不能太大，以 30cm 为宜。

（10）混凝土浇筑时严防混凝土从漏斗溢出流入槽内污染泥浆，否则会使泥浆质量恶

145

化，反过来又会给混凝土的浇筑带来不良影响。

（11）在混凝土顶面存在一层浮浆层，需要凿去，因此混凝土浇筑面应高出设计标高 0.3～0.5m。对混凝土浇筑过程作好详细记录。

（12）每幅地下连续墙混凝土到场后先检查混凝土原材料质保单、混凝土配比单等资料是否齐备，并做坍落度试验，检查合格后方可进行混凝土的浇筑。混凝土浇筑时在前、中、后应做三次坍落度试验，并做好试块。每浇筑 100m³ 混凝土做一组试块，不到 100m³ 混凝土按 100m³ 做一组，并另做一组抗渗试块。

（13）每幅墙的混凝土应按规范要求做试块取样做混凝土的抗压、抗渗试验。所做试块放入恒温池养护，7 天后送试验站标养池中养护，到龄期后作抗压、抗渗试验。

2.11.4 接头箱的安放和起拔

在理想垂直状态下，超深地下连续墙接头位置全深采用接头箱，起拔接头箱需克服的自重和侧壁摩阻力之和可达几百吨以上，这样大的起拔力对于接头箱本身和导墙的承载力都是很大的考验，因接头箱自身材料焊接质量、连接螺栓抗剪强度或导墙承载力不足导致接头箱拔断或埋管的风险几率将大大增加。因此，必须对超深地下连续墙接头箱的安放和起拔采取一定的技术措施，方能保证接头箱的安全。

（1）首先要根据超深地下连续墙深度计算接头箱自重和侧壁摩阻力之和，从接头箱连接螺栓抗剪强度、起拔机械的极限起拔力和导墙承载力几个方面验算是否满足需要，当不能满足要求时，可采用深部用袋装砂石填充，上部采用接头箱的方法。

（2）填充袋装砂石时（冬季砂袋易上冻，不易夯实，推荐用碎石袋），用编织袋装 2/3 满砂石，每投放 5m，用吊车悬吊接头箱进行夯实。投放砂石到设计高度后，下放接头箱到砂石表面，接头箱背后空隙用袋装砂石回填密实。避免接头箱在混凝土浇筑过程中移位或混凝土绕流下幅槽段，从而影响下幅槽段成槽施工和钢筋笼下放。

（3）对于上部的接头箱，为防止接头箱难于起拔的现象，接头箱制作精度（垂直度）应在 1/1000 以内，安装时必须垂直插入，偏差不大于 50mm。

（4）在第一车混凝土和以后每根接头箱接头部位现场取混凝土试块，放置于施工现场水中，用以判断混凝土的初凝、终凝情况，并根据混凝土的实际情况决定接头箱的松动和拔出时间。

（5）接头箱起拔时要掌握好时机，混凝土浇筑 1～2h 后即开始松动接头箱，混凝土达到自立程度（3.5～4h），每次抬高 5cm，每间隔 5min 顶拔一次，严格按照混凝土浇筑记录曲线表所实际记录的混凝土在某一高度的终凝时接头装置允许顶拔的高度，严禁早拔、多拔。

（6）采用吊车起拔时，要注意起吊吨位不能过大，否则吊环容易拉裂或产生吊车倾覆。

（7）接头箱拔出前，先计算剩在槽中的接头箱底部位置，并结合混凝土浇筑记录，确定底部混凝土已达到初凝才能拔出。最后一节接头箱拔出前先用钢筋插试地下连续墙体顶部混凝土有硬感后才能拔出。

（8）接头箱拔出后水平放置在硬地坪上，冲洗干净晾干后刷上脱模剂备用。

2.12 寒冷气候条件下超深地下连续墙施工性能指标的变化和调整

天津为北方沿海城市，冬季最低气温一般在 -10℃～-15℃，在冬季施工超深地下连续墙时，寒冷地气候条件会对泥浆性能、施工机械设备、钢筋焊接、混凝土等原材料产生一定的影响。这就要求从施工场地布置安排、原材料及设备的防冻保温、地下连续墙施工工艺等环节上采取相关有效措施，以保证超深地下连续墙的正常有序施工。

2.12.1　低温条件下泥浆性能指标

低温条件下，泥浆的性能指标会受到一定的影响，需要通过优化配比来增强泥浆耐冻性，同时采取一定的保温措施，控制泥浆的指标满足保证槽壁稳定的需要。

（1）拌浆池采用温控电热棒加热，以确保正常拌浆。

（2）针对超低温天气，泥浆拌制时需优化配比来增强泥浆抗冻性能。通过增加纯碱掺量来增强泥浆耐冻性，同时控制泥浆的指标来保证槽壁的稳定。成槽时应调配黏度大、失水量小的优质泥浆。

（3）采用半埋式泥浆池，泥浆池上方搭设木板并铺设保温材料，供浆时尽量增加高泵送频率，防止泥浆管受冻堵塞。晚上要定时用空压机翻搅。

（4）现场供收浆管线均埋入地下 0.5m 以下，地面暴露部分应整体覆盖保温材料。

2.12.2　成槽设备机械部件在低温下的运行及保护措施

在严寒条件下，成槽机电缆随抓斗频繁进出槽内泥浆，当提升出地表卷入电缆槽内后，附着于电缆上的泥浆及水极易结冰将电缆粘结在一起。当抓斗重新下放时，电缆不能分离，极易发生折断。

冬期施工时，可在桅杆上设置几处清除泥浆的滚轴或刮除泥浆的橡胶刮板，进行泥浆清除，如再出现少量结冰时，采用人工清除，一般 2～4h 内清除一次，效果较好。

2.12.3　混凝土在低温下的措施

（1）搅拌用热水水温控制在 80℃ 以下，若浇筑温度不能保证在 5℃ 以上时，须对骨料加温。

（2）安排距施工现场较近的商品混凝土搅拌站，减少运送时间及散热量。

（3）针对冬季超低温施工，商品混凝土要添加外加剂，增强其抗冻性能和降低初凝时间，使之符合冬期施工要求。

（4）混凝土浇筑导管接口处涂抹黄油，采用热水冲洗导管，以防止导管堵塞和拆装方便。

（5）针对混凝土试件留置、养护等技术要求，在现场养护室增设电暖气，在养护池采用温控电热棒加热的方式以保证养护条件。养护一定时间后应尽快送实验室进行标准养护。

2.13　结论与建议

2.13.1　结论

（1）超深地下连续墙施工重点和难点问题

通过现场调研和工程实践，在多层富水地层中进行超深地下连续墙施工存在成槽深度大，垂直度要求更高；工程地质条件复杂，不利槽壁稳定；下部砂层成槽效率低，易塌槽；接头部位易出现混凝土绕流，成墙后接头处易渗漏；钢筋笼起吊重量大，长度高，下放时间长，安全风险高等技术难点。

（2）保证超深地下连续墙槽壁稳定和成槽质量的技术措施

选用"〕〔"形导墙提高槽口导墙承载力、抵抗边载和成槽机频繁出入槽口扰动的能力；利用水泥搅拌桩对上部软弱土层进行加固处理，防止超深地下连续墙长时间成槽过程中土体蠕变，提高抵抗成槽机对上部土体扰动的能力；超深地下连续墙成槽施工应尽量采用跳槽施工，充分利用土拱效应保证槽壁稳定；根据地质土层条件和成槽深度，选用高精度液压抓斗或铣槽机成槽，对于上软下硬土层，可采用钻抓结合或抓铣结合法成槽，选用熟练操作人员，根据操作人员经验和成槽机自身监测仪器，保证超深地下连续墙成槽垂直度和成槽效率。

（3）保证超深地下连续墙成槽稳定和混凝土浇筑质量的泥浆控制

超深地下连续墙新拌制泥浆的比重应不小于1.05，成槽过程中，泥浆由于受到泥砂"污染"而使比重增大，有利于槽壁稳定，但泥浆比重过大，会造成泵送困难，且影响形成泥皮质量，泥浆比重应控制在1.2左右，并控制含砂量<4；为保证钢筋握裹力和混凝土浇筑质量，清底后泥浆比重不应大于1.15；对于黏性土层可通过增大泥浆比重保证槽壁稳定，对于砂性土层，可适当增大泥浆比重，主要以提高泥浆黏度为主。

（4）超深地下连续墙接头形式及防渗漏措施

基于指标评价结果综合排名来看，RWS接头和目前天津地区超深地下连续墙常用的工字钢和十字钢板接头形式综合排名都比较高，通过有限元软件模拟计算，从受力和抗渗流情况看，其均能满足要求。RWS接头抗渗性能比较优越，但RWS接头在天津地区采用还很少，缺乏实践经验，可进一步推广使用；工字钢和十字钢板接头在天津地区超深地下连续墙接头中采用较多，技术成熟，如果施工得当，可以满足超深地下连续墙接头受力和抗渗性能的要求；超深地下连续墙接头防绕流措施可采取两种，一是在钢筋笼接头处从头部至末端满焊1m宽薄铁皮，延长混凝土绕流路径，二是采用下部密填砂石袋，上部放接头箱，接头箱背部密填砂石袋的措施，防止因混凝土压力造成的绕流。

（5）保证超深地下连续墙钢筋笼吊放的加固及吊装措施

有条件情况下超深地下连续墙钢筋笼应采用一次吊装法，如必须分节吊装，则分节部位可选择纵向钢筋减少处，钢筋笼连接方法优选"挤压套筒"法连接；对于幅宽5～6m钢筋笼加固可采用纵向3榀桁架加固，横向5m间距一道桁架加固，即可满足吊装刚度要求；采用双吊机进行钢筋笼吊装，吊点布置可采用横向2～3点，纵向5点布置，纵向吊点应均匀布置，间距不宜过大。

2.13.2 建议

（1）影响槽壁稳定的因素众多，本次有限元模拟计算只模拟了开挖深度、土层性质和泥浆比重对于槽壁稳定的影响，对于施工扰动和泥浆的渗透，泥皮保护作用没有模拟。限于场地和施工进度，没有在现场对成槽过程进行全程监控，今后在条件允许情况下应预埋测试仪器对成槽过程进行监测。文化中心交通枢纽二期工程出现在紧邻已有地下连续墙旁成槽施工的情况，槽壁土体厚度仅有2～3m，对于这种特殊情况的槽壁稳定问题还需进一步研究。

（2）成槽过程中泥浆性能变化很大，限于时间和能力，有限元模拟计算只考虑了泥浆比重变化对成槽过程槽壁稳定的影响，而对于泥皮质量和泥浆在不同土层渗透能力对槽壁稳定的影响没有考虑；对于清槽后，泥浆指标对于钢筋握裹力的影响没有进行估量。今后可深入开展室内泥浆试验，测试不同泥浆指标的渗透性和成泥皮情况，以及对于钢筋握裹力的影响，同时利用有限元软件进一步模拟计算泥浆渗流和泥皮对成槽稳定的影响，确定不同施工过程泥浆的配比指标，为施工过程泥浆质量监控提供依据。

参 考 文 献

[1] 彭芳乐，孙德新，袁大军等. 日本地下连续墙技术的最新进展 [J]. 施工技术，2003，32（8）：51-53.

[2] 田贺维，周予启，刘卫未. 天津津塔工程超大深基坑施工技术 [J]. 施工技术，2010，39（1）：14-21.

[3] 宋康，吕鹏，徐伟. 润扬大桥北锚锭超厚、超深地下连续墙嵌岩成槽工艺 [J]. 建筑施工，2002，24（1）：4-6.

[4] 蒋振中，郭宏波. 武汉阳逻长江公路大桥南锚碇地下连续墙施工的重要技术创新 [C]. 第二届全国岩土与工程学术大会论文集（上册）. 北京：科学出版社，2006：386-395.

[5] 赵春彦，施振东，陈建军. 南水北调穿黄工程始发井地下连续墙施工技术 [J]. 地下空间与工程学报，2007，3（4）：726-731.

[6] 文新伦，马仕. 上海世博500kV地下变电站57.5m深地下连续墙施工质量的控制与实践 [J]. 建筑施工，2009，31（1）：5-7.

[7] 孟昭辉，宋永智，欧阳康森. 新天津站地下连续墙施工技术综述 [J]. 天津建设科技，2008（6）：32-35.

[8] 郑宏，傅金栋，宋凯等. 天津滨海新区61m深异形地下连续墙施工技术 [J]. 施工技术，2010，39（10）：51-52.

[9] 胡昌玉. 地铁软土地层超深地下连续墙施工技术 [J]. 中国高新技术企业，2011（4）：78-79.

[10] 孙立宝. 超深地下连续墙施工中若干问题探讨 [J]. 探矿工程（岩土钻掘工程），2010，37（2）：51-55.

[11] 谭少珩. 超深地下连续墙施工技术 [J]. 铁道建筑，2008（3）：26-28.

[12] 张斌梁. 超深格构式地下连续墙在海河沉管隧道护堤结构中的应用 [J]. 铁道标准设计，2010（6）：99-102.

[13] 蔡龙成，李建高. 地下连续墙成槽设备选型 [J]. 铁道建筑，2011（9）：75-77.

[14] 郑刚. 天津市地下工程中地下水的影响及控制 [J]. 施工技术，2010，39（9）：1-7.

[15] 李耀良，袁芬. 大深度大厚度地下连续墙的应用与施工工艺 [J]. 地下空间与工程学报，2005，1（4）：615-618.

[16] 卢智强，王超峰. 二元结构上软下硬地层地下连续墙施工技术 [J]. 地基基础工程，2006，9（5）：60-62.

[17] 方俊波，刁天祥. 上软下硬地层地下连续墙成槽施工 [J]. 现代隧道技术，2002，39（1）：34-37.

[18] 尉胜伟. 复杂地质条件下超深基坑地下连续墙成槽施工技术研究 [J]. 铁道建筑，2010，12：51-54.

[19] 上海隧道工程股份有限公司《软土地下工程施工技术》编写小组. 软土地下工程施工技术 [M]. 上海：华东理工大学出版社，2001.

[20] 日本建设机械化协会编，祝国荣译. 地下连续墙设计与施工手册 [M]. 北京：中国建筑工业出版社，1983.

[21] 朱合华主编. 地下建筑结构 [M]. 北京：中国建筑工业出版社，2011.

[22] 张明义主编. 基础工程 [M]. 北京：中国建材工业出版社，2003.

[23] 高谦等编. 现代岩土施工技术 [M]. 北京：中国建材工业出版社，2006.

[24] 陈礼仪，胥建华主编. 岩土工程施工技术 [M]. 成都：四川大学出版社，2008.

[25] 陈晨主编. 岩土工程施工 [M]. 长春：吉林大学出版社，2004.

[26] 中铁一局集团有限公司. 于家堡站交通枢纽配套市政公用工程土建施工第一标段地下连续墙施工组织设计.

[27] 中铁隧道集团有限公司. 天津市文化中心交通枢纽土建第一标段Z1线地下连续墙施工方案.

[28] 滕瑞振，王建华. 天津站交通枢纽超深超厚地下连续墙接头形式优化及施工探究 [J]. 建筑施工，2010（2）：132-133.

[29] 黄辉. 地下连续墙接头形式及其渗漏的防治措施 [J]. 施工技术，2004（10）：60-62.

[30] 付军，杜峰. 地下连续墙接头形式及其在上海四号线修复工程中的应用 [J]. 隧道建设，2010（6）：678-682.

[31] 孙立宝. 地下连续墙施工中几种接头形式的对比分析及应用 [J]. 探矿工程（岩土钻掘工程），2011（5）：53-56.

[32] 汪一鸣. 冬季超低温和大砂性土层条件下的两墙合一地下连续墙施工技术 [J]. 建筑施工，33（4）：273-274.

第 3 章 天津图书馆组合钢框架-支撑与复杂空间桁架相融合的结构体系的设计方法研究

3.1 图书馆工程概况

3.1.1 工程简介

近年来，天津的经济社会发展取得了显著成就，但在文化设施建设方面仍然存在单体面积较小、功能不完善、布局相对分散等问题，天津市区仍缺乏对外展示和市民休闲交往的城市中心。为适应天津经济社会的快速发展，体现城市发展定位，完善城市文化服务功能，全面提升天津市形象，满足人民群众日益增长的文化需要，2008 年天津市委市政府决定规划建设天津文化中心。其中，天津图书馆就是天津文化中心的一个重要组成部分。

天津图书馆位于天津市河西区越秀路以东、乐园道以南、隆昌路以西、平江道以北，拟建的天津市文化中心场地内。它是集文献信息资源收集、整理、存储、研究与服务等功能为一体的综合性大型公共图书馆，是以独特的构思与设计理念打造出的"知性的建筑"。

图书馆的设计理念是能够自由舒适阅览的场所、相对集中的阅读空间和学术性高的阅览及交流空间等各种功能并存、融合。这里既具备最新的技术和情报处理等专业性很强的设施，又是读者自由交流、探求新知识的平台。它是在两种功能并存、融合的空间中产生的建筑，将成为众人热爱的知识主题公园。

图书馆的建筑设计交通流线明确、便捷，整个建筑的结构体系以共享空间为中心，四周由阶梯状平台和呈网格状布置的墙、梁包围，形成逐层错位、叠合的空间，各种功能性用房即存在于这些空间中。这样的体系反映了建筑整体的特征：通过控制墙面交叉的形式、规格，使得空间划分自由，通过墙面、地板的材料、颜色变化，刻画出不同特色的空间。天津图书馆效果图如图 3.1.1 所示。

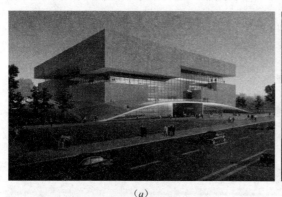

(a)　　　　　　　　　　　　　　　　(b)

图 3.1.1　天津新图书馆效果图

3.1.2 结构概况

天津图书馆由天津市城市规划设计研究院与日本山本理显设计工场联合设计，天津图书馆项目钢结构主体为组合钢框架-支撑与复杂空间桁架相融合的结构体系，属于开敞空间层数多、跨度大、柱不连续、层间刚度变化大、楼板开洞多、水平方向连接薄弱、局部转换构件多、结构传力路径复杂、扭矩作用明显的多项超限结构。其复杂的结构形式导致结构梁柱节点区域汇交杆件多，且构件多为箱形截面，相对传统设计截面小、壁厚，采用了新型的节点设计。

天津图书馆采用钢结构体系是积极响应国家鼓励建筑用钢的政策的表现，它的建设完成不仅丰富了我国钢结构建筑的形式，积累了丰富的工程技术成果。同时，也对已有建筑钢结构设计规范的更新、完善或补充以及对新型结构体系的应用起到积极的促进作用。目前我国实行的钢结构建筑设计规范及设计图集相对滞后于近年来迅速发展的新型复杂的结构体系，主要体现在对结构体系的计算、分析方法和节点的计算及构造等方面。而对天津图书馆采用的新型组合钢框架-支撑与复杂空间桁架相融合的复杂结构展开结构体系及节点的分析研究，将有利于相关规范在体系及节点方面的完善与补充。

3.2 图书馆主体结构体系选型分析研究

天津图书馆独特的空间划分与建筑造型，给结构设计带来了巨大的挑战。通过分析结构的特点和设计难点，结合国内外工程设计案例和结构体系的理论研究基础，提出一种新型复杂的组合钢框架—支撑与复杂空间桁架相融合的结构体系。

3.2.1 主体结构的特点

文化中心天津图书馆工程建筑面积约 55000m^2，由地下、地上两个部分组成：地下一层为型钢混凝土框架-剪力墙结构；地上 5 层，组合钢框架-支撑与复杂空间桁架相融合的结构体系，总高度 30.20m。结构平面尺寸：102m×102m，柱网尺寸为 10.2m×10.2m、20.4m×20.4m，内部大空间部位柱距 40.8m。矩形柱典型截面尺寸为 500mm×500mm×36mm，梁典型截面高度为 500mm，构件数量约 8400 件。

由于建筑功能、空间及立面效果的要求，主体结构多处形成相交、相叠以及悬挑的局部结构，主要的结构特点有以下几方面：

（1）主体结构在一至三层形成多处大空间，四、五层的结构起主要的联系作用，整体结构空间受力作用明显；

（2）建筑平面相邻层房间锚柱网布置，立面大体块凹进，室内空间不允许见柱，使得竖向构件不连续，贯通柱比例较低；

（3）各层布置了大量相交、多层叠放、悬挑、吊挂形式的桁架，受力复杂；

（4）建筑平面楼板开洞多，各层楼板开洞率均大于30%，整体结构在水平方向连接薄弱，导致层间刚度变化大、结构传力路径复杂。贯穿东西、南北的十字形通道将平面分成较为独立的四个部分。

图 3.2.1 是天津图书馆空间布置示意图。

3.2.2 结构体系的选定

图书馆独特的建筑设计对结构设计也提出了创新的要求。下面介绍不同的结构设计方

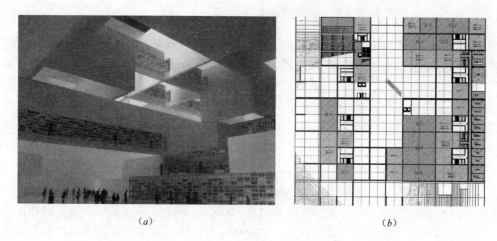

(a)   (b)

图 3.2.1　天津图书馆空间布置示意图
(a) 内部空间效果图；(b) 首层建筑平面布置图

案，通过对方案比选最终确定了天津图书馆主体结构的形式。

1. 下部剪力墙上部钢桁架方案

为满足图书馆内部空间自由划分的特点，初始结构方案拟定为 1～3 层采用混凝土剪力墙结构，以混凝土墙分割空间；上部 4～5 层采用交叉桁架钢结构，如图 3.2.2 和图 3.2.3 所示。但这样会造成下部混凝土结构多处上下层的墙体不连续、相交甚至悬挑，在结构设计中是非常不合理的形式，因此混凝土结构难以实现图书馆复杂的建筑空间。

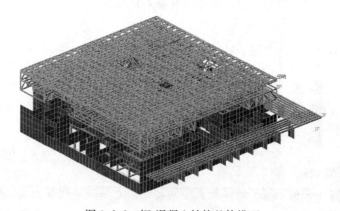

图 3.2.2　钢-混凝土结构整体模型

2. 复杂钢结构体系方案

钢结构体系可实现灵活的建筑布置，且承载力高、延性好、抗震性能优越。将组合钢框架-支撑结构与空间桁架结合起来，不仅可以提高不规则结构的承载能力和稳定性能，同时增强了结构抗侧力刚度，且结构具有两道抗震防线。

因此，综合对比下部剪力墙上部钢桁架的分层钢-混凝土混合结构与组合钢结构两种结构体系，将天津图书馆主体结构形式选定为组合钢框架—支撑与复杂空间桁架相融合的复杂体系（后文中简称"主体钢结构"），即结构主体为以贯通柱为支撑的组合钢框架-支撑结构，4～5 层主要为交叉平面桁架结构。主体钢结构形式如图 3.2.4 所示。

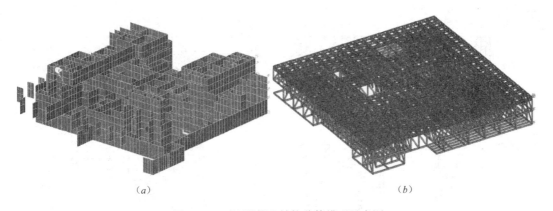

图 3.2.3　钢-混凝土结构分体模型示意图

(a) 下部混凝土结构；(b) 上部钢桁架结构

3.2.3　图书馆主体钢结构设计

由于建筑内部空间效果的局限，整体结构仅有 45 根竖向贯通的框架柱，约占柱位总数的 37％。为了保证结构良好的抗震性能，利用在建筑空间分布均匀的 8 个交通核，布置了沿建筑高度上下贯通的十字交叉支撑体系，作为主体钢结构的抗侧力体系。同时在结构底层的角部，设置了柱间支撑，以加强结构的抗扭刚度。主体钢结构的布置示意图如图 3.2.5 所示。

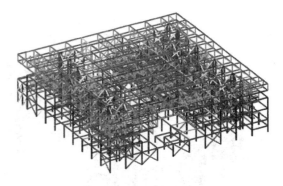

图 3.2.4　主体钢结构整体示意图

方钢管桁架结构造型简洁，具有良好的力学性能，因此在结构的 1～3 层局部及 4、5 层布置了全层高的方钢管平面桁架，以交错、叠放、悬挑、吊挂等空间布置方式实现整体建筑的空间布置效果和使用功能。框架立面布置示例如图 3.2.6 所示。

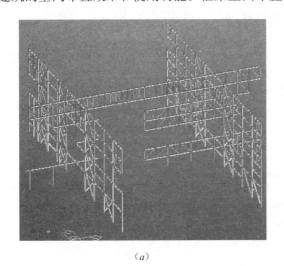

(a)

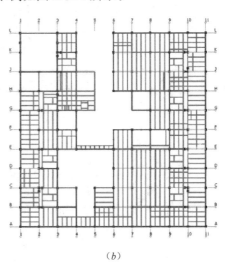

(b)

图 3.2.5　主体钢结构布置示意图（一）

(a) 框架剖切示意图；(b) 二层结构平面图

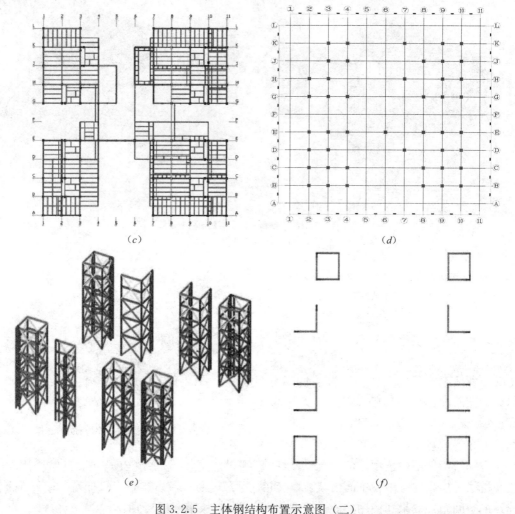

图 3.2.5　主体钢结构布置示意图（二）

(c) 三层结构平面图；(d) 贯通柱柱位布置图；(e) 支撑平面布置图；(f) 支撑平面布置

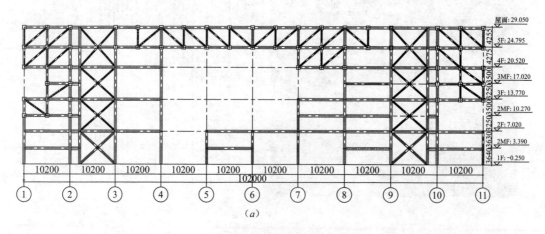

图 3.2.6　主体钢结构立面布置示意图（一）

(a) B 轴结构立面

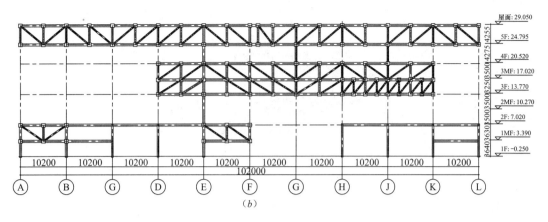

图 3.2.6　主体钢结构立面布置示意图（二）

(b) 6 轴结构立面

3.2.4　小结

通过结构方案比选，确定天津图书馆主体结构采用创新性的组合钢框架-支撑结构与复杂空间桁架相融合的复杂结构体系。根据建筑空间布局，对主体钢结构进行了结构布置，以 45 根贯通的框架柱作为最终的竖向传力构件，同时结合交通核分散均匀地布置了十字形支撑。1～3 层局部、4、5 层多处，大量大跨度桁架以交叉、叠放、悬挑、吊挂等方式布置，不仅承担竖向荷载而且承担水平力，并最终传递至框架-支撑体系。

由于主体钢结构体系的布置与受力复杂，将在后面章节对主体钢结构与重要节点的力学性能进行详细的分析。

3.3　图书馆主体钢结构静力性能分析研究

为保证天津图书馆新型、复杂的组合钢框架结构的安全性和工程适用性，需对主体钢结构进行力学性能研究，评判其整体工作性能。本节采用数值分析方法对主体钢结构的正常工作性能进行了计算分析。

3.3.1　静力性能研究方法

利用 ANSYS 11.0 有限元分析软件对主体钢结构的静力性能进行分析研究。本项目采用 Midas Gen 7.80 有限元结构计算软件进行了结构的设计，将 ANSYS 整体分析结果与 Midas 计算结果进行对比，综合考察主体钢结构的静力性能。

3.3.2　ANSYS 整体模型的建立

主体结构整体模型的建立，对各类构件进行单元选择。钢框架柱、钢梁采用 Beam44 单元模拟；由于 4～5 层桁架采取刚接构造，空间受力作用明显，故桁架杆件采用 Beam44 梁单元模拟；钢支撑采用 Link8 杆单元，该单元只能承受拉压作用；采用 Shell63 单元模拟混凝土弹性楼板。

框架柱底均为刚性约束；主梁与柱采用刚性连接，部分次梁考虑释放梁端约束以实现与主梁的铰接；钢支撑与柱的连接为铰接，桁架杆件间的连接及与柱的连接均为刚接。

根据前述设计采用的荷载方案，主要考虑恒载、活荷载、风荷载，对整体模型进行静力性能分析。建立的 ANSYS 整体结构模型如图 3.3.1 所示。

图 3.3.1 主体钢结构 ANSYS 整体模型

3.3.3 主体钢结构的静力计算

选取最不利工况，进行荷载组合 $1.2D+1.4L+1.4\times0.6W_x$ 作用下主体钢结构的静力计算。

1. 结构的强度

整体结构的应力均处于弹性范围，满足强度要求。由图 3.2.2 所示，整体结构梁单元杆件的最大应力 ANSYS 计算结果为 239.0MPa，出现在顶层 K 轴桁架的斜腹杆中；Midas 结果为 283.7MPa，出现在顶层 F 轴桁架杆件。桁架单元，即钢支撑的轴向应力较小，满足强度要求，如图 3.3.3 所示。

2. 结构的变形

图 3.3.4 给出了结构的空间变形结果。由图 3.3.4 (a) ANSYS 变形结果看出，联系结构东、西两部分的 4～5 层桁架变形较大，最大变形值 87.4mm，出现在顶层 I 轴空腹桁架的上弦，截面为 $\square1200\times400\text{mm}\times25\text{mm}\times32\text{mm}$；由图 3.3.4 (b) Midas 结果显示，整体结构较大变形出现在 4～5 层大跨桁架处，最大变形值为 79.4mm。

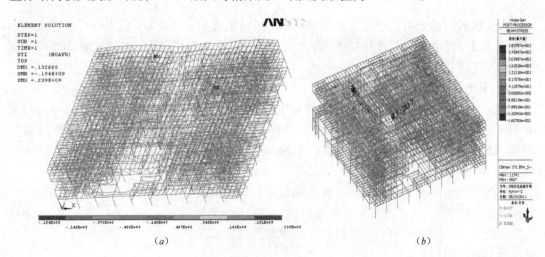

(a)　　　　　　　　　　　　　　　　(b)

图 3.3.2 梁单元等效应力图（单位：MPa）

(a) ANSYS 计算结果；(b) Midas 计算结果

3. 计算结果分析

两种计算结果表明，主体钢结构在静力作用下的应力分布趋势相同；由于结构顶层交叉桁架多处跨度较大，四周悬挑 10.2m，4～5 层的桁架位移变化明显，特别是中部大跨度桁架的位移最大。两种计算结果对比如表 3.3.1 所示。总体来说，主体钢结构的静力承载能力较大，可保证结构的整体工作性能。

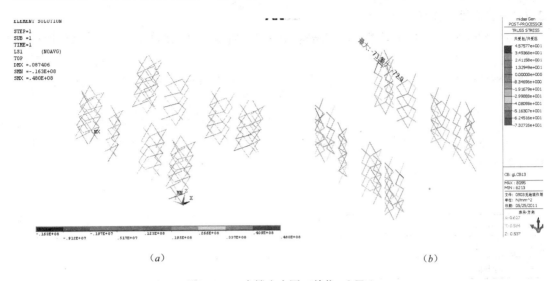

(a) (b)

图 3.3.3 支撑应力图（单位：MPa）
(a) ANSYS 计算结果；(b) Midas 计算结果

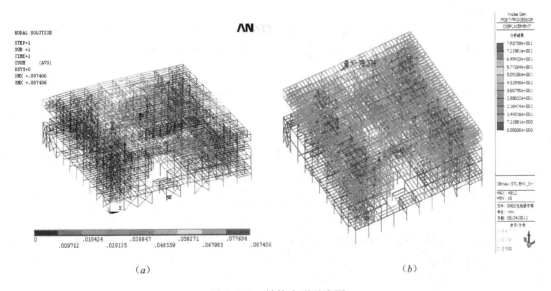

(a) (b)

图 3.3.4 结构变形示意图
(a) ANSYS 计算结果；(b) Midas 计算结果

主体结构静力计算结果对比   表 3.3.1

计算方法 结果	框架梁单元应力		支撑应力	等效变形	
	最大值（MPa）	位置	最大值（MPa）	最大值（mm）	位置
ANSYS	239.0	顶层桁架	48.0	87.4	顶层桁架上弦
Midas	283.7	顶层桁架	73.3	79.4	顶层桁架上弦

157

3.4 图书馆主体钢结构动力特性及抗震性能分析研究

3.4.1 自振模态分析

自振特性是结构的固有属性，与结构的刚度、质量及结构阻尼有关。通过自振模态分析，可以了解在某个自然共振频率下结构的变形趋势。同时，结构的自振频率也反映了结构整体的刚度，自振周期越长、频率越低表示结构的刚度越低；反之，结构的刚度越高。

利用 ANSYS 与 Midas 对整体结构进行模态分析，结构的前三阶自振周期如表 3.4.1 所示。两种计算结果较为接近，主体钢结构的一阶自振周期为 0.70s 左右，说明主体钢结构的整体刚度较大。

主体结构自振周期

表 3.4.1

自振周期	T_1(s)	T_2(s)	T_3(s)
ANSYS	0.70	0.50	0.50
Midas	0.71	0.69	0.64

3.4.2 振型分解反应谱法分析

1. 分析方法

由于本工程质量刚度分布不均匀，存在多项不规则的连体结构，按照《建筑抗震设计规范》的规定，必须采用振型分解反应谱法（CQC）进行计算，考虑偶然偏心的影响以及双向水平地震作用下的扭转影响。

本文主要利用 ANSYS 11.0 进行中震下主体钢结构的力学性能复核分析，并与 Midas 结果进行对比，全面评价 X、Y、Z 三向地震力作用下整体结构的承载能力。

2. 有限元计算分析

采用的 ANSYS 分析模型与 3.4.1 节的静力计算模型相同，选取最不利的有地震参与的工况进行反应谱分析。承载力计算的荷载组合为 $1.2(D+0.5L)+1.3E_h+0.5\times1.0E_z+1.4\times0.2W_x$，位移计算的荷载组合为 $1.0(D+0.5L)+1.0E_h+0.5\times1.0E_z+1.0\times0.2W_x$。

中震作用下主体钢结构的最大应力为 344MPa；两种计算结果显示，结构的变形趋势相近，顶层桁架变形较大，其中中部跨度较大部位的变形最大，ANSYS 最大值为 106mm，Midas 最大值为 83mm，如图 3.4.1 所示。

3.4.3 弹性时程分析

根据《建筑抗震设计规范》（GB 50011—2010）5.1.2 条规定，采用时程分析法时，应按建筑场地类别和设计地震分组选用不少于两组的实际强震记录和一组人工模拟的加速度时程曲线，其平均地震影响系数曲线应与振型影响系数曲线应和振型分解反应谱法所采用的地震影响系数曲线在统计意义上相符。

本工程采用了弹性时程分析法进行了补允计算，采用建设方提供的天津图书馆小震地震波 RTSG-63%、TDTSG-1、TDTSG-2。两组实际地震记录的峰值加速度修正值取 55cm/s²，

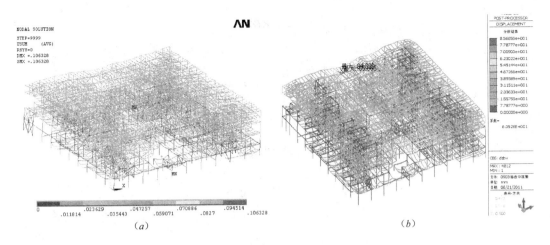

图 3.4.1　中震作用下结构变形示意图
(a) ANSYS 计算结果；(b) Midas 计算结果

人工模拟时程曲线的加速度为 $55cm/s^2$，场地特征周期采用 0.50s，阻尼比为 0.035，地震作用采用三向输入（1.00：0.85：0.65），计算时间步长取 0.02s。楼层剪力图形如图 3.4.2～图 3.4.4 所示，弹性时程分析结果见表 3.4.2。

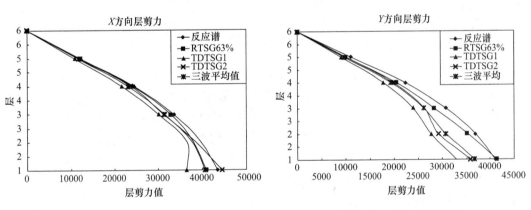

图 3.4.2　X 方向层剪力　　　　　　　　　　图 3.4.3　Y 方向层剪力

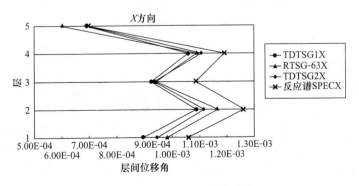

图 3.4.4　X 方向层间位移角

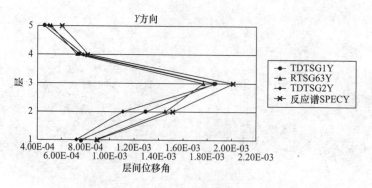

图 3.4.5　Y 方向层间位移角

弹性时程分析结果　　　　　　　　　　　　　　　　　　　　　　　表 3.4.2

计算方法		底部剪力（kN）		时程平均底部剪力/反应谱底部剪力（%）	
		X 方向	Y 方向	X 方向	Y 方向
CQC 法		43385	41114		
弹性时程分析	人工波 RTSG-63%	40913	32775	94.%	79.7%
	天然波 TDTSG-1	36399	35723	83.9%	86.9%
	天然波 TDTSG-2	44464	35723	102%	86.9%
	平均值	40592	36649	92.6%	89.1%

由上述结果可知，每条时程曲线计算所得的结构底部剪力均不小于振型分解反应谱法求得的底部剪力的 65%，多条时程曲线计算所得的结构底部剪力的平均值均不小于振型分解反应谱法求得的底部剪力的 80%，满足规范要求。分析计算结果，楼层位移及剪力沿竖向分布均匀、无突变，地震作用效应均约等于或小于振型分解反应谱法计算结果，底部剪力平均值小于振型分解反应谱法的底部剪力，结构层间位移小于振型分解反应谱法的结果。结构可以按照振型分解反应谱法的结果进行设计。

3.4.4　静力弹性推覆（Pushover）分析

随着生活水平的不断提高，公共建筑方案也在不断创新，长悬臂、大空间、空间交错等新型公共建筑设计创意不断涌现，线弹性地震反应分析往往不能有效评估结构的真实工作状态，因此《建筑抗震设计规范》提出：不规则且具有明显薄弱部位可能导致重大地震破坏的建筑结构，应进行罕遇地震作用下的弹塑性变形分析，此时可根据结构特点采用静力弹塑性分析或弹性时程分析方法。

静力弹塑性分析（Pushover）方法是对结构在罕遇地震作用下进行弹塑性变形分析的一种简化方法，本质上是一种静力分析方法。具体来说，就是在结构计算模型上施加按某种规则分布的水平侧向力，单调加荷载并逐级加大；一旦有构件开裂（或屈服）即修改其刚度（或使其退出工作），进而修改结构总刚度矩阵，进行下一步计算，依次循环直到结构达到预定的状态（成为机构、位移超限或达到目标位移），得到结构能力曲线，并判断是否出现性能点，从而判断是否达到相应的抗震性能目标。

1. 本工程预期的抗震性能目标

多遇地震（小震）作用下：结构满足弹性设计要求，层间位移及全部构件的承载力均满足规范要求，重要部位框架柱以及转换桁架应力比不大于 0.85，桁架、框架梁应力比不大于 0.9。

设防烈度地震（中震）作用下：框架柱及大跨度、大悬挑桁架等主要构件按照中震弹性设计，其余一般框架梁按照中震不屈服考虑。

罕遇地震（大震）作用下：结构进行非线性计算，重要部位的柱和大跨度、大悬挑桁架满足不屈服，其余部位允许达到屈服阶段，但应满足变形限制；验算结构受剪承载力，保证结构不发生整体剪切破坏。

2. 软件分析与模拟

本工程结构整体分析使用 Midas/Gen 以及 ETABS 空间有限元分析软件，其中静力弹塑性分析选用 Midas/Gen 分析软件，塑性铰类型选用 FEMA 铰进行模拟计算。

图 3.4.6 为 FEMA 铰的塑性铰特性，其各阶段表示含义如下：

（1）点 A 位置：未加载状态。

（2）AB 区段：具有构件的初始刚度（initial stiffness），由材料、构件尺寸、配筋率、边界条件、应力和变形水准决定。

（3）点 B 位置：公称屈服强度（nominal yield strength）状态。

（4）BC 区段：强度硬化（strain hardening）区段，刚度一般为初始刚度的 5%～10%，对相邻构件间的内力重分配有较大影响。

（5）点 C 位置：由公称强度（nominal strength）开始构件抵抗能力开始下降。

（6）CD 区段：构件的初始破坏（initial failure）状态，钢筋混凝土构件的主筋断裂或混凝土压碎状态，钢构件的抗剪能力急剧下降区段。

（7）DE 区段：残余抵抗（residual resistance）状态，公称强度的 20% 左右。

（8）点 E 位置：最大变形能力位置，无法继续承受重力荷载的状态。

图 3.4.7 为构件性能分析曲线。

IO＝直接居住极限状态（Immediate Occupancy）

LS＝安全极限状态（Life Safety）

CP＝坍塌防止极限状态（Collapse Prevention）

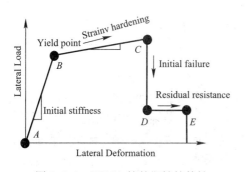

图 3.4.6　FEMA 铰的塑性铰特性

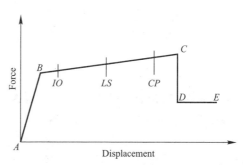

图 3.4.7　构件性能评价

3. 推覆结果分析

表 3.4.3 为 Push 底部剪力与层间位移角比较。

Push 底部剪力与层间位移角　　　　　　　　　　表 3.4.3

计算方法＼计算结果	底部剪力（kN）		最大层间位移角	
	X 方向	Y 方向	X 方向	Y 方向
反应谱	156400	129700	1/991	1/793
静力推覆	43111	40809	1/197	1/108
静力推覆与反应谱计算结果之比	2.6	3.2		

静力弹塑性推覆结果显示，大震下 X 方向基底剪力为反应谱法计算 X 方向基底剪力的 2.6 倍，Y 向基底剪力为反应谱法计算 Y 方向基底剪力的 3.2 倍。X 方向层间位移角约为 1/197、Y 方向层间位移角约为 1/108，均满足规范 1/50 的要求。X 方向、Y 方向柱上的铰为 IO 和 LS 阶段，个别为 CP 阶段，其余及 CP 阶段以上塑性铰出现在支撑上。静力弹塑性推覆结果显示本结构在大震下结构的抗震性能，满足"大震不倒"的抗震性能目标。此外，由于西北角处一层为报告厅，在 Y 方向静力推覆作用下支撑及钢框架柱柱底产生较多塑性铰，这与结构概念设计中的薄弱部位及多遇地震下结构应力分析相符，因此在后期施工图中，对该部位框架柱和支撑进行了重点加强。

通过对 Midas/Gen 的推覆模型计算结果可以看出，对于钢框架-支撑结构，采用静力弹塑性分析进行罕遇地震作用下结构薄弱部位分析可行。采用合理的塑性铰进行模拟计算，是能够得出准确计算的重要条件。静力弹塑性分析对于不规则并且具有明显薄弱部位的结构，可以很直观地得出结构性能是否能够满足性能设计要求，是一种很好的设计方法。

3.4.5　动力弹塑性时程分析

本工程动力弹塑性时程分析采用 Midas 程序计算，采用了 RTSG-2‰人工波、THTSG-1 和 THTSG-2 两条天然波。根据计算，弹塑性时程分析结果综合如表 3.4.4 所示。

弹塑性时程分析底部剪力与层间位移角　　　　　　　表 3.4.4

工况＼计算结果	底部剪力（kN）				最大层间位移角	
	X 方向	Y 方向	大震/小震		X 方向	Y 方向
			X 方向	Y 方向		
小震	43111	40809			1/991	1/793
RTSG-2‰	187500	189300	4.3	4.6	1/301	1/263
THTSG-1	230000	228500	5.3	5.6	1/232	1/198
THTSG-2	221600	217200	5.1	5.3	1/234	1/210

动力弹塑性时程分析结果显示，三组大震波下底部剪力为小震的 4～5 倍，最大层间位移角约为 1/198，满足规范 1/50 的要求。柱、桁架及框架梁上均未出现 CP 及其以上阶段的塑性铰，主体钢结构在大震下结构的抗震性能，满足"大震不倒"的抗震性能目标。

3.5　图书馆主体结构振动台试验及有限元模拟

振动台模型试验是在试验室进行模拟地震的重要手段，其主要从宏观方面研究结构地震破坏机理、破坏模式和薄弱部位，评价结构整体抗震能力并衡量减震和隔震的效果。它是目前最直接的试验方法，通过试验，能详细地了解结构在各级地震作用下的抗震性能以及构件的破坏机理，其在地震工程的理论研究和工程实际中得到了广泛的应用。振动台试验为复杂结构、高层建筑、超高层建筑和高耸结构（如电视塔等）的抗震性能提供实际数据，为建筑物的抗震设计和结构控制设计提供重要依据。

3.5.1 模型的设计及制作

1. 试验模型的相似比

现有的地震模拟相似设计，一般只考虑建构物中结构构件的模拟，而忽略了活载和非结构构件的地震效应。但是，现代建筑特别是图书馆类建筑中依附于结构构件的装修材料、非结构构件、楼面活载以及屋面积雪、积灰荷载，虽然对结构刚度影响不大，却有相当可观的质量；忽略这些质量，将导致模型自振周期降低、楼层剪力和竖向压应力减小，使模型不能正确反映原型结构的动力特性。在地震模拟试验中，试验者往往发现模型抗震能力与经验认识相比偏高。产生上述情况的原因复杂多样，其中包括缩尺效应的影响，但忽略了非结构构件和活载等的模拟则是重要原因之一。

在图书馆类建筑中，活载和非结构构件的重量对结构体系的刚度的影响可予以忽略，主要考虑其对重力和惯性力效应的影响，可将其视为刚体质量。定义质量密度相似比的计算公式，式中考虑活载和非结构构件的重量的地震效应：

$$S_\rho = (m_m + m_a + m_{om})/[(m_p + m_{op})S_l^3] \tag{3.5.1}$$

式中 m_m、m_a、m_{om}、m_p、m_{op}——分别代表模型结构构件质量、模型设置的人工质量、模型活载和非结构构件的模拟质量、原型结构构件质量、原型活载和非结构构件质量。

本模型试验在中国建筑科学研究院振动台试验室进行，该振动台的台面尺寸为6m×6m，由此确定了模型与原结构的长度相似比为1：20，该比例的完整复杂结构模型试验在国内比较少见，属于大比例尺的模型振动台试验，试验数据有较高的参考价值。由 $S_E/S_\rho S_a S_L = 1$ 易知，满足此式需要通过降低模型材料弹性模量和提高材料密度（添加配重）实现，本试验采用减小人工质量相似率使水平加速度相似比 $S_a > 1$，同时，考虑活载和非结构构件的地震效应，结合模型材料的弹性模量相似比 1：2.29，由量纲分析式、式（3.5.1）以及振动台承载力限值可以计算出水平加速度 S_a、质量密度相似比 S_ρ 的值，分别为 1.82 与 4.81。

以长度相似比、加速度相似比和弹性模量相似比三个参量为基本参数，依据量纲分析式中的相似关系确定其他物理量的相似比。表 3.5.1 试验模型的动力相似关系中，列出模型各物理量的相似关系式和相似系数。

试验模型的动力相似关系式和相似系数　　　　　　表 3.5.1

	物理量	关系式	1/20模型（黄铜）	备　注
材料特性	应变 ε	1	1	无量纲
	应力 σ	S_E	0.44	模型设计控制
	弹模 E	$S_\sigma = S_\varepsilon S_E$	0.44	
	泊松比 μ	无	—	—
	密度 ρ	S_ρ	4.81	模型设计控制

	物理量	关系式	1/20 模型（黄铜）	备　注
几何特性	长度 l	S_l	1/20	模型设计控制
	面积 S	$S_A = S_l^2$	1/400	
	线位移 X	S_l	1/20	
荷载	集中力 P	$S_p = S_E S_l^2$	1/915	
	面荷载 q	$S_q = S_E$	0.437	
动力特性	质量 m	$S_m = S_\rho S_l^3$	0.00060125	
	刚度 k	$S_k = S_E S_l$	0.0022	
	时间 t	$S_t = \left(\dfrac{S_m}{S_k}\right)^{\frac{1}{2}}$	0.1659	动力荷载控制
	频率 f	$S_\omega = \dfrac{1}{S_t}$	6.03	动力荷载控制
	阻尼 c	$S_c = \dfrac{S_m}{S_t}$	0.0036	动力荷载控制
	加速度 a	$S_a = \dfrac{S_l}{S_t^2}$	1.82	

2. 结构简化及构件模拟

考虑到本试验主要研究模型在地震作用下的整体抗震性能，故设计时主要考虑满足抗侧力构件相似。通常，需要使主要抗侧力构件满足构件层次上的相似原则，并选用相对密度大的铅块或铁块作为附加质量，将其布置在楼板上，这样只增加结构的重量、不增加结构的强度和刚度，以满足结构的质量相似要求，简化原则如下：

（1）该结构中柱网尺寸较大、次梁构件很多，不利于模型制作，而楼板次梁主要承受来自楼板的竖向荷载，对整体结构的水平抗侧刚度贡献不大，模型减掉大部分次梁，并相应增加模型楼板的厚度。

（2）斜向支撑有利于增强结构的整体刚度，使结构的水平位移减小，加速度变化平缓，有效分担水平地震作用。该结构中支撑很多，为简化模型加工，对支撑的尺寸进行了一定程度的归并。

（3）对部分楼板开洞规则化处理，实际结构中由于某种使用功能的需要存在少量 1/4 开间甚至更小的楼板开洞，为楼板施工简便，对这些开洞进行规则化处理。

简化后对其他构件的模拟主要依据如下原则：

（1）对于斜撑按照抗压能力等效的原则进行模拟。

对原型结构：
$$\sigma_{\max}^p = f_y^p = \frac{F_{\max}^p}{A^p} \Rightarrow A^p = \frac{F_{\max}^p}{f_y^p} \tag{3.5.2}$$

对模型结构：
$$\sigma_{\max}^m = f_y^m = \frac{F_{\max}^m}{A^m} \Rightarrow A^m = \frac{F_{\max}^m}{f_y^m} \tag{3.5.3}$$

截面面积的相似关系为
$$A^m = A^p S_F / S_{f_y} = A^p S_\sigma S_l^2 / S_{f_y} \tag{3.5.4}$$

（2）对于型钢梁承载能力的模拟，依据抗弯能力等效的原则；

对原型结构：
$$\sigma_{\max}^p = f_y^p = \frac{M_{\max}^p}{W^p} \Rightarrow W^p = \frac{M_{\max}^p}{f_y^p} \tag{3.5.5}$$

对模型结构：
$$\sigma_{\max}^m = f_y^m = \frac{M_{\max}^m}{W^m} \Rightarrow W^m = \frac{M_{\max}^m}{f_y^m} \tag{3.5.6}$$

截面惯性矩的相似关系为 $W^m = W^p S_M / S_{f_y} = W^p S_\sigma S_l^3 / S_{f_y}$ (3.5.7)

（3）对于钢管混凝土柱及其他钢柱的模拟，依据抗压弯能力等效的原则。

（4）楼板配筋按照配筋率相等的原则进行等效。

简化后的模型梁柱效果图如图 3.5.1 所示。

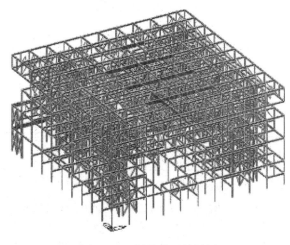

图 3.5.1　梁柱模型效果图

3. 模型材料性能试验

（1）微粒混凝土强度试验

微粒混凝土是一种模型混凝土，它以较大粒径的砂砾为粗骨料，以较小粒径的砂砾为细骨料。微粒混凝土的施工方法、振捣方式、养护条件以及材料性能，都与普通混凝土十分相似，在动力特性上与原型混凝土有良好的相似关系，而且通过调整配合比，可满足降低弹性模量的要求。鉴于目前国内尚无微粒混凝土材料试验的详细规程，试验操作参照建筑砂浆基本性能试验方法进行。微粒混凝土的配合比为水泥∶砂∶水＝1∶5.8∶0.7。测试项目包括抗压强度和弹性模量两项指标，试验图片见图 3.5.2 和图 3.5.3，试验结果见表 3.5.2 和表 3.5.3。

图 3.5.2　立方体抗压试验图

图 3.5.3　棱柱体弹性模量试验

试件	压力（kg）	28d强度（MPa）	折减系数（0.92）	强度平均值（MPa）
1	7150	14.3	13.2	
2	7370	14.7	13.5	12.9
3	6560	13.1	12.1	

试件	量测高度	压缩值（mm）	压力（kg）	弹性模量（MPa）	弹性模量平均值（MPa）
1	100	0.026	4800	13470	
		0.026			
2	100	0.023	5100	14593	13760
		0.025			
3	100	0.026	5350	13237	
		0.027			

注：1. 立方体抗压强度试件尺寸为 70.7mm×70.7mm×70.7mm，棱柱体试件尺寸为 70.7mm×70.7mm× 22.5mm。

2. 对于非标准试件，200mm 立方体抗压强度折减系数为 1.05，100mm 立方体为 0.95，插值得到 70.7mm 立方体抗压强度折减系数为 0.92。

上表表明：试验用的微粒混凝土的轴心抗压强度标准值为 9.36MPa，弹性模量为 $1.38×10^4$ MPa，实际混凝土的弹性模量相似比 S_E 为 0.46。

（2）铜的材料性能试验

本试验采用平均含铜量为 62% 的普通黄铜，即 H62 黄铜，它有良好的力学性能，热、冷态下塑性均较好，切削性好，易焊接、耐蚀。选用材料前，对它的力学性能进行了测试。

试验取三条 H62 黄铜带作为试件，各参数详见表 3.5.4。

序号	宽度×厚度（mm×mm）	模量 E（MPa）	F_M（kN）	R_M（MPa）	$R_{P0.2}$（MPa）	A（%）
1	23.63×1.46	0.920	12.80	371.1	345.5	5.0
2	24.71×1.58	0.915	12.23	313.3	209.5	18.0
3	25.54×1.56	0.880	11.88	298.2	216.0	10.0

注：F_M 为最大拉力；R_M 为抗拉强度；$R_{P0.2}$ 为规定非比例延伸强度，即应变为 0.2% 时的抗拉强度，这里取为屈服强度值；A 为断后伸长率。

从上表可得出，H62 铜板的弹性模量为 0.9MPa，弹性模量相似比 S_E 为 0.437，铜板的抗拉强度（取 2、3 号试件）为 305.8MPa，屈服强度为 212.75MPa。

4. 模型制作

（1）模型材料及概况

模型材料采用黄铜、微粒混凝土和镀锌铁丝，由于模型材料以铜材为主，构件间的连接均以焊接的方式实现（刚接），主要构件均没有现成的型材，由板材机加工成型焊接而成，配重按荷载的大小分别布置在各层楼板上。模型概况见表 3.5.5 和表 3.5.6。

<table>
<tr><td colspan="3" align="center">图书馆原型和模型概况</td><td align="right">表 3.5.5</td></tr>
</table>

图书馆原型和模型概况　　　　　　　　　　　　　　　　表 3.5.5

项　目	原　型	1/20 模型
层数	5	5
层高（最矮空间）	3.0m	0.15m
总高	29.4m	1.47m
平面尺寸	102m×102m	5.1m×5.1m
项目	原型	1/20 模型
楼板厚度	130mm	12mm
材料	钢材（混凝土）	铜材（微粒混凝土）

各楼层与夹层的高度　　　　　　　　　　　　　　　　表 3.5.6

楼　层	实际层高（m）	实际标高（m）	模型标高（m）
一层夹层	7.40	3.55	0.1775
一层顶		7.40	0.37
二层夹层	6.85	10.40	0.52
二层顶		14.25	0.7125
三层夹层	6.85	17.25	0.8625
三层顶		21.10	1.055
四层顶	4.28	25.38	1.269
五层（屋顶）	4.02	29.40	1.47

（2）模型施工步骤

本试验模型在中国建筑科学研究院振动试验室进行施工，事先就相关施工技术与步骤与模型加工方进行了多次协商，最终确定加工过程总体分为四步，即钢筋混凝土底板施工、结构主体框架施工、微粒混凝土楼板浇筑以及模型的整体吊装和添加配重。下面是模型施工的具体环节。

1）钢筋混凝土底板的施工

本试验中，模型比例为 1：20，在国内属于大比例整体结构模型。模型实际平面尺寸为 5.1m×5.1m，通过考虑振动台面的预留孔位置及模型底层落地柱分布情况，将底板设计为 5.7m×5.7m，高 20cm，重达 180kN，为保证吊装安全，采用了井字暗梁设计，并将吊钩预埋在暗梁上，其中底板材料采用 C30 商品混凝土。在绑扎底板钢筋的同时，将首层所有落地柱按确定坐标预埋入底板中，贯穿板底，并用短筋将柱端部与附近的钢筋焊接，使其固定。最后，在模板中灌入商品混凝土，并在插入底板的柱芯中灌入混凝土浆至底板顶，确保了箱形截面柱在底板面以下为实心。施工过程如图 3.5.4 和图 3.5.5 所示。

2）梁、支撑、节点的施工

底板浇筑好后，由模型的标高确定首层梁的位置，并用超平仪器超平，以确定四角的梁处于同一水平面上。在本结构中，不同类型与不同重要程度的节点较多，施工过程中对重要节点进行了加腋焊接（图 3.5.6 和图 3.5.7），对其余的次重要节点进行满焊，以确保节点完全刚接。此处，判定某一节点为重要节点的原则为：

图 3.5.4　落地柱固定

图 3.5.5　底板钢筋绑扎及构件焊接

① 巨型桁架柱间的所有梁柱节点及与这些节点直接相连的梁的两端；
② 巨型桁架柱的 X 向支撑交点；
③ 中间有悬空柱或缺失柱的梁的两端。

图 3.5.6　梁柱节点加腋　　　　　　　　　图 3.5.7　斜撑节点加腋

3）楼板的施工

在检查本层所有节点正确施工后，将楼板配筋采用的铁丝网与梁进行有效焊接，后用泡沫板进行支模，准备浇筑。楼板采用微粒混凝土，微粒混凝土中的粗细骨料均为砂，水泥使用32.5级水泥，经之前试验好的配合比拌合后，对楼板进行浇筑并抹平。施工情况如图3.5.8所示。

图 3.5.8　模型楼板施工

4）模型完工及吊装图

模型施工完毕后，对模型进行吊装、固定，如图3.5.9和图3.5.10所示。

图 3.5.9　模型整体图　　　　　　　　　图 3.5.10　模型吊装图

试验所用钢筋混凝土底板重18t，结构模型重4.1t，配重铅块重18.8t，共重40.9t。

3.5.2　试验方案设计

1. 加速度传感器布置

在模型底板中间部位布置3个加速度传感器（X、Y、Z向各1个）作为加速度量测基准，在一、四层楼顶各布置7个，在二层、三层楼顶各布置8个，在五层楼板处布置12个，加速度传感器共计52个。布置时，用泡沫胶将加速度计粘在楼板上相应位置，如图3.5.11～图3.5.15所示：其中，Ⓧ表示X方向的加速度传感器。

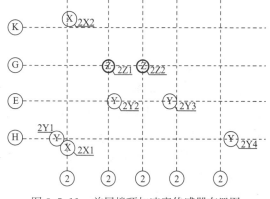

图 3.5.11　首层楼顶加速度传感器布置图

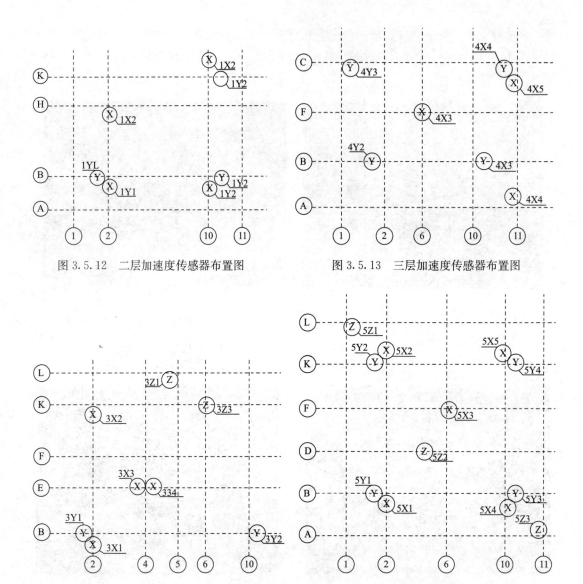

图 3.5.12　二层加速度传感器布置图　　　　　图 3.5.13　三层加速度传感器布置图

图 3.5.14　四层加速度传感器布置图

图 3.5.15　五层加速度传感器布置

注：2X2 表示二层楼顶 X 向第二个加速度计，加速度
计均布置在距轴交点 5cm 处的轴线上，如 5X1、5Y1
分别布置在 B-2 轴交点处的下侧、左侧 5cm 处。

2. 应变片布置

考虑到施工过程和试验过程中应变片难免损坏，动态测量时会出现个别数据漂移问题，为较完整的采集数据，现将应变片集中布置，即一个构件测点布置 4 个应变片或 2 个应变片，设计了 17 组测点，共计布置 40 个应变片。布置时，注意了基底打磨、清除污垢的问题，应变片做了防水处理。

第 1~6 组，桁架柱为原结构的主要承重构件和重要的抗侧力构件，它们的抗震性能对原结构的安全影响很大，将此前四组测点安排在首层、二层四个边角部位的桁架柱上。

第7～17组，侧向支撑的布置增强了结构的整体刚度，减小了结构的水平位移，使加速度变化平缓，有效分担水平地震作用，对结构影响很大，在结构一侧，部分侧向或竖向支撑压应力较大，另有部分侧向支撑所处部位存在刚度突变，容易产生较大变形。

支撑应变片布置位置见图 3.5.16～图 3.5.19（黑圈部位）。

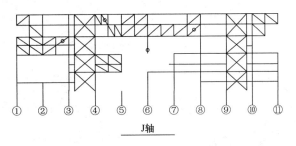

图 3.5.16　J 轴应变片布置图

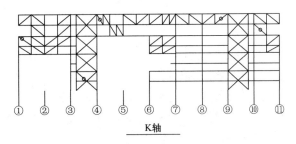

图 3.5.17　K 轴应变片布置图

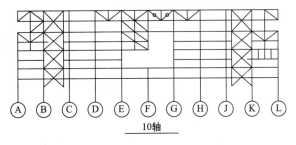

图 3.5.18　10 轴应变片布置图

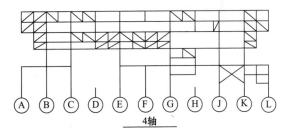

图 3.5.19　4 轴应变片布置图

测量仪器布置完毕后，模型整体如图 3.5.20 所示。

图 3.5.20　模型整体图

3. 地震波的选取和调整

当抗震烈度为 7 度，设计基本地震加速度为 0.15g 时，建筑抗震设计规范规定采用时程法分析结构在多遇地震作用下的反应时，加速度峰值取 55gal，罕遇地震加速度峰值为 310gal。依据上述原则本试验选用地震波形为 7 度（0.15g）多遇地震和罕遇地震两种，其中分为两条天然波 TDTSG-1W 和 TDTSG-2W、人工波 RTSG-63‰W 和 RTSG-2‰W 及一条竖向波 TDTSG-Z1W，满足《建筑抗震设计规范》的要求。原结构输入的地震波时程曲线如图 3.5.21～图 3.5.27 所示。

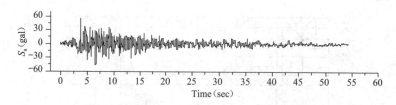

图 3.5.21　TDTSG-1W 多遇地震波（55.0cm/s²）

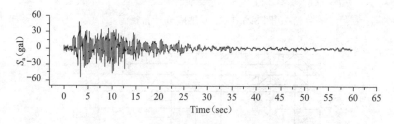

图 3.5.22　TDTSG-2W 多遇地震波（55.0cm/s²）

4. 加载制度

试验中，台面输入加速度峰值按小量级分级递增，模拟结构在不同等级和烈度地震作用下的反应，并可以明确地得到模型在各个阶段的周期、阻尼、振型、刚度退化等特性。按相似关系调整加速度峰值和时间间隔，每次改变加速度输入大小时都输入小振幅的白噪

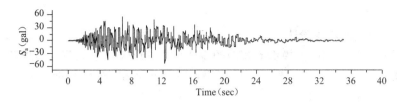

图 3.5.23　RTSG-63％W 多遇地震波（55.0cm/s²）

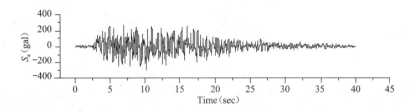

图 3.5.24　TDTSG-1W 罕遇地震波（310.0cm/s²）

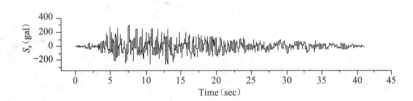

图 3.5.25　TDTSG-2W 罕遇地震波（310.0cm/s²）

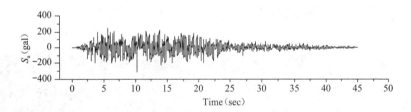

图 3.5.26　RTSG-2％W 罕遇地震波（310.0cm/s²）

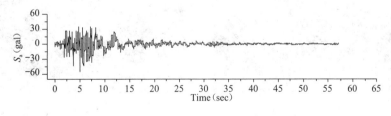

图 3.5.27　TDTSG-Z1W 竖向地震波

声激励，观察模型系统动力特性的变化。

　　根据建筑抗震设计规范的规定，当考虑双向水平地震时，X 方向和 Y 方向的最大加速度幅值比例为 1∶0.85。考虑三向水平地震时，$X∶Y∶Z=1∶0.85∶0.65$。

　　试验中应按照加速度相似比和周期相似比，首先对上述多遇和罕遇地震波进行处理，步长由 0.02s 压缩为 0.0033s。

3.5.3 试验现象

1. 7度（0.15g）小震阶段

小震工况地震波作用时，模型有相应的应变与位移反应，未见节点出现开裂现象，模型前三振型频率下降在5%内，阻尼比略微增长，模型整体仍保持弹性。

2. 7度（0.15g）中震阶段

中震工况地震波作用后，模型的应变出现较大增长，在结构中部的一些地方楼板与梁之间出现裂缝（图3.5.28），在模型结构内部上层某些节点处出现裂纹（图3.5.29～图3.5.31），X向振型频率下降较多，达到8.4%，X向阻尼由2.0%增为4.4%。在中震三向地震波影响下，模型中上部某些节点加腋部件开始进入塑性，整体来讲，结构主要承重构件仍保持弹性。

图3.5.28　5-H三层节点加腋片上出现
两道竖向裂缝

图3.5.29　G-9轴三层节点处出现
竖向裂缝

图3.5.30　3-F四层顶节点水平腋片发生弯曲

图3.5.31　7轴H-K段间J节点附近楼板与
梁间出现缝隙

3. 7度（0.15g）大震阶段

大震工况X单向人工地震波作用后，模型结构的桁架柱应变、底层的主支撑应变以及边跨的一些侧支撑应变均出现一定的增长趋势，而两排桁架柱内部的侧向、竖向支撑的应变在大震时并没有继续增长，甚至还有回落趋势，而二层及以上的加速度放大系数显著下降，中上侧位移迅速增长，表明结构整体损伤较严重。试验过程中伴随"咔咔"的响声，在边角部位的楼板与梁之间出现开裂（图3.5.32和图3.5.33）在模型结构边跨的一些节点出现裂纹。另外，在几处边跨上层出现工字梁翼缘或腹板的不同程度的变形（图3.5.34～图3.5.38）结构没有任何局部倒塌的迹象。经过此大震工况后，X向振型频率下降显著，达到21.2％，X向阻尼比增为5.2％，模型边跨上的某些构件也开始进入塑性。整体来讲，模型已经进入塑性阶段。

图3.5.32　1-A轴，五层顶处节点加腋片上有竖向裂缝

图3.5.33　3-B轴，五层顶节点处加腋片上出现横向裂缝

图3.5.34　1/1轴EF段四楼顶处工字型次梁腹板鼓起，下翼缘变形

图3.5.35　2轴CD段四楼顶部工字梁近C端下部翼缘轻微变形

图3.5.36　1-A轴二层顶角部楼板与梁间出现缝隙

图3.5.37　6-L轴首层楼板与梁间出现缝隙

图 3.5.38　1-K K1 轴二层斜向支撑顶部轻微顺时针扭转（从原点看）

3.5.4　试验结果分析

1. 地震波频谱分析

图 3.5.39 和图 3.5.41 为模型实际输入的多遇地震自然波 1、2 的加速度时程曲线，图 3.5.40 和图 3.5.42 为该两条波的频谱曲线。由图 3.5.40 和图 3.5.42 可知，自然波 1 能量主要集中在 18～20Hz，自然波 2 能量主要集中在 20～26Hz。

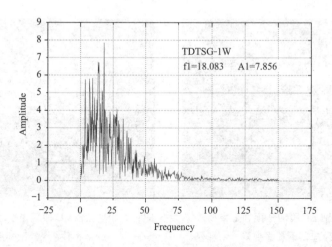

图 3.5.39　天然 1 地震波时程曲线

由图 3.5.43 和图 3.5.44 竖向波的频谱曲线易知，该波的两个峰值分别为 6Hz、15Hz 左右，能量分散，位于结构频率的两侧。随着模型结构的破坏，对结构的影响将会增大。

图 3.5.45 和图 3.5.46 为模型输入的多遇地震时人工波的加速度时程曲线和频谱曲线。由图 3.5.45 可知，其能量主要集中在 8～15Hz，与模型的频率值相当，其在开始时对结构危害较自然波 1、2 大。

图 3.5.47 和图 3.5.48 为模型输入的罕遇地震时人工波的加速度时程曲线和频谱曲线，由右图 3.5.47 可知，其能量集中在 10Hz 左右，且在 6～15Hz 内均较大，与模型的频率值区域重合，其在模型破坏前后均影响较大。

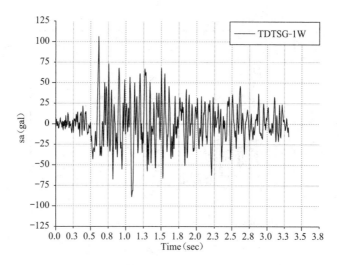

图 3.5.40　天然 1 地震波频谱曲线

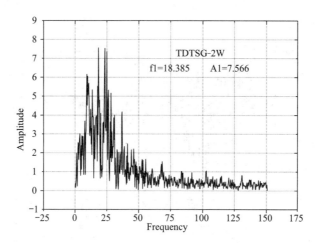

图 3.5.41　天然 2 地震波时程曲线

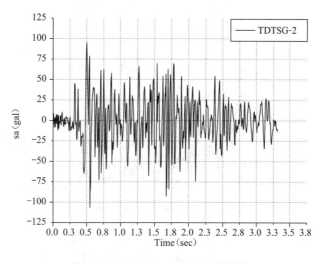

图 3.5.42　天然 2 地震波频谱曲线

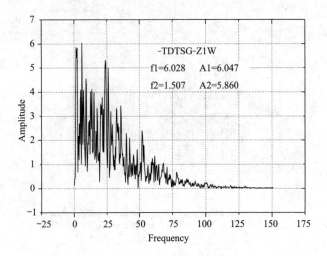

图 3.5.43　竖向地震波时程曲线图

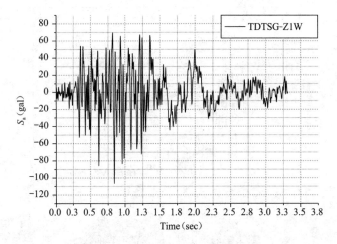

图 3.5.44　竖向地震波频谱曲线

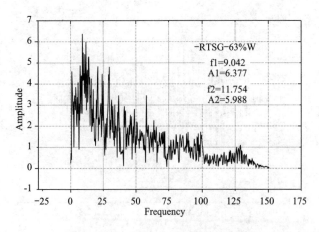

图 3.5.45　多遇人工地震波时程曲线

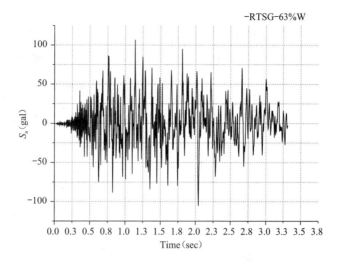

图 3.5.46　多遇人工地震波频谱曲线

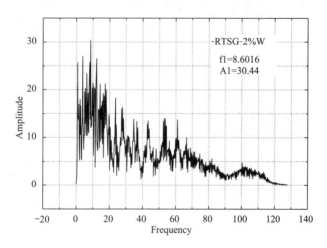

图 3.5.47　罕遇人工地震波时程曲线

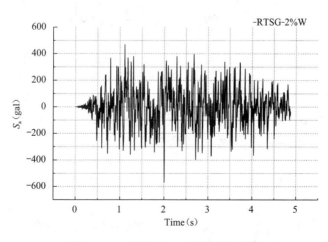

图 3.5.48　罕遇人工地震波频谱曲线

2. 体系自振频率和阻尼

在加载地震波前，首先对模型进行白噪声激励，通过加速度传感器采集数据，可以得到模型在各阶振型的加速度时程曲线和频谱曲线，白噪声激励下模型中部加速度传感器测点的 Y、X 方向的频谱曲线如图 3.5.49 和图 3.5.50 所示。

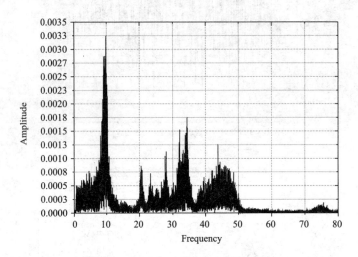

图 3.5.49　Y 向加速度频谱图

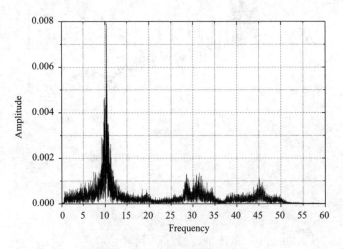

图 3.5.50　X 向加速度频谱图

由图 3.5.49 和图 3.5.50 可知，结构 X、Y 向扫描结果中第一阶频率发生共振时的响应特别突出，Y 向的其他几阶情况也较明显，但比较分散，X 向的其余三阶反应较小。

白噪声激励下模型角部两加速度传感器测点的频谱曲线如图 3.5.51 和图 3.5.52 所示。

模型的边角部位在震动发生时，同时存在平动和扭转，模型的扭转频率需同时考虑边角两个方向的加速度测量值。

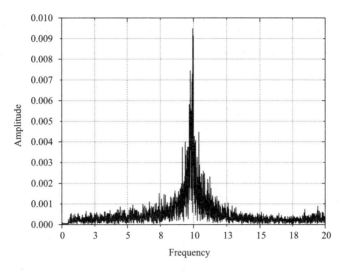

图 3.5.51　X 向加速度频谱图

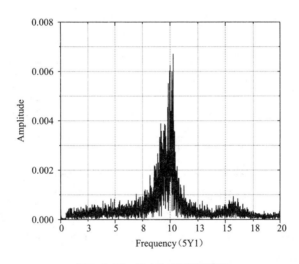

图 3.5.52　Y 向加速度频谱图

对数据分析后，得出模型的前三阶频率值见表 3.5.7。

前三阶振型频率值　　　　　　　　　　　　　　　　　　　表 3.5.7

振型数	频率值	方　　向
第一振型频率	9.48	Y 向
第二振型频率	9.98	扭转
第三振型频率	10.36	X 向

在各工况不同烈度的地震波作用后，对结构继续输入 0.05g 的白噪声扫频，测得的模型结构频率、刚度下降值和阻尼比见表 3.5.8。

各工况频率及阻尼比值

表 3.5.8

白噪声扫描工况	动力特性	X 向	Y 向	扭转
震前扫描	频率（Hz）	10.36	9.48	9.98
	阻尼比（%）	2.0	2.5	
X 主方向小震后扫描	频率（Hz）	10.20	9.40	9.91
	刚度下降（%）	3.1	1.7	1.4
	阻尼比（%）	2.1	2.7	
Y 主方向小震后扫描	频率（Hz）	10.15	9.33	9.85
	刚度下降（%）	4.0	3.8	2.6
	阻尼比（%）	2.2	2.8	
中震单双向加载后扫描	频率（Hz）	9.82	9.23	9.70
	刚度下降（%）	10.1	5.2	5.7
	阻尼比（%）	3.2	3.0	
中震三向加载后扫描	频率（Hz）	9.49	9.17	9.61
	刚度下降（%）	16.1	6.4	7.1
	阻尼比（%）	4.4	3.3	
7度（0.15g）大震后扫描	频率（Hz）	8.16	8.94	
	刚度下降（%）	38.0	11.1	
	阻尼比（%）	5.2	3.0	
8度（0.2g）大震后扫描	频率（Hz）	7.94	8.91	
	刚度下降（%）	41.3	11.7	
	阻尼比（%）	5.4	2.4	
8度（0.3g）大震后扫描	频率（Hz）	7.85	8.9	
	刚度下降（%）	42.6	11.9	
	阻尼比（%）	5.7	3.6	

从表 3.5.8 中的数据可以得出以下结论：

(1) 在 7 度（0.15g）多遇烈度地震波（X 主方向）作用后，结构 X、Y、扭转振型的频率值变为 10.20Hz、9.40Hz、9.91Hz，刚度与震前相比分别下降了 5.0%、3.8%、2.6%，对应阻尼比也开始增大，表明结构在遭受 7 度（0.15g）多遇烈度地震后已有观测不到的微小损伤或开裂，而且结构各方向抗侧刚度退化速度不等。小震后前三阶频率下降值都在 5% 内，模型结构处在弹性工作状态。

(2) 7 度（0.15g）中震作用后，结构各阶频率下降明显，X、Y、扭转振型的频率值下降到 9.49Hz、9.17Hz、9.61Hz，刚度分别下降了 16.1%、6.4%、7.1%，裂缝进一步扩展，X 向振型前移，表明模型结构 X 向刚度退化比 Y 向快。试验过程同时伴随一声脆响，边角部位楼板与梁衔接处开裂。中震后 X 振型频率下降 8.4% 左右，模型结构的主要构件中震后仍然保持弹性。

(3) 输入 7 度（0.15g）罕遇烈度地震波后，结构各振型的频率进一步下降，X、Y 的频率值下降到 8.16Hz、8.94Hz，刚度分别下降了 38%、11.1%，X 向振型继续前移，成为第一振型，表明在罕遇地震作用时，结构开裂对 X 向频率影响很大，导致 X 向刚度大幅度退化。地震作用过程中，结构有脆响产生，震后检查发现，除部分楼板与铜梁间产生缝隙外，在边角部位的梁柱节点竖向加腋片上、内部梁柱节点的水平加腋片上均产生了裂纹，少数边跨工字梁翼缘和腹板产生屈曲变形。X 向频率下降值最大达到 21.2%，模型结构进入塑性状态。

3. 加速度地震响应

试验模型结构为多自由度复杂体系，即便在同一地震工况中，模型不同楼层、不同部位的构件的动力响应也具有较大差异。而得到结构关键部位构件的瞬时加速度就为我们分析模型结构的动力响应提供了数据支持。在本试验中，共在模型结构内部布置了 45 个加速度传感器，由此来记录结构相应部位在不同地震工况下的瞬时加速度数据，试验后对数据处理便能得到加速度时程曲线、频谱曲线、位移曲线以及其他一些结构动力特性。

（1）加速度输出及频谱分析

本次试验选择了两种天然波（TDTSG-1W，TDTSG-2W）和一种人工波（RTSG）进行地震波输入，设计了包括单双向、三向输入以及白噪声扫描在内的 44 个加载工况。同时在模型的混凝土底板中央部位布置了 X、Y、Z 向加速度传感器各一个，用以测量振动台在输入地震波后模型底板上的实际加速度值。对数据处理后可以作为振动台输出加速度时程曲线与实际输入的地震波时程曲线进行对比分析。

第三工况输入的是 X 单向小震天然 2（TDTSG-2W）地震波，输入地震波的时程曲线和底板上加速度传感器输出的加速度时程曲线分别如图 3.5.53～图 3.5.56 所示。

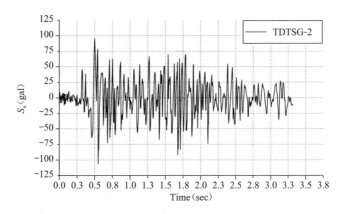

图 3.5.53　输入地震波时程曲线

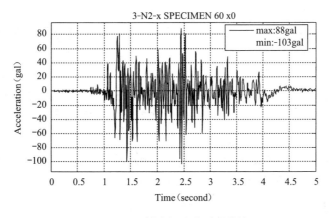

图 3.5.54　输出加速度时程曲线

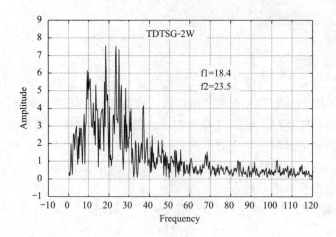

图 3.5.55　输入地震波频谱曲线

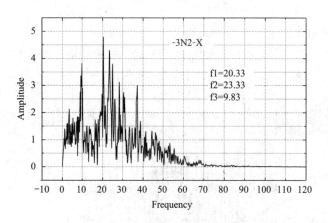

图 3.5.56　输出加速度频谱曲线

　　就时程曲线图整体而言，两条曲线的形状十分相似，且地震波的强度峰值 106.8gal 与模型底部的加速度峰值－103gal 相近，输出加速度时程曲线在时间上滞后 0.8s 左右。从两条曲线的频谱图分析看，可知输入地震波与输出加速度的频谱特性几乎形同，即频谱在频率 20Hz、23Hz、10Hz 的频带附近比较集中，该工况可以较好反映模型在天然波 2 作用下的动力响应。

　　第四工况输入的是 X 单向小震人工（RTSG）地震波，输入地震波的时程曲线和底板上加速度传感器输出的加速度时程曲线分别如图 3.5.57～图 3.5.60 所示。

　　两条时程曲线的形状相似，且地震波的强度峰值 106.8gal 与模型底部的加速度峰值－108gal 相近，输出加速度时程曲线在时间上滞后 0.8s 左右。但是两条曲线的频谱图差别较大，输入地震波的频谱在频率 10Hz 的频带附近比较集中，而输出加速度的频谱在频率 20Hz、30Hz 的频带附近较集中。

　　第二十四工况输入的是 X 单向中震天然 2（TDTSG-2W）地震波，输入地震波的时程曲线和底板上加速度传感器输出的加速度时程曲线分别如图 3.5.61～图 3.5.64 所示。

　　本试验采用的中震波是由相应的小震地震波放大而来，两条时程曲线图的形状相似，地震波的强度峰值－291.2gal 与模型底部的加速度峰值－300gal 相近，但是输出加速度在

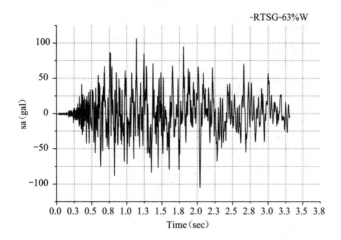

图 3.5.57　输入地震波时程曲线

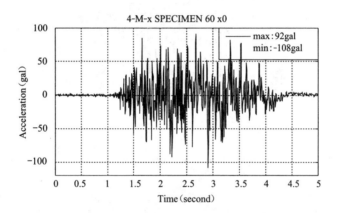

图 3.5.58　输出加速度时程曲线

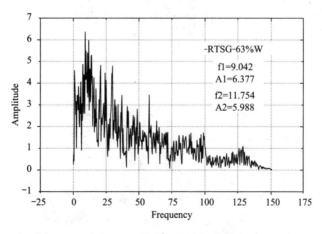

图 3.5.59　输入地震波频谱曲线

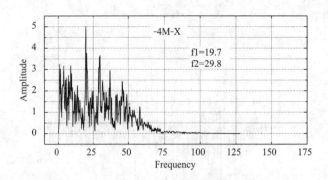

图 3.5.60　输出加速度频谱曲线

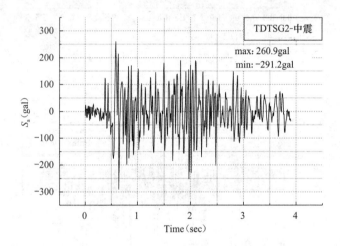

图 3.5.61　输入地震波时程曲线

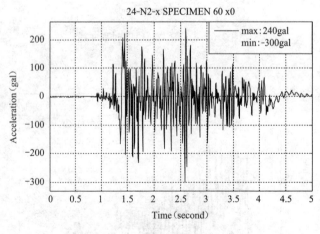

图 3.5.62　输出加速度时程曲线

第二次的峰值（2.6s）比第一次大，而地震波的情况相反，并且输出加速度时程曲线在时间上滞后 0.8s 左右。从两条曲线的频谱图分析看，输入地震波与输出加速度的频谱特性相近，不过地震波在 10～25Hz 频带内比较集中，而加速度频谱集中点分布在 10～40Hz 频带内，更加分散。

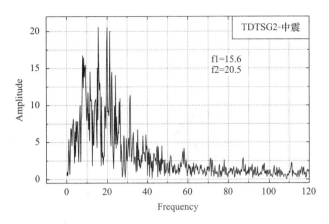

图 3.5.63　输入地震波频谱曲线

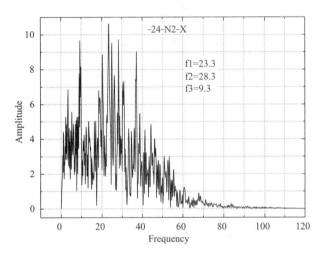

图 3.5.64　输出加速度频谱曲线

第二十五工况输入的是 X 单向人工（RTSG）地震波，输入地震波的时程曲线和底板上加速度传感器输出的加速度时程曲线分别如图 3.5.65～图 3.5.68 所示。

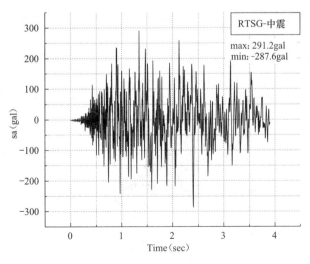

图 3.5.65　输入地震波时程曲线

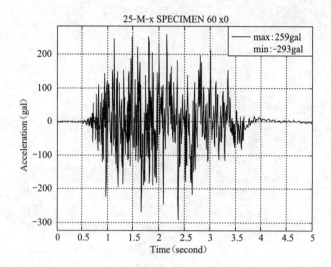

图 3.5.66　输出加速度时程曲线

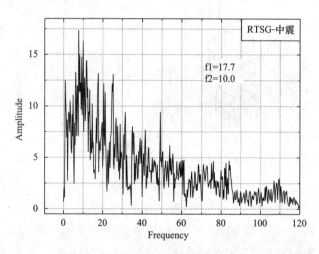

图 3.5.67　输入地震波频谱曲线

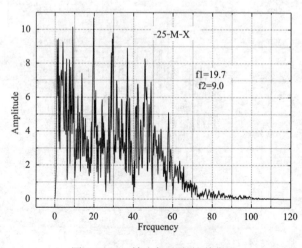

图 3.5.68　输出加速度频谱曲线

两条时程曲线的形状相似，地震波的强度峰值与模型底部的加速度峰值也相近。但是输出加速度在同样强度的持续时长为 3.2s 左右，比地震波的 4s 稍短，前者达到 200gal 以上次数较多，而后者到达 −200gal 以下的次数多一些。从两条曲线的频谱图分析看，输入地震波与输出加速度的频谱特性相近，不过地震波在 10Hz 频带内非常集中，而加速度频谱集中点分布在 0～40Hz 频带内，和前者相比比较分散。

第三十九工况输入的是 X 单向人工（RTSG）地震波，输入地震波的时程曲线和底板上加速度传感器输出的加速度时程曲线分别如图 3.5.69～图 3.5.72 所示。

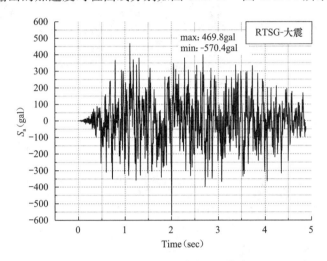

图 3.5.69　输入地震波时程曲线

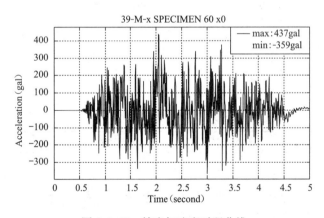

图 3.5.70　输出加速度时程曲线

试验中，大震工况采用的是人工波，整体来说两条时程曲线图的形状相似，地震波的强度峰值与模型底部的加速度峰值有一定差距，并且输出加速度时程曲线在同等强度下的持时少 1s 左右。从两条曲线的频谱图分析看，输入地震波与输出加速度的频谱特性相近，不过加速度频谱集中点分布的频带范围更加分散。

（2）加速度放大系数

模型顶部加速度最大值与模型底部输入加速度最大值之比即为加速度放大系数。在小震状态下，分别取 3 种地震波 X 方向加载时的结构加速度反应进行比较，其结果如表 3.5.9 所示。

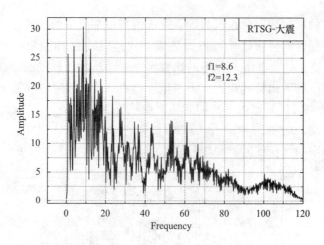

图 3.5.71 输入地震波频谱曲线

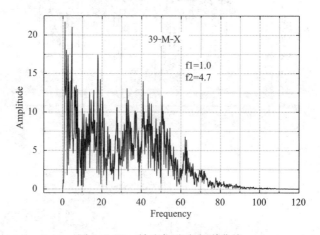

图 3.5.72 输出加速度频谱曲线

小震时三种波的动力放大系数　　　　　　　　　　　　　　表 3.5.9

楼　层	自然波 1	自然波 2	人工波
1 层	1.68	2.35	1.66
2 层	1.52	2.30	2.03
3 层	1.62	2.12	1.87
4 层	2.15	2.81	2.46
5 层	2.01	3.11	2.76

　　从表 3.5.9 中可以看出,不同地震波作用时结构的加速度放大系数不同,且小震时随高度增加放大系数总体呈增长趋势,仅在三楼顶出现减小现象,这说明不同地震波由于频率组成不同,对结构的作用效应也不同,同时因建筑大开间功能需要,结构刚度沿竖向布置不均匀。易知本结构在自然波 2 的激励下反应最为强烈,人工波次之,自然波 1 最弱。

　　在大震工况中,加载的为单向人工波,为使结果更具可比性,对小、中、大震中的 X

单向人工波加载工况进行分析，如图 3.5.73 所示。

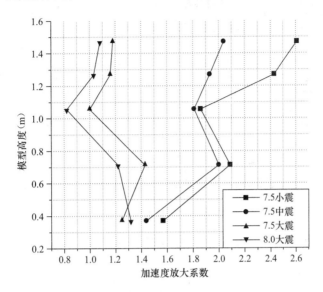

图 3.5.73　楼层加速度放大系数图

从图 3.5.73 中可以看出，在小震和中震时结构下半部分加速度放大系数相当，上半部分在小震和中震作用下加速度放大系数均大于 1.8，但有明显差异。说明震级较小时，弹性状态的结构对地震波放大作用明显，随震级增加，结构上半部分有所损伤，刚度减小导致上半部分加速度反应减小。输入 7.5、8.0 大震工况后，加速度放大系数在每层均与小震和中震有明显差异，结构上部接近或小于 1.0，说明结构整体损伤已比较严重，结构进入塑性，刚度下降比较大，对地震波放大作用减缓或减小。

4. 变形

通过对试验加速度信号的数据处理和二阶积分得到结构测点的位移反应时程曲线，并对这些数据加以整理，得到结构各层的最大位移和层间位移。

（1）变形峰值

在小、中、大震的各种地震波工况中，模型动力反应剧烈程度差别较大，本节选取动力反应最大的天然波 2 工况时 A 端与 L 端的 X 向位移分析，并与人工波的情况进行了对比，如图 3.5.74～图 3.5.79 所示。

从图中可以看出，在人工波和天然波 2 作用下，结构第二层的两端最大位移相差较大，扭转较为严重，A 端变形较 L 端均匀，这是由近 L 端左侧开间大、抽空柱多，且桁架柱群向内偏移，造成在该区域附近存在刚度突变，抗侧刚度降低所致。

（2）最大位移角

此项处理分别选取小震、中震、大震的不同工况中动力反应较大的工况，并分别在各个工况下分析 X 方向和 Y 方向的层间位移角，如图 3.5.80～图 3.5.82 所示。

从图 3.5.80～图 3.5.82 可以看出，在各个工况下的地震波激励下，X 方向层间位移角变化趋势基本相同，且二层的层间位移角最大，五层的层间位移角最小，一、三、四层层间位移角相近。说明二层测点区域的抗侧刚度较小，而五层为整体桁架结构，层抗侧刚度很大。

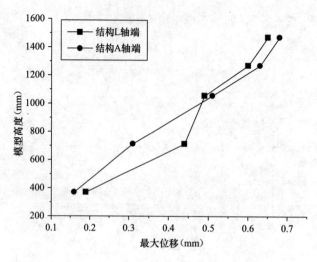

图 3.5.74 天然 2 小震时（X 主方向）结构两端最大位移

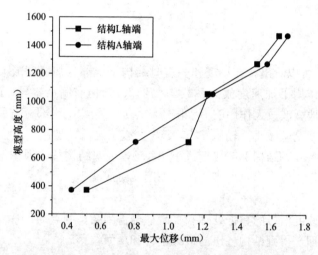

图 3.5.75 天然 2 中震时（X 主方向）结构两端最大位移

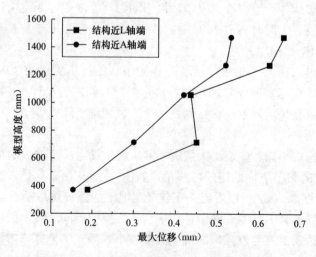

图 3.5.76 人工波小震时（X 主方向）结构两端最大位移

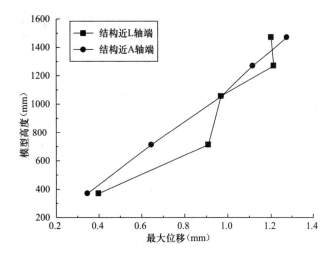

图 3.5.77　人工波中震时（X 主方向）结构两端最大位移

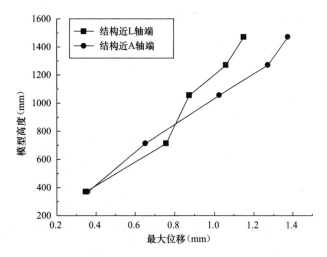

图 3.5.78　人工波 7.5 大震时（X 主方向）结构两端最大位移

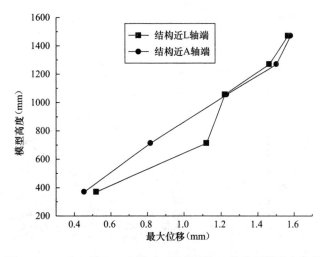

图 3.5.79　人工波 8.0 大震时（X 主方向）结构两端最大位移

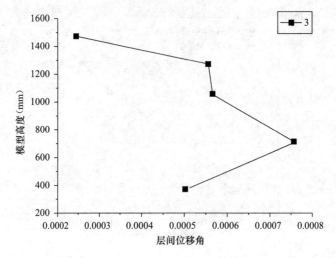

图 3.5.80　小震（X 主方向）X 方向层间位移角

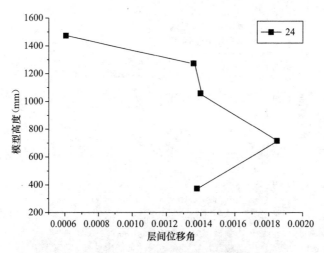

图 3.5.81　中震（X 主方向）X 方向层间位移角

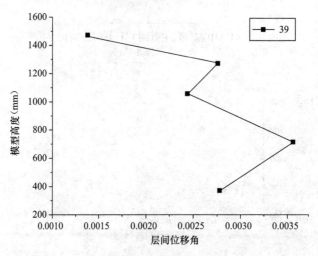

图 3.5.82　7.5 度大震（X 主方向）X 方向层间位移角

从图 3.5.83 和图 3.5.84 可以看出,在各个工况下的地震波激励下,Y 方向层间位移角变化趋势基本相同,同样二层层间位移角明显大于其他层。

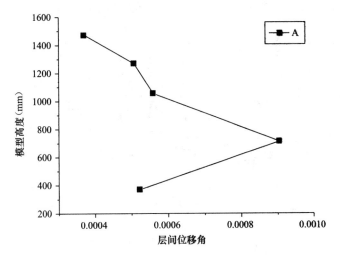

图 3.5.83　小震（Y 主方向）Y 方向层间位移角

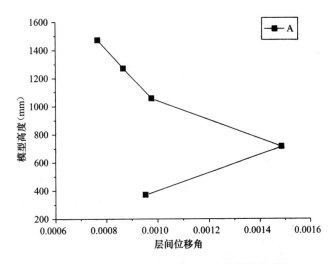

图 3.5.84　中震（Y 主方向）Y 方向层间位移角

通过试验布置的测点数据来看,在小震作用下 X 向最大层间位移角为 1/1321,出现在第二层,Y 向最大层间位移角为 1/1106,出现在第二层,大震作用下最大层间位移角为 1/270,出现在第二层,均满足规范要求。综合来看,本结构在层侧向刚度布置不均匀,二层较小;一、三、四层相当;五层较大。

5. 正应变

本试验为大比例整体结构模型试验,试验前在关键柱、梁、支撑部位分别布置了应变测点,通过对量测数据的分析,来研究不同地震波从不同方向加载时对支撑结构体系的影响。

（1）柱正应变

1）在轴线 K-4 交点处的首层桁架柱上端四面各布置了 1 个应变片,这 4 个应变片在各工况采集的最大应变绝对值如图3.5.85所示。

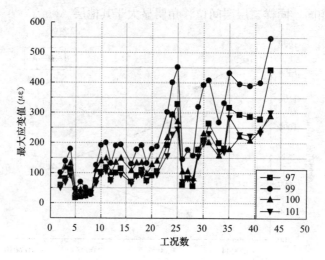

图 3.5.85　K-4 柱各工况最大应变值

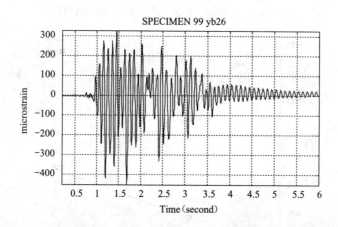

图 3.5.86　K-4 柱 25 工况应变时程

① 8度（0.3g）地震时应变最大，为 $546\mu\varepsilon$。

② 四条最大应变值曲线走向基本一致：X 单向小震时出现第一次峰值，Y 单向小震时应变表现为平坦的低谷，分别以 X、Y 为主方向的双向、三向地震波加载后，最大应变值表现为沿第一次峰值附近波动；在刚进入中震后应变达到第二次峰值（25 工况），之后表现为应变随地震波的种类不同而波动；大震后（39～43 工况）应变随烈度增加再次出现峰值。

③ 小震时，双向地震和三向地震作用下，该桁架柱应变反应最明显，X 向单向地震次之，Y 向单向地震应变反应最小。其中，在天然波 1、天然波 2、人工波三种波中，又以人工波时应变反应最强，天然波 2 次之，天波 1 最小；中震时，X 向单向地震时该桁架柱应变反应最明显，三向地震作用下地震次之，双向地震时再次之，Y 向单向地震应变反应最小。其中，在天然波 1、天然波 2、人工波三种波中，又以人工波时应变反应最强，天然波 2 次之，但与人工波较接近，天然波 1 最小，且其中差距比小震时大；大震时，地震为 X 单向加载，应变随烈度增加增大。

196

2）在轴线 B-9 交点的首层桁架柱底端四面各布置了 1 个应变片，这 4 个应变片在各工况采集到的最大有效应变值如图 3.5.87 所示，图 3.5.88 为人工波大震工况应变时程。

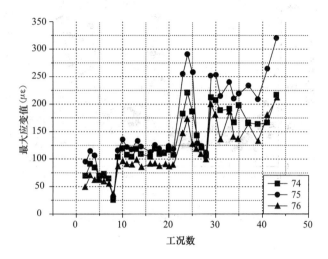

图 3.5.87　B-9 柱各工况最大应变值

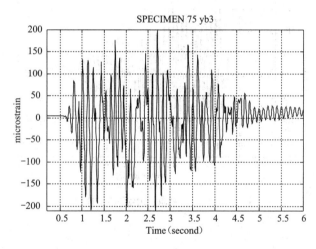

图 3.5.88　人工波大震工况应变时程

最大应变值曲线随工况变化规律与 K-4 柱基本相同，只是在三种波中，以天然波 2 时应变反应最强，人工波次之，天然波 1 最小。

3）在二层 B-3 处桁架柱底端两面各布置 1 个应变片，这两个应变片采集到的最大应变值如图 3.5.89 所示，图 3.5.89 为天然波 2 中震时的应变时程。

① 8 度（0.3g）地震时应变最大，为 225$\mu\varepsilon$。

② 最大应变值曲线随工况变化规律与 K-4 柱稍有差别，在小震中，以 X 为主方向进行 X 单向加载时应变反应最大；中震时，X 单向加载过程的应变反应比双向、三向时大；大震时，应变反应随烈度增大而增大。在三种波中，以天然波 2 时应变反应最强，人工波次之，天然波 1 最小。

4）在轴线 K-9 交点的二层桁架柱底端两面各布置 1 个应变片，这 2 个应变片在工况采集的最大应变值如图 3.5.91 所示。图 3.5.92 为人工波大震工况应变时程。

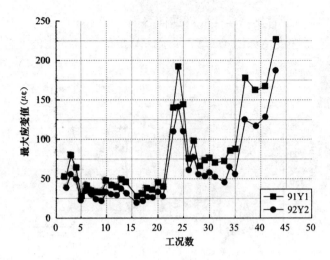

图 3.5.89　B-3 柱各工况最大应变值

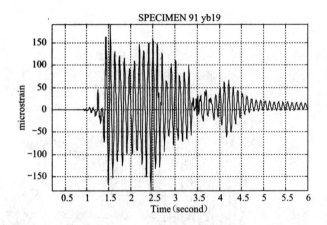

图 3.5.90　天然波 2 中震应变时程

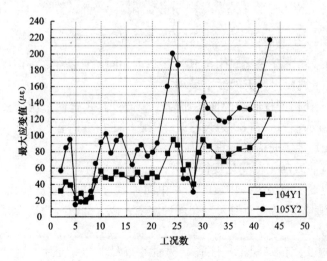

图 3.5.91　K-9 柱各工况最大应变值

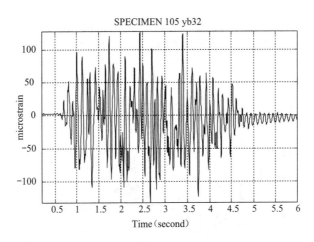

图 3.5.92　人工波大震工况应变时程

① 8 度（0.3g）地震时应变最大，为 220$\mu\varepsilon$。

② 最大应变值曲线随工况变化规律与 K-4 柱基本相似，在小震中，以 X 为主方向进行的 X 单向加载与双向、三向加载的应变反应相近，Y 单向加载反应较小；中震时，X 单向加载过程的应变反应与双向相近，三向的稍小；大震时，应变反应随烈度增大而增大。在三种波中，以天然波 2 时应变反应最强，人工波次之，但与天然波 2 较接近，天然波 1 最小。

（2）梁正应变

1）在轴线 4-F、4-G 交点间，二层连廊顶部四面布置 4 个应变片，这 4 个应变片在各工况的最大应变值如图 3.5.93 所示。

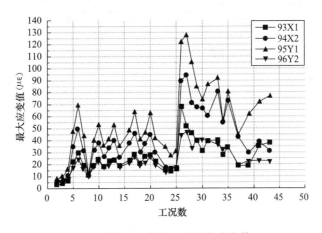

图 3.5.93　连廊各工况最大应变值

① 中震 Y 向单向加载地震波时应变最大，为 130$\mu\varepsilon$。

② 最大应变值曲线随工况变化规律为：在小震中，曲线到以 X 为主方向进行的 Y 单向加载时出现第一个峰值且反应与以 Y 为主方向进行的双向、三向加载时相近；中震时，Y 单向加载过程的应变反应最大；大震时，应变反应随烈度增大而增大，但绝对值较小。在三种波中，以天然波 2 时应变反应最强；天然波 1 次之；人工波最小。

2）在二层轴线G-10、G-11交点处附近的夹层工字梁上下两侧各布置1个应变片，这2个应变片在各工况的最大应变值如图3.5.94所示。

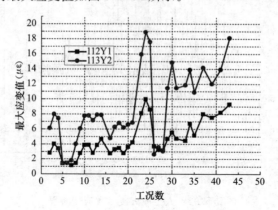

图3.5.94　夹层工字梁柱各工况最大应变值

最大应变值曲线随工况变化规律为：在小震中，曲线到以 X 为主方向进行的 X 单向加载时出现第一个峰值；中震时，X 单向加载过程的应变反应最大；大震时，应变反应随烈度增大而增大。在三种波中，以天然波2时应变反应最强，人工波次之，天然波1最小。

（3）支撑正应变

1）在轴线 K-3、K-4 交点附近，首层桁架柱间主支撑中段上下面各布置1个应变片，这两个应变片在各工况采集的最大应变值如图3.5.95所示。

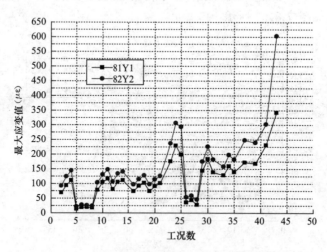

图3.5.95　主支撑各工况最大应变值

① 8度（0.3g）地震时的最大应变为（350～600）$\mu\varepsilon$。

② 最大应变值曲线随工况变化规律与轴线 K-4 处的桁架柱基本相似，在小震中，以 X 为主方向进行的 X 单向加载与双向、三向加载的应变反应相近，Y 单向加载反应很小；中震时，X 单向加载过程的应变反应与双向相近，三向的稍小；大震时，应变反应随烈度增大而增大。在三种波中，小震时，以人工波时应变反应最强，天然波2次之，天然波1最小；中震时，以天然波2时应变反应最强，人工波次之，但与天然波2较接近，天然波

1 最小。

2）在轴线 K-1、K-2 交点间，三层近 3 轴的斜向支撑上侧近端部两面各布置 1 个应变片，应变片在各工况采集的最大应变值如图 3.5.96 所示。

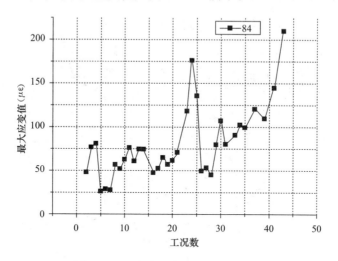

图 3.5.96　斜支撑各工况最大应变值

在三种波中，以天然波 2 时应变反应最强；人工波次之，但与天然波 2 较接近；天然波 1 最小。

3）在轴线 J-2、J-3 交点间，三层近 3 轴斜支撑中部上下面各布置 1 个应变片，这 2 个应变片在各工况采集的最大应变值如图 3.5.97 所示。

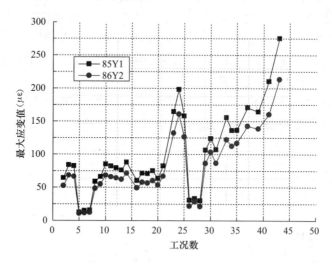

图 3.5.97　斜支撑各工况最大应变值

① 8 度（0.3g）地震时的最大应变为 275με。

② 最大应变值曲线随工况变化规律与轴线 K-4 处的桁架柱基本相似，在小震中，以 X 为主方向进行的 X 单向加载与双向、三向加载的应变反应相近，Y 单向加载反应较小；中震时，X 单向加载过程的应变反应较大，双向、三向的稍小；大震时，应变反应随烈度增大而增大。在三种波中，以天然波 2 时应变反应最强，人工波次之，但与天然波 2 较接

近，天然波 1 最小。

4）在轴线 J-4、J-5 交点间，五层近 4 轴斜支撑中部上下面各布置 1 个应变片，其中 1 个应变片损坏，在各工况下采集到的最大应变值如图 3.5.98 所示。

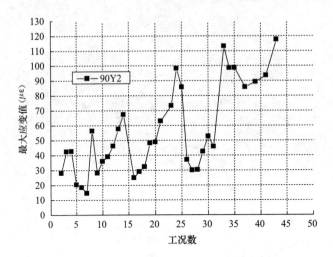

图 3.5.98　斜支撑各工况最大应变值

① 此应变片布置在五层 J 轴的中部左右，其最大应变值曲线随工况变化规律为：中小震的应变峰值都是在三向地震时（33 工况、14 工况）达到，单双向时的最大值为三向时的 60%～80%，小震时竖向地震对应变的影响已经超过了单向 X、Y 地震。7 度（0.15g）X 单向大震加载时应变值不如中震三向地震加载的数值大。

② 与一、二层构件相比，明显是竖向的地震波对构件的影响有所加强。此三种波随着地震波烈度的增加以及加载方式的改变对构件的影响也逐渐变化。从三维坐标看，该构件位于 XOZ 平面内，应变图显示以 X 为主方向的单向、双向、三向加载构件的应变反应比以 Y 为主方向的三种加载方式大得多。

5）在轴线 K-4、K-5 交点间，五层近 4 轴斜支撑中部上下面各布置 1 个应变片，其中 1 个应变片损坏，在各工况采集的最大应变值如图 3.5.99 所示。

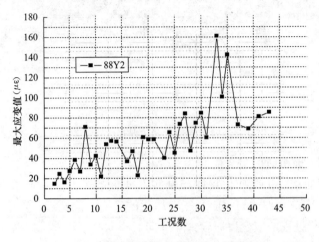

图 3.5.99　斜支撑各工况最大应变值

① 此应变片布置在五层 K 轴的中部左右,在上一个测点的外侧,其最大应变值曲线随工况变化规律为:在小震、中震时,以 X 或 Y 为主方向进行的三向加载以及单向的竖向加载时,构件的应变反应最大,对于高层中的侧向支撑,竖向的地震波对其的影响有所加强。在三种波中,以天然波 2 时应变反应最强;天然波 1 次之,但与天然波 2 较接近;人工波最小。

② 从三维坐标看,该构件位于 XOZ 平面内,应变图显示以 X 为主方向的单向、双向、三向加载构件的应变反应与以 Y 为主方向的三种加载方式大小相近,Y 主方向的稍大。

6) 在轴线 J-6 交点处,四层竖向支撑下端两面各布置 1 个应变片,其中 1 个应变片损坏,在各工况采集的最大应变值如图 3.5.100 所示。

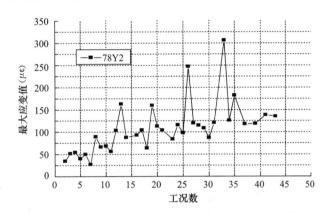

图 3.5.100　竖向支撑各工况最大应变值

此构件最大应变值曲线随工况变化规律为:在小震时,以 X 或 Y 为主方向进行的三向加载以及单向的竖向加载时,构件的应变反应较大;在中震时,天然波 1 的 Y 单向、三向加载时的应变反应比其他情况大。在三种波中,以天然波 1 的三向加载时应变反应最强;天然波 2 与人工波次之。

7) 在轴线 10-F、10-G 交点间,五层近 F 轴斜支撑上端左右侧各布置 1 个应变片(刚度突变处),这两个应变片在各工况采集的最大应变值如图 3.5.101 所示。

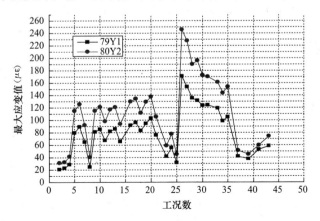

图 3.5.101　斜支撑各工况最大应变值

① 7 度（0.15g）中震时最大应变为 248$\mu\varepsilon$。

② 最大应变值曲线随工况变化规律为：在 X 单向小、中、大震地震波作用下支撑构件应变反应均较小，而双向、三向以及 Y 单向小震地震波作用时应变较大且数值相近；中震时，Y 单向地震波作用下应变反应达到最大，以 X 为主方向的双向、三向地震波加载后应变反应稍小一些。小震时，以天然波 2 时应变反应最强，天然波 1 次之，但与天然波 2 非常接近，人工波最小；中震时，天然波 1 与天然波 2 应变反应相近，天然波 1 时更强一些。

8）在轴线 K-10、K-11 交点间，四层近 10 端斜支撑中部两侧各布置 1 个应变片，这 2 个应变片在各工况采集的最大应变值如图 3.5.102 所示。

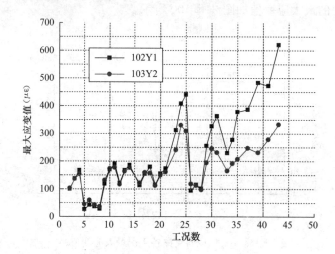

图 3.5.102　斜支撑各工况最大应变值

① 8 度（0.3g）大震时应变最大为 635$\mu\varepsilon$。

② 最大应变值曲线随工况变化规律为：在小震中，以 X 为主方向进行的 X 单向加载与双向、三向加载的应变反应相近，Y 单向加载反应较小；中震时，X 单向加载过程的应变反应较大，双向、三向的稍小，Y 单向的很小；大震时，应变反应随烈度增大而增大。在三种波中，以人工波时应变反应最强，天然波 2 次之，天然波 1 最小。

9）在轴线 J-7、J-8 交点间，四层斜支撑中部上下侧各布置 1 个应变片，这 2 个应变片在各工况采集的最大应变值如图 3.5.103 所示。

最大应变值曲线随工况变化规律为：在小震中，以 X 为主方向进行的 X 单向加载与双向、三向加载的应变反应相近，三向地震的反应稍大，而 Z 单向地震波的反应也较大，Y 单向加载反应较小；中震时，X 单向加载过程的应变反应达到峰值，双向、三向的稍小，Y 单向的很小；大震时，应变反应随烈度增大而增大。在三种波中，以人工波时应变反应最强，天然波 2 次之，天然波 1 最小。

10）在轴线 10-F、10-G 交点间，五层近 G 轴斜支撑上端上下侧各布置 1 个应变片（刚度突变处），应变片（一个损坏）在各工况采集的最大应变值如图 3.5.104 所示。

① 7 度（0.15g）中震时最大应变为 200$\mu\varepsilon$。

② 最大应变值曲线随工况变化规律与上述 7）中图 3.5.101 相同。

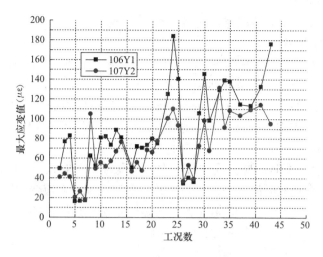

图 3.5.103　斜支撑各工况最大应变值

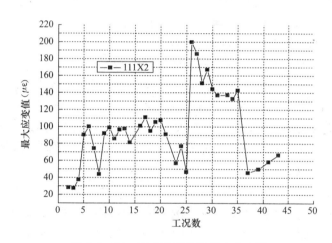

图 3.5.104　斜支撑各工况最大应变值

（4）数据分析及结论

从轴线 K-4，B-9 交点处首层的桁架柱以及轴线 K-9 交点处的二层的桁架柱的测点数据来看，在小、中震时，单或双向地震工况中应变数值较大，三向地震时的应变值为单向时的 80%～90%；大震阶段，单向地震作用下构件的应变反应仍有较大增长；另外，从小、中震可以看出，X 单向地震时其应变反应较大，而 Y 单向时的应变反应较小，仅为 X 单向的 30%～50%，在数值上轴线 K-4 处柱测点的应变明显较大。

从轴线 B-3 交点处的二层柱测点数据来看，中、小震工况时，X 单向加载工况中应变值最大，双、三向的应变值为单向时的 40%～60%，Y 单向的应变反应较小。

从轴线 4-F、4-G（连廊）处的二层测点数据来看，中、小震时 Y 单向加载工况中应变值最大，X 单向加载时的应变较小。可以看出 X 向地震时该连廊两侧协同变形能力较强。

从轴线 K-3、K-4 交点附近的首层主支撑看，在小、中震工况中，单或双向地震时应变值较大，三向地震时的数据为单向或双向时的 80%～90%；大震阶段，单向地震作用下构件的应变反应仍有较大增长。另外，该构件位于平面 XOZ 中，从小、中震可以看出，

在与 XOZ 面平行的 X 单向地震作用时其应变反应较大，而 Y 单向地震时的应变反应较小，仅为 X 单向的 20% 左右。

从轴线 K-1、K-2 交点与 J-2、J-3 交点附近的三层支撑来看，小震时三向地震中应变值最大，单、双向地震时应变也能达到三向时的 90% 以上，单向竖向波的应变影响仍较小，为三向应变峰值的 60% 左右；中震作用时，在 X 单向地震作用中应变最大，三向时应变稍小，X 单向大震作用后应变仍有增长。该构件在 XOZ 平面内，X 单向地震影响仍比 Y 单向大得多。

从轴线 J-6 交点处的四层竖向支撑看，中、小震时三向地震工况时的应变值最大，单双向时的最值为三向地震时的 40%～70%，小震时竖向地震对应变的影响已经超过了单向 X、Y 地震。X 单向大震加载时应变值不如中震三向地震加载的数值大。该构件为竖向支撑，X、Y 单向的地震对应变影响接近，X 向稍大。

从轴线 J-7、J-8 交点附近的四层侧向支撑看，小震时，竖向地震和三向地震中应变较大；中震时，应变在三向地震作用中取得峰值，单向大震时应变基本不再增长。该构件位于 XOZ 平面，X 单向地震波对其影响比 Y 单向大得多。

从轴线 K-10、K-11 交点附近的四层侧向支撑看，小震应变峰值在双向地震中达到，同时 X 单向、三向时的应变值能达到双向地震时的 90% 以上；中震应变峰值在 X 单向地震时取得，双向、三向时应变值达到单向的 80% 以上；X 单向大震后应变仍有增长。

从轴线 K-4、K-5 交点附近的五层侧向支撑看，小震时竖向地震波工况中应变值最大，三向地震时的应变最大值为竖向地震时最大值的 80%；中震时三向地震中应变值最大，单双向时的应变最大值为三向时的 60% 左右，7 度（0.15g）X 单向大震加载时应变值不如中震三向地震加载的数值大。

从轴线 10-F、10-G 交点附近的五层侧向支撑看，小震时在以 Y 为主方向的三向地震中应变最大，但双向、Y 单向地震时应变最大值也较大，达到三向地震最大值的 90% 左右，竖向地震时应变很小；中震时在 Y 单向地震中应变值最大，X 单向大震时的应变最大值则比中震最大值小。X 单向地震对该支撑应变值的影响较小，仅为 Y 向的 30%～50%。

对于结构构件来说，其地震响应大小与许多因素有关，包括构件的种类、构件在结构中的布置及与相邻构件的连接、结构所输入的地震波的频谱特性以及加载方式和加载方向等。这些因素结合在一起，造成了结构各构件在各地震工况下的不同反应。但该模型构件在地震作用下的应变反应仍然有一些规律，结合上述分析，现归纳如下：

① 通过桁架柱上的测点数据来看，以 X 为主方向的单、双向地震波对柱的应变起控制作用，Y 向地震波加载时柱应变很小；地震作用时底层轴线 K-4 区域附近的柱应变较大。

② X 向地震作用下，位于 Y 轴线上的 4-F、4-G 走廊两侧协同变形能力较强，相对扭转效应比较弱。

③ 对于支撑构件，随其所在高度的增加，竖向地震对其应变反应影响加大。

从数据上来看，首层到三层，中小震时单、双向地震起主要作用，到四五层逐渐过渡到竖向或三向地震起控制作用。

④ 八榀桁架柱内部的支撑构件在竖向地震、三向地震作用时应变反应比单向时大。大震工况都是单向地震波加载，该区域大震工况的应变反应不如中震三向加载时强烈。八

榀桁架柱外侧（3、10 轴以外）的支撑受单、双向地震波影响较大。

⑤ 从不同方向加载的地震波对同一支撑构件的影响差别较大，位于 XOZ 平面内的支撑在以 X 为主方向的单、双向地震波作用时应变反应强烈，Y 方向时应变较小。

⑥ 整体来看，大部分测点在天然波 2 作用时应变反应最强，对人工波反应仅次于天然波 2，仅一小部分测点对天然波 1 反应较强烈。

3.5.5 模型的有限元模拟

1. 有限元模型及模态分析

为与钢框架—支撑结构振动台试验进行对比性验证分析，笔者运用 ANSYS 通用有限元软件对试验模型进行有限元建模，梁单元采用了 BEAM188 单元，BEAM188 梁单元是建立在 Timoshenko 梁分析理论基础上的三维梁单元，每个结点具有六个自由度，计入了剪切效应和大变形效应。楼板采用进 SHELL63 单元进行模拟，部分支撑采用 LINK8 单元．建成的有限元分析模型如图 3.5.105 所示。

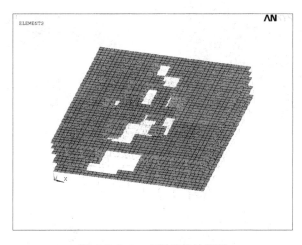

图 3.5.105　有限元整体模型

模态分析是研究结构动力特性的一种方法，是系统辨别方法在工程振动领域中的应用。模态是结构的固有振动特性，每一个模态具有特定的固有频率阻尼比和模态振型。这些模态参数可以由计算或试验分析取得，这样一个计算或试验分析过程称为模态分析。这个分析过程如果是由有限元计算的方法取得的，则称为计算模态分析；如果通过试验将采集的系统输入与输出信号经过参数识别获得模态参数，称为试验模态分析。通常，模态分析都是指试验模态分析。振动模态是弹性结构的固有的、整体的特性。如果通过模态分析方法搞清楚了结构物在某一易受影响的频率范围内各阶主要模态的特性，就可能预言结构在此频段内在外部或内部各种振源作用下实际振动响应。因此，模态分析是结构动态设计及设备的故障诊断的重要方法。

振动台试验前，通过白噪声扫描，测得模型的一阶频率为 9.48Hz；二阶频率为 9.98Hz；三阶频率为 10.36Hz。振型分别为 Y 向平动、整体扭转、X 向平动。而对计算模型进行的模态分析，如图 3.5.106、图 3.5.107、图 3.5.108 所示，计算模型的一阶频率为 9.19Hz；二阶频率为 9.52Hz；三阶频率为 10.11Hz。与试验测得结果基本吻合。

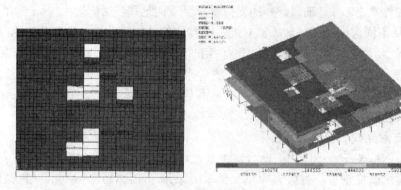

图 3.5.106　计算模型第一振型

图 3.5.107　计算模型第二振型

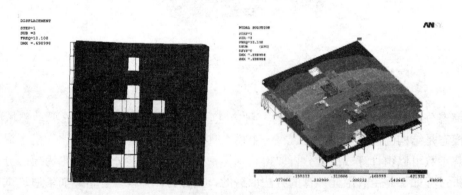

图 3.5.108　计算模型第三振型

2. 时程分析结果与试验数据的比较

（1）位移时程曲线比较

X、Y 单向天然波作用下结构顶部的位移时程曲线如图 3.5.109～图 3.5.112 所示；X、Y 单向人工波作用下结构顶部的位移时程曲线如图 3.5.113 和图 3.5.114 所示。对于 7 度多遇工况，顶部 X 向位移曲线吻合较好，位移峰值出现的时刻基本一致，前半部分计算值稍大；X 向地震波作用下顶部 Y 向位移曲线的吻合较稍差，前半部分大多数位移峰值出现的时刻一致，后半部分峰值出现时刻有一定相位差。对 7 度罕遇工况，X 向与 Y 向位移时程曲线的峰值位移出现的时刻在前半部分吻合，吻合效果不如多遇工况，这是由模型在试验过程中连续受到不同烈度地震波激励产生的损伤累积致使刚度退化不均造成。从图中还可以看出：模型结构在人工波作用下的顶点位移反应最大，计算与试验结果符合。

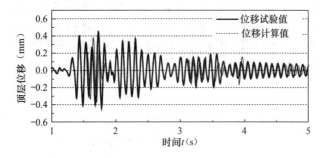

图 3.5.109　天然波 1 X 向多遇烈度

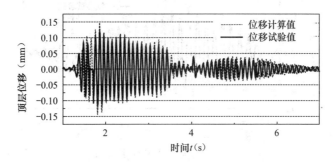

图 3.5.110　天然波 1 Y 向多遇烈度

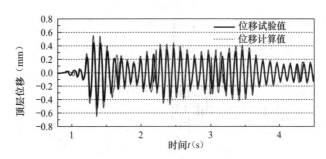

图 3.5.111　天然波 2 X 向多遇烈度

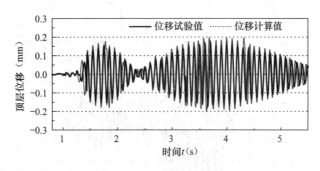

图 3.5.112　天然波 2 Y 向多遇烈度

（2）应变时程曲线比较

底层桁架柱及上部一些支撑在单向人工波作用下的应变时程曲线如图 3.5.115～图 3.5.118 所示，曲线在多遇烈度时拟合较好，应变峰值出现时刻基本一致。

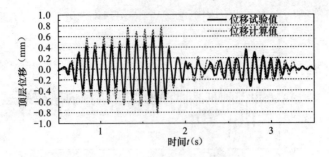

图 3.5.113　人工波 X 向多遇烈度

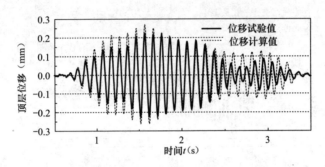

图 3.5.114　人工波 Y 向多遇烈度

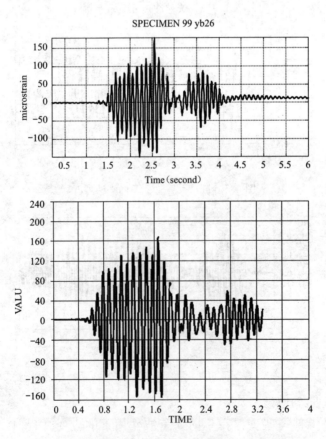

图 3.5.115　人工波多遇烈度 K-4 柱相邻两侧面应变时程对比（一）

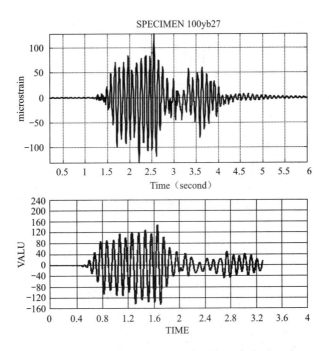

图 3.5.115　人工波多遇烈度 K-4 柱相邻两侧面应变时程对比（二）

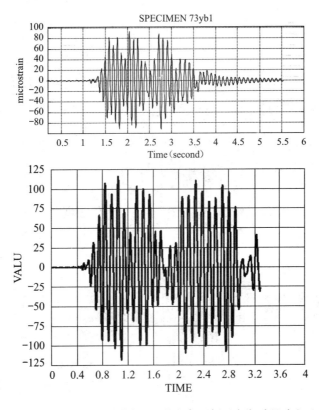

图 3.5.116　人工波多遇烈度 B-9 柱相邻两侧面应变时程对比（一）

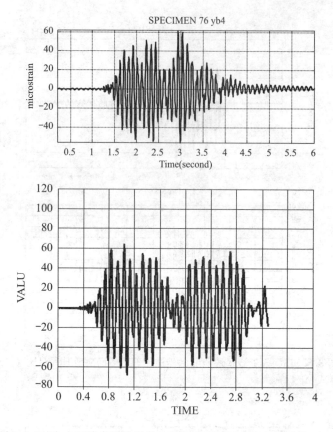

图 3.5.116　人工波多遇烈度 B-9 柱相邻两侧面应变时程对比（二）

从图中可以看出，人工波作用下应变试验值和计算值的时程曲线形状吻合，持时基本相同，在 2.7s 左右，试验值峰值比计算稍小。同时由于模型尺寸较大，在模型 A 轴、L轴两端结构布置与刚度有较大不同，使结构两端在同一地震波激励下的应变时程有所区别，A 轴端在地震波作用前期和后期应变反应都很强烈，在地震期间达到两次峰值；而 L轴端只在地震作用前期应变反应强烈，但其柱端应变峰值比 A 轴柱端大。

底层桁架柱及上部一些支撑在单向天然波 2 作用下的应变时程曲线如图 3.5.119～图 3.5.122 所示，曲线在多遇烈度时拟合较好，应变峰值出现时刻基本一致。

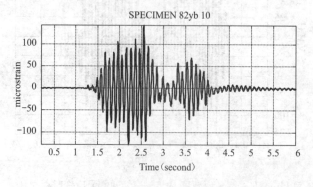

图 3.5.117　人工波多遇烈度 K-3 支撑应变时程对比（一）

212

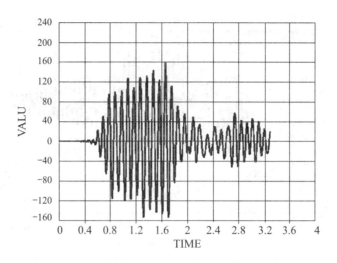

图 3.5.117　人工波多遇烈度 K-3 支撑应变时程对比（二）

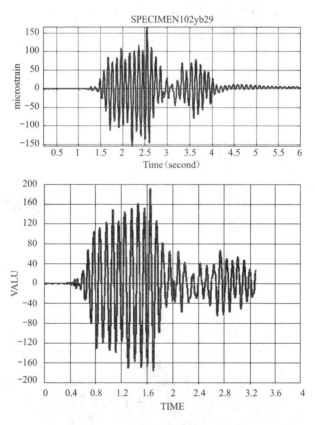

图 3.5.118　人工波多遇烈度 K-10 支撑应变时程对比

　　底层桁架柱及上部一些支撑在单向天然波 1 作用下的应变时程曲线如图 3.5.123、图 3.5.124 所示，曲线在多遇烈度时拟合较好，应变峰值出现时刻基本一致。

　　从图中可以看出，天然波作用下应变试验值和计算值的时程曲线形状基本吻合，计算曲线时间在 3.0s 左右，试验曲线达 5.0s，由地震波加载时间易知，后两秒主要来自结构

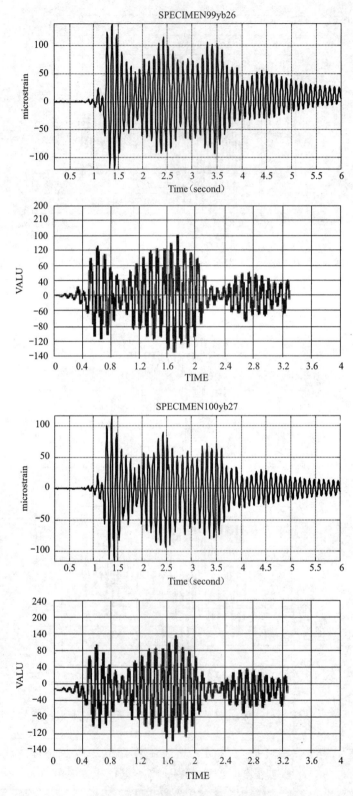

图 3.5.119　天然波 2 多遇烈度 K-4 柱相邻两侧面应变时程对比

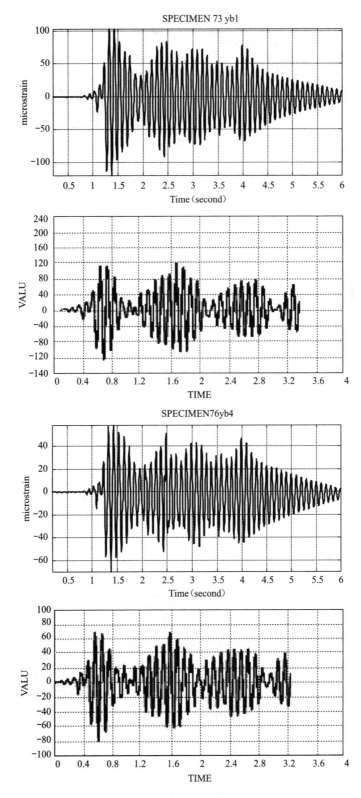

图 3.5.120　天然波 2 多遇烈度 B-9 柱相邻两侧面应变时程对比

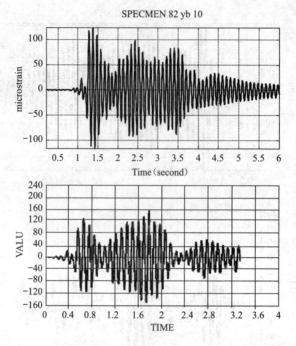

图 3.5.121　天然波 2 多遇烈度 K-3 支撑应变时程对比

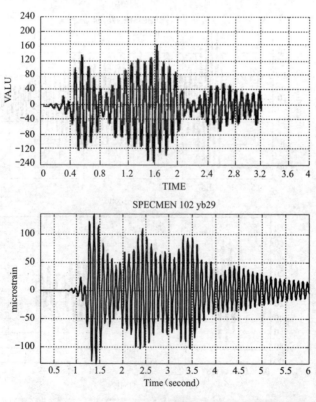

图 3.5.122　天然波 2 多遇烈度 K-10 支撑应变时程对比

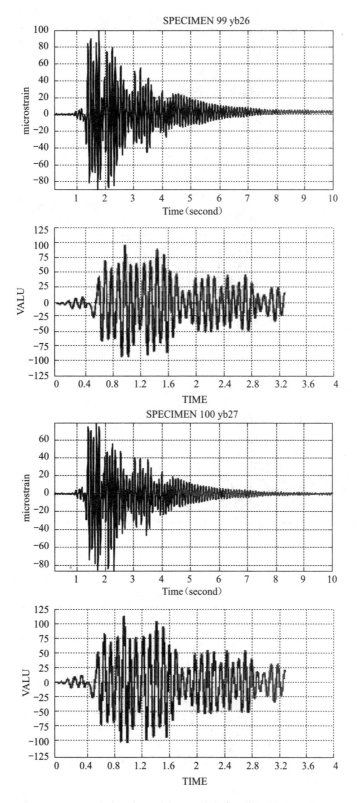

图 3.5.123　天然波 1 多遇烈度 K-4 柱相邻两侧面应变时程对比

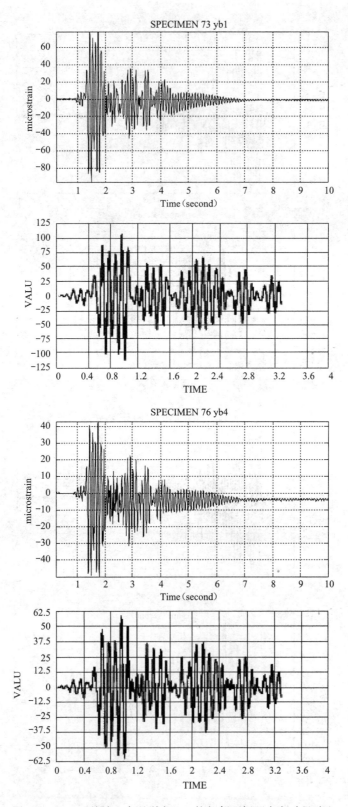

图 3.5.124　天然波 1 多遇烈度 B-9 柱相邻两侧面应变时程对比

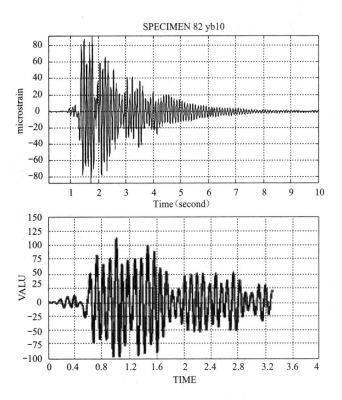

图 3.5.125　天然波 1 多遇烈度 K-3 支撑应变时程对比

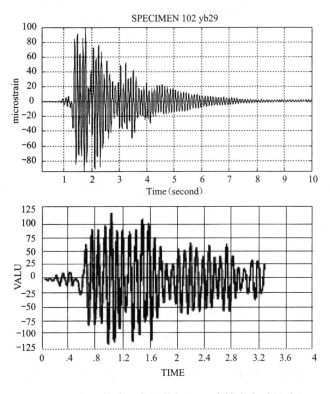

图 3.5.126　天然波 1 多遇烈度 K-10 支撑应变时程对比

的自由振动。试验值峰值比计算值稍小。模型 A 轴、L 轴两端结构在同一地震波激励下的应变时程曲线形状仍有所区别，A 轴端在地震波作用前期和后期应变达到峰值次数较多，波峰波谷比较明显，而 L 轴端在地震作用前中期应变反应强烈，后期反应较小，但其柱端应变峰值比 A 轴柱端大。从整体数值看，天然波 2 作用下结构应变与人工波时数值相近，天然波 1 作用时数值最小。

3.5.6 小结

通过制作 1：20 的大比例天津图书馆工程结构模型，完成了钢框架—中心支撑体系在多种地震激励下的振动台试验，并对模型进行了数值模拟。通过分析研究，得出以下结论：

（1）针对图书馆类建筑使用功能特点，其活载和非结构构件的地震效应不应忽略。本试验在相似设计时，引入的质量密度相似比计算公式中考虑了活载和非结构构件的影响，并且在试验中模拟活载与非结构构件的配重按照实际使用功能进行施加。

（2）选择合适的模型材料是保证相似要求的关键，本文采用微粒混凝土及黄铜很好满足了相似要求；模型的加工质量对试验成功与否影响巨大，文中提出了一种结点加腋方法及原则，保证了关键结点的施工质量；在测点布置、模型吊装、施加配重、地震波选择、加载工况上的精心设计是试验成功的可靠前提。在试验中采集了大量有价值的数据，综合试验数据、现象进行了研究分析。

（3）在 7 度（0.15g）小震（X 主方向）作用后，模型有相应的应变与位移反应，结构 X、Y、扭转振型的刚度与震前相比分别下降了 5.0%、3.8%、2.6%，对应阻尼比也开始增大，已有观测不到的微小损伤，而且结构各方向抗侧刚度退化速度不等（X 退化快）。小震后前三阶频率下降值都在 5% 之内，模型结构处在弹性工作状态。

（4）7 度（0.15g）中震作用后，结构各阶频率下降明显，X、Y、扭转振型的刚度分别下降了 16.1%、6.4%、7.1%，损伤进一步加深，并且在上部某些节点加腋部件出现裂纹。X 向振型前移，表明模型结构 X 向刚度退化比 Y 向快，边角部位楼板与梁衔接处有开裂现象。中震后 X 振型频率下降 8.4% 左右，模型结构的主要承重构件中震后仍保持弹性。

（5）7 度（0.15g）大震地震波作用后，各振型的频率进一步下降，X 向刚度下降了 38%，且阻尼比有大幅增长。二层及以上的加速度放大系数显著下降，中上侧位移迅速增长，表明整体损伤已比较严重。X 向振型继续前移，成为第一振型，表明在罕遇地震作用时，结构开裂对 X 向频率影响很大，导致 X 向刚度快速退化，结构第二层相对薄弱，但其最大层间位移角满足规范限值。从应变看，关键柱部位的测点应变未达到屈服应变值。震后检查发现除部分楼板与铜梁间产生缝隙外，在边角部位的梁柱节点竖向加腋片上、内部梁柱节点的水平加腋片上均产生了裂纹，少数边跨工字梁翼缘和腹板产生屈曲变形，但结构没有任何局部倒塌的迹象，表明结构满足抗震设计的要求。

（6）应变数据分析表明，以 X 为主方向的单、双向地震波对底层桁架柱的应变起控制作用，地震作用时底层轴线 K-4 区域附近的柱应变较大。对于支撑构件，随其所在高度的增加，竖向地震对其应变反应影响加大。整体来说，首层到三层中小震时单、双向地震对结构影响较大，在四五层逐渐变为竖向或三向地震对侧向支撑影响较大。对比数据发现，大部分测点在天然波 2 作用时应变反应最强，人工波时反应仅次于天然波 2，天然波

1作用时反应最小。

（7）整体来看，最大变形和加速度随模型高度增加而增大，结构地震响应受地震波频谱特性和自身频率影响，天然波2和人工波加载时，响应较大，天然波1时较小。即使同一地震波作用下，结构不同部位构件的地震响应程度也有较大差别（本模型A端、L端的位移、加速度、应变响应差别较大），说明在支撑体系中，结构内部某区域的刚度布置对地震频谱特性反应也非常敏感，设计时应注意支撑体系结构平面布置中刚度的不均匀或不对称造成的扭转影响。

（8）模型位移及应变时程分析计算结果与试验结果对比显示，计算结果比试验值偏大。由于模型A轴、L轴两端结构布置与刚度有较大不同，L端存在巨型桁架柱内移，同时底层大开间，造成结构两端在同一地震波激励下的应变时程与位移有所区别，两种结果均显示A轴端在地震波作用前期和后期应变反应都比较强烈，在地震期间达到多次峰值，而L轴端在地震作用前中期与后期应变反应差距较大，但其柱端应变峰值比A轴柱端大。人工波和天然波2作用时结构的动力响应较大，且数值相当，天然波1作用时动力响应较小。三种地震波作用下结构的时程分析结果与试验结果吻合较好，一方面说明大比例缩尺模型能量测到较为可靠的应变时程；另一方面也验证了计算模型的可靠性与有效性。

3.6　图书馆整体结构及局部悬挑结构稳定性能分析研究

3.6.1　分析方法

目前钢框架结构的稳定分析方法主要有两种：一是传统的构件计算长度系数法；二是结构整体的弹塑性全过程分析方法。

1. 构件计算长度系数法

先按照一阶弹性分析的方法确定构件的最不利内力，再进行非弹性验算，以计算得出的计算长度系数近似评价结构整体和构件之间的相互作用。但在整体结构中，框架柱并不是作为孤立的构件而存在，构件失稳与结构整体失稳之间存在相互影响，因此计算长度系数法无法正确反映整体框架的稳定承载力。

2. 结构整体的弹塑性分析法

为了对结构稳定承载能力的评估更加精准，需要直接考虑构件之间的相互作用，采取空间分析的方法考察钢框架整体结构的稳定性能，不仅能比较真实地反映整体结构在荷载作用下的内力和变形，也使结构设计更加经济合理。

对于结构布置较为规则的钢框架，可采用平面简化梁柱模型的方法，或进行单榀钢框架平面内外稳定分析的方法，国内外的相关研究已经比较成熟。但对于结构形式、构造、受力特点等复杂的空间结构而言，必须对实际整体结构进行弹塑性全过程分析。借鉴大跨钢结构整体稳定分析的方法，实际工程中通常利用有限元数值模拟方法，从结构的屈曲模态及屈曲系数两方面分析钢框架整体结构的稳定性。

3.6.2　结构整体稳定分析

由以上稳定性分析理论，本书首先利用SAP2000确定出了图书馆主体钢结构框架柱的计算长度系数，进而利用ANSYS对整体结构进行线性屈曲分析。

1. 柱计算长度系数的确定

对处于两榀相交框架的交接处的某角柱进行屈曲分析，该柱段包括首层柱和第二层柱，其中首层柱为带支撑框架柱。为更加真实的模拟柱在框架中的稳定性能，提取角柱及邻跨的相交框架作为屈曲分析模型。对上、下两层柱分别进行弹塑性屈曲分析，计算得出柱的线性计算长度系数和非线性计算长度系数，见表 3.6.1，计算模型的屈曲模态如图 3.6.1 所示。

柱计算长度系数　　　　　　　　　　表 3.6.1

柱段 项目	柱高 H（m）	$\dfrac{\pi^2 H}{H^2}$	屈曲系数计算结果	线性计算长度系数	非线性计算长度系数
首层带支撑柱	7.4	2.61E+07	52 249	0.71	0.79
第二层柱	6.45	3.43E+07	38 581	0.94	1.03

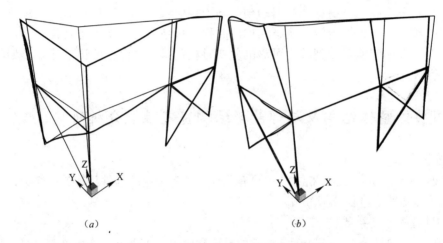

(a)　　　　　　　　　　　　(b)

图 3.6.1　框架柱线性屈曲模态示意图
(a) 首层柱屈曲形式；(b) 第二层柱屈曲形式

带支撑的框架柱计算长度系数为 0.7~0.8，无支撑的框架柱计算长度系数为 1.0 左右。由柱屈曲模态可看出，框架柱失稳主要表现为平面外失稳。

根据计算结果，考虑分析精度和工程应用中的实际施工影响，结合《钢结构设计规范》（GB 50017—2003）附表 4.1 无侧移框架的 μ 系数的规定以及《高层民用建筑钢结构技术规程》（JGJ 99—98）第 6.3.2 条的相关规定，取柱计算长度系数为 1.2。

2. 结构整体的稳定性分析

根据线性理论，利用 ANSYS 对主体结构进行线性屈曲模态分析。提取前三阶的屈曲分析结果，整体钢结构的屈曲模态体现为 4~5 层空间桁架结构的屈曲变形，如图 3.6.2 所示。

图 3.6.2（a）、(b) 表明 4 层局部桁架下弦平面内的结构首先发生屈曲，该处为支撑上部悬挑桁架的部位，且局部带悬挑桁架；图 3.6.2（c）表现为 4~5 层桁架结构平面中央区域的相交大跨桁架的屈曲，变形较明显。所以，大跨度桁架和悬挑桁架结构对主体钢结构整体的稳定性能起到关键作用。

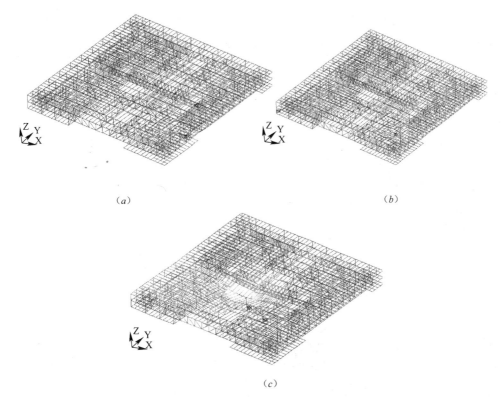

(a)   (b)

(c)

图 3.6.2　主体钢结构屈曲模态示意图

(a) 第一阶模态 (b) 第二阶模态；(c) 第三阶模态

计算得到主体钢结构的临界荷载系数为 540.5，安全系数为 5.4，结构的整体稳定安全性较高。

3.6.3　局部悬挑结构稳定性能分析

结构内部有多处整层高度的悬挑结构，结构荷载大而且上下层的楼板刚度差异较大，自身的稳定性能对结构的使用功能有很大影响。

选取 4～5 层的某悬挑桁架为研究对象，该桁架跨度 20.4m，挑长 10.2m，悬挑根部与钢管混凝土柱相连，上弦平面有混凝土楼板，下弦平面无楼板，是图书馆结构中具有代表性的不利悬挑结构，结构示意图如图 3.6.3 所示。

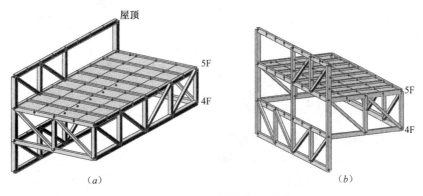

(a)   (b)

图 3.6.3　悬挑桁架模型示意

利用 ANSYS 建立杆系单元模型，进行静力承载力计算和线性屈曲分析。提取 AN-SYS 和 Midas 的静力计算的杆端应力结果如图 3.6.4 所示，结构变形如图 3.6.5 所示，屈曲模态形式如图 3.6.6 所示。

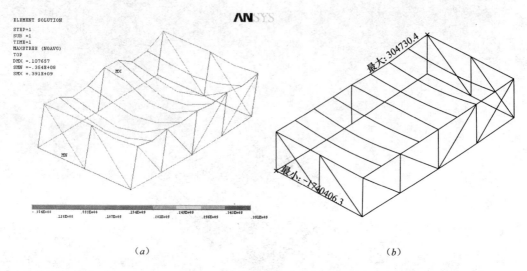

(a)　　　　　　　　　　　　　(b)

图 3.6.4　悬挑桁架应力（Pa）

(a) ANSYS 计算结果；(b) Midas 计算结果

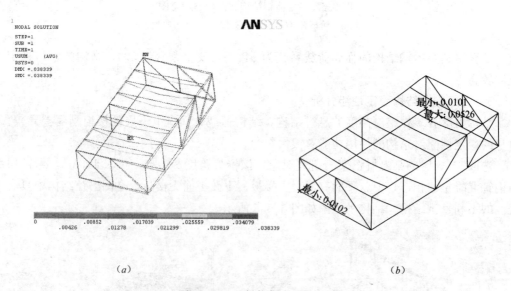

(a)　　　　　　　　　　　　　(b)

图 3.6.5　悬挑桁架变形（m）

(a) ANSYS 计算结果；(b) Midas 计算结果

由图 3.6.4 可知，两种计算方法下悬挑桁架的静力承载性能较好；图 3.6.5 显示桁架变形分布趋势相同，上弦楼板对称位置中部的位移最大；由图 3.6.6 各阶屈曲模态显示，结构下弦悬挑梁及边桁架上弦部位对稳定较敏感，计算所得线性屈曲系数为 889，安全系数为 8.9，稳定性较好。

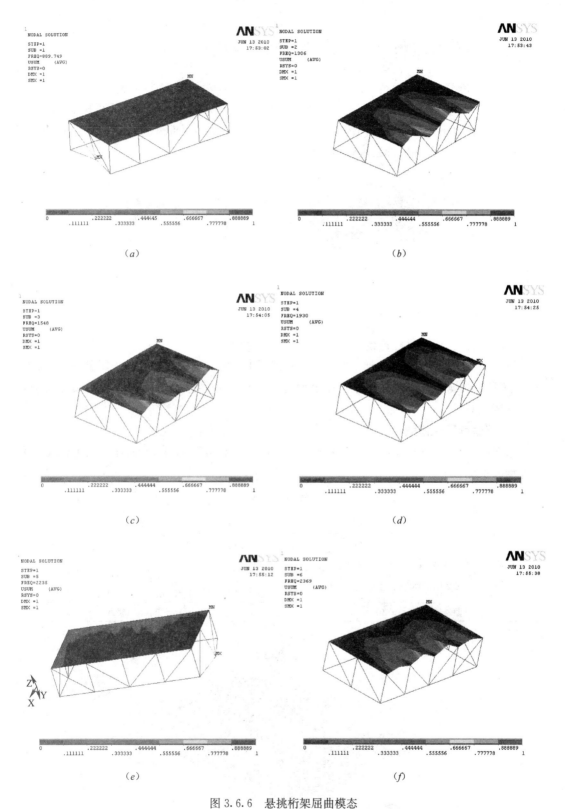

图 3.6.6　悬挑桁架屈曲模态

(a) 第一阶模态；(b) 第二阶模态；(c) 第三阶模态；(d) 第四阶模态；(e) 第五阶模态；(f) 第六阶模态

3.7　局部悬挑结构的竖向振动舒适度性能

3.7.1　舒适度分析的必要性

　　天津新图书馆工程采用钢框架—支撑结构体系，结构体量大，部分柱子不连续，层间刚度变化大，楼板开洞多，结构传力路径复杂（图3.7.1），为保证图书馆使用过程中的舒适性能，有必要对楼板的舒适度性能进行评价。

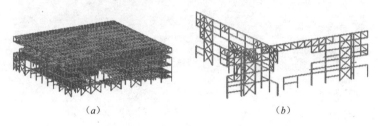

（a）　　　　　　　　　　　（b）

图 3.7.1　天津图书馆结构模型
（a）整体模型；（b）局部剖面布置

3.7.2　本研究舒适度性能评价方法

　　结合1.4.9.2节关于评价标准的研究，天津图书馆舒适度性能的分析采用JGJ—99—98、AISC/CISC的规定方法和时程分析法分别进行分析，主要评价指标为楼板基频和楼板最大加速度。

3.7.3　舒适度研究模型

　　选取四个具有代表性的区域进行分析表3.7.1和图3.7.2，得出每种方法下的楼板舒适度性能指标。

楼板分析区域　　　　　　　　　　　　　　　　　表 3.7.1

序号	范　　围	梁布置
A	普通范围：10.2m×10.2m	次梁跨度10.2m，间距2.55m
B	单悬挑范围：20.4m×1.85m	悬挑梁间距2.55m
C	开洞周围：10.2m×10.2m	次梁跨度10.2m，间距2.55m 洞口尺寸3.775m×2.90m
D	外圈悬挑区域：10.2m×10.2m	次梁跨度5.1m，间距2.55m

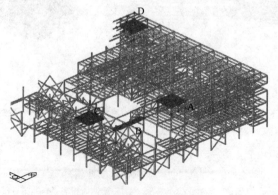

图 3.7.2　典型楼板位置示意图

3.7.4 公式计算分析结果

公式计算结果见表 3.7.2。

公式计算结果 表 3.7.2

计算依据 \ 位置		A	B	C	D
JGJ 99—98	f_0(手算挠度)	56.1	60.3	60.3	56.1
	f_0(程序挠度)	10.8	6.0	11.2	12.8
AISC/CISC	f_n	3.01	4.2	2.56	2.82
	a_p/g	0.003 2	0.001 31	0.004 58	0.004 97
程序计算频率		3.55(65)	5.13(296)	3.52(61)	3.26(34)

3.7.5 考虑舒适度性能的楼板设计与分析

分别考虑单点和多点两种加载模式，作用在楼板区域不利位置，进行时程分析得到各区域内加载点加速度时程。选取的单步荷载如图 3.7.3。

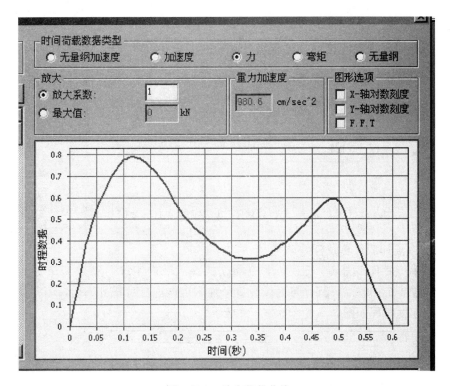

图 3.7.3 单步荷载曲线

1. 单步单点加载计算及杆件调整

把单步荷载作用在每个选择楼板的最不利位置进行时程分析，可得到各点的加速度时程如图 3.7.4 所示。

由图 3.7.4 可以看出，A、C、D 区的加速度都满足要求，只有 B 区的最大加速度超过加速度比 0.5% 的限值要求，另外该区的悬挑走廊处梁受到非常明显的扭转作用，B 区在结构上应考虑改变结构体系。考虑把悬挑走廊的边梁调整为 HM390×300×10/16，直

227

悬挑梁调整为 HM340×250×9/14 后，各区舒适度分析结果如图 3.7.5 所示，从图中可以看出，在单步荷载单点激励下，各区加速度均满足要求。

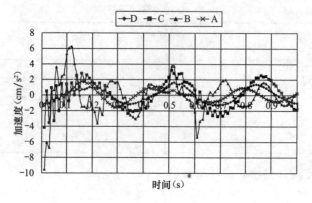

图 3.7.4　各点加速度时程

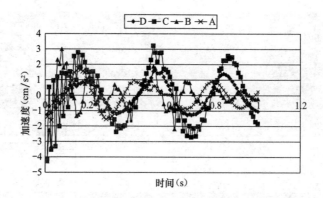

图 3.7.5　调整悬挑梁、边梁后各点加速度时程

2. 单步多点加载计算及杆件调整

选取的单步荷载如图 3.7.3 所示，在每个选择区域内，每间隔 2.55m 设置一个加载点，A 区设置 4 个加载点，其他各区设置 5 个加载点，进行时程分析后，可得到各区域各加载点的加速度时程如图 3.7.6～图 3.7.9 所示。

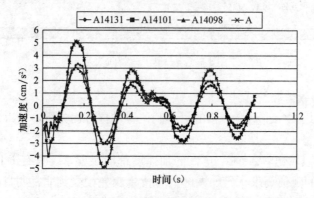

图 3.7.6　单步多点加载 A 区各加载点的加速度时程

228

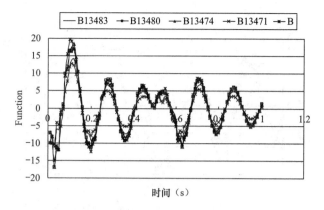

图 3.7.7　单步多点加载 B 区各加载点的加速度时程

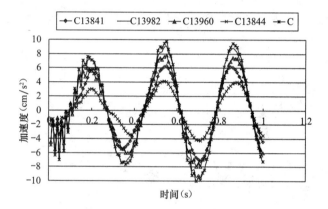

图 3.7.8　单步多点加载 C 区各加载点的加速度时程

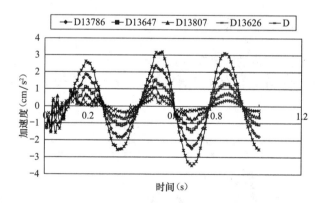

图 3.7.9　单步多点加载 D 区各加载点的加速度时程

从图 3.7.6～图 3.7.9 可以看出，在单步荷载多点激励下，A、B、C 区的楼板加速度响应均超出了允许值，特别是 B、C 两区超出限值较多，需要采取措施进行改善。

（1）通过调整构件截面改善舒适度计算

对于 A 区，把三根次梁截面 H480×300×16×25 修改为 H500×350×18×32 后，A 区各点的加速度响应如图 3.7.10 所示，满足要求。

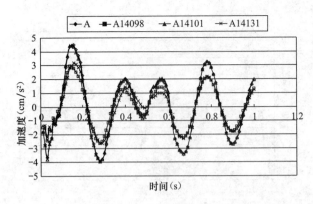

图 3.7.10　调整杆件后 A 区各加载点的加速度时程

对于 B 区，按照前述单点单步结果调整杆件后，B 区各点加速度响应如图 3.7.11 所示，仍不能满足要求，故需要考虑，把边梁上的扶手做成扶手桁架参与结构受力，解决此问题。

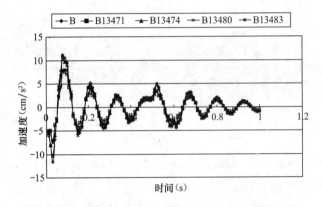

图 3.7.11　调整杆件后 B 区各加载点的加速度时程

对于 C 区，把 C 区范围内的次梁和主梁均修改为 H500×450×18×36 后，该区各点加速度响应如图 3.7.12 所示，仍存在不满足要求的现象，需要进一步通过调整结构布置解决此问题。

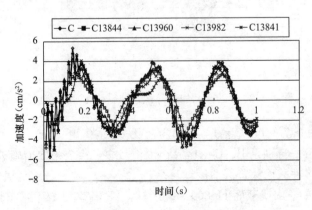

图 3.7.12　调整杆件后 C 区各加载点的加速度时程

（2）对于 B 区结构布置的调整

在 B 区的扶手设置扶手桁架，并修改悬挑梁构件的截面，如图 3.7.13 所示。

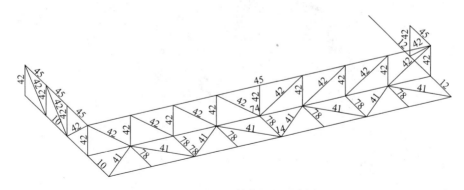

图 3.7.13　B 区结构调整示意图

调整结构布置后，B 区各点加速度响应如图 3.7.14 所示，满足要求。

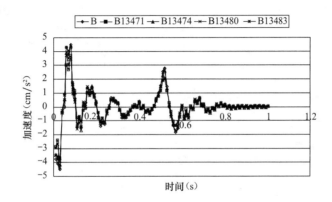

图 3.7.14　调整杆件后 B 区各加载点的加速度时程

（3）对于 C 区结构布置的调整

增设两根次梁，同时调整主梁和次梁构件截面和梁端转角自由度的释放情况，改后 C 区结构布置如图 3.7.15 所示。

调整结构布置后 C 区各点加速度响应如图 3.7.16 所示，满足要求。

3.7.6　顶层单悬挑走廊考虑舒适度性能的分析

1. 楼板模型

顶层 4～6/F 轴走廊，跨度 20.4m，悬挑 2.5m，走廊梁□500×500×32，柱端悬挑梁□500×450×18×28，次梁及边封梁 HW250×250×9×14，如图 3.7.17 所示。楼板为压纹钢板，厚 4.5mm，Q235 钢材。

2. 理论计算

自振频率公式计算结果见表 3.7.3。

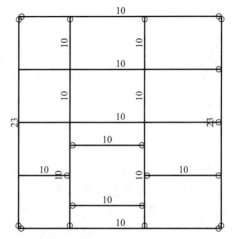

图 3.7.15　C 区结构调整后示意图

231

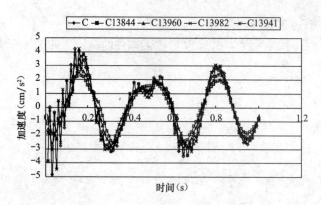

图 3.7.16　调整杆件后 C 区各加载点的加速度时程

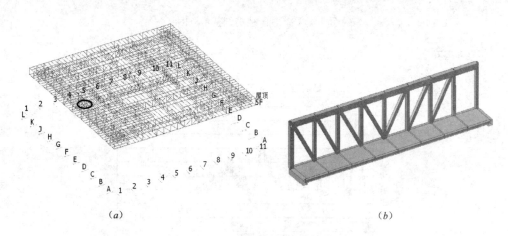

图 3.7.17　顶层悬挑走廊结构模型

(a) 顶层桁架模型；(b) 悬挑走廊示意图

自振频率公式计算结果　　　　　　　　　　　表 3.7.3

计算结果　　　计算依据	高钢规	AISC/CISC
自振频率 f_0（Hz）	60.3	—
自振频率 f_n（Hz）	—	3.75
a_p/g	—	0.001 31

　　根据计算结果，选取的走廊区域的加速度满足《高层民用建筑钢结构技术规程》中，自振频率不小于 15Hz 的规定，同时满足 AISC/CISC 中规定的加速度比 $a_p/g < 0.5\%$ 的要求。

　　3. 楼板杆件调整与使用性能评价

　　使用 Midas 通过时程分析方法验算了楼板的振动性能。

　　选取的步行荷载如图 3.7.3 所示，作用在楼板区域不利位置，进行单步荷载激励时程分析，得到加载点加速度时程。适用步行荷载时，考虑步行者通过最不利位置时的情形和在任意位置跳跃时的情形两种情况，步步间距为 75cm。把单步荷载作用在每个选择楼板的最不利位置进行时程分析，可得到各点的加速度时程，如图 3.7.18 所示。

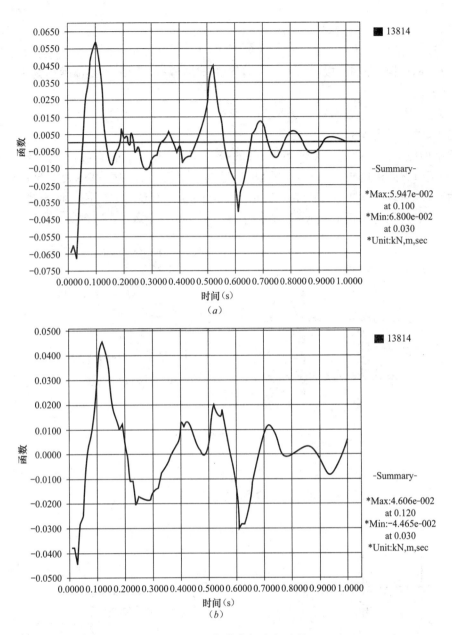

图 3.7.18　加载点加速度时程

（a）原结构计算结果；（b）构件变更后计算结果

原结构加载点最大加速度为 $6.8×10^{-2}\mathrm{m/s^2}$，不满足 $a_\mathrm{n}/g<0.5\%$ 的要求。由于边封梁梁高限值为 250mm，将边封梁改为 H250×350×12×16，加载点最大速度为 $4.606×10^{-2}\mathrm{m/s^2}$，则走廊楼板加速度满足要求。

3.8　图书馆典型节点设计及分析研究

钢框架结构中，节点作为整体结构的传力枢纽，节点设计及其计算研究成为结构设计中的重要环节。由于主体钢结构的受力复杂、结构杆件多、设计中大量采用了箱型截面的杆件，给节点设计带来了难题和挑战。

3.8.1 节点选型与设计

通过对钢结构工程中的梁柱节点主要节点形式的考察，图书馆主体钢结构主要采用刚接节点形式。

1. 组合钢框架的梁柱节点

（1）国内技术规程的构造形式

《钢结构住宅设计规范》（CECS 261：2009）中，10.3.3 条对方（矩）管柱或圆管柱与框架梁刚接节点的构造与计算规定"隔板贯通构造宜用于管柱壁厚不大于 30mm 的框架柱，隔板厚度应较梁翼缘厚度大 3～5mm，其钢材应选用厚度方向钢（抗层状撕裂钢）"，推荐的节点形式如图 3.8.1 所示。

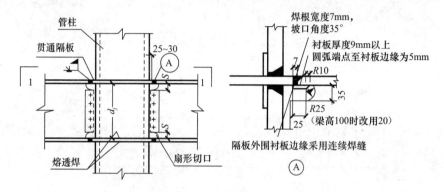

图 3.8.1　推荐节点形式 1

《多、高层民用钢结构节点构造详图》中给出了框架梁与箱型柱的隔板贯通式刚接节点，规定了隔板外伸的长度，如图 3.8.2 所示。

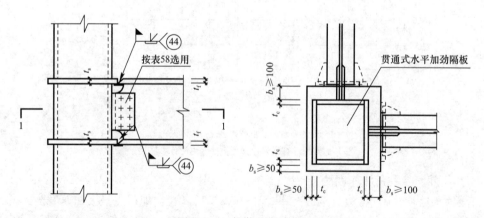

图 3.8.2　推荐节点形式 2

《钢与混凝土组合（楼）屋盖结构构造》中推荐的贯通隔板式梁柱连接如图 3.8.3 所示，隔板外伸的长度为 25～30mm。

（2）本工程节点特点及创新形式

本结构的框架梁柱节点不同于常规设计，构件形式及特点主要体现在以下两方面：

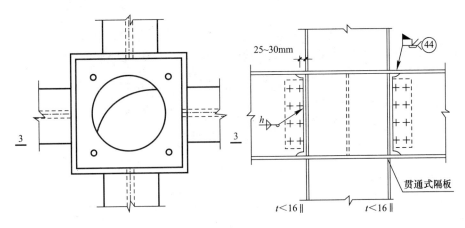

图 3.8.3　推荐节点形式 3

1）许多箱形框架梁的翼缘宽度与框架柱的截面尺寸接近，箱形梁与柱壁之间无法直接焊接，因此内隔板节点形式不适用。

2）受建筑空间的限制，主要的框架梁柱节点无法采用外环板节点。综合考虑节点的受力特性和节点加工制作的难易程度，主要的框架梁柱节点采用隔板贯通节点，局部边柱、角柱部位采用外肋环板节点，次要受力的部位采用内隔板节点，一些空间允许的部位采用外环板节点。

结合规范、构造图集推荐的构造形式，同时保证节点的抗震性能，采用塑性铰外移的连接，本工程设计的隔板贯通节点、外肋环板节点、内隔板节点及外环板节点的构造如图 3.8.4 所示。需要指出的是，本结构的隔板贯通节点形式区别于规范推荐的形式，是具有创新性的新型节点：

1）柱截面小、柱壁较厚，是超出国内规范关于隔板贯通节点构造要求的；

2）连接梁为箱形梁的隔板贯通节点尚属首例，国内外未见相关理论研究或工程应用。

提出创新性节点形式必须进行相关的科学分析研究，为保证节点良好的力学性能，本文将在下一节进行典型节点的力学性能分析研究。

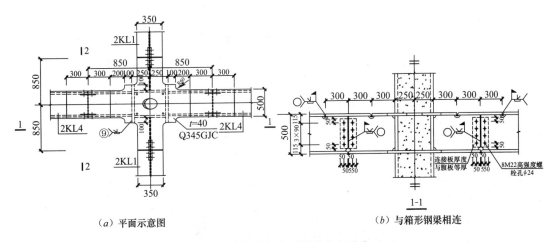

（a）平面示意图　　　　　　　　　　　　　（b）与箱形钢梁相连

图 3.8.4　组合钢框架主要梁柱节点形式（一）

235

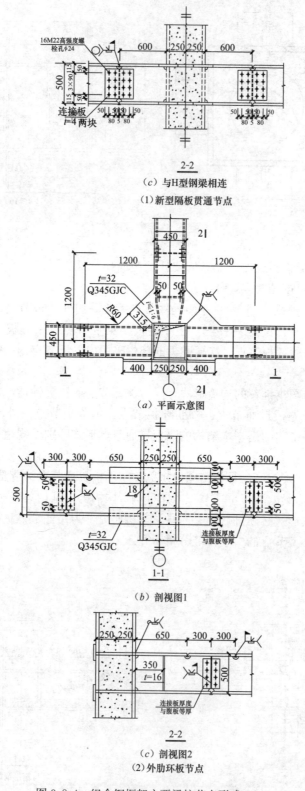

（c）与H型钢梁相连

（1）新型隔板贯通节点

（a）平面示意图

（b）剖视图1

（c）剖视图2

（2）外肋环板节点

图 3.8.4　组合钢框架主要梁柱节点形式（二）

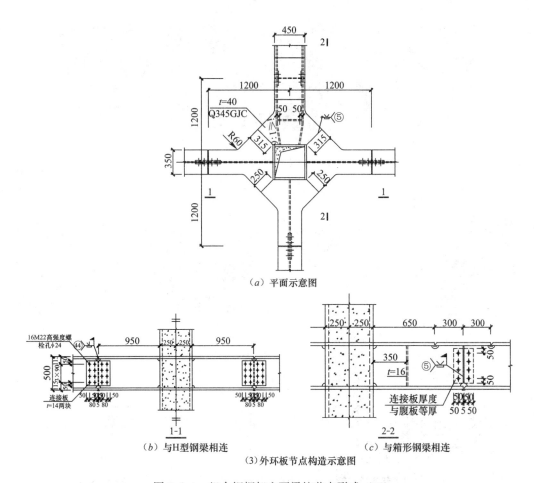

（a）平面示意图

（b）与H型钢梁相连　　　　（c）与箱形钢梁相连

（3）外环板节点构造示意图

图3.8.4　组合钢框架主要梁柱节点形式（三）

（3）空间交叉桁架节点

交叉桁架汇交杆件较多，许多节点有7～9根杆件，且杆件为箱形截面。若采用常规的节点设计，不仅构造繁、制作难、节点受力传递不明确，而且在连接点出现多次施焊的情况，造成节点域的热影响区，大大降低节点的承载能力。

为使节点形式简单且受力可靠，对杆件多于7根的桁架节点及转换桁架等杆件受力差异明显的桁架节点采用铸钢节点，而构件相对较少的桁架节点采用钢管焊接的形式，如图3.8.5所示。

1）铸钢节点的设计

铸钢节点以其构造简单、施工方便且具有满足受力要求的连接方式等方面的优势，近年来在大跨度空间结构中得到了广泛应用，如济南奥体中心体育场、重庆奥林匹克体育中心、重庆渝北体育馆的屋盖网壳结构都用到了铸钢节点；在结构受力复杂的钢框架结构中，铸钢节点仍然有较好的适用性，寿建军、关富玲、孙亚良的《复杂受力状态下大型铸钢节点的性能研究》针对某超高层钢框架采用了铸钢节点。铸钢节点的工程应用示例如图3.8.6所示，本工程铸钢节点的构造形式如图3.8.7所示。

2）桁架相交节点

杆件较少的桁架节点形式主要采用刚接节点，构造形式如图3.8.8所示。

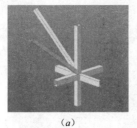 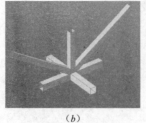 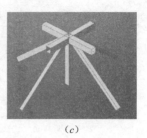

(a) (b) (c)

图 3.8.5　多杆件汇交桁架节点形式

(a) 形式 1；(b) 形式 2；(c) 形式 3

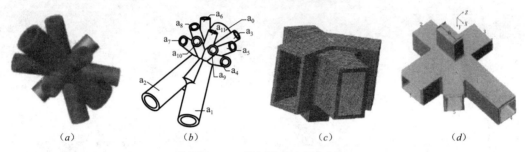

(a) (b) (c) (d)

图 3.8.6　铸钢节点应用实例

(a) 济南奥体中心体育场；(b) 重庆奥林匹克体育中心；(c) 重庆渝北体育馆；(d) 某框架铸钢节点

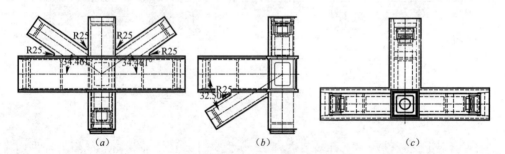

(a) (b) (c)

图 3.8.7　铸钢节点构造形式

(a) 主视图；(b) 左视图；(c) 俯视图

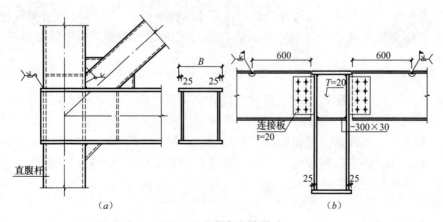

(a) (b)

图 3.8.8　桁架相交节点

(a) 刚接节点；(b) 铰接节点

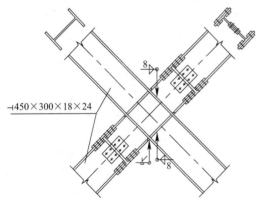

图 3.8.9　柱间 X 形支撑

（4）支撑节点

主体结构的支撑主要有柱间交叉支撑和 V 形跃层支撑两种形式，支撑杆件有箱形截面和 H 型钢两种类型，下面给出介绍支撑节点的构造形式。

1）初期支撑节点方案

柱间支撑采用 X 交叉支撑，保证一向的杆件贯通，在杆件相交处沿另向焊接一段牛腿，再与另向撑杆螺栓拼接。这种构造简单，便于施工，如图 3.8.9 和图 3.8.10 所示。

跃层支撑为上下层 V 撑的杆件汇交于一根梁，在节点处杆件较多。基于天津大学对铸钢相贯节点成熟的研究成果，提出圆钢管铸钢相贯节点方案；另外，提出常规的节点构造。

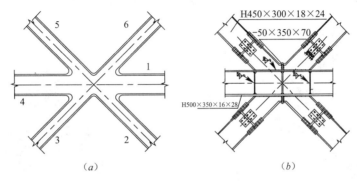

（a）　　　　　　　　　　　　　（b）

图 3.8.10　跃层支撑节点
（a）钢管相贯节点；（b）常规构造

2）支撑节点深化方案

支撑节点的最终方案采用传统刚接构造，如图 3.8.11 和图 3.8.12 所示。对于箱形截面杆件的拼接，通过十字盖板有效地将双向的杆件连接起来，加强支撑节点的整体性。

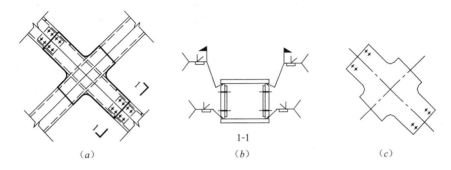

（a）　　　　　　　　　　（b）　　　　　　　　　　（c）

图 3.8.11　柱间支撑节点构造深化方案
（a）节点构造示意；（b）箱形构件拼接图；（c）拼接盖板

3.8.2　节点力学性能分析

采用 ANSYS 有限元分析软件，对重要节点进行静力性能分析，评判节点在地震参与作用下的安全性能。在分析中，采用第四强度理论的 Von Mises 屈服准则判断节点的应力状态。

1. 隔板贯通节点的静力性能

本结构多处为桁架与组合框架柱相交的节点，且杆件多、受力复杂，区别于常见的梁柱节点。选取 3-J 轴（标高 20.520m）和 B-4 轴（标高 29.30m）两处的桁架与钢管混凝土柱相交节点进行力学性能分析。

（1）3-J 轴节点

节点形式如图 3.8.13 所示。运用 ANSYS 有限元分析软件，采用 Solid 95 单元建立实体模型，进行网格自有划分，选择 3 个杆端作为 x、y、z 向位移约束端。节点模型及其约束方式如图 3.8.14 所示。

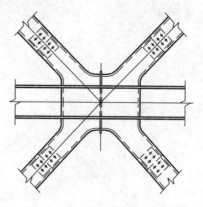

图 3.8.12　跃层支撑节点构造深化方案

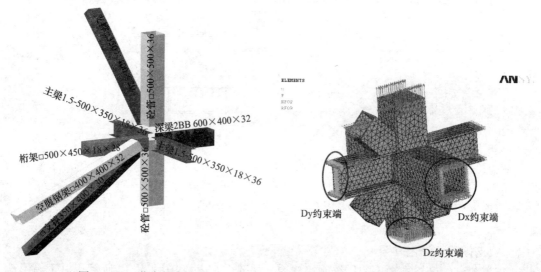

图 3.8.13　节点示意图　　　　图 3.8.14　节点有限元模型及约束条件

对内力较大的杆件进行实际内力加载，提取节点的最大内力进行加载计算，包括弯矩、剪力和轴力。下面分别给出包络工况和最不利工况作用下，节点的 Von Mises 等效应力计算结果。

1）包络工况作用下节点应力分析

节点域最大 Mises 等效应力为 303MPa，满足应力要求如图 3.8.15 所示。桁架斜腹杆与框架梁、柱汇交处的应力较大，且存在应力集中现象。

2）最不利工况作用下节点应力分析

根据主体钢结构的 Midas 计算结果，在工况 59：$1.2(D+0.5L)-1.3E_h-0.5\times 1.0E_z+1.4\times 0.2W_y$ 下节点的内力最大。节点域 ANSYS 最大等效应力为 298MPa，同样满足应力要求，如图 3.8.16 所示。

（2）B-4 轴顶层节点

该节点为汇交杆件最多的一个框架节点，节点杆件各向平面内均有桁架杆件，汇交杆件数量达 9 根，如图 3.8.17 中圈出所示。上弦节点斜腹杆均为方钢管□ 300×300×32×

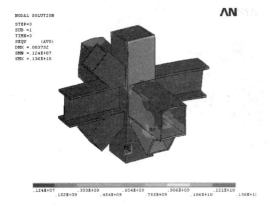

图 3.8.15　包络工况下节点等效应力图

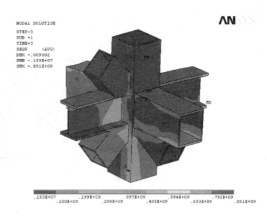

图 3.8.16　工况 59 下节点等效应力图

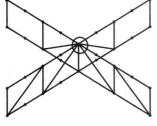

图 3.8.17　B-4 轴顶层
节点示意图

32，上弦杆除 A 轴单侧为 H500×450×18×36，其余均为 H500×350×18×32，钢管混凝土柱截面为□ 500×500× 38×38。

节点为刚接节点，根据节点内力规律，四根斜腹杆内力较小，弦杆及柱的内力较大，边界条件采取将斜腹杆底部全约束，柱底约束 y 向位移，上弦杆均约束平面外自由度。提取有地震作用的包络内力进行加载计算，节点有限元模型及计算结果如图 3.8.18 所示。

根据节点变形图，上弦杆的翼缘发生翘曲，最大变形 1.16mm，变形值较小；弦杆、腹杆与柱连接处以及斜腹杆与上弦杆连接处的应力较大，最大等效应力 348MPa，因此节点应力处于弹性范围，满足设计要求。

2. 铸钢节点的静力性能

本工程关于铸钢节点的设计分为初期设计与最终设计两个阶段，对不同形式的铸钢节点的力学性能均进行了有限元分析。下面对这两个阶段中的代表性铸钢节点进行力学性能分析与研究。

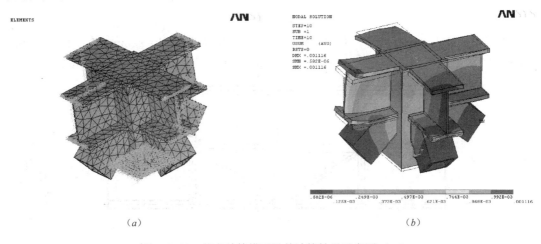

(a)　　　　　　　　　　　　　　(b)

图 3.8.18　节点计算模型及其计算结果示意图（一）
(a) 节点模型及其约束；(b) 节点变形

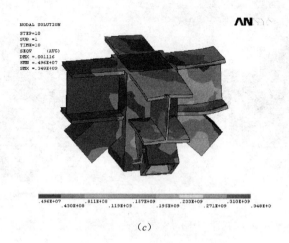

（c）

图 3.8.18　节点计算模型及其计算结果示意图（二）

（c）节点等效应力

（1）初期设计的代表性铸钢节点

根据桁架的受力特点，初期设计中选定受力最不利的桁架节点采用铸钢节点。铸钢节点分为两种构造形式，共 7 个节点，节点分别位于 J 轴、K 轴及 10 轴立面桁架。节点形式及位置如图 3.8.19 和图 3.8.20 所示。

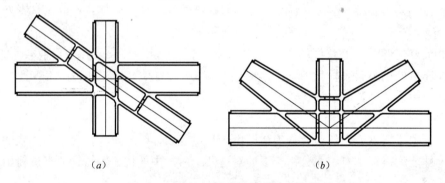

（a）　　　　　　　　　　　　　　（b）

图 3.8.19　铸钢节点构造形式示意图

（a）形式一；（b）形式二

钢管相贯处进行倒角处理，相贯角度 $\theta < 90°$ 时，倒角半径 $R = 25mm$，$\theta \geqslant 90°$ 时，$R = 50mm$。杆件截面按照设计选取，板厚初选 40mm，隔板开洞初选直径 $D = 280mm$。

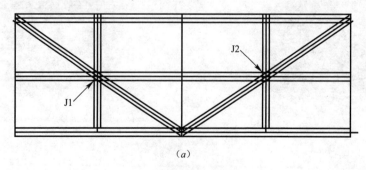

（a）

图 3.8.20　铸钢节点位置示意图（一）

（a）J 轴节点

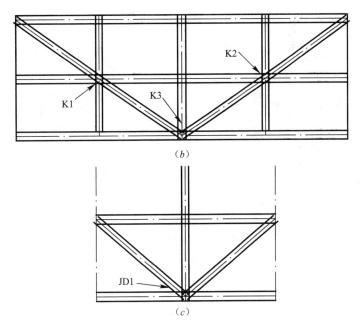

（b）

（c）

图 3.8.20　铸钢节点位置示意图（二）

（b）K 轴节点；（c）10 轴节点；

对各节点进行静力性能分析，检验节点构造的合理性。ANSYS 分析中，采用 Shell 181 单元进行节点建模，提取有地震参与下包络工况的各节点内力进行计算分析，计算与分析结果分述如下。

1）节点形式一（J_1 节点）

对于第一种节点，几个位置的节点受力特点一致，因此选取 J_1 节点为分析研究对象。节点的构造如图 3.8.21 所示，内力图如图 3.8.22 所示，应力结果如图 3.8.23 所示。

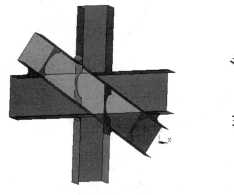

图 3.8.21　J_1 模型示意（剖切）

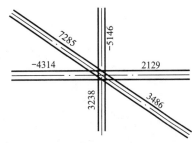

图 3.8.22　杆件轴力（kN）（负号为压）

J_1 节点整体的变形表现为向一侧弯曲；下直腹杆应力较大且出现应力集中现象，其他杆件应力均满足要求。考虑到选取的内力为包络内力，不平衡，对杆件受力有影响，认为节点受力满足要求。右侧的竖向肋板与钢管交界处出现应力集中，最大等效应力 211MPa，小于铸钢材料的屈服强度 230MPa，节点受力处于弹性范围。所以，第一种形式的铸钢节点承载性能满足工程设计要求，构造合理。

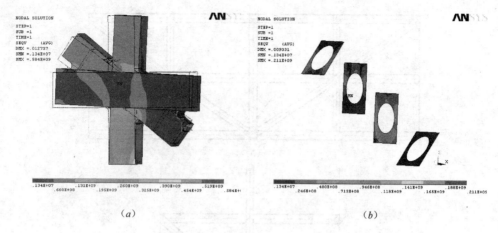

图 3.8.23　节点 ANSYS 等效应力分布示意图

(a) 节点整体等效应力；(b) 肋板等效应力

2）节点形式二（K3 节点）

对于第二种节点，选取 K3 节点为分析研究对象。节点的构造如图 3.8.24 所示，内力图如图 3.8.25 所示，应力结果如图 3.8.26 所示。

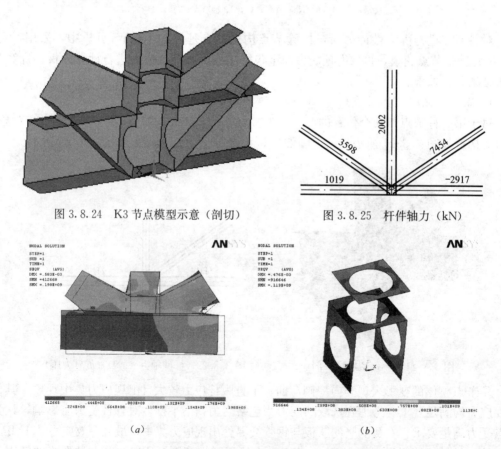

图 3.8.24　K3 节点模型示意（剖切）　　　图 3.8.25　杆件轴力（kN）

图 3.8.26　K3 节点 ANSYS 等效应力结果示意图

(a) 节点整体等效应力图；(b) 肋板等效应力图

K3 节点的腹杆相交处的等效应力较大，肋板最大应力 113MPa。节点整体等效应力均小于铸钢材料的屈服应力 230MPa，处于弹性范围。所以，第二种形式的铸钢节点承载性能满足工程设计要求，构造合理。

（2）最终设计的代表性铸钢节点

主体结构深化设计最终确定了 58 处杆件较多的节点采用铸钢节点，通过对各节点的构造形式进行归类，分别在结构第 3 层和第 4 层各选一个有代表性的铸钢节点，进行有限元力学性能分析与研究。

为了更精确地反映应节点的受力特性，ANSYS 分析中选用两种实体单元建立模型并加载计算，通过两种结果对比分析，考察节点性能是否满足中震弹性的设计要求。

1）8-H 轴（3F，标高 13.770m）

本节点特点为一向弦杆为 H 型钢梁，铸钢节点在拼接处进行内加肋板的设计，斜腹杆受较大拉力。节点三维模型示意图如图 3.8.27 所示，有地震作用的最不利工况为工况 36：$1.2(D+0.5L)+1.3E_h+0.5\times1.0E_z-1.4\times0.2W_x$，提取节点内力（轴力）如图 3.8.28 所示。

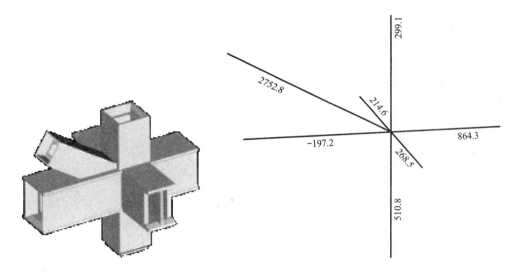

图 3.8.27　三维模型示意图　　　图 3.8.28　杆件内力图（轴力）（kN）

分别选用 Solid95、Solid187 两种单元建立 ANSYS 模型并采用自由划分网格，对斜腹

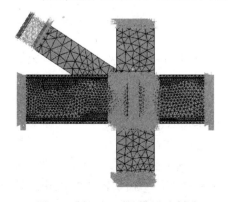

图 3.8.29　ANSYS 模型示意图

杆施加主要内力（轴力、剪力、弯矩），对其余杆件施加三向铰支约束。ANSYS 模型及边界、加载条件如图 3.8.29 所示，节点的应力结果如图 3.8.30 所示。

综合比较 8-H 节点两种模型的计算结果，可得出以下结论：

① 节点域各支杆应力均小于铸钢材料屈服强度 230MPa，满足强度要求；

② 节点的应力状态处于弹性阶段，满足节点域"中震弹性"的设计要求；

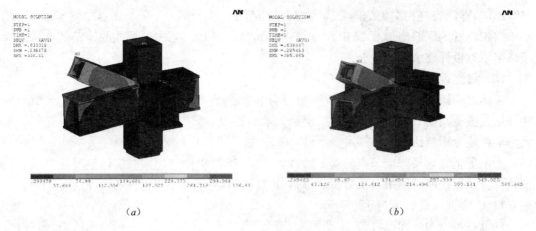

(a)   (b)

图 3.8.30   8-H 节点 ANSYS 等效应力分布图

(a) Solid95 模型整体应力结果；(b) Solid187 模型整体应力结果

③ 节点连接端应力满足要求，箱形截面连接端及 H 型钢连接端构造均符合受力要求；

④ 加劲肋以及弦杆工艺孔处的应力均满足强度要求；

⑤ 两种模型的应力分布趋势相同，Solid187 模型的结果稍大。

2）5-J 轴（4F，标高 20.520m）

节点三维模型示意图如图 3.8.31 所示，中震作用下的最不利工况为工况 36，节点内力如图 3.8.32 所示。

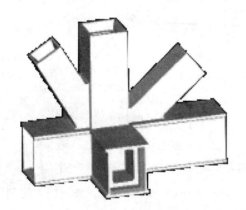

图 3.8.31   三维模型示意图

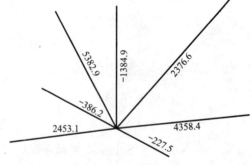

图 3.8.32   杆件内力图（轴力）（kN）

选用 Solid45、Solid187 两种单元建立 ANSYS 模型并采用自由划分网格，对弦杆施加三向铰支约束，对斜腹杆及直腹杆施加主要内力（轴力、剪力、弯矩），对模型进行静力计算。节点的应力结果如图 3.8.33 所示，5-J 节点的应力结果也符合"中震弹性"的设计要求。两种模型的应力分布趋势相同，Solid187 模型的结果稍大。

3. 桁架焊接节点的静力性能

本节对直接焊接的桁架刚接节点进行力学性能分析。以 A-4 轴顶层桁架节点为研究对象，该节点 A 轴为主向，4 轴为次向，沿主向一侧是空腹桁架。A 轴弦杆的弯矩相差较大，对节点性能的影响显著；另外，A 轴对 4 轴桁架起一定的支座作用。根据以上节点的

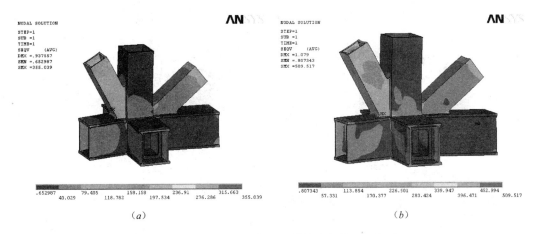

图 3.8.33　5-J 节点 ANSYS 等效应力结果示意图

(a) Solid45 模型整体应力；(b) Solid187 模型整体应力

受力特点对节点性能进行如下分析。

（1）空腹桁架的弯矩对节点变形的影响

选用 Shell181 单元建立模型，提取包络工况下节点内力，对弦杆施加弯矩和轴力，对直腹杆仅考虑轴力进行静力计算分析，如图 3.8.34 所示。

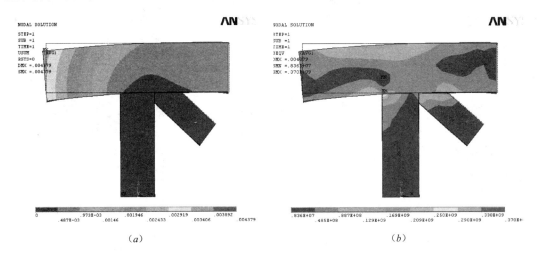

图 3.8.34　A-4 节点 ANSYS 结算结果

(a) 节点等效变形图；(b) 节点等效应力图

节点域整体变形表现为侧弯，直腹杆变形不大，右侧腹杆可视为对它的支撑。节点最大应力为 129MPa，处于弹性范围；杆件交界处出现应力集中，可通过构造措施消除。

（2）垂直相交桁架的共同作用

将 A 轴桁架平面内的杆件完全约束，视为 4 轴的固定支座。对 4 轴的弦杆施加最大内力。由图 3.8.35 可以看出，在该分析假定下，节点域的应力很小，4 轴弦杆有明显下挠，A 轴弦杆管壁外凸明显，可采取构造措施补强。

4. 悬挑走廊抗扭节点的静力性能分析

图书馆结构存在多处 20.4m 跨的悬挑走廊，荷载由次梁传向主梁，形成均布扭矩的

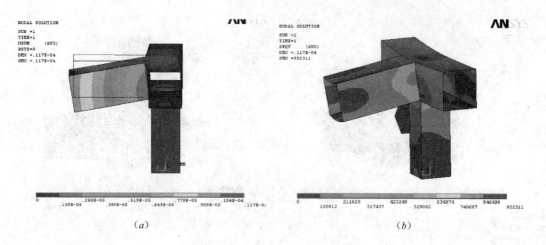

图 3.8.35　约束 A 轴杆件后 ANSYS 结算结果

(a) 节点等效变形图；(b) 节点等效应力图

作用，传至两端梁柱节点造成很大的扭转作用。扭转节点是不利于结构合理受力的设计，因此应对抗扭节点进行力学分析，保证设计的合理性。

选取结构第 2 层悬挑走廊的主梁边节点和中间节点作为研究对象，节点位置及其构造如图 3.8.36 所示。其中，边柱为钢管混凝土柱，分析中简化考虑为钢管。

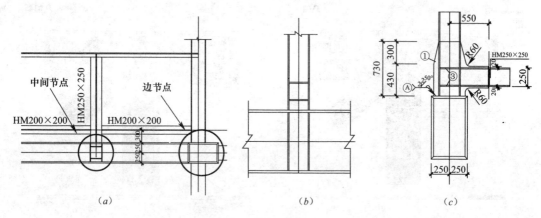

图 3.8.36　走廊抗扭节点位置及构造示意图

(a) 节点位置示意图；(b) 沿主梁方向节点构造；(c) 沿次梁方向节点构造

选用 Shell 181 单元建立节点模型，根据各节点的边界条件进行约束，提取工况 32：$1.2(D+0.5L)+1.3E_h+0.5\times1.0E_z+1.4\times0.2W_x$ 下两处节点的内力，进行加载计算。

(1) 走廊中间节点 ANSYS 应力结果

对走廊主梁进行全约束，两外端进行加载。中间节点的总体应力处于弹性范围，桁架的竖腹杆应力较大，最大应力 255MPa，如图 3.8.37 所示。

(2) 走廊边节点 ANSYS 应力结果

对柱上下端进行铰接约束，节点等效应力结果为悬挑梁根部应力较大，最大应力 487MPa，超出屈服应力 345MPa。将悬挑梁改为箱形梁后，悬挑梁根部的最大应力为 330MPa，节点等效应力图如图 3.8.38 所示。

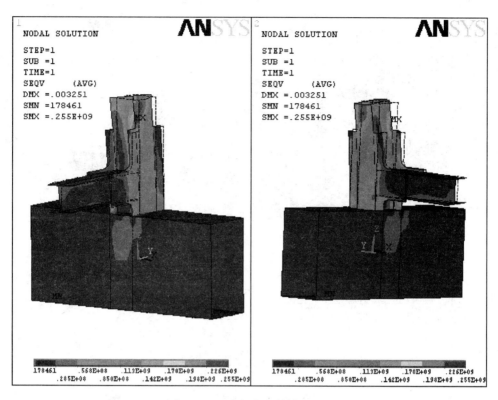

图 3.8.37　中间节点等效应力图

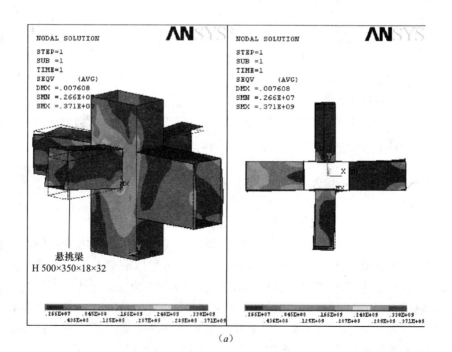

（a）

图 3.8.38　边节点等效应力图（一）

（a）初设边节点等效应力

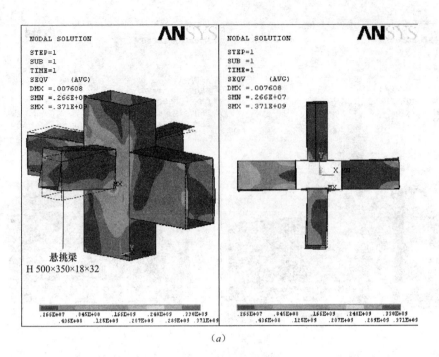

图 3.8.38　边节点等效应力图（二）

（b）构件优化后节点等效应力

3.8.3　小结

本节结合天津图书馆主体钢框架的结构特点，对组合钢框架梁柱节点、多杆件汇交的桁架节点、支撑节点等进行了节点选型与方案设计。其中，主要的梁柱节点采用隔板贯通节点、外肋环板节点、内隔板节点和外环板节点等；桁架节点采用了矩形钢管铸钢节点、钢管焊接节点；支撑节点则选用传统构造形式。

为保证节点满足"中震弹性"的设计要求，对典型的节点形式进行了 ANSYS 有限元力学性能分析。分析结果表明，主体组合钢框架结构的各种节点受力性能良好，均满足设计要求。同时也表明，本工程应用的新型隔板贯通节点具有创新性的构造是合理的，可为以后的工程提供借鉴。

3.9　铸钢节点静力性能试验有限元分析

3.9.1　试验概况

由于图书馆结构的复杂性，节点杆件的数量及空间位置使得铸钢节点的形式各不相同。桁架多杆件汇交节点区域应力状态复杂，计算分析难以准确把握节点的实际受力状况。通过对节点模型的静力试验研究验证铸钢节点的实际受力性能是否满足抗震及设计要求，检验铸钢节点构造的合理性，对设计提供可靠保障。结合图书馆的结构布置特点，本工程中铸钢节点可以划分为两大类：①上、下层双向交叉桁架的连接节点；②结构转换层、受力明显的平面内连接节点。桁架结构的不规则设计使得节点杆件的受力差异较大，在地震作用下这种受力差异尤为显著。因此，针对以上结构及受力特点，需要选择典型的铸钢节点考察铸钢节点的力学性能及其在本工程中的适用性。

本试验试件取自 6-J 轴-4F(20.520m) 和 8-K 轴-5F(24.795m) 的两种铸钢节点形式，编号分别为 ZG1、ZG2。其中，ZG1 形式制作一个足尺模型；ZG2 形式分别制作一个足尺模型（ZG2-1）和一个 1/2 模型试件（ZG2-2）。试件形式及编号如图 3.9.1 和图 3.9.2 所示。

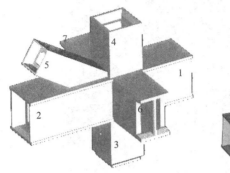
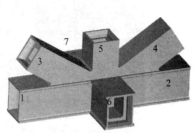

图 3.9.1　1ZG1——6-J 轴-4F　　　　图 3.9.2　2ZG2——8-K 轴-5F

3.9.2　试验节点的有限元分析

使用 ANSYS11.0 有限元分析软件对铸钢节点进行静力计算分析。选取 Solid187 单元建立实体模型，利用 Smart size 法对节点整体进行自由划分，根据各节点试验加载方式与加载制度进行计算。根据铸钢节点试验研究的一般方法，本节对铸钢节点受力性能的研究只考虑轴力作用，即节点试验采用轴向加载方式。

1. 节点 1 有限元分析

（1）节点受力特点

根据有限元分析软件 Miads Gen7.80 的计算结果，提取最不利的静力工况（$1.2D+1.4L+1.4\times0.6W_x$）下节点域的内力作为实物节点的加载工况。

通过内力图（图 3.9.3）可以看出，最不利的静力工况下，斜腹杆所受拉力较大，抵抗水平力的效果明显，对节点域应力影响最大，是设计中的关键杆件；平面外的两根弦杆轴力相差不大，对节点域的应力影响不明显。

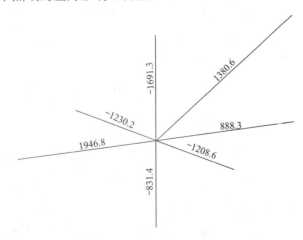

图 3.9.3　节点 1 最不利静力工况下的内力图（轴力）（kN）

（2）边界条件及加载制度

根据节点受力特点确定节点 1 的加载方案，采取主平面内加载的方式。试验装置如

251

图 3.9.4 所示。

图 3.9.4　节点 1 试验装置

1）约束条件

将弦杆端部与辅助套管拼接，再焊接到支座，视为固接；下部直腹杆端部作为约束端直接安装放入底座中，视为铰接；平面外的两根弦杆不做约束。

2）加载方式与加载制度

选择受拉效果明显的斜腹杆和上部直腹杆作为加载端。通过拉力转换装置对斜腹杆施加拉力；直腹杆受压，采用液压千斤顶直接施加压力。试验加载至设计荷载的 1.2 倍，加载情况如表 3.9.1 所示。

节点 1 杆件几何尺寸与加载情况　　　　　　　　　　　　表 3.9.1

连接杆件	端口截面（mm）	设计荷载（kN）	最大加载－1.2 倍设计荷载（kN）
斜拉杆	□ 300×300×16×16	1 380.6（拉力）	1 656.7
上直腹杆	□ 400×400×25×25	－1 691.3（压力）	－2 029.6
主平面其余杆件	约束端		

（3）有限元计算分析

利用 ANSYS 建立的有限元实体模型如图 3.9.5 所示，节点等效应力结果如图 3.9.6 所示。节点杆件汇交区域的最大等效应力为 171MPa，杆件应力均小于铸钢材料屈服强度 230MPa，满足正常使用条件下的强度要求。

2. 节点 2-1 有限元分析

（1）节点受力特点

同节点 1，提取最不利的静力工况（$1.2D+1.4L+1.4×0.6W_x$）下节点域的内力作为实物节点 2-1 的加载工况，如图 3.9.7 所示。

由图 3.9.7 可知，节点 2（8-K 轴）杆件的内力差比较明显。两根斜腹杆所受拉力较大且差异较大，抵抗水平力的效果明显，是设计中的关键杆件；左右两根弦杆轴力对节点域的应力贡献较小；平面外的两根弦杆轴力相差不大，对节点域的应力影响不明显，但图 3.9.7（b）显示这两根弦杆的剪力异号且相差较大，平衡两斜腹杆的轴力分量。

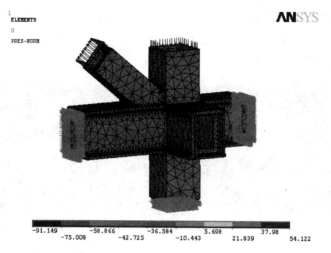

图 3.9.5　节点 1 ANSYS 实体模型

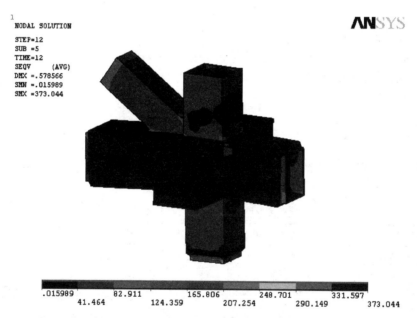

图 3.9.6　1.2 倍设计荷载下节点等效应力

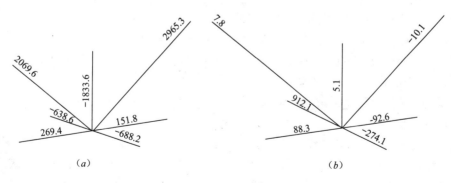

（a）　　　　　　　　　　　　　　　　（b）

图 3.9.7　最不利静力工况下节点内力示意图
（a）轴力（kN）（一为压，＋为拉）；（b）剪力（kN）

（2）边界条件及加载制度

根据节点受力特点确定节点 2-1 的加载方案，采取空间加载的方式。将图 3.9.8（a）视角称为主平面前面；图 3.9.8（b）视角称为主平面背面。

（a）　　　　　　　　　　　　　　（b）

图 3.9.8　节点 2-1 试验装置

（a）主平面加载与约束；（b）平面外剪力加载

1）约束条件

根据图 3.9.8 中杆件的编号，将 2 号、7 号弦杆端部与辅助套管拼接，再焊接到支座，视为固接；两根斜腹杆由于受力较大，将杆件端部与底座通过销轴连接，从而实现以反力加载，视为铰接。

2）加载方式与加载制度

直腹杆受压，采用液压千斤顶直接施加压力；对 1 号弦杆施加压力，对 6 号平面外弦杆提供向上的剪力，以实现两斜腹杆的内力差。试验加载至设计荷载的 1.2 倍，加载情况如图 3.9.2 所示。

节点 2-1 杆件几何尺寸与加载情况　　　　　　　　　　　　表 3.9.2

连接杆件	端口截面（mm）	设计荷载（kN）	最大加载－1.2 倍设计荷载（kN）
左弦杆（1 号）	□ 500×450×18×28	－715.0（压力）	－858.0
直腹杆	□ 400×400×25×25	－2 030.9（压力）	－2 437.1
面外剪力杆（6 号）	□ 500×450×18×28	1 186.2（向上剪力）	1 423.4
其余杆件	约束端		

（3）有限元计算分析

利用 ANSYS 建立的有限元实体模型如图 3.9.9 所示，1.2 倍设计荷载选节点的等效应力分布图如图 3.9.10 所示。节点域等效应力均小于铸钢材料强度（230MPa），满足强度要求；节点的应力状态处于弹性阶段。斜腹杆与其他杆件汇交处的应力最大，达到了 202MPa，作为试验中的重点考察部位。

3. 节点 2-2 缩尺模型有限元分析

（1）节点受力特点

由于缩尺节点 2-2 主要考察节点的最大承载能力，选择 8-K 轴节点中震作用下的最不利工况（$1.2(D+0.5L)+1.3E_h+0.5×1.0E_z-1.4×0.2W_x$）为加载工况。在该工况下，8-K 轴节点内力特点和静力工况下的一致，斜腹杆受拉较大，抵抗水平力的作用明显，斜腹杆的受力状态及节点域的应力水平是破坏性试验的考察重点如图 3.9.11 所示。

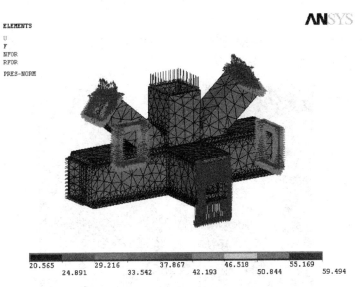

图 3.9.9　节点 2-1 ANSYS 实体模型

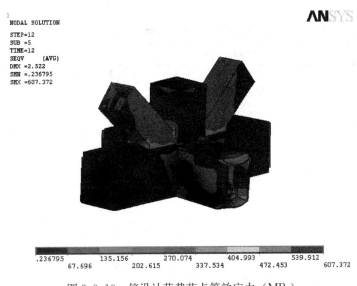

图 3.9.10　倍设计荷载节点等效应力（MPa）

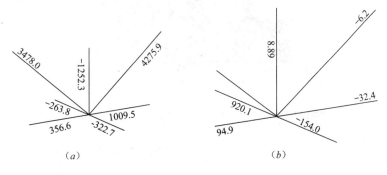

图 3.9.11　中震下最不利工况节点内力图
（a）轴力（kN）（一为压，＋为拉）；（b）剪力（kN）

（2）边界条件及加载制度

1/2缩尺模型的约束条件和加载方式与足尺节点相同，节点2-2的试验装置如图3.9.12所示，杆件的设计荷载如表3.9.3所示。

图3.9.12　节点2-2加载装置

倍设计荷载缩尺模型杆件几何尺寸与加载情况　　　　表3.9.3

连接杆件	端口截面（mm）	原节点荷载（kN）	模型加（kN）
左弦杆（1号）	□250×225×9×14	−706.0（压力）	176.5
直腹杆	□200×200×12.5×12.5	−3 910.0（压力）	800.0
面外剪力杆（6号）	□250×225×9×14	1 074.0（向上剪力）	446.0
其余杆件	约束端		

（3）有限元计算分析

利用ANSYS建立的有限元实体模型如图3.9.13所示，节点的应力分布图示如图3.9.14所示。

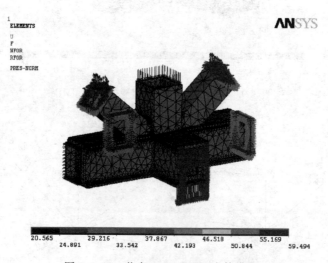

图3.9.13　节点2-2 ANSYS实体模型

由图3.9.14可以看出，在设计荷载作用下，缩尺模型节点域应力均小于铸钢材料屈服强度230MPa，满足强度要求，节点的应力状态处于弹性阶段。斜腹杆与其他杆件汇交

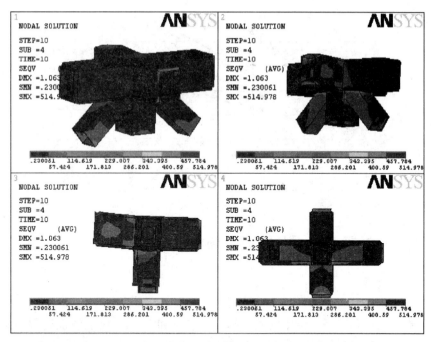

图 3.9.14　倍设计荷载下缩尺模型的等效应力（MPa）

处的应力最大，为试验中重点考察部位。

　　荷载达到 4.4 倍设计荷载时，节点因塑性发展而破坏。由于平面外剪力的影响，节点主平面内斜腹杆、直腹杆以及弦杆的节点域前后对应面的测点应力相差较大，且弹塑性发展趋势不同。正面测点应力处于弹性范围，斜腹杆背面的测点在 2.2 倍设计荷载时先屈服，弦杆在背面的测点在 3.4 倍设计荷载时也进入塑性状态。各杆件在节点域的代表性测点的有限元等效应力的变化趋势如图 3.9.15 所示。

3.9.3　小结

　　本章根据两种节点的受力特点，在确定节点的加载模式与约束方式的基础上，对节点进行实体模型静力学性能的有限元分析。

　　有限元分析结果表明在设计荷载下，实物节点 1、节点 2-1 的节点域应力处于弹性状态；缩尺模型节点在 4.4 倍设计荷载时达到破坏，平面内杆件在对称位置测点的应力发展趋势差异较大，斜腹杆与弦杆背面的测点塑性发展较早。两种铸钢节点在结构中的使用安全性较高。

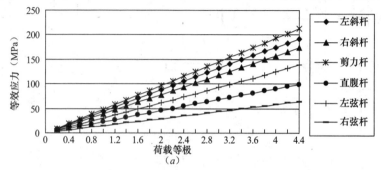

图 3.9.15　节点各杆件 ANSYS 等效应力变化趋势（一）

（a）正面测点应力变化

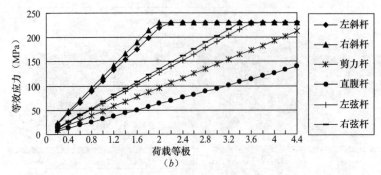

图 3.9.15 节点各杆件 ANSYS 等效应力变化趋势（二）

(b) 背面测点应力变化

3.10 方钢管混凝土柱-H 型钢梁隔板贯通节点抗震性能研究

3.10.1 试验研究背景

近年来，矩形钢管混凝土柱与 H 型钢梁组成的框架体系在高层建筑结构设计中广泛使用，而节点又是这种体系设计中的关键部位。在 1994 年的美国北岭地震和 1995 年的日本阪神地震中，不少钢框架结构受到严重破坏甚至倒塌，经震害调查发现，框架破坏的部位大多在节点区。节点的破坏往往是导致整个框架倒塌破坏的主要原因之一，主要是节点受轴力、弯矩、剪力的作用，这样的复杂应力状态使节点发生严重的变形。

国内外对方钢管混凝土柱-钢梁节点的一些形式进行了受力特点、破坏特征及抗震性能的研究，但尚不完善和成熟。我国《矩形钢管混凝土技术规程》（CECS 159：2004）推荐的内隔板式节点形式得到了较多的应用与研究。对于隔板贯通式节点，应用研究较少。

天津新图书馆主体结构为钢框架支撑结构体系，主要梁柱节点采用方钢管混凝土柱-钢梁隔板贯通节点。本次试验构件根据天津图书馆整体模型振动台试验结果，取其中具有代表性的两个节点：一个方钢管混凝土柱-H 型钢梁节点和一个方钢管混凝土柱—箱形钢梁节点。为满足竖向承载力要求，并受到柱截面尺寸限制，采用的方钢管混凝土柱的钢管管壁较厚。其宽厚比在以往工程中较为少见。另外，由于图书馆结构布置的特殊性，导致有些部位钢梁承受扭矩，在扭矩较大处采用了箱形截面钢梁。

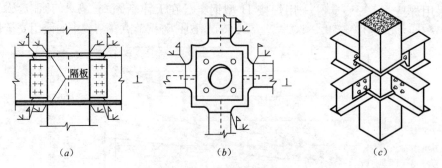

图 3.10.1 隔板贯通节点

(a) 节点剖面 1-1；(b) 节点平面；(c) 透视图

3.10.2 试验概述

拟静力试验方法是目前研究结构或构件抗震性能中应用最广泛的试验方法。它采用一定的荷载控制或变形控制对试件进行低周反复加载，是使试件从弹性阶段直至破坏的一种试验。拟静力试验有两层意思：一个是它的应变速率很低，从而应变速率的影响可以忽略；另一个是它既包括单调加载又包括循环加载，单调加载可以认为是循环加载的一种特例。低周反复加载试验是指周期性的拟静力试验，与一次单调加载试验相比，它可以最大限度地利用试件提供各种信息，例如承载力、刚度、变形能力、耗能能力和损伤特征等，是对结构或构件进行非弹性抗震性能试验研究的一种常用方法。

本试验试件取自方钢管混凝土柱-H型钢梁平面框架体系中刚性节点，模拟框架受侧力作用时节点的受力情况。对所设计的节点形式进行拟静力低周反复加载，从而研究节点的承载能力、塑性铰外移情况、耗能性能等特征。

3.10.3 研究手段及目的

本试验模拟框架受侧力作用时节点的受力情况，对所选取的节点形式进行低周反复加载。

（1）记录节点在低周反复荷载作用下的破坏过程，分析节点破坏机制。

（2）通过应力应变分析，获得节点区应力分布；并判断梁端塑性铰产生位置，分析塑性铰区梁端转动能力。

（3）实测节点滞回曲线（柱端荷载—位移曲线）及骨架曲线，分析节点的承载力、强度、刚度、延性及耗能能力。

针对本次试验，采用 ANSYS 对该节点进行了考虑几何非线性、材料非线性和接触非线性三重非线性有限元分析，得到了节点域应力分布规律并研究了其破坏机理；根据试验滞回曲线及骨架曲线，研究了节点刚度退化并通过计算节点延性系数及能量耗散系数和等效黏滞阻尼系数，得到了节点的延性及耗能能力，为验证试验结果创造了条件。

在完成试验和有限元分析的基础上，根据试验结果及有限元分析结果，对节点应力分布规律及节点抗震性能进行了对比分析，明确该节点应力分布规律及刚度退化、强度退化、延性系数、能量耗散系数、等效黏滞阻尼系数等抗震性能参数。从而，可以综合评判该种节点的抗震性能。

3.10.4 试验方案

1. 试验构件及材料性能

试验构件编号为 JD-1。为天津新图书馆钢框架—支撑体系中的刚性隔板贯通足尺节点。柱采用焊接箱形柱，钢梁采用焊接 H 型钢梁。在天津新图书馆钢结构制作及施工单位——天津建工集团总承包公司钢结构分公司进行制作。柱及隔板钢材均采用高建钢 345，钢梁钢材采用 Q345B。管内混凝土等级为 C60，在试验室养护 28d。梁、柱分别在工厂焊接成型后，在试验室进行现场拼接。钢梁翼缘与隔板外伸部位坡口对接焊，钢梁腹板与焊接于钢管壁的剪力板通过连接板，采用摩擦型高强度螺栓 M22 连接，均为 10.9 级。试件各构件截面尺寸见表 3.10.1。试件主要尺寸见图 3.10.2。

节点试件各构件编号及截面尺寸 表 3.10.1

试件编号	梁柱连接方式	柱截面尺寸（mm）	梁截面尺寸（mm）	隔板尺寸（mm）			混凝土等级
				$l \times b \times t$	D	d	
JD-1	栓焊节点	□ 500×500×36	HN500×350×18×36	1200×700×40	200	25	C60

注：其中，D 为混凝土浇筑孔直径，d 为透气孔直径。

259

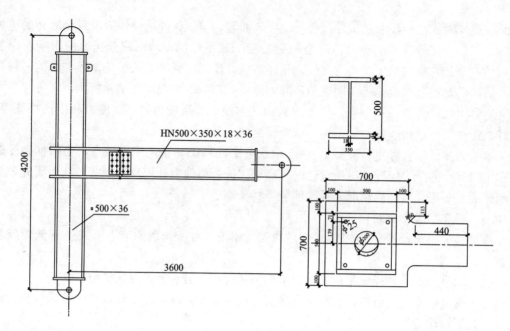

图 3.10.2　JD-1 试件主要尺寸

钢材材性试件按照《金属材料　拉伸试验　第 1 部分：室温试验方法》GB/T 228.1—2010 的规定，制作成图所示的棒状标准试样，各种厚度的钢板试样均取自与构件同一批材料，其单向拉伸试验结果的平均值见表 3.10.2。试件钢管内混凝土设计强度等级 C60，在天津某商品混凝土基地搅拌站按设计用量一次性搅拌，在钢结构制作工厂一次性浇筑，浇筑过程中随机取样并制作边长为 150mm 的标准混凝土立方体试块 3 个，并随试件一同在试验室进行养护。在节点试件开始试验加载前，测试混凝土试块抗压强度，结果见表 3.10.2。

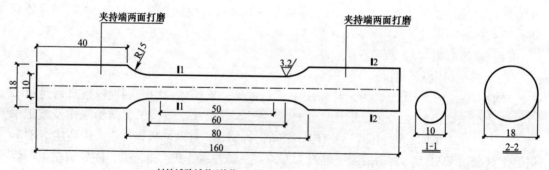

材性试验试件（单位：mm）

图 3.10.3　钢材材性试验标准试样

钢材及混凝土材料特性　　　　　　　　　　　　　　　　　　　　表 3.10.2

材料	厚度（边长） （mm）	数量	屈服强度 f_y （N/mm²）	抗拉强度 f_u （N/mm²）	伸长率 δ（%）	弹性模量 （×10⁵N/mm²）
	28	3	407.75	554.25	24.3	2.24
钢材	36	3	400.6	541.7	29.4	1.97
	40	3	372.9	540.8	23.1	2.22

2. 试验测点布置

(1) 应变测量

隔板及梁翼缘应变片布置主要考虑的截面有隔板根部、隔板倒角截面突变处、0.5倍梁高处、隔板与梁翼缘焊缝左右两侧、远端等。柱壁应变片布置主要考虑位置有柱腹板节点域（5个三向应变花）、节点域内、外柱翼缘沿柱轴线及垂直于柱轴线方向。具体布置数量及方式如图3.10.4所示。

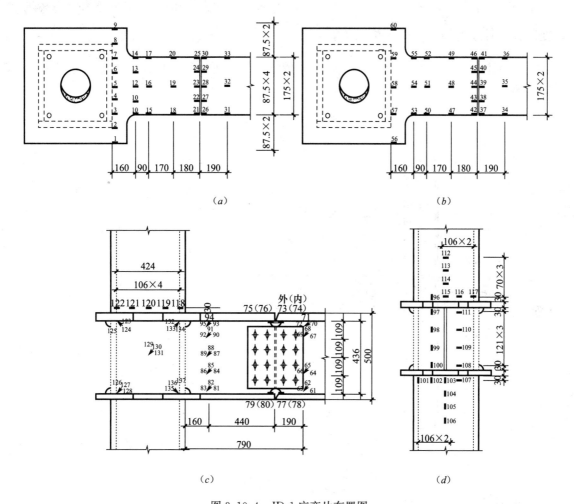

图 3.10.4　JD-1 应变片布置图

(a) 下翼缘应变片布置图；(b) 上翼缘应变片布置图；(c) 梁柱腹板及节点域应变片布置图；
(d) 柱翼缘应变片布置图

(2) 位移测量

构件位移计布置及编号如图3.10.5所示。

位移计1、2：布置于柱顶，用于测量柱顶位移，其测量值将来可用于绘制荷载位移曲线。

位移计3、4：平行于梁表面布置于距梁面一倍梁高（500mm）处，一端固定在距柱面2倍梁高（1m）处，一端顶在柱壁上，用于测量梁柱转角（直接测量上、下位移计的

261

变形量，通过该变形量获得测量范围内截面平均曲率，再转换计算得到梁柱转角）。假设位移计 3 和位移计 4 的变形量为 Δ_1 和 Δ_2，上下两位移计间距离为 h（本次试验中为 1500mm），测量区段长度为 l（本次试验中为 1000mm）。则该测量区段内截面的平均曲率 ϕ 可通过如下公式得到：$\phi = \dfrac{|\Delta_1| + |\Delta_2|}{h \cdot l}$（rad/mm）

位移计 5、6：交叉布置于节点域。用于测量节点域的剪切变形。假设节点域（上下隔板中心线及左右柱翼缘中心线所围成的区域）高和宽分别为 a 和 b，位移计 5 和 6 测得的变形量分别为 δ_1 和 δ_2。则节点域的剪切变形 $\gamma = \dfrac{4ab}{\sqrt{a^2 + b^2}}(\delta_1 + \delta_2)$ rad。

位移计 7、8：用于测量构件支座的水平位移和分析构件支座滑移对滞回曲线产生的影响。

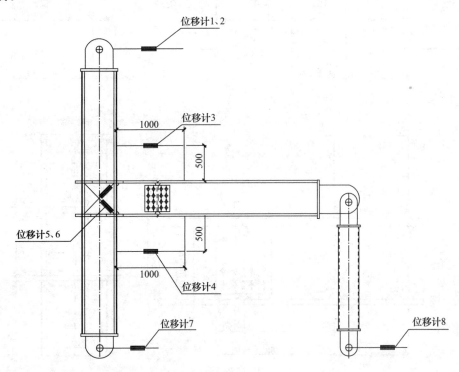

图 3.10.5　位移计布置图

3. 加载装置及加载制度

梁柱节点拟静力试验按照是否考虑 $P\text{-}\Delta$ 效应，可以分为柱端加载及梁端加载两种形式。在实际框架结构体系中，当侧向荷载作用时，节点上柱反弯点可视为水平移动的铰，相对于上柱反弯点；下柱反弯点可视为固定铰，而节点两侧梁的反弯点均为水平可移动的铰，如图 3.10.6（a）所示。这样的边界条件比较符合节点在实际结构中的受力状态。模拟这种边界条件，需要采用柱端施加侧向荷载或位移的方案。而梁端加载方案是指在梁端施加反对称荷载。这时边界条件是上下柱反弯点均为不动铰，梁两侧反弯点为自由端，如图 3.10.6（b）所示。对于必须考虑荷载位移效应的试验，如主要以柱端塑性铰为研究对象时，应采用柱端加载方案；对于梁端塑性铰或核心区为主要研究对象时，可采用梁端反对称加载方案。

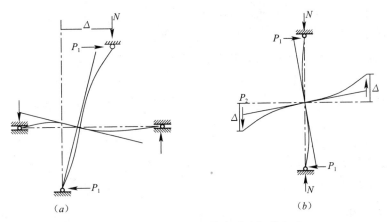

图 3.10.6　梁柱节点拟静力试验加载方式

(a) 柱端加载；(b) 梁端加载

本试验主要考察节点破坏机制、承载力、抗震性能以及梁端塑性铰的形成。最初拟定采用柱端加载方式，但最终受到试验室实际条件影响，虽仍然在柱端施加侧向荷载，但忽略了柱顶轴向力，相当于未考虑 P-Δ 效应。所以，试验加载方案与梁端加载方案无异。具体试验装置见图 3.10.7。根据构件尺寸和试验室条件，矩形钢管柱一端和底座用销轴相连；另一端为加载点，与千斤顶连接，以此铰接边界条件模拟柱中反弯点。此时，构件成"⊦"摆放形式，梁自由端与刚性杆连接。

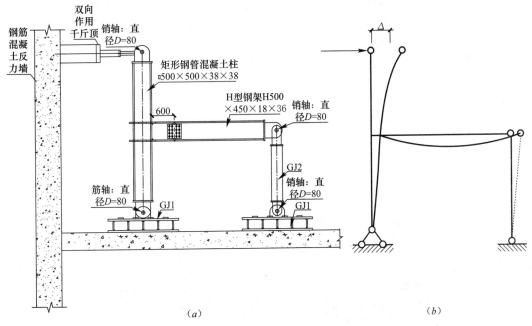

图 3.10.7　加载装置及边界条件模拟

(a) 试验加载装置图；(b) 试验边界条件简图

试验数据由自动数据采集仪采集，试验过程由伺服系统控制机及微机控制进行。为防止节点试件发生扭转失稳，在柱和梁两侧分别设置水平支撑，并充分润滑。水平支撑框架系统需要根据试验室场地条件及构件尺寸单独制作。

试验的加载程序分为预加载和正式加载两个阶段，分别采用分级加（卸）载制度。

（1）预加载

在柱端先施加能够使钢梁荷载达到屈服荷载的10%以内的水平荷载或不超过50kN的预载，持荷时间为5min，然后卸载至零。保证试件与支承系统接触良好，使安装缝隙密合，检查试验装置的可靠性和仪器仪表的工作状态。检查所有测量仪器仪表，记录初始读数。

（2）正式加载

加载方式参考美国《钢结构抗震规定》（AISC 341—05）。在正式加载中，采用柱端位移控制加载，如图3.10.8所示。

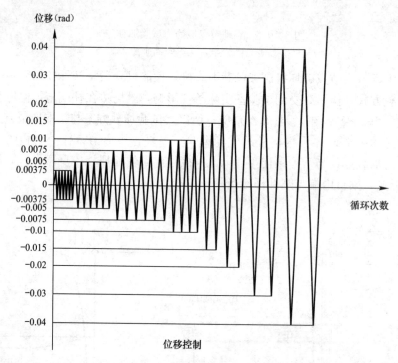

图3.10.8　位移控制加载制度示意图

位移分级加载控制中选取柱层间位移转角（rad）为控制位移值。层间位移角为0.00375rad、0.005rad、0.0075rad时，每级循环往复加载6次；在第4级层间位移角为0.01rad时循环往复加载4次；在层间位移角为0.015rad、0.02rad、0.03rad、0.04rad时，循环往复加载2次；此后，位移增量为0.01rad，且每级循环加载两次，直至试件破坏（如梁端翼缘出现破坏或焊缝发生破坏）停止加载，具体见表3.10.3。其中，每级荷载应保证充分的持荷时间，以保证构件变形的充分发展和仪表读数。

试验位移控制加载制度

表3.10.3

加载分级	1	2	3	4	5	6	7	8	9
加载幅度（rad）	0.003 75	0.005	0.007 5	0.01	0.015	0.02	0.03	0.04	0.05
等效加载位移（mm）	15.75	21	31.5	42	63	84	126	168	210
循环次数	6	6	6	4	2	2	2	2	2

3.10.5　试验过程及破坏特征

本次节点 1（H 型钢梁）试验构件安装、准备工作完成后的整体情况，如图 3.10.9 所示。但第一次试验加载至 0.75％rad（柱顶水平位移 31.5mm）第五个循环时，由于千斤顶未能保持完全水平，产生了竖向反力。在该竖向反力的作用下，千斤顶托架产生了严重变形（图 3.10.10），从而试验被迫终止。后对竖向承力架及千斤顶的托架都进行了加固处理。处理后的装置如图 3.10.11 所示。

图 3.10.9　节点一安装完成后实时图片

图 3.10.10　第一次加载后千斤顶托架变形图

加载初期，柱顶 P-Δ 滞回曲线呈线性变化，整个试件处于弹性范围。当位移荷载加载到 63mm（1.5％rad）时，柱顶 P-Δ 曲线出现拐点，试件开始屈服。此时柱顶荷载达到 840kN 左右。加载至 1.5％rad（63mm）第二循环正向推过程中，构件发生较大的脆响，但上去检查了焊缝处及隔板倒角处等可能破坏的位置，均没有发现裂纹。此后加载过程中脆响较多，认为主要是一些临时焊接的非试件上的构件的焊点逐渐开焊造成。当加载至 3％rad（126mm）时，上下梁翼缘与隔板焊缝处均出现了轻微屈曲（图 3.10.12 和图 3.10.13 所示）。但随着反向加载屈曲部分又被拉平。当加载至 4％rad（168mm）反向

图 3.10.11　竖向承力架及千斤顶托架加固后

图 3.10.12　加载至 3％rad 反向拉最大位移

拉进行加载，柱顶位移为−133.9mm时，一声巨响，后发现试验构件左支座（照片视角）地锚全部被拉断（图 3.10.14）。试验宣布终止。后进行仔细检查发现，地锚端头与锚杆之间仅为一道平焊，无法满足竖向拉力及侧向剪力，此后对地锚进行了加固处理，新地锚应用在了第二个节点的加载中。地锚剪断前，构件未发现任何破坏。试验终止后，仔细检查发现，上梁翼缘与腹板的过焊孔处，腹板上产生了裂缝（图 3.10.15）。根据分析，应该是在加载过程中该处已经产生了较小的肉眼无法观察的裂纹。而在地锚崩断的一瞬间，由于震动很大，造成了裂缝的继续开展与扩大，从而变得可见。过焊孔处翼缘与腹板连接处发生裂缝，也说明了该处应力集中较大，尤其是因为过焊孔处倒角较为粗糙、不够光滑所造成。

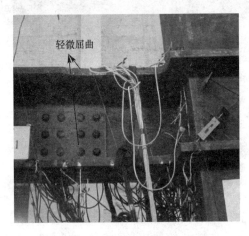

图 3.10.13　3‰rad 正向推最大
位移，局部屈曲

图 3.10.14　地锚崩断

图 3.10.15　过焊孔处的裂纹

3.10.6　应力应变分析

　　为了研究节点域的应力分布并了解节点域的传力机制，在靠近节点域的梁、柱及节点域部分都布置了大量的应变片。下面，对构件整个节点域部分的应变做一个简单的分析。

　　下面以下隔板及下翼缘为例对隔板及梁翼缘不同位置应变分布做分析。因为构件大概在加载至 1.5‰rad 时发生了屈服，所以考虑试件加载至 0.375‰ rad、0.5‰ rad、0.75‰ rad、1‰rad、1.5‰rad 正向推至最大位移时的应变值进行分析。

　　（1）隔板根部（与柱壁相交处）

　　如图 3.10.16 所示，从隔板根部沿梁轴向应变分布图可以看出，隔板中部（测点 5）及梁宽度范围边缘对应位置（测点 3 及测点 7）应变较大。而隔板外伸边缘位置（测点 1 及测点 9）应变很小。这说明，在弹性加载阶段，梁端传来的水平拉力主要通过柱腹板以内的隔板承担，且应变会在梁宽度范围边缘位置及隔板中间位置达到较大值。此两处应变较大，可能是因为梁宽度范围至隔板过渡处有一个截面的突变造成的应力集中及隔板中部对应位置开有浇筑孔有关。另外，在满足隔板与柱壁焊接条件下，隔板的外伸尺寸大小对节点的受力影响不大。

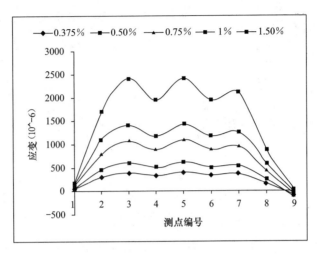

图 3.10.16　隔板根部应变分布

（2）隔板倒角处

图 3.10.17 显示的是隔板倒角处沿梁轴向应变分布。从图中可以看出，当位移荷载较小（0.375%～1%rad）时，除了隔板边缘应变较小外，其余位置应变分布较为均匀。随着位移荷载的增加，测点 11 及 13 的应变增长较快。这说明，无论是弹性加载阶段还是弹塑性加载阶段，隔板的倒角都很好地防止了隔板边缘位置的应力集中现象。另外，随着加载从弹性阶段进入弹塑性阶段，隔板上浇筑孔宽度范围内应变较大。

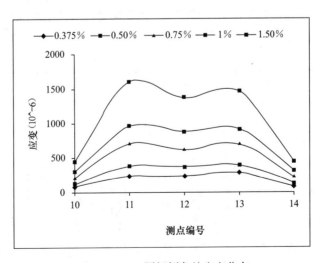

图 3.10.17　隔板倒角处应变分布

（3）下翼缘与下隔板焊缝梁端

图 3.10.18 为下翼缘与下隔板焊缝梁端梁轴向应变沿梁宽度方向变化。从图中可以看

出，当位移荷载较小时，梁中间应变较大。随着位移荷载的增大，梁边缘一侧的应变增长较快。可能是因为试件与加载设备之间并没有完全在一个平面内，造成加载偏心形成，也可能是因为该处焊缝质量较差造成。

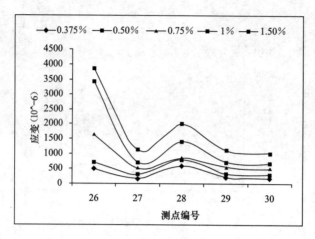

图 3.10.18　下翼缘与下隔板焊缝梁端应变分布

（4）下翼缘与下隔板焊缝梁隔板端

图 3.10.19 为下翼缘与下隔板焊缝隔板端梁轴向应变沿梁宽度方向变化。由图可见，随着位移荷载的增大，梁中间位置产生了较大的负应变，梁两侧应变均为正且基本对称。该图显示的是位移荷载正向推至最大位移时的应变分布情况。此时，下翼缘应受拉，所以应变也应都是正应变。而梁中间位置产生负应变较为反常。后察看整个加载过程中该点应变变化时发现，在第一级反向拉加载时该点出现了超出与之大小相等的正向推加载时产生的正应变很多的负应变。在接下来的第二级、第三级反向拉加载过程中，又积累了更大的负应变。从而使在与之对应的正向拉加载时产生的正应变无法抵消反向拉加载时产生的负应变，整体上呈现出了负应变。出现该种情况，可能是由于梁与隔板焊接时中间位置焊缝相对

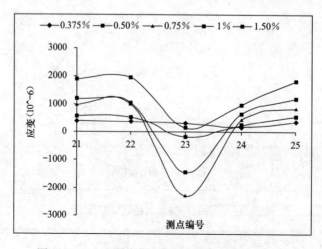

图 3.10.19　下翼缘与下隔板焊缝隔板端应变分布

268

两侧更为饱满，从而使中间位置焊缝对隔板有一个初始的压力作用。另外，也有可能是该点应变片损坏，测量得到的应变异常。

（5）下翼缘远离倒角及焊缝截面

图 3.10.20 为下翼缘远离倒角及焊缝的截面梁轴向应变沿梁宽度方向的变化。由图中可以看出，在没有倒角及焊缝的影响下，一般截面的应变在整个截面分布较为均匀。

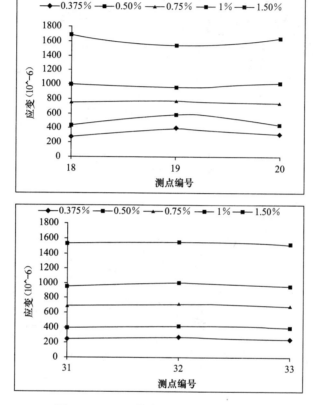

图 3.10.20　下翼缘远离倒角及焊缝截面

（6）下翼缘中间位置梁轴向应变沿梁轴线变化

图 3.10.21 为下翼缘中间位置梁轴向应变沿梁轴线变化图。由图可见，隔板根部（测点 5）及梁与隔板焊缝处（测点 28）应变较大。隔板根部应变较大，是因为该截面处所承受弯矩最大。梁与隔板焊缝处应变较大，说明了在焊接过程中会造成一些残余应力或产生应力集中现象。图 3.10.22 为下翼缘边缘位置梁轴向应变沿梁轴线变化图。由图可见，边缘位置与中间位置沿梁轴线的应变变化趋势较为相似，区别在于边缘位置因为隔板倒角，其应变较小（测点 14）。

（7）节点域内柱翼缘纵向应变柱轴线变化

图 3.10.23 所示为节点域内柱翼缘纵向应变柱轴线变化图。由图可见，节点域两端应变较大，且基本大小相等、方向相反，并在接近节点域中间位置达到零。由于该图是正向推时的情况，所以上翼缘受压、下翼缘受拉，图中正负号也正说明了这一点。同时，该图也说明了梁翼缘传来的拉力，对梁翼缘上下较小范围内的柱翼缘影响较大，远离梁翼缘的柱壁应变较小。

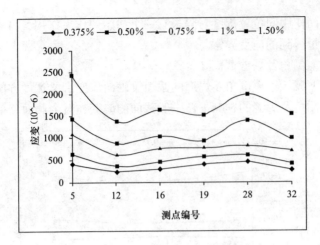

图 3.10.21　下翼缘中间位置梁轴向应变

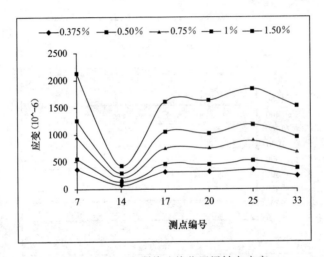

图 3.10.22　下翼缘边缘位置梁轴向应变

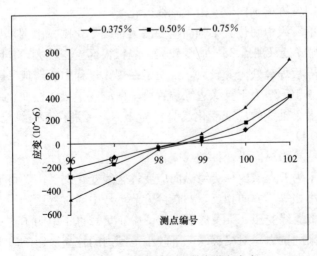

图 3.10.23　节点域内柱翼缘纵向应变

（8）节点域外柱翼缘纵向应变柱轴线变化

图 3.10.24 为节点域外柱翼缘纵向应变柱轴线变化图。从图中可以看出，随着距梁翼缘的距离的增大，应变逐渐减小，到距梁翼缘 250mm 处（测点 106）应变趋近于零。说明梁翼缘传来的拉（压）力仅对梁翼缘上下一定范围内柱壁产生影响。根据《钢结构设计规范》条文说明 7.4.1 第 2 条中说明，"拉力在柱翼板上的影响长度 $P \approx 12t_c$"（其中 t_c 为柱壁厚度）。本试件柱壁为 40mm，$12t_c$ 即为 480mm。故梁翼缘上下影响区域各为 $6t_c =$ 240mm。故本试验数据也正验证了这一点。

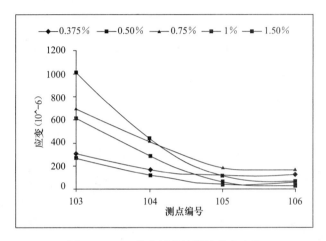

图 3.10.24　节点域外柱翼缘纵向应变

（9）节点域外柱翼缘纵向应变垂直于柱轴线变化

图 3.10.25 为节点域外柱翼缘纵向应变垂直于柱轴线变化，考虑到试件的对称性，应变图采用了对称绘制。由图可见，位移荷载较小时应变分布较均匀，随位移荷载增大，柱轴线及边缘的应变变化较小，轴线与边缘中间位置应变增长较快。

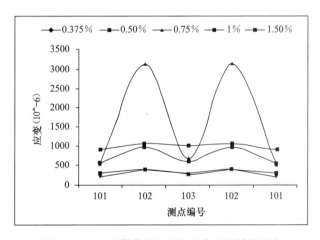

图 3.10.25　柱翼缘纵向应变垂直于柱轴线变化

（10）节点域外柱翼缘横向应变垂直于柱轴线变化

图 3.10.26 为节点域外柱翼缘横向应变垂直于柱轴线变化，考虑到试件的对称性，应

变图也采用了对称绘制。由图可见，应变分布与节点域外柱翼缘纵向应变的分布恰好相反；柱轴线处应变较大，两侧应变较小。

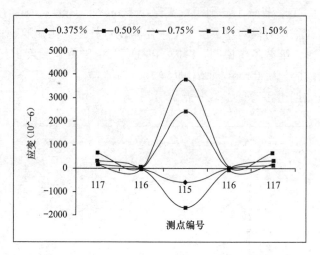

图 3.10.26　柱翼缘横向应变垂直于柱轴线变化

3.10.7　节点抗震性能分析

1. 滞回曲线及骨架曲线

在反复作用下，结构的荷载—变形曲线反映结构、构件或岩土试件在反复受力过程中的变形特征、刚度退化及能量消耗，是确定恢复力模型和进行非线性地震反应分析的依据。滞回曲线可归纳为四种基本形态，即梭形、弓形、反 S 形和 Z 形，如图 3.10.27 所示。

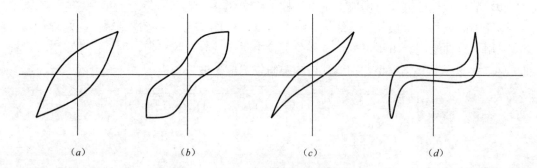

图 3.10.27　滞回曲线基本形态
(a) 梭形；(b) 弓形；(c) 反 S 形；(d) Z 形

本次试验节点试件柱顶荷载—位移滞回曲线如图 3.10.28 所示。由图可见，滞回曲线整体上呈现饱满的梭形。图中，无论是正向推加载过程还是反向拉加载过程，都有一个水平平台。这主要是因为各个部件通过销轴连接，而销轴和销轴孔之间有一定的空隙。另外，在加载过程中，整个构件随着支座有一个较小的平移所造成。

节点试件在加载初期节点的刚度变化较小，滞回曲线呈直线上升，卸载时也基本没有残余变形。随着位移荷载的增大，试件屈服，滞回曲线表现出明显的非线性特征。并且滞回曲线斜率越来越小，说明随着位移荷载的增大，刚度发生了退化。但是，在同一级别位移荷载不同循环加载过程中发现，正向推与反向拉相同位移时所需的力基本相等，且同一级别位移荷载不同循环过程中，强度并没有明显的退化，说明循环加载对强度退化影响较小。

骨架曲线是指反复作用下各滞回曲线峰点的连线，又称初始加载曲线。在任意时刻的运动中，峰点不能越出骨架曲线，只能在达到骨架曲线以后，沿骨架曲线前进。骨架曲线反映了结构或构件的开裂荷载和极限承载力。

图 3.10.29（a）为节点 1 骨架曲线。由图可见，骨架曲线初始斜率和后期直线段斜率相比较小。这是由于初期加载位移很小，销轴与销轴孔间空隙及支座整体滑移对该值产生的影响较大，随着位移荷载的增加，空隙的影响也逐渐变

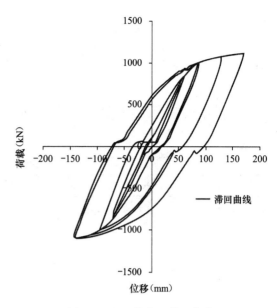

图 3.10.28　节点 1 滞回曲线

小。根据原始骨架曲线及测量得到的支座整体滑移值对骨架曲线进行修正，得到修正后的骨架曲线，如图 3.10.29（b）所示。

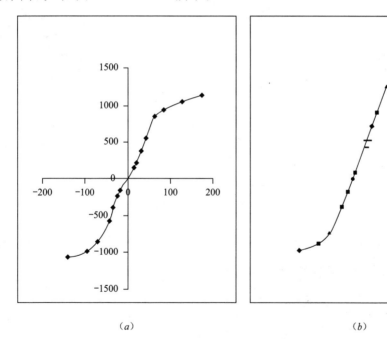

（a）　　　　　　　　　　　　　　　　（b）

图 3.10.29　节点一骨架曲线

（a）修正前骨架曲线；（b）修正后骨架曲线图

2. 强度退化

强度退化是指在等位移幅值加载情况下，强度随循环次数的增加而不断降低的现象。试件的强度退化可用同级荷载强度退化系数表示，即为同一级加载各次循环所得荷载降低系数。可用如下公式计算：

$$\lambda_i = \frac{F_j^i}{F_j^{i-1}} \tag{3.10.1}$$

式中 F_j^i——位移延性系数为 j 时，第 i 次循环峰点荷载值；

F_j^{i-1}——位移延性系数为 j 时，第 $i-1$ 次循环峰点荷载值。

从试验滞回曲线可以看出，在等位移幅值加载情况下，强度随循环次数的增加基本保持不变甚至在后期有强化现象，说明强度退化现象并不明显。

强度退化系数　　　　　　　　　　　　　　　表 3.10.4

位移幅值（mm）	加载方向	循环荷载（kN）/强度退化系数		
$\Delta=15.75$	正向	148	150	151
			1.01	1.01
	反向	−157	−146	−166
			0.93	1.14
$\Delta=21$	正向	229	226	227
			0.99	1.004
	反向	−223	−224	−233
			1.004	1.04
$\Delta=31.5$	正向	389	387	388
			0.99	1.003
	反向	−381	−386	−381
			1.01	0.99
$\Delta=42$	正向	553	564	552
			1.02	0.98
	反向	−554	−546	−546
			0.99	1
$\Delta=63$	正向	873	873	870
			1	0.997
	反向	−851	−857	−884−
			1.01	1.03

3. 刚度退化

刚度退化是指在位移不断增大的情况下，刚度一环比一环减少，刚度值随循环周数和位移增大而减少的现象。刚度可用割线刚度来表示，应按下式计算：

$$K_i = \frac{|+F_i|+|-F_i|}{|+X_i|+|-X_i|} \tag{3.10.2}$$

式中 F_i——第 i 次峰点荷载值；

X_i——第 i 次峰点位移值。

由滞回曲线可见，等位移幅值加载情况下，刚度随循环次数的增加基本保持不变。加载初期，滞回曲线呈直线上升，卸载时也基本没有残余变形，滞回曲线按照原路径返回，直到试件屈服。在此期间，基本没有刚度退化现象发生。试件屈服后，随着位移幅值的增加，加载曲线的斜率及卸载曲线的斜率均不断减小。但加载曲线斜率减小速度快于卸载曲线斜率减小速度。说明，加载过程中刚度退化较卸载过程刚度退化明显。

274

而由表 3.10.5 及图 3.10.30 可以看出，试件在加载初期刚度持续增加，直至试件屈服（$\theta=1.5\%\mathrm{rad}$，$\Delta=63\mathrm{mm}$），刚度—位移幅值曲线开始下降，说明试件刚度发生了退化。

表 3.10.5

节点割线刚度

位移幅值（mm）	峰点荷载值（kN）		割线刚度 K_i
$\Delta=15.75$	正向	反向	9.72
	150.0	−156.3	
$\Delta=21$	正向	反向	10.81
	227.3	−226.7	
$\Delta=31.5$	正向	反向	12.25
	386.5	−385	
$\Delta=42$	正向	反向	13.18
	555	−552.5	
$\Delta=63$	正向	反向	13.85
	866	−858.5	
$\Delta=84$	正向	反向	11.58
	954	−991	
$\Delta=126$	正向	反向	8.49
	1065.5	−1075	

4. 节点延性及耗能分析

在工程结构的抗震性能中，延性是个重要的特性。延性通常用延性系数来表示。延性系数是表示结构构件塑性变形能力的指标，它反映了结构抗震性能的好坏。延性系数通常用如下公式得到：

$$\mu=\frac{\Delta_{\mathrm{u}}}{\Delta_{\mathrm{y}}} \qquad (3.10.3)$$

式中　Δ_{u}——荷载下降至 85% 极限荷载时的构件挠度（或转角、曲率）；

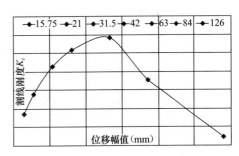

图 3.10.30　割线刚度—位移幅值变化曲线

Δ_{y}——相应于屈服荷载时的构件挠度（或转角、曲率）。

根据 Δ_{u} 和 Δ_{y} 意义的不同，延性系数可分为曲率延性系数（Δ_{u} 和 Δ_{y} 代表曲率时）和位移延性系数。位移延性系数又分为角位移延性系数（Δ_{u} 和 Δ_{y} 代表转角时）和线位移延性系数（Δ_{u} 和 Δ_{y} 代表挠度或位移时）。

曲率延性系数只标志了截面的延性；在塑性区段集中的曲率变形虽然提供了转角和位移，但位移延性系数不但和塑性铰区长度和曲率大小有关，还和构件的长度有关。一般情况下，同样截面的压弯构件杆件越长，延性系数越小。这是因为屈服位移 Δ_{y} 随构件长度以接近长度两次方增加，而极限位移 Δ_{u} 在构件出现塑性铰后随构件长度增长以接近长度的一次方增加。

节点的抗震性能不能仅根据承载力、刚度、延性来衡量，还有很重要的一个指标是节点的耗能能力。节点的能量耗散能力，应以荷载—变形滞回曲线所包围的面积来衡量，如图 3.10.31 所示。滞回曲线包含的面积反映了结构弹塑性耗能的大小，滞回环越饱满、耗能的能量越多，结构的耗能能力越好。

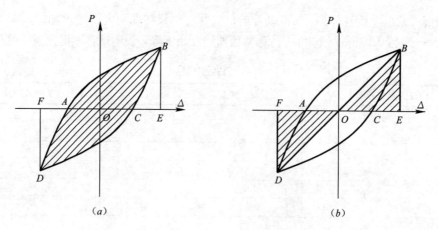

图 3.10.31　计算等效黏滞阻尼系数的图形

自 20 世纪 30 年代 Jacobson 提出等效黏滞阻尼系数概念以来，在现代工程抗震中，常用等效黏滞阻尼系数 h_e 作为判别结构在抗震中的耗能能力的一个重要手段。除此之外，能量耗散系数 E 也可以考察节点的耗能能力。

能量耗散系数 E 定义为构件在一个滞回环总能量与构件弹性能的比值。可按下式计算：

$$E = \frac{S_{ABC} + S_{CDA}}{S_{OBE} + S_{ODF}} \tag{3.10.4}$$

而等效黏滞阻尼系数和能量耗散系数之间有如下关系：

$$h_e = \frac{E}{2\pi} \tag{3.10.5}$$

本次试验中，由于在试件破坏前地锚崩断，试验提前结束。由前面试验现象描述可知，试验结束时，构件梁上下翼缘并没有发生明显的屈曲，试件基本完好如初。荷载位移曲线随着位移荷载级别的增加并没有表现出下降段，随着位移荷载级别的增加荷载—位移曲线仍然有上升的趋势。这说明，柱顶位移荷载还可以增加，柱顶位移还没有达到极限位移 Δ_u，延性还可以继续提高。另外，随着位移荷载的增加，滞回曲线可以更加的饱满，能量耗散系数还可以增加，说明耗能能力未能够完全体现出来。

由于未能得到完整的滞回曲线及骨架曲线，所以节点的延性及耗能能力只能按照仅有的数据进行计算。并希望能够将仅有的数据计算得到的节点延性系数及能量耗散系数，与以往其他学者做过的钢管混凝土柱—梁节点抗震性能试验或分析所得结果进行比较。

表 3.10.6 所示为本次试验中所得节点 1 的线位移延性系数及能量耗散系数、等效黏滞阻尼系数。

节点 1 延性系数、能量耗散系数及等效黏滞阻尼系数　　　　表 3.10.6

节点编号		JD-1		
延性系数	指标	Δ_y(mm)	Δ_u(mm)	$\mu=\Delta_u/\Delta_y$
	正向加载（推）	55	170.4	3.10
	反向加载（拉）	−57	−140.4	2.46
能量耗散系数		1.68		
等效黏滞阻尼系数		0.27		

将本次试验结果与其他学者做过的钢管混凝土柱-梁节点抗震性能试验或分析所得的节点延性及能量耗散系数与等效黏滞阻尼系数的结果进行对比。通过计算可知，以上所涉及矩形钢管混凝土柱-钢梁节点、矩形钢管混凝土柱-钢筋混凝土梁节点的延性系数、能量耗散系数及等效粘滞阻尼系数的平均值，与本次试验节点数据如表 3.10.7 所示。

各类节点部分试验数据平均值

表 3.10.7

抗震性能指标	文献中钢管混凝土柱-钢梁节点	文献中钢管混凝土柱-钢筋混凝土梁节点	本次试验节点
延性系数	3.47	10	3.10/2.46
能量耗散系数	2.09	0.72	1.68
等效黏滞阻尼系数	0.33	0.12	0.27

由上述对比数据可见，本次试验节点在未完全发展其延性、未完全发挥其耗能能力的情况下，其延性系数和能量耗散系数都达到了较大的数值。

下面进行梁端转角延性系数分析。研究节点时通常考察其塑性铰的转动能力，本节点塑性铰出现在梁端，故仅考察梁端转动能力。试验中，在梁的顶面和底面布置位移测点，分别在距柱面 1m 处各安装一个磁性表座，在每个磁性表座与柱面之间布置位移计。然后，测量上下两个位移计的伸长和缩短量，从而求得梁端塑性铰区平均曲率，再通过换算得到梁端转角。根据试验实测数据，可得节点 1 的转角延性系数，如表 3.10.8 所示。

节点 1 的转角延性系数

表 3.10.8

屈服时梁端转角 θ_y(rad)	极限荷载时梁端转角 θ_u(rad)	转角延性系数 μ_θ
0.0116	0.0372	3.21

可见转角位移延性系数大于 3，说明节点具有较好的延性。另外，非弹性转动能力达到了 0.0372rad，而一般非弹性转动能力达到 0.03rad，即认为是延性良好的节点。因此也说明该节点延性较好。

我国《建筑抗震设计规范》GB 50011—2001 规定，对多、高层钢结构，弹性层间位移角限值 $[\theta_e]$=1/250=0.004，弹塑性层间位移角限值 $[\theta_p]$=1/50=0.02。而本次试验中，节点的弹性层间位移角为 $0.0136 \approx 3.4[\theta_e]$；弹塑性层间位移角为 $0.037 \approx 1.85[\theta_p]$，说明本次试验节点延性及转角都满足抗震设计要求。

根据美国钢结构抗震学会（AISC）规定，当节点的层间位移角达到 3% 以上时，即认为节点具有良好的抗震性能。本次试验中，节点正向加载层间位移角达到了 4%，反向加载层间位移角也超过了 3%，故根据美国《钢结构设计规范》的规定，该节点具有良好的抗震性能。

3.10.8 试验小节

本节介绍本次试验的试验现象及各试件的破坏过程，通过试验时采集到的应变及位移数据，获得了节点在低周反复加载条件下的应力分布情况，对节点的受力屈曲及破坏模式作相应合理的解释，然后通过试验加载时采集的荷载位移曲线，对节点的延性、刚度退化、强度退化以及耗能能力等抗震性能指标进行详细的对比分析，得到了以下几点结论：

（1）节点 1 滞回曲线都是饱满的梭形，说明试验中该节点具有很强的耗能能力。

（2）节点破坏时，位移延性系数为 3.10/2.46，表明该节点具有较好的延性和塑性变形能力，满足国内规范抗震要求。

（3）节点破坏时，等效黏滞阻尼系数为 0.27，表明该节点具有较强的能量耗散能力。

（4）各节点在各级荷载作用下，强度退化不明显，甚至略有提高，说明节点设计较为合理，使得试件在卸载及再加载至历史最大应变前，没有对节点区的连接产生新的损伤。同时，强度不降反升，也说明某些节点还没有完全体现其应有的承载能力。如果在节点细部构造设计和焊接工艺上做得更为精细，在承载力的提高和延性的增加方面还能有更理想的结果。

（5）试验中虽然在节点核心区布置了大量应变片以便分析节点核心区的剪切变形，但是采集系统采集到的应变数值相当小。这说明钢管中填充的混凝土有利于减小节点核心区的剪切变形，提高了节点的强度及刚度，实现了"强节点弱构件、强柱弱梁"的结构设计原则。

（6）根据各试件的破坏，发生在焊缝热影响区附近，避开了柱根关键部位，使塑性铰出现在梁上，体现了"强柱弱梁、强节点弱构件"的抗震要求。

3.10.9 隔板贯通节点三维非线性有限元分析

通过三维非线性有限元分析方法对本次拟静力试验进行了分析，得到了节点各部分应力分布及破坏机制；获得了节点有限元分析抗震性能结果，为与试验进行对比分析打下了基础。

1. 节点有限元模型的建立

（1）单元及材料的选取

采用大型通用有限元软件 ANSYS11.0，通过编写 APDL（ANSYS Parameter Design Language）参数化命令，考虑了几何非线性、材料非线性及接触非线性三重非线性，对方钢管混凝土柱-H 型钢梁隔板贯通式节点进行了低周反复荷载作用下的有限元分析。钢材选用 SOLID95 单元进行模拟，在分析过程中，钢材破坏准则采用 Von Mises 屈服准则及运动强化模型，本构关系如图 3.10.32 所示。混凝土选用 SOLID65 单元进行模拟。SOL-ID65 单元适用于建立含钢筋或不含钢筋的三维实体模型。该实体模型可具有拉裂与压碎的性能，非常适合模拟混凝土的性能。混凝土本构模型采用多线性等向强化模型，属于增量理论弹塑性本构关系，见图 3.10.33。混凝土破坏准则采用 Willam-Warnker 五参数破坏准则。

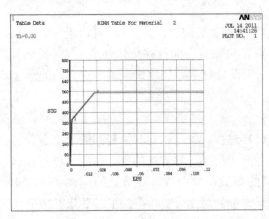

图 3.10.32　钢材本构关系示意图

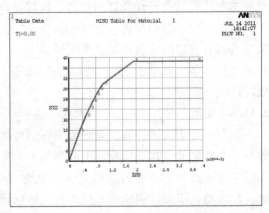

图 3.10.33　混凝土本构关系示意图

为模拟钢管与混凝土、隔板与混凝土间的摩擦，在钢管与混凝土接触表面及隔板与混凝土接触表面建立了面—面接触单元。

（2）网格的划分

节点设计中，将螺栓作为摩擦型高强螺栓考虑，且在试验中通过高强螺栓连接的连接板与梁腹板并未发生滑移，故可认为高强度螺栓位置并未发生破坏。因此，在建模过程中并未建立高强度螺栓。将连接板和钢梁腹板通过 ANSYS 中的"粘"命令进行粘结在一起。计算假定焊缝焊接质量良好，其材料和隔板母材等强，据此假定，建模时将焊缝与隔板进行了粘结。

网格划分时要考虑到节点域，故对距隔板上下各一倍梁高的柱体及距柱面 2 倍梁高的梁体网格划分较密；另外，考虑到计算时间对远离节点域的位置网格划分较疏。节点几何模型及有限元模型如图 3.10.34 和图 3.10.35 所示。

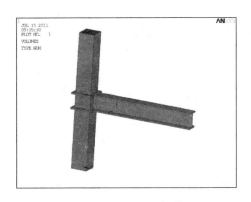

图 3.10.34　节点几何模型

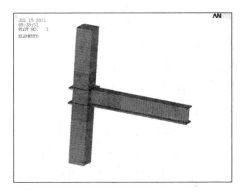

图 3.10.35　节点有限元模型

（3）边界条件及求解设定

根据前面试验方案中所述，节点柱底为 X 向单向铰，梁端为水平可移动的铰，柱顶为自由端。故在有限元模型中，对柱底 X 方向中线位置上的所有节点进行三向铰约束，对梁端截面所有节点进行 Z 向约束，并在靠近梁端的梁上下翼缘节点进行 Y 向约束，防止整个节点侧向失稳。另外，对柱顶所有节点进行节点 X 向位移耦合，这样可以只需在一个节点上施加荷载，具体如图 3.10.36～图 3.10.39 所示。

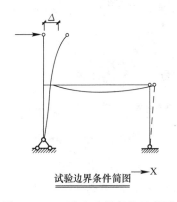

图 3.10.36　节点边界条件示意图

图 3.10.37　有限元模型柱底约束图

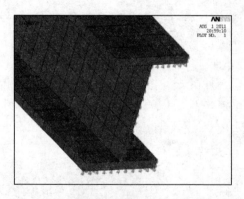

图 3.10.38　有限元模型梁端约束及侧向支撑

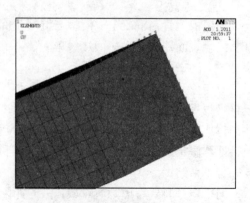

图 3.10.39　有限元模型柱顶节点耦合

2. 节点的应力分析

（1）隔板及梁端应力分析

图 3.10.40 为隔板及梁端 Von Mises 应力分布。由图可见，应力较大处主要有以下几处：①浇筑孔及透气孔处；②隔板倒角处；③隔板与梁翼缘焊缝处。前两种是因为截面形状在该处发生突变导致。后一种是因为截面厚度在该处发生突变导致。在隔板倒角处梁翼缘应力两侧大而靠近梁轴线较小，说明虽然在此处进行了倒角处理，但还是发生了应力集中现象。这在工程设计中应引起重视。

图 3.10.41 为隔板 Von Mises 应力分布。由图可见，隔板上应力较大区域基本发生在图中黑线所围区域。即为浇筑孔—透气孔—隔板倒角处三点连线所围区域。这也显示了在梁翼缘能够完全传递外部拉力时隔板的最终破坏形态。

（2）节点域柱壁应力分析

图 3.10.42 为试件加载至不同转角时应力最大值出现区域（红色五角星标注处）。由图可见，应力最大值基本出现在隔板倒角截面过焊孔处和隔板与梁翼缘焊缝截面过焊孔处。说明，过焊孔的设置引起了应力集中。这个问题在日本阪神地震及美国北岭地震后的震害调查中也得到了印证。可见，在节点设计中设置合理的过焊孔形式至关重要。

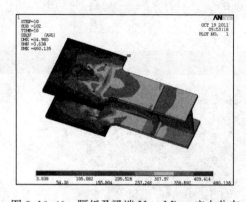

图 3.10.40　隔板及梁端 Von. Mises 应力分布

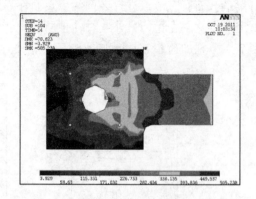

图 3.10.41　隔板 Von. Mises 应力分布

由图 3.10.43～图 3.10.46 可见，柱壁 x 方向主应力影响区域相对较小，而 y 方向应力和 z 方向应力影响区域相对较大。这主要是因为柱壁受到来自梁翼缘的拉力，发生了平面外的变形，因此引起柱壁翼缘在平面内应力较大。另外，一方面由于柱壁腹板的嵌固作

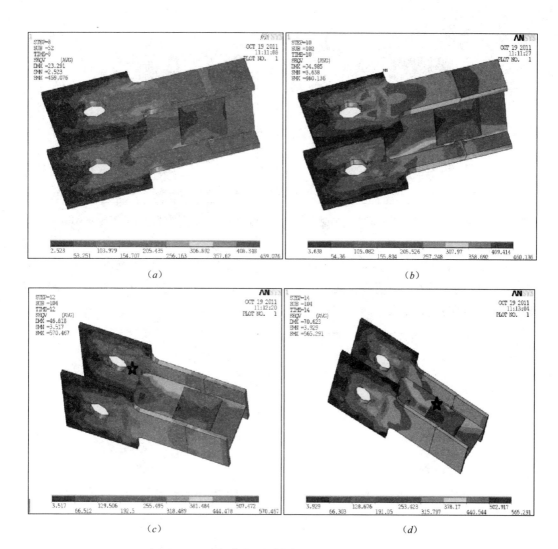

图 3.10.42　加载至不同转角时应力最大值出现区域

(a) 0.01rad；(b) 0.015rad；(c) 0.02rad；(d) 0.03rad

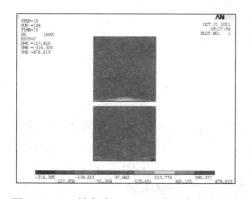

图 3.10.43　转角为 0.04rad 时 X 方向主应力

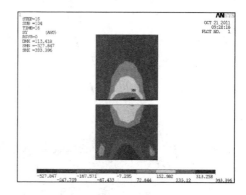

图 3.10.44　转角为 0.04rad 时 Y 方向主应力

用，柱壁翼缘靠近中间位置变形较大引起应力较大，越靠近柱壁腹板处变形越小，应力也就越小。由图可见，柱壁翼缘应力分布大致形成了如图所示的屈服线形式。

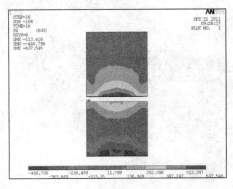

图 3.10.45　转角为 0.04rad 时 Z 方向主应力　　　图 3.10.46　转角为 0.04rad 时 Von-Mises 应力

（3）节点域混凝土应力分析

由图 3.10.47 和图 3.10.48 可见，只有隔板处浇筑孔及透气孔内混凝土应力较大，而其他大部分区域混凝土应力值都较低。可见，钢管混凝土柱—H 型钢梁节点中，混凝土更多地是起到提供刚度的作用。

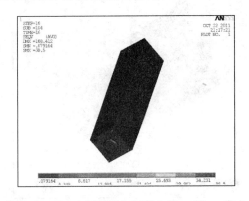

图 3.10.47　上隔板以上混凝土 Von-Mises 应力　　　图 3.10.48　上下隔板间混凝土 Von-Mises 应力

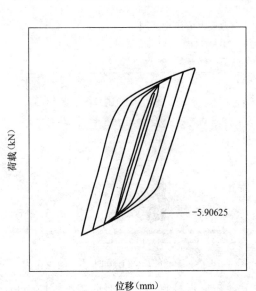

图 3.10.49　有限元分析节点滞回曲线

3. 节点抗震性能有限元研究

（1）滞回曲线及骨架曲线

图 3.10.49 和图 3.10.50 为根据有限元分析结果得到的节点的滞回曲线及骨架曲线。由图可见，节点滞回曲线饱满、呈梭形。定性地判断，节点耗能能力较强，抗震性能较好。另外，由骨架曲线可以看出，在节点未屈服前，节点刚度值随循环周数和位移增大并无变化，骨架曲线呈直线；而节点屈服后，节点刚度值随循环周数和位移增大退化较快，在屈服点处骨架曲线出现拐点。此后，节点刚度不断减小。

（2）刚度退化

根据有限元分析结果，同样可以得到节点刚度退化系数，如表 3.10.9 所示。

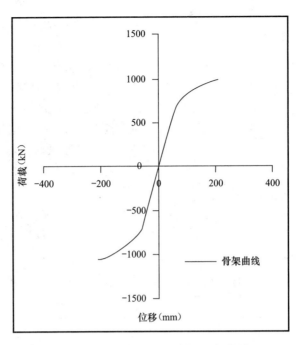

图 3.10.50 有限元分析节点骨架曲线

节点割线刚度（有限元）　　　　　　　　表 3.10.9

位移幅值（mm）	峰点荷载值（kN）		割线刚度 K_i
$\Delta=15.75$	正向	反向	11.37
	178.512	-179.732	
$\Delta=21$	正向	反向	11.38
	237.895	-239.969	
$\Delta=31.5$	正向	反向	11.37
	355.941	-360.601	
$\Delta=42$	正向	反向	11.35
	472.401	-480.94	
$\Delta=63$	正向	反向	11.07
	688.934	-705.959	
$\Delta=84$	正向	反向	9.56
	792.678	813.738	
$\Delta=126$	正向	反向	7.13
	881.339	916.024	

由表 3.10.9 及图 3.10.51 可见，节点刚度在节点屈服前基本保持不变，而伴随着节点屈服刚度发生了明显的减小，刚度退化现象较为明显。

（3）节点延性及耗能能力

在有限元分析过程中，可以对试验进行理想化模拟，加载位移荷载大小可以严格控

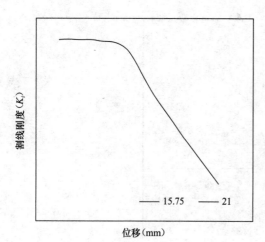

图 3.10.51　节点刚度变化曲线

制，而且不会受到支座滑移、销轴孔处滑移等因素的影响。

在有限元分析计算过程中，计算至位移荷载为 0.06rad 转角荷载时，仍未能得到骨架曲线的下降段。可能由以下几种原因造成。①节点抗震性能良好。刚度退化缓慢；②构成试件的各构件板件厚度较大，致使试件刚度较大，很难获得下降段；③钢材或混凝土本构关系曲线选取过于简单，导致无法获得下降段。

基于以上原因考虑，选择与试验结束时已加载至 0.04rad 转角位移相同的位移荷载，进行分析，得到结果如表 3.10.10 所示。

节点 1 延性系数、能量耗散系数及等效黏滞阻尼系数（有限元）　　　表 3.10.10

节点编号		JD-1		
延性系数	指标	Δ_y（mm）	Δ_u（mm）	$\mu = \Delta_u / \Delta_y$
	正向加载（推）	65	168.0	2.59
	反向加载（拉）	−64	−168.0	2.63
能量耗散系数		1.62		
等效黏滞阻尼系数		0.26		

研究可知，节点线位移延性系数达到了 2.6 左右，等效黏滞阻尼系数达到了 0.26。根据上一小节所总结情况可知，该节点具有良好的抗震性能与耗能能力。

3.10.10　节点抗震性能试验与有限元结果的对比

1. 刚度退化对比分析

表 3.10.11 给出了节点刚度退化系数（割线刚度表示）试验与有限元结果。由表可见，试验中得到的节点刚度与有限元分析所得节点刚度在不同荷载级别下都比较接近，但试验数据整体偏大。本次有限元分析之前，未对钢管中混凝土进行材性试验。而直接根据规范选取了 C60 混凝土标准抗压强度及弹性模量。因此，可能是由于试验构件钢管中混凝土的弹性模量较大，引起试件整体刚度较大所致。

节点割线刚度对比分析　　　表 3.10.11

位移幅值（mm）	峰点荷载值（kN）（试验）		割线刚度 K_i（试验）	峰点荷载值（kN）（有限元）		割线刚度 K_i（有限元）
$\Delta = 15.75$	正向	反向	9.72	正向	反向	11.37
	150.0	−156.3		178.512	−179.732	
$\Delta = 21$	正向	反向	10.81	正向	反向	11.38
	227.3	−226.7		237.895	−239.969	
$\Delta = 31.5$	正向	反向	12.25	正向	反向	11.37
	386.5	−385		355.941	−360.601	
$\Delta = 42$	正向	反向	13.18	正向	反向	11.35
	555	−552.5		472.401	−480.94	

位移幅值（mm）	峰点荷载值（kN）（试验）		割线刚度 K_i（试验）	峰点荷载值（kN）（有限元）		割线刚度 K_i（有限元）
$\Delta=63$	正向	反向	13.85	正向	反向	11.07
	866	−858.5		688.934	−705.959	
$\Delta=84$	正向	反向	11.58	正向	反向	9.56
	954	−991		792.678	813.738	
$\Delta=126$	正向	反向	8.49	正向	反向	7.13
	1065.5	−1075		881.339	916.024	

表 3.10.11 可见，有限元计算所得刚度比较理想，在节点屈服前，刚度基本没有变化。此后，随着节点屈服，节点刚度逐渐变小。而试验结果显示，节点刚度在加载初期直至试件屈服，有一个缓慢的增大过程。可能是由于支座滑移、销轴孔间隙等造成，位移计显示加载的位移值小于实际加载至节点柱端的位移值，使得相同名义位移下，峰点荷载值较小。随着加载位移的增大，支座滑移及销轴孔空隙的影响逐渐减小，节点刚度趋于稳定，直至试件屈服，节点刚度缓慢减小。

由图 3.10.52 可见，刚度下降的拐点几乎均出现在位移荷载为 63mm（1.5％ rad）处。这也说明了试件加载至该位移附近时，节点发生了屈服。

2. 节点滞回曲线及骨架曲线对比分析

如图 3.10.53 所示，用光滑曲线表示有限元分析结果，用带节点的曲线表示试验分析结果。整体而言节点滞回曲线试验与有限元结果吻合较好。由滞回曲线可见尤其是卸载曲线吻合很好，卸载刚度基本相同。而加载过程中显示，试验中节点刚度要大于有限元分析结果，且刚度退化相对缓慢。骨架曲线

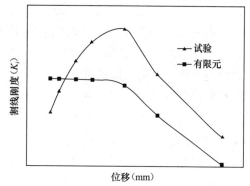

图 3.10.52 节点刚度变化曲线试验与
有限元对比图

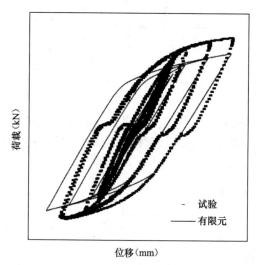

图 3.10.53 滞回曲线试验与有限元对比

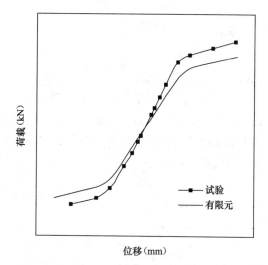

图 3.10.54 骨架曲线试验与有限元对比

如图 3.10.54 所示。从骨架曲线中也体现出，加载初期试验与有限元结果吻合较好，而随着位移荷载的增大，由于试验加载过程中刚度大于有限元结果，所以峰值荷载，试验结果也大于有限元结果。由骨架曲线可以明显看出，试验所得骨架曲线包住了有限元分析所得骨架曲线。

引起试验加载过程中节点刚度大于有限元结果的原因可能是在有限元模拟时未对钢管中混凝土进行材性试验分析。其抗压强度、抗拉强度、弹性模量等数据直接采用了规范中C60 混凝土的标准值。而事实上，钢管中混凝土弹性模量可能高于规范值。

表 3.10.12 给出了节点试验与有限元所得特征荷载及特征位移。由于无论是试验还是有限元都未能得到节点的极限位移，故将 0.04rad 的位移荷载作为极限位移。

节点特征荷载与特征位移试验、有限元对比分析   表 3.10.12

试件编号	屈服荷载（kN）			屈服位移（mm）		极限荷载（kN）			极限位移（mm）	
	试验 P_y^e	有限元 P_y^t	误差	试验 Δ_y^e	有限元 Δ_y^t	试验 P_u^e	有限元 P_u^t	误差	试验 Δ_u^e	有限元 Δ_u^t
JD-1	766.1	723.2	5.6%	56.0	65.0	1087.7	997.2	8.3%	170.4	168.0

由表 3.10.12 可见，节点屈服荷载与极限荷载试验、有限元分析结果误差分别为5.6%和8.3%，均在10%以内。可见该种非线性有限元分析方法可以较为精确地模拟钢管混凝土柱—钢梁隔板贯通节点的拟静力试验，而且有限元分析结果均小于试验结果。说明有限元分析较为保守，因此该种有限元分析可用于一定范围内节点的间接分析与设计。

3. 节点延性与耗能能力对比分析

表 3.10.13 给出了节点延性系数试验与有限元对比分析结果。可见，节点延性系数试验与有限元分析结果非常接近。该种三维非线性有限元分析方法很好地模拟了节点的拟静力试验。且由表 3.10.13 可见节点延性系数均大于 2，说明节点延性较好、抗震性能较好。

节点延性试验与有限元对比分析   表 3.10.13

节点编号			JD-1		
	指标		Δ_y（mm）	Δ_u（mm）	$\mu=\Delta_u/\Delta_y$
延性系数	正向加载（推）	试验	55	170.4	3.10
		有限元	65	168.0	2.59
	反向加载（拉）	试验	−57	−140.4	2.46
		有限元	−64	−168.0	2.63

表 3.10.14 给出了节点能量耗散系数及等效黏滞阻尼系数试验与有限元对比分析结果。可见，试验与有限元结果非常接近，证明了该种三维非线性有限元分析方法很好地模拟了本次拟静力试验。另外，等效黏滞阻尼系数接近 0.3，说明该节点具有很好的耗能能力，且抗震性能良好。

节点耗能能力试验与有限元对比分析   表 3.10.14

节点编号	JD-1	
类别	试验	有限元
能量耗散系数	1.68	1.62
等效黏滞阻尼系数	0.27	0.26

3.10.11 小结

本次试验根据美国钢结构抗震规定采用了位移控制加载方式。根据美国钢结构抗震规定要求，当节点层间位移转角达到 3.0%rad 时，即认为节点具有良好的抗震性能。而本次试验节点层间位移转角超过了 3.0%rad，接近 4.0%rad。因此，该试验节点是具有良好抗震性能的节点，天津图书馆方钢管混凝土柱—H 型钢梁隔板贯通节点满足抗震设计要求。具体结论如下：

（1）加载初期 $P-\Delta$ 滞回曲线呈线性变化，整个试件处于弹性范围。当加载至转角位移 1.5%rad（63mm）时，试件开始屈服。加载至转角位移 4%rad（168mm）时，试验构件左支座地锚全部被拉断，试验宣布终止。检查发现，钢梁上翼缘与腹板的过焊孔处产生了裂缝，说明该处应力集中较大，设计中予以足够的重视。

（2）应力应变分析显示，隔板根部及隔板与梁焊缝处应变较大。这是因为隔板根部弯矩较大以及隔板与梁翼缘焊缝处开设过焊孔造成应力集中所致。

（3）节点域外柱翼缘纵向应变柱轴线变化规律说明梁翼缘传来的拉（压）力仅对梁翼缘上下一定范围内柱壁产生影响。根据《钢结构设计规范》条文说明 7.4.1 第 2 条中说明，"拉力在柱翼板上的影响长度 $P \approx 12t_c$"（其中 t_c 为柱壁厚度）。

（4）试验结果显示，节点滞回曲线饱满、抗震性能良好。

（5）由滞回曲线及骨架曲线可知，节点在加载过程中并没有发生明显的强度退化。节点刚度在加载初期几乎保持不变，在节点屈服后发生退化，骨架曲线区域水平。

（6）节点位移延性系数达到了 3.10（2.46），超过了钢筋混凝土梁柱节点延性系数（约为 2.0），与型钢混凝土梁柱节点延性系数接近。说明，该种节点具有良好的延性，抗震性能较好。另外，随着节点各构件板件厚度增加，节点刚度增大，节点延性减小。节点等效黏滞阻尼系数达到了 0.27，超过钢筋混凝土梁柱节点通常等效黏滞阻尼系数（0.1），接近型钢混凝土—钢梁节点数值（0.3）。因此，节点具有良好的耗能能力。

（7）节点域非线性有限元应力分析，揭示了隔板、梁端及节点域柱壁、节点域混凝土的应力分布规律，并验证了隔板贯通节点隔板及柱壁的屈服机制。

（8）隔板上应力集中位置主要有：①浇筑孔及透气孔处；②隔板倒角处；③隔板与梁翼缘焊缝处。前两者是因截面形状突变所致，后者是因为截面厚度发生突变所致。

（9）试件应力最大值出现在隔板倒角截面，隔板与剪力板过焊孔处和隔板与梁翼缘焊缝截面梁翼缘与梁腹板过焊孔处。因此在节点设计中设置合理的过焊孔形式至关重要。

（10）隔板处浇筑孔及透气孔内混凝土应力较大，而其他大部分区域混凝土应力较小，混凝土起到刚度作用。

（11）节点滞回曲线试验与有限元分析结果吻合良好，尤其是卸载曲线吻合很好，卸载过程节点刚度基本相同。而加载过程，节点刚度试验结果要大于有限元分析结果，且刚度退化相对缓慢。骨架曲线加载初期试验与有限元结果吻合较好，而随着位移荷载的增大，试验所得峰值荷载大于有限元结果。

（12）节点延性系数与能量耗散系数、等效黏滞阻尼系数试验与有限元数值都非常接近。说明，该三维非线性有限元分析方法很好地模拟了钢管混凝土柱—钢梁节点的拟静力试验。

（13）关于拟静力试验加载方式，对于理想的"强节点弱构件，强柱弱梁"节点，当梁线刚度明显小于柱线刚度时,可采用实施方便、加载简单的梁端加载方式。而当节点虽然满足"强节点弱构件,强柱弱梁"要求,但梁线刚度与柱线刚度相当时,建议采用柱端加载方式。

(14) 柱轴压比的变化,只影响柱及柱内混凝土、柱与隔板连接部位的受力,而对梁端受力并无明显影响。

(15) 对于按照理想的"强节点弱构件、强柱弱梁"原则设计的节点。当梁线刚度远小于柱线刚度时,无论是采用梁端加载还是柱端加载方式,无论轴压比如何变化,只要不至于使柱内压应力大到使得柱本身屈服或局部发生屈曲破坏,节点的延性及耗能能力都不会有明显的变化。而当梁线刚度与柱线刚度相当时,无论是梁端加载还是柱端加载,随着柱轴压比的增加,节点的耗能能力及延性随着柱轴压比的增加有减小的趋势。

(16) 当轴压比小于某一数值时,随着轴压比的增大,构件的水平承载力有增大的趋势;当轴压比大于该临界值时,随着轴压比的增大,构件的水平承载力逐渐减小。

(17) 对于满足理想的"强节点弱构件,强柱弱梁"条件的试件,荷载—位移曲线是否能够得到下降段,与梁端是否能够产生局部屈曲直接相关。

参 考 文 献

[1] Sabnis G M, Harris H G, White R N, etal. Structural modeling and experi mental techniques; Prentice-Hall, InC. 1983:8-20.

[2] 李宗森,余萍,胡孝平. 相似理论在混凝土结构振动台模型设计中的应用 [J]. 国外建材科技,2008,29 (1):55-57.

[3] 沈朝勇,周福霖等. 动力试验模型用微粒混凝土的初步试验研究 [J]. 广州大学学报,2005,4 (3):250-253.

[4] 姚明芳,李立权. 新编混凝土强度设计与配合比速查手册 [M]. 长沙:湖南科学技术出版社,2000.

[5] 杨政,廖红建,楼康禺. 微粒混凝土受压应力-应变全曲线试验研究 [J]. 工程力学,2002,19 (2):91-93.

[6] 《建筑砂浆基本性能试验方法标准》JGJ/T 70—2009 [S]. 北京:中国建筑工业出版社,2009.

[7] 《建筑抗震设计规范》GB 50011—2010 [S]. 北京:中国建筑工业出版社,2010.

[8] 姚振刚,刘祖华. 建筑结构抗震试验 [M]. 上海:同济大学出版社,1996.

[9] 陈骥. 钢结构稳定理论与设计 [M]. 北京科学出版社,2006.

[10] 邵永松,刘洪波,谢礼立等. 平面与空间钢框架结构的简化柱梁模型 [J]. 工程力学,2004,21 (2):1-8.

[11] 刘永华,张耀春. 钢框架高等分析研究综述 [J]. 哈尔滨工业大学学报,2005,37 (9):1283-1290.

[12] Kim S E, Chen W F. Practical advanced analysis for braced steel frame analysis [J]. Journal of Structural Engineering (ASCE),1996,122 (11):1259-1265.

[13] Liew J Y R. Notional load plastic hinge method for frame design [J]. Journal of Structural Engineering ASCE,1994,120:1434-1454.

[14] 徐长征,王飞,米婷等. 有摇摆柱的钢框架结构整体稳定性能分析 [J]. 钢结构,2009,8 (24):1-6.

[15] 《钢结构设计规范》GB 50017—2003 [S]. 北京:中国计划出版社,2003.

[16] 《高层民用建筑钢结构技术规程》JGJ 99—98 [S]. 北京:中国建筑工业出版社,1998.

[17] 宋志刚,金伟良. 行走作用下梁板结构振动舒适度的烦恼率分析 [J]. 振动工程学报,2005,18 (3):288-292.

[18] Ellingwood B R, A SCEM, Tallin A. Structural serviceability:floor vibrations [J]. Journal of Structural Engineering,1984,110 (2):401-418.

[19] Smith J W. Vibration of structures-applications in civil engineering design [M]. London:Chapman and Hall Press,1988,256-275.

[20] 《钢结构住宅设计规范》CECS 261：2009 [S]. 北京：中国建筑工业出版社，2009.

[21] 01SG519. 多、高层民用建筑钢结构节点构造详图 [S]. 北京：中国计划出版社，2009.

[22] 05SG522. 钢与混凝土组合（楼）屋盖结构构造 [S]. 北京：中国计划出版社，2008.

[23] 《钢管结构技术规程》CECS 280：2010 [S]. 北京：中国计划出版社，2010.

[24] 吴治国，列坚，王永梅. 铸钢节点的研究及在大跨度空间结构中的应用 [J]. 结构，2008，8（23）：31-35.

[25] 田春雨，肖从真，杨想兵等. 济南奥体中心体育场节点模型试验研究 [J]. 空间结构，2009，15（1）：28-34.

[26] 李俊，卫星，李小珍等. 大型铸钢节点极限荷载及破坏机理分析 [J]. 土木工程学报，2005，38（6）：8-53.

[27] 韦艳娜，罗永峰，贾宝荣等. 重庆渝北体育馆铸钢节点受力性能分析 [J]. 钢结构，2010，25（8）：27-31.

[28] 寿建军，关富玲，孙亚良. 复杂受力状态下大型铸钢节点的性能研究 [J]. 钢结构，2011，26（7）：12-15.

[29] 王朝波，赵宪忠，陈以一等. 上海铁路南站外柱异形铸钢节点承载性能研究 [J]. 土木工程学报，2008，41（1）：18-23.

[30] 王永泉，郭正兴，罗斌等. 复杂铸钢节点受力性能试验研究 [J]. 东南大学学报，2009，39（1）：47-52.

[31] 卢云祥，蔡元奇，李明方等. 大型铸钢节点极限荷载及破坏机理分析 [J]. 重庆大学学报，2010，33（12）：71-77.

[32] 赵宪忠，沈祖炎，陈以一. 建筑用铸钢节点设计的若干关键问题 [J]. 结构工程师，2009，24（4）：11-18.

[33] 矩形钢管混凝土结构技术规程 [S]. CECS 159：2004. 北京：中国工程建设标准化协会，2004.

[34] 张险峰. 箱形柱—H形梁刚性连接构造探析 [J]. 钢结构，2005，20（6）：68-71.

[35] 苗纪奎，陈志华. 方钢管混凝土柱—钢梁节点形式探讨 [J]. 山东建筑工程学院学报，2005，20（3）：64-68.

[36] 李贤，肖岩，郭玉荣. 圆钢管混凝土柱钢梁框架节点形式的介绍 [J]. 建筑钢结构进展，2005，7（4）：22-26.

[37] 陈以一，李刚，庄磊等. H型钢梁与钢管柱隔板贯通式连接节点抗震性能试验 [J]. 建筑钢结构进展，2006，8（1）：23-29.

[38] 熊维，陈志华. 连接方钢管混凝土柱与H钢梁的一种新型节点的研究 [J]. 沈阳理工大学学报，2005，25（2）：69-71.

[39] 杜国锋，江楚雄. 方钢管混凝土柱-钢梁框架节点优化设计 [J]. 三峡大学学报：自然科学版，2006，28（6）：509-512.

[40] 李黎明，陈志华，李宁. 隔板贯通式梁柱节点抗震性能试验研究 [J]. 地震工程与工程振动. 2007，27（1）：46-53.

[41] 苗纪奎，陈志华，姜忻良. 方钢管混凝土柱-钢梁节点承载力试验研究 [J]. 建筑结构学报. 2008，29（6）：63-68.

[42] 姜忻良，苗纪奎，陈志华. 方钢管混凝土柱-钢梁隔板贯通节点抗震性能试验 [J]. 天津大学学报，2009，42（3）：194-200.

[43] 苗纪奎，姜忻良，陈志华. 方钢管混凝土柱隔板贯通节点静力拉伸试验. 天津大学学报，2009，42（3）：208-213.

[44] Matsui C. strength and behavior of frames with concrete filled square steel tubular columns under earthquake loading, The International Specialty Conference on Concrete Filled Steel Tubular Structures, Harbin, China, August 1985.

[45] Kanatani H. Tabuchi, M. Kamba T. eatl. Astudy on concrete filled rHS column to H-Beam connections fabricated with HT bolts in rigid frames, Composite Construction in Steel and Concrete. ASCE, June 1987, 614-635.

[46] 《金属材料室温拉伸试验方法》GB/T 228—2002 [S]. 北京：中华人民共和国国家质量监督检验检疫总局，2002.

[47] 李忠献. 工程结构试验理论与技术. 天津：天津大学出版社，2004.

[48] 《工程抗震术语标准》JGJ/T 97—95. 北京：中国建筑工业出版社，1996.

[49] 《建筑抗震试验方法规程》JGJ 101—96 [S]. 北京：中国建筑工业出版社，1997.

[50] 《建筑抗震设计规范》GB 50011—2001 [S]. 北京：中国建筑工业出版社，2001.

[51] AISC，Seismic Provisions for Structural Steel Buildings [S]. Chicago，2005.

第 4 章 大型特殊结构布置条件下的钢结构工程 设计、施工及关键技术研究

4.1 工程概况

位于天津文化中心中轴线上的大剧院钢结构工程，是文化中心的重点分部工程。该工程设一层地下室，地上四层，其中上部结构总高约 32m，整体采用钢框架混凝土结构体系。上部结构体系是利用建筑垂直交通以及机电设备用房布置成钢筋混凝土核心筒作为支撑大型钢结构屋盖的竖向构件，使之成为本工程的主结构体系；钢结构屋盖覆盖着整个三个剧场（三个次结构），其面积巨大（长向 235m，短向 160m），整个建筑屋盖的水平承重结构采用两向正交钢桁架组成的空间结构体系，建筑外周出挑部分的屋顶均利用屋盖钢桁架悬挑来实现，其中屋盖钢桁架的最大跨度为 66.7m，入口处桁架悬挑长度达 33.6m。同时因为建筑对下部大空间的需要，21m 楼层采用悬挂方式来处理，使得钢结构屋盖的受力方式更为复杂。其三维效果图与剖面图如图 4.1.1 所示。

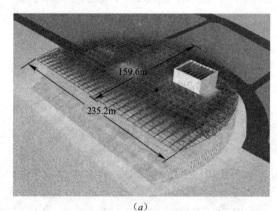

(a)

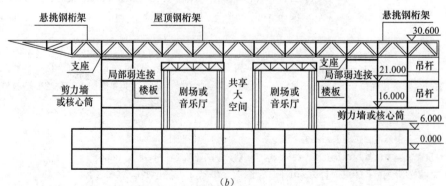

(b)

图 4.1.1 天津大剧院三维效果图与剖面图

(a) 三维效果图；(b) 剖面图

结构最低点标高−16m，钢结构顶点标高43.3m。主体结构由钢筋混凝土-剪力墙以及吊挂结构、屋盖钢桁架组合而成。钢结构主要由+20.9m、+36.9m、+43.3m标高的钢梁+21m、+15.9m标高的吊挂钢梁以及+30.6m标高的屋盖桁架组成。

+20.9m、+36.9m、+43.3m标高的钢梁分布于钢筋混凝土剪力墙间，钢梁最大跨度37.5m，采用焊接H型钢截面，截面规格为H1800×700×16×40。

+21m、+15.9m标高的吊挂层通过高强钢棒悬挂在屋顶桁架下弦，主梁悬吊于桁架上，次钢梁连接于主梁，钢梁采用H型钢截面。钢梁与钢棒如图4.1.2所示。

(a)　　　　　　　　　　　　(b)

图4.1.2　吊挂层钢梁与钢棒

(a) 15.9m悬挂钢梁；(b) 吊挂层钢棒

横向主桁架的弦杆及腹杆分别采用□、H型钢截面，桁架下弦主要通过剪力墙顶部间，并采用四周悬挑形式，次桁架的弦杆及腹杆分别采用□、H型钢截面。联系梁及斜撑分布于主次桁架间，构件主要采用H型钢截面。

屋盖上表面覆盖了120mm的混凝土。+21m、+15.9m标高的吊挂层也有120mm混凝土。吊挂层的使用功能主要是作为餐厅。

屋盖结构为双向正交双向受力的结构。钢桁架的最大跨度为66.7m，高度6m。整个屋盖主结构由纵向28榀横向主桁架以及50榀径向次桁架及桁架间联系钢梁、支撑组成。屋盖桁架四周均为悬挑桁架，最大悬挑长度达33.6m。屋盖由于建筑方面的要求，部分悬挑桁架仅与巨型桁架连接，缺少向内延伸的桁架，使得巨型桁架承受巨大的扭矩，针对这种情况，设计采用了目前国内甚少的覆盖波纹钢板的巨型桁架，利用钢板的蒙皮效应来抗扭。屋盖悬挑如图4.1.3所示。

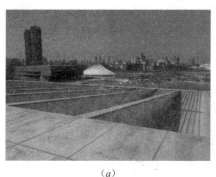

(a)　　　　　　　　　　　　(b)

图4.1.3　屋盖悬挑（一）

(a) 短向俯视图；(b) 长向俯视图

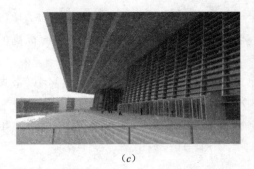

(c)

(d)

图 4.1.3　屋盖悬挑（二）

(c) 仰视图；(d) 屋盖大镂空位置图

　　大剧院钢结构工程独特的建筑外观及功能要求势必导致，无论是结构设计、节点设计还是制作、安装均存在着技术挑战。同时对于钢结构施工过程要求非常严格，施工过程仿真分析及其实时监测对于钢结构施工和结构成型具有非常重要的指导作用。

4.2　项目的技术难点和技术路线

4.2.1　天津大剧院存在的技术难点

　　天津大剧院的施工代表了国内许多新兴的钢结构工程，集合了大跨度、长悬挑、吊挂技术等一系列施工困难，存在着以下技术难点。

　　1. 屋盖大悬挑部位约束刚度差异大

　　屋盖端部桁架悬挑长度达到 33.6m，所有悬挑桁架的端部连接于由 HJ10 和 HJ11 组成的巨型桁架，但由于建筑方面的要求，在 R-V 轴间的悬挑桁架仅与巨型桁架连接，缺少向内延伸的桁架，造成了悬挑桁架根部约束刚度的较大差异。这种差异不但会使得桁架在外荷载作用下内力重新分配，而且也使得对于控制约束刚度弱的悬挑桁架的变形难度大大增大，桁架结构平面图如图 4.2.1 所示。同时，为了确保悬挑桁架竖向刚度的均匀性，减小约束刚度带来的内力重分布问题，如何在巨型桁架上采取有效措施，对本工程来说也是一个很重要的问题。

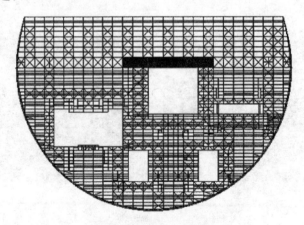

图 4.2.1　屋盖结构平面图

2. 多层悬挂结构在柔性支承条件下的施工

本工程为了满足底部大空间的建筑要求，16m 标高和 21m 标高 16～25 轴之间餐饮区域，共约 1.4 万 m² 的结构是通过高强钢棒悬挂在屋顶钢桁架上的，悬挂楼层结构示意图如图 4.2.2 所示。由于施工过程中屋盖桁架仍处于非独自承载状态，不同的施工卸载顺序对结构成型后内力分布影响较大，也对下部施工临时支撑的受力大小影响很大，同时由于作为吊挂端的上部屋盖本身刚度有限，自身的变形将导致柔性吊杆受压，这一系列问题对本工程的施工来说是至关重要的，决定了结构是否能与结构设计决定的方式承载外荷。

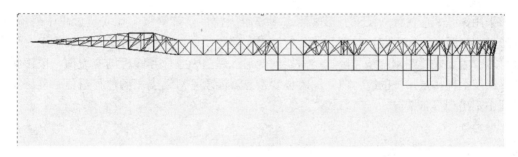

图 4.2.2　悬挂楼层结构示意图

3. 多支座约束条件下不等跨、非连续、非对称钢屋盖的施工

本工程钢屋盖虽然属于比较典型的大跨度正交桁架结构体系，但由于建筑方面的特殊要求，屋盖正交桁架面层大面积镂空，镂空面积接近整个桁架面的 30%，导致了大量桁架的非连续性；同时为了考虑地震及风等水平荷载的传递以及温度应力的释放，在屋盖下部一百多个支座中，分成了固定支座、横向释放支座、纵向释放支座及纵横双向释放支座等类型，这就更加增加了施工过程控制的难度，也使得施工后结构的受力状态与设计受力状态差别增大的可能性增加，如何有效地控制这种差异，确保屋盖最佳的受力性能也是本工程施工过程中值得十分关注的问题。

4. 全焊接结构焊接合拢顺序的问题

天津大剧院钢结构屋盖所有的连接均为现场焊缝连接，导致了现场的焊接量大，焊接这个不均匀加热和冷却的过程不仅会对结构产生残余应力，而且会由于约束的存在产生附加内力，同时整体结构布置的无规律性造成合理焊接顺序的选择困难，同时由于支座约束的种类多，不同的焊接合拢顺序对结构的最终状态影响大，必须科学分析焊接对结构安装过程的影响，从而保证了整个工程的施工质量。

4.2.2　技术路线与方法

针对天津大剧院钢结构工程存在的具体技术难点，采用理论研究、数值模拟分析与现场实验监测相结合的方法进行研究，研究成果面向未来的工程应用。具体包括以下几方面。

1. 理论研究

对现场焊接残余应力和附加应力的产生机理进行分析和研究，总结出在特定支座约束条件下的各种焊接顺序对结构成型后的内力的影响差异，寻求出最佳的焊接顺序应用于本工程的施工焊接。同时研究外包钢板的矩形空间桁架抗扭性能的力学机理，探求最佳力学性能状态下的最佳构造方式，为屋盖钢结构的深化设计奠定良好基础。

2. 数值模拟分析

采用国际目前比较通用的有限元分析软件，如 MIADS、SAP2000、ANSYS 等对多层悬挂施工过程中钢屋盖的变形。悬挂楼层的卸载顺序对上部屋盖以及屋盖临时支撑体系的受力影响、不同屋盖桁架的安装顺序进行分析，同时也对外包钢板的矩形空间桁架的抗扭力学性能进行计算分析，并将上述分析结果与现场实时监测的数据进行科学比对。

3. 施工过程在线实时监测

采用振弦式应变计和设置变形观测点对整个天津大剧院钢结构在安装过程中的应力、变形进行实时监测和跟踪，并把数值分析结果和监测结果进行对比分析，保证施工过程安全可靠。主要是检测刚度差异区悬挑桁架的变形、屋盖中弦杆和腹杆的应力值，关键临时支撑以及柔性楼层吊杆的应力值，同时也要重点观测水平滑动支座的位移量值。确保施工过程中不出现异常情况。

4.3 抗扭桁架蒙皮效应的数值模拟分析

4.3.1 蒙皮单元的有限元模型

1. 平板与波纹板的有限元模型及计算理论

随着轻钢结构的发展与应用，越来越多的结构利用压型钢板作为墙面和屋面的覆盖材料，特别是在厂房里，压型钢板以其轻质、耐高温、构造简单、施工便捷等优点得到了广泛应用。压型钢板一般都是由厚度在 $0.4\sim2\text{mm}$ 的薄钢板经过冷压成型，而在巨型抗扭桁架里面，作为蒙皮的钢板厚度在 $10\sim14\text{mm}$，称其为波纹板。波纹板成型后是各向异性板，但是这种各向异性不是由材料本身造成的，而是由几何外形形成的。目前，大多数研究是把波纹板等效成各向异性平板来分析，但是这种分析的前提是板截面不发生畸变，所以这种等效方法有一定局限性。本书根据波纹板的实际形状，按照板每个褶皱划分成细小的各向同性板单元。

若利用平板作为蒙皮单元，这类问题的分析可归结为弹性理论中的平面应力问题。因此可作计算假定，即假定平板具有均匀性、连续性和各向同性。

（1）3 节点薄膜单元分析

任意一个三节点单元如图 4.3.1 所示。

对于其中一个节点 i，结点位移表示为

$$\delta_i = \begin{bmatrix} u_i \\ v_i \end{bmatrix}$$

节点力表示为

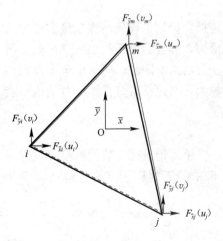

图 4.3.1　三节点单元

$$F_i = \begin{bmatrix} U_i \\ V_i \end{bmatrix}$$

单元位移函数为

$$u(x,y) = \alpha_1 + \alpha_2 x + \alpha_3 y$$
$$v(x,y) = \alpha_4 + \alpha_5 x + \alpha_6 y$$

三角形单元的面积 Δ：

$$\Delta = \frac{1}{2} \begin{bmatrix} 1 & \overline{x}_i & \overline{y}_i \\ 1 & \overline{x}_j & \overline{y}_j \\ 1 & \overline{x}_m & \overline{y}_m \end{bmatrix}$$

为了得出的面积 Δ 不至于是负值，结点的次序在图形上必须是逆时针转向排列的。可以解出 $\alpha_1 \sim \alpha_6$，代回单元位移函数，整理后得到薄膜单元每一点的位移：

$$u = N_i u_i + N_j u_j + N_m u_m$$
$$v = N_i v_i + N_j v_j + N_m v_m$$

其中，

$$N_i = \frac{a_i + b_i x + c_i y}{2\Delta}, \quad N_j = \frac{a_j + b_j x + c_j y}{2\Delta}, \quad N_m = \frac{a_m + b_m x + c_m y}{2\Delta}$$

再由虚功原理，可得到节点位移与节点力之间的转换关系：

$$\{\overline{F}\}^e = [\overline{k}]^e \{\overline{\delta}\}^e$$

其中

$$[\overline{k}]^e = \begin{bmatrix} [k_{ii}] & [k_{ij}] & [k_{im}] \\ [k_{ji}] & [k_{jj}] & [k_{jm}] \\ [k_{mi}] & [k_{mj}] & [k_{mm}] \end{bmatrix}$$

（2）4 节点薄膜单元分析

取四节点薄膜单元进行分析，如图 4.3.2 所示。

每个节点有两个线位移，即

$$\delta_i = \begin{bmatrix} u_i \\ v_i \end{bmatrix}$$

还有两个节点力，即

$$F_i = \begin{bmatrix} U_i \\ V_i \end{bmatrix}$$

设矩形薄膜单元沿着 x 和 y 方向的长度分别是 $2a$ 和 $2b$，假定单元中的位移分量是坐标的非完全二次函数，即

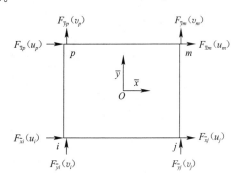

图 4.3.2　四节点单元

$$u = \alpha_1 + \alpha_2 x + \alpha_3 y + \alpha_4 xy$$
$$v = \alpha_5 + \alpha_6 x + \alpha_7 y + \alpha_8 xy$$

从而，可以求出 $\alpha_1 \sim \alpha_8$，再代回上述公式，整理以后得到每一点的位移：

$$u = N_i u_i + N_j u_j + N_m u_m + N_p u_p$$
$$v = N_i v_i + N_j v_j + N_m v_m + N_p v_p$$

其中，

$$N_i = \frac{1}{4}\left(1-\frac{x}{a}\right)\left(1-\frac{y}{b}\right), \quad N_j = \frac{1}{4}\left(1+\frac{x}{a}\right)\left(1-\frac{y}{b}\right)$$

再由虚功原理，可得到节点位移与节点力之间的转换关系：

$$\{\overline{F}\}^e = [\,\overline{k}\,]^e \{\overline{\delta}\}^e$$

2. 钢框架构件的有限元模型及计算理论

在实际工程中，与蒙皮板连接的桁架上下弦及钢柱，在有限元分析中，都以空间梁单元来模拟。

3. 蒙皮单元的有限元离散

平板或波纹板可以离散成各向同性板单元，与板连接的杆件离散成空间梁单元，桁架其他杆件离散成杆单元。对于覆盖在平板桁架上的平板在有限元模拟中采用板单元模拟，把每块板离散成若干小板，并分割所连接的梁单元，使得小板与分割的梁单元变形协调。

4.3.2 蒙皮单元试件的有限元建模与分析

采用建筑结构通用有限元分析和设计软件 MIDAS GEN 来对蒙皮单元的试件进行计算分析。

1. 单元选取与网格划分

在这部分分析中，根据天津大剧院截取覆盖钢板部分的巨型桁架进行分析。所选覆盖钢板的桁架长为 75.6m，设为 Y 向，宽 8.4m，设为 X 向，桁架 10 轴高 5.174m，11 轴高 6.001m。桁架平面图、10 轴立面图、11 轴立面图如图 4.3.3 所示。

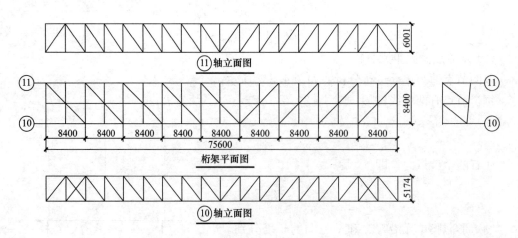

图 4.3.3　桁架平面图和立面图

桁架杆件选取的截面类型包括焊接箱型截面和焊接工字型截面，截面尺寸有 31 种，如表 4.3.1 所示。

按照实际工程选取波纹板尺寸，上下表面厚度 $t=12\text{mm}$，10 轴厚度 $t=14\text{mm}$，11 轴厚度 $t=10\text{mm}$，如图 4.3.4 所示。

根据钢板截面积相等计算，把波纹板厚度折算成平板厚度，厚度如表 4.3.2 所示。

桁架杆件尺寸

表 4.3.1

	杆件类型	材性	h (mm)	b_f (mm)	t_f (mm)	t_w (mm)
1	焊接箱型	Q345C	500	300	18	10
2			500	300	20	12
3	焊接工字型		300	300	16	12
4			300	300	25	20
5			400	300	35	30
6	焊接箱型		500	300	24	12
7			500	300	35	14
8			500	400	30	14
9			500	400	35	14
10			500	500	60	60
11			500	500	25	14
12			500	500	18	12
13			500	500	28	14
14			500	500	40	30
15			500	500	50	40
16			500	500	20	14
17	焊接工字型		300	300	16	12
18			300	300	20	16
19			300	300	25	20
20	焊接箱型		300	300	12	12
21			300	300	16	16
22			400	400	30	30
23			500	400	30	25
24			500	300	30	18
25			500	300	16	16
26			500	300	16	12
27	焊接工字型		500	300	12	12
28	焊接箱型		500	300	18	18
29			500	400	30	25
30	焊接工字型		400	350	40	30
31			350	300	35	30

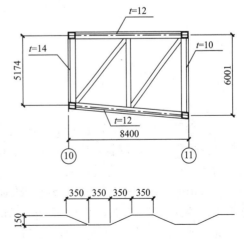

图 4.3.4 抗扭桁架的波纹蒙皮钢板具体尺寸

平板与波纹板厚度   表 4.3.2

	波纹板 （mm）	平板 （mm）
上表面	12	12.53
下表面	12	12.53
10 轴	14	14.62
11 轴	10	10.44

本节根据波纹板的实际形状，把板的每个皱褶划分成细小的各向同性板单元，平板单元也细分网格，如图 4.3.5 所示。

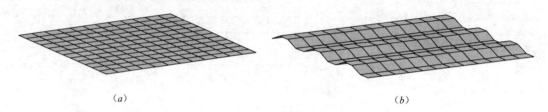

（a）   （b）

图 4.3.5　平板与波纹板有限元模型局部图

（a）平板；（b）波纹板

2. 边界条件与加载条件

加载包括边界约束施加和荷载施加，采用简化模型。边界约束采用固定铰支座，支座条件如图 4.3.6 所示。

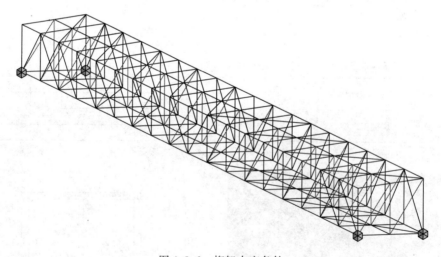

图 4.3.6　桁架支座条件

这里采用对比分析，故进行荷载简化。根据实际工程，选取了与抗扭桁架连接的部分桁架的重量作为外加荷载。悬挑端桁架通过 10 轴的节点与抗扭桁架连接，这样外加荷载通过这些节点传递竖向力与等效弯矩。11 轴在有内伸桁架的节点处施加竖向力及等效弯矩。无板桁架、平板桁架、波纹板桁架施加的荷载相同。10 轴分配到 20 个节点，每个节点水平荷载为 434.5kN，竖向荷载为 87kN。11 轴分配到 18 个节点，竖向荷载是 106.8kN 或 52.5kN，水平荷载为 89.7kN。

计算简图如图 4.3.7 所示。

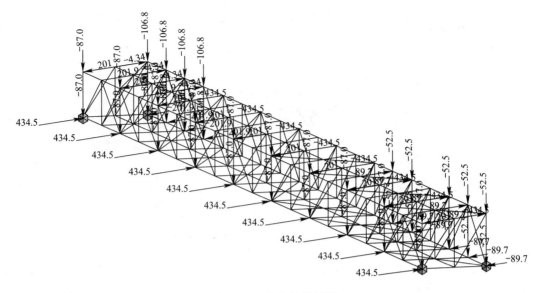

图 4.3.7　桁架计算简图

3. 数值模拟结果与分析

在支座与荷载简化的条件下，对比分析无板桁架、平板桁架、波纹板桁架的抗扭性能。无板桁架、平板桁架及波纹板桁架钢板设置如图 4.3.8 所示。

（1）挠度位移

在大跨度空间钢结构设计中，结构的位移挠度控制很重要。所分析的巨型桁架因为受力不平衡，桁架 Y 向在 10 轴承受荷载，而 11 轴上没有内伸桁架支承，单边受力的桁架在荷载作用下会产生扭转。

无板桁架、平行桁架及波纹板桁架的变形如图 4.3.9 所示。

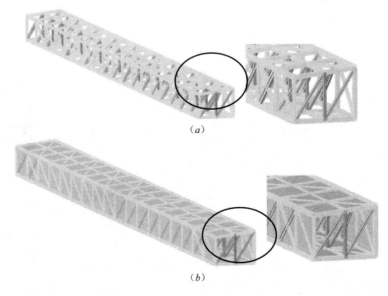

图 4.3.8　无板桁架、平板桁架及波纹板桁架钢板设置（一）
（a）无板桁架；（b）平板桁架

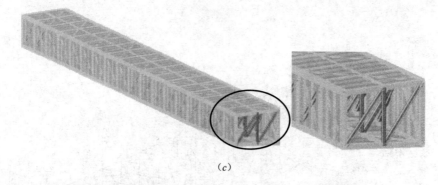

（c）

图 4.3.8　无板桁架、平板桁架及波纹板桁架钢板设置（二）

（c）波纹板桁架

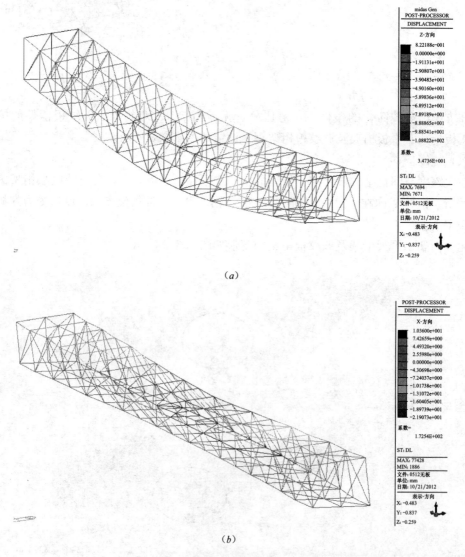

（a）

（b）

图 4.3.9　无板桁架、平板桁架及波纹板桁架变形图（一）

（a）无板桁架竖向变形图；（b）无板桁架水平向变形图

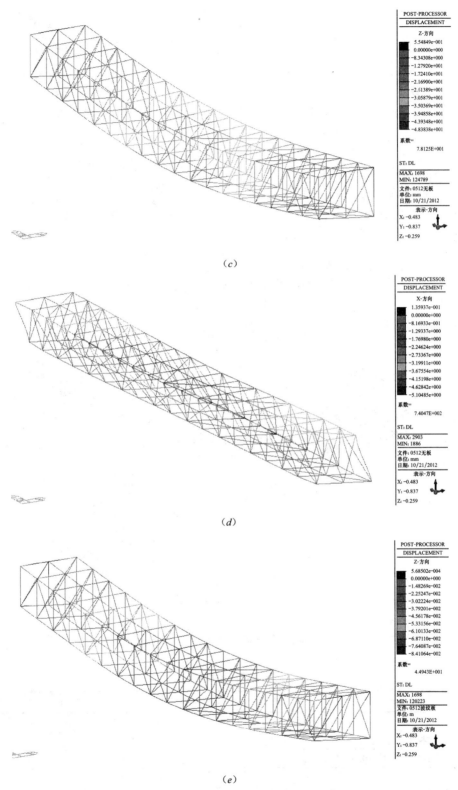

图 4.3.9　无板桁架、平板桁架及波纹板桁架变形图（二）

（c）平板桁架竖向变形图；（d）平板桁架水平向变形图；（e）波纹板桁架竖向变形图

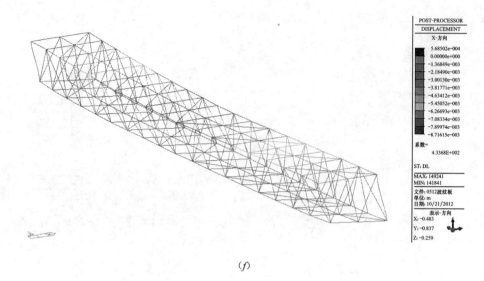

图 4.3.9 无板桁架、平板桁架及波纹板桁架变形图（三）
（f）波纹板桁架水平向变形图

选取桁架 10 个点作分析，所选点如图 4.3.10 所示。

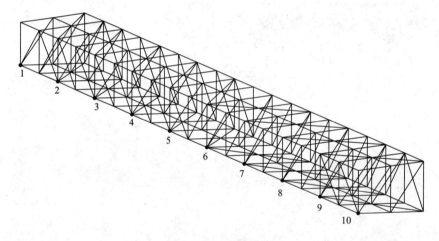

图 4.3.10 选取节点

在相同荷载作用下，比较三种桁架的竖向挠度，10 个节点竖向挠度如表 4.3.3 所示。

节点竖向挠度值　　　　　　　　　　　　　表 4.3.3

		节点 1	节点 2	节点 3	节点 4	节点 5	节点 6	节点 7	节点 8	节点 9	节点 10
竖向挠度（mm）	无板桁架	0.0	31.9	62.3	89.7	106	107	91.6	64.0	32.6	0.0
	波纹板桁架	0.0	27.9	53.0	72.1	82.4	82.4	72.0	52.8	27.6	0.0
	平板桁架	0.0	13.3	25.2	34.1	38.8	38.9	34.1	25.1	13.3	0.0

桁架竖向挠度的曲线如图 4.3.11 所示。

由上可知，无板桁架整体的竖向挠度都要比波纹板桁架与平板桁架大。单独比较波纹

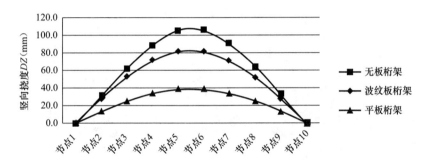

图 4.3.11　桁架竖向挠度曲线

板桁架与平板桁架可以发现，平板桁架 10 个节点的竖向挠度都控制在 40mm 以内，而波纹板桁架则有两个节点超过 80mm。波纹板桁架相对平板桁架的竖向挠度都要大很多，对竖向挠度的控制远远比不上平板桁架。

表 4.3.4 给出三种桁架竖向及水平向的变形值，其中

$$降低百分比 = \frac{有板桁架 - 无板桁架}{无板桁架} \times 100\%$$

三种桁架竖向及水平向变形　　　　　　　　　　　表 4.3.4

	无板桁架	波纹板桁架	平板桁架
最大竖向变形（mm）	−108.8	−84.1	−48.4
上下表面水平向变形差（mm）	32.3	6.7	5.2
竖向变形降低百分数	—	24.7%	55.5%
水平向变形降低百分数	—	79.3%	83.9%

由表 4.3.4 可知，对于无板桁架，只有桁架受力，竖向位移很大，达到 −108.8mm；对于平板桁架与波纹板桁架，钢板参与结构共同工作，改善了结构整体受力性能，使得跨中最大挠度明显减少，平板桁架竖向位移最小，最大点为 48.4mm，波纹板桁架竖向位移为 84.1mm。

从桁架的变形看到，平板桁架与波纹板桁架对桁架水平向变形差降低百分比分别是 83.90% 和 79.26%，效果相当。无板桁架抗扭性能差，上下表面水平向变形差达到 32.2mm，无论是平板还是波纹板对水平向变形贡献很大，大大改善了桁架的抗扭性能。

在这个简化模型里面，桁架受到一定的竖向荷载时，平板桁架与波纹板桁架竖向变形降低的百分比分别是 55.51% 和 24.70%。在控制竖向变形能力上，因为巨型桁架除了承受扭矩外，还承受自身以及悬挑端重量致使桁架发生竖向变形，而波纹板在 Y 向的面内抗拉能力比平板的差，所以平板对桁架竖向变形控制作用要优于波纹板。

（2）桁架梁单元应力

桁架在竖向荷载和扭矩作用下，10 轴跨中的弦杆、腹杆应力会比较大，通过分析比较三种桁架杆件应力，可以判断平板桁架、波纹板桁架对桁架承载力的贡献。无板桁架、平板桁架及波纹板桁架的梁单元应力图及应力比如图 4.3.12 所示。

梁单元跨中最大和最小拉压应力如表 4.3.5 所示。

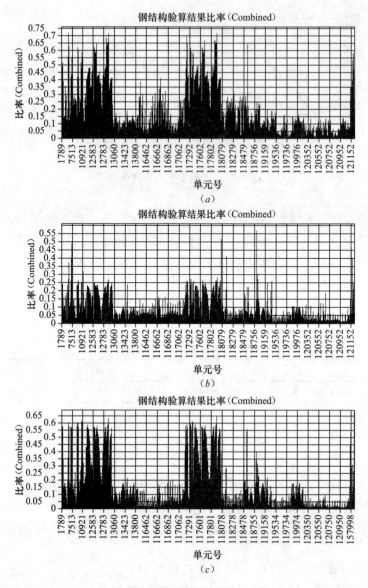

图 4.3.12　无板桁架、平板桁架及波纹板桁架的梁单元应力比

(a) 无板桁架；(b) 平板桁架；(c) 波纹板桁架

梁单元最大和最小应力　　　　　　　　　　　　　　表 4.3.5

	无板桁架	平板桁架	波纹板桁架
Min（N/mm²）	−167.8	−150.9	−149.9
Max（N/mm²）	130.0	41.9	56.9
Min 降低百分比	—	10.07%	10.67%
Max 降低百分比	—	67.77%	56.23%

　　由梁单元应力图可知，无板桁架梁单元最大压应力是−167.8MPa，出现在跨中上弦杆；最大拉应力是130.0MPa，出现在靠近支座处上表面的斜腹杆。平板桁架梁单元最大压、拉应力出现在支座处，分别是−150.9MPa和41.9MPa。跨中位置，波纹板桁架梁单元最大压应力为−149.9MPa，位于跨中上弦杆，最大拉应力出现在跨中腹杆为56.9MPa，

下弦杆最大拉应力为 47.2MPa。平板桁架跨中的最大压应力为－67MPa，最大拉应力为25MPa，远远小于无板桁架跨中最大压拉应力－167.8MPa 和 41.9MPa。可见，平板桁架和波纹板桁架梁单元最大拉应力都小于无板桁架。

波纹板桁架梁单元应力比相当一部分集中在 0.65 处，平板桁架梁单元应力比主要集中 0.25 处，二者都远小于无板桁架梁单元的应力比。因为钢板的作用使桁架的受力性能得到了改善，提高了结构的承载能力。

对比平板桁架与波纹板桁架，可以看出两种桁架的最大与最小应力相差不大，但是平板桁架梁单元应力比普遍低于波纹板桁架梁单元应力比。

（3）杆单元应力

10 轴与 11 轴之间的竖腹杆和斜腹杆用杆单元模拟，三种桁架杆单元应力相差不多，最大与最小应力如表 4.3.6 所示。

杆单元最大与最小应力 表 4.3.6

	无板桁架	平板桁架	波纹板桁架
Max（N/mm²）	38.9	34.5	39.9
Min（N/mm²）	－59.6	－53.6	－61.5

桁架四周覆盖钢板对桁架梁单元应力降低有很大的作用，是因为其发挥了钢板面内的蒙皮效应。10 轴和 11 轴间的杆单元应力，在这三种桁架里相差不大，这也反映了钢板蒙皮效应在面内发挥作用的特点，即通过承受面内拉应力作用对结构作贡献，而对平面外的杆单元作用不大。

（4）钢板变形

平板桁架的平板模块的尺寸是 4.2m×4.2m，厚度只有 12mm，因而平板在自重作用下就向下凹，形成局部变形现象。平板与波纹板竖向变形如图 4.3.13 所示。

平板在自重作用下 DZ 向位移达 12mm，而波纹板由于面外刚度比平板大，在自重作用下并不会发生局部变形现象，在蒙皮效应中波纹板的变形均匀。因而，要控制平板在自重作用下凹现象，可以在平板上加加劲肋。

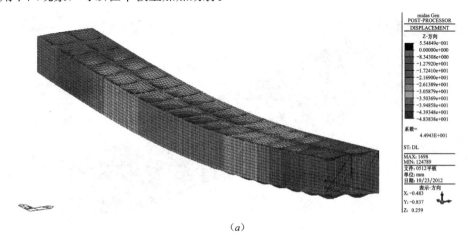

（a）

图 4.3.13　板的竖向（DZ）变形（一）

（a）平板

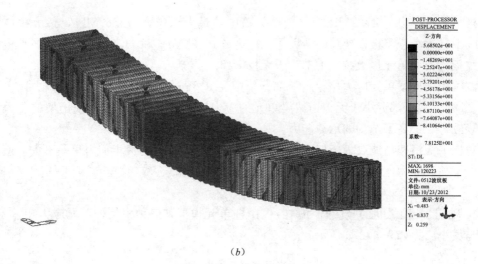

（b）

图 4.3.13　板的竖向（*DZ*）变形（二）

（b）波纹板

（5）钢板力

在钢板与杆件有可靠连接的情况下，钢板的应力能体现其对结构的贡献。在桁架中，板单元在 *Y-Y* 向的应力如图 4.3.14 所示。

取下表面分析，局部应力如图 4.3.15 所示。

Y-Y 向是沿着波纹板波纹方向，可以看到，波纹板单元在波纹方向板的应力很小，下表面 *Y-Y* 向的应力为 0～4MPa，对结构基本没有贡献。平板单元在 *Y-Y* 向的应力大部分集中在 25～30MPa，对结构贡献远大于波纹板。

波纹钢板沿着波纹方向的等效弹性模量与剪切常数为

$$E_{eq} = \frac{c}{4b+s} \left(\frac{t_w}{h} \right)^2 E$$

$$G_{eq} = \frac{c}{s} G$$

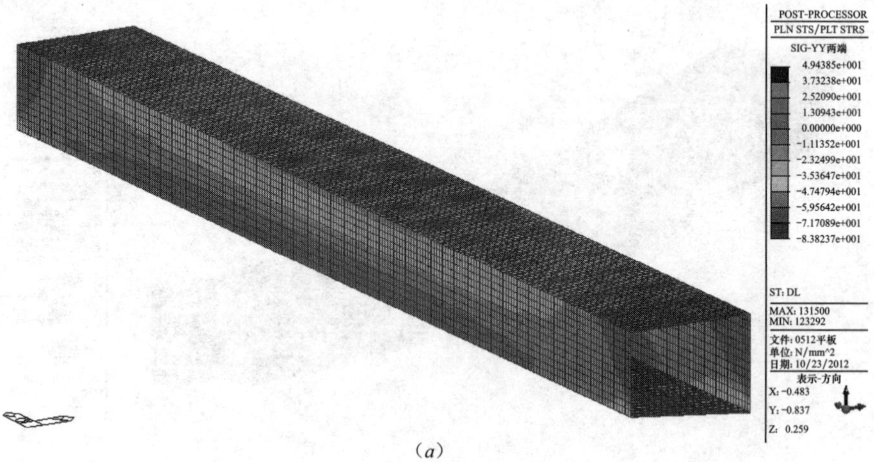

（a）

图 4.3.14　钢板应力在 *Y-Y* 向的应力图（一）

（a）平板单元

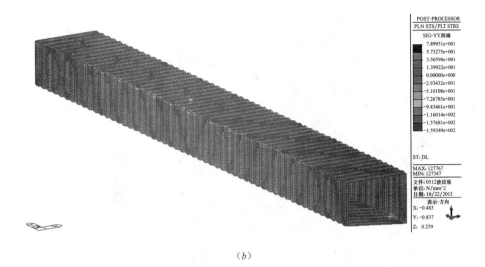

（b）

图 4.3.14　钢板应力在 Y-Y 向的应力图（二）

（b）波纹板单元

式中　　E，G——钢的杨氏模量和剪切模量；

　　　　s 和 c——波纹板的一个波的波幅和投影长度；

　　　　t_w——波纹板的厚度；

　　　　h——波纹板的高，具体尺寸示意如图 4.3.16 所示。

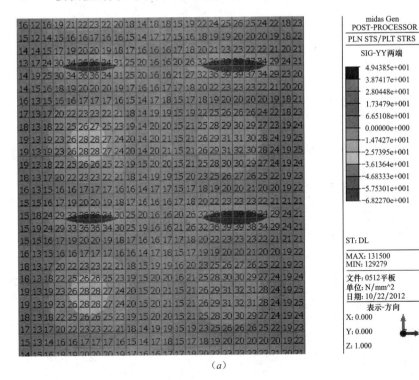

（a）

图 4.3.15　板单元在 Y-Y 向局部应力（一）

（a）平板单元

307

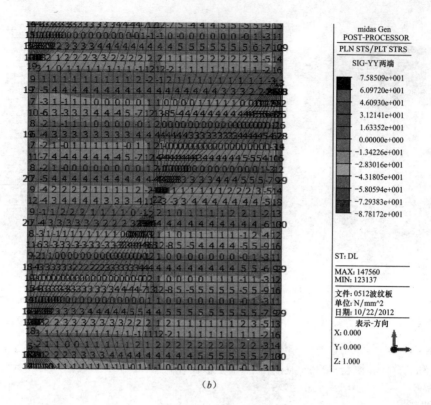

(b)

图 4.3.15　板单元在 Y-Y 向局部应力（二）

(b) 波纹板单元

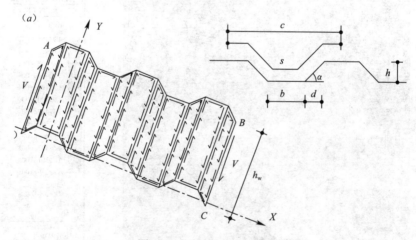

图 4.3.16　波纹板尺寸示意

计算在大剧院工程中用到的波纹板的等效杨氏模量和剪切模量。

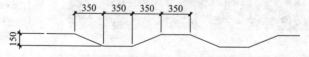

在这个模型中，$s = 1461.6$，$c = 1400\text{mm}$，$h = 150\text{mm}$，$t_w = 12\text{mm}$，$b = 350\text{mm}$，则 $E_{eq} = 0.00313E$，$G_{eq} = 0.96G$。

上述表明，沿着波纹方向的刚度很小，减小程度远远大于剪切刚度的减少程度，波纹板不会沿着波纹方向传力。因为沿着波纹方向的刚度很小，当桁架因承受竖向荷载向下挠曲时，由桁架本身抵抗外力作用。而平板则不存在刚度减少情况，能与结构共同作用，抵抗桁架下挠变形。

4.3.3 小结

（1）通过建立简化模型，分析无板桁架、平板桁架及波纹板桁架的受力性能及蒙皮效应发挥的作用。

（2）通过分析，得到了无板桁架、平板桁架及波纹板桁架的变形、梁单元应力、杆单元应力以及板单元应力与变形，确定了钢板蒙皮的面内效应，从这几方面均可看出覆盖钢板的桁架能很好地改善结构的性能，提高承载能力。

（3）从模型的杆单元应力可以反映钢板蒙皮效应在面内发挥作用的特点，即通过承受面内拉应力作用对结构作贡献，而对平面外的杆单元作用不大。

（4）当桁架结构因承受竖向力而发生竖向变形时，需要利用板面内的抗拉能力抵抗桁架的竖向变形，平板桁架对桁架竖向挠度的控制要优于波纹板桁架，这也反映了波纹板在沿着波纹方向的刚度比较弱的特点。对于利用波纹板作为蒙皮单元体，因为波纹方向的刚度比较弱，只能发挥其抗剪刚度，不能像平板一样，既能利用其抗剪刚度，也能利用其抗拉刚度。

（5）通过比较平板桁架和波纹板桁架，得出在这种简化模型中，虽然平板桁架杆件应力要优于波纹板桁架的杆件应力，但是平板会发生局部变形现象。

4.4 蒙皮效应在天津大剧院工程的应用研究

4.4.1 边界条件与加载条件

1. 边界条件

天津大剧院钢屋盖是双向正交桁架，其四周都有大悬挑桁架。桁架形式为平面桁架，弦杆为箱型，直腹杆为箱型，斜腹杆为 H 型。整个钢屋盖桁架重达 5600t，通过 109 个抗震球型滑动支座传力给 20 个核心筒。整个屋盖下部设置的支座，分成了固定铰支座、横向释放支座、纵向释放支座及纵横双向释放支座等类型，支座条件如图 4.4.1 所示。

2. 钢屋盖荷载及荷载效应组合

本章分析无板桁架、平板桁架和波纹板桁架的抗扭性能在天津大剧院钢屋盖发挥的作用。屋盖上表面覆盖了 120mm 的混凝土，+21m、+15.9m 标高的吊挂层也有 120mm 混凝土。

根据《建筑结构荷载规范》GB 50009—2001 以及工程勘测资料和工程风洞试验报告，本工程荷载取值如下：

屋面恒载：$0.2kN/m^2$

屋面活载：$0.5kN/m^2$

吊挂层活载：$2.5kN/m^2$

屋面雪荷载：取半跨雪压 $0.4kN/m^2$

风荷载：按照风洞试验选取。

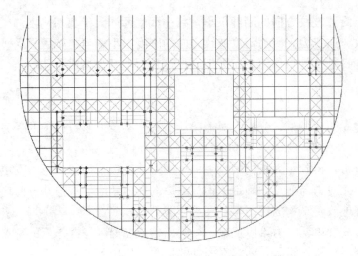

图 4.4.1　屋盖制作布置图

一共 29 组荷载组合，荷载组合如下：

(1) 1.0 恒 + 1.0 屋面活；

(2) 1.0 恒 + 1.0 风压；

(3) 1.0 恒 + 1.0 风吸；

(4) 1.0 恒 + 1.0 雪；

(5) 1.0 恒 + 1.0 吊挂活；

(6) 1.0 恒 + 1.0 屋面活 + 0.6 风压；

(7) 1.0 恒 + 1.0 屋面活 + 0.6 风吸；

(8) 1.0 恒 + 1.0 屋面活 + 0.7 吊挂活 + 0.6 风压；

(9) 1.0 恒 + 1.0 屋面活 + 0.7 吊挂活 + 0.6 风吸；

(10) 1.0 恒 + 0.7 屋面活 + 1.0 风压；

(11) 1.0 恒 + 0.7 屋面活 + 1.0 风吸；

(12) 1.0 恒 + 0.7 吊挂活 + 1.0 风压；

(13) 1.0 恒 + 0.7 吊挂活 + 1.0 风吸；

(14) 1.0 恒 + 0.7 雪 + 1.0 风压；

(15) 1.0 恒 + 0.7 雪 + 1.0 风吸；

(16) 1.0 恒 + 0.7 屋面活 + 0.7 吊挂活 + 1.0 风压；

(17) 1.0 恒 + 0.7 屋面活 + 0.7 吊挂活 + 1.0 风吸；

(18) 1.0 恒 + 0.7 雪 + 0.7 吊挂活 + 1.0 风压；

(19) 1.0 恒 + 0.7 雪 + 0.7 吊挂活 + 1.0 风吸；

(20) 1.0 恒 + 1.0 吊挂活 + 0.6 风压；

(21) 1.0 恒 + 1.0 吊挂活 + 0.6 风吸；

(22) 1.0 恒 + 1.0 吊挂活 + 0.7 屋面活 + 0.6 风压；

(23) 1.0 恒 + 1.0 吊挂活 + 0.7 屋面活 + 0.6 风吸；

(24) 1.0 恒 + 1.0 吊挂活 + 0.7 雪 + 0.6 风压；

(25) 1.0 恒 + 1.0 吊挂活 + 0.7 雪 + 0.6 风吸；

（26）1.0 恒＋1.0 雪＋0.6 风压；

（27）1.0 恒＋1.0 雪＋0.6 风吸；

（28）1.0 恒＋1.0 雪＋0.7 吊挂活＋0.6 风压；

（29）1.0 恒＋1.0 雪＋0.7 吊挂活＋0.6 风吸。

4.4.2 计算结果与分析

1. 屋盖悬挑端挠度分析

在以上荷载及其组合的作用下，运用有限元计算软件 MIDAS GEN 对屋盖及吊挂层整体模型进行计算和分析。悬挑端最大挠度发生在组合"1.0 恒＋1.0 屋盖活＋0.6 吊挂活＋0.6 风压"下。

选取悬挑端 10 个点作为分析对象，分别是节点 1788、1792、1795、1797、1799、1801、1803、1805、1808、1813，所选取节点如图 4.4.2 所示。

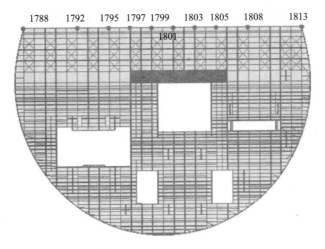

图 4.4.2　悬挑端选取节点

各点竖向挠度如图 4.4.3 所示。

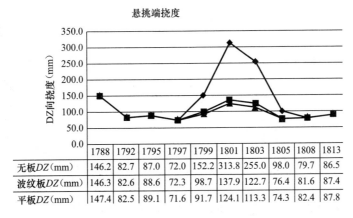

	1788	1792	1795	1797	1799	1801	1803	1805	1808	1813
无板 DZ（mm）	146.2	82.7	87.0	72.0	152.2	313.8	255.0	98.0	79.7	86.5
波纹板 DZ（mm）	146.3	82.6	88.6	72.3	98.7	137.9	122.7	76.4	81.6	87.4
平板 DZ（mm）	147.4	82.5	89.1	71.6	91.7	124.1	113.3	74.3	82.4	87.8

图 4.4.3　各点竖向挠度曲线

可以看到，10 轴与 11 轴之间的巨型桁架在没有蒙皮钢板包裹时，桁架抗扭性能差，1801 号节点的竖向位移达到 313.8mm，超过挠度限值。在巨型桁架上覆盖蒙皮钢板后，悬挑

311

端挠度大大减少。使得悬挑端最大挠度发生在 1788 号节点上，有波纹板桁架的结构最大挠度是 146.3mm，在 1801 号节点的 DZ 向位移是 137.9mm。而平板桁架的结构最大挠度是 147.4mm，，在 1801 号节点的 DZ 向位移是 124.1mm。二者都满足挠度要求。

平板桁架相对无板桁架在 1801 号节点上挠度减少了 60.45％，波纹板桁架相对无板桁架在 1801 号节点上挠度减少了 56.05％。由此可见，由平板覆盖巨型桁架的屋盖对悬挑端变形控制要优于波纹板覆盖巨型桁架的屋盖。

2. 取巨型桁架分析

（1）挠度位移

在实际工程中，在组合"1.0 恒＋1.0 屋盖活＋0.6 吊挂活＋0.6 风压"下，分析对比无板桁架、平板桁架、波纹板桁架的变形，位移图如图 4.4.4 所示。

如简化模型一样，选取 10 个节点分析，各个节点竖向挠度值如表 4.4.1 所示。

在整体模型中，抗扭桁架竖向挠度的变化规律与在简化模型中一样，无板桁架挠度很大，超过 70mm，每个节点竖向挠度都比具有蒙皮效应的节点大。平板桁架相对波纹板桁架对挠度控制要好，平板桁架挠度都小于 25mm，而波纹板桁架挠度最大节点达到 35.5mm。

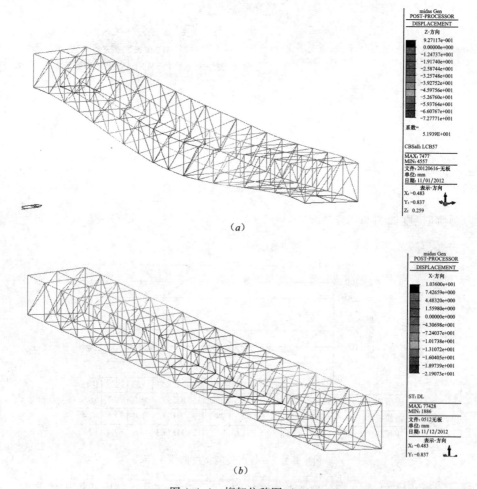

图 4.4.4　桁架位移图（一）

（a）无板桁架竖向位移；（b）无板桁架水平向位移

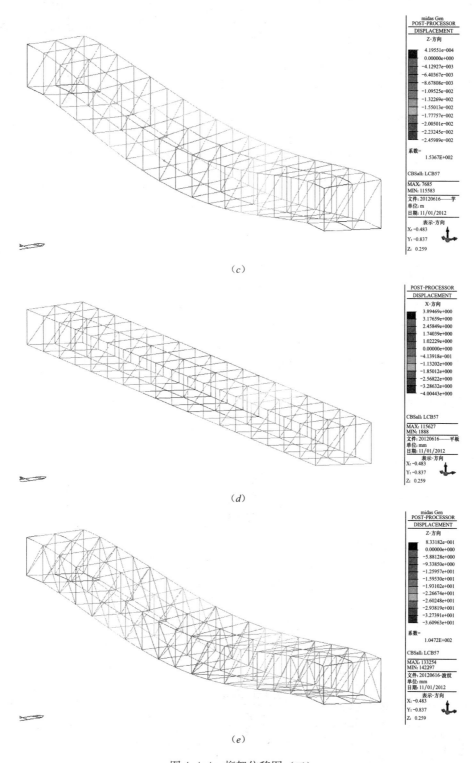

图 4.4.4　桁架位移图（二）

（c）平板桁架竖向位移；（d）平板桁架水平向位移；（e）波纹板桁架竖向位移

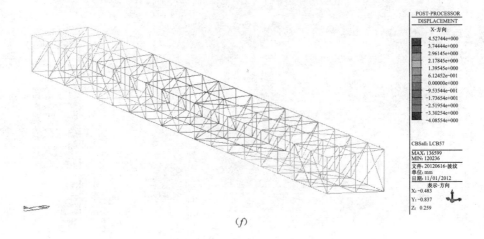

(f)

图 4.4.4　桁架位移图（三）

（f）波纹板桁架水平向位移

各节点竖向挠度值　　　　　　　　　　　　　表 4.4.1

		节点 1	节点 2	节点 3	节点 4	节点 5	节点 6	节点 7	节点 8	节点 9	节点 10
竖向挠度（mm）	无板桁架	0	6.4	28.9	53.8	70.5	71.5	55.4	30.1	7.1	0
	波纹板桁架	0	4.6	16.2	27.6	34.7	35.5	29.5	17.9	5.1	0
	平板桁架	0	3.6	11.9	19.4	23.9	24.4	20.5	12.9	3.9	0

竖向挠度曲线如图 4.4.5 所示。

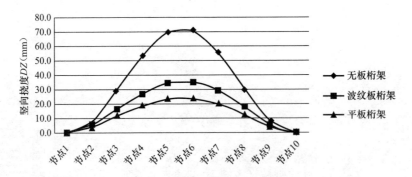

图 4.4.5　竖向挠度曲线

表 4.4.2 给出 3 种桁架竖向及水平向的变形值，其中：

$$降低百分比 = -\frac{有板桁架 - 无板桁架}{无板桁架} \times 100\%$$

竖向及水平向变形　　　　　　　　　　　　　表 4.4.2

	无板桁架	平板桁架	波纹板桁架
最大竖向变形（mm）	−72.8	−24.6	−36.1
上下表面水平向变形差（mm）	38.4	7.9	8.6
竖向变形降低百分数	—	66.2%	50.4%
水平向变形降低百分数	—	79.4%	77.6%

由上面可以看出，在实际工程中，与简化模型一样，对于无板桁架，只有桁架受力，竖向位移很大，达到72.8mm。对于平板桁架与波纹板桁架，使得跨中最大挠度明显减少。平板桁架竖向位移最小，只有24.6mm，波纹板桁架竖向位移为36.1mm。

竖向变形分别减少了66.2%与50.4%，平板桁架承受较大竖向荷载时，平板在Y向的面内抗拉能力比波纹板好的优势就能体现。

平板桁架与波纹板桁架对桁架水平向变形差降低百分比分别是79.4%和77.6%，效果相当。无板桁架抗扭性能差，上下表面水平向变形差达到38.4mm，无论是平板还是波纹板对水平向变形贡献很大，大大改善了桁架的抗扭性能。从而使得屋盖悬挑端竖向位移大大减小。

（2）梁单元应力

一般而言，大跨度的空间钢结构的跨中弦杆、支座弦杆和斜腹杆的应力往往比较大，在设计中经常起控制作用。分析梁单元应力图如图4.4.6所示。

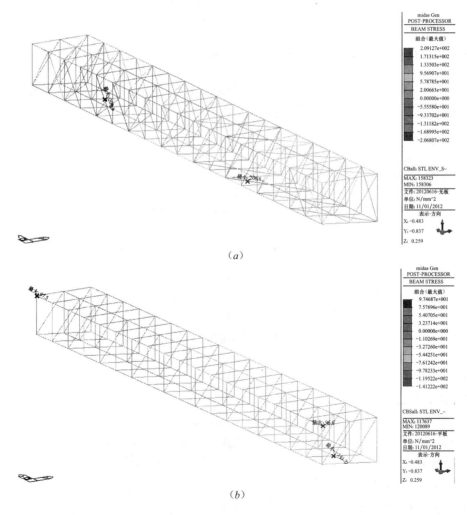

图4.4.6　桁架梁单元应力图（一）

（a）无板桁架；（b）平板桁架

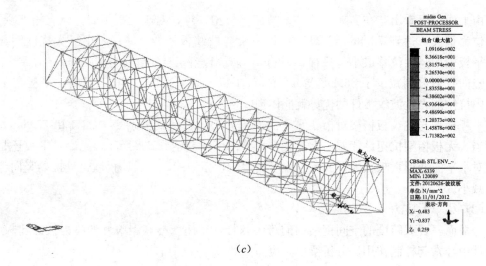

（c）

图 4.4.6　桁架梁单元应力图（二）

（c）波纹板桁架

表 4.4.3 给出无板桁架、平板桁架和波纹板桁架梁单元最大和最小应力。

梁单元最大和最小应力　　　　　　　　　　　表 4.4.3

	无板桁架	平板桁架	波纹板桁架
Min（N/mm²）	−206.8	−141.2	−171.4
Max（N/mm²）	—	97.5	109.2
Min 降低百分比	—	31.72%	17.26%
Max 降低百分比	—	53.37%	47.78%

由梁单元应力图可知，无板桁架梁单元最大压应力是−206.8MPa，出现在跨中下弦杆。最大拉应力是 209.1MPa，出现在斜腹杆。平板桁架梁单元最大压、拉应力出现在支座处，分别是−141.2MPa 和 97.5MPa。波纹板平板桁架梁单元最大压、拉应力也出现在支座处，分别是−171.1MPa 和 109.2MPa。

跨中位置，无板桁架的应力要远远大于平板桁架与波纹板桁架梁单元应力。平板桁架与波纹板桁架梁单元应力受力比较均匀，不存在受力特别大的杆件。因为钢板的作用使桁架的受力性能得到了改善，提高了结构的承载能力。

对比平板桁架与波纹板桁架，可以看出两种桁架的最大与最小应力相差不大，但是平板桁架梁单元应力比普遍低于波纹板桁架梁单元应力比。

（3）杆单元应力

在简化模型里面可以看出钢板蒙皮效应在面内发挥作用的特点，即通过承受面内拉应力作用对结构作贡献，而对平面外的杆单元作用不大。通过整体模型，可作进一步分析。桁架杆单元应力图如图 4.4.7 所示。

表 4.4.4 给出无板桁架、平板桁架和波纹板桁架杆单元最大和最小应力。

由杆单元应力图及最大、最小应力表可知，无论有无钢板作用，杆单元应力相差不大，反映了钢板蒙皮效应在面内发挥作用的特点。

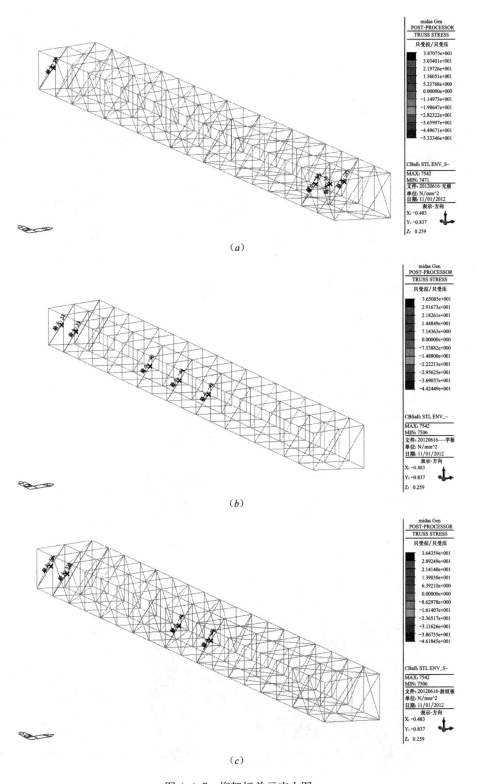

图 4.4.7　桁架杆单元应力图

(a) 无板桁架；(b) 平板桁架；(c) 波纹板桁架

杆单元最大与最小应力			表 4.4.4
	无板桁架	平板桁架	波纹板桁架
Max（N/mm²）	38.7	36.5	36.4
Min（N/mm²）	−53.3	−44.2	−46.2

（4）钢板力

由简化模型部分分析可知，波纹钢板沿着波纹方向的等效弹性模量与剪切常数为 $E_{eq} = 0.00313E$，$G_{eq} = 0.96G$。这就表明波纹板在 $Y\text{-}Y$ 方向不能发挥抗拉效应。板单元在 $Y\text{-}Y$ 向的局部应力图如图 4.4.8 所示。

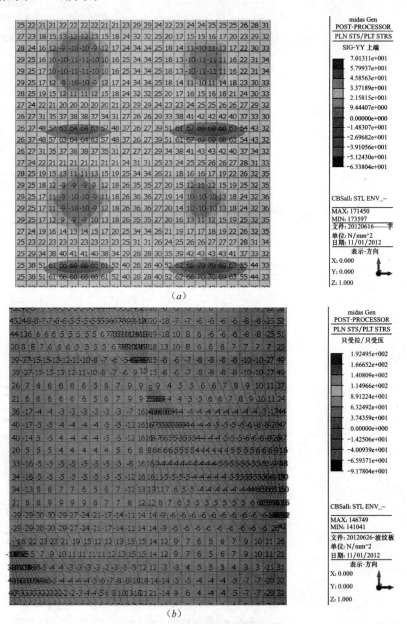

（a）

（b）

图 4.4.8　板单元在 $Y\text{-}Y$ 向的局部应力图

（a）平板单元；（b）波纹板单元

可以看到，平板单元在 Y-Y 向的应力比较大，而波纹板单元 Y-Y 向应力比较多处于压应力状态，拉应力比较小，对结构基本没有贡献。因此，在实际工程中，抗扭桁架还需承受较大竖向荷载，板单元拉应力的蒙皮效应只在平板作为蒙皮时候发挥作用。因为波纹板在波纹板方向等效弹性模量很小，不适宜利用其波纹方向的拉应力。

（5）钢板变形

钢板 DZ 向变形图如图 4.4.9 所示。

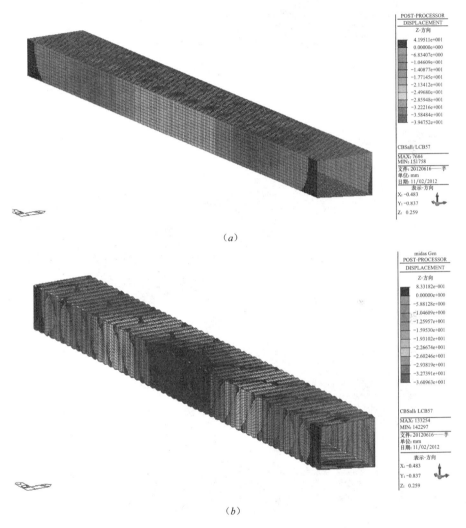

（a）

（b）

图 4.4.9　板单元在 DZ 向变形

（a）平板单元；（b）波纹板单元

每隔区格的平板向下凹 15mm，而波纹板变形均匀。若要利用平板作为蒙皮板，可通过在板上加加劲肋的方法解决平板在自重作用下就发生局部变形的现象。

在平板桁架上下表面平板选取加劲肋 180mm×12mm，加劲肋只与板焊接，不参与结构受力，如图 4.4.10 所示。

在整体模型分析中，平板的 DZ 向变形如图 4.4.11 所示。

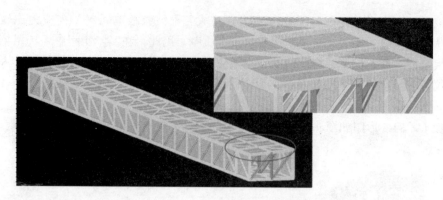

图 4.4.10 加劲肋设置

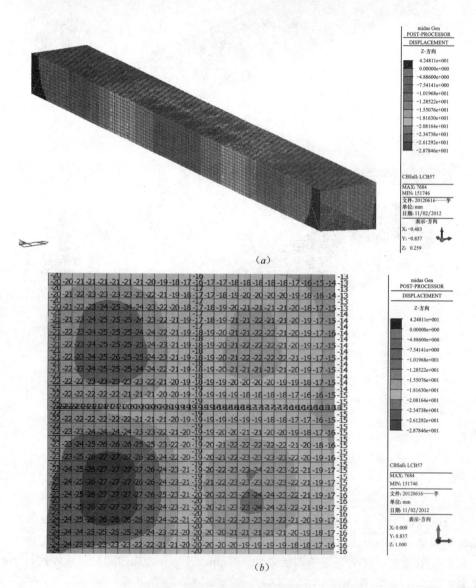

（a）

（b）

图 4.4.11 平板的 DZ 向变形

（a）平板桁架 DZ 向变形图；（b）平板桁架上表面 DZ 局部变形图

由上可知，加劲肋能有效防止平板在自重作用下下凹，使得板局部下凹位移最大为6mm。

4.4.3 小结

（1）根据天津大剧院实际工程，通过建立整体模型，分析无板桁架、平板桁架及波纹板桁架的受力性能及蒙皮效应发挥的作用。不采用蒙皮效应桁架时，屋盖悬挑端挠度超过限值，采用了蒙皮板的抗扭桁架能很好地控制悬挑端挠度。

（2）通过分析，得到了在实际工程中无板桁架、平板桁架及波纹板桁架的变形、梁单元应力、杆单元应力以及板单元应力与变形，进一步确定了钢板蒙皮的面内效应。

（3）因为大剧院悬挑端对桁架施加竖向荷载较大，若要利用板面内的抗拉能力抵抗桁架的竖向变形，板单元拉应力的蒙皮效应只在平板作为蒙皮时候发挥作用。因为波纹板在波纹板方向等效弹性模量很小，不适宜利用其波纹方向的拉应力。

（4）在大剧院工程中，平板桁架中梁单元受力普遍小于波纹板桁架中梁单元受力。

（5）对平板桁架上下表面的平板加加劲肋可以防止平板局部下凹现象。

4.5 天津大剧院悬挑钢结构变形控制技术

天津大剧院的钢屋盖虽然属于比较典型的大跨度正交桁架结构体系，但由于建筑方面的特殊要求，屋盖正交桁架面层大面积镂空，镂空面积接近整个桁架面的30%之多，导致了大量桁架的非连续性。同时，为了考虑地震及风等水平荷载的传递以及温度应力的释放，在屋盖下部一百多个支座中，分成了固定支座、横向释放支座、纵向释放支座及纵横双向释放支座等类型，这就更加增加了施工过程控制的难度，也使得施工后结构的受力状态与设计受力状态差别增大的可能性增加，在实际工程中，通过在受扭桁架上焊接蒙皮板，利用蒙皮效应可以有效控制悬挑端变形。同时通过设置预起拱、确定合理卸载顺序等方法也可以有效控制悬挑端钢结构变形。

4.5.1 钢结构施工变形预调值的基本概念

在大跨空间结构中，构件的制作误差和结构的安装误差是两类施工误差。施工误差的产生与积累会对结构有很大影响，可能导致结构在最后安装合拢阶段或者封闭阶段使得构件强迫就位，从而对结构产生附加应力；或者使得结构不能在预想位形就位。这时候，钢结构施工变形预调值能有效弥补其位形不到位的现象。变形预调值包括安装预调值和加工预调值。即使是同一个结构，若采用不同的施工方案，其变形预调值也会有所不同。

变形预调值的几个概念介绍如下[35-37]。

（1）设计位形：建筑结构竣工后要求达到的几何位形，它的设计位形是考虑了施工过程中自重、设备等所形成的变形。

（2）目标位形：建筑师预计建筑结构的最终位形。建筑结构的变形包括施工阶段和使用阶段的变形。对于高层建筑的设计，使用阶段的预期位形，即完成竣工后所需达到的状态。施工时，应把设计位形作为目标状态，否则结构的变形可能会影响几何造型，甚至会影响建筑的正常使用。例如，中央电视台新址主楼这种大型复杂钢结构建筑，在施工过程中，结构会不断地发生变形，不管是竖向还是侧向变形，如果不对结构设置预调值，肯定会导致建筑使用时楼面倾斜等现象，此外也可能会对其他结构设计及安装带来一定影响。

（3）一次成型位形：在数值模拟中，不考虑施工过程对结构的影响，结构一次成型就位，荷载一次作用在结构上所形成的位形。

（4）分步成型位形：数值模拟分析中，结构各部分按照一定的施工步骤建立、加载、卸载所形成的位形，考虑了施工过程对结构的影响。不同的结构形式，一次成型的位形与分布成型的位形会存在一定偏差。施工方法不同，同一结构的偏差也会有所不同。

（5）初始位形：指施工初始构件安装的位形。

此外，还包括了构件安装位形、构件加工位形、构件加工预调值、构件安装预调值。

4.5.2　临时支撑拆除的方法与理论依据

随着空间钢结构越来越复杂，施工过程的荷载转换方法也随着不同结构特点有所不同。大跨度空间钢结构施工的周期长、过程复杂，结构施工过程是分布分阶段完成的，而不是一次加上去的。所以在施工阶段产生的变形和内力是随着施工步而逐步变化积累的。不同的施工阶段，杆件有不同的应力状态，结构变形也不一样。因此荷载转换过程的模拟对于顺利施工十分重要。

近年来，比较多采用的荷载转换思路是先对结构的支撑点进行分区，接着对拆撑步骤进行分级，确定合理的拆撑顺序，采用同步、分级的综合荷载转换方案。如天津文化中心图书馆，就是根据图书馆复杂的空间结构特点，确定临时支撑体系的形式和布置方案，采用由上而下、由外而内的荷载转换方案，对于预留合拢位置的桁架的临时支撑，在结构完成合拢后再进行荷载转换。图书馆的荷载转换分六级进行，采用"分级、同步"综合转换的方法。

合理的荷载转换方案对结构成型、结构施工安全有着重要的指导意义，可保证施工各阶段结构变形、强度等满足要求。

4.5.3　天津大剧院施工卸载过程分析

卸载实际就是荷载转移过程，即将屋盖自重荷载由施工临时支撑点位（支撑架）转移到设计支撑点位（支座）。钢屋盖结构安装完成后，需要对已形成的主结构进行整体卸载。支撑架的拆除过程是一个结构体系转换的过程，结构变形及内力重新分配，支撑架的支点反力也都会随着卸载方案及卸载顺序不同而发生变化，为了保证结构及胎架在卸载过程中不发生破坏，必须选择合理的卸载顺序及卸载等级。

4.5.4　卸载原则

卸载方案的编制原则：以结构计算分析为依据、以结构安全为宗旨、以变形协调为核心、以实时监控为手段，施工过程应严格遵循上述原则。

卸载顺序遵循三大原则：第一原则为按照现场实际施工进度制订的总体卸载顺序，由A、B区（音乐厅）—C区（多功能厅）—D区—E区（综艺剧场）—F区（屋盖前端悬挑区域）；第二原则为根据本工程结构的受力特点，卸载顺序按由核心筒内部逐渐向核心筒外部进行卸载，先卸载刚度大，再卸载刚度小。避免卸载过程中对支座产生拉力；第三原则为即先卸载悬挂层再卸载屋面桁架、先卸载核心筒内部再卸载核心筒外部。总体卸载顺序如图4.5.1所示。

4.5.5　卸载方案

根据天津大剧院钢屋盖结构特点以及现场实际施工情况，将钢屋盖划分为6大区域，42个分区。按照由第1分区至第42分区先后顺序逐级进行卸载。各分区支撑架数量如表4.5.1所示。

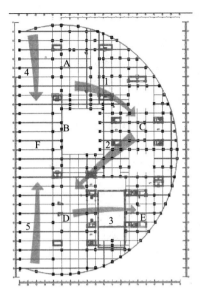

图 4.5.1　总体卸载顺序

各分区支撑架数量

表 4.5.1

区　域	小　区	支撑架数量	区　域	小　区	支撑架数量
A 区	一区	4	D 区	二十四区	5
	二区	4		二十五区	7
	三区	6		二十六区	3
	四区	2		二十七区	9
	五区	2	E 区	二十八区	7
	六区	2		二十九区	4
	七区	6		三十区	8
	八区	7		三十一区	6
	九区	2		三十二区	3
B 区	三十七区	11		三十三区	2
	十七区	6		三十四区	7
	二十二区	11		三十五区	3
C 区	十区	2		三十六区	5
	十一区	3	F 区	三十八区	1
	十二区	5		三十九区	7
	十三区	2		四十区	1
	十四区	3		四十一区	10
	十五区	4		四十二区	10
	十六区	3			
	十八区	3			
	十九区	2			
	二十区	2			
	二十一区	1			
	二十三区	9			

根据"变形协调，卸载均衡"的原则，将通过放置在支架上的可调节点支撑装置千斤顶，多次循环微量下降来实现"荷载平衡转移"，具体采取的措施如下：

（1）在卸载过程中，必须严格控制循环卸载时的每一级高程控制精度，设置测量控制点，利用全站仪进行卸载全过程监测，并与计算结果对照，实行信息化施工管理。

（2）桁架设置的支撑架，其状况相当于给桁架节点荷载，而临时支座分批逐步下降，其状况相当于支座的不均匀沉降。这都将引起桁架结构内力的变化和调整。对少量杆件可能超载的情况应事先采取措施，局部加强或根据计算可事先换加强杆件。为防止个别支撑点集中受力，宜根据各支撑点的结构自重挠度值，采用分区、分阶段按比例下降，先卸载50%，间隔一段时间，使结构应力重分布完成之后，再卸载50%，最后拆除支撑点，根据桁架的卸载值进行卸载。

（3）在卸载过程中由天津大学对钢屋盖桁架做应力应变的实时监测。并将卸载前的应力应变值和卸载后的应力应变值进行对比，分析桁架构件在卸载过程中的实时应力应变。

4.5.6 钢屋盖卸载

1. 卸载前的准备工作

在进行屋盖卸载前，应完成以下准备工作：

（1）卸载分区内的钢结构安装完成，高强螺栓、焊缝质量经检测符合要求；

（2）夹层悬吊钢结构已卸载；

（3）滑动支座全部安装就位并与埋件、桁架焊接完成；

（4）核心筒剪力墙的养护达到设计要求；

（5）卸载前，确认卸载区域已经形成稳定的受力体系，并且能够承载自身重量及相应施工荷载；

（6）工具准备如表4.5.2所示。

工具准备　　　　　　　　　　　　　　　表4.5.2

工　具	数　量	用　途	备　注
千斤顶	25只	桁架卸载	3只备用
全站仪	1台	测量桁架的挠度	
50m卷尺	3把	测量桁架的挠度	
乙炔气割	若干		
对讲机	若干		

2. 钢屋盖合拢

（1）钢结构合拢缝的设置

大剧院钢屋盖是双向正交桁架，从钢屋盖的形状看基本是以R轴为对称轴进行布置，以R轴交11轴为圆心的半圆，合拢缝的位置与吊装分段的接口位置相统一，将R轴附近的桁架分段口设置为结构合拢焊缝位置，如图4.5.2所示。

（2）钢屋盖合拢缝的温度及时间

根据工程的施工进度，钢屋盖焊接合拢集中在5月底。这个季节天津市平均气温在19.7～23℃，在施工合拢后焊接最后一道焊缝时，气温基本符合设计要求的合拢温度20℃。在卸载三十七区时，等焊接完成后安装剩余波纹钢板，只有等波纹钢板全部焊接完

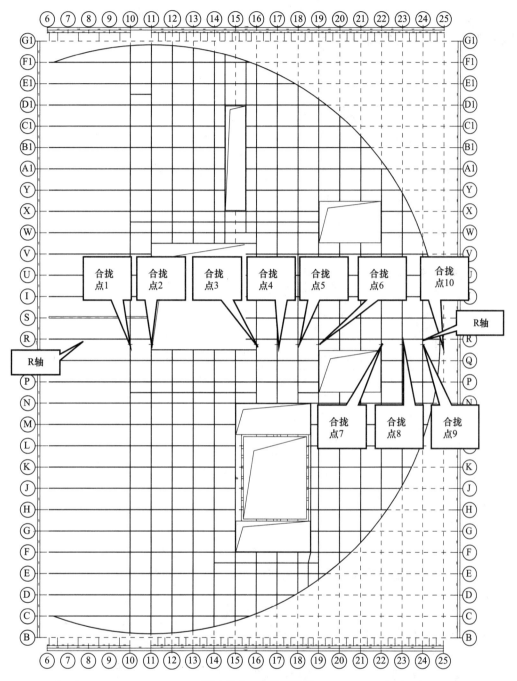

图 4.5.2　合拢缝位置

成，并检测合格后方可对三十七区进行卸载。

3. 悬吊钢结构卸载

（1）悬吊钢结构卸载原则

根据悬挂梁结构的受力特点，避免吊杆在卸载过程中受压为原则。

（2）悬吊钢结构卸载

悬挂梁在卸载之前必须先安装完高强钢棒，并使其收缩拧紧。然后根据屋面桁架卸载顺序进行卸载，卸载方法同屋面桁架；等卸载完悬挂梁下部支撑架后，再卸载屋盖桁架下部支撑架。支撑梁示意图如图4.5.3所示。

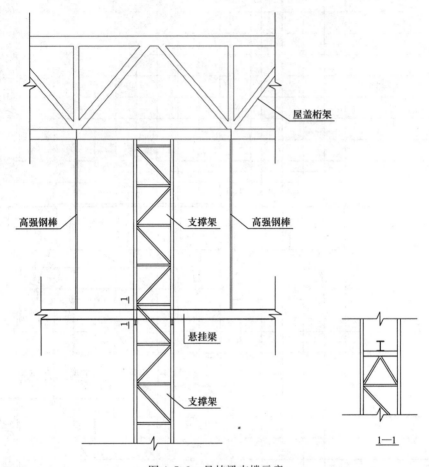

图4.5.3　悬挂梁支撑示意

4. 屋盖桁架钢结构卸载

对于屋盖桁架的卸载以跨度最大，桁架截面最高的10轴桁架为例，具体卸载次序如图4.5.4所示。

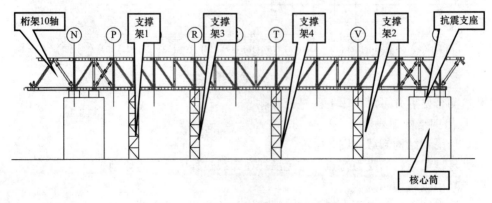

图4.5.4　桁架10轴支撑架布置图

桁架 10 轴线卸载顺序如下：

第一步：首先卸载桁架两侧的支撑架 1、支撑架 2，再卸载支撑架 3、支撑架 4，卸载量为总卸载值的 25%。

第二步：再循环卸载桁架的支撑架 1—支撑架 2—支撑架 3—支撑架 4，卸载量为桁架总卸载值的 25%。

第三步：在卸载完成 50% 以后，间隔一段时间，使结构应力重分布完成之后，再进行卸载，卸载量为总卸载值的 25%。

第四步：再循环卸载桁架的支撑架 1—支撑架 2—支撑架 3—支撑架 4，卸载量为桁架总卸载值的 25%。卸载完成后拆除支撑架，并测出桁架杆件的应力应变数值。

5. 卸载顺序

钢屋盖是双向正交桁架，四周都有悬挑桁架。屋盖钢结构最终由分布在 19 个核心筒上的支座承受，根据桁架结构形式及支座分布特点，卸载将采取以下分区及顺序如图 4.5.5 所示。

屋盖卸载时，按照上面分区编号的先后顺序逐级进行卸载。支撑架编号如图 4.5.6 所示。

6. 卸载过程施工模拟

经计算，钢屋盖在未卸载前，支撑架最大反力为 853.981kN，位于 56 号支撑架。钢屋盖在卸载过程中，支撑架最大反力为 961.894kN，位于 79 号支撑架。主要由于前 5 个卸载过程完成后，音乐厅跨中挠度达到最大值，使得旁边 79 号支撑架承受较大反力，实际卸载过程中，应在卸载第 5 分区和第 6 分区时，进行分级卸载，可减少支撑架的最大反力值。根据支撑架最小反力值，其中有 6 个支撑架可提前卸载，支撑架编号及提前卸载阶段详见上表备注。

同时考虑后期千斤顶需反顶使得需气割的型钢与桁架脱离，经计算此反顶所需的力为 1.2~1.5 倍的反力。对混凝土、回顶钢柱以及支撑架的验算均采取此力，按 1.5 倍反力进行计算。

7. 支撑架复核计算

支撑架按照本工程实际使用中最小规格的支撑架进行验算。其形式如图 4.5.7 所示，每 6m 为一个标准节，本工程最高支撑架为 30m，位于桁架前端悬挑区域，上部最大荷载为 $167.809 \times 1.5 = 251.714$ kN，10 轴线以内区域支撑架最大高度为 20m。上部最大荷载为 $961.894 \times 1.5 = 1442.841$ kN，支撑架标准节如图 4.5.7 所示。

其中立柱截面规格为 $\Phi168 \times 8$，腹杆截面规格为 $\Phi89 \times 5$，材质为 Q235B。

(1) 支撑架强度验算

1) 计算模型

支撑架按照不同高度和受力情况，选取两种进行计算，分别选取悬挑端受力最大的支撑架和 10 轴以内受力最大的支撑架。计算模型如图 4.5.8 所示。

2) 内力分析

提取支撑的轴力与反力，轴力图如图 4.5.9 所示，反力图如 4.5.10 所示。由轴力图可知支撑架下部所受轴力较大，最大值为 386kN。

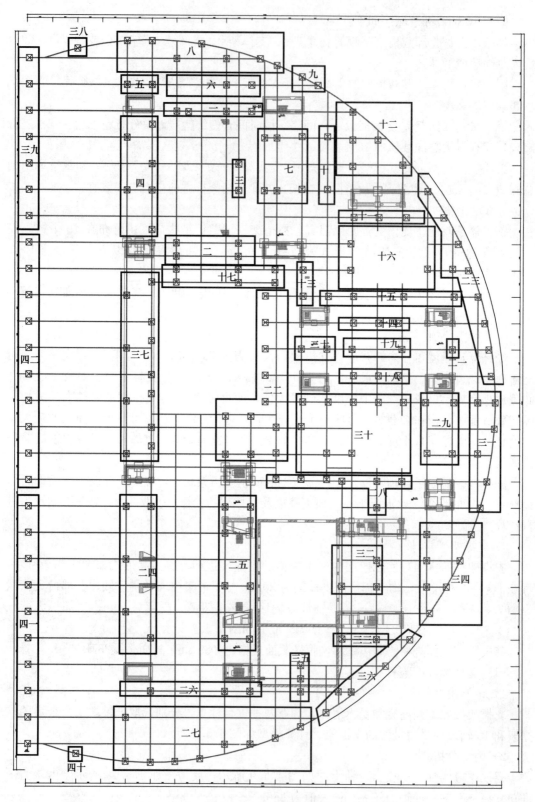

图 4.5.5　卸载分区布置

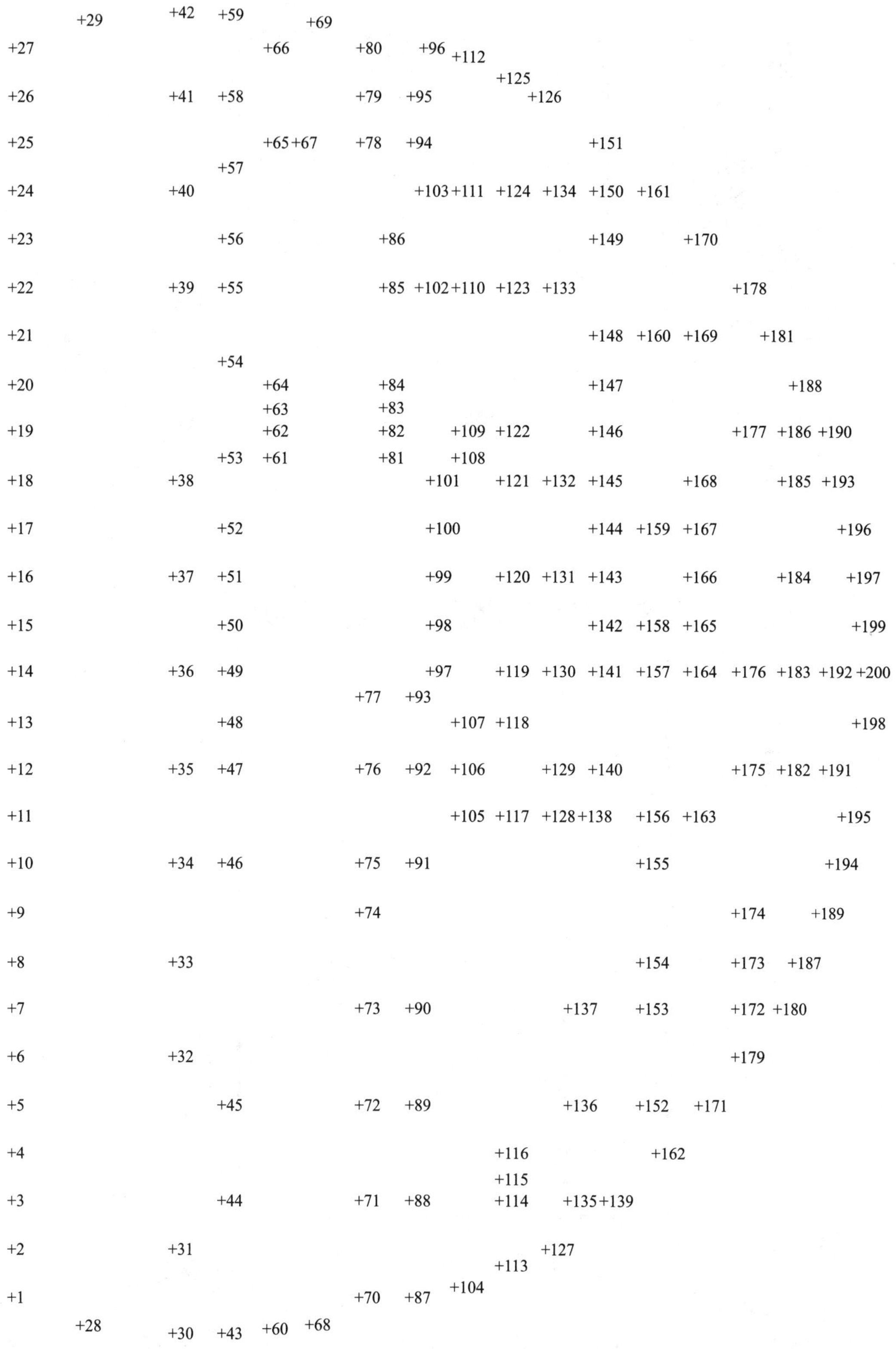

图 4.5.6　支撑架支点编号

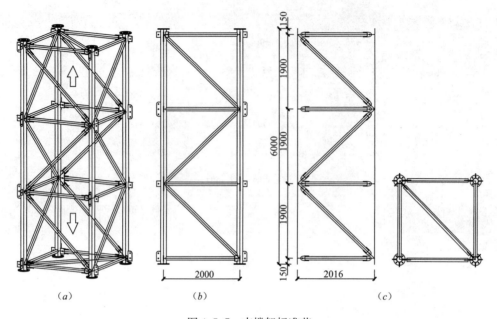

图 4.5.7 支撑架标准节

(a) 支撑架轴测图；(b) 支撑架侧视图；(c) 支撑架顶视图

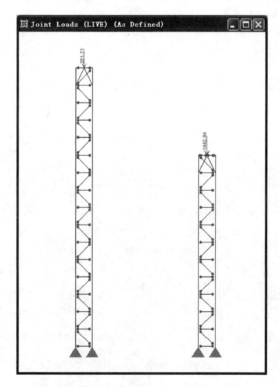

图 4.5.8 支撑架计算模型

3）变形分析

支撑架最大竖向变形为 8.764mm，最大水平向变形在风荷载作用下为 8.04mm。变形图如图 4.5.11 所示。

图 4.5.9　支撑架轴力图

图 4.5.10　支撑架反力图

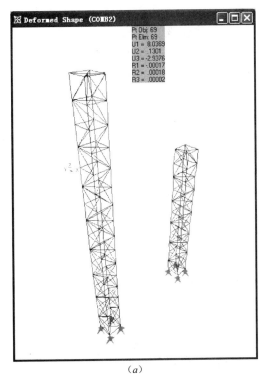

(a)

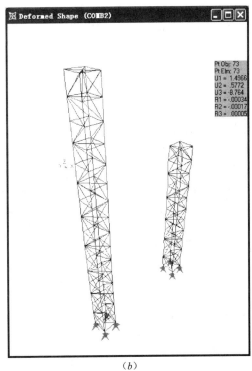

(b)

图 4.5.11　支撑架变形图

(a) 竖向变形；(b) 水平变形

331

4）应力比分析

从支撑架杆件的应力比（图 4.5.12）中可知：杆件的应力比最大值为 0.607，满足规范、规程要求，且结构有一定的安全储备。

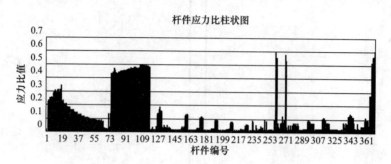

图 4.5.12 支撑架杆件应力比

（2）临时支撑架的整体稳定承载力计算

临时支撑作为施工过程中的主要构件，承担了施工过程中的大部分荷载，一旦临时支撑发生破坏，尚未完全成型的主体结构往往会出现整体倒塌破坏等重大事故，因此必须计算临时支撑结构整体稳定承载力。目前我国规范中通常采用计算长度的概念将结构的整体稳定转化成构件的稳定性问题，通过保证构件的稳定来保证整个结构的整体稳定。现行的设计方法主要存在结构内力计算模式与构件承载力计算模式不一致、无法反映构件稳定性和结构整体稳定性之间的关系以及不同结构整体极限承载力可靠度水平不一致等问题。

要克服上述钢结构分析与设计方法的缺陷，其出路在于必须建立以结构整体承载能力极限状态为目标的结构分析与设计方法。精确的计算方法应该能够考虑以下因素：

① 结构变形的影响，包括 $p\text{-}\Delta$ 效应和构件轴力对其刚度的降低效应；

② 缺陷的影响，包括构件初始缺陷 $p\text{-}\delta$ 效应和节点初始定位误差、残余应力等；

③ 材料的弹塑性性能。

在分析临时支撑的整体稳定时考虑的主要荷载有临时支撑架的自重、上部传来的最大竖向反力（918kN）和风荷载。由于临时支撑架属于临时结构，因此未考虑温度效应和地震作用；施工时支撑架顶端的活荷载为 $2kN/m^2$，临时支撑平面为 2m×2m，与主体结构传来的竖向反力 918kN 相比很小，因此在进行荷载组合时未考虑施工活荷载。

天津大剧院工程所使用的临时支撑架高度较大，故需考虑施工过程中风荷载的作用。支撑架作为临时结构，取天津市 10 年一遇基本风压 $w_0 = 0.30kN/m^2$（$n = 10$ 年）进行计算。计算时按临时支撑架中部（15m）的风压高度变化取值，将其等效为节点直接作用在迎风面的杆件的节点上。

$$\beta_z = 1 + \xi \varepsilon_1 \varepsilon_2 = 1 + 1.73 \times 0.61 \times 1.0 = 1.666, \quad \mu_s = 2.6, \quad \mu_z = 1.14(15m)$$
$$w = \beta_z \mu_s \mu_z w_0 = 1.666 \times 2.6 \times 1.14 \times 0.3 = 1.48kN/m^2$$

每一节点的受荷面积为 2m×1m＝$2m^2$

施加在迎风面作用方向的节点力为 $F = w \times A = 1.48 \times 2 = 2.96kN$

临时支撑架进行整体稳定计算时考虑了下面 3 种荷载组合：

荷载组合 1：1.2×恒载＋1.4×风荷载。

荷载组合 2：0.9×恒载＋1.4×风荷载。

荷载组合 3：1.0×恒载＋1.0×风荷载。

荷载组合 2 中，考虑到临时支撑架长时间循环使用，构件可能生锈，因此将恒载的分项系数取为 0.9。

临时支撑架在拼装时采用 6m 的标准单元。标准单元与标准单元之间用螺栓连接，刚度较差。在进行整体稳定分析时，通过加大初始缺陷来考虑这种不利影响。

1）临时支撑的特征值屈曲分析

采用有限元模型并施加荷载，利用 ANSYS 软件进行了特征值分析，得到了各荷载组合下临时支撑架的第一阶屈曲模态和相应的荷载因子，见表 4.5.3。

各荷载组合的一阶屈曲荷载因子 表 4.5.3

荷载组合编号	一阶屈曲荷载因子
1	12.159
2	15.439
3	14.581

从表中可以看出，荷载组合 1 作用下结构的一阶屈曲荷载因子最小。因此，在进行非线性整体稳定分析时取荷载组合 1 为参考荷载。

图 4.5.13 为临时支撑架在荷载组合 1 作用下的一阶屈曲模态。

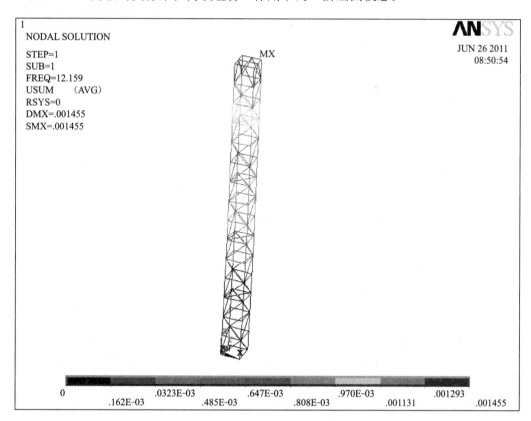

图 4.5.13 临时支撑架第一阶屈曲模态

从屈曲模态上看，第一阶屈曲模态成典型的悬臂变形模式，竖向反力作用下容易产生

较大的 P-Δ 效应，安装时的误差也会加剧这种效应。因此有必要对临时支撑架进行非线性整体稳定分析。

2）非线性整体稳定分析

利用有限元软件 ANSYS 对临时支撑架分别考虑几何非线性和几何非线性进行整体稳定分析。进行非线性整体稳定分析时需引入初始缺陷，但初始缺陷取值大小目前还没有相关规范可以参考。《高耸结构设计规范》GB 50135—2006 规定：桅杆按杆身分枝屈曲临界压力计算的整体稳定安全系数不应低于 2.0。可见相应分析还停留在分枝屈曲计算阶段。这里初始几何缺陷的取值参照《钢结构工程施工质量验收规范》GB 50205—2001 按 $l/1000$ 取值，l 为临时支撑的竖向高度。但临时支撑属于临时结构，相应的初始缺陷可能偏大；临时支撑各标准节间采用螺栓连接，初始缺陷较全焊接结构偏大。因此，本文进一步分析了初始缺陷较大的情况，初始缺陷取为 $5l/1000$。选取临时支撑架顶部的节点，得到了荷载-位移曲线，如图 4.5.14 所示。

整体稳定分析工况   表 4.5.4

工况编号	初始缺陷大小	是否考虑材料的弹塑性	荷载因子
1	$l/1000$	否	8.1
2	$5l/1000$	否	7.9
3	$l/1000$	是	1.7
4	$5l/1000$	是	1.6

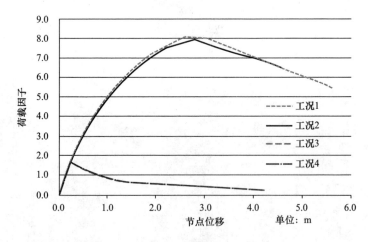

图 4.5.14　各工况下荷载-位移曲线图

考虑 $l/1000$ 的初始缺陷，几何非线性整体稳定分析得到的荷载因子 $\lambda=8.1$；物理、几何双非线性整体稳定分析得到的荷载因子 $\lambda=1.7$；临时支撑架具有一定的安全储备。

考虑 $5l/1000$ 的初始缺陷，几何非线性整体稳定分析和几何、物理双非线性整体稳定分析得到的临时荷载因子 λ 分别为 7.9 和 1.6。整体稳定承载力同考虑 $l/1000$ 初始缺陷相比，下降约 5%，说明缺陷大小对结构的承载力影响不大。因此，在以后计算分析类似问题时，偏于安全可适当加大初始缺陷进行分析。

综合以上分析，在结构卸载时，本工程采用的支撑架，可以满足强度、刚度、稳定性的要求。

8. 支撑架反力对下部混凝土以及回顶钢柱复核

（1）对混凝土复核验算

支撑架均设于 5.5m 标高楼板上，楼板厚度 250mm，混凝土强度等级 C35，支撑架立柱截面规格为 P168×8，材质 Q235B。

与混凝土的最大接触面积为立柱底盘面积，从保守考虑按照 Φ168 考虑。

按照《混凝土结构设计规范》局部受压承载力计算，楼板局部承压验算公式为

$$F_l \leqslant 1.35\beta_c\beta_l f_c A_{ln}$$

单管承受最大轴力，$F_l = 386$kN；$\beta_c = 1.0$；（混凝土强度影响系数）

$f_c = 16.7\text{N/mm}^2$；$A_{b1} = \pi \times 84^2 = 22167\text{mm}^2$；$A_{b2} = \pi \times 168^2 = 88668\text{mm}^2$；

$\beta_l = \sqrt{\dfrac{A_b}{A_l}} = 4$；（混凝土局部受压时强度提高系数）

按照公式：

$$1.35\beta_c\beta_l f_c A_{ln} = 1.35 \times 1.0 \times 4 \times 16.7 \times 22167 = 1999.02\text{kN} > F_l = 386\text{kN}$$

楼板局部承压满足要求。

而支撑架下部回顶柱其中有一部分直接顶在混凝土梁上，经复核，下部有回顶柱的混凝土梁最小宽度为 350mm 大于局部承压验算时的计算底面积，梁高度由于均大于楼板厚度，故梁局部承压均大于楼板承压能力。

（2）对回顶柱复核验算

回顶柱按照最大长度 6m 进行计算，反力按照最大反力 386kN 选取。回顶柱截面规格分别为 P273×8，P299×8，P325×8。选取 P273×8 进行验算。

且有计算长度 $l_0 = 6$m，长细比 $\lambda = 6000/93.73 = 64.014$，稳定系数 $\varphi = 0.786$（截面类型按 b 类考虑）

$$\frac{N}{\varphi A} = \frac{386000}{0.786 \times 6660.2} = 73.736\text{N/mm}^2 < f = 205\text{N/mm}^2$$

稳定性满足要求。

9. 卸载全过程中应力应变云图

（1）各级卸载下屋盖结构变形

各荷载转换等级下钢结构整体的变形主要为竖向变形。经计算，在第 1～26 级卸载中，竖向最大变形值大约在 18mm，最大形变位置相；第 27～34 级竖向最大变形值达到 57.51mm，最大形变位置发生改变；第 36～38 级卸载时，最大形变值达到 65.08mm，最大形变位置与之前相同；第 39 级与 40 级最大形变分别达到 69.53mm 和 69.17mm，发生在悬挑端角部；第 41 级和 42 级最大形变位置在悬挑端另一边角部，形变达到 103.1mm。从以上各卸载阶段钢屋盖变形云图可知，钢屋盖最大竖向变形为 103.10mm，在第 41 级卸载时候发生，位于前端悬挑部位，悬挑长度 32.9m，钢屋盖此处预起拱值为 125mm，可抵消钢屋盖在自重作用下的变形量。

（2）各级卸载下屋盖结构应力比

经计算，可知钢屋盖最大竖向变形为 98mm，位于前端悬挑部位，悬挑长度 32.925m，钢屋盖此处预起拱值为 125mm，可抵消钢屋盖在自重作用下的变形量。

95%的构件在卸载过程中应力比值处于 0.4 以下，仅有极少数构件在卸载过程中，由

于受力体系的转变，应力比有所提升，由于在卸载过程中预先对应力比较大的杆件进行释放处理（不连接），最大应力比值控制在0.62。此部分构件主要为水平向支撑杆件P180×6和P203×10两种规格。结构在恒载作用下应力比云图如图4.5.15所示，在恒载作用下杆件应力比柱状图如图4.5.16所示。

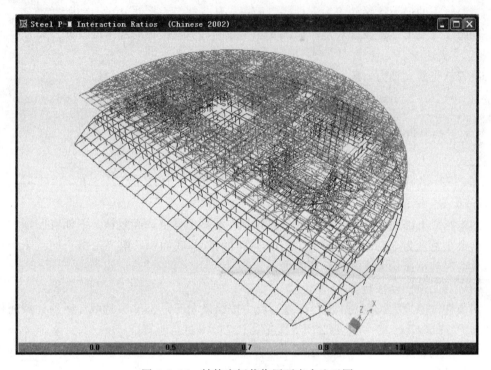

图 4.5.15　结构在恒载作用下应力比云图

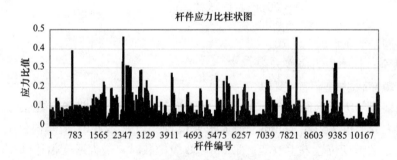

图 4.5.16　结构在恒荷载作用下杆件应力比柱状图

由上图可知，结构在卸载完成后构件经应力重分布，最终应力值和结构在相同恒载作用下应力比值相近。由以上分析可知结构在本次卸载过程构件均处于弹性受力阶段，结构安全可靠。

（3）屋盖预起拱

大剧院钢结构屋盖在自重作用下变形比较大，因此需要对结构构件进行位形预测与预调，保证卸载完成后，各构件能弥补因自身作用下产生的竖向位移，从而使结构在竣工状态下满足目标位形。通过分析各点位移，确定设置的变形预调值。

节点的安装预调值如图4.5.17所示。在混凝土浇筑完成的结构卸载完成后变形云图

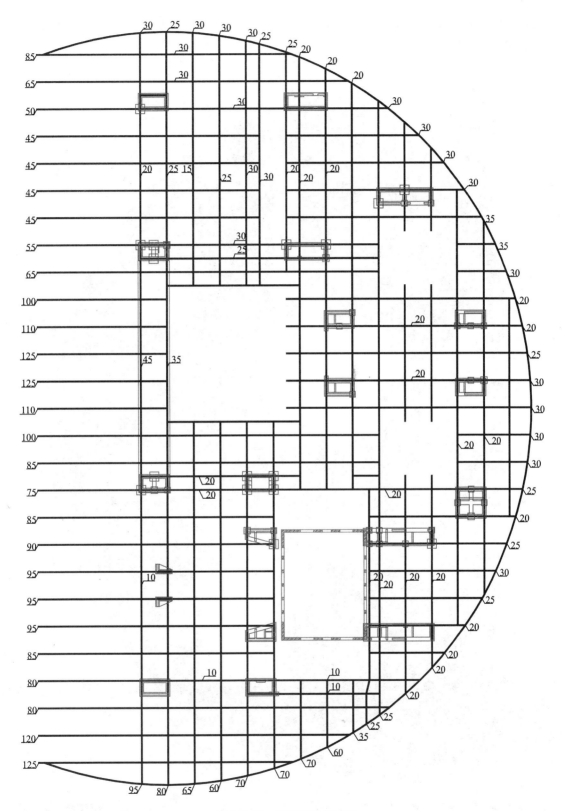

图 4.5.17　钢屋盖预起拱图

337

及预起拱参数如图 5.6.18 所示，图 4.5.19 是混凝土未浇筑完成的结构卸载完成后变形云图及预起拱参数图。

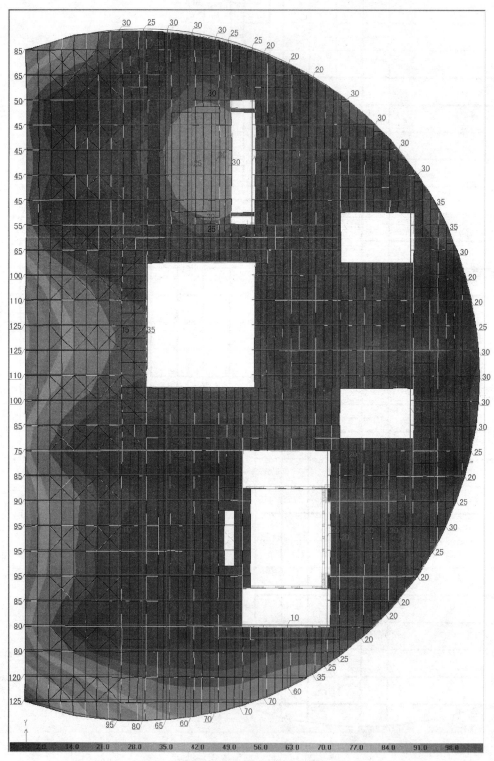

图 4.5.18　结构卸载完成后变形云图及预起拱参数（混凝土浇筑完成）

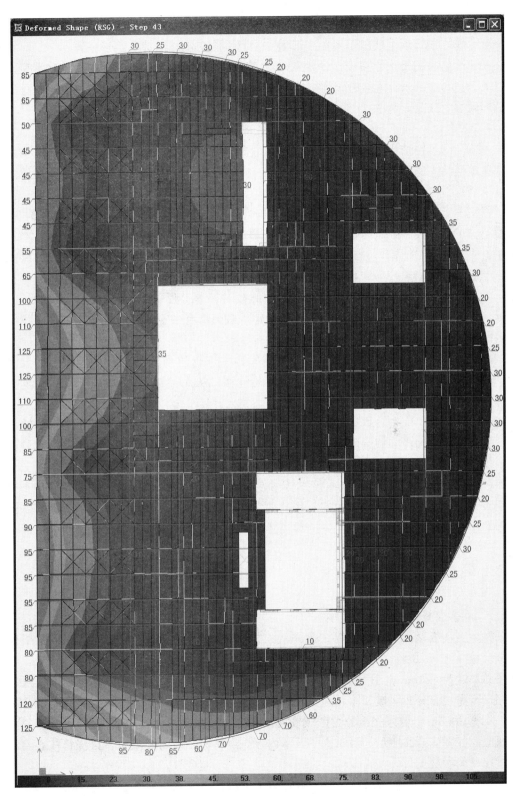

图 4.5.19 结构卸载完成后变形云图及预起拱参数（混凝土未浇筑完成）

图中红色数字为钢屋盖原先设定的预起拱值，先将预起拱值和卸载完成后的变形云图叠合到一起，能直观反映出钢屋盖变形值和预起拱值变化规律基本趋于一致。

33.6m 悬挑桁架在屋盖未浇筑混凝土之前最大下挠 105mm，在屋盖浇筑完混凝土之后最大下挠为 98mm，屋盖桁架内楼板浇筑的先后顺序对悬挑桁架有一定的影响，但这个影响对悬挑桁架是有利的。

4.5.7　小结

本节介绍了钢结构施工变形预调值的基本概念以及结构施工阶段荷载转换，对天津大剧院屋盖钢结构的施工阶段卸载过程进行了有限元分析研究，并对临时支撑进行验算，得到以下结论。

（1）本工程大面积镂空导致大量桁架的非连续性，屋盖下一百多个不同类型的支座，增加了施工过程控制的难度，也可能使施工后结构的受力状态与设计受力状态差别增大，对于这样复杂的钢结构，通过对主体钢结构进行施工阶段的荷载转换模拟计算，结构应力、变形均符合要求，为卸载方案提供了理论依据。

（2）通过对支撑进行验算，得出在结构卸载时，本工程采用的支撑架可以满足强度、刚度、稳定性的要求。临时支撑架的整体稳定承载力具有一定的安全储备。临时支撑结构为缺陷不敏感结构。

（3）通过对大剧院数值模拟分析，对结构构件进行位形预测与预调，保证卸载完成后，各构件能弥补因自身作用而产生的竖向位移，从而使结构在竣工状态下满足目标位形。

（4）分析结果表明，本工程中由三个原则"照现场实际施工进度制订的总体卸载顺序、先卸载刚度大再卸载刚度小、先卸载悬挂层再卸载屋面桁架"确定的卸载方案安全可靠，满足施工要求。

（5）对于约束刚度不均匀条件下大悬挑钢结构变形控制，可以通过在受扭桁架上焊接蒙皮板，利用蒙皮效应可以有效控制悬挑端变形。同时通过设置预起拱、确定合理卸载顺序等方法也可以有效控制悬挑端钢结构变形。

4.6　混凝土浇筑顺序研究

4.6.1　屋盖混凝土楼板浇筑顺序

钢屋盖楼板混凝土浇筑顺序，首先浇筑标高 25.8m 下弦层楼板混凝土，下弦层仅小部分区域需浇筑混凝土，采用缩口型压型钢板组合楼盖，板面结构标高为 26.170m，组合楼盖总厚度为 120mm。由于楼板均在核心筒上部，对钢屋盖影响较小，现场可按照便捷顺序进行施工。分布区域如图 4.6.1 所示。

标高 30.5m 上弦层楼板分布区域较大，浇筑时需按照预先设定的先后顺序进行施工，浇筑顺序如图 4.6.2 所示。对于同一区域内首先浇筑核心筒内混凝土，再浇筑核心筒四周悬挑区域的混凝土。

经计算，楼板在浇筑过程中结构变形较为平缓，浇筑完成后，最大变形由 39.2mm 减小到 36.4mm，对悬挑端的变形较为有利。楼板的分区施工较为合理。

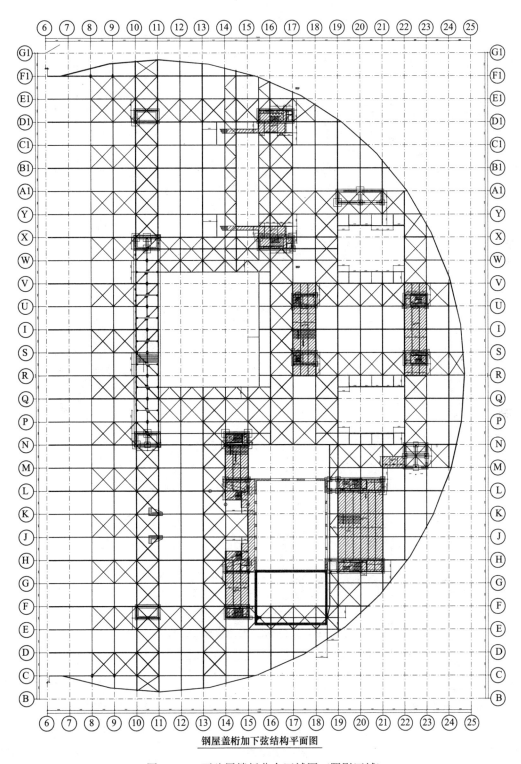

钢屋盖桁加下弦结构平面图

图 4.6.1 下弦层楼板分布区域图（阴影区域）

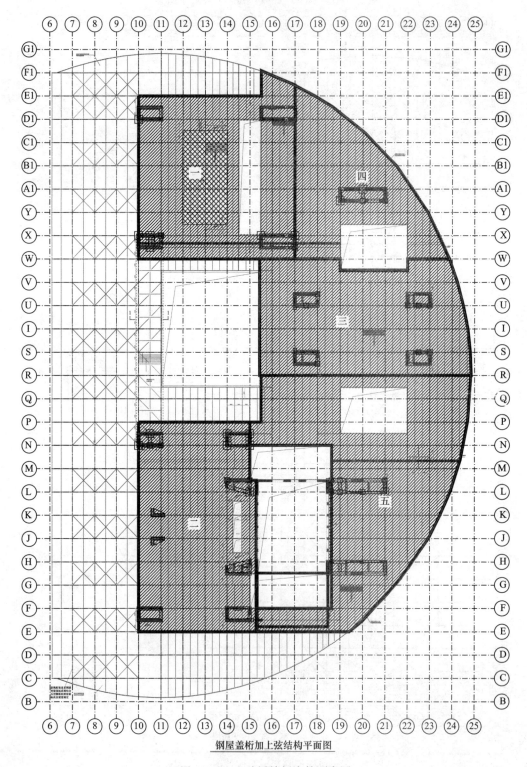

钢屋盖桁加上弦结构平面图

图 4.6.2　上弦层楼板浇筑顺序图

4.6.2　吊挂楼层混凝土浇筑施工过程数值模拟

天津大剧院的建筑造型新颖，采用了国内外应用不多的大跨度吊挂结构体系，既满足了大剧院大空间的使用功能，又充分展示了其独特的建筑造型。综艺剧场、音乐厅和小剧场共享空间楼层通过约160根高强钢棒吊挂于屋盖桁架下弦，不同的施工顺序将影响钢棒受力。通过混凝土浇筑过程的数值模拟确定合理的施工顺序，以保障施工安全。图4.6.3为吊挂楼层和高强钢棒示意。

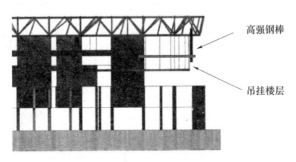

图4.6.3　吊挂楼层和高强钢棒示意图

大剧院钢结构部分采用有限元模型，对两种混凝土浇筑方案——屋盖、吊挂层穿插浇筑和屋盖、吊挂层按照顺序浇筑进行了数值模拟；研究了各工况下吊挂层钢梁的变形以及屋盖桁架的变形和应力，根据计算结果对混凝土浇筑方案进行了调整。

1. 混凝土施工区域划分

大剧院屋盖结构面积较大，因此对混凝土浇筑区域进行了划分。其中屋盖共分为5个区域，每个区域又分为2个小区；20.9m吊挂层部分和15.9m吊挂层各分为3个区域，具体分区如图4.6.4和图4.6.5所示。

大剧院工程采用组合楼盖。组合楼盖是指将压型钢板和混凝土通过某种措施组合成整体而共同工作的受力构件。与普通的钢筋混凝土楼盖相比，压型钢板能够作为浇筑混凝土的永久模板，省去了施工中安装和拆除模板等工作，从而加快施工进度；压型钢板安装好了之后可以作为施工平台使用，不必搭设临时支撑，不会影响其他楼层施工；压型钢板能够部分代替受力钢筋，减小钢筋工程的工作量；压型钢板的肋部便于铺设管线，能够增大层高或者降低建筑的总高度。

需要注意的是，在施工过程中由于压型钢板与于混凝土尚未形成组合作用，需要采取合理的措施防止压型钢板挠度过大等不利情况的发生，避免施工过程中压型钢板直接承受较大的集中荷载；浇筑前应清理压型钢板表面的杂物和灰尘，以保证压型钢板和混凝土之间的良好结合；施工前做好压型钢板的固定措施，防止压型钢板被风掀起。

大剧院工程的组合楼盖高度分为105mm和120mm，如图4.6.6所示。对于开口型的组合楼盖由于压型钢板波高较大，需要进行折算；对于缩口型组合楼盖，取为实际板厚。

2. 混凝土浇筑顺序施工模拟

（1）混凝土浇筑顺序优化

混凝土浇筑方案共有两种：屋盖、吊挂层混凝土穿插浇筑和先浇筑屋盖混凝土再浇筑吊挂层混凝土，以下分别简称为浇筑顺序1和浇筑顺序2。

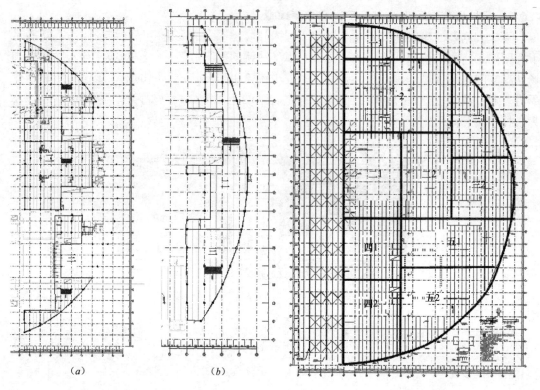

图 4.6.4　吊挂层混凝土分区图　　　　图 4.6.5　屋盖混凝土浇筑区域划分

(a) 20.9m 吊挂层；(b) 15.9m 吊挂层

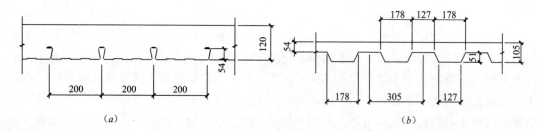

图 4.6.6　组合楼盖示意图

(a) 缩口型压型钢板；(b) 开口型压型钢板

　　浇筑顺序1能够节省施工工期，便于混凝土的浇筑，但是屋盖混凝土和吊挂层混凝土之间存在相互作用的关系，屋盖钢结构的变形将会引起吊挂层的变形，因此需要进行施工模拟，进一步了解二者之间相互作用的影响。

　　浇筑顺序2会增加施工周期。屋盖混凝土先行浇筑，屋盖结构的变形会带动吊挂层的变形，吊挂层变形过大将影响混凝土浇筑质量和楼板的厚度。因此，有必要对屋盖混凝土和吊挂层混凝土的浇筑进行施工过程数值模拟，预先了解吊挂层的变形，根据计算结果调整混凝土的浇筑顺序。

　　本节对以上2种混凝土浇筑顺序进行了施工过程的数值模拟。具体浇筑顺序见表4.6.1和表4.6.2。

混凝土浇筑顺序 1　　　　　　　　　　　　　　　　　　　表 4.6.1

荷载步	浇筑区域		
	屋盖	20.9m 吊挂层	15.9m 吊挂层
1	一 1		
2	一 2		一
3	四 1		
4	四 2		二，三
5	三 1	一	
6	三 2		
7		二	
8		三	
9	二 1		
10	二 2		
11	五 1		
12	五 2		

混凝土浇筑顺序 2　　　　　　　　　　　　　　　　　　　表 4.6.2

荷载步	浇筑区域		
	屋盖	20.9m 吊挂层	15.9m 吊挂层
1	一 1		
2	一 2		
3	四 1		
4	四 2		
5	二 1		
6	二 3		
7	三 1		
8	三 2		
9		二	
10	五 1	一	
11	五 2	三	
12			二
13			一
14			三

（2）数值模拟结果

本节利用有限元模型，对大剧院混凝土浇筑过程进行了数值模拟。分析时，利用 APDL 语言编写了荷载步文件，荷载步见表 4.6.1 和表 4.6.2。

计算结果表明，两种浇筑顺序最终得到的屋盖和吊挂层的变形基本一致，下面具体结合不同的浇筑顺序进行说明。

1）浇筑顺序 1 的计算结果

计算结果表明，吊挂层的竖向刚度较小，屋盖桁架的变形对吊挂层的变形有较大影响。吊挂层混凝土先于屋盖混凝土浇筑，屋盖桁架的变形将带动吊挂层的变形，硬化后的混凝土发生强制位移，严重时混凝土出现开裂。

345

第四荷载步中的吊挂层上方屋盖浇筑混凝土，相应区域的吊挂层竖向变形从 10mm 左右增加至 30mm 左右。当进行吊挂层混凝土浇筑时，吊挂层已经发生较大变形呈现"波浪状"。当压型钢板跨中挠度大于 20mm 时，确定混凝土自重时应该考虑到"坑凹"效应，混凝土用量增大，压型钢板组合楼盖的板厚就难以控制，因此应调整浇筑顺序，使得混凝土浇筑前吊挂层变形不致过大。

2）浇筑顺序 2 的计算结果

按照浇筑顺序 2 进行混凝土浇筑时，由于屋盖桁架的刚度远大于吊挂层竖向刚度，因此吊挂层混凝土浇筑完成后的变形对屋盖桁架的变形影响较小。屋盖混凝土浇筑完成后，吊挂层整体发生较为均匀的竖向变形，各控制点的竖向位移相差不大，便于混凝土浇筑时控制板厚。

经计算，吊挂层混凝土浇筑对屋盖变形的影响较小，除屋盖桁架边缘部位外，吊挂层浇筑前后各区域变形相差不大，对屋盖已经浇筑完成的混凝土影响不大；屋盖边缘的桁架变形较大，施工时可采取后浇的方式处理。

由于先浇筑屋盖混凝土，后浇筑吊挂层混凝土，屋盖桁架的竖向变形可能大于吊挂层的竖向变形，部分钢棒可能受压。

计算结果表明，吊挂层混凝土浇筑前钢棒的受力不是很大，最大轴向拉应力约 10MPa；靠近吊挂层支座零变位点的钢棒出现较小的轴向压应力，数值不大，施工前应调节钢棒的长度，避免钢棒受压失稳。

吊挂层混凝土浇筑后，钢棒中的轴向拉应力急剧变大，由 10MPa 增大至 50MPa 左右，但仍然远小于钢棒的允许应力。吊挂层混凝土浇筑前应仔细检查钢棒是否已经连接可靠，一旦钢棒脱开，吊挂层失去支撑而变形急剧增大，严重时将导致事故。

图 4.6.7、图 4.6.8 和图 4.6.9 为屋盖桁架某支座附近的轴向应力计算结果，该支座位于桁架边缘，受力较大。

从图 4.6.7～图 4.6.9 中可以看出，该区域混凝土浇筑使得支座附近的杆件受力明显增大，以上弦杆件为例，应力从 20MPa 左右增加至 40MPa 左右，进而又增加至 60MPa。跨中截面的受力也有明显增大。施工中应对部分受力较大的杆件进行施工监测，以便能够更好地了解不同施工阶段结构的内力和变形，保证屋盖钢结构施工过程中的安全。

3）两种混凝土浇筑顺序的比较

对比以上两种浇筑顺序的计算结果可以看出，浇筑顺序 2 更为合理。屋盖桁架的竖向刚度远大于吊挂层的竖向刚度，屋盖混凝土浇筑完成后，吊挂层混凝土的浇筑对屋盖桁架的影响较小；同时屋盖混凝土浇筑完成后，吊挂层发生整体的竖向变形，变形比较均匀。

同时应该指出的是，屋盖桁架边缘的刚度较差，吊挂层混凝土浇筑时会对其产生影响，施工时应该采取措施，工期允许的前提下可以做后浇处理；在整个混凝土浇筑过程中，屋盖桁架部分杆件和钢棒受力发生较大的变化，必要时可选取关键杆件进行施工监测，以便真实的了解施工过程中结构的受力和变形。

研究表明，压型钢板面内具有较大刚度，能够增强结构的整体作用，减小变形；大剧院工程混凝土浇筑前后持续 15 天左右，随着混凝土的凝结硬化，混凝土和压型钢板形成整体共同工作，结构的刚度有较大增加，而混凝土凝结硬化过程和水灰比、养护条件等有较大关系，混凝土强度随时间的变化难以描述。因此计算时没有考虑材料随时间的变化。

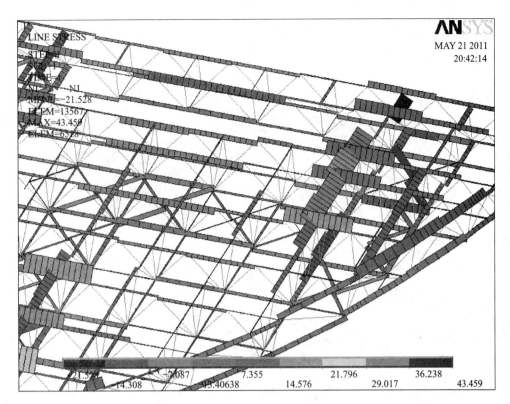

图 4.6.7　第一荷载步屋盖桁架局部轴向应力图

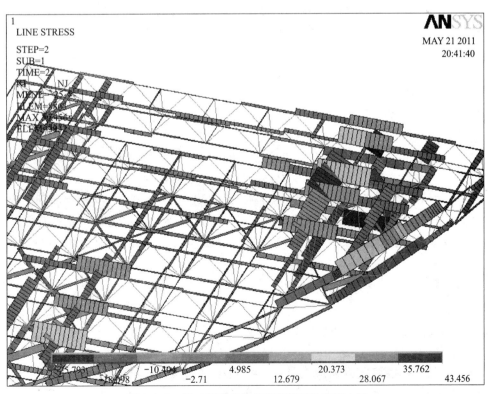

图 4.6.8　第二荷载步屋盖局部桁架轴向应力图

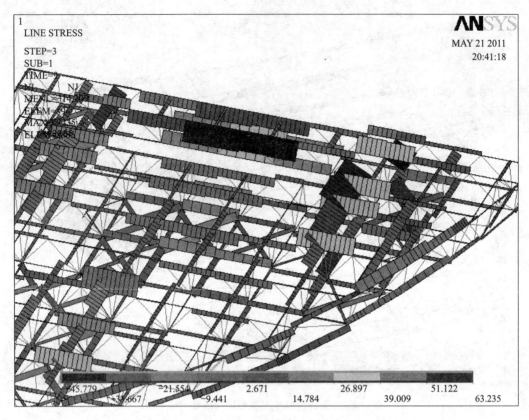

```
1                                                           ANSYS
   LINE STRESS                                              MAY 21 2011
      STEP=3                                                20:41:18
      SUB=1
      TIME=
    N       NI
   MEN   TT  3
   ELEM=
   MAX          S
   EL=
```

图 4.6.9　第三荷载步屋盖局部桁架轴向应力图

4.6.3　小结

（1）屋盖混凝土浇筑完成后，对悬挑端的变形较为有利。楼板的分区施工较为合理。

（2）悬挂结构混凝土浇筑时应该考虑屋盖桁架和吊挂层的相互作用。不合理的混凝土浇筑顺序将导致已经硬化的混凝土开裂，钢棒受压弯曲。先浇筑刚度大的屋盖桁架，再浇筑刚度较小的吊挂层，较屋盖桁架和吊挂层穿插浇筑更为合理。

（3）吊挂楼层的自重和楼面荷载通过高强钢棒传递至屋盖桁架，在吊挂层混凝土的浇筑过程中，钢棒的应力有较大增长，需要对其进行可靠监测。

（4）分析了两种混凝土浇筑顺序，浇筑顺序 2 更为合理。屋盖桁架的竖向刚度远大于吊挂层的竖向刚度，屋盖混凝土浇筑完成后，吊挂层混凝土的浇筑对屋盖桁架的影响较小；同时屋盖混凝土浇筑完成后，吊挂层发生整体的竖向变形，变形比较均匀。

4.7　钢屋盖与吊挂层钢棒监测

4.7.1　屋盖钢桁架卸载的监测和控制

1. 监测设备

测试设备包括振弦式表面应变计、便携式振弦采集仪、计算机系统，如图 4.7.1、图 4.7.2 所示。

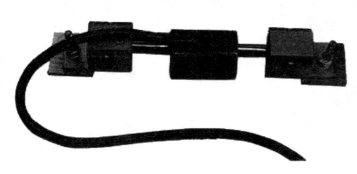

图 4.7.1　振弦式表面应变计

图 4.7.2　便携式振弦采集仪

　　根据施工特点以及现场情况确定相关测点的位置，在施工卸载前将杆件表面灰尘及油漆处理干净后，将振弦式表面应变计通过粘接或者焊接固定在杆件表面，并对仪器采取保护措施。监测工作开始之前，对监测中应用的量测仪器进行检查、调整和率定，以保证达到监测使用要求。

　　2. 测点布置

　　本次施工监测主要监测屋盖前端大悬挑和大跨度桁架的杆件应力，根据受力特点及对称性，取 T 轴、X 轴、B1 轴、F1 轴上的四榀大悬挑桁架以及 10 轴、11 轴上Ⓝ～Ⓧ轴间共计两榀大跨度桁架进行应力监测，如图 4.7.3 所示。

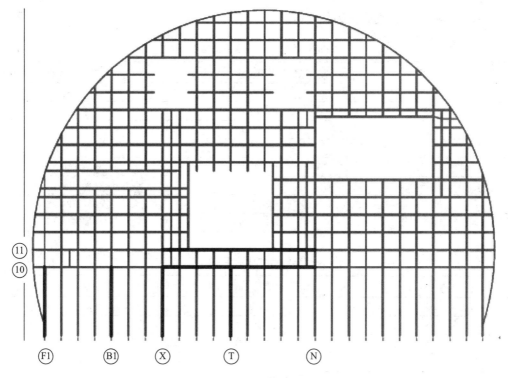

图 4.7.3　监测桁架平面布局图

　　大悬挑桁架测点布置于悬挑端部，在桁架上下弦各布设一个测点。大跨度桁架测点布置于跨中及支座处位置，在跨中处上下弦各布设一个测点，在支座处上弦布设一个测点，测点布置如图 4.7.4、图 4.7.5 所示。

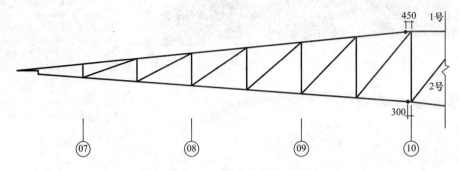

图 4.7.4　大悬挑桁架测点布置图

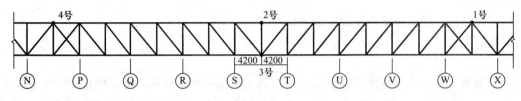

图 4.7.5　大跨度桁架测点布置图

3. 监测结果

根据监测数据，得到施工卸载过程的杆件应力、应变值，如表 4.7.1～表 4.7.3 所示。

大跨度桁架局部卸载后采集数据分析　　　　　　　　　　　　表 4.7.1

测　点	微应变（$\mu\varepsilon$）	应力（MPa）
10-1	−28.382	−5.84668
10-2	−58.6187	−12.0754
10-3	79.75608	16.42975
10-6	−71.0252	−14.6312
11-2	−158.43	−32.6366
11-3	−99.4692	−20.4907
11-5	−18.3467	−3.77942
11-6	−14.8292	−3.05482

大跨度桁架卸载完成后采集数据分析　　　　　　　　　　　　表 4.7.2

测　点	微应变（$\mu\varepsilon$）	应力（MPa）
10-1	198.6292	40.91761
10-2	6.499603	1.338918
10-3	−58.0421	−11.9567
10-4	79.7256	16.42347
10-5	66.54675	13.70863
10-6	209.5149	43.16007
11-1	143.0119	29.46044

测　点	微应变（$\mu\varepsilon$）	应力（MPa）
11-2	47.55263	9.795841
11-3	−164.767	−33.9419
11-5	142.9919	29.45634
11-6	158.2188	32.59306

大悬挑卸载完成后采集数据分析　　　　　表 4.7.3

测　点	微应变（$\mu\varepsilon$）	应力（MPa）
T-1	310.9085	64.04716
T-2	−16.7817	−3.45702
T-3	−50.0925	−10.3191
T-4	50.48085	10.39906
X-2	86.45563	17.80986
X-3	−48.6686	−10.0257
X-4	−178.404	−36.7512
B1-1	175.4375	36.14012
B1-2	78.03143	16.07447
B1-3	−21.8718	−4.50559
F1-1	174.6031	35.96824
F1-2	129.1401	26.60287
F1-3	−68.1621	−14.0414
F1-4	−132.257	−27.2449
10-1	300.0148	61.80305
10-3	−142.961	−29.4499
10-4	148.527	30.59656
10-5	180.7276	37.22989
10-6	276.6296	56.9857
11-1	169.0788	34.83022
11-3	−350.292	−72.1601
11-5	206.3444	42.50695
11-6	252.9078	52.09901

4. 施工模拟与监测数据对比分析

（1）卸载模拟

施工卸载过程采用有限元软件 MIDAS 进行模拟分析，桁架上下弦采用梁单元模拟，腹杆采用桁架单元模拟，临时支承处设置竖向约束，模拟屋盖前端大悬挑和大跨度桁架部分的拆承卸载，如图 4.7.6、图 4.7.7 所示。根据施工分区卸载方案，先对大跨度桁架进行拆承卸载，最后对大悬挑桁架进行卸载，共分 12 个卸载步。

图 4.7.8、图 4.7.9 给出了 10 轴、11 轴大跨度桁架应力监测点在卸载过程中的理论应力值。可以看到，在初始阶段部分杆件中已产生较小的应力，这是由 A 区至 E 区的屋盖卸载所引起的；第 7 步卸载拆除了大跨度桁架下方的临时支承，所以杆件应力突然增大；第 12 步卸载拆除了Ⓝ～Ⓧ轴与大跨度桁架连接的悬挑桁架下方的临时支承，杆件应

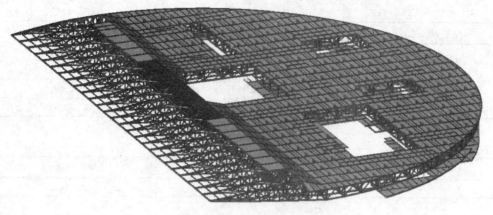

图 4.7.6　有限元计算模型

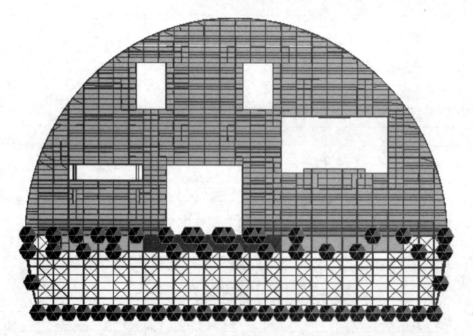

图 4.7.7　有限元模拟临时支承布置图

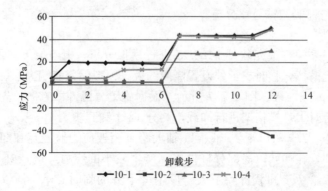

图 4.7.8　⑩轴大跨度桁架监测点应力有限元模拟值

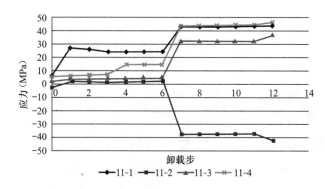

图 4.7.9　⑪轴大跨度桁架监测点应力有限元模拟值

力增大，增幅不太明显，说明波纹蒙皮钢板的设置对大跨度桁架抗扭起到了一定的效果；大跨度桁架支座处杆件应力大于跨中杆件应力，最大应力值均小于 60MPa，卸载阶段结构有较高的安全储备。

图 4.7.10～图 4.7.13 给出了⑪轴、⑩轴、⑪轴、①轴大悬挑桁架端部应力监测点在卸载过程中的应力值。可以看到，在初始阶段杆件中已产生应力，并且初始应力值大于大跨度桁架杆件，说明悬挑桁架受 A 区～E 区卸载影响较大，这是由于大跨度桁架处于大开洞口处，未与其他分区桁架直接连接，且两端部有下部混凝土核心筒的支承；①轴、

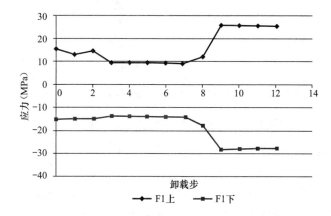

图 4.7.10　⑪轴大悬挑桁架监测点应力有限元模拟值

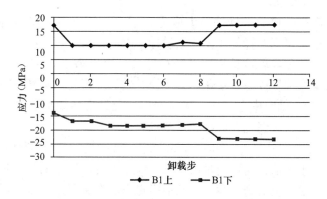

图 4.7.11　⑪轴大悬挑桁架监测点应力有限元模拟值

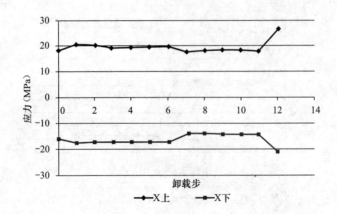

图 4.7.12　Ⓧ轴大悬挑桁架监测点应力有限元模拟值

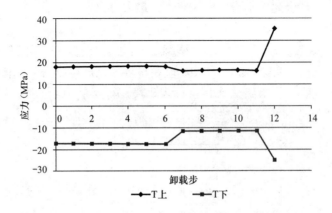

图 4.7.13　Ⓣ轴大悬挑桁架监测点应力有限元模拟值

Ⓧ轴悬挑桁架端部监测点处杆件应力在第 7 步卸载后发生较明显变化，说明大跨度桁架的卸载对与其连接的悬挑桁架产生了一定影响；此外，Ⓣ轴、Ⓧ轴桁架只在第 12 步卸载过程中应力变化非常显著，Ⓑ轴、Ⓕ轴桁架只在第 9 步卸载过程中应力变化较大，这是由于第 9 步卸载拆除Ⓑ轴、Ⓕ轴下方的临时支承，第 12 步卸载拆除Ⓣ轴、Ⓧ轴下方的临时支承，由此可知悬挑桁架卸载过程中临时支承的拆除对相邻桁架产生的影响不大。

（2）监测结果及对比分析

在大跨度桁架卸载完成后，杆件最大应力为 43.2MPa，出现在 10 轴支座处上弦杆。整个大跨度桁架卸载所得到的杆件应力均在设计范围内，结果与卸载方案分析基本吻合。

在大悬挑部分卸载完成后，悬挑端部的杆件最大应力为 64.0MPa，出现在 T 轴上弦杆，各榀大悬挑桁架端部杆件应力变化趋势比较一致。大跨度桁架部分的杆件最大应力为 −72.2MPa，出现在 11 轴跨中上弦杆。可以看出，大悬挑桁架部分的支承卸载会引起大跨度桁架杆件应力的增大，但仍在设计允许范围内。

图 4.7.14 给出了大悬挑桁架的卸载完成引起大跨度桁架杆件应力增量的对比图，可以看到实测值均大于理论值，这可能是由于对波纹蒙皮抗扭桁架的数值模拟不够精细造成的。因此，对巨型波纹蒙皮的力学性能与数值模拟方法有必要进一步分析研究。

图 4.7.15 给出了卸载完成后各监测点杆件应力理论值与实测值的对比图，可以看出

现场监测值与理论计算值在总体上还是较一致的，部分测点的实测值与理论值差别较大，一方面可能是受到监测仪器本身的精度及可靠性等因素的影响，导致实测值偏差较大，在以后的工程实践中可以通过采用可靠性及测试精度更高的采集传感器加以完善；另一方面，由于受到现场施工条件的限制，结构的实际卸载过程无法准确按照设计卸载方案进行，也会引起杆件应力的偏差。

总体来说，大跨度桁架和大悬挑部分的杆件应力变化均在允许范围内，实测结果与计算分析基本一致。卸载完成后的桁架能满足设计要求。

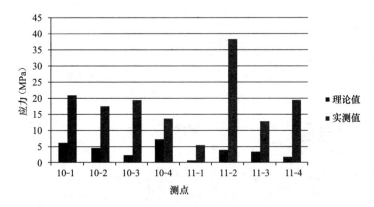

图 4.7.14　卸载完成后大跨度桁架测点应力增量图

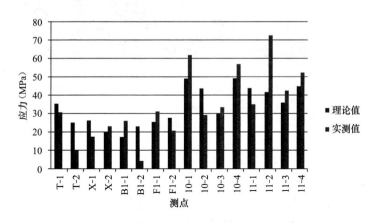

图 4.7.15　卸载完成后应力理论值与实测值对比图

5. 结论

对天津大剧院屋盖钢桁架进行了施工过程的有限元模拟分析与施工监测，得到以下主要结论：

（1）理论计算表明，天津大剧院屋盖钢结构前期各分区卸载过程对屋盖前端未卸载区大跨度及大悬挑桁架部分影响不大，引起的杆件应力较小；屋盖前端大跨度及大悬挑部分卸载完成后最大杆件应力基本保持在 60MPa 以下，杆件处于弹性状态，施工过程中结构是安全的；卸载完成后大跨度桁架中杆件应力增幅不明显，说明波纹蒙皮钢板的设置对大跨度桁架抗扭起到了较为理想的效果。

（2）实测数据表明，卸载完成后，悬挑端部的杆件最大应力为 64.0MPa，各榀大悬挑桁架端部杆件应力变化趋势比较一致。大跨度桁架部分的杆件最大应力为-72.2MPa，大悬挑部分的支承卸载对大跨度桁架产生了一定的影响，杆件的应力增幅大于数值模拟值，但仍在设计允许范围内，验证了波纹蒙皮桁架的抗扭性能，同时有必要对波纹钢板蒙皮桁架抗扭性能的数值模拟方法做进一步研究。

（3）模拟分析与实测数据基本吻合，表明了屋盖结构施工过程有限元分析采用的计算模型和方法的可行性。

天津大剧院屋盖钢结构施工模拟与监测说明，对于大型、复杂的空间结构，施工过程模拟与监测是十分必要的。

4.7.2　吊挂层的监测和控制

1. 监测仪器

大剧院吊挂层混凝土浇筑过程中，对其施工关键工况的屋盖桁架和高强钢棒受力进行跟踪监测，监测所用仪器如图4.7.16所示。

 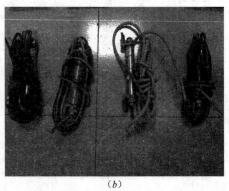

（a）　　　　　　　　　　　　（b）

图4.7.16　监测仪器
（a）钢弦频率测定仪；（b）传感器

2. 测点布置

（1）布置原则

钢棒测点布置原则如下：

1）选择负荷面积较大的钢棒，同时要兼顾钢棒不同直径和双层钢棒；

2）重要测点应设置2个传感器，保证数据能够相互验证。

桁架测点布置原则如下：

1）测点尽量位于同一截面，便于数据能够相互验证；

2）兼顾桁架跨度、支座部位和下部吊挂层来选择；

3）箱型截面杆件设置2个传感器，工字型截面杆件设置1个传感器。

（2）测点布置

首先建立大剧院屋盖钢结构有限元整体模型，对支撑架拆除、屋面混凝土浇筑和吊挂层混凝土浇筑施工过程进行数值模拟，得到此过程中结构受力最不利位置。根据有限元分析结果，进行测点布置。支撑架拆除过程中大跨度桁架跨中、支座附近及大悬挑桁架悬挑端部受力较复杂，布置测点进行结构的应力监测。20.9m吊挂层钢棒测点布置如图4.7.17所示。

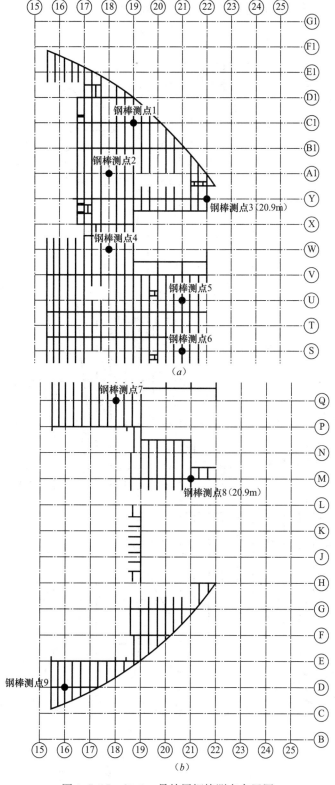

图 4.7.17　20.9m 吊挂层钢棒测点布置图

(a) 测点 1 至测点 6（20.9m）；(b) 测点 7 至测点 9（20.9m）

15.9m 吊挂层钢棒测点布置如图 4.7.18 所示。

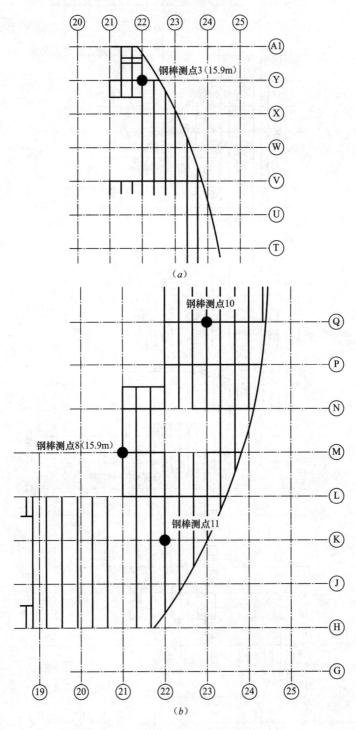

图 4.7.18　15.9m 吊挂层钢棒测点布置图
(a) 测点 3（15.9m）；(b) 测点 8、10 及 11（15.9m）

屋盖桁架测点布置如图 4.7.19 所示。

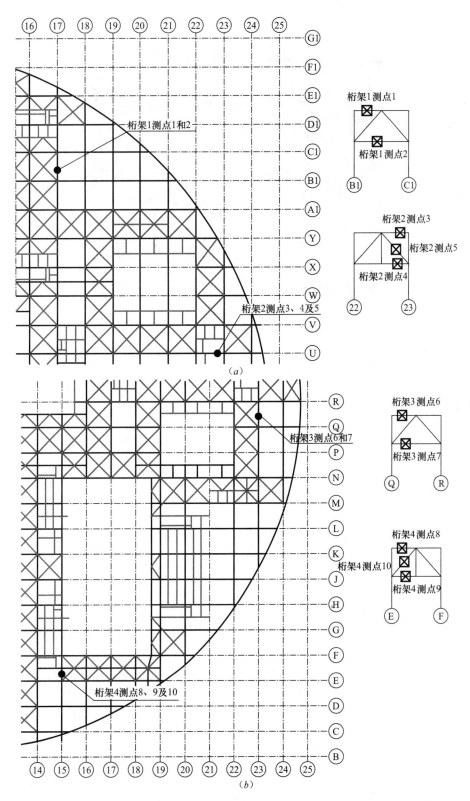

图 4.7.19　屋盖桁架测点布置图

(a) 测点 1 至测点 5；(b) 测点 6 至测点 10

现场粘贴的传感器照片如图 4.7.20 所示。

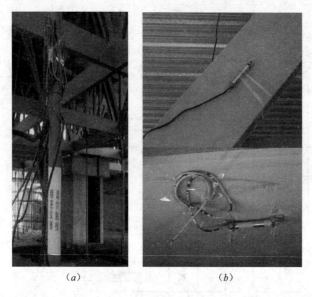

(a)　　　　　　　　　　(b)

图 4.7.20　现场传感器照片

3. 监测数据及监测结果

（1）混凝土浇筑分区

15.9m、20.9m 吊挂层以及屋盖混凝土浇筑分区示意图如图 4.7.21 所示。

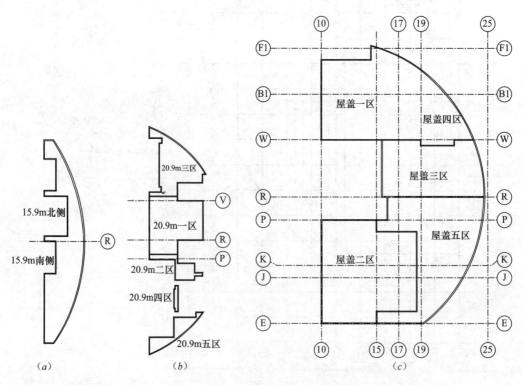

(a)　　　　　　　　　　(b)　　　　　　　　　　(c)

图 4.7.21　混凝土浇筑分区示意图

(a) 15.9m 吊挂层；(b) 20.9m 吊挂层；(c) 屋盖

（2）监测结果

监测结果所对应的施工工况列于表 4.7.4。

施工工况说明　　　　　　　　　　　　　　　　　　　表 4.7.4

工况编号	施工内容
工况 1	安装传感器，采集数据（因条件限制，20.9m 吊挂层测点 1、3、7、8 和 9 以及 15.9m 吊挂层测点 3、8、10 及 11 未能安装传感器）
工况 2	R-G1 轴，弧形边界处支撑架拆除；2011-06-21，8:00
工况 3	2011-06-23，8:00
工况 4	20.9m 吊挂一区，M-Q 轴、16-25 轴区域支撑架拆除；2011-06-25，7:40
工况 5	20.9m 吊挂一区，M-Q 轴、16-25 轴区域支撑架拆除；2011-06-25，9:40
工况 6	20.9m 吊挂一区，M-Q 轴、16-25 轴区域支撑架拆除；2011-06-25，13:00
工况 7	20.9m 吊挂一区，M-Q 轴、16-25 轴区域支撑架拆除后；2011-06-25，15:00
工况 8	屋盖一区浇筑混凝土后；2011-06-26，8:00
工况 9	屋盖一区浇筑混凝土后；2011-06-26，10:00
工况 10	屋盖三区，R-V 轴、15-24 轴区域混凝土浇筑进行中；2011-06-29，8:30
工况 11	屋盖三区，R-V 轴、15-24 轴区域混凝土浇筑进行中；2011-06-29，10:20
工况 12	屋盖三区，R-V 轴、15-24 轴区域混凝土浇筑后；2011-06-30，08:30
工况 13	屋盖四区混凝土浇筑后；2011-07-03，15:00
工况 14	20.9m 吊挂一区，17-22 轴、X-Q 轴区域混凝土浇筑进行中；屋盖二区，11-15 轴、E-P 轴区域混凝土浇筑后；2011-07-06，15:10
工况 15	20.9m 吊挂一区，17-22 轴、X-Q 轴区域混凝土浇筑后；2011-07-09，16:00
工况 16	20.9m 吊挂一区，17-22 轴、X-Q 轴区域混凝土浇筑后；2011-07-10，9:00（拟定测点传感器全部安装）
工况 17	屋盖五区混凝土浇筑后；20.9m 吊挂层三区，V-F1 轴、15-22 轴区域混凝土浇筑后；2011-07-11，8:00
工况 18	20.9m 吊挂层二、四、五区钢筋绑扎；15.9m 吊挂层支撑架拆除中；2011-07-14，8:00
工况 19	15.9m 吊挂层支撑架拆除；2011-07-17，9:00
工况 20	15.9m 吊挂层绑扎钢筋；2011-07-18，8:00
工况 21	15.9m 吊挂层绑扎钢筋；2011-07-19，8:00
工况 22	20.9m 吊挂层二、四、五区混凝土浇筑后；15.9m 吊挂层北侧混凝土浇筑后；2011-07-21，9:00
工况 23	15.9m 吊挂层南侧混凝土浇筑后；2011-07-23，9:00
工况 24	15.9m 吊挂层 U-V 轴、21-22 轴区域，20.9m 吊挂层 U-V 轴、20-22 轴区域，屋盖下弦平面 R-V 轴、21-23 轴区域混凝土浇筑后；2011-07-24，16:00
工况 25	混凝土养护及安装阶段，2011-07-31，17:00
工况 26	混凝土养护及安装阶段，2011-08-05，16:30
工况 27	混凝土养护及安装阶段，2011-08-13，08:30
工况 28	混凝土养护及安装阶段，2011-08-20，08:30
工况 29	混凝土养护及安装阶段，2011-09-01，15:30
工况 30	混凝土养护及安装阶段，2011-09-10，15:00
工况 31	混凝土养护及安装阶段，2011-09-19，15:00
工况 32	混凝土养护及安装阶段，2011-09-24，15:30
工况 33	混凝土养护及安装阶段，2011-09-29，15:00
工况 34	混凝土养护及安装阶段，2011-10-08，09:30
工况 35	混凝土养护及安装阶段，2011-10-15，15:30
工况 36	混凝土养护及安装阶段，2011-10-20，15:00
工况 37	混凝土养护及安装阶段，2011-10-28，15:00
工况 38	混凝土养护及安装阶段，2011-11-05，15:30
工况 39	混凝土养护及安装阶段，2011-11-12，15:30
工况 40	混凝土养护及安装阶段，2011-11-19，10:00

注：工况 4 至工况 7 为同一天内不同时段的四组监测数据。

1）20.9m 吊挂层钢棒测点应力变化

20.9m 吊挂层钢棒测点应力变化曲线如图 4.7.22 所示。

① 20.9m 吊挂三区支撑架拆除至该区域混凝土浇筑完成后钢棒测点 1 的应力变化如图 4.7.22（a）所示，应力最大变化为 85.2MPa。

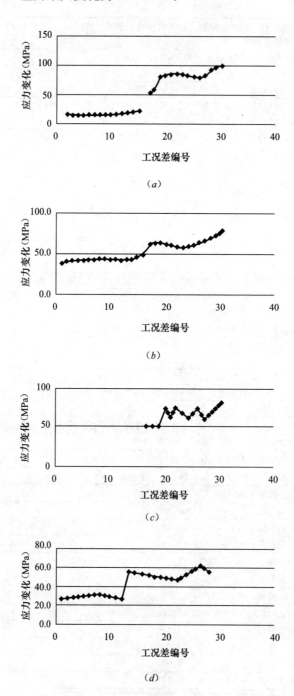

图 4.7.22　20.9m 吊挂层测点应力变化（一）

（a）测点 1；（b）测点 2；（c）测点 3；（d）测点 4

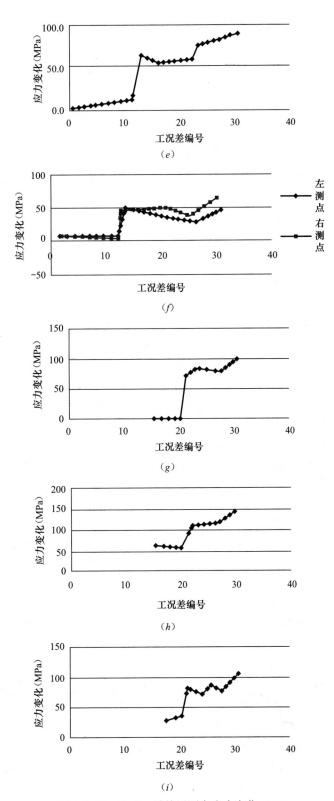

图 4.7.22　20.9m 吊挂层测点应力变化（二）

（e）测点 5；（f）测点 6；（g）测点 7；（h）测点 8；（i）测点 9

② 20.9m 吊挂三区支撑架拆除至该区域混凝土浇筑完成后钢棒测点 2 的应力变化如图 4.7.22（b）所示，应力最大变化为 65.2MPa。

③ 20.9m 吊挂三区支撑架拆除至该区域及 15.9m 的吊挂层北侧混凝土浇筑完成后钢棒测点 3 的应力变化如图 4.7.22（c）所示，应力最大变化为 73.5MPa。

④ 20.9m 吊挂三区支撑架拆除至该区域混凝土浇筑完成后钢棒测点 4 的应力变化如图 4.7.22（d）所示，应力最大变化为 59.3MPa。

⑤ 20.9m 吊挂一区拆除支撑架至该区域混凝土浇筑完成后钢棒测点 5 的应力变化如图 4.7.22（e）所示，应力最大变化为 74.8MPa，混凝土养护阶段，应力变化表现出较为平稳的态势。

⑥ 20.9m 吊挂一区拆除支撑架至该区域混凝土浇筑完成后钢棒测点 6 的应力变化如图 4.7.22（f）所示，该钢棒设置了 2 只传感器，混凝土浇筑前后 2 个传感器监测数据得到的应力变化值分别为 50.9MPa 和 42.7MPa，混凝土养护阶段，应力变化表现出较为平稳的态势。

⑦ 20.9m 吊挂一区支撑架拆除至该区域混凝土浇筑完成后钢棒测点 7 的应力变化如图 4.7.22（g）所示，应力最大变化为 84.0MPa。

⑧ 20.9m 吊挂二区支撑架拆除到该区域及 15.9m 吊挂层南侧混凝土浇筑完成后钢棒测点 8 的应力变化如图 4.7.22（h）所示，应力最大变化为 120.7MPa。

⑨ 20.9m 吊挂五区支撑架拆除到该区域混凝土浇筑后钢棒测点 9 的应力变化如图 4.7.22（i）所示，应力最大变化为 89.6MPa。

从图 4.7.22 可以得出，20.9m 吊挂层测点应力最大变化约为 144.2MPa。在支撑架拆除前后以及混凝土浇筑前后应力变化较大；混凝土浇筑后养护阶段，部分钢棒应力有小幅度变化，主要是因为楼面板强度、刚度增加，楼面整体性加强，同时伴随混凝土的徐变效应。

2）15.9m 吊挂层钢棒测点应力变化

15.9m 吊挂层钢棒测点应力变化曲线如图 4.7.23 所示。

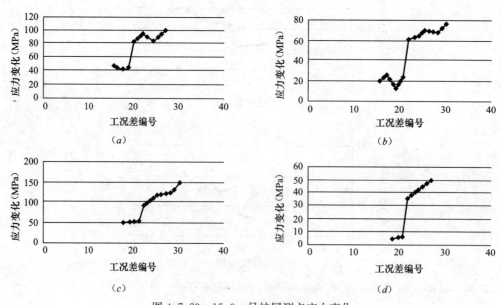

图 4.7.23 15.9m 吊挂层测点应力变化

（a）测点 3；（b）测点 8；（c）测点 10；（d）测点 11

① 15.9m 吊挂层北侧支撑架拆除到至该区域混凝土浇筑完成后钢棒测点 3 的应力变化如图 4.7.23（a）所示，应力最大变化为 92.3MPa。

② 15.9m 吊挂层南侧支撑架拆除至该区域混凝土浇筑完成后钢棒测点 8 的应力变化如图 4.7.23（b）所示，应力最大变化为 69.4MPa。

③ 15.9m 吊挂层南侧支撑架拆除至该区域混凝土浇筑完成后钢棒测点 10 的应力变化如图 4.7.23（c）所示，应力最大变化为 116.1MPa。

④ 15.9m 吊挂层支撑架拆除至该区域混凝土浇筑完成后钢棒测点 11 的应力变化如图 4.7.23（d）所示，应力最大变化为 43.6MPa。

从图 4.7.23 可以得出，15.9m 吊挂层测点应力最大变化值为 143.9MPa；在支撑架拆除前后以及混凝土浇筑前后应力变化较大；混凝土浇筑完成后养护阶段，部分钢棒应力有小幅度变化，主要是因为楼面板强度、刚度增加，楼面整体性加强，同时伴随混凝土的徐变效应。

3）桁架测点应力变化

桁架测点应力变化曲线如图 4.7.24 所示。

① 桁架 1 测点 1（上弦）和测点 2（下弦）应力变化如图 4.7.24（a）所示，因钢结构安装误差、温差效应、支座摩阻以及超静定结构混凝土徐变效应，测点 1 和测点 2 应力变化较小未表现出桁架结构体系的受力变化规律，应力最大变化为 15.4MPa。

② 桁架 2 测点 3（上弦）、测点 4（下弦）及测点 5（腹杆）应力变化如图 4.7.24（b）

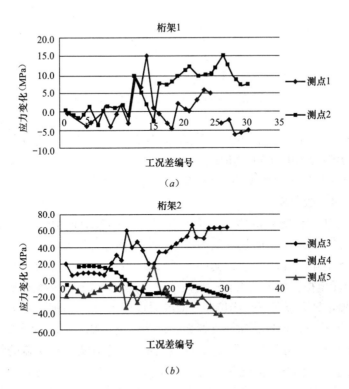

图 4.7.24　屋盖桁架测点应力变化（一）

（a）测点 1 和测点 2；（b）测点 3 至测点 5

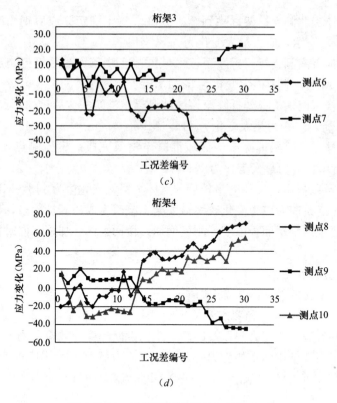

图 4.7.24　屋盖桁架测点应力变化（二）

（c）测点 6 和测点 7；（d）测点 8 至测点 10

所示，测点 3 应力最大变化为 66.4MPa。

③ 桁架 3 测点 6（上弦）和测点 7（下弦）应力变化如图 4.7.24（c）所示。测点 6 应力最大变化为 −54MPa。

④ 桁架 4 测点 8（上弦）、测点 9（下弦）及测点 10（腹杆）应力变化如图 4.7.24（d）所示，测点 8 应力最大变化为 50.1MPa。

从图 4.7.24 可以得出，桁架 10 个测点应力最大变化约为 66.4MPa。

4. 实际施工过程数值模拟

本节是根据施工单位提供的施工方案和流程进行的数值模拟，由于现场施工情况复杂，施工流程会有所调整，下面是对现场实际施工过程进行的数值模拟。

采用 ANSYS 有限元程序建立大剧院整体模型如图 4.7.25 所示。上、下弦杆及钢棒采用 beam188 单元模拟，每个节点有三个线位移和三个角位移；桁架的竖腹杆和斜腹杆采用 link8 单元模拟，每个节点三个线位移；波纹蒙皮钢板采用 shell63 单元模拟；临时支撑架用 link10 只压不拉特性模拟；屋面支撑架、20.9m 支撑架、15.9m 支撑架其不同的轴向刚度，通过调节 link8 单元实常数等效为弹性杆模拟。剪力墙筒对屋盖的约束边界，根据华东院提供的支座设计图纸，简化为一向、二向或者三向线约束。剪力墙筒对吊挂层钢梁的约束边界，根据构件实际的受力状况和施工条件，释放墙对钢梁的转动约束，简化为三向线约束。

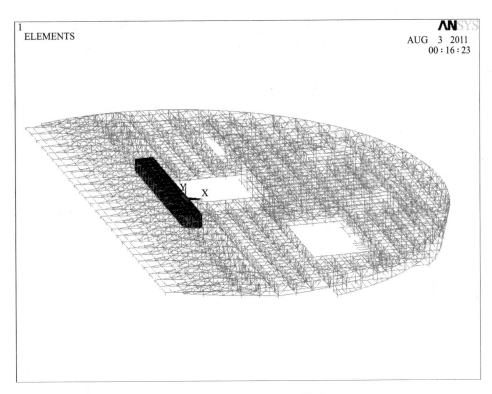

图 4.7.25　大剧院有限元整体模型

支撑架未卸载及混凝土浇筑前，自重作用下钢棒的应力云图如图 4.7.26 所示。

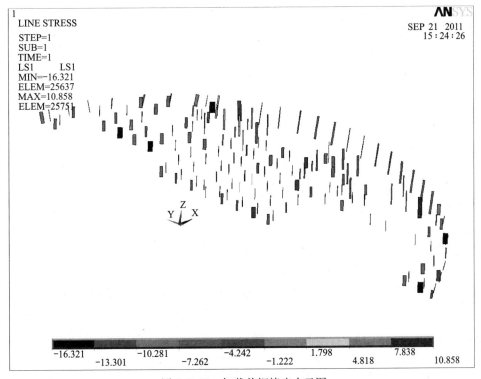

图 4.7.26　卸载前钢棒应力云图

从图 4.7.26 可以看出，靠近剪力墙筒体附近的 20.9m 吊挂层部分钢棒处于受压状态，最大压应力值约为 16.3MPa，但小于稳定应力 43.9MPa，不合理的混凝土浇筑施工顺序可能使该部分钢棒受压失稳退出工作。

20.9m 吊挂层一区混凝土浇筑完成后，钢棒应力云图如图 4.7.27 所示。

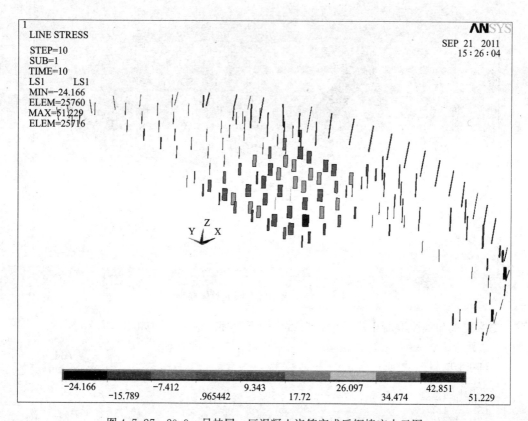

图 4.7.27   20.9m 吊挂层一区混凝土浇筑完成后钢棒应力云图

从图 4.7.27 可以看出，20.9m 吊挂层一区混凝土浇筑完成后，该区域钢棒拉应力最大值约为 51.2MPa。位于 20.9m 吊挂层五区部分钢棒出现较大压应力，最大压应力值约为 24.2MPa，但小于稳定应力 43.9MPa，浇筑屋盖五区及 20.9m 吊挂层二、四、五区混凝土时，应关注这部分钢棒的监测应力变化。

20.9m 吊挂层三区混凝土浇筑完成后，钢棒应力云图如图 4.7.28 所示。

从图 4.7.28 可以看出，20.9m 吊挂层三区混凝土浇筑完成后，该区域钢棒拉应力最大值约为 50.4MPa。位于 20.9m 吊挂层三区部分钢棒出现较大压应力，最大压应力值约为 9.2MPa，但小于稳定应力 43.9MPa。

15.9m 吊挂层北侧混凝土浇筑完成后，钢棒应力云图如图 4.7.29 所示。

从图 4.7.29 可以看出，15.9m 吊挂层北侧混凝土浇筑完成后，该区域钢棒拉应力最大值约为 52.4MPa。位于 15.9m 吊挂层北侧部分钢棒出现较大压应力，最大压应力值约为 11.2MPa，但小于稳定应力 19.0MPa。

20.9m 吊挂层二、四、五区混凝土浇筑完成后，钢棒应力云图如图 4.7.30 所示。

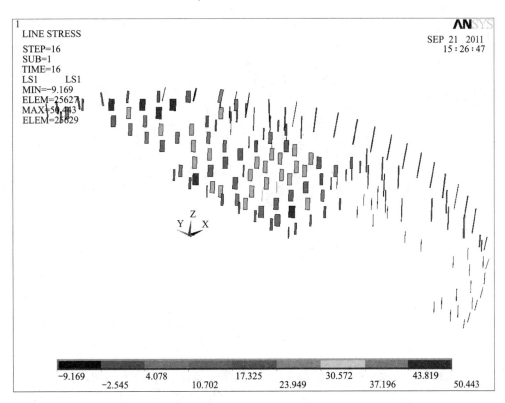

图 4.7.28 20.9m 吊挂层三区混凝土浇筑完成后钢棒应力云图

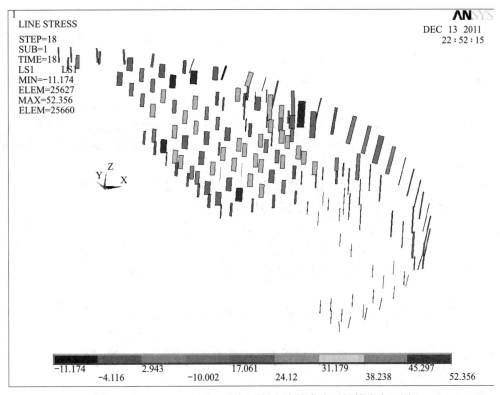

图 4.7.29 15.9m 吊挂层北侧混凝土浇筑完成后钢棒应力云图

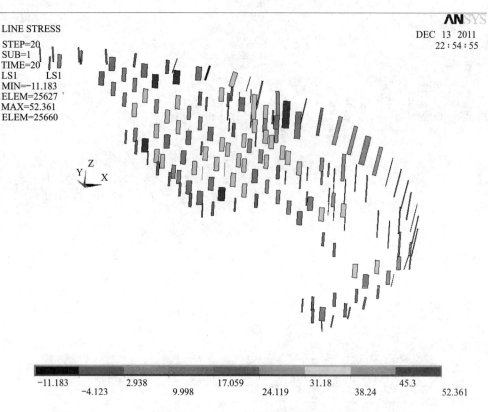

1
LINE STRESS
STEP=20
SUB=1
TIME=20
LS1   LS1
MIN=-11.183
ELEM=25627
MAX=52.361
ELEM=25660

ANSYS
DEC 13 2011
22:54:55

-11.183		2.938		17.059		31.18		45.3	
	-4.123		9.998		24.119		38.24		52.361

图 4.7.30 20.9m 吊挂层二、四、五区混凝土浇筑完成后钢棒应力云图

从图 4.7.30 可以看出，20.9m 吊挂层二、四、五区混凝土浇筑完成后，该区域钢棒拉应力最大值约为 45.3MPa。位于 15.9m 吊挂层北侧部分钢棒出现较大压应力，最大压应力值约为 11.2MPa，但小于稳定应力 19.0MPa。

15.9m 吊挂层南侧混凝土浇筑完成后，钢棒应力云图如图 4.7.31 所示。

从图 4.7.31 可以看出，15.9m 吊挂层南侧混凝土浇筑完成后，该区域钢棒拉应力最大值约为 62.1MPa。位于 15.9m 吊挂层北侧部分钢棒出现较大压应力，最大压应力值约为 11.1MPa，但小于稳定应力 19.0MPa。

屋盖四区混凝土浇筑完，桁架 1 测点的构件应力云图如图 4.7.32 所示。

屋盖三区混凝土浇筑完，桁架 2 测点的构件应力云图如图 4.7.33 所示。

屋盖五区混凝土浇筑完，桁架 3 测点的构件应力云图如图 4.7.34 所示。

屋盖二区混凝土浇筑完，桁架 4 测点的构件应力云图如图 4.7.35 所示。

从图 4.7.32~图 4.7.35 可以看出，屋盖混凝土浇筑后，模拟所得桁架的最大应力约为 80.7MPa。

支撑架卸载（33.6m 悬挑桁架未卸载），屋盖及吊挂层混凝土浇筑完，结构挠度云图如图 4.7.36 所示。

从图 4.7.36 可以看出，数值模拟所得结构最大挠度约为 38.9mm。

5. 应力比较

钢棒监测应力与数值模拟应力比较列于表 4.7.5。

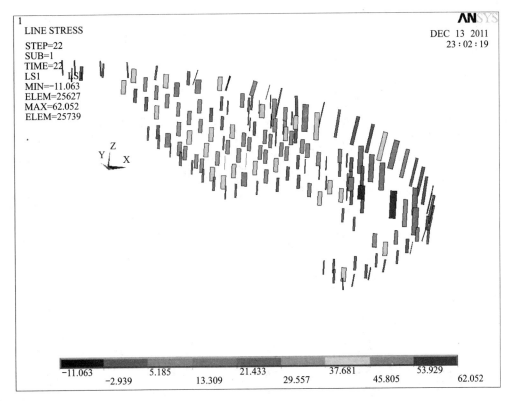

图 4.7.31　15.9m 吊挂层南侧混凝土浇筑完成后钢棒应力云图

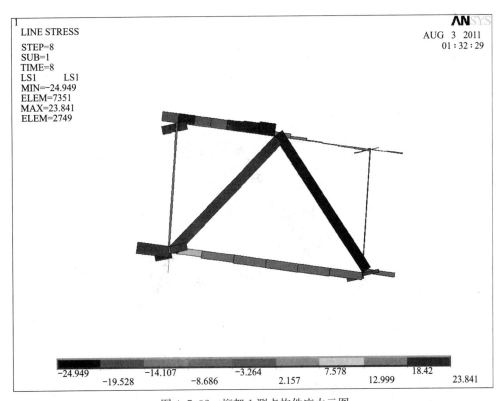

图 4.7.32　桁架 1 测点构件应力云图

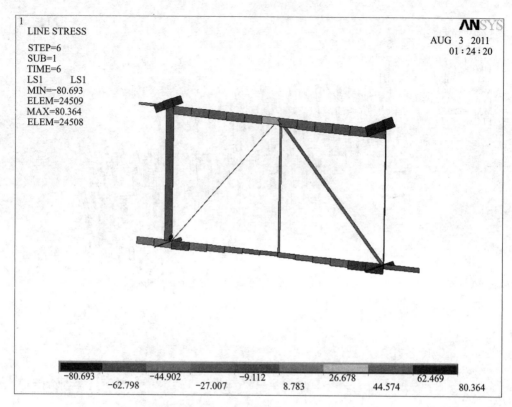

图 4.7.33　桁架 2 测点构件应力云图

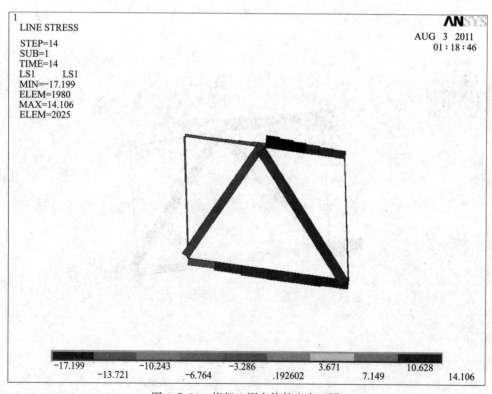

图 4.7.34　桁架 3 测点构件应力云图

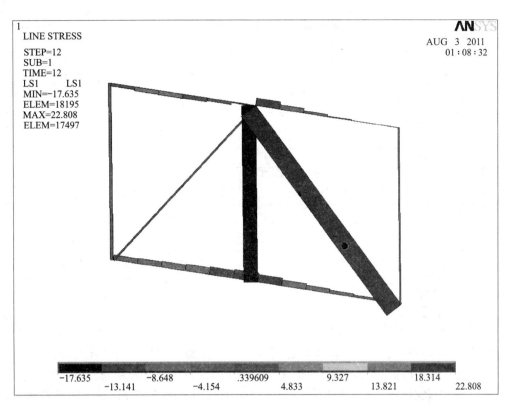

图 4.7.35　桁架 4 测点构件应力云图

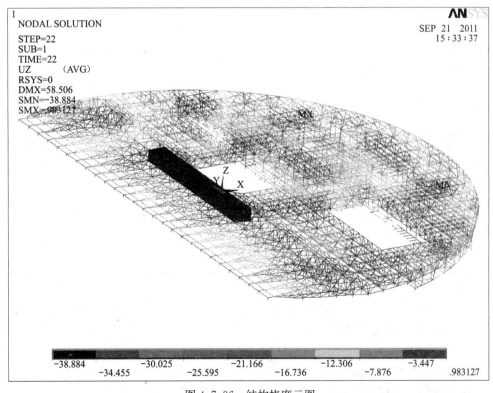

图 4.7.36　结构挠度云图

钢棒监测应力与数值模拟应力比较　　　　　　　表 4.7.5

钢棒测点编号	混凝土浇筑前后监测应力变化	混凝土浇筑前后数值模拟应力变化	相差（%）
测点 1（20.9m）	33.3	41.1	23.4
测点 2（20.9m）	22.7	31.7	39.6
测点 3（20.9m）	21	21.1	0.5
测点 3（15.9m）	41.6	34.1	−18.0
测点 4（20.9m）	30.8	32.4	5.2
测点 5（20.9m）	47.4	36.5	−23.0
测点 6（20.9m）	36.4	36.3	−0.3
测点 7（20.9m）	79.2	34.6	−56.3
测点 8（20.9m）	35.8	32.6	−8.9
测点 8（15.9m）	37.2	29.3	−21.2
测点 9（20.9m）	50.3	40.2	−20.1
测点 10（15.9m）	42.2	41.4	−1.9
测点 11（15.9m）	32.9	33.4	1.5

注：相差＝（混凝土浇筑前后数值模拟应力变化－混凝土浇筑前后监测应力变化）/混凝土浇筑前后监测应力变化

从表 4.7.5 可以看出，部分钢棒监测应力变化大于数值模拟应力变化，因施工现场测点附近有施工临时堆载所致，数值模拟无法精确仿真安装误差、温差效应以及混凝土徐变效应对结构的真实影响。数值模拟吊挂层支撑架卸载的次序与实际卸载次序稍有所不同，也是导致监测应力变化与数值模拟应力变化相差较大的原因之一。

桁架监测应力与数值模拟应力比较列于表 4.7.6。

桁架监测应力与数值模拟应力比较　　　　　　　表 4.7.6

桁架测点编号	混凝土浇筑前后监测应力变化	混凝土浇筑前后数值模拟应力变化	相差（%）
测点 1	13.4	15.4	14.9
测点 2	7.4	11.6	56.8
测点 3	14.8	15.3	3.4
测点 4	15.2	7.4	−51.3
测点 5	11.8	2.2	−81.4
测点 6	5.6	6.6	17.9
测点 7	6.3	1.3	−79.4
测点 8	22.0	15.7	−28.6
测点 9	6.3	8.8	39.7
测点 10	27.6	15.0	−45.7

注：相差＝（混凝土浇筑前后数值模拟应力变化－混凝土浇筑前后监测应力变化）/混凝土浇筑前后监测应力变化。

从整体变化来看，数值模拟结果和监测结果比较接近，说明数值模拟在一定程度上还是能够反映浇筑过程中应力变化的。

6. 结论

（1）施工过程数值模拟中钢棒出现受压情况，在监测过程中应予以关注，避免钢棒在混凝土浇筑过程中受压失稳退出工作。

（2）钢棒测点监测应力变化基本处于增大趋势，未出现大幅度减小。20.9m吊挂层钢棒测点应力最大变化约为151.4MPa，15.9m吊挂层钢棒测点应力最大变化约为140.6MPa。

4.8 天津大剧院钢屋盖焊接分析

4.8.1 钢结构焊接有限元分析的一般步骤

在用ANSYS来模拟计算焊接温度场和应力场时，可以通过两种途径来实现：直接法和间接法。直接法是使用具有温度和位移两种自由度的耦合单元，同时计算得到热分析和结构应力分析的结果。间接法则是首先进行热分析，得到焊接过程中焊件和焊缝处的温度场分布，再将求得的节点温度作为载荷施加在结构应力分析中。影响焊接应力应变的因素有焊接温度场和金属显微组织，而焊接应力应变场对它们的影响却很小，所以在分析时，一般仅考虑单向耦合问题，即只考虑焊接温度场和金属显微组织对焊接应力应变场的影响，而不考虑应力应变场对它们的影响。高温时因为屈服极限较低，此时相变应力也很低，所以忽略相变应力不会给焊接应力带来较大的影响。本书采用直接法对钢拱中焊接及残余应力进行分析。

一般运用ANSYS进行模拟计算主要有三个步骤：

（1）前处理（prep7）：包括定义单元类型、输入材料热物理属性、创建几何实体模型、设置网格单元尺寸、生成有限元模型；

（2）施加载荷和求解包括定义分析类型、获得瞬态热分析的初始条件、设定载荷步选项、求解运算；

（3）后处理 ANSYS提供两种后处理方式，即通用后处理（POST1）和时间-历程后处理（POST26），前一种方式可以对模型某一时刻的结果数据列表或图形显示，后一种则可以列表或图形显示模型中某一点随时间的变化结果。

4.8.2 平板焊接有限元分析

根据以上所介绍的基本理论，运用有限元软件ANSYS对钢拱中焊缝进行简化模拟，采用热-结构耦合单元Plane13对平板的焊接过程进行分析。

1. 单元特性及模型建立

Plane13是一种二维耦合场单元，它具有二维磁场、温度场、电场、压电场以及结构多场耦合分析功能。每个Plane13单元有4个节点，每个节点最多可有4个自由度，即X方向和Y方向的平动自由度、温度自由度、电势自由度以及矢量磁势自由度，可以通过关键字的定义选择必要的自由度。Plane13有大变形和应力刚化功能。当只用于纯结构分析时，Plane13还具有大应变功能。单元几何形状见图4.8.1。

在整个焊接过程中，构件经过了高温到冷却的过程，而钢材的热物理和力学特征值是随温度变化的。为了正确地反映这个过程，本文所采用的结构钢热物理和力学特征值如下。工程中采用Q345C钢材，母材和焊料在不同温度下的物理、

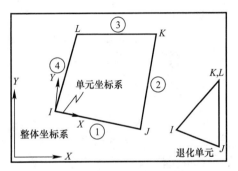

图4.8.1 单元Plane13示意图

力学性能如表 4.8.1 和表 4.8.2 所示。

母材热物理和力学性能　　　　　　　　　表 4.8.1

材料	温度 (℃)	弹性模量 (GPa)	屈服强度 (MPa)	材料密度 (kg/m³)	泊松比	传热系数 [W/(m·℃)]	线膨胀系数 (1/℃)	比热容 [J/(kg/℃)]
	20	212	345					
	500	175	213					
母材	800	139	153	7860	0.29	34	14.8	983
	1200	107	73					
	1500	83	13					

焊料热物理和力学性能　　　　　　　　　表 4.8.2

材料	温度 (℃)	弹性模量 (GPa)	屈服强度 (MPa)	材料密度 (kg/m³)	泊松比	传热系数 [W/(m·℃)]	线膨胀系数 (1/℃)	比热容 [J/(kg/℃)]
	20	216	314					
	500	178	203					
焊料	800	142	143	7770	0.29	32	13.8	683
	1200	104	63					
	1500	68	13					

确定了材料的诸多性能后建立有限元模型，假设焊接环境温度为 20℃，焊件的热输入量通过单元的温度带入（每个焊接单元的初始温度为 700℃），焊接方向为自下端到上端。

焊缝附近的区域应力应变可能比较大，因此在划分单元网格时，将热源附近的网格划密些，远离热源的网格相对疏些。采用双线性随动强化准则，在材料屈服后，假设它的切线模量为 0。建立模型见图 4.8.2 与图 4.8.3。

采用 ANSYS 中生死单元功能模拟焊接过程，先将焊缝区所有单元全部杀死。在分析过程中，每过一段时间按焊接顺序相应的逐个激活单元并赋予焊接温度来模拟焊接过程，最终完成焊接。焊接完成后，设置一段时间的冷却过程，最终得到结构中残留的残余应力。

施加约束时不考虑热辐射的作用，仅考虑热对流的影响在边界施加 20℃常温；约束板长方向两边缘的 X、Y 向自由度。设置完成后，对结构进行瞬态有限元热-结构耦合分析。

焊接属于大应变问题，设定分析选项时，打开大变形和大应变选项。此外，采用 Full Newton-Raphson（牛顿-拉普森）方法进行平衡迭代并激活自适应下降功能、打开自动时间步长和时间步长预测以加快计算收敛。采用热-结构耦合单元，可以同时得到结构的温度场和应力场。

2. 计算结果及分析

采用以上的方法进行计算，得到整个焊接过程中，不同时刻焊接平板上的温度场和温度应力场如图 4.8.4 所示。

可见，在焊接初期，钢板中应力分布比较不均匀；随着焊缝不断地延伸，应力和温度场逐渐分布均匀；最终冷却后，钢板上的残余应力可达 329MPa，接近钢材的屈服点，这样的残余应力对结构构件的影响，应予以重视。

为了进一步了解残余应力在钢材上的分布情况，分别定义了 3 个路径，分析了残余应力沿焊缝边缘，板长方向的分布情况，定义路径如图 4.8.5 所示。

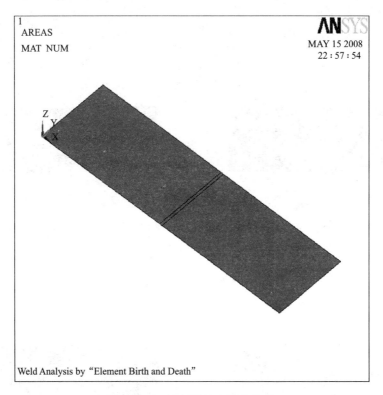

图 4.8.2　平板焊接有限元模型

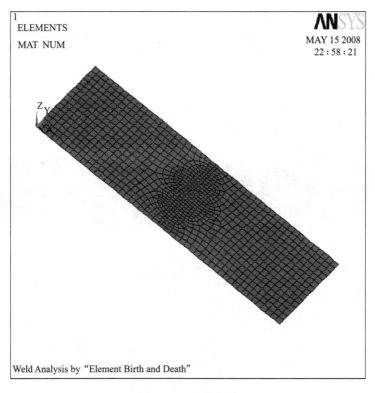

图 4.8.3　网格划分

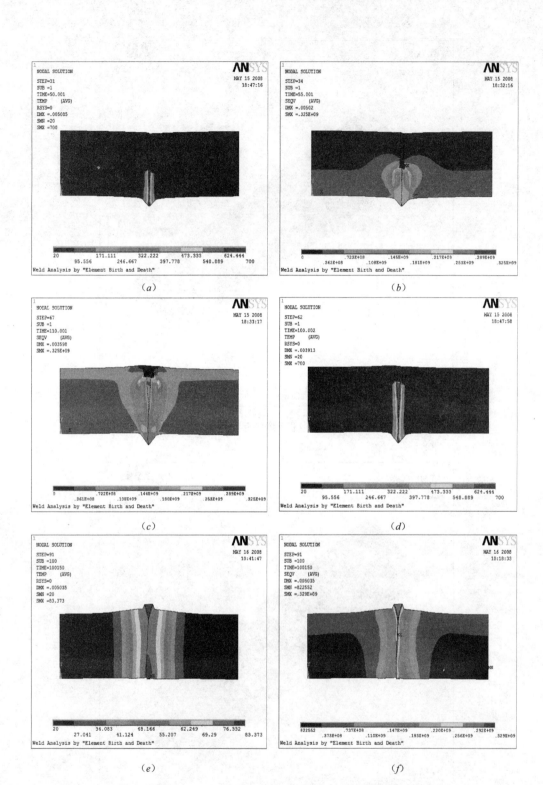

图 4.8.4　不同时刻温度场和温度应力场分布

(a) 50 步时温度场；(b) 50 步时温度应力；(c) 100 步时温度场；

(d) 100 步时温度应力；(e) 最终温度场；(f) 最终残余应力

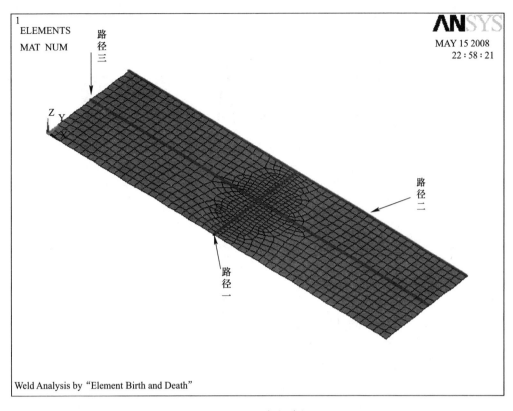

图 4.8.5　定义路径

路径一反映残余应力在焊缝边缘沿板宽方向的分布情况；路径二反映残余应力在板边缘沿板长方向的分布情况；路径三反映残余应力在板中间部分沿板长方向的分布情况，如图 4.8.6 所示。

残余应力的分布规律：残余应力集中在焊缝及其附近的母材边缘；沿板长方向的分布

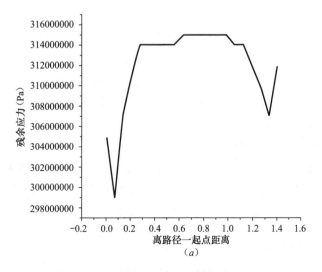

图 4.8.6　不同路径上残余应力的分布（一）

（a）残余应力沿路径一分布

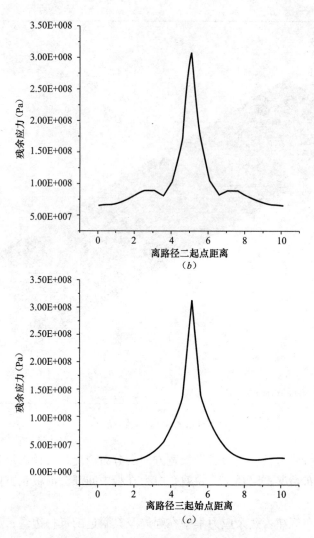

图 4.8.6　不同路径上残余应力的分布（二）

（b）残余应力沿路径二分布；（c）残余应力沿路径三分布

可以看出，在焊缝附近存在较严重的应力集中；沿焊缝长度方向，应力较大点位于焊缝中央部位；最大焊接残余应力达 329MPa，母材上的最大残余应力为 315MPa。

焊缝焊接可以产生较大的残余应力，再加上焊缝本身伴有的不可避免的初始缺陷，这在工程中是一个比较大的隐患。

4.8.3　简化的二维焊缝截面有限元分析

采用与上节相同的方法，对焊接焊缝横截面上的残余应力进行了模拟分析。焊缝的焊接过程，在横截面上也是分步骤进行的。因此，施焊的过程中变化的温度场和变化的应力场之间的相互影响也决定着残余应力的分布，因此对于横截面上残余应力的分析也是有必要的。

1. 单元选取及模型建立

依然利用 ANSYS 中热-应力耦合分析功能，选取热-应力耦合单元 Plane13 进行模拟分析。本节中研究涉及工程中利用的单 V 字型破口焊的横截面残余应力分布，因此在建立模型时将模型分成焊缝区和母材区，将焊缝区建为 V 字型平面；选用不同的单元型号，以便利用生死单元技术，进行焊接过程模拟。采用温度和位移耦合场单元 Plane13 进行模拟。网格划分是在焊缝及焊缝附近母材上将网格加密以更精细的反映所需要的结果，边界条件的施加与上文类似，在母材的边缘约束 X、Y 方向的自由度，同时施加常温的温度边界条件，以进行热传导的温度场分析。模型建立和网格划分如图 4.8.7、图 4.8.8 所示。

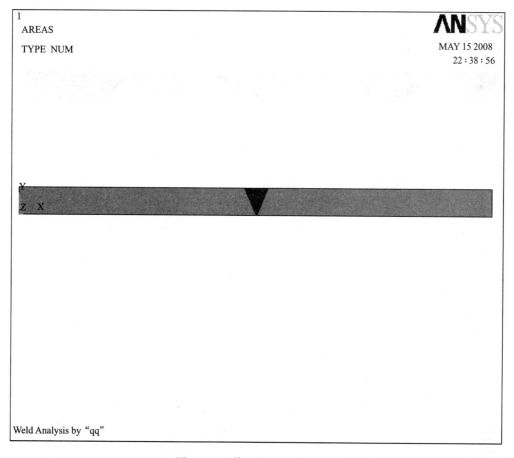

图 4.8.7　单 V 字型破口焊模型

2. 计算与结果分析

计算中，先对焊缝区单元进行排序，并以此激活分析。对所有激活的单元完成分析后，指定一个相当长的时间分析，模拟冷却过程，最后残留在模型上的应力为焊后残余应力如图 4.8.9 所示。

从温度应力云图看出，随着焊接的进行，应力最大值逐渐向上移动，当冷却以后，残余应力的焊缝底部比较集中，最大的残余应力值为 333MPa。为了更好地了解残余应力的分布情况，分别定义了 5 个路径，见图 4.8.10，分析了残余应力沿焊缝边缘、沿板厚、沿板长的分布规律。

路径一反映了残余应力沿焊缝边缘的分布规律；路径二反映了焊缝附近残余应力沿板厚分布规律；路径三反映了残余应力沿板上平面分布规律；路径四反映了残余应力在板厚中间部位的分布；路径五反映了残余应力沿板下平面分布规律，如图 4.8.11 所示。

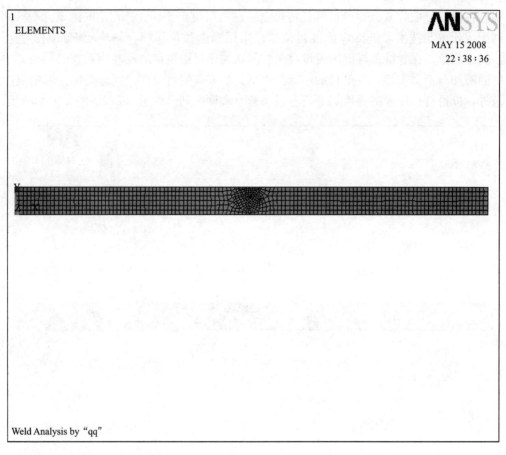

图 4.8.8　网格划分

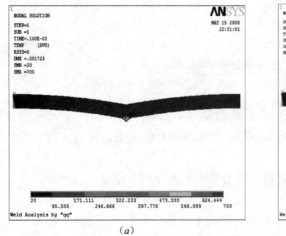

（a）

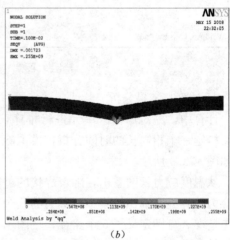

（b）

图 4.8.9　不同时刻温度场与应力场（一）

（a）初始温度；（b）初始应力

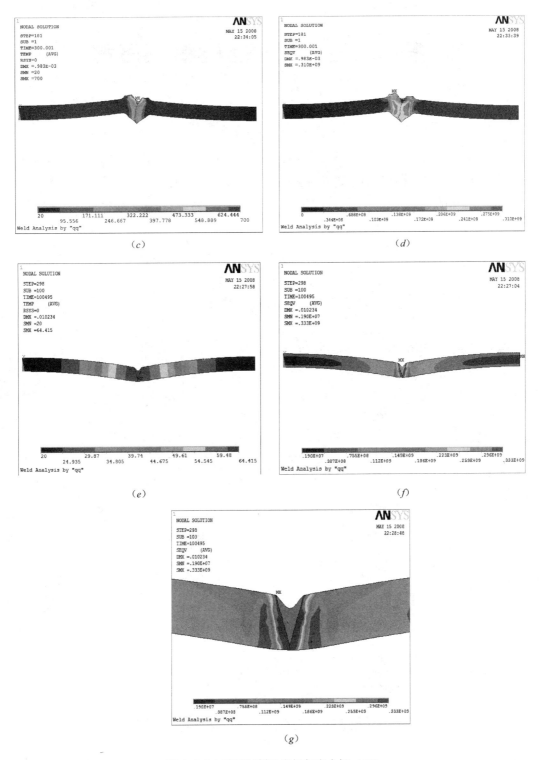

图 4.8.9 不同时刻温度场与应力场（二）

(c) 300 步时温度场；(d) 300 步时应力场；(e) 最终温度场；(f) 最终残余应力；(g) 残余应力细部

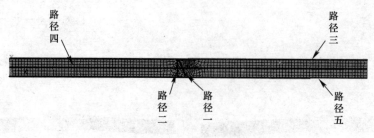

图 4.8.10　定义路径

　　通过以上分析，在焊缝横截面上残余应力的分布规律总结如下：焊接残余应力在横截面上也主要集中在焊接及其附近的母材上；随着焊接过程的进行、焊料的不断填入，最大温度点发生变化，全部焊接完时，最大温度点出现在焊缝底端；最大残余应力发生焊缝底端附近。

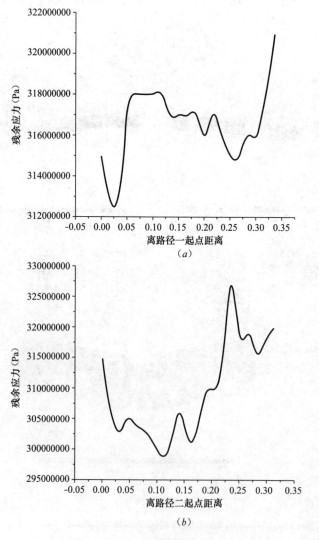

图 4.8.11　残余应力沿各路径分布规律（一）

（a）沿路径一分布规律；（b）沿路径二分布规律

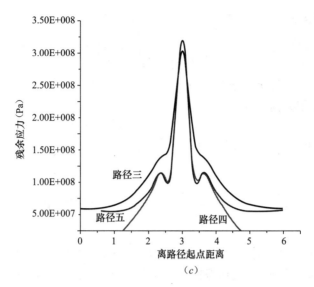

图 4.8.11　残余应力沿各路径分布规律（二）

(c) 沿路径三、四、五分布规律

在认识瞬态热分析基本原理的基础上，建立了平板焊接和单 V 字型破口焊二维截面的有限元模型，对焊接过程和焊接应力进行了分析。分析得出，焊接会产生比较大的残余应力，达 333MPa 已接近母材的屈服强度，且母材上残余应力比较大的区域为焊缝和母材的交界处，最大值出现在沿焊缝长度方向上焊缝中部的底端。

4.8.4　天津大剧院屋盖焊接分析

1. 现场焊接类型

本工程现场焊接主要包括核心筒钢梁焊接和钢屋盖桁架焊接。

（1）核心筒钢梁焊接

焊接类型：H 型钢梁对接，如图 4.8.12 所示。

（2）钢屋盖桁架焊接

焊接类型：H 型腹杆对接，箱型弦杆对接，如图 4.8.13 所示。

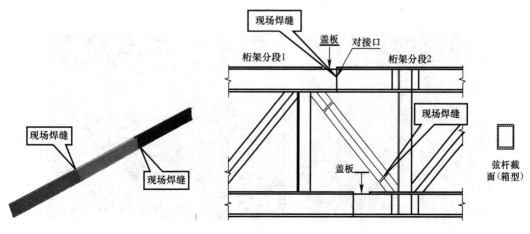

图 4.8.12　H 型钢梁对接节点　　　　图 4.8.13　桁架对接处弦杆、腹杆对接节点

2. 焊接特点与难点

（1）焊接施工特点

1）焊接工作量大，工期短，存在冬季施工；

2）节点形式复杂，焊接质量要求高；

3）焊接变形控制尤为重要。

4）高空焊接多。

（2）焊接施工难点

1）焊接质量控制；

2）焊接量大、工期紧；

3）冬季焊接质量控制。

（3）焊接方法

综合考虑焊接效率和操作难度，大体上横焊、平焊、立焊采用手工电弧焊（SMAW），部分有条件位置少量采用 CO_2 气体保护焊（GMAW）填充，以提高效率。

在焊接时，钢柱上设置操作平台；钢梁焊接则挂设吊篮，如图 4.8.14 所示。要保证工人站立位置距离焊接点在 1.2m 左右，使工人以最舒适的姿势进行焊接作业，以提高焊接质量。桁架高空组对焊缝采取在支撑架上搭设操作平台。现场如图 4.8.15 所示。

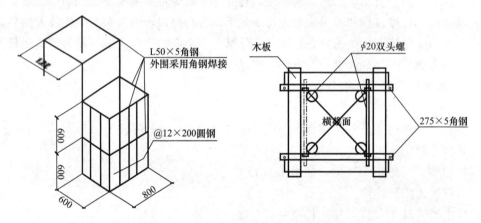

图 4.8.14　吊篮及操作平台示意图

图 4.8.15　焊接现场

3. 总体原则

分区进行、每步归零；单杆双焊、双杆单焊；先栓后焊、对称施工。

（1）分区进行、每步归零

整个钢屋盖桁架分为三个大区：Ⅰ、Ⅱ、Ⅲ区。钢屋盖焊接流程：Ⅰ区—Ⅱ区—Ⅲ区，如图 4.8.16 所示。

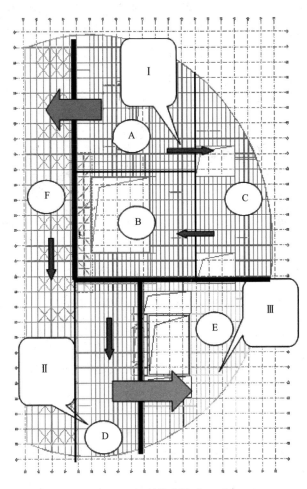

图 4.8.16　钢结构焊接分区示意

其中：Ⅰ区包括 A、B、C 三个区，焊接顺序为 A 区—C 区—B 区；Ⅱ区包括 D、F区，焊接顺序为 D、F 区基本同时推进，F 区焊接方向为 F1 轴—C 轴方向；Ⅲ区包括 E区，最后焊接。

在土建核心筒施工完成后，开始安装相应抗震支座，最后桁架分段吊装就位后仅用临时连接耳板固定或点焊，再次复核桁架轴线及标高，并校正偏差，然后进行桁架的完全焊接。

每个区域完成全部焊接后，再吊装其区域的联系梁及斜撑。在这个过程中，把联系梁及斜撑等构件的制造及安装带来的误差进行归零，即每步归零，不使误差累积。

吊装次桁架并采用连接耳板临时固定后，开始焊接主桁架。主桁架焊接次序从核心筒的一侧开始向核心筒的另一侧推进。这样的焊接方式可以用次桁架作为主桁架的拘束度，以减小主桁架焊接变形；同时，避免了"双杆单焊"可能造成的热裂纹。

总之，"分区进行、每步归零"的焊接原则，有效避免了长大距离累积误差，同时，在相对较短的区域和时间段内进行局部"合拢"，避免了结构内产生较大应力。

（2）单杆双焊、双杆单焊

此焊接原则，如图 4.8.17 所示。单杆双焊即连接于同一构件的两对称焊缝，采用两人对称焊，要求保证焊接速度一致，焊接电流、电压参数一致。双杆单焊即一根两端均有较大拘束度的杆件，先焊接一端，待焊缝温度冷却至常温方可进行另一端的焊接。

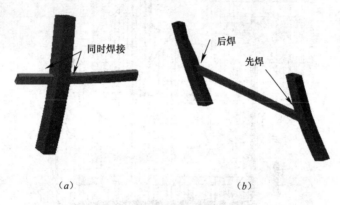

图 4.8.17　焊接原则示意图

（a）单杆双焊示意图；（b）双杆单焊示意图

（3）先栓后焊

工程中栓焊连接节点，先将高强螺栓初拧 30%，之后进行焊接，焊接结束，待焊缝冷却之后，再对高强螺栓进行终拧。

（4）对称施工

焊接过程中，由于热输入量的存在，构件及结构会产生变形。对于类似箱型梁对接焊缝，应尽可能采取对称施工的方式，如图 4.8.18 所示，以减小焊接变形。

4. 典型节点焊接工艺

（1）箱型钢梁对接焊缝焊接工艺

箱型钢梁主要为桁架弦杆和直腹杆。该类节点焊接，首先由一名焊工完成下翼缘对接焊缝，然后由两名焊工在梁外侧同时对称焊接箱型梁的两腹板，再由一名焊工完成上翼缘对接焊缝，最后焊接预留未焊的腹板与翼缘之间的纵向俯角和仰角焊缝，并将过焊孔封闭焊牢。

图 4.8.19 给出了箱型截面焊接次序示意图。该焊接方式最大可能地避免了仰焊，从而能更好地保证现场焊接质量。

图 4.8.18　箱型梁对称施焊

（2）箱型柱对接焊缝焊接工艺

观光电梯箱型柱，对接焊接时将高空操作平台安装在柱对接位置以下约 1.3m 处，配备两名焊工。施焊前，焊工应检查焊接部位的组装质量，如不符合要求，应修磨补焊合格后方能施焊。坡口表面不允许带有污泥杂质、油污、氧化皮等影响焊接的物体。

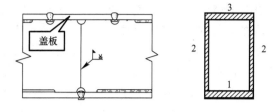

图 4.8.19　箱型截面梁焊接次序示意图

焊接时，2 人对称施焊，先完成 40％A、B 的焊接，接着完成 C、D40％厚度的焊接，再依次完成 A、B 和 C、D 剩余的焊接。每层起弧点要相距 30～50mm，每焊一层要认真清渣，焊到柱转角处要放慢焊条运行速度，使柱角成方角。

第一层的起弧点要距端部 50mm 左右。箱型柱对接焊接顺序如图 4.8.20 所示。

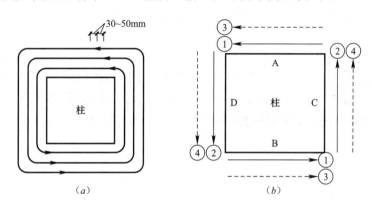

图 4.8.20　箱型柱对接焊接顺序
（a）焊道起点的错位；（b）焊接顺序

4.8.5　小结

（1）焊接残余应力在横截面上主要集中在焊接及其附近的母材上；随着焊接过程的进行、焊料的不断填入，最大温度点发生变化，全部焊接完时，最大温度点出现在焊缝底端；最大残余应力发生焊缝底端附近。

（2）焊接会产生比较大的残余应力，达 333MPa 已接近母材的屈服强度，且母材上残余应力比较大的区域为焊缝和母材的交界处，最大值出现在沿焊缝长度方向上焊缝中部的底端。

（3）归纳了天津大剧院钢屋盖现场焊接类型和焊接的特点与难点。

（4）确定了天津大剧院的焊接原则，确定屋盖焊接顺序。

（5）选取了典型节点进行焊接工艺分析。

4.9　天津大剧院幕墙钢结构选型设计

4.9.1　玻璃幕墙钢支承结构选型

1．玻璃幕墙钢支承结构形式

天津大剧院共有音乐厅、综艺剧场和小剧场三个厅，每个厅的南、北、西三个方向都设有玻璃幕墙，其中南、北两个立面幕墙垂直，西立面幕墙与竖直方向夹角17°。三个厅均在不同高度处设有吊顶，在南、北立面上自西向东、由上而下布置。这样的吊顶使三个厅都很好地融入了整体的设计中，也让外立面的幕墙充满了美感。

钢支承柱长约20m，水平间距约4.2m，沿幕墙竖向平面间隔1m设置通长横向铝制型材内保方钢管用以固定玻璃幕墙，同时可为钢支承柱提供侧向支撑。钢支承下端连接于标高+6.0m的混凝土平台，上端通过柱顶支撑连接于标高+25.9m屋盖钢桁架下弦层，主体为钢筋混凝土框架核心筒结构。相对于屋顶，幕墙支承结构刚度可以认为无穷大，所以在单独对屋顶幕墙支架进行计算分析时，假定主体结构为不动支座。下端三向铰支，上端竖向释放水平方向两向铰支。

2. 截面选型

依据玻璃幕墙和建筑方面原始资料，钢支承柱横截面最大尺寸为长520mm、宽180mm。因此立柱下端的外围尺寸最大只能是520mm×180mm，本着在满足委托方和相关规范的要求的情况下，为了使设计变得更加绿色环保节省用钢量，设计了以下五种方案。

（1）方案一

钢支承柱选用H型钢，依据玻璃幕墙和建筑方面原始资料，钢支承柱横截面最大尺寸为长520mm、宽180mm，钢支承柱拟选截面为HN520×180×15×20。图4.9.1所示为单元最大应力值，图4.9.2所示为风荷载标准值下的挠度值。

图4.9.1 最大应力值（MPa）　　　　图4.9.2 风荷载标准值下的挠度（mm）

立柱的最大应力达到了201MPa，风荷载下的挠度达到了88mm。由于在面外的跨度过大，应力比偏大，位移也偏大，因而调整单体形式如方案二。

（2）方案二

在方案一的基础上，在 H 型钢柱中部设置连接于主体结构的水平钢支撑。H 型钢柱截面尺寸为 HN520×180×15×20。图 4.9.3 所示为单元最大应力值，图 4.9.4 所示为风荷载标准值下的挠度值。

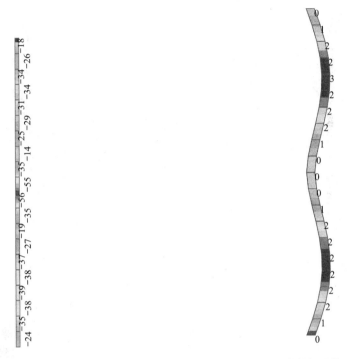

图 4.9.3　最大应力值（MPa）　　　　图 4.9.4　风荷载标准值下的挠度（mm）

由于连接主体的水平钢支撑的存在，大大降低了立柱的挠度，在这种情况下立柱的最大挠度只有 2mm，最大应力也减少到只有 56MPa。效果可谓立竿见影。

（3）方案三

由于不确定在实际工程中能否提供连接于主体结构的水平钢支撑，因而又试选了增大 H 型钢截面的本方案，依靠 H 型钢本身的回转半径抵抗面外的变形。截面尺寸为 HN700×180×15×20。图 4.9.5 所示为单元最大应力值，图 4.9.6 所示为风荷载标准值下的挠度值。

在这种情况下立柱的最大应力为 137MPa，最大挠度比较有效地控制在 45mm。然而根据玻璃幕墙和建筑方面原始资料，钢支承柱横截面最大尺寸只能为 520mm×180mm，因而虽然这种方案可以将应力与挠度都控制在比较好的范围内，但是不能满足建筑要求，只能作为试算对比。

（4）方案四

在方案一的基础上，在 H 型钢内侧设置鱼腹式钢撑杆及弦杆。H 型钢柱截面尺寸为 HN520×180×15×20，撑杆截面为 P60×3.5，弦杆截面为 P88.5×4。图 4.9.7 所示为 H 型钢单元最大应力值，图 4.9.8 所示为撑杆及弦杆单元最大应力值，图 4.9.9 所示为风荷载标准值下的挠度值。

图 4.9.5　最大应力值（MPa）　　　　图 4.9.6　风荷载标准值下的挠度（mm）

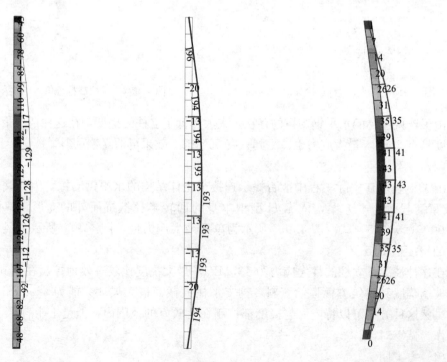

图 4.9.7　梁单元最大　　　　图 4.9.8　桁架单元最大　　　　图 4.9.9　风荷载标准值下
应力值（MPa）　　　　　　应力值（MPa）　　　　　　的挠度值（mm）

　　可以看出这种结构形式受力合理，由于采取了桁架的形式，降低了杆件的应力和整个支承体系的挠度，立柱部分的最大应力为 129MPa，鱼腹式桁架部分撑杆和斜杆的最大应力为 193MPa，立柱的总体最大挠度为 43mm。

（5）方案五

由于每个厅外部均有吊顶，吊顶内部的支承结构不受风荷载，面外的挠度相对会较小，因而在方案四的基础上，考虑到实际建筑需要，鱼腹式桁架的高度可随吊顶高度逐渐减小。在没有桁架加强区段的 H 型钢截面尺寸为 HN700×180×15×20，鱼腹式桁架区段的 H 型钢截面尺寸为 HN520×180×15×20，撑杆截面为 P60×3.5，弦杆截面为 P88.5×4。图 4.9.10 所示为 H 型钢单元最大应力值，图 4.9.11 所示为撑杆及弦杆单元最大应力值，图 4.9.12 所示为风荷载标准值下的挠度值。

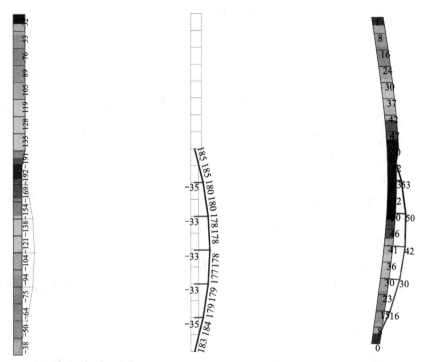

图 4.9.10　梁单元最大
应力值（MPa）

图 4.9.11　桁架单元最大
应力值（MPa）

图 4.9.12　风荷载标准值下
的挠度值（mm）

本方案为方案四在不同位置时的具体体现，可以看出这种方案设计的合理性。

最终的方案比选如下：具体的用钢量见表 4.9.1，可以看出方案四与方案五的组合使用可以同时满足建筑设计和规范的要求。

方案对比　　　　　　　　　　　　　　　　　　　　　　　　　　表 4.9.1

	方案形式	截面规格	H 型钢梁最大应力比（MPa）	风载标准值下挠度值（mm）	单根柱用钢量（t）	备　注
方案一	H 型钢柱	HN520×180×15×20	0.93	88	2.30	
方案二	H 型钢柱＋支撑	HN520×180×15×20	0.26	3	2.30	规范允许挠度值为 L/400 方案二挠度允许值为 25mm 其余方案挠度允许值为 50mm
方案三	H 型钢柱	HN700×180×15×20	0.64	45	2.72	
方案四	H 型钢柱＋桁架	HN520×180×15×20 P60×3.5　P88.5×4	0.60	43	2.49	
方案五	H 型钢柱＋局部桁架	HN700×180×15×20 HN520×180×15×20 P60×3.5　P88.5×4	0.89	53	2.58	

3. 截面布置

由于建筑设计的外表要求，支承柱的截面最终确定为外围尺寸 $600×200$ 的挑臂方钢管和角部外围尺寸为 $100×100$ 方钢管。

考虑荷载如下：

（1）钢材自重：由软件自动考虑。

（2）玻璃自重：$1.0kN/m^2$。

（3）风荷载：前期本结构进行过风洞试验，依照风洞试验得到的天津大剧院最不利负风压（无干扰，按统计方法，50 年重现期）来取，$W_k=1.3kPa$。

（4）地震作用：抗震设防烈度 7 度，设计基本地震加速度 $0.15g$。

垂直于玻璃幕墙平面的分布水平地震作用标准值：

$$q_{Ek} = \beta_E \alpha_{max} G_k / A = 2.52kN/m^2$$

平行于玻璃幕墙平面的分布水平地震作用标准值

$$P_{Ek} = \beta_E \alpha_{max} G_k = 2.52kN/m^2$$

考虑荷载组合如下：

（1）1.0 恒载＋1.0 风载；

（2）1.0 恒载＋1.4 风载；

（3）1.2 恒载＋1.4 风载；

（4）1.35 恒载＋0.84 风载；

（5）1.2 恒载＋1.4 风载＋0.65 地震荷载。

支承体系中除去在角部的方钢管之外均采用如图 4.9.13 所示的截面，此截面可以命名为挑臂方钢管，在后续的计算中，如果应力比过小或挠度过小，那么本着灵活设计的原则，在保持外轮廓不变的前提下，逐步减小板厚（图 4.9.13），从而达到绿色节约设计的效果。

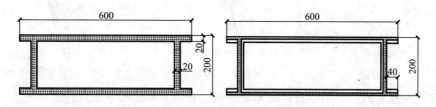

图 4.9.13　挑臂方钢管和其变化原则

立柱下端三向铰支，上端竖向释放水平方向两向铰支。侧向每隔 1m 设立一根铝合金檩条用以安放玻璃，可以视为其提供了支承柱弱轴方向的单向位移约束，实际工程中 1m一根，设计中考虑更为不利的情况，有间隔的选取。由于倾斜吊顶的遮挡作用，自西向东支承柱受到的风荷载逐渐变小，随着露出长度的减小，可以选择小一些的壁厚。

音乐厅支承柱布置表 　　　　　　　　　　　　　　　　表 4.9.2

角度	露出长度	总长	形状	规　格	壁厚	位移（mm）	应力（MPa）
斜	13	20	方形	$100×100×15×15$	15	5	142
斜	13	20	类似方形	$600×200×20×20$	20	7	152
直	13	20	类似方形	$600×200×15×15$	15	47	73

角度	露出长度	总长	形状	规　格	壁厚	位移（mm）	应力（MPa）
直	11	20	类似方形	600×200×15×15	15	37	60
直	9	20	类似方形	600×200×12×12	12	33	57

音乐厅、综合厅支承柱布置表　　　　　　　　表 4.9.3

角度	露出长度	总长	形状	规　格	壁厚	位移（mm）	应力（MPa）
斜	22	22	方形	100×100×12×15	15	5	152
斜	22	22	类似方形	600×200×20×20	20	72	152
直	18	20	类似方形	600×200×20×20	20	48	72
直	16	20	类似方形	600×200×18×18	18	49	127
直	14	20	类似方形	600×200×15×15	15	51	134

4.9.2　大剧院玻璃幕墙支承体系单体节点验算

1. 节点的设计原则

节点设计要遵循以下一般原则：

（1）结构强度要求

节点连接件本身应具有足够的强度、刚度和稳定性，以保证其在各种工况下均能可靠地传递荷载，不先于主体材料和构件破坏。

（2）对结构大变形的适应能力

膜结构在风荷载作用下易产生较大的变形和振动，节点和连接应具有一定的灵活性和自由度，以释放由于大变形所引发的附加应力作用。

（3）避免在节点处出现应力集中

节点设计应避免在支撑柱与刚性构件的连接部位出现应力集中。在连接处的钢构件不得有尖点或锐角，在接触面处应设置膜衬垫，必要时还应对节点附近的材料进行局部加强。

（4）对节点的防水防腐处理

由于节点可能会暴露于自然环境下，易出现锈蚀；节点生锈会降低节点自身的强度。因此，节点连接件的材料宜选用不锈钢或铝材，对钢构件必须做镀锌或涂装处理。

（5）结构逻辑性和艺术表现力

节点应力求简捷轻巧，能够充分展示结构内在的逻辑性和艺术表现力。节点构造应能清楚表达结构中的传力路线，并且符合结构计算假定[17]。应注意节点的观感效果，在立柱与刚性边界或节点连接处应尽量采用圆滑过渡，以避免应力集中，并在视觉上给人以柔和的感觉。

钢支承下端连接于标高＋6.0m 的混凝土平台，上端通过柱顶支撑连接于标高＋25.9m 屋盖钢桁架下弦层，在结构与基础或上部结构的连接区简化为支座时，按其受力特征可以分为五种：活动铰支座（滚轴支座）、固定铰支座、定向支座（滑动支座）、固定（端）支座和弹性（弹簧）支座。

在实际工程中，若采用悬挂方式吊在屋架上，整个立柱全截面受拉。通过这种方法能减小立柱断面尺寸，但是会产生以下两个问题：①由于大剧院本身属大跨度悬挑屋架，其变形将对玻璃的安全性产生极大的影响；②由于幕墙本身较大的自重使屋架边缘的高度不能减小到满足建筑师的对于立面阴影高度的要求。本工程的支承柱下端三向铰支、上端竖向释放水平方向两向铰支，以消除屋架变形的影响。因而，所有的钢支承立柱在上端的形式都是一样的，在下端的形式也是一样的。

2. 节点的连接方式

对于方钢管和挑臂方钢管而言，由于上下端的节点形式都类似，只是在尺寸上有所调整。

（1）下节点

挑臂方钢管与底板一采用围焊的方式绕挑臂方钢管外围一圈用角焊缝连接；底板一与底板二由四个 M24 螺栓连接，四个螺栓都采用穿孔塞焊与底板二连接，在这里不考虑塞焊的强度；底板二与预埋钢板采用围焊的方式绕底板二外围一圈用角焊缝连接；预埋钢板与下部基础利用抗剪键和六根锚栓连接，立柱为挑臂方钢管时的下节点与立柱为方钢管时的下节点如图 4.9.14 所示。

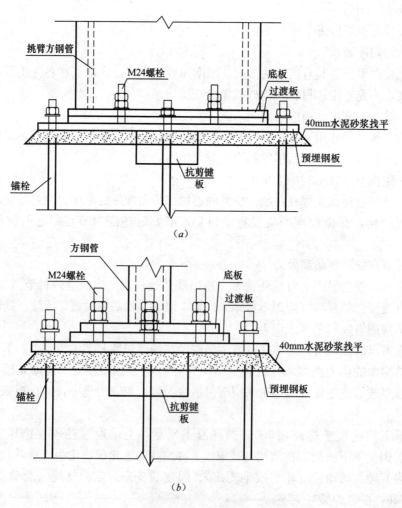

图 4.9.14 下节点图

（a）立柱为挑臂方钢管时；（b）立柱为方钢管时

（2）上节点

立柱上端封盖板以防止外部进灰进水；在立柱强轴上开槽插入 200mm 的穿孔板，依靠两侧的三面焊缝连接；穿孔板与连接板，依靠螺栓承受拉剪共同作用；连接板与上顶板，依靠焊缝连接，只考虑两条焊缝；连接板与上顶板依靠焊缝连接，只考虑外侧两条焊缝。肋板是为了防止失稳而设计的，两侧满焊，不用考虑强度。立柱为挑臂方钢管时的上节点侧视图与正视图如图 4.9.15 所示。

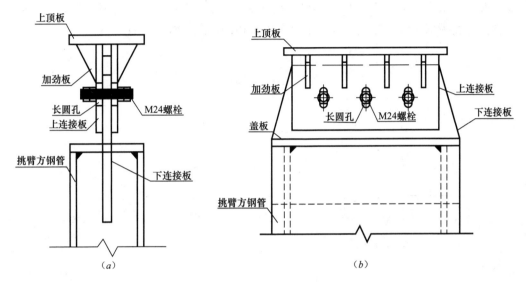

图 4.9.15　立柱为挑臂方钢管时的上节点图
(a) 侧视图；(b) 正视图

方钢管上节点的连接方法类似，如图 4.9.16 所示。

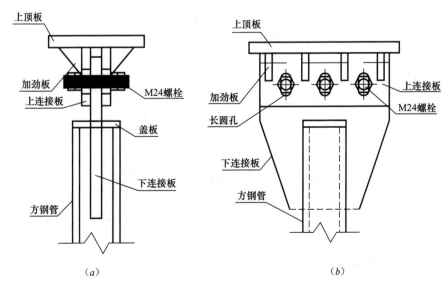

图 4.9.16　立柱为方钢管时的上节点
(a) 侧视图；(b) 正视图

3. 节点连接的强度验算

上、下节点的连接都是通过焊缝、螺栓或锚栓来连接的，需要对其进行强度验算。

（1）挑臂方钢管下节点

首先验算焊脚尺寸，在此节点以及之后的节点中，焊角尺寸一律设计为 16mm，在此统一验算。

$h_f = 16mm$，$h_f \geqslant 1.5 \times (22)^{0.5}$，$h_f \leqslant 1.2 \times 20 = 24mm$，焊脚尺寸满足要求。由于板件厚度只有 20mm 和 22mm 两种尺寸，因此在这里统一验算焊角，不做单独验算。

立柱与底板依靠焊缝连接，围焊中只考虑长边的两条焊缝并不计起落弧。

$$\sigma_f = \frac{\dfrac{N}{2}}{h_e l_w} = \frac{102 \times \dfrac{10^3}{2}}{0.7 \times 16 \times 600} = 7.58 \text{N/mm}^2$$

$$\tau_f = \frac{\dfrac{V}{2}}{h_e l_w} = \frac{2.76 \times \dfrac{10^3}{2}}{0.7 \times 16 \times 600} = 2.06 \text{N/mm}^2$$

$$\sqrt{\left(\frac{\sigma_f}{\beta_f}\right)^2 + \tau_f^2} \leqslant f_f^w$$

$$\sqrt{\left(\frac{\sigma_f}{\beta_f}\right)^2 + \tau_f^2} = \sqrt{\left(\frac{7.58 \text{N/mm}^2}{1.22 \text{N/mm}^2}\right)^2 + (2.06 \text{N/mm}^2)^2} = 6.54 \text{N/mm}^2 \leqslant f_f^w$$

$$= 160 \text{N/mm}^2$$

满足要求。

底板一与底板二依靠螺栓连接。

$$N_v^b = n_v \frac{\pi d^2}{4} f_v^b = 1 \times \frac{\pi \times 24^2}{4} \times 140 \times 10^{-3} = 63.33 \text{kN}$$

$$N_c^b = d \sum t f_c^b = 24 \times 22 \times 305 \times 10^{-3} = 161.04 \text{kN}$$

$$N_{min}^b = 63.33 \text{kN}$$

$$\sqrt{(102 \text{kN})^2 + (27.6 \text{kN})^2} = 105.67 \text{kN} < 4 N_{min}^b = 253.32 \text{kN}$$

满足要求。

底板二与预埋钢板依靠焊缝连接。

$$\sigma_f = \frac{\dfrac{N}{2}}{h_e l_w} = \frac{102 \times \dfrac{10^3}{2}}{0.7 \times 16 \times 268} = 16.98 \text{N/mm}^2$$

$$\tau_f = \frac{\dfrac{V}{4}}{h_e l_w} = \frac{2.76 \times \dfrac{10^3}{2}}{0.7 \times 16 \times 268} = 4.60 \text{N/mm}^2$$

$$\sqrt{\left(\frac{\sigma_f}{\beta_f}\right)^2 + \tau_f^2} \leqslant f_f^w$$

$$\sqrt{\left(\frac{\sigma_f}{\beta_f}\right)^2 + \tau_f^2} = \sqrt{\left(\frac{16.98 \text{N/mm}^2}{1.22 \text{N/mm}^2}\right)^2 + (4.60 \text{N/mm}^2)^2} = 14.66 \text{N/mm}^2 \leqslant f_f^w$$

$$= 160 \text{N/mm}^2$$

满足要求。

预埋钢板与混凝土基础依靠螺栓连接。

$$N_v^b = n_v \frac{\pi d^2}{4} f_v^b = 1 \times \frac{\pi \times 26^2}{4} \times 140 \times 10^{-3} = 74.33\text{kN}$$

$$N_c^b = d \sum t f_c^b = 26 \times 22 \times 305 \times 10^{-3} = 174.46\text{kN}$$

$$N_{min}^b = 74.33\text{kN}$$

$$\sqrt{(102\text{kN})^2 + (27.6\text{kN})^2} = 105.67\text{kN} < 6N_{min}^b = 445.98\text{kN}$$

满足要求。

（2）方钢管下节点

立柱与底板依靠角焊缝连接，围焊中只考虑长边的两条焊缝并不计起落弧。

$$\sigma_f = \frac{\dfrac{N}{2}}{h_e l_w} = \frac{\dfrac{58.9 \times 10^3}{2}}{0.7 \times 16 \times 68} = 38.67\text{N/mm}^2$$

$$\tau_f = \frac{\dfrac{V}{2}}{h_e l_w} = \frac{\dfrac{50.7 \times 10^3}{2}}{0.7 \times 16 \times 68} = 33.29\text{N/mm}^2$$

$$\sqrt{\left(\frac{\sigma_f}{\beta_f}\right)^2 + \tau_f^2} \leqslant f_f^w$$

$$\sqrt{\left(\frac{\sigma_f}{\beta_f}\right)^2 + \tau_f^2} = \sqrt{\left(\frac{38.67\text{N/mm}^2}{1.22\text{N/mm}^2}\right)^2 + (33.29\text{N/mm}^2)^2} = 45.97\text{N/mm}^2 \leqslant f_f^w = 160\text{N/mm}^2$$

满足要求。

底板一与底板二依靠螺栓连接。

$$N_v^b = n_v \frac{\pi d^2}{4} f_v^b = 1 \times \frac{\pi \times 24^2}{4} \times 140 \times 10^{-3} = 63.33\text{kN}$$

$$N_c^b = d \sum t f_c^b = 24 \times 22 \times 305 \times 10^{-3} = 161.04\text{kN}$$

$$N_{min}^b = 63.33\text{kN}$$

$$\sqrt{(58.9\text{kN})^2 + (50.7\text{kN})^2} = 77.72\text{kN} < 4N_{min}^b = 253.32\text{kN}$$

满足要求。

底板二与预埋钢板依靠焊缝连接，只考虑两侧焊缝。

$$\sigma_f = \frac{\dfrac{N}{2}}{h_e l_w} = \frac{\dfrac{58.9 \times 10^3}{2}}{0.7 \times 16 \times 378} = 6.96\text{N/mm}^2$$

$$\tau_f = \frac{\dfrac{V}{2}}{h_e l_w} = \frac{\dfrac{50.7 \times 10^3}{2}}{0.7 \times 16 \times 378} = 5.99\text{N/mm}^2$$

$$\sqrt{\left(\frac{\sigma_f}{\beta_f}\right)^2 + \tau_f^2} \leqslant f_f^w$$

$$\sqrt{\left(\frac{\sigma_f}{\beta_f}\right)^2 + \tau_f^2} = \sqrt{\left(\frac{6.96\text{N/mm}^2}{1.22\text{N/mm}^2}\right)^2 + (5.99\text{N/mm}^2)^2} = 8.27\text{N/mm}^2 \leqslant f_f^w = 160\text{N/mm}^2$$

满足要求。

预埋钢板与混凝土基础依靠螺栓连接。

$$N_v^b = n_v \frac{\pi d^2}{4} f_v^b = 1 \times \frac{\pi \times 26^2}{4} \times 140 \times 10^{-3} = 74.33 \text{kN}$$

$$N_c^b = d \sum t f_c^b = 26 \times 22 \times 305 \times 10^{-3} = 174.46 \text{kN}$$

$$N_{min}^b = 74.33 \text{kN}$$

$$\sqrt{(102\text{kN})^2 + (27.6\text{kN})^2} = 105.67 \text{kN} < 6 N_{min}^b = 445.98 \text{kN}$$

满足要求。

（3）挑臂方钢管上节点

立柱与穿孔板依靠焊缝连接。

$$N = \sqrt{(100.5\text{kN})^2 + (27.4\text{kN})^2} = 104.17 \text{kN}$$

$$\sigma_f = \frac{\frac{N}{4}}{h_e l_w} = \frac{104.17 \times \frac{10^3}{4}}{0.7 \times 16 \times 184} = 12.64 \text{N/mm}^2 \leqslant f_f^w = 160 \text{N/mm}^2$$

满足要求。

穿孔板与连接板依靠螺栓承受拉剪共同作用。

$$N_t^b = A_e f_t^b = 353 \times 170 \times 10^{-3} = 60.01 \text{kN}$$

$$N_v^b = n_v \frac{\pi d^2}{4} f_v^b = 1 \times \frac{\pi \times 24^2}{4} \times 140 \times 10^{-3} = 63.33 \text{kN}$$

$$N_c^b = d \sum t f_c^b = 24 \times 22 \times 305 \times 10^{-3} = 161.04 \text{kN}$$

$$N_t = \frac{27.4}{3} = 9.13 \text{kN}$$

$$N_v = \frac{V}{3} = 33.5 \text{kN} < N_c^b = 161.04 \text{kN}$$

$$\sqrt{\left(\frac{N_v}{N_v^b}\right)^2 + \left(\frac{N_t}{N_t^b}\right)^2} = \sqrt{\left(\frac{33.5\text{kN}}{63.33\text{kN}}\right)^2 + \left(\frac{9.13\text{kN}}{60.01\text{kN}}\right)^2} = 0.55 < 1$$

满足要求。

连接板与上顶板依靠焊缝连接，只考虑两条焊缝。

$$\sigma_f = \frac{\frac{N}{2}}{h_e l_w} = \frac{27.4 \times \frac{10^3}{2}}{0.7 \times 16 \times 438} = 2.79 \text{N/mm}^2$$

$$\tau_f = \frac{\frac{V}{2}}{h_e l_w} = \frac{100.5 \times \frac{10^3}{2}}{0.7 \times 16 \times 438} = 10.24 \text{N/mm}^2$$

$$\sqrt{\left(\frac{\sigma_f}{\beta_f}\right)^2 + \tau_f^2} \leqslant f_f^w$$

$$\sqrt{\left(\frac{\sigma_f}{\beta_f}\right)^2 + \tau_f^2} = \sqrt{\left(\frac{2.79\text{N/mm}^2}{1.22\text{N/mm}^2}\right)^2 + (10.24\text{N/mm}^2)^2} = 10.49 \text{N/mm}^2 \leqslant f_f^w = 160 \text{N/mm}^2$$

满足要求。

（4）方钢管上节点

立柱与穿孔板依靠焊缝连接。

$$N = \sqrt{(64.9\text{kN})^2 + (57.3\text{kN})^2} = 89.58 \text{kN}$$

$$\sigma_f = \frac{\frac{N}{4}}{h_e l_w} = \frac{86.58 \times \frac{10^3}{4}}{0.7 \times 16 \times 184} = 10.50 \text{N/mm}^2 \leqslant f_f^w = 160 \text{N/mm}^2$$

满足要求。

穿孔板与连接板依靠螺栓承受拉剪共同作用。

$$N_t^b = A_e f_t^b = 353 \times 170 \times 10^{-3} = 60.01 \text{kN}$$

$$N_v^b = n_v \frac{\pi d^2}{4} f_v^b = 1 \times \frac{\pi \times 24^2}{4} \times 140 \times 10^{-3} = 63.33 \text{kN}$$

$$N_c^b = d \sum t f_c^b = 24 \times 22 \times 305 \times 10^{-3} = 161.04 \text{kN}$$

$$N_t = \frac{57.3}{3} = 19.10 \text{kN}$$

$$N_v = \frac{V}{3} = 21.63 \text{kN} < N_c^b = 161.04 \text{kN}$$

$$\sqrt{\left(\frac{N_v}{N_v^b}\right)^2 + \left(\frac{N_t}{N_t^b}\right)^2} = \sqrt{\left(\frac{21.63 \text{kN}}{63.33 \text{kN}}\right)^2 + \left(\frac{19.1 \text{kN}}{60.01 \text{kN}}\right)^2} = 0.47 < 1$$

满足要求。

连接板与上顶板依靠焊缝连接，只考虑外侧两条焊缝。

$$\sigma_f = \frac{\frac{N}{2}}{h_e l_w} = \frac{57.3 \times \frac{10^3}{2}}{0.7 \times 16 \times 268} = 9.54 \text{N/mm}^2$$

$$\tau_f = \frac{\frac{V}{2}}{h_e l_w} \frac{64.9 \times \frac{10^3}{2}}{0.7 \times 16 \times 268} = 10.81 \text{N/mm}^2$$

$$\sqrt{\left(\frac{\sigma_f}{\beta_f}\right)^2 + \tau_f^2} \leqslant f_f^w$$

$$\sqrt{\left(\frac{\sigma_f}{\beta_f}\right)^2 + \tau_f^2} = \sqrt{\left(\frac{9.54 \text{N/mm}^2}{1.22 \text{N/mm}^2}\right)^2 + (10.81 \text{N/mm}^2)^2} = 13.34 \text{N/mm}^2 \leqslant f_f^w = 160 \text{N/mm}^2$$

满足要求。

4. 节点放样图

节点放样图如图 4.9.17~4.9.22 所示。

4.9.3 大剧院多功能厅玻璃幕墙整体模型设计

在由已经建立单肢柱模型分析并选取最佳截面的基础上，结构整体幕墙的几何尺寸已经确定；本节以其中的多功能厅为例，建立一个厅北、西、南三个立面的整体幕墙模型，考虑不同加载方式和荷载组合，将得到的结果与单肢柱刚性支承体系进行对比。

1. 单元选取

支承柱采用梁单元，立柱之间的横向檩条采用释放端部约束的梁单元，每个网格之间为了后续施加压力荷载需要布置板单元，布置的时候均逆时针选定板件，以保证各板的局部坐标系一致。

2. 边界条件

同单肢柱的边界条件一致，每根支承柱下端三向铰支，上端竖向释放水平方向两向铰支，如图 4.9.23 所示。

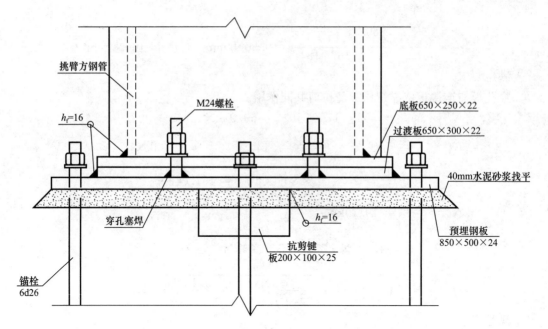

图 4.9.17　立柱为挑臂方钢管时的下节点

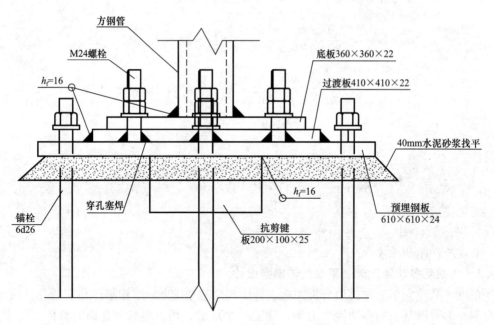

图 4.9.18　立柱为方钢管时的下节点

3. 结果分析

对模型运行分析后，将虚板单元钝化，查看在包络作用下的应力值如图 4.9.24 所示。最大应力值为 120MPa。

在三个方向的风荷载作用下的挠度如图 4.9.25 所示。

在受到沿 X 轴正向、X 轴负向、Y 轴正向作用的风荷载后，整体幕墙结构的挠度分别为 28mm、32mm、28mm，满足要求。

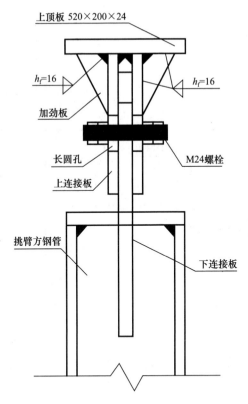

图 4.9.19　立柱为挑臂方钢管时的上节点侧视图

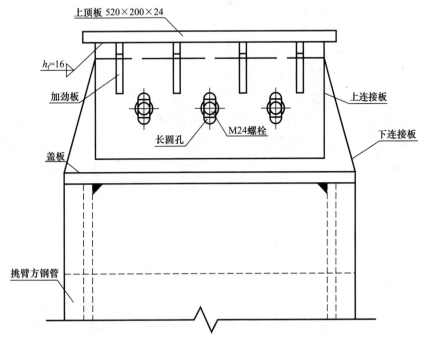

图 4.9.20　立柱为挑臂方钢管时的上节点正视图

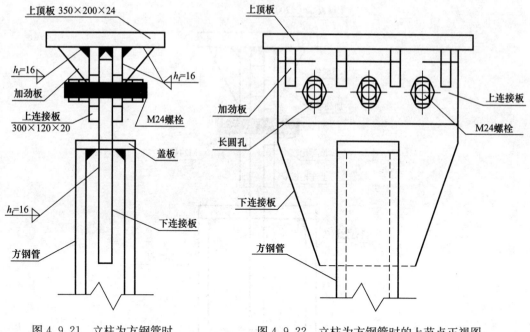

图 4.9.21　立柱为方钢管时　　　　　　　图 4.9.22　立柱为方钢管时的上节点正视图
　　　　　的上节点侧视图

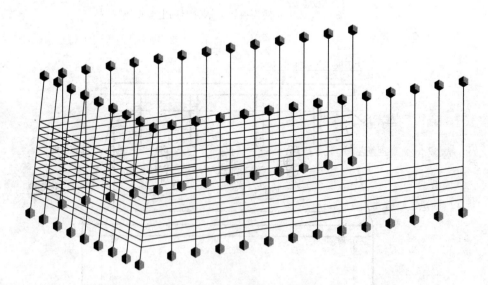

图 4.9.23　支承条件

4.9.4　小结

通过对玻璃幕墙钢结构支承体系截面选型，得到的结果可以合理地选择出支承柱的截面形式，在保证建筑设计要求的情况下节约钢材。对大剧院玻璃幕墙支承体系单体节点进行验算，给出了玻璃幕墙节点的设计原则，典型节点的连接方式及其验算方法，为以后同类型设计提供了宝贵的资料。

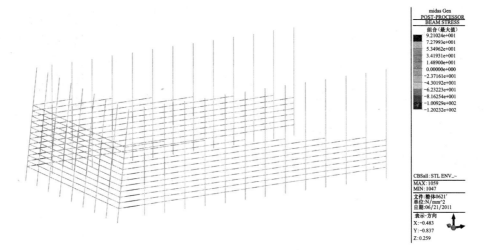

图 4.9.24　包络作用下的应力值（MPa）

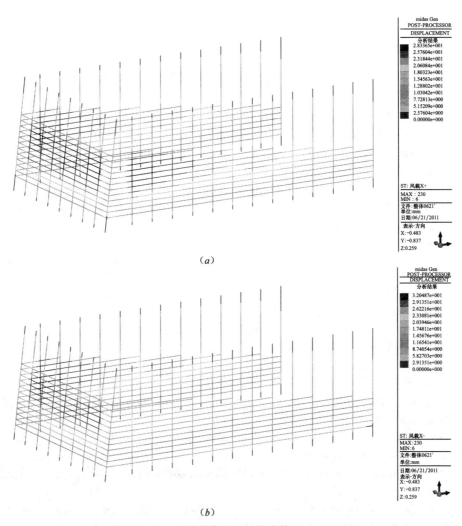

（a）

（b）

图 4.9.25　风荷载作用下的挠度值（mm）（一）

（a）X 轴正向；（b）X 轴负向

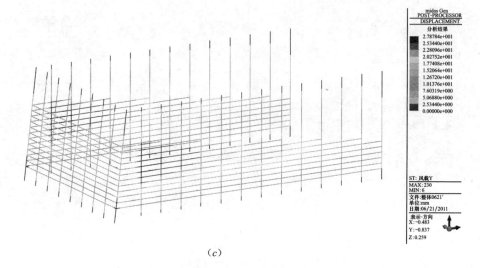

图 4.9.25　风荷载作用下的挠度值（mm）（二）

（c）Y 轴正向

参 考 文 献

[1] 沈祖炎，李元齐. 促进我国建筑钢结构产业发展的几点思考［J］. 建筑钢结构进展，2009，11（4）：15-21.

[2] 杨耀乾. 平板理论［M］. 北京：中国铁路出版社，1980，246-249.

[3] 陈大好. 钢板薄膜效应和预应力撑杆柱的理论分析、实验研究和应用［D］. 南京：东南大学，2004.

[4] 刘洋. 轻钢结构蒙皮效应的理论与试验研究［D］. 上海：同济大学，2006.

[5] NILSON A H. Shear diaphragms of Light Guage Steel. Proceeding of ASCE，Structure Division，Nov. 1960.

[6] LUTTRELL L D. Strength and Stiffness of Steel Deck Subjected to In-PLANE Loading. Civil Engineering Department，West Virginia University，1970.

[7] AISI. Design of Light Gauge Steel Diaphragms. New York. N. Y.，1967.

[8] BRYAN E R，EI-DAKHAKHI W M. Shear Flexibility and Strength of Corrugated Decks. Proceeding of ASCE，Structure Division，Nov. 1968.

[9] EASLEY J T，MCFARLAND D E. Buckling of Light Guage Corrugated Metel Shear Diaphragms. Proceeding of ASCE，Structure Division，July，1969.

[10] ELLIFRITT D S，LUTTRELL. Strength and Stiffness of Steel Deck Shear Diaphragms Proceeding of the 1st Specialty Conference on Cold-Formed Steel Structures，University of Missouri-Rolla，Aug，1971.

[11] SDI. Tentative Recommendation for the Design of Steel Deck Diaphragms（Draft）. American Steel Deck Institute，Oct，1972.

[12] NILSON A H，AMMAR A R. Finite Element Analysis of Metel Deck Shear Diaphragms. Proceeding of ASCE，Structure Division，April，1974.

[13] DAVIES J M，LAWSON R M. The Shear Flexibility of Profiled Sheeting. 3rd Conference on Cold Formed Steel Structures，University of Missouri-Rolla，Nov，1975.

[14] EASLEY J T. Strength and Stiffness of Corrugated Metal Shear Diaphragms. Proceeding of ASCE，Structure Division，Jan. 1977.

[15] ECCS. European Recommendation for the Stressed Skin Diaphragm Design of Steel Structure. March，1977.

[16] DAVIS J M，BRYAN E R. Manual of Stressed Skin Diaphragm Design. Ganada，1982.

[17] 姬广华. V-115 压型钢板在平面内的抗剪性能研究［D］. 哈尔滨：哈尔滨建筑工程学院，1987.

[18]　柏树新. V-125 压型钢板应力蒙皮性能研究 [D]. 哈尔滨：哈尔滨建筑工程学院，1990.

[19]　赵纪生. 冷弯型钢受力蒙皮组合体的非线性分析 [D]. 哈尔滨：哈尔滨建筑工程学院，1991.

[20]　张耀春，朱景仕，赵纪生. 自攻螺钉连接的蒙皮组合体抗剪性能的试验研究 [J]. 钢结构，1993 (1)：55-60，1993 (3)：59-63.

[21]　张耀春，姬广华. 受力蒙皮组合体承载力简化计算 [J]. 工业建筑，1991，11 (6)：29-32.

[22]　杨斌，张耀春. 蒙皮支撑在 C 型钢檩条在风吸力下的工作性能 [J]. 哈尔滨建筑大学学报，1995.

[23]　朱勇军，张耀春. 蒙皮支撑的钢构件静力分析的有限元方法 [J]. 哈尔滨建筑大学学报，1996，29 (2)：35-41.

[24]　朱勇军，张耀春. 蒙皮支撑的钢构件非线性静力分析 [J]. 哈尔滨建筑大学学报，1996，29 (3)：53-61.

[25]　朱勇军，张耀春，刘锡良. 影响蒙皮支撑梁静力性能的若干因素 [J]. 天津大学学报，1999，32 (2)：163-167.

[26]　武振宇，张耀春. 跨越多檩条蒙皮体抗剪性能的实验研究 [J]. 哈尔滨建筑大学学报，1996，29 (4)：32-27.

[27]　柏树新，姬广华，林醒山. 受力蒙皮的有限元分析 [J]. 南京建筑工程学院学报，1992，21 (2)：73-81.

[28]　乐延方，姬广华，柏树新. 受力蒙皮连接的抗剪性能试验研究 [J]. 南京建筑工程学院学报，1992，21 (2)：50-59.

[29]　乐延方，姬广华，柏树新. 受力蒙皮性能试验研究 [J]. 南京建筑工程学院学报，1992，21 (2)：60-72.

[30]　K S. ALTFDSSON, JOSESFOR B. L. Harmonic Response of a Spot welded Box Beam-Influence of Welding Residual Stresses and Deformations. IUTAM Symposium on the Mechanical Effects of welding. Lulea, Sweden, June, 1991：1-8.

[31]　汪建华. 三维瞬态温度场的有限元模拟 [J]. 上海交通大学学报，1996，30 (03).

[32]　王勖成，邵敏. 有限单元法基本原理和数值方法 [M]. 北京：清华大学出版社，1997.

[33]　董石麟，钱若军. 空间网格结构分析理论及计算方法 [M]. 北京：中国建筑工业出版社，2000.

[34]　Ezzeldin Yazeed Sayed-Ahmed. Behaviour of steel and (or) composite girders with corrugated steel webs [J]. Can. J. Civ. Eng, 2001. 28：656-672.

[35]　刘学武，郭彦林. 钢结构施工变形预调值及分析方法 [J]·工业建筑，2007，37 (9)：9-15.

[36]　刘学武，郭彦林，张庆林，等. CCTV 新台址主楼施工过程结构内力和变形分析 [J]. 工业建筑，2007，37 (9)：22-29.

[37]　张菊. 大跨度空间钢结构成型过程中的位移控制 [D]. 武汉：武汉理工大学，2009.

[38]　郭彦林，刘学武，刘禄宇，等. CCTV 新台址主楼钢结构施工变形预调值计算的分阶段综合迭代法 [J]. 工业建筑，2007，37 (9)：16-21.

[39]　郭彦林，崔晓强. 大跨度复杂钢结构施工过程中的若干技术问题及探讨明 [J]. 工业建筑，2004，34 (12)：1-5.

[40]　郭彦林，董全利，邓科，等. 大型复杂钢结构施工过程模拟分析及研究 [C]. 工业建筑增刊，2005：291-297.

[41]　郭彦林，江磊鑫，刘学武. 广州珠江新城西塔施工过程内外筒竖向变形差值研究 [J]. 施工技术，2008，37 (5)：5-8.

[42]　滕菲. 天津图书馆主体钢结构分析及重要节点研究 [D]. 天津：天津大学，2010.

[43]　Asifa Khurram. Predictiaon of welding deformation and residual stress by FEM [D]. 哈尔滨：哈尔滨工程大学，2006.

[44]　张津，刘明国，芮明倬，等. 天津大剧院结构设计 [J]. 建筑结构，2012，42 (5)：119-124.

[45]　孙锐锐. 大跨度钢拱结构的温度效应和焊接效应分析 [D]. 天津：天津大学.

[46]　罗金华，王晓熙，胡伦骥. 基于 ANSYS 的中厚板焊接有限元三维数值模拟 [J]. 华中科技大学学报. 自然科学版 2002，30 (11)：83-86.

[47]　汪建华，陆皓. 焊接残余应力形成机制与消除原理若干问题的讨论 [J]，焊接学报，2002，23 (3)：75-79.

[48]　陈国新，雷先明，陈志亮. 压力钢管焊接残余应力的有限元分析计算 [J]. 邵阳学院. 自然科学版，2005，2 (4)：28-31.

[49]　俞奇效，刘中华，王留成，等. 异形复杂钢屋盖落架的有限元分析 [J]，钢结构，2012 (2)，27 (156)：35-38.

[50]　陈志华，卜宜都. 天津大剧院幕墙钢结构选型设计与屋盖桁架施工监测方案 [C]. 工业建筑增刊，2011：993-

999.

[51] 郭彦林，郭宇飞，刘学武. 大跨度钢结构屋盖落架分析方法 [J]. 建筑科学与工程学报，2007，24 (1)：52-58.

[52] 戴立先，邻国雄，陈龙章，等. 广州歌剧院支撑胎架同步分级卸载技术 [J]. 施工技术，2010，39 (2)：18-20.

[53] 张海燕，石开荣. 广州亚运城体操馆钢结构屋盖施工监测及施工模拟分析 [J]. 建筑技术，2010，41 (7)：614-616.

[54] 伍小平，高振峰，李子旭. 国家大剧院钢壳体安装中卸载方案分析 [J]. 建筑施工，2005，27 (6)：6-8.

[55] 郭彦林，郭宇飞，高巍，等. 国家体育馆钢结构屋盖落架过程模拟分析 [J]. 施工技术，2006，35 (12)：36-40.

[56] 高颖，傅学怡，杨想兵. 济南奥体中心体育场钢结构支撑卸载全过程模拟 [J]. 空间结构，2009，15 (1)：20-26.

[57] 张纪刚，张同波. 青岛体育中心游泳跳水馆网架结构施工监测与模拟分析 [J]. 施工技术，2009，38 (10)：30-32.

[58] 叶芳芳，余志武，袁俊杰. 重庆大剧院大悬挑结构卸载分析 [J]. 建筑科学与工程学报，2009，36 (3)：122-126.

[59] 刘涛. 大跨度空间结构施工的数值模拟与健康监测 [D]. 天津，天津大学，2005.

[60] 陈绍蕃. 房屋建筑钢结构设计 [M]. 北京：中国建筑工业出版社，2007.

[61] 王新敏. ANSYS 工程结构数值分析 [M]. 北京：人民交通出版社，2007.

[62] 罗永峰，韩庆华，李海旺. 建筑钢结构稳定理论与应用 [M]. 北京：人民交通出版社，2010.

[63] 聂建国，刘明，叶列平. 钢-混凝土组合结构 [M]. 北京：中国建筑工业出版社，2005.

第5章 超大规模建筑群可再生能源利用与综合蓄能技术研究

5.1 绪论

5.1.1 项目概况

文化中心建设项目位于天津市河西区，西侧与迎宾馆和天津大礼堂毗邻，东至隆昌路，南至平江道，西至友谊路，北至乐园道，用地总面积90公顷。该区域环境优势明显，域内设有中华剧院、科技馆、博物馆、银河公园等重要公共设施。

1. 文化中心项目建筑群负荷特征

文化中心项目建筑群主要包括5类建筑，分别为商业、文化、展览、剧院与儿童活动中心。针对不同建筑类型，其负荷特征不同，具体如下：

商业——空调系统非24小时使用，季节平均负荷率较高，无需全年供热、供冷。

文化、展览——空调系统使用的间歇性强，季节平均负荷率往往很低，有局部24小时使用需求。

剧院、儿童活动中心——空调系统非24小时使用、使用时间性较强，季节平均负荷率较低。

根据以上分析可以得出，针对文化中心项目，其负荷特征是各类建筑供应时间不同，因此存在较大的错峰特性。

2. 地源热泵系统跨季节蓄能特性与供热供冷站分区设置原则

地源热泵跨季节蓄能，即长期蓄热，蓄热容积较大，充分热循环周期较长（一般为1年）。天津地区土壤，因地下水流动性差、有效热储容量小，热扩散性弱，更多表现为储能介质特征。

根据天津市文化中心项目的各建筑业态特征、管理权属、供冷和供热半径等因素，设置三处集中能源站。依据三处能源站所处的相对位置，分别称为南区能源站、北区能源站及西区能源站。三个能源站服务区域及位置见图5.1.1，各能源站具体信息参阅表5.1.1。

5.1.2 研究内容

1. 超大规模混合业态建筑群多源复合型三工况地源热泵系统实施研究

根据文化中心建筑群冷、热负荷分布特征区域规划要求和能源资源条件，确定适合超大规模混合业态建筑群、基于可再生能源建筑规模化应用的冷、热源形式及系统实施方案。

2. 超大规模混合业态建筑群动态分布式负荷变化规律的研究及预测模型开发

了解国内外关于混合业态建筑群空调冷、热负荷预测的研究现状，分析各种负荷预测模型的优缺点。根据试验数据，掌握超大规模混合业态建筑群动态分布式负荷变化规律，并研究基于时间序列方法的负荷预测算法及改进算法。通过优化算法参数，得到建筑群负荷变化规律和预测模型。

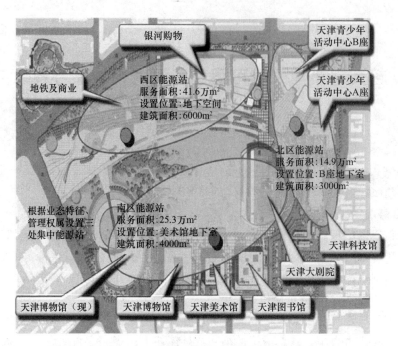

图 5.1.1　集中能源站服务区域及位置图

集中能源站信息表　　　　　　　　　　　　　　　　　　　　表 5.1.1

	南区能源站	北区能源站	西区能源站
服务区域	博物馆、美术馆、图书馆、大剧院及原博物馆	青少年活动中心、科技馆	乐园商业、地铁及越秀路以西地下商业
服务建筑面积（m²）	253490	149000	415520
业态特征	文化建筑	青少年活动体验中心	商业及地铁
管理权属	文化局	市团委	城投集团
设置位置	美术馆北侧地下室	活动中心 B 座南侧地下室	越秀路以西地下空间
能源站面积（m²）	4000	3000	6000
供冷/供热半径（m）	500	300	500

3. 冰蓄冷空调系统的优化运行控制策略

确定文化中心区域供冷系统——冰蓄冷系统的优化控制目标及设计约束优化控制策略，采用动态规划多目标优化控制策略求解方法，得到在 100%、75%、50%、25%负荷率下冰蓄冷系统的优化运行控制策略。

4. 大规模地下换热器跨季节蓄能与地温场变化趋势研究

通过岩土体勘察分析项目区域浅层蓄能层的地热地质条件，自主研发分布串列式地层精细温度测量与数字传输系统，监测垂直埋管区域岩土体接受热泵系统热扰后的长期温度变化情况，实测研究垂直地埋管井壁及整个换热井群区域的土壤温度场分布和变化，分析地质环境影响及对地下热平衡进行预测。

5. 区域供热、供冷站能源效率研究

以文化中心南区能源站为研究对象，通过理论分析和实验测试研究系统在典型工况下冬季供暖和夏季供冷时的能源效率。

5.1.3 研究意义

1. 基于超大规模建筑群可再生能源利用技术和蓄能技术的研究与实施的首创性

基于可再生能源的水源、地源热泵系统与冰蓄冷技术耦合，并复合以调峰冷源、热源的多元化复合能源系统，用于超大规模公共建筑组团的区域供冷、供热在国内尚无先例，通过该项研究，将对于我国在基于可再生能源建筑规模化应用的复合型区域供热、供冷系统中，形成一套完整的分析计算与设计方法、系统集成体系和优化运行策略，使文化中心集中能源站成为此类项目的示范工程，可以复制推广。

2. 基于水、地源热泵的超大规模地温场的复杂蓄能特性

通过研究文化中心区域浅层蓄能层的地热地质条件，监测埋管井群区域岩土体受热泵系统的影响情况，得到地埋管井壁及整个换热井群区域的土壤温度场分布和变化情况，获取基于可再生能源规模化应用的复合型区域供热、供冷系统的冬夏季地温场取、放热的能力，对系统的优化运行以及调峰冷源、热源的应用提供指导。

3. 优化控制策略

对于区域供冷系统，系统的运行策略对于整个系统运行的能效至关重要。在计算系统能效的过程中，我们可以详细地分析不同运行策略的情况下，系统各部分的能耗比例和系统能效比，发现控制策略对于区域供冷系统节能运行的重要性，进一步改进系统控制运行策略，提高系统的能效和节省运行费用。

4. 系统运行能效的监测与高能效比

近几年来，我国区域供冷供热系统发展较为迅速，但对于国内区域供冷系统，仅仅只有少数的工程给出了区域供冷系统的能效比，而且还是名义满负荷下的能效比，所以对于区域供冷工程我们需要有个清晰的指标，这个指标即是已经实施的区域供冷可以达到的能源效率，对于后续区域工程项目的建设和评价提供参考。

5.2 国内外研究概况

5.2.1 研究现状

1. 区域供热供冷站发展进程与规模现状

能源是人类社会经济和发展重要的物质基础，伴随着世界经济的发展和人口的高速增长以及生活水平的提高，世界一次能源消耗量逐年递增。纵观近100年来的全球能源消耗量，平均每年的增长率达3%，但能源的利用率却不容乐观。我国城镇化进程的高速发展使空调行业进入了一个快速发展的时代，空调在建筑能耗中乃至整个国民经济能源消耗中占据了相当大的一部分，空调成为耗电耗能的大户；空调系统用电量不断持续地增长，在某些地区空调系统用电量占整个城市总耗电量的40%，达到整个建筑耗电量的60%～70%。而我国主要的能源资源为煤，煤在发电过程中带来的污染和温室效应也是不容忽视的一个问题，发展一种节能与环保为一体的区域性供冷供热技术就显得尤为重要，在这种情况下，区域能源系统开始走进城市能源规划的范畴。

目前全球共计约1万个区域供冷、供热系统在运行，主要分布在北美洲、欧洲、亚洲，集中区域供冷、供热系统分布见图5.2.1。

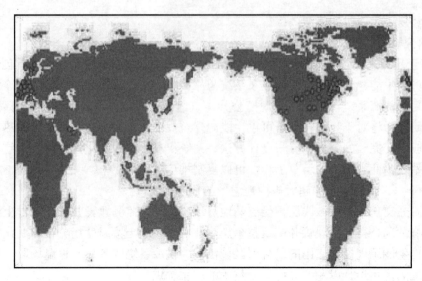

图 5.2.1 集中区域供冷、供热系统分布图

(1) 国外区域能源系统的发展

日本是最早引入区域能源系统的亚洲国家，早在 1970 年便开始发展区域能源系统，目标是减少空气污染和提高能源效益。1970 年日本的区域空调在大阪万国博览会以及毗邻的中央地区首次开始供热（供冷）。1972 年"供热事业法"的制订，开创了日本区域空调发展的新纪元。1975 年，区域空调开始在全日本范围内推广，其后 20 年，伴随着石油危机的到来，区域空调的发展进入低迷期，1985 年以后区域空调进入快速发展期。

20 世纪 90 年代日本经济走出低谷后，一些主要城市在开发过程中相继制定了区域供热供冷（DHC）指导纲要，对其规划和管理做出了详细规定并促进了其发展。《东京都地域冷暖房实施指导标准》规定，建筑面积在 5 万 m² 以上的新建或改建项目，均需对是否需要配备 DHC 设施进行研究，且在制定 DHC 方案时要尽最大努力减小对环境的压力并有效利用各种能源，尤其是未利用能和可再生能源，而政府将帮助具备可行性的项目立案并确保设备用地，优先提供低息贷款和减税优惠。按照日本热供给事业协会的统计数据，截至 2005 年，日本共有 DHC 系统 151 个，总服务建筑面积 4500 万 m²，这些建筑占地面积约 4700 万 m²，服务建筑的平均容积率小于 1。2005 年，这些 DHC 系统共向居住建筑售能 1316TJ（主要用于供暖和生活热水），占总售能量的 5.3%，向非居住建筑售能 23586TJ，其中供冷 15108TJ，占 64%。冷热能力在 100MW 以上的大规模区域空调有东京临海副都心、东京新宿副都心、横滨港等 21 个地区，其中横滨 21 世纪未来港的集中区域供热供冷系统，如图 5.2.2 所示，是全世界最大的集中区域供热供冷系统之一。

美国是世界上对空调需求最大的国家之一，1962 年第一个商业用区域供冷系统在 Hartford 启用，现有超过 6000 个区域供热供冷系统。目前，美国芝加哥的区域供冷系统是世界上最大的区域供冷工程，图 5.2.3 中的圆环标记为 4 个区域能源站。

瑞典目前共有 16 个区域供热供冷系统，其中第一个区域供热供冷系统于 1992 年在瑞典中部的 Västerås 市启用，如图 5.2.4 所示。至今，有多个总冷量超过 180MW 的网络投入运行。截止到 2000 年，整个北欧共有 19 个区域供热供冷系统。

图 5.2.2　横滨 21 世纪未来港区域能源系统服务对象示意图

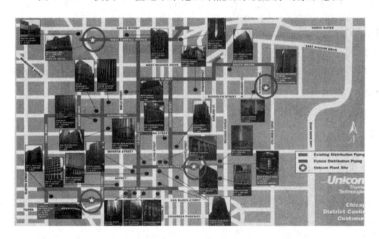

图 5.2.3　芝加哥区域供冷系统示意图

图 5.2.4　Västerås 市效果图

法国是使用区域供热供冷系统的主要欧洲国家，约有 12 个主要区域供冷网络和多个类似的系统。1963 年，La Défense 开始安装区域供热供冷，并于 1967 年启用，如图 5.2.5 所示。当时的供热量只有 40MW，供冷量只有 4MW。该系统目前为欧洲最大规模，在世界范围也属最大规模之一，1997 年它的总冷量达 220MW。

图 5.2.5　La Défense 实景图

（2）我国区域供热供冷系统的发展概况

随着我国经济的高速发展与迅猛的城市化进程，在北方地区集中供热普及率不断提高的基础上，兼具供热供冷功能的区域系统，从无到有、不断发展。目前已建成的大型集中区域供热供冷系统近 20 座，以下列项目为代表。

广州大学城集中区域供冷系统——2004 年建成的广州大学城，采用区域蓄冰供冷系统，总服务面积 800 万 m²，是目前世界第三大区域供冷系统，如图 5.2.6 所示。

图 5.2.6　广州大学城区域供冷管网图

北京中关村西区，总占地面积 51.44 公顷，规划地上建筑面积 100 万 m²，地下建筑总面积约 50 万 m²，如图 5.2.7 所示。西区用地主体功能以金融资讯、科技贸易、行政办公、科技会展为主，并配有商业、酒店、文化、康体、娱乐、大型公共绿地等配套公共服务功能。中关村西区建设中采用了外融冰式蓄冷的区域供冷技术，为区内地下空间和地上建筑提供空调冷冻水，两根DN500 主供回水管敷设在易于维护和管理的地下综合管廊内，主供、回水管为环状管网，提供1.1℃空调冷冻水。地下空间的商用区与地上各建筑物的换热站与环状管网相接，13.3℃的空调回水（二次水）经板式换热器与一次水 1.1℃/12.2℃进行热交换。

南京国际服务外包产业园毗邻长江的夹江，利用夹江底层取水作为热泵机组的冷热源，建设了一个利用江水源热泵的区域供热供冷系统，通过市政管道送至园区内的用户。该项目供热供冷面积达 188 万 m²，是目前江苏省内规模最大的建筑节能减排示范项目，服务外包产业园实景如图 5.2.8 所示。

珠江新城核心区总占地面积约 140 万 m²，区内有 39 栋商务楼宇（包括四大公建及双

图 5.2.7 北京中关村西区规划效果图

图 5.2.8 南京国际服务外包产业园实景图

子塔等标志性建筑），总建筑面积约 460 万 m^2，潜在供冷需求负荷约 6 万冷吨。其中，一期工程建设规模约 4 万冷吨，二期工程约 2 万冷吨。作为一期工程的扩展，将配合区域供冷不断增长的需要而同步建设，区域供冷的技术路线为冰蓄冷外融冰系统，目前一期工程已建成，项目如图 5.2.9 和图 5.2.10 所示。

图 5.2.9 珠江新城夜景

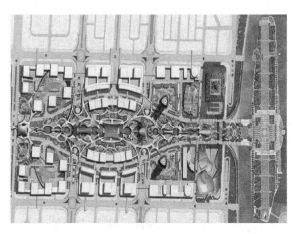

图 5.2.10 珠江新城规划

重庆江北城 CBD 区域规划总计建筑面积为 630 万 m^2，在整个城区建设 2 个能源中心，即 1 号能源站、2 号能源站，如图 5.2.11 所示。能源方案采用江水源热泵和冰蓄冷的形式。目前，2 号能源站已经建成，除已经开始为重庆大剧院供冷外，还计划为后续建设的近 160 万 m^2 的项目提供冷、热源的保障。

图 5.2.11 重庆江北城规划图

2. 超大规模建筑群动态分布式负荷变化规律及负荷预测模型

经过多年的探索与研究，学术界及工程界普遍认为，基于次日逐时空调负荷预测的冰蓄冷优化控制是解决冰蓄冷控制问题的理想途径。国际上曾举行过两次大规模建筑物空调负荷预测竞赛，分别由美国供热、制冷和空调工程师协会（ASHRAE）及日本空气调和卫生工学会（SHASE）先后组织。竞赛的目的在于通过比较不同研究者利用的数学模型（对同一栋建筑物进行负荷预测），来确定各种负荷预测模型的准确性和适用程度。国内虽然尚无类似活动，但也有不少研究者从事建筑物能耗和负荷预测的研究工作。

影响建筑物制冷负荷的因素很多，包括气象因素和人为因素。气象因素包括室外温度、太阳辐射量、室内外相对湿度等，为了研究制冷负荷特性，必须对上述气象参数进行分析研究与预测。气象预测一直备受人们关注，准确的气象预测不仅能够给人的生活带来方便，而且能够保证人们各项工作的顺利开展，对国民经济十分重要。但是研究人员很早就发现，由于"蝴蝶效应"的存在，长期气象参数的预测是不可能实现的，24 小时的气象预测则较为准确。

制冷负荷具有如下基本特征：

（1）长期趋势变动

时间序列朝着一定的方向持续上升或下降，或停留在某一水平上的倾向，它反映了客观事物的主要变化趋势。全球气候变暖问题导致地球平均气温升高，造成了制冷负荷的不断增加。这种呈现震荡上升的趋势一般是在以年为单位的长期趋势图中较为明显。

（2）周期变动

气象条件的变化，如温度、太阳辐射强度、相对湿度的每日周期波动导致的制冷系统冷负荷随之涨落起伏波形相似的波动。具有周期特性的时间序列不能进行 ARIMA 模型的建立与预测，必须转化为平稳时间序列。根据负荷历史数据的周期性特点，以 24 小时为周期时间单位，运用周期时间序列差分的方法，对周期序列进行去周期化处理，具体方法详见下文。制冷负荷周期趋势如图 5.2.12 所示。

（3）不规则变动

负荷变化分为突然变动和随机变动，由于意外的天气情况（雨、雪天气）造成的随机负荷值的波动情况。

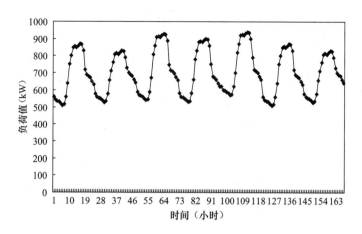

图 5.2.12　制冷负荷周期趋势图

负荷预测是制冷系统节能控制的必要步骤，根据历史负荷需求，对次日逐时负荷分布进行预测，从而对制冷机的运行进行合理的优化运行控制，使运行费用最低，即所谓的"按需供给"。设计一种负荷预测算法，使得建模难度与模型精度上得到平衡是课题研究的主要问题。

目前，建筑物制冷负荷预测算法主要有线性回归算法、时间序列分析算法和神经网络算法等。

（1）线性回归算法是一种广泛应用的预测方法，然而，这种方法仅对变量间具有确定函数关系的问题有效。非线性问题可以采用分段逼近或转化为线性问题解决。

（2）时间序列分析算法根据数据之间在时间维度上的依赖关系，由历史负荷数据推算出未来负荷数值。把时间序列作为随机过程来研究、描述和说明，由于时间序列的随机特征和统计特性，所以比确定型时间序列模型可以提供更多的信息。时间序列模型包括自回归模型（AR）、移动平均模型（MA）、积分自回归、移动平均模型（ARIMA）、季节性模型等。

（3）人工神经网络预测方法，对大量非结构性、非精确性规律有自适应功能，具有信息记忆、自主学习、知识推理和优化计算的特点。人工神经网络具有复杂的非线性函数拟合能力，不需要了解过程的内在机理而捕捉过程输入、输出之间的非线性关系的特性，这对非线性影响因素较多的冰蓄冷空调负荷进行外推预测，是一种较好的预测方法。

三种模型中，神经网络方法的建模复杂度最高。复杂模型引入的参数较多，在选择网络结构和训练网络时相当一部分工作需要借助于人的分析，即存在大量的试算过程，增大了建模的难度。网络结构的选择尚无一种统一而完整的理论指导，一般只能由经验选定。而网络的结构直接影响网络的逼近能力及推广性能。因此，应用中如何选择合适的网络结构进行预测是一个重要的问题。神经网络是通过输入与输出来调整自身的结构和参数的，它对输入与输出有强烈的依赖关系，当用神经网络方法建立的负荷预测系统要应用到另一幢建筑物上，需要重新训练网络。

时间序列模型的结构比较经典，参数形式较为固定，并且整个过程所需历史数据相对较少，因此给参数整定工作带来很大方便。同时，时间序列预测精度较高，大量文献显示，时间序列建模预测精度达到百分之十以下，基本满足工程应用需要。Kawashima M. 针对办公楼 24 小时负荷预测问题，利用 ARIMA 时间序列模型进行预测，平均相对误差达到 8%；陈柳利用时间序列模型对西安市某综合楼 24 小时负荷进行预测，平均相对误差达到 9.8%，在此基础之上利用小波分解改进算法，误差得到进一步降低；A. Kimbara 等人在对负荷数据进行预处理后，利用时间序列预测模型对 24 小时负荷进行预测，误差由 16%降低到 10.5%。本课题对传统的时间序列负荷预测算法进行了改进，使负荷预测精度进一步提升，为下一步的优化控制提供了必要条件。

时间序列预测方法在天气和温度变化不大的时候，该方法容易取得比较满意的结果；在天气变化较大或遇到节假日等情况，该方法存在较大的预测误差，而且预测步数越长，预测精度越差。本课题针对时间序列模型预测算法精度提高方面，利用反馈的思想，对预测误差进行在线修正，从而提高了预测精度，该修正方法结构简单、数据量小，适合在线应用。

因此，根据负荷历史数据的周期性特点，提出基于周期时间序列差分的方法，对周期序列去周期化处理。依据 AIC 准则对历史负荷需求数据进行 ARIMA 时间序列模型定阶并运用最大似然估计算法对历史负荷需求数据进行 ARIMA 时间序列模型参数估计，而后对负荷进行基础值预测。传统的负荷预测算法没有充分利用预测误差信息提高预测精度，本文利用前期误差信息进行未来误差的估计，对初始预测值误差进行算术平均值求取，将其作为未来误差估计值，以此为误差预测，将两次预测值进行叠加计算，使 24 小时负荷预测值的精度提高。

3. 冰蓄冷空调系统的优化运行控制策略

冰蓄冷系统优化控制的核心问题是合理安排和分配峰段及平段电价时间内制冷机组直接供冷和蓄冷装置融冰供冷之间的比例，使之能最经济地满足空调负荷需求。选用不同的控制策略对系统的蓄冰量需求、制冷机容量及系统控制方式等均会产生很大影响。

以往的冰蓄冷系统运行控制往往采用两种比较简单的控制策略，一种以制冷机组优先供冷为主；另一种以蓄冰装置优先放冷为主，其他不足部分互为补充。以制冷机组优先供冷为主的控制策略无法充分发挥冰蓄冷系统的"转移负荷"能力，蓄冰槽优先供冷控制策略不仅蓄冰装置中的冰存在提前用尽的可能，而且制冷机组负荷会长时间工作于低负荷状态，这些因素均致使系统运行不经济、不合理。

因此，简单的制冷机组优先供冷或蓄冰优先供冷均无法使冰蓄冷系统整体达到最优的运行状态。要优化冰蓄冷系统的运行控制，必须根据具体电价情况，设计负荷分配优化算法，以确定每一时刻空调负荷的分配比例，分别由蓄冰装置和制冷机组承担。在满足空调供冷需求的前提下，使系统的整体运行得到优化，从而使整体的运行费用为最低。

近年来，许多研究者就如何合理、优化地分配制冷机组与蓄冰设备冷负荷进行了大量研究。其中，大多数研究者希望通过成熟的优化控制理论解决这一问题，其结果均不理想。建立的控制模型求解复杂，在工程中难以实现。而且，即便能够求得最优解，但由于实际工程的复杂性，基于最优解的精确控制也往往无法实现（工程中制冷机组的可控参数有限，往往难以实现精确冷负荷控制）；另外，传统优化控制理论往往是建立一个数学模型对系统进行描述，然后确定其目标函数和约束函数。其中，目标函数是一个多控制目标的加权和，对于复杂的工程环境，其权值的确定也是一大难题。

在实际工程应用中大量采用的控制方法实际上是一种静态的控制模型，即在冰蓄冷控制模型设计时期就已经设定了建筑物逐时负荷的分配比例。首先通过负荷预测获得下一时段的空调负荷值，然后将逐时负荷按照一定的关系分配给制冷机组与蓄冰设备，由它们分别承担，并预先约定负荷预测的偏差由哪一部分（制冷机组或蓄冰设备）补偿。这种控制方案虽然较单纯的制冷机组优先供冷或蓄冰优先供冷策略有所进步，但由于无法根据当天的负荷状况动态地优化负荷分配，因此仍然没有充分地发挥冰蓄冷系统的优势，距最优控制相差较远。

孙靖、程大章在文献中提出基于季节性时间序列模型的空调负荷预测的方法，并提出一种优化冰蓄冷系统日运行费用的思想，即将制冷机组工作于高峰电价时段、满载运行状态下的单位冷量实际价格作为基准价格。认为当单位冷量实际价格高于基准价格时，利用制冷机组供冷是不合适的，应尽可能利用融冰来提供这部分冷负荷；当单位冷量实际价格低于基准价格时，利用制冷机组供冷是合适的。此策略在综合考虑冰蓄冷控制目标及约束的基础上，能有效地控制和降低用户最为关心的冰蓄冷系统日运行费用，具有控制稳定，易实现等优点，在上海某中心医院的冰蓄冷系统运用此控制方法进行控制，得出结果：此优化控制与原控制策略相比，此控制策略可节约日运行费用5％～10％。但没有提出关于主机与蓄冰槽在运行过程中相互的影响和配合的合理与否，也没有考虑到制冷机运行状况的特性曲线，非满负荷状况下运行将会降低设备的运行效率和使用寿命。因此，还有待于进一步的研究。

对冰蓄冷空调系统实施优化控制的目的在于要满足冰蓄冷空调系统在整个供冷季节里用户的用电费用（Energy Cost）最少和基本电费（Demand Charge）的综合最省的目标函数。我们可以把整个供冷季节的运行费，用这个最省的目标函数加以分解——即保证冰蓄冷空调系统的每一个蓄冰融冰周期（不一定是按一日计算，可以按几天作为一个运行周期）内的运行费用最省。这样冰蓄冷空调最优控制的实施才成为具有可操作性的，实际可行的控制方案。为此我们要找出一个能够实时调整的针对不同因素的控制策略。一个适应性广，简便，易于实施的冰蓄冷优化控制系统应该具备以下特点：

（1）能对整个冰蓄冷空调系统的短期负荷需求进行预测，这是实施冰蓄冷空调的前提条件；

（2）能满足用户的在工作周期内的空调负荷要求，这是实施冰蓄冷空调的基本条件；

（3）能满足使用户费用最省的目标函数，为了满足这一目标函数，相应的控制策略能够确定主机供冷和融冰的最优化搭配组合并以此来满足空调系统的冷负荷要求。

关于最优化控制之于冰蓄冷空调运行的重要性和经济性，在国内外已有很多人在这方面做了初步的研究工作。

国内的研究者刘业凤等人以济南某办公大楼为模拟对象,用改良温频法计算出济南市标准年5至9月份的动态负荷。分别选择进口制冷、蓄冰设备和国产制冷、蓄冰设备,设计出常规空调系统和部分冰蓄冷系统,并对部分冰蓄冷系统采用制冷机优先控制和优化控制。比较了各种系统在不同控制方式下的初投资和年运行费用。分析制冷和蓄冰设备、电价结构、电力优惠政策、控制方式对冰蓄冷系统经济性的影响。该文的重点在于强调优化控制运行的节能性,但并没有详细地分析如何实施优化控制。

倪雪梅、辜兴军、许志浩提出了优化蓄冷策略的理念,以翔实的负荷预测数据(设计日逐时负荷,各空调月平均天逐时冷负荷)为基础,以所选控制策略为前提,以最小年相当投资费用为标准,对冰蓄冷空调系统作出最佳运行安排和求得最佳设备选型。该策略与其他运行策略相比,其优势在于它将负荷特点、电价结构等多方面因素考虑了进去,通过该策略计算得出的设备容量可以满足设计日负荷的需要,同时可以使年相当投资费用为最小。并以具体负荷为基础,分析了优化蓄冷策略所涉及的各种问题的计算,而且通过计算机程序描绘出各种关系图,以便于清楚地掌握各种量的变化关系。此优化策略在理论上是可行的,在实际应用上,还需要精确的负荷预测软件和平时的运行控制经验。

在国外的研究者中,最早研究冰蓄冷空调优化控制的Rawlings讨论了冰蓄冷系统优化配置的问题,并提出了预测控制和逐时温度预测、气象预报利用、反应控制、剩余冰量测量等思路和方法,但由于当时的实际条件而没有实现。

Stethmann对冰蓄冷空调系统的优化控制的讨论,是关于优化控制的经典论述。该文比较系统地提出了优化控制装置应该具有的功能,冰蓄冷优化控制应具有通用性,能使用户的运行费用降到最低,要求操作人员输入的比较少,能够预测第二天的逐时负荷,而且能够对系统变化的适应性和对电价变化的适应性强。但并没有提供优化建模的任何内容,也没有考虑制冷机性能随负荷的变化和不同时段电网状况和环境温度的影响。

因此,对于一个已建成的冰蓄冷系统,合理地控制蓄冰设备在谷段电价时间的蓄冰量,以及在峰段和平段电价时间的融冰速度是决定冰蓄冷系统运行费用的关键因素。一个运行良好的控制策略应该满足三个基本的约束:冷源系统必须能够满足每一个运行周期建筑物所需要的冷量,保证在可能还需要用冰的时段冰槽中有冰可融,在供冷周期结束以后不能有冰量剩余。

4. 大规模地下换热器地温场热平衡

"地源热泵"的概念最早出现在1912年瑞士的一份专利文献中,20世纪50年代,欧洲开始了研究地源热泵的第一次高潮,但由于当时能源价格低,这种系统并不经济,因而未得到推广。直到20世纪70年代初,世界上出现了第一次能源危机,地源热泵才开始受到重视。在政府资助下,许多公司开始了地源热泵的研究、生产和安装。这一时期,欧洲建立了很多水平埋管式土壤源热泵,主要用于冬季供暖,特别是在欧洲的中部和北部。这时的研究主要集中于土壤的传热性质、换热器形式、影响埋管换热的因素等方面。

目前,主要依靠试验测定的方法来采集数据,然后利用传热学反问题的方法通过计算确定土壤的热物性参数,其测量精度相对较高。地埋管换热器的热响应特性试验一般在理论上归结为在一定热流边界条件下的非稳态传热问题。1948年,L. R. Ingersoll 和 H. J. Plass把地埋单管的传热简化为线热源并分析求解,根据这种理论得出的计算结果对于使用小管径埋管长时间运行的热泵系统符合性良好。1959 年，H. S. Carslaw 和 J. C. Jaeger 改进了线热源理论，提出圆柱热源理论，这种理论对大管径埋管和短时间运行的地源热泵系统也适用。比较常见的测试方法有恒热流法和恒温法，其中"恒热流法"采用的是瞬态导热的反问题法：根据温度场（温度分布），确定导热物体的热物性，如：导热系数、比热容等。而"恒温法"是预设一个温度（场），测定该温度（场）下导热物体的传热量。这一方法的本质是稳态导热的正问题。即在一定的温度条件下，测定导热物体的传热量。但其忽略了包括换热能力随时间变化等因素，因此误差较大。

地埋管换热器的热响应特性测试为地埋管与周围土壤间短时间的传热、冷热响应。然而，随着地源热泵系统大规模持续利用，会对地质环境产生影响，比如埋管区的地温场持续向一个方向变化、采灌区地下水位持续下降，水质持续恶化等。为此，近年来有一些机构和个人开始对埋管区地温场及采灌区地下水位水质进行持续监测，进而研究地源热泵开发对地质环境的影响。如天津大学周志华等人针对天津市某工程的土壤源热泵系统进行了为期一年的土壤温度变化规律测试，研究土壤源热泵地埋管周围土壤温度变化规律。文乾照等结合天津地区某实际工程，采用跟踪测试方法研究了冬季双 U 形地埋管换热器周围土壤温度的变化，在忽略钻孔内管壁和灌浆的热阻和比热容的基础上建立了计算地埋管换热器周围土壤温度的二维瞬态有限差分方程。由于土壤物性除了导热率、热容量、热扩散率等静态因素外，还包括地下水渗流这一动态因素。1972 年 Bear，1990 年 Domenico & Schwartz 用 Pe（Peclet Number）数作为地下水流动影响的判别条件，它的物理意义是在地下水渗流时热对流强度与热传导强度关系的比值。Pe 数的大小是地下环路热交换器设计时，判别是否应考虑地下水渗流影响的依据。研究表明：采用 Austin 数学模型预测岩土热传导率，采用 Spiher 软件预测钻井深度，并在当地工程中其他参数已确定的情况下可以得出地下水流速与钻井深度的关系。2009 年，同济大学蔡晶晶等人分析了地下水渗流对地埋管传热的影响，其根据有渗流时无限大介质中线热源温度响应的解析解，讨论了在不同地下水流速和土壤热物性条件下，地下水渗流对地埋管与周围土壤的换热影响。

目前，随着热泵应用规模的扩大和地能利用技术的深入发展，国内外也开始重视大规模群井技术研究工作，以应用于大型商业建筑。近 20 年国际上在该领域也做了一些工作，但受井群规模的限制，且现场实验测试难度大，所以对井群技术的研究，采用计算机进行数值模拟是一项有效的手段，国外的研究工作也主要集中在计算方法和建立分析软件平台上。1999 年，美国肯塔基大学的 Q. zhang 的博士论文中对垂直地埋管的井群换热周围土壤的温度场进行了传热机理的分析。2004 年，天津大学的李新国、赵军等人在所建立的圆柱源模型的基础上，采用专业多孔介质计算软件 Autough2 进行模拟计算，分析了不同土壤物性下，土壤温度对换热器的影响。着重对 U 形垂直埋管换热器管群进行模拟，分析了井群在只有取热和只有排热单季运行工况下的土壤温度变化，同时又模拟了既有取热，又有排热的双季运行工况下的土壤温度变化，分析各自对地源热泵应用效果的影响。此模拟是通过圆柱源理论将钻孔里面的换热假定为恒定的热源，求解外面的土壤温度场变化，并没有分析钻孔里面的变化情况。2006 年，吉林大学的高青、李明等人利用圆柱源理论，通过 MATLAB 编程在地埋管换热器的水平方向建立二维的圆柱源模型，并对其进行数值模拟。此模型假定地下换热器钻孔内是恒定的热流量，求得运行一定时间后井群中各井周围的土壤温度变化，并人为控制系统的间歇运行模式。该模型求出了二维水平方向的钻孔外面周围土壤温度场的变化情况，并没有对钻孔里面加以分析，也没有考虑竖直方向的土壤温度变化。2007年，华中科技大学的纪世昌、胡平放等人在单根U形垂直埋管周围土壤传热模型的基础上建立了管群的传热模型。通过MATLAB软件中的PDE工具箱求解U形垂直埋管管群周围非稳态温度场。通过模拟夏季制冷工况连续运行，得到管群周围温度场分布，得到了连续运行10d、20d、40d、60d周围土壤的温度场，提出为了保证机组正常运行，需要采取加大埋管间距的措施。2007年，日本北海道大学环境学院的隆福桂等人提出了一种计算地源热泵井群的地下土壤温度的计算方法，研究了地下8～20m垂直U形管换热器的地下换热规律，通过将钻孔的线热源模型叠加，求得井群中换热管周围土壤的温度分布。2008年，土耳其弗拉特大学的希克梅特野等人，利用有限元分析软件Ansys对纵向二维井群温度场进行了分析，研究了48h间歇运行时，顺序布置的3个U形管换热井在夏季冷却和冬季加热工况下，换热井周围土壤加热温度分布情况。2009年，东南大学的李舒宏等人通过应用Fluent软件对9井传热模型进行了数值模拟，得到了间歇运行井群周围温度场分布情况。分析在长江气候条件下，地源热泵空调系统（GSHP）和地源热泵空调与热水混合地源热泵系统（MFGSHP）在地温变化和运行性能方面的区别。以上对典型区域的管群周围土壤温度进行了一定时间的数值模拟研究，取得了不少对实际工程有指导意义的成果。

5. 区域供热供冷站能源效率现状

能源站是区域供冷、供热系统的核心，主要由冷、热源系统、输配系统和用户末端系统构成，不同的冷、热源和输配管网，运行策略不同，导致其能效有相应的差异。区域供冷供热系统利用大型的制冷设备，其运行效率高于分散式小型机组，实现区域性节能管理，保持高效运行，特别是与冰蓄冷技术结合之后，在夜间用电低谷时段制冰蓄冷，在昼间用电高峰时段融冰释冷，可以调节用电的负荷结构，起到移峰填谷的作用。国家电力公司国电财〔2000〕114号文件明确提出要求加大峰谷电价推广力度，目前，在天津、北京等大部分地区已经出台了峰谷分时电价政策，一般低谷电价仅仅只有高峰电价的1/2甚至1/5，有的还取消了电力增容费、有低谷电补贴费等不同程度的优惠，所以区域供冷在某种程度上也可以降低系统运行成本。区域供冷系统在降低能耗、环境保护等方面具有明显的优势，在国外的工程实践当中得到了广泛的应用。区域供冷系统是给多个不同功能单体建筑供冷，不同类型的建筑负荷的组合可以使其负荷维持在相对稳定的水平，系统运行较为稳定；不同建筑供冷时间不同，区域供冷系统可以减小用冷用户的同时使用系数，减少机组装机容量，比传统分散式系统减少20%。

日本东京晴海Triton广场总占地面积6.13hm²，其中3座超高层建筑、1座高层建筑、圆形会议中心以及低层综合商业建筑采用DHC系统。该系统以电能为驱动源，于2001年4月投入运行。日本东京晴海Triton广场是一个以写字楼为主的高密度商业建筑区，总建筑面积60万m²，占地6.13hm²，区域供冷供热建筑面积43.5万m²。该工程采用热泵结合蓄能与常规空调系统联合为建筑供冷供热，将蓄热槽中的水作为建筑消防用水。广场蓄能系统通过组合19000m³的巨大蓄热槽和高效热泵，年均电力能效COPe约为3.13，持续地实现了一次能源效率达到1.19的节能业绩，居日本全国DHC系统第2位。如换算成CO_2减排量，可以达到60%消减量，是目前日本一次能源COP的最高水平。

东京 Midtown 采用热泵结合水蓄冷系统，建筑面积 $37994m^2$，项目充分利用体积为 $7800m^3$ 的温度成层型水蓄冷槽，用 $4℃$ 水进行蓄冷，水蓄冷槽的应用能提供每年制冷需求的 40% 左右。CO_2 减排量比东京平均值减少 12%，一次能源消费量比东京平均值减少 11%。

日本调布市市政厅办公楼采用风冷热泵＋冰蓄冷系统，属于改造项目，建筑面积 $3167m^2$，使用面积为 $14123m^2$，该系统利用闲置的建筑物地基地下空间，构筑了 $61m^3$ 的蓄冰槽，用高效的热泵代替燃气为热源的吸收式冷水机组。冰蓄冷系统的应用能保证用电高峰时冷热量需求的 50%，热源部分的改造实现了 40% 的 CO_2 减排量。

北京中关村西区制冷站是我国第一个真正意义上的商业化运行的 DHC 系统，采用带蓄冰的电力压缩式制冷机组作为冷源，经计算该项目的名义满负荷系统 COP 为 4.08，如果按照供冷水泵 80% 的功耗转换为循环水温升，并扣除 5% 的输配管道温升，则系统满负荷 COP 为 3.78，折算一次能利用效率为 1.15。

南京鼓楼高新技术产业园区位于南京河西新城区北部，占地面积 $119hm^2$，共分 11 个区，按能源站又划分为两个大区，共 30 多栋建筑物。区域内采用以长江水为冷热源的地表水地源热泵空调系统，系统设计选用制热量为 10100kW 的双级压缩离心式江水源热泵机组 4 台，制热量为 2250kW 的螺杆式江水源热泵机组 2 台。机组总制热量为 44.9MW（设计工况）。冬季供热设计工况下，江水进机组温度（进水温度）为 $7℃$，江水出机组温度（回水温度）为 $4℃$；机组空调供水温度为 $50℃$，回水温度为 $41℃$（考虑江水水质的影响及温度的变动，设备出力留 5% 余量）。考虑极端江水温度条件下系统的供热要求，结合南京的能源供应条件，设 4 台制热量为 4.2MW/台的补热热水锅炉。从长远出发，预留容纳 4 台制热量为 4.2MW 的燃气真空热水锅炉的锅炉房。先期采用电热锅炉全量蓄热供热模式。电热锅炉晚上（00:00～08:00）利用谷电制取 $90℃$ 热水，储存于热水罐，白天空调系统运行，当机组江水回水温度低于 $2～3℃$ 时，利用蓄热罐中的热水辅助预热江水进水，保证机组安全运行。预计系统满负荷 COP4.03。

沈阳商业城采用地下水源热泵＋冰蓄冷空调系统形式，该商业城采用 2 台 800RT 的冷水机组和 2 台 450RT 冷水机组，建筑总冷负荷为 14000kW。在设计工况和非设计工况下冷水机组与蓄冰槽分担负荷情况，在设计工况下采用主机优先的控制策略；在非设计工况下，当负荷为 65% 设计负荷时，主要以冷水机组供冷、蓄冰槽为补充；当负荷为 30% 设计负荷时，基本上全部由蓄冰槽融冰供冷。

北京大红门服装城空调采用水源热泵＋冰蓄冷系统，该城最大冷负荷为 5000kW，最大热负荷为 3000kW，采用 2 台 1260kW 的三工况热泵机组。该文献主要研究复合式系统夏季运行费、冬季运行费以及一次能节约率。研究表明，采用水源热泵＋冰蓄冷系统夏季比常规空调节约 40 万元，冬季比常规热力系统节约 212 万元，水源热泵系统耗能量折算至标准煤为 $9.16kg/(m^2 \cdot 年)$，常规市政热电厂供热系统耗能量折算至标准煤为 $13.96kg/(m^2 \cdot 年)$。

北京市果品仓储用房及配送中心空调采用水源热泵和冰蓄冷系统，总建筑面积为 $52161m^2$，最大冷负荷为 8200kW，最大热负荷为 4000kW。采用 4 台法国西亚特三工况热泵机组和 $520m^3$ 的蓄冰设备。该文献主要研究复合式系统的夏季运行费和冬季运行费。研究表明，复合式系统夏季运行费为 26.91 元/m^2，冬季运行费为 13.71 元/m^2，全年运行费为 40.62 元/m²。

合肥大剧院空调系统采用的是湖水源热泵和冰蓄冷技术，建筑总面积为 60000m²，最大冷负荷为 5500kW，最大热负荷为 4800kW，系统选用 4 台三工况热泵机组。该文献主要研究了设计工况和非设计工况下，复合式系统与常规空调日运行费。研究表明在设计工况下，常规空调系统较复合式系统节约 57 元/d；在非设计工况下，在 80% 负荷时，复合式系统较常规系统节约 2440 元/d，在 60% 负荷时，复合式系统较常规系统节约 5058 元/d，在 40% 负荷时，复合式系统较常规系统节约 2700 元/d。

哈尔滨市某宾馆空调采用污水源热泵和冰蓄冷系统，该建筑面积为 13000m²，全日总冷负荷为 63GJ，采用 2 台 588kW 的螺杆冷水机组。该文献主要从三种运行模式与常规空调系统的经济性进行研究，三种运行模式分别为全日主机供冷量为 39GJ、50GJ 以及 16GJ。研究表明，三种运行模式年运行费用较常规空调系统年运行费用分别节约 12.8 万元、6.3 万元以及 19.2 万元。

我国第一个水源热泵结合冰蓄冷技术应用于工程是北京天创世缘工程，总建筑面积 170000m²，空调面积 40000m²，最大冷负荷为 6050kW，最大热负荷为 4000kW，本工程选用 6 台 580kW 的三工况热泵机组。该文献主要研究了常规空调系统与蓄冰系统机房全年运行电费比较。研究结果表明，在 100% 负荷时，复合式系统较常规系统节约电费 3 万元，在 80% 负荷时，节约电费 19 万元，在 60% 负荷时，节约电费 8 万元，在 40% 负荷时，节约电费 10 万元；冬季运行费较常规市政热力系统节约 118 万元。

国内某地源热泵＋水蓄能系统，项目总建筑面积 67000m²，其中空调面积为 59000m²。项目充分利用 500m³ 的消防水池进行蓄冷蓄热。最大冷负荷为 9260kW，最大热负荷为 3241kW，选用 2 台 1055kW 的地源热泵机组和 3 台 1899kW 的常规冷水机组同时为项目提供冷量。在不同负荷率下，复合式系统与常规系统日运行费用的比较。研究结果表明，系统在供冷工况时，100% 负荷、75% 负荷、50% 负荷、25% 负荷系统运行费节约分别为 35890 元、65000 元、86000 元、12200 元；系统在供热工况时，100% 负荷、75% 负荷、50% 负荷、25% 负荷系统运行费节约分别为 12000 元、80000 元、55000 元、13000 元，全年运行费用降低了 13%。

在上海世博园、浦东国际机场也建有区域能源站，目前还未见该项目的运行情况的报道。

5.2.2 存在问题

（1）相对于分散式供冷系统，区域供冷的管道比较长，输送能耗比较高，在输送中管道与外界的冷量损失比较大；供冷大多数时段是在部分负荷下运行，系统的能效值会随负荷率降低而下降；水泵功耗传递到输送介质中，减少了冷量的有效输送。因此，区域供冷存在着初期投资高、运行能效低、运行费用高的情况。

（2）长期以来对土壤源热泵的研究主要集中在地埋管与周围土壤间的传热、周围土壤短时间的冷热响应、地埋管换热器的数值模拟、回填材料对换热性能的影响等方面。这些研究在一定程度上帮助人们掌握了地埋管换热器的热工计算原理，有助于换热器的节能设计和系统优化。但已开展的研究大多数都局限于对所建立的试验系统进行性能测试并建立与之相应的传热模型，模拟试验系统埋管换热器的运行情况，得出模拟值与实测值基本相符，所建模型合理适用的结论。缺乏对不同结构尺寸、布置方式的地下埋管换热器在不同土壤特性、不同温度条件、不同运行模式下换热过程的多元性和多变性的复杂特征研究，也缺乏对井群间换热随着运行时间变化的具体干扰程度的分析。造成一些工程在换热量不平衡的情况下土壤温度逐年变化，最后无法保证建筑物的空调需要。

具体实践中，缺少结合实际工程并采用长期持续动态监测的方法来研究地埋管换热区土壤温度场的变化及垂向的极端温度分布，进而建立预警系统。目前国内地源热泵地温监测设备是将温度传感器直接埋入地下的方式设置测温点，一般采用多点冗余布线测温传感器的方法，这种方法存在不少问题，如引线多、现场调试困难；传感器所在位置体积较大且不平滑，下入监测孔后会因为填土不实而形成空隙，不能真实反映岩土层温度；考虑到测温精度为 0.1℃，因此分辨率应该达到 0.05℃，以往的传感器很难达到这个要求；采集温度的信号为模拟信号，需要二次仪表变换和高端远距离传送模块，造成传感器成本和施工要求较高。

为此，本次针对浅层地温（热）能资源开发利用地埋管群的岩土地温场监测，专门研制了"分布串列式地层精细温度测量与数字传输系统"。自主研发在微硅片上集成了微硅晶温度传感器、温度变送器、TCP/IP 模块、数模转换、数据输出接口的全部功能模块和寄存器数字补偿模块。该 SOC 芯片在 10MPa 的压力下可以直接数字温度值输出，体积微小，综合布线简洁，可在整个系统仅需四条导线上按需串列布放传感器数量、位置，测温地层深度可达 600m。

（3）在现在工程实例中无论是采用主机优先、融冰优先还是定比例的控制方法都存在蓄冰不足或者蓄冰过量的问题，具体表现为：蓄冰不足，表现为蓄冰装置中所蓄的冰过早用完，造成下午（或晚间）空调负荷高的时段无冰可用，只有靠制冷机的制冷给系统提供冷量。通常情况下，这种方式很难维持系统正常运行。蓄冰过量，在一个运行周期结束时，还有剩余的冰残留在蓄冰装置中。这就意味着在高峰电价时段内，没有很好地控制制冷机。造成不必要的消耗高峰时段的高价电，致使运行费用增加。控制策略的灵活性，在现有的冰蓄冷实际应用项目中，还有一个普遍存在的问题是投入使用后，其运行的控制系统的控制策略缺乏灵活性和多样性。即一个系统经设计、安装、并投入使用后，其运行的控制策略就固定下来了。不是采用主机优先或者融冰优先，就是预先设定好的其他方式，而不考虑实际系统工况和外在条件的多变性，以及电力公司电价政策的可变性。因此为了达到满足用户运行费用的最省的最终目标，所采用的最优运行策略应是一个灵活多变的实时控制策略。

5.2.3 未来的发展趋势

（1）我国的区域能源站还属于起步阶段，某些系统由于设计或运行管理不当等原因，系统能耗居高不下，甚至低于分体式空调的水平，除了少量文献中尚有对系统 COP 值的介绍，其他均采用节约运行费用来表示节能和经济性效果，缺乏对系统能效直观的表示方式。因此我国的 DHC 系统首先面临的问题是优化系统设计、提高运行能效。

（2）美、日、欧等发达国家和地区利用区域供冷技术的主要目的不仅仅是为了提高能源利用效率，还将其作为一种方便集中管理和降低维护成本的基于热电冷联产的区域能源供应形式，将多个区域供冷系统及排热设施互联成能源总线，充分利用废热、生物质能、地热能等多种能源形式，进一步将城市中的各类低品位能源在区域能源站中加以统一规划和利用。因此，我国的 DHC 系统在提高能源效率的同时，还要着眼于改善城市空间环境、优化能源结构、防止大气污染，使对这一技术的权衡研究和规划利用建立在更广阔和可持续发展的层面上。

5.3 超大规模建筑群三工况地源热泵实施方式研究

5.3.1 空调负荷计算

1. 空调室外设计气象参数

天津地区室外空气计算参数如表 5.3.1 所示，天津市区典型年日干球温度变化如表 5.3.1 所示，典型年日平均相对湿度变化如图 5.3.2 所示。

室外空气计算参数表　　　　　　　　　　　　　　　表 5.3.1

	参数名称	取　值
夏季	空调室外干球温度	33.4℃
	空调室外湿球湿度	26.9℃
	通风室外干球温度	29℃
	室外平均风速	2.6m/s
冬季	空调室外设计干球温度	−11℃
	空调室外设计相对湿度	53%
	通风室外计算温度	−4℃
	室外平均风速	3.1m/s

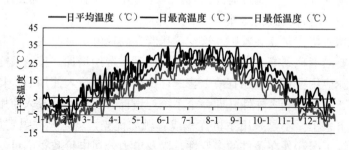

图 5.3.1　天津市区典型年日干球温度变化图

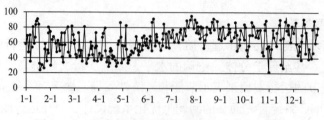

图 5.3.2　天津市区典型年日平均相对湿度变化图

2. 室内设计参数

文化中心建筑业态，博物馆、美术馆、图书馆、天津大剧院、天津乐园商业、天津青少年活动中心空调室内设计参数如表 5.3.2 所示。

空调室内设计参数表 　　　　　　　　　　　　　　表 5.3.2

建筑业态	冬（夏）室内干球温度及相对湿度（℃/%）	干球温度及相对湿度（℃/%）	人员密度（m²/P）	人员新风量（m³/h·P）	照明指标（W/m²）	设备指标（W/m²）
博物馆	20/45（26/60）	26/60	10	30	8	3
美术馆	20/45（26/60）	26/60	9	30	8	3
图书馆	20/45（26/60）	26/60	3.3	30	11	3
天津大剧院	20/45（26/60）	26/60	25	30	35	8
天津乐园商业区	20/45（26/60）	26/60	4	20	35	8
天津青少年活动中心	20/45（26/60）	26/60	4	20	35	8

3. 空调逐时冷负荷指标计算

通过对既有建筑现状的调研、统计，以及根据空调室内外参数，按照谐波法计算出各单体建筑空调逐时冷负荷指标统计见表 5.3.3，按照典型设计日传热温差法计算出各单体建筑空调逐时热负荷指标统计见表 5.3.4，各单体建筑逐时冷负荷指标柱状见图 5.3.3，热负荷指标柱状如图 5.3.4 所示。

单体建筑逐时冷负荷指标统计表 　　　　　　　　　　　表 5.3.3

计算时刻	天津青少年活动中心冷指标（W/m²）	天津科技馆冷指标（W/m²）	天津乐园商业区冷指标（W/m²）	地铁地下空间冷负荷指标（W/m²）	博物馆冷指标（W/m²）	美术馆冷指标（W/m²）	图书馆冷指标（W/m²）	天津大剧院冷指标（W/m²）	天津博物馆冷指标（W/m²）
1:00	0	0	0	7	0	0	0	0	0
2:00	0	0	0	7	0	0	0	0	0
3:00	0	0	0	7	0	0	0	0	0
4:00	0	0	0	7	0	0	0	0	0
5:00	0	0	0	7	0	0	0	0	0
6:00	0	0	0	24	0	0	0	0	0
7:00	0	0	0	26	0	0	0	0	0
8:00	69	69	58	72	67	44	42	79	65
9:00	75	75	65	77	73	48	47	88	71
10:00	88	88	78	85	85	56	50	94	83
11:00	88	88	79	85	85	56	50	94	82
12:00	78	78	83	88	76	50	47	89	74
13:00	90	90	93	97	86	57	54	101	84
14:00	109	109	107	106	104	69	67	126	101
15:00	124	124	111	111	118	79	71	133	115
16:00	124	124	112	110	118	79	71	133	115
17:00	109	109	112	114	104	69	62	117	101
18:00	91	91	106	108	87	58	53	100	84
19:00	0	0	89	94	0	0	0	0	0
20:00	0	0	80	86	0	0	0	0	0
21:00	0	0	62	72	0	0	0	0	0
22:00	0	0	0	26	0	0	0	0	0
23:00	0	0	0	25	0	0	0	0	0
0:00	0	0	0	23	0	0	0	0	0

单体建筑逐时热负荷指标统计表

表 5.3.4

计算时刻	天津青少年活动中心热指标（W/m²）	天津科技馆热指标（W/m²）	天津乐园商业区热指标（W/m²）	地铁地下空间热负荷指标（W/m²）	博物馆热指标（W/m²）	美术馆热指标（W/m²）	图书馆热指标（W/m²）	天津大剧院热指标（W/m²）	天津博物馆热指标（W/m²）
1:00	18	18	17	17	47	40	25	29	47
2:00	19	19	17	17	48	41	26	29	48
3:00	19	19	17	17	48	41	26	29	48
4:00	19	19	17	17	49	42	26	30	49
5:00	19	19	17	17	49	42	26	30	49
6:00	19	19	17	17	48	41	26	29	48
7:00	18	18	17	17	47	40	25	29	47
8:00	71	71	21	21	103	80	54	37	103
9:00	66	66	30	30	91	70	52	39	91
10:00	63	63	61	61	84	65	50	37	84
11:00	60	60	55	55	80	61	47	35	80
12:00	57	57	53	53	76	58	45	35	76
13:00	55	55	50	50	72	55	43	29	72
14:00	53	53	46	46	70	53	42	26	70
15:00	54	54	47	47	71	54	42	31	71
16:00	56	56	49	49	73	56	43	32	73
17:00	58	58	53	53	77	59	45	36	77
18:00	60	60	48	48	80	61	47	32	80
19:00	62	62	45	45	51	44	28	73	51
20:00	64	64	46	46	52	45	28	75	52
21:00	65	65	33	33	52	45	28	76	52
22:00	20	20	18	18	52	44	28	77	52
23:00	20	20	18	18	52	44	28	36	52
0:00	18	18	16	16	46	40	25	28	46

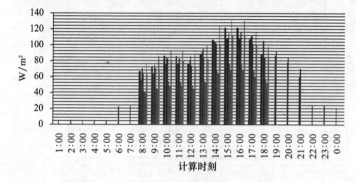

图 5.3.3 单体建筑逐时冷负荷指标柱状图

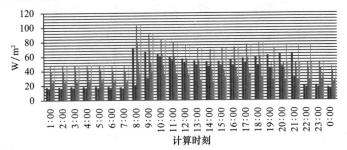

图 5.3.4　单体建筑逐时热负荷指标柱状图

根据以上计算，统计出空调系统空调系统冷、热负荷及耗冷、耗热量统计，如表 5.3.5 所示。

单体建筑空调基础数据总量统计表　　　　　　　　　　　　表 5.3.5

编号	区域名称	冷负荷（kW）	年耗冷量（MW·h）	热负荷（kW）	年耗热量（MW·h）
1	天津青少年活动中心 B 座	11160	7739.70	6390	6857.92
2	天津青少年活动中心 A 座（现有）	4712	3267.87	2698	2895.57
3	天津科技馆（现有）	2604	1805.93	1491	1525.12
4	天津乐园	28618	26817.04	15620	25971.36
5	地铁地下空间	15712	14723.10	9781	16262.59
6	博物馆	6785	4705.54	5635	5134.62
7	美术馆	2330	1615.82	2280	2723.66
8	图书馆	3905	2708.20	2970	4227.11
9	天津大剧院	10306	7147.55	5967	7042.96
10	天津博物馆（原）	4025	2791.42	3605	4356.17
	总计	90157	73322.19	56436	76997.08

5.3.2　浅层地下水与埋管地源热泵实施区域的研究

1. 基于规避管理风险对两种地源热泵实施区域的分析

（1）项目实施地源热泵的资源条件，根据文化中心景观规划，本项目可实施地源热泵的区域为生态岛及景观湖底总面积约 13 万 m²，此区域地下部分在可预见的时期内不会出现二次开发。

（2）我市浅层地热能开发的政策导向，有条件限制性允许采用水源热泵，鼓励采用埋管地源热泵。这是由天津的地下水资源情况与总体地质特征决定的。首先，天津为缺水地区，地下水常年过量开采，尽管理论上，水源热泵"取热不取水"、闭式循环、百分百回灌，但实践中由于种种原因导致不能百分百回灌的现象时有发生；其次，天津的浅层地质特征决定水源井回灌量明显低于采水量，通常灌采比为 1∶3，为保证百分百回灌，会使水源热泵系统的投资较高。而水源热泵较低的运行费用，常常会诱使一些单位以事实上不保证百分百回灌的方式，采用水源热泵系统，这正是我市限制采用水源热泵的原因所在。然而，我市不利于采用水源热泵的地质特征，恰恰利于采用埋管地源热泵，因为钻凿成本低且土壤的平均热物性指标较理想。所以我市鼓励采用埋管地源热泵。

（3）符合政策导向的浅层地能利用形式，由以上分析，显然应首先考虑在整个区域采用埋管地源热泵。除非不具备埋管条件或可能产生潜在风险的局部区域，才应考虑水源热泵。

（4）全区域采用埋管地源热泵的风险分析

湖底埋管实施后被破坏的风险很小。首先，埋管系统的管顶标高均会低于湖底完成面1.0m以上；其次，除若干年一次的湖底清理作业外，埋管区域不会收到任何干扰，即便进行湖底清理作业，也不会影响1m以下的埋管。

生态岛埋管实施后存在被破坏的风险，因为该区域为开放区域，地下有众多的市政管线，同时还将栽植许多根系较深的大型乔木，而埋管地源热泵的井间距小、密度高，且埋管区域敷设有大量的水平管道，所以项目实施后无论市政维修，还是绿化维护均有破坏地埋管的可能性。

（5）兼顾政策导向与风险规避的区域划分，规划湖底为埋管地源热泵实施区域，生态岛为水源热泵实施区域，系统划分区域如图5.3.5所示。

图5.3.5　系统划分区域图

尽管在生态岛区域采用水源热泵理论上也存在实施后被破坏的风险，但与埋管地源热泵相比小得多，因为与埋管相比水源井的数量仅为埋管井数量的1.8%，井间距由埋管的4～5m变为50～60m。

为避免在一个能源站中采用两种形式地源热泵系统，同时尽量减小地源侧管网半径，确定南区、北区能源站采用湖底垂直埋管地源热泵系统，西区能源站采用在生态岛打井的水源热泵系统。

2. 本项目采用地源热泵系统的技术支撑条件

（1）根据天津市地埋管地源热泵系统适应性分区，如图5.3.6所示，本项目位于天津地区南部平原，第四系为下更新统（Q_1）底界埋深267～425m，厚度110～220m，地质构造为棕、棕黄、棕红色及灰绿色黏土与砂、粉砂、亚砂土不规则互层，属地埋管地源热泵适宜区。

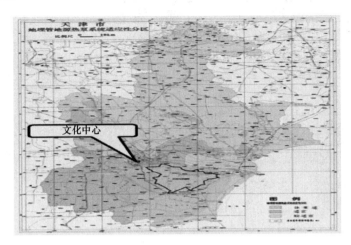

图 5.3.6　天津市地埋管地源热泵系统适应性分区图

（2）天津市近年来的工程实践表明，天津市在采用地源热泵系统方面，无论是设计还是施工均已积累了较丰富的经验，工程案例数十项，面积近 100 万 m²。

（3）尽管我市对地源热泵的采用有严格限制，但并非不能采用，只是决定采用前应经过相关部门的水资源论证与批准。本项目针对拟实施水源热泵系统的生态岛，已委托相关部门进行了水资源论证，并得到了管理部门的初步认可。

（4）根据天津市龙脉水资源咨询中心提交的论证报告，生态岛具备采用水源热泵系统所需的水资源条件，具体数据与要求如下。

在生态岛区域内可取用第四系第Ⅱ含水组 8 对 16 眼井和第Ⅳ含水组 8 对 16 眼井共 32 眼井互为采灌。其中，第Ⅱ含水组井深 250m，预计水温 18℃ 左右，单井采灌量不大于 30m³/h；第Ⅳ含水组井深 410m，预计水温 27.5℃ 左右，单井采灌量不大于 40m³/h，项目总采灌量不大于 560m³/h。该项目运行方式为，以灌定采，一采一灌，采灌平衡，回扬水处理后回灌地下水。

5.3.3　浅层地热能供热、供冷能力研究

1. 基于埋管区域面积与埋管换热器性能的土壤吸放热能力的研究

（1）土壤换热器

埋管（湖底）面积 90000m²；垂直埋管深度为 120m、间距为 4.8m、形式为双 U；实测单孔工况，埋管换热器取热负荷 43W/m（5℃ 工况）；埋管换热器排热负荷 73W/m（35℃ 工况）。

（2）南北区能源站

土壤换热器应提供的取热与放热负荷，取热 24139kW、放热 36286kW（如不采用冰蓄冷，则放热 54992kW）。其计算依据为：南、北能源站冷热负荷；采用冰蓄冷，热泵机组制冷负荷减少 34%；假定热负荷全部由地源热泵承担，不考虑城市热网贡献，以便准确计算应由其承担的热负荷份额；机组制冷/制热 COP5.08/5.28。

计算结果见表 5.3.6，数据表明，土壤换热器取热与放热能力均低于需求，其值分别为 9.2% 与 18.4%，有设置辅助热源与排热设备的必要。

基于埋管区域面积与埋管换热器性能的土壤吸、放热能力计算　　　表 5.3.6

基本数据		系统需求数据		计算数据	
可埋管面积（m²）	90000				
井深/间距（m）	120/4.8			井数	3789
取热量（W/m）	43			取热能力（kW）	19551
排热量（W/m）	73			排热能力（kW）	26463
机组制冷/热 COP	5.08/5.28				
热泵机组总热负荷（kW）	26908	取热负荷（kW）	21526	取热能力/取热需求（%）	90.8
热泵机组总冷负荷（kW）	27015/40932	排热负荷（kW）	32418/49118	放热能力/放热需求（%）	81.6/53.9

注：表中斜体字数据为不采用冰蓄冷时的数据。

2. 基于水资源咨询报告的浅层地下水吸放热能力的研究

（1）与地源热泵利于相关的水资源

浅井数量 16 对 32 眼；浅井深度 250m/410m；浅井间距，采灌井间距 50m，采水井间距 100m；水温，250m 时 18℃；410m 时 27.5℃；单井采灌量：250m 时 30m³/h，410m 时 40m³/h。

（2）西区能源站

西区能源站冷/热负荷 44943kW/25028kW；因采用冰蓄冷，热泵机组制冷负荷减少 40.5%；机组制冷/制热 COP＝5.0。

计算结果见表 5.3.7，数据表明，浅层地下水取热与放热能力均低于需求，其差值分别为 62.5% 与 25.2%，有设置辅助热源与排热设备的必要。

基于水资源咨询报告的浅层地下水吸放热能力　　　表 5.3.7

基本数据		系统需求数据		计算数据	
打井数量（对）	16			冬季排放温度（℃）	5
井深（m）	250/410			夏季排放温度（℃）	38
平均水温（℃）	18/27.5			放热能力（kW）	24000
平均单井采灌量（m³/h）	30/40			吸热能力（kW）	7513
机组制冷/热 COP	5.0				
热泵机组总热负荷（kW）	25028	取热负荷（kW）	20022	取热能力/取热需求（%）	37.5
热泵机组总热负荷（kW）	26741/44943	取热负荷（kW）	19756	放热能力/取热需求（%）	71.1

注：表中斜体数据为不采用冰蓄冷时的数据。

3. 地源热泵系统地源侧季节（年）热平衡的研究

（1）所谓地源侧季节（年）热平衡是指同一个气象年度内，采暖季自地源侧获取的总热量与制冷季向地源侧排放的总热量大致相等。

（2）不同形式地源对季节热不平衡的容忍性。

浅层地下水，由于较大的热储容量、较好的热扩散能力以及相对较长的"季节间隔"，可以容忍较高程度的季节热不平衡，表现为较好的水温恢复性。

土壤，特别是天津地区土壤——因地下水流动性差、有效热储容量小，热扩散性弱，更多表现为储能介质特征，一旦出现明显的季节热不平衡，或产生"热堆积"或产生"热凹陷"，不仅会使热泵系统能效比下降，严重时会使热泵系统无法运行。

分析与已有的工程实践表明，对于浅层地下水源，可以允许 40% 以下的季节热不平衡；对于土壤源，可以允许20%以下的季节热不平衡。

（3）保证季节热平衡的重要性，保证地源热泵系统的长期可靠性与高效运行。

（4）季节热平衡计算结果见表5.3.8，由计算结果可知，三个能源站的季节排热量与季节取热量均存在较大差异。所以，必须考虑设置辅助热源与排热设备，以保证地源热泵系统长期可靠与高效运行。

地源热泵系统季节（年）热平衡计算　　　　　　　　　表5.3.8

项　目	供冷季单位建筑面积总排热量（kWh/m²）	供热季单位建筑面积总取热量（kWh/m²）	不平衡率（%）
南区能源站	90.42	72.05	20.31
北区能源站	103.92	58.88	43.34
西区能源站	120.8	79.05	34.56

5.3.4　逐时负荷分布与融冰供冷匹配研究

冰蓄冷系统优化的关键在于不同负荷率下，冷负荷逐时需求与冷机及蓄冰装置释冷能力的良好匹配，而这一匹配的关键在于对项目冷负荷的动态模拟。本课题采用负荷分析软件对此进行了详细分析，过程及数据见以下各柱状图（图5.3.7～图5.3.9），最终确定的制冷主机空调工况制冷负荷与由能源站提供的冷负荷匹配关系为：南、北区能源站66%；西区能源站59.4%。

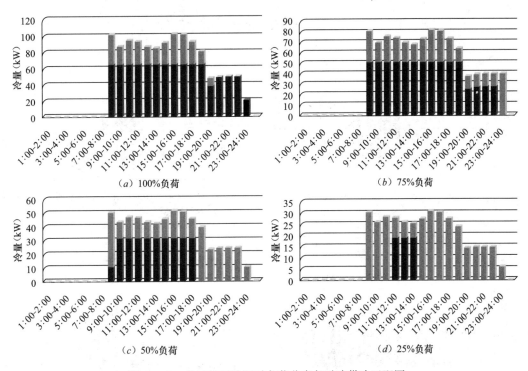

图5.3.7　南区能源站逐时负荷分布与融冰供冷匹配图

5.3.5　项目实施技术方案确定

经过确立基本方案筛选原则，初选4个符合筛选原则的基本方案（垂直埋管土壤源热泵系统＋冰蓄冷＋市政热网；电制冷冷水机组＋市政热网；冰蓄冷＋市政热网；两用型燃

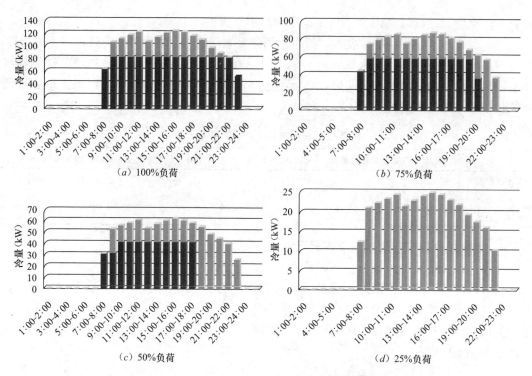

图 5.3.8 北区能源站逐时负荷分布与融冰供冷匹配图

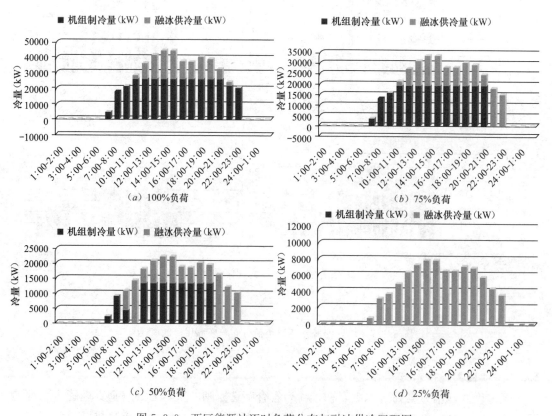

图 5.3.9 西区能源站逐时负荷分布与融冰供冷匹配图

气型直燃冷/温水机组＋电制冷冷水机组），对初选方案综合可靠性、经济性、低碳环保、适应性与先进示范作用等影响因素进行了全面分析与评价，结果表明，最适合本区域的空调冷、热源基本方案为地源热泵系统＋冰蓄冷＋市政热网（方案确定详细过程可参见《天津文化中心集中能源站可行性研究报告》）。

其主要技术方案，带有冷、热调峰复合以冰蓄冷技术的三工况地源热泵系统，西区能源站为浅层地下水地源热泵，南、北区能源站为土壤垂直埋管地源热泵系统。

1. 冷调峰，即调峰（辅助）冷源

通过本项目具有的浅层地热能资源供热、供冷能力与季节（年）热平衡研究表明，在采用冰蓄冷技术的前提下，两种形式的浅层地能资源仍既不能满足系统的排热需求，也不能实现地源侧季节（年）热平衡。因此，必须设置调峰冷源以弥补地源侧吸热能力的不足及实现其季节（年）热平衡。

可用于本项目空调制冷系统的非土壤渠道排热方式有冷却塔、景观湖水、浅层地下水三种形式，但比较起来采用冷却塔作为本项目的调峰冷源，技术可靠、经济性好。为保证文化中心整体景观效果，将冷却塔设置对景观的不利影响降至最低，本项目冷却塔的安装方式采用下沉式安装，即在景观规划允许的区域设置深度大于6m的基坑，将冷却塔安装于基坑内，基坑尺寸应满足下沉式安装的通风要求，基坑顶部采用隔栅封盖。经计算，西区冷却塔容量5400t，南区冷却塔容量1440t，北区冷却塔容量1060t。

2. 热调峰，即调峰（辅助）热源

通过本项目具有的浅层地热能资源的供热、供冷能力与季节（年）热平衡研究表明，两种形式的浅层地能资源的放热能力均不能满足系统的取热需求。因此，必须设置调峰热源以弥补因地源侧放热能力不足导致的系统供热能力不足。

本项目可行的调峰热源形式包括城市热网和深层地热，其技术经济比较如表5.3.9所示。

技术经济分析结果 表 5.3.9

内　容		深层地热	市政热网	
技术优势		使用自主性强、运行灵活、系统复杂	技术成熟可靠、运行安全稳定、设备折旧及维护管理费用低	
经济比较	投资（万元）	2430.15	2000	
	年运行费（万元）	445.24	按面积收费	720
			按计量收费	247
	结论	×	√	

以运行安全、可靠、稳定作为重要判定标准，综合考虑经济因素，在实现按照计量收取热费的前提下，城市热网是理想的调峰热源形式。

3. 冰蓄冷

本项目采用的冰蓄冷方案为分量蓄冷、静态制冰、盘管冰槽蓄冰、串联布置，主机上游、外融冰系统。此方案是基于冰蓄冷技术区域供冷系统的普遍形式，其技术要点为：

（1）分量蓄冷，能显著提高系统经济性、减轻项目供电压力、节约机房建筑面积。

（2）静态制冰，其技术成熟、制冷设备投资低、设备可以竞争性采购，为冰蓄冷系统的主流制冰方式。

（3）串联布置。主机上游系统（图 5.3.10），其系统能效比高、系统整体投资较低、用户适应性好、易于控制调节。

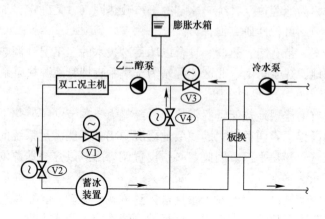

图 5.3.10　串联布置，主机上游系统示意图

（4）外融冰。可实现更高的供冷品质、降低管网及用户换热器投资与输配能耗、非 100％负荷日能实现"移峰运行"，降低运行费，而非 100％负荷日在占供冷季的 90％以上。

（5）盘管冰槽蓄冰。其蓄冷量大、释冷性能好、技术成熟。

系统能实现的功能为：设计工况主机优先，运行工况融冰优先的运行策略；三工况主机低谷电时段蓄冰与基载主机供冷；非低谷电时段，主机与蓄冰装置联合供冷、蓄冰装置单独供冷、主机单独供三种运行策略，系统流程如图 5.3.11 所示。三个能源站总蓄冰量 63580RTh。

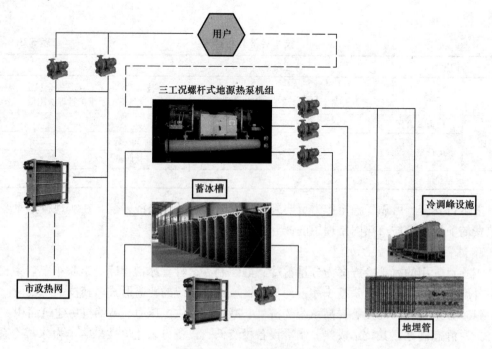

图 5.3.11　系统流程简图

4. 地源热泵

本项目采用两种地源热泵系统，西区能源站为浅层地下水地源热泵系统，在生态岛布置 32 眼浅层地下水井，250m 深 16 眼、410m 深 16 眼。浅井设计为一采一灌，以灌定采，确保采灌平衡。浅层地下水井以 250m 和 410m "成对"布置，"对井"间距＞100m，"对井"内两眼井间距＞50m。250m 深浅井水温 18.5℃，单井采灌量 30m³/h；410m 深浅井水温 27.5℃，单井采灌量 40m³/h，项目总采灌量不大于 560m³/h。为便于管理，浅井至机房的管道采用"章鱼式"布置，即每眼井单独出管至机房内汇合，利于针对每眼井的实际情况进行回灌量分配，同时在机房内通过阀门切换可以实现每眼井采水、回灌和回扬三种工况的转换，浅层地下水地源热泵系统流程如图 5.3.12 所示。

南区、北区能源站为土壤垂直埋管形式地源热泵系统，采用双 U 形垂直式埋管换热器，全部敷设于景观湖底，钻孔数 3789 眼、孔深 120m、孔间距 4.8m、钻孔直径为 φ200mm。土壤换热器夏季平均放热能力为 73W/m 孔深，冬季平均取热能力为 43W/m 孔深。室外换热系统水平集管采用单管区域集中＋检查井式系统，埋管换热器及其与阀门井之间的水平集管均为 PE100 高密度聚乙烯管，同程布置，阀门井至机房的管道采用"黑夹克"直埋保温管异程布置，土壤埋管地源热泵系统流程如图 5.3.13 所示。

5. 管网及参数

由能源站为各单体提供冷、热源的二次管网采用枝状管网布置方式，敷设于室外覆土层，管道为直埋保温管，无补偿敷设。能源站间管网通过连通管连接，可实现三个站的联网运行。系统供冷参数：3℃/12℃，供热参数：47℃/38℃。

6. 系统流程示意

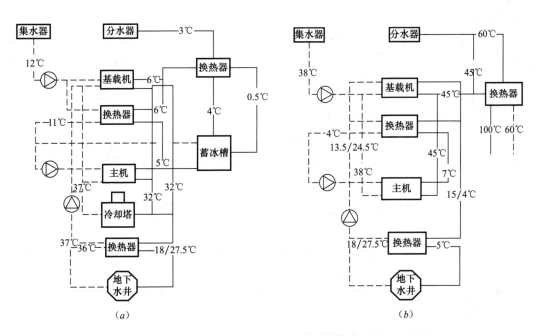

图 5.3.12　浅层地下水地源热泵系统流程图
(a) 联合供冷工况；(b) 供热工况

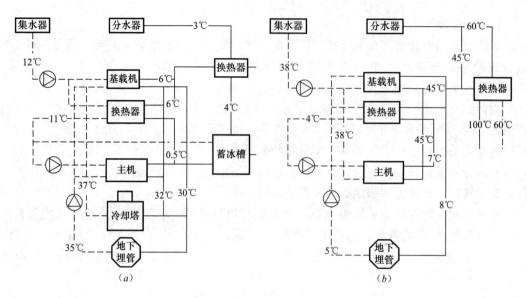

图 5.3.13　土壤埋管地源热泵系统流程图

(a) 联合供冷工况；(b) 供热工况

5.3.6　小结

(1) 通过对文化中心区域供冷建筑的室外、室内参数确定和逐时冷负荷计算，确定了该区域各栋建筑的冷负荷、热负荷及年耗冷量、耗热量用于指导区域能源站的设计；通过对浅层地下水和地埋管地源热泵实施的资源条件、政策导向、管理风险规避及项目的技术支撑条件分析确定南区、北区能源站采用湖底垂直埋管地源热泵系统，西区能源站采用在生态岛打井的水源热泵系统。

(2) 基于埋管区域面积与埋管换热器性能的土壤吸放热能力的研究和基于水资源咨询报告的浅层地下水吸放热能力的研究，得到了文化中心区域能源系统水、地源热泵地源侧季节（年）热平衡的计算结果，鉴于三个能源站的季节排热量与季节取热量均存在较大差异，因此设计时必须考虑设置辅助热源与排热设备，以保证地源热泵系统长期可靠与高效运行。

(3) 通过对文化中心区域供冷负荷的动态模拟，最终确定的制冷主机空调工况制冷负荷与由能源站提供的冷负荷匹配关系为：南、北区能源站 66％；西区能源站 59.4％。

5.4　超大规模建筑群动态分布式负荷变化规律及负荷预测模型

建筑群负荷预测是制定区域能源站控制策略的基础，指导系统未来的运行工况，对于冰蓄冷系统更起着尤为重要的作用。时间序列分析（Time series analysis）是一种动态数据处理的统计方法。该方法基于随机过程理论和数理统计学方法，研究随机数据序列所遵从的统计规律，以用于解决实际问题。经典的时间序列分析模型是 Box 和 Jenkins 提出的ARIMA（自回归求和滑动平均）模型，对原始数据，首先差分确保其成为平稳序列，再用 ARMA 模型对该平稳序列建模。对于建筑物负荷这样一类高度非线性的系统，ARIMA时间序列模型适用于短期负荷预测。

5.4.1 动态负荷预测模型的建立

时间序列是一种以时间 t 为参数的离散随机过程。基于 ARIMA 模型改进算法的分析流程包括数据处理、模型识别、参数估计、预测分析这 4 个步骤。针对平稳时间序列，前人已经建立了诸多成熟的分析预测模型。其中，以由 Box 和 Jenkins 提出的 ARIMA（自回归求和滑动平均）模型（也称为 Box-Jenkins 法）最为著名。该方法的基本思路是：对于非平稳的时间序列，用若干次差分（称之为"求和"）使其成为平稳序列，再用 ARMA（p，q）模型对该平稳序列建模，之后经反变换得到原序列的分析模型。

时间序列的组成成分包括：长期趋势变动、季节变动、循环变动和不规则变动。时间序列根据观测值的表现形式分为平均数、相对数和绝对数等。按照时间取值的连续性可划分为连续时间序列和离散时间序列，它们的区别是时间变量的取值方式。按所研究的对象的多少划分为一元时间序列和多元时间序列。按序列的分布规律划分为高斯时间序列和非高斯时间序列。按照序列的周期性划分为周期序列和非周期序列。按时间函数的确定性划分为确定性序列和随机序列。所谓确定性序列：若序列在任意时刻的值均能被精确的确定或被预测估计，那么这个序列就是确定性序列。如三角函数中的正弦序列、余弦序列等。随机序列则是指序列在任意时刻的取值是随机的，不能够给以精确的预测，通常只知道它取某一值的概率，如白噪声序列等。随机序列中本文关注的两类分别是平稳随机序列和非平稳随机序列。平稳序列是指如果一个时间序列的统计特性与时间无关，即其概率分布不随时间推移而变化，则称该序列为严格平稳时间序列。

平稳时序分析主要通过建立自回归模型（AR，Autoregressive Models）、滑动平均模型（MA，Moving Average Models）和自回归滑动平均模型（$ARMA$，Autoregressive Moving Average Models）分析平稳的时间序列的规律，一般的分析程序可用图 5.4.1 表示。

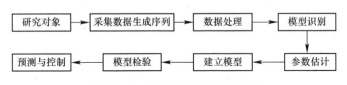

图 5.4.1　负荷预测分析程序框图

1. 自回归模型 AR（p）

如果时间序列 X_t（$t=1$，2，$\cdots$）是平稳的且数据之间前后有一定的依存关系，即 X_t 与前面 X_{t-1}，$X_{t-2} \cdots X_{t-p}$ 有关与其以前时刻进入系统的扰动（白噪声）无关，具有 p 阶的记忆，描述这种关系的数学模型就是 p 阶自回归模型，可用来预测，如式 5.4.1 所示。

$$X_t = \varphi_1 X_{t-1} + \varphi_2 X_{t-2} + \cdots + \varphi_p X_{t-p} + a_t \tag{5.4.1}$$

式中，φ_1，$\varphi_2 \cdots \varphi_p$ 为自回归系数或称为权系数；a_t 为白噪声，它对 X_t 产生响应，它本身就是前后不相关的序列，类似于相关回归分析中的随机误差干扰项，其均值为零，方差为 σ_a^2 的白噪声序列。

上面模型中若引入后移算子 B，则可改为

$$(1 - B\varphi_1 - B^2\varphi_2 - \cdots - B^p\varphi_p -)X_t = a_t \tag{5.4.2}$$

记　　　　　　　　　$\varphi(B) = (1 - \varphi_1 B - \varphi_2 B^2 - \cdots - \varphi_p B^p)$

则式（5.4.2）可写成

$$\varphi(B)X_t = a_t \tag{5.4.3}$$

称 $\varphi(B)=0$ 为 AR(p) 模型的特征方程。特征方程的 p 个根 λ_i（$i=1$，2…p）被称为的特征根。如果 p 个特征根全在单位圆外，即

$$|\lambda_i| > 1, \quad i = 1,2\cdots p \tag{5.4.4}$$

则称 AR(p) 模型为平稳模型，式（5.4.4）被称为平稳条件。由于是关于后移算子 B 的多项式，因此 AR(p) 模型是否平稳取决于参数 φ_1，$\varphi_2\cdots\varphi_p$。

2. 滑动平均模型 MA(q)

如果时间序列 X_t（$t=1$，2，…）是平稳的且与前面 X_{t-1}，$X_{t-2}\cdots X_{t-p}$ 无关而与其以前时刻进入系统的扰动（白噪声）有关，具有 q 阶的记忆，描述这种关系的数学模型就是 q 阶滑动平均模型可用来预测：

$$X_t = a_t - \theta_1 a_{t-1} + \theta_2 a_{t-2} + \cdots + \theta_q a_{t-q} \tag{5.4.5}$$

上面模型中若引入后移算子 B，则可改为

$$X_t = (1 - \theta_1 B - \theta_2 B^2 - \cdots - \theta_q B^q)a_t$$

3. 自回归滑动平均模型 ARMA(p，q)

如果时间序列 X_t（$t=1$，2，…）是平稳的与前面 X_{t-1}，$X_{t-2}\cdots X_{t-p}$ 有关且与其以前时刻进入系统的扰动（白噪声）也有关，则此系统为自回归移动平均系统，预测模型为

$$X_t - \varphi_1 X_{t-1} + \varphi_2 X_{t-2} + \cdots + \varphi_p X_{t-p} = a_t - \theta_1 a_{t-1} + \theta_2 a_{t-2} + \cdots + \theta_q a_{t-q} \tag{5.4.6}$$

即 $\quad (1 - B\varphi_1 - B^2\varphi_2 - \cdots - B^p\varphi_p)X_t = (1 - \theta_1 B - \theta_2 B^2 - \cdots - \theta_q B^q)a_t$

建筑物所处环境温度、太阳辐射强度和相对湿度等气象信息变化相对缓慢，制冷需求负荷数据以 min 为正单位的时间间隔内变化不明显。另外负荷以 min 为单位的数据量庞大，以此进行负荷预测模型的建模及预测代价较大，效率较低。因此本节选择以 h 为正单位，在选定的时间间隔基础之上，对数据进行分析与处理。

以 24h 为时间间隔的负荷需求数据整体数据呈现周期特性，即以 24h 为周期的负荷数据呈现周期运动趋势。这样的周期运动的趋势不是平稳时间序列，必须进行平稳化处理，采用差分的方式将其平稳化，周期平稳化处理中的差分是以 24h 为周期单位进行的。在对周期负荷值平稳化处理后，对其进行 ARIMA 模型的建立，估计未来负荷需求。

$$Y_t = x_t - x_{t-N} \tag{5.4.7}$$

式中，Y_t 为差分后的平稳时间序列；x 为历史负荷值；$N=24$，为周期时间单位。

5.4.2 基于误差修正的负荷预测算法改进

无论是线性回归算法、时间序列分析算法或者神经网络算法，这些经典的负荷预测算法都是建立在对已有数据的处理、分析及建模预测过程基础之上的。对于预测误差的处理较少，而预测误差必然存在，通过对预测误差进行分析与处理，将其运用到改进算法的过程，会提高负荷预测的精度。经典的控制理论中最重要的思想就是"反馈"，将误差反馈回控制器，通过控制算法输出控制量，从而达到闭环控制的基本思想。在负荷预测中，本节同样借鉴反馈控制思想，将预测误差"反馈"回预测算法，对误差进行再建模与预测，并将误差预测的结果与初步预测结果进行叠加，得到经过误差调整的综合负荷预测结果。

本节选择的误差预测算法是移动平均法：根据时间序列的历史数据，选择一定历史时间范围内的一系列数据，求其平均数作为未来时刻的预测值。对于时间序列不规则变动影响而产生的起伏较大的数据，采用移动平均法可以减小这些影响。

误差估计值放热基本趋势是在某一水平上下波动，对于观测时间序列 e_1，$e_2 \cdots e_T$，取移动平均的项数 $N < T$，一次简单移动平均值计算公式为

$$M_t = \frac{1}{N}(e_t + e_{t-1} + \cdots + e_{t-N+1}) \qquad (5.4.8)$$

在有确定的季节变动周期的资料中，移动平均的项数应取周期长度，在这里选择 N 为24。初步负荷预测值与预测误差平均值叠加得到最终负荷预测：

$$Z_t = M_t + N_t \qquad (5.4.9)$$

式中，Z_t 为最终负荷预测值，M_t 为预测误差均值，N_t 为初步预测值。

可采用平均绝对误差 MAE、平均相对误差 MRE 等指标来评测负荷预测的准确程度。

$$MAE = \frac{1}{N}\sum_{k=1}^{N}|e(k)| \qquad MRE = \frac{1}{N}\sum_{k=1}^{N}\left|\frac{e(k)}{x(k)}\right| \qquad (5.4.10)$$

式中 $e(k) = x_{predict} - x(k)$；$x_{predict}$——预测负荷数据；$x(k)$——实测数据。

根据 ASHRAE 提供的制冷负荷标准数据，检验本节提出的改进 ARIMA 时间序列负荷预测算法，其总 24 小时负荷需要如图 5.4.2 所示。

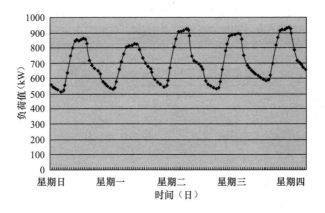

图 5.4.2　24 小时负荷需求

表 5.4.1 中数据是改进前和改进后算法预测值对比，其中周三预测值误差平均值用来修正周四初步预测值，得到了改进算法预测值，表 5.4.2 是改进前后算法预测结果误差统计，图 5.4.3 为改进前后负荷预测绝对误差值对比，图 5.4.4 为改进前后负荷预测误差百分比值对比。

改进算法前后负荷预测值对比　　　　　　　　　　　　　　表 5.4.1

时间（h）	周三预测值	周三预测值误差	改进前算法周四预测值	改进后算法周四预测值
1	587.9798	7.9798	547.7268	590.7268
2	569.9076	9.9076	530.1773	573.1773
3	566.8371	11.8371	523.8648	566.8648
4	582.4528	32.4528	512.6537	555.6537
5	574.7213	34.7213	533.9376	576.9376
6	566.9884	36.9884	521.8964	564.8964
7	577.0592	42.0592	534.4524	577.4524
8	623.8452	43.8452	572.8645	615.8645

时间（h）	周三预测值	周三预测值误差	改进前算法周四预测值	改进后算法周四预测值
9	705.6287	45.6287	648.5002	691.5002
10	844.9435	64.9435	768.1314	811.1314
11	895.2583	65.2583	817.7627	860.7627
12	945.5731	65.5731	867.3940	910.394
13	950.8879	65.8879	872.0252	915.0252
14	946.2027	66.2027	866.6565	909.6565
15	956.5175	66.5175	876.2877	919.2877
16	966.8323	66.8323	885.9190	928.919
17	962.1471	67.1471	880.5502	923.5502
18	927.4619	67.4619	845.1815	888.1815
19	784.7767	34.7767	734.8127	777.8127
20	755.0915	75.0915	664.4440	707.444
21	745.4063	75.4063	654.0752	697.0752
22	735.7211	75.7211	643.7065	686.7065
23	716.0359	76.0359	623.3377	666.3377
24	696.3507	76.3507	602.9690	645.969
平均值		53.10944167		

改进前后算法预测结果误差统计信息　　　　　　　　　表 5.4.2

时间（h）	改进前误差比（%）	改进后误差比（%）	改进前平均绝对误差	改进后平均绝对误差
1	13.19511844	5.34448926	72.2732	29.2732
2	13.16968871	5.059194349	69.8227	26.8227
3	13.57892342	5.370698699	71.1352	28.1352
4	15.08743622	6.699707814	77.3463	34.3463
5	8.626925693	0.573550168	46.0624	3.0624
6	9.217078332	0.97789523	48.1036	5.1036
7	7.586756089	−0.45886219	40.5476	−2.4524
8	8.228036473	0.721898459	47.1355	4.1355
9	7.941369949	1.310685795	51.4998	8.4998
10	6.752568636	1.154568086	51.8686	8.8686
11	6.387831091	1.129581968	52.2373	9.2373
12	6.064833282	1.107455205	52.606	9.606
13	6.074916184	1.143866026	52.9748	9.9748
14	6.155091435	1.19349477	53.3435	10.3435
15	6.129528008	1.22246381	53.7123	10.7123
16	6.104508426	1.250791551	54.081	11.081
17	6.18361111	1.300300653	54.4498	11.4498
18	6.486003302	1.3983387	54.8185	11.8185
19	7.510390063	1.658558705	55.1873	12.1873
20	8.361276496	1.889700261	55.556	12.556
21	8.550209517	1.976041899	55.9248	12.9248
22	8.745212298	2.065149257	56.2935	13.2935
23	9.090144877	2.19179748	56.6623	13.6623
24	9.458363531	2.326985301	57.031	14.031
平均值	8.528575899	2.025347969	55.86138	12.86138

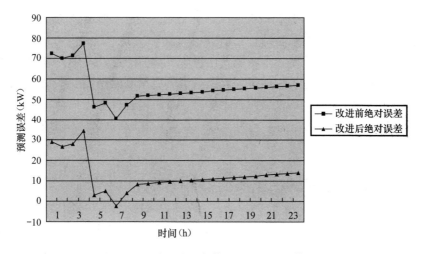

图 5.4.3　改进前后负荷预测绝对误差值对比

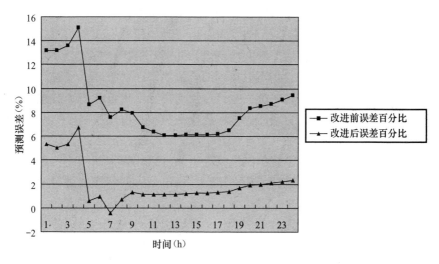

图 5.4.4　改进前后负荷预测误差百分比值对比

　　求取前期预测误差平均值，与初步预测值叠加，得到了更加精确的未来 24 小时制冷负荷预测值。从表 5.4.2、图 5.4.3 和图 5.4.4 中数据可见：改进的 ARIMA 时间序列负荷预测算法平均绝对误差由 55kW 降低到 12kW，平均误差由 8% 降低到 2%，改进的负荷预测算法具有更好的预测精度，可以作为控制算法的依据之一，为控制目标——"按需供给"提供了有利条件。

5.4.3　小结

　　（1）根据历史负荷需求，对次日逐时负荷分布进行预测，对区域蓄冷系统的运行进行合理的优化运行控制，使运行费用降到最低是要解决的主要问题，因此设计了一种建模代价较小，鲁棒抗干扰能力较强，精度相对较高的适合工程应用的制冷负荷预测算法。时间序列分析（Time series analysis）是一种动态数据处理的统计方法。该方法基于随机过程理论和数理统计学方法，研究随机数据序列所遵从的统计规律，以用于解决实际问题。采用时间序列预测文化中心区域供冷负荷的过程中，首先要对时间序列进行平稳性检验，在确定了预测时间序列是平稳序列后，对该序列进行 ARMA 模型的定阶，进而利用最大似然估计法对时间序列进行模型参数估计。

（2）由于区域供冷负荷数据的预测误差也包含了负荷的特性，因此对预测误差进行分析与处理，并将其运用到改进算法的过程，提高了负荷预测的精度。在负荷预测中，借鉴反馈控制思想，将预测误差"反馈"回预测算法，对误差进行再建模与预测，并将误差预测的结果与初步预测结果进行叠加，得到了经过误差调整的适合于文化中心短期综合负荷的预测数据。

5.5 冰蓄冷空调系统的优化运行控制策略

冰蓄冷系统可以削减电负荷高峰，缓解电力紧张，减少电力建设投资，因此自20世纪80年代初至今在世界各地都得到广泛应用。冰蓄冷系统可以分为全负荷蓄冰系统和部分负荷蓄冰系统。全负荷蓄冰系统是在供冷时不使用制冷机组，只依靠蓄冰装置融冰来满足冷负荷需求，因此系统要求的蓄冰装置和制冷机组容量都比较大，一般用于体育馆等负荷大、持续时间短的场所，对于一般商业建筑，由于其初投资过大而很少采用。部分负荷蓄冰系统在供冷时依靠蓄冰装置融冰和制冷机组共同运行负担冷负荷，制冷机组和蓄冰装置容量都比较小，初投资和运行费用可以达到综合最优，因而被广泛采用。

部分负荷蓄冰系统的控制就是要解决建筑冷负荷在制冷机组和蓄冰装置之间的分配问题。常见的控制策略有冷机优先、融冰优先、定比例控制和优化控制。

1. 主机优先

目前，最简单的冰蓄冷空调系统控制策略是冷水机组优先控制策略：系统优先启动冷水机组来满足空调负荷要求，当空调负荷小于冷水机组最大的制冷能力时，蓄冰设备不参与供冷，空调负荷完全由冷水机组提供；当空调负荷超过冷水机组最大的制冷能力时，则同时启动蓄冰设备参与供冷，空调负荷主要还是由冷水机组提供，超过冷水机组最大供冷能力的那部分空调负荷由蓄冰设备融冰供给。在系统无空调负荷启动冷水机组满负荷运行直至蓄冰结束。

该控制策略工程实现起来较为简单，运行可靠，且不需要预测未来时间内的空调负荷。但是，这种控制策略的缺点主要是不能根据空调负荷的变化而相应地改变蓄冰量，这样造成了冰蓄冷空调系统在空调负荷较小的季节里，蓄冰设备使用率较低，夜间盲目制冰带来不必要的能耗，不能有效地减少峰值电力需求和降低用户运行费用。

因此，冷水机组优先控制策略需要加强对未来空调负荷的预测工作，根据未来的空调负荷来确定低谷电价期间制冰模式的运行。当次日的空调负荷可以完全由冷水机组提供，冷水机组夜间制冰运行就可以取消；当次日的空调负荷超过了冷水机组的最大供冷能力，则超过的部分由夜间冷水机组制冰补足即可，没有必要使蓄冰量达到90%或者更高。改进后的冷水机组优先控制策略，在空调负荷较小的季节里运行时，冰蓄冷空调系统运行情况类似于非蓄冰的常规空调系统，在典型设计日或接近典型设计日运行时，又能充分地发挥冰蓄冷空调"降峰移荷"，节省运行费用的优势，控制起来也比较简单。

2. 融冰优先

融冰优先的策略是尽可能地利用蓄冰设备融冰来负担空调负荷。当蓄冰设备融冰不能完全负担空调负荷时，依靠冷水机组的运转来负担不足的部分。这种控制策略能最大限度地利用蓄冰设备。在部分蓄冰空调系统中，蓄冰设备的蓄冰融冰能力和冷水机组的制冷能力都比较小，必须两者同时供冷才能满足峰值空调负荷。在典型设计日或接近典型设计日里，空调负荷较大，若不限制每个时刻的融冰量，则峰值空调负荷根本不能满足，整个空调系统就不能正常运行。

为了要保证蓄冰设备能负担每天峰值时的空调负荷，所蓄的冰就不能融得太快，所以需要对负荷进行预测以决定各时刻的融冰量。因此，融冰优先的策略实现起来较为复杂，而且我国多数地方都实行的是"三步"分时电价政策，即低谷、平峰、高峰三个不同的电价时段，这更增加了融冰优先控制策略控制的复杂性。另外，融冰优先控制策略对蓄冰设备的要求较高，在一定程度上增加了系统的初投资，不利于冰蓄冷空调系统与常规空调的竞争。

3. 定比例

定比例控制模式运行时，主机直接供冷和融冰始终按照预先设定的固定比例分别提供冷量来满足空调系统的冷量需求。由于同时使用制冷机和融冰供冷，故比主机优先更节约峰值用电量。其运行费用介于主机优先和融冰优先之间。

由于要使制冷机的供冷量随时调整到所需值，且随着每天供冷负荷的波动，可能造成槽内有余冰或者过早地耗尽，因此这种控制执行起来比较困难。而且，也需进行准确的负荷预测，恰当确定日间供冷时主机所承担的负荷比例，使冰槽刚好完全释放。

4. 优化控制

冰蓄冷系统的优化控制，是在满足各种约束的条件下，综合考虑日运行费用等多个优化目标，合理地控制蓄冰装置在谷段电价时间的蓄冰量，以及在峰段和平段电价时间的融冰速度及制冷机组的供冷负荷输出，其优化控制实质是根据具体电价情况，设计负荷分配优化算法，以确定每一时刻蓄冰装置和制冷机组承担的空调负荷比例，以便在满足建筑空调用冷的前提下，使得日运行费用最低。从数学角度来看，冰蓄冷系统的优化控制属于最优化问题的研究，它是提出某目标函数，并在一定约束条件下，使该目标函数达到极值。冰蓄冷系统的优化控制目标和约束条件如下所示。

（1）冰蓄冷系统的主要控制目标包括：

目标1：系统日运行费用最低。

目标2：满足空调负荷需求。

目标3：在一个工作周期内，尽量耗尽蓄冰装置内的冷量。

目标4：尽可能保持制冷机组工作的连续性，避免频繁开机关机。

其中，目标2是冰蓄冷系统进行各种优化控制的前提，是必须满足的；目标1是实施冰蓄冷系统优化控制的主要目的，应优先考虑；目标3和目标4是评价冰蓄冷系统优化控制策略优劣的附加评价指标，应在充分考虑目标1、2的基础上尽可能予以优化。

（2）系统的约束条件主要是一些制冷、蓄冷设备的极限参数限制，包括：

条件1：制冷机组输出冷负荷最大值约束；

条件2：蓄冰装置最大蓄冷量约束；

条件3：蓄冰装置最大融冰速率约束。

冰蓄冷系统的优化控制策略实质上就是在满足以上约束条件的基础上，尽可能地达到节省运行费用的控制目标。

5.5.1　冰蓄冷系统优化控制数学模型的建立

在冰蓄冷系统优化控制策略的研究上，理论和实际工程存在严重脱节。实际工程应用中，冰蓄冷系统优化控制多采用的是一种静态的方法，即在冰蓄冷控制模型设计初期就已经设定了建筑物逐时负荷的分配比例，然后按每个时段的固定比例将逐时负荷分配给制冷机组与蓄冰设备，由它们分别承担，并预先约定负荷预测的偏差由哪一部分（制冷机组或蓄冰设备）补偿。这种控制方案虽然较单纯的制冷机组优先供冷或蓄冰优先供冷策略有所进步，但由于无法根据当天的负荷状况动态地优化负荷分配，因此仍然没有充分地发挥冰蓄冷系统的优势。目前，通过优化控制理论对冰蓄冷系统数学模型进行控制，结果也不甚理想。这是由于建立的控制模型求解复杂，在工程中难以实施；而且即便能够求得最优解，但由于实际工程的复杂性，基于最优解的精确控制也往往无法实现（工程中制冷机组的可控参数有限，往往难以实现精确冷负荷控制）。因此，如何建立一个在理论上接近最优控制结果，而在工程中又切实可行的优化控制模型是迫切需要解决的问题。

1. 前提假设

对冰蓄冷系统进行优化时，为了简化问题分析，在推导冰蓄冷空调系统日运行费用数学模型时，采用以下假设。

（1）冰蓄冷空调系统主要耗电设备有三工况制冷机、双工况制冷机、系统循环泵、基载循环泵、主机溶液泵、系统地源泵、基载地源泵等，其中制冷机组是耗电最大的设备，而且每时段其他设备开启数量与制冷机组有一定的对应关系，如某一时刻需开启两台制冷主机供冷，则相应地需要开启两台乙二醇泵和两台系统地源泵，它们是关系紧密的设备组合，所以在研究日运行费用时，主要是计算制冷机组（蓄冰和直接供冷）的运行费用，不考虑其他辅助设备的运行费用。

（2）峰谷电价也是影响日运行费用的重要因素，本工程冰蓄冷空调系统实行峰谷电价。

（3）在夜间 23：00—次日 7：00 的电力低谷时段制冰时，由于系统配备基载制冷机组，因此不考虑制冷机组同时需要供冷的情况。

（4）系统中三工况制冷机额定参数都相同，制冷机组具有空调工况和制冰工况，在各工况下制冷机组最大制冷量恒定，通过制冷主机和蓄冰槽的流体流量均恒定，暂不考虑冷却水进口温度和二次冷媒水出口温度对制冷主机出力和电耗的影响。

（5）蓄冰装置保温良好，不计冷损失，蓄冰装置释冷速率恒定。

2. 状态函数

蓄冰槽在蓄冰系统中虽然不是耗能设备，但由于它的传热性能决定了蓄冷、释冷的最大速度，因此会影响冰蓄冷系统的优化控制。引入状态变量 x，表示蓄冰槽的蓄冰状态，控制变量 u 表示蓄冰状态的改变速率 $u = \dfrac{\mathrm{d}x}{\mathrm{d}t}$。在任何时刻，通过 u 来表示蓄冰、释冰或者不蓄也不释。对于冰蓄冷系统状态传递等式可以写成：

$$x_{k+1} = x_k + u_k \Delta t \tag{5.5.1}$$

$$x_{\min} \leqslant x_k \leqslant x_{\max} \tag{5.5.2}$$

$$u_{\min,k} \leqslant u_k \leqslant u_{\max,k} \tag{5.5.3}$$

式中，x_k 是 k 时刻蓄冰槽剩余冷量；$u_{min,k}$ 是 k 时刻最大放冷率的负值；$u_{max,k}$ 是 k 时刻最大融冰供冷能力。

目前，国内外已经有许多研究人员对蓄冷空调系统的传热特性进行了研究并建立了传热分析模型。对于间接蓄冷系统，主要指乙二醇蓄冰系统，蓄冷介质（水或冰）为静态，利用相变来蓄冷或释冷。其传热特性与热交换器类似。可以用对数平均温差法（LMTD），得到载冷剂与冰水之间的能量平衡关系：

$$Q = UA\Delta T_{lm} = V\gamma c(T_{bo} - T_{bt}) \tag{5.5.4}$$

式中，Q 为乙二醇载冷剂与冰水之间的换热量，W；U 为单位面积载冷剂与冰水之间的传热系数，$W/(m^2 \cdot K)$；A 为载冷剂与冰水之间的传热面积，m^2；ΔT_{lm} 为对数平均温差 K；V 为载冷剂流量 m^3/s；γ 为载冷剂密度 kg/m^3；c 为载冷剂比热，$kJ/(kg \cdot ℃)$；T_{bo} 为载冷剂进口温度，℃；T_{bt} 载冷剂出口温度，℃。

对数平均温差：

$$\Delta T_{lm} = \frac{(T_w - T_{bt}) - (T_w - T_{bo})}{\ln(T_w - T_{bt})/(T_w - T_{bo})} \tag{5.5.5}$$

式中，T_w 为蓄冰过程中蓄冰槽内水温，在相变阶段，近似于水的冰点，即 $T_w = 0℃$，在蓄冰过程中（传热均简化为一维问题），对于盘管式蓄冰槽，UA 的值如下：

$$UA = \frac{1}{\dfrac{1}{2\pi\alpha r_{id}L} + \dfrac{1}{2\pi\lambda_{lw}L}\ln\left(\dfrac{r_{od}}{r_{id}}\right) + \dfrac{1}{2\pi\lambda_{ice}L}\left(\dfrac{r_{int}}{r_{od}}\right)} \tag{5.5.6}$$

式中，α 为盘管内对流换热系数，$W/(m^2 \cdot K)$；λ_{ice}——冰的导热系数，$W/(m \cdot K)$；λ_{lw}——盘管壁导热系数，$W/(m \cdot K)$；r_{id}——盘管内径，m；r_{od}——盘管外径，m；r_{int}——冰水交界面的冰环管外径，m；L——盘管总长度，m。

由于蓄冰罐中的冰不断融化，冰与壳体壁的传热面积随之减少，另一部分则靠水的对流来传热，传热系数与传热面积的改变使得实际操作中的 UA 不恒定，因此蓄冰槽的传热机理十分复杂，要定量地描述上式比较困难，导致传热系数 UA 确定十分复杂。鉴于蓄冰槽的冰量有限，在融冰时最大的可用冰量受到蓄冰槽中剩余冰量、乙二醇溶液的流量、蓄冰槽进出口流体温度等因素影响，融冰速率有限，因此采用下式近似表示：

$$u_{max,k} = f(T, Q, m) \tag{5.5.7}$$

式中，T 为蓄冰槽进出口流体平均温度，Q 为蓄冰槽中剩余冰量，m 为流经蓄冰槽的乙二醇流量。一般在融冰阶段的绝大部分多数时间内，蓄冰槽进出口平均温度基本稳定，同时假设乙二醇泵采用定流量方式运行，因此将上式加以简化，即将蓄冰槽最大融冰速率简化为只与剩余冰量有关的线性函数，用公式表示为

$$u_{max,k} = c - dX_{k-1} \tag{5.5.8}$$

式中，X_{k-1} 为 k 时刻以前蓄冰槽的剩余冷量，c 和 d 是蓄冰槽 k 时刻的最大融冰供冷能力与剩余冰量之间线性关系的两个常量，可以通过蓄冰槽的融冰特性曲线拟合求得。

3. 优化控制目标函数

设用户每天需供冷时间为 N，k 时刻的用户冷负荷为 Q_k，其中制冷机负担 Q_{ck}，其运行费用为 $F(Q_{ck})$；蓄冰槽负担 Q_{lk}，其运行费用为 $F(Q_{lk})$，则全天的运行费用为

$$F_{ee} = \sum_{k=1}^{N}\left[F(Q_{ck}) + F(Q_{lk})\right] \tag{5.5.9}$$

优化的目标是从经济性考虑使全天的运行费用最小，进一步按电价结构可给出具体目标函数：

$$\min F_{ee} = \sum_{k=1}^{N} \left[Q_{ck} a_k + Q_{lk} b_k \right] \tag{5.5.10}$$

式中，a_k 是制冷机单位供冷负荷的费用，b_k 是蓄冰槽单位供冷负荷的费用。

制造厂商提供的制冷机的制冷量和耗电量是在标准工况下满负荷运行测得的，但随着蒸发温度的降低，冷凝温度的升高，制冷机的性能（制冷能力）会下降。季节变化、昼夜更替以及负荷的变化、控制策略的选择也使得制冷主机大部分时间运行在非标准工况即部分负荷运行，而冰蓄冷空调系统的制冷机性能变化更是显著。因此必须考虑制冷主机在非标准工况及非满负荷运行时的性能。

用部分负荷率 PLR 来表示制冷机在部分负荷条件下运行的性能：

$$PLR_{k,chw} = \frac{Q_{ck}}{CCAP_{chw}} \tag{5.5.11}$$

式中 $CCAP_{chw}$——制冷机组空调工况下的额定制冷量。

空调工况下，部分负荷时的制冷机组功率可以表示为：

$$P_{ck} = P_{chw}(d + e PLR_{k,chw} + f PLR^2_{k,chw}) \tag{5.5.12}$$

式中 P_{chw}——制冷机组空调工况下的额定功率，d、e、f 为系数。

因此，在部分负荷下，制冷机组单位供冷负荷的费用为

$$a_k = P_{chw}(d + e PLR_{k,chw} + f PLR^2_{k,chw}) \times E_C \tag{5.5.13}$$

式中 E_C——电力高峰时刻的电价。

由于冰蓄冷空调系统只在电力低谷时段蓄冰，故蓄冰槽负担单位冷负荷 b_k 可简化为：

$$b_k = P_{ice}(g + h PLR_{k,ice} + l PLR^2_{k,ice}) \times E_l \tag{5.5.14}$$

式中 P_{ice}——制冷机组制冰工况下的额定功率；

$PLR_{k,ice}$——制冷机组制冰工况下的用部分负荷率；

E_l——电力低谷时刻的电价，g、h、l 为系数。

4. 约束条件

（1）融冷量、余冷量的限制

每小时的融冰量供冷量 Q_{lk} 受到传热性能和蓄冰罐容量的约束，不超过最大融冰速率，余冷量 X_k 不能大于蓄冰槽容量：

$$0 \leqslant Q_{lk} \leqslant u_{max,k} \tag{5.5.15}$$

$$0 \leqslant X_k \leqslant SCAP \tag{5.5.16}$$

式中，$SCAP$——蓄冰槽的标称容量。

（2）制冷机组的约束

每小时制冷机的制冷量与室外环境温度、地埋管进水温度及冷机出水温度有关，不能超过在该时刻的满载容量。制冰时不超过制冰工况下的额定制冷量：

$$0 \leqslant Q_{ck} \leqslant CCAP_{ice} \tag{5.5.17}$$

在空调时：

$$0 \leqslant Q_{ck} \leqslant CCAP_{chw} \tag{5.5.18}$$

（3）其他条件

释冷量与机组制冷量之和满足系统冷负荷要求：

$$Q_{lk} + Q_{ck} = Q_k \quad\quad (5.5.19)$$

5.5.2 基于动态规划的冰蓄冷系统优化求解方法

1. 动态规划原理

动态规划是解决最优化问题的一种特殊途径，它的最优化过程不管初状态或初策略如何，相对于初策略产生的状态来说，其后的策略必须构成最优策略。动态规划特别适合解决蓄能空调系统的分阶段决策的问题。

多阶段决策问题，是可以依时间或空间将过程分为若干个相互联系的阶段，每个阶段都需要做出决策，以使整个过程达到最好的活动效果。每个阶段的决策既依赖于过程当时的状态，又对过程以后的活动与效果产生影响。当每个阶段的决策全部确定之后，就得到一个决策序列，同时也决定了整个过程的一条活动路线。由于在这种前后关联具有链状结构的多阶段决策过程中，决策的选取随阶段不同而不同，即是"动态"的，见图5.5.1。

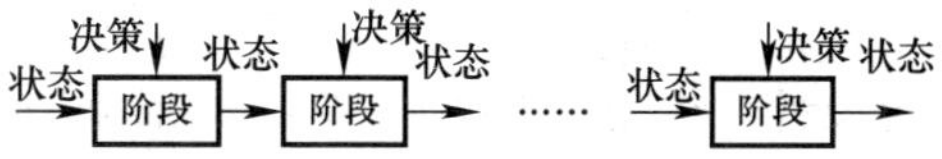

图 5.5.1 动态规划决策链状图

2. 动态转移方程

状态转移方程：对确定性过程，如果第 k 个阶段的状态 x_k 给定，u_k 也选定，则过程的下一步演变就完全确定，即第 $k+1$ 个阶段的状态 N_{k+1} 也就完全确定，用函数关系表示为式（5.5.20），称为状态转移方程。

$$x_{k+1} = T_k(x_k, u_k) \quad\quad (5.5.20)$$

式中，k 表示阶段变量、x_k 表示状态变量、u_k 表示决策变量。

3. 指标函数

用来衡量所实现过程优劣的数量指标称为过程的指标函数，或称为目标函数。同样存在全过程的指标函数和 k 子过程的指标函数。过程的某一阶段的数量指标称为阶段指标函数 $r_k(x_k, u_k)$。过程指标函数的最优值，称为相应的最优指标函数。我们用"opt"表示"最优化"，记为：

$$f_k(r_k) = \text{opt}\{r_k \oplus r_{k+1} \oplus \cdots \oplus r_n\} \quad\quad (5.5.21)$$

4. 解步骤与方法

建立动态规划模型以及求解步骤如下：

（1）将整个过程进行恰当的分阶段；

（2）正确选择状态变量，使其既能描述过程，又无后效性；

（3）确定决策变量和各阶段的容许决策集；

（4）根据过程的特性，写出状态转移方程；

（5）根据题意确定指标函数，注意要满足递推条件；

（6）递推求解基本方程，再按照与递推过程相反的顺序推算，逐步确定每阶段的决策。

动态规划的求解方法：一般通过状态转移方程和动态规划目标函数递推方程就可求解动态规划过程，求解方法如下：

$$\begin{cases} f_k = \text{opt}[r_k \oplus f_{k+1}] \\ x_{k+1} = T_k(x_k, u_k) \end{cases} \quad\quad (5.5.22)$$

（1）逆序解法（backward induction method）

由后向前逐步递推求出每个后部子过程的最优解，直至求得整个过程的最优解。逆序解法是一般方法。

$$\begin{cases} f_k = \mathrm{opt}[r_k \oplus f_{k+1}] \\ f_{n+1} = 0 \end{cases} \quad k = n, n-1, \cdots 1 \tag{5.5.23}$$

（2）顺序解法（forward induction method）

＋第一阶段演算到最后阶段，再由最后阶段回溯向前决定每阶段的决策。

$$\begin{cases} f_k = \mathrm{opt}[r_k \oplus f_{k+1}] \\ f_0 = 0 \end{cases} \quad k = n, n-1, \cdots 1 \tag{5.5.24}$$

5. 冰蓄冷空调系统动态规划逆向求解过程

冰蓄冷空调系统的控制实际上就是要解决每个时间段里制冷机和蓄冰罐提供冷量的分配问题，即多阶段决策问题。根据最优化理论，这类问题可以采用动态规划方法求解。选取冰蓄冷系统的一个循环（24h）周期作为研究，选取余冷量 X_k 为状态变量，$U_k = X_{k+1} - X_k$ 为控制变量，则24h有25个时间节点，理论上，在节点1和节点25，蓄冰罐中的余冰量应为0，即在每个空调期间结束时，蓄冰罐的冷量已全部释放 $X_1 = X_{n+1} = 0$ 采用逆序解法的最优化计算流程如下：

设已知最后一个节点为 X_{n+1}，则 $U_n = X_{n+1} - X_n$，此时 X_n 在（0，SCAP）间有多种选择，为了便于计算，取步长为5kW，让 X_n 遍历取值范围内的所有值（$X_n^{(1)}$，$X_n^{(2)}$，$\cdots$ $X_n^{(s)}$）。根据前面推导出的状态方程、目标函数和约束方程等求得系统的动态规划目标函数的一个序列（$\mathrm{SUM}_n^{(1)}$，$\mathrm{SUM}_n^{(2)}$，$\cdots \mathrm{SUM}_n^{(s)}$），如表5.5.1所示。

第 n 小时内的释冷量与运行费用　　　　　　　　表5.5.1

	$X_n^{(1)}$	$u_n^{(1)}$	$\mathrm{SUM}_n^{(1)}$
X_{n+1}	$X_n^{(2)}$	$u_n^{(2)}$	$\mathrm{SUM}_n^{(2)}$
	$\cdots$	$\cdots$	$\cdots$
	$X_n^{(s)}$	$u_n^{(s)}$	$\mathrm{SUM}_n^{(s)}$

但如果 $X_{n-1}^{(1)} + u_{n-1}^i + u_n^i = X_{n-1}^{(1)} + u_{n-1}^j + u_n^j$，即从 X_{n-1} 可经由两条路径（$X_n^{(i)}$ 或 $X_n^{(j)}$）到达 X_{n+1}，此时需要比较两条路径成本，选取最小的 $\mathrm{SUM}_{n-1}^{(1)}$，同时保留对应的 X_n。对于 $X_{n-1}^{(i)} \cdots X_{n-1}^{(j)}$ 等都要进行相应的判断，得到的数据见表5.5.2。

数据判定表1　　　　　　　　　　　　表5.5.2

	$X_{n-1}^{(1)}$	$u_{n-1}^{(1)}$	$\mathrm{SUM}_{n-1}^{(1)}$
X_n	$X_{n-1}^{(2)}$	$u_{n-1}^{(2)}$	$\mathrm{SUM}_{n-1}^{(2)}$
	$\cdots$	$\cdots$	$\cdots$
	$X_{n-1}^{(s)}$	$u_{n-1}^{(s)}$	$\mathrm{SUM}_{n-1}^{(s)}$

重复计算，直到节点 X_1，见表5.5.3。

数据判定表2　　　　　　　　　　　　表5.5.3

$X_2^{(1)}$		$U_1^{(1)}$	$\mathrm{SUM}_1^{(1)}$
$X_2^{(2)}$	X_1	$U_1^{(2)}$	$\mathrm{SUM}_1^{(2)}$
$\cdots$		$\cdots$	$\cdots$
$X_2^{(s)}$		$U_1^{(s)}$	$\mathrm{SUM}_1^{(s)}$

最后，在序列（$SUM_1^{(1)}$，$SUM_1^{(2)}$，…$SUM_1^{(s)}$）选择最小值就是整个运行期间的最小运行费用，在上述表中从第一个节点（X_1，U_1）之后按照最小费用的标准依次查找系统（X_2，U_2），直到（X_n，U_n），可以获取系统在各时刻的蓄冰槽余冰量与融冰速率。

5.5.3 南区能源站优化控制实例

优化控制选用课题中的南区集中能源站，其所服务的单体建筑包括博物馆、美术馆、图书馆、大剧院、自然博物馆（原博物馆）及控制中心。能源站设计日峰值供冷负荷：26866kW（其中基载冷负荷2600kW），南区主要设备见表5.5.4。

南区主要设备参数表

表5.5.4

序号	设备编号	设备名称	技术参数	数量	备注
1	TCH	三工况地源热泵机组	蒸发器进出口温：11/5℃（制冷），−2/−5.6℃（制冰），7/4℃（制热）； 冷凝器进出水温：30/35℃（地源），32/35℃（冷却塔），38/44℃（制热）； 输入功率：702.9KW（制冷），585.5kW（制冰）744.6kW（制热）； 制冷量：$Q=3573kW$（COP=5.08） 制冰量：$Q=2215kW$（COP=4.1） 制热量：$Q=3930kW$（EER=5.28）	4	
2	BCH	双工况地源热泵机组	蒸发器进出口温：12/6℃（制冷），7/4℃（制热）； 冷凝器进出水温：30/35℃（地源），32/35℃（冷却塔），38/45℃（制热）； 输入功率：263.5kW（制冷），314.8kW（制热） 制冷量：$Q=3573kW$（COP=5.10） 制热量：$Q=3930kW$（EER=4.48）	2	
3	PHE-CH	主机换热器	一次侧（乙二醇）：7/4℃ 二次侧（水）：5/8℃ 换热量：$Q=3840kW$	4	
4	PHE-SH	供热换热器	一次侧（市政）：100/60℃ 二次侧（水）：45/60℃ 换热量：$Q=1740kW$	2	
5	GLP	主机溶液泵	1011m³/h，30H₂O，110kW	4	变频
6	CHWP	系统循环泵	642m³/h，34H₂O，53kW	4	变频
7	CHWP-BCH	基载循环泵	187aam³/h，22H₂O，18.5kW	2	变频
8	SWP	系统地源泵	930m³/h，47H₂O，160kW	4	变频
9	SWP-BCH	基载地源泵	345m³/h，21H₂O，30kW	2	变频
10	PHE-IW	融冰换热器	一次侧：0.5/4℃ 二次侧：6/3℃ 换热量：$Q=5063kW$	2	
11	IWP	融冰泵	1062m³/h，18.5H₂O，75kW	3	变频
12	CT	冷却塔	720m³/h，37kW×2	2	
13	CWP	冷却泵	600m³/h，36H₂O，90kW	2	
14	CWP	冷却泵	300m³/h，20.5H₂O，30kW	2	

1. 南区能源站供冷控制策略

（1）三工况主机制冰工况控制策略

该工况流程图如图5.5.2所示。

1）主机开关机的控制

在此工况情况下，开启四台三工况主机，主机出口温度设定为−5.6℃。

主机开机顺序如下：

开启阀门：VGL1～2、VGL4、V3～6、Vb5～10（对应地源提供的冷却水，在地源投入时开启，在冷却塔投入时，Va5～10开启）。

关闭阀门：VCHW5～8、VGL3、VGL5、Va1～4、Vb1～4。

调节阀门：V7；同时发出启动系统地缘泵和主机溶液泵指令；启动热泵机组。

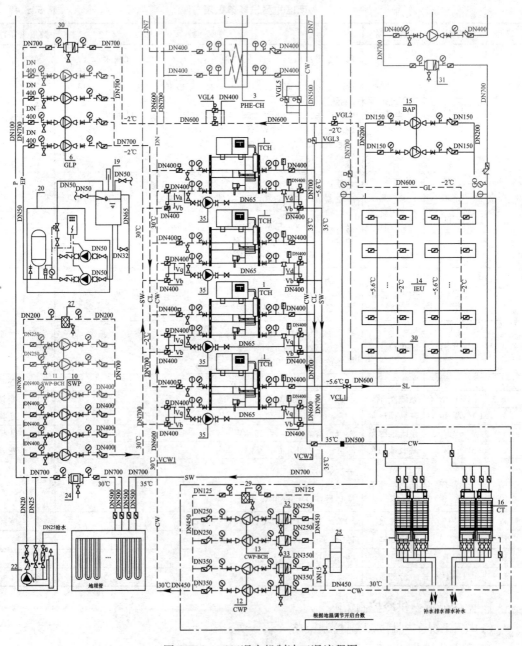

图 5.5.2　三工况主机制冰工况流程图

主机关机顺序：

① 制冷主机群控系统确定停止的热泵主机编号；

② 停止该编号热泵机；

③ 延时 10min 关该编号制冷机对应的电动蝶阀和工况切换电动阀；

④ 发出停系统循环泵、地缘泵和溶液泵指令。

2）制冰结束判断

当以下任意一种达到即认为蓄冰结束：

① 制冰时间：23：00—7：00；

② 蓄冰量：20580RTH（由蓄冰装置的荷载式传感器计算）；

③ 主机进出口温差小于 2.0℃，且主机进出口温度 T16 大于－4.1℃；

④ 主机出口温度小于－6.1℃；

⑤ 冰厚度传感器检测：当冰厚度传感器达到设定值时报警，关闭所属盘管。

3）主机溶液泵（GLP）的控制

制冰工况下，系统地缘泵的扬程与主机、主机板换和系统管路阻力匹配。溶液泵根据蓄冰槽进出口压差变频。蓄冰槽进出口压差设定值为 8m 水柱（可更改），当实测进出口压差大于设定值时，降低主机溶液泵频率；反之，则提高主机溶液泵频率。主机溶液泵最低频率设定按最低频率设定原则，当主机溶液泵运行频率不大于最低频率时，停一台泵；当主机溶液泵运行频率达到 45Hz 时，开启一台泵。最低频率的设定要保证主机蒸发器的最低流量，可以按照蒸发器侧流量开关动作来确定最低频率。

4）系统地源泵的控制

根据进出口温差（T23-T24）的差值与设定值比较，变频调节系统地源泵控制。当实测值大于设定值时，提高水泵频率；反之，则降低水泵频率。水泵最低频率设定按最低频率设定原则，当水泵运行频率不大于最低频率时，停一台泵；当水泵运行频率达到 45Hz 时，开启一台水泵。最低频率设定：保证主机冷凝器的最低流量，可以按照冷凝器侧流量开关动作来确定最低频率。

（2）三工况主机制冰、基载机供冷工况控制策略

该工况流程图如图 5.5.3 所示。

1）主机开关机的控制

开启三工况主机，三工况主机出口温度设定为－5.6℃。开启基载主机，基载主机出口温度设定为 6℃。

三工况主机开启顺序：（同主机制冰工况）

① 决定开启第一台主机的编号。

② 电动阀门开启和关闭。

开启阀门：VGL1～2、VGL4、VCHW8～9、V1～6、Vb1～10（对应地源提供的冷却水，在地源投入时开启，在冷却塔投入时，Va1～10 开启）。

关闭阀门：VCHW5～7、VCHW10、VGL3、VGL5。

调节阀：V7。

③ 同时发出启动系统地源泵和主机溶液泵指令。

④ 启动热泵机组。

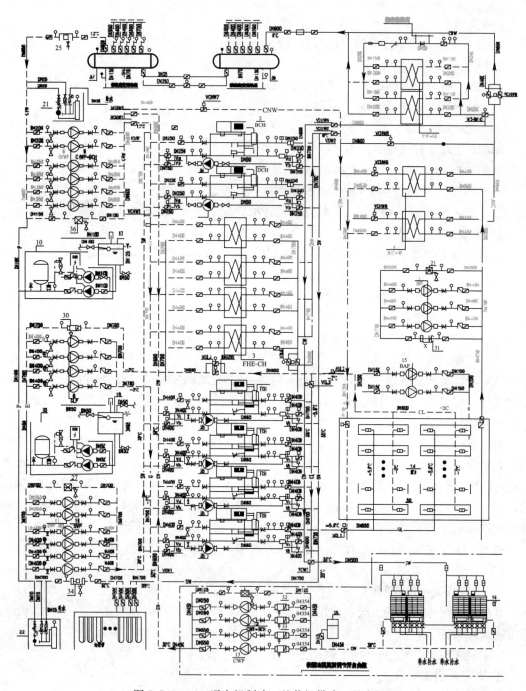

图 5.5.3　三工况主机制冰、基载机供冷工况流程图

基载主机开启顺序：

① 决定开启基载主机的编号；

② 主机对应的电动阀门开启；

③ 同时发出启动 1 台系统记载泵指令；

④ 启动热泵机组。

主机关机顺序和制冰结束判断：同三工况制冰一样。

2）基载主机加减机控制

加机控制需采用主机运行电流百分比 p 和供水温度来控制。根据系统供水温度和机组运行电流百分比 p，自动调整基载主机的运行台数，达到最佳节能目的。同时满足以下条件时，则开启 1 台主机。

① 主机电流百分比≥设定值 p（如 90%）；

② 主机供水温度 $T-7$≥［设定值 T（如 6℃）+设定差（如 1℃）］；持续 10min，再进行下一次判断。

开启主机确定程序，开启主机前判断是否存在主机故障或检修情况，若存在主机故障或检修情况，则跳高该主机。

减机控制根据回水温度和电流百分比来控制同时满足以下条件时，关闭一双工况主机（优先关闭运行时间长的机组）。

a. 电流百分比≤设定值 P 设（如 50%）；

b. 回水温度 $T-1$≤［设定值 T（如 12℃）一般定差（如 2℃）］；持续 10min，再进行下一次判断。关闭主机确定程序。

3）主机溶液泵（GLP）控制和系统地源泵的控制（同三工况制冰）。

4）系统基载泵（SWP）变频控制

满足末端流量需求进行基载循环泵调节。

① 当主机蒸发器进出口压差>10m 水柱（可更改）

根据板换间最不利压差控制基载循环泵变频，最不利压差 P 与设定值比较，变频调节基载循环泵。当实测值大于设定值时，降低水泵频率；反之，则提高水泵频率。当水泵运行频率不大于最低频率时，停一台泵，最低频率设定为水泵自身最低频率；当水泵运行频率达到 45Hz 时，开启一台水泵。

② 当主机蒸发器进出口压差<10m 水柱（可更改）

根据主机蒸发器进出口压差调节基载循环泵。当主机蒸发器进出口压差<10m 水柱时，提高水泵频率。

（3）三工况主机、基载机供冷工况

该工况流程图如图 5.5.4 所示。

1）主机开关机控制

基载主机出口温度设定为 6℃，三工况主机出口温度设定为 5℃。三工况主机开启顺序：

① 决定开启第一台主机的编号；

② 电动阀门开启和关闭。

开启阀门：VGL3、VCHW5、VCHW8、V1～6（对应主机电动阀）、VCHW9、Vb1～10

关闭阀门：VGL1～2、VCHW3～4、VCHW6～7、VCHW10。

阀门调节：VGL4～5、V7。

③ 同时发出启动 1 台系统地源泵和 1 台主机溶液泵指令。

④ 启动热泵机组。

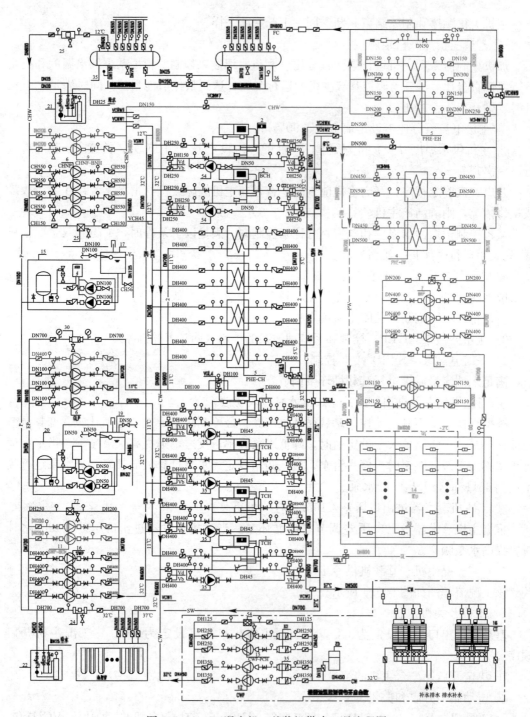

图 5.5.4　三工况主机、基载机供冷工况流程图

主机关机顺序同三工况制冰一样。

2）主机加减机控制

加机控制需采用主机运行电流百分比 P 和供水温度来控制。同时满足以下条件时，则开启 1 台主机（先开启运行时间短的机组）：

① 主机电流百分比不小于设定值 p，如 90%。

② 主机供水温度 $T-7$ 不小于 ［设定值 T(如 6℃)＋设定差(如 1℃)］。

持续 10min，再进行下一次判断。开启主机确定程序，优先开启三工况主机，再开启基载主机。

减机控制根据冷冻水回水温度和电流百分比来控制热泵主机的运行台数，达到最佳节能目的。

当主机运行台数≥3 台，同时满足以下条件时，则关闭一台主机（优先关闭运行时间长的机组）

① 电流百分比≤设定值 P 设（如 50%）。

② 回水温度 $T-1$≤［设定值 T(如 12℃)一般定差(如 2℃)］；持续 10min，再进行下一次判断。

当主机运行台数<3 台，满足条件与上述相同时，则关闭一台主机（优先关闭运行时间长的机组）。

关闭主机确定程序，优先关闭基载主机，再关闭三工况主机。

3）主机溶液泵（GLP）控制

主机、基载供冷工况下，溶液泵的扬程与主机、主机板换和系统管路阻力匹配，采用在该工况下定频率运行。

系统循环泵（CHWP）变频控制（与三工况主机制冰、基载机供冷工况时相同）。

系统地源泵（SWP）变频控制和冷却塔的变频控制（与三工况主机制冰工况相同）。

4）主机板换出口温度控制

主机板换出口温度根据冷冻水出水温度 T12 进行调节，设定值为 6℃。当实测值大于设定值时，关小 VGL5，开大 VGL4；当实测值不大于设定值，关小 VGL4，开大 VGL5。

（4）融冰单供冷工况

该工况下系统流程图如图 5.5.5 所示。

1）电动阀门开关情况

开启阀门：VCHW6～7、VCHW9。

关闭阀门：VGL1～5、VCHW5、VCHW8、VCHW10、V1～6（对应主机电动阀）、Vb1～10。

调节阀门：V7。

2）系统循环泵变频控制

根据板换间最不利压差变频控制系统循环泵，最不利压差 P 与设定值比较，变频调节系统循环泵（CHWP）的频率。当实测值高于设定值时，降低水泵频率；反之，则提高水泵频率。

3）融冰结束判断

当冰槽剩余冰量为 100RT（可调）时或槽出口温度达到 4℃（可调），即判定为融冰结束。

4）供水温度控制

融冰泵变频根据融冰板换二次侧的冷冻水供水温度 T11 进行调节，可以通过水泵变频进一步降低融冰的泵能耗，其调节目标参数为冷冻水的供水温度，设定温度为 3℃。

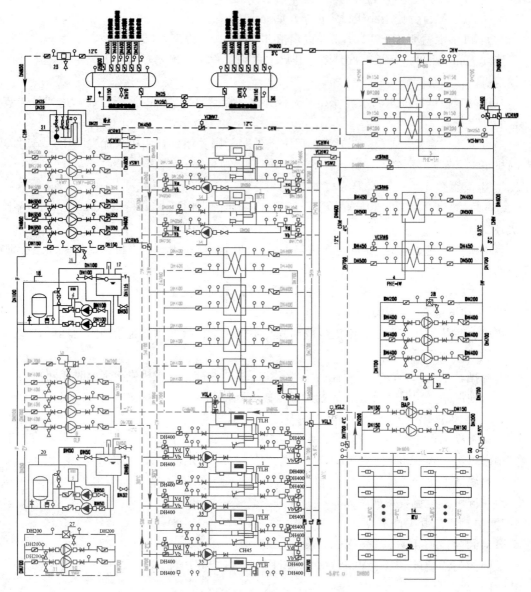

图 5.5.5　融冰单供冷工况系统流程图

（5）联合供冷工况

该工况下系统流程如图 5.5.6 所示。

1）主机开关机控制

主机开机顺序

基载主机出口温度设定为 6℃，三工况主机出口温度设定为 5℃。三工况主机开启顺序：

① 决定开启第一台主机的编号；

② 电动阀门开启和关闭。

开启阀门：VGL1～5、VCHW1～6、VCHW8、VSW1～2、V1～6（对应主机电动阀）、Vb1～10（对应地源提供的冷却水，在地源投入时开启，在冷却塔投入时，Va1～10 开启）。

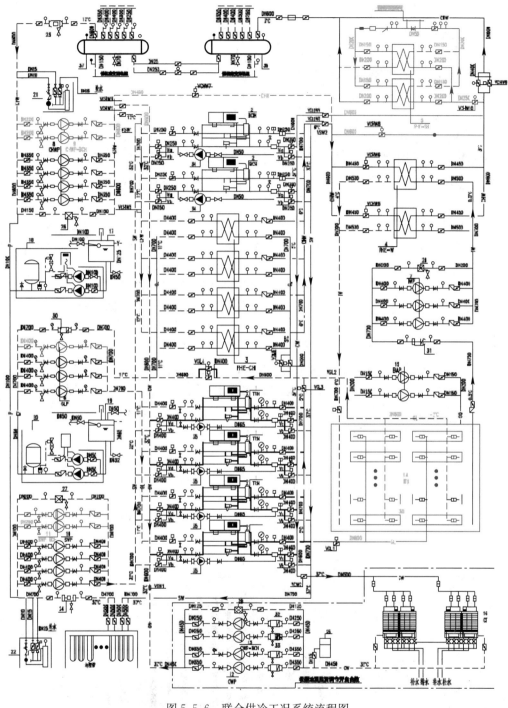

图 5.5.6　联合供冷工况系统流程图

关闭阀门：VCHW7。

调节阀门：V7。

③ 同时发出启动 1 台系统循环泵、1 台系统地缘泵和 1 台主机溶液泵指令。

④ 启动热泵机组。

主机关机顺序（三工况制冰工况相同）。

2）主机加减机控制（与三工况主机、基载机供冷工况相同）

主机溶液泵（GPL）控制（与三工况主机、基载机供冷工况相同）。

系统循环泵（CHWP）变频控制（与三工况主机制冰、基载机供冷工况系统基载泵变频控制相同）。

系统地源泵（SWP）变频控制（与三工况制冰工况相同）。

3）供水温度控制

根据 T11 与设定值比较变频控制融冰泵。当 T11 大于设定值时，提高水泵频率；反之，则降低水泵频率。水泵最低频率设定按最低频率设定原则，当水泵运行频率不大于最低频率时，停一台泵；当水泵运行频率达到 45Hz 时，开启一台水泵。

2. 南区能源站蓄冷系统优化运行原则

合理的运行策略必须综合考虑系统的实际配置情况和冰蓄冷系统的运行系统的运行约束条件，具体如下：

（1）充分利用夜间低谷电，双工况制冷主机在夜间全力制冰；

（2）高峰电时段少开甚至不开制冰主机，若不能不开时并尽可能减少制冰主机的启停次数；

（3）平峰时段少开主机，并尽可能减少制冰主机的启停次数；

（4）确保当天低谷电期间储备的冰量在当天白天供冷时充分融完；

（5）每小时融冰量不能超出蓄冰装置在当前融冰温度下对应的最大融冰速递；

（6）合理设定冷却水供水温度，优化制冷主机的供冷冷凝工况；

（7）应考虑不同模式下制冰主机的运行工况切换过渡时间；

（8）主机在较高效率下运行。

南区能源站空调系统设计逐时冷负荷见图 5.5.7 及表 5.5.5，峰值冷负荷为 26.87MW，出现在 16:00。每天 18:00～23:00 共 5h 为机动供冷时间，根据当天的负荷情况再根据剩余冰量的情况决定最后 5 小时的运行工况，目的是为了既满足负荷需求，又要融完冰。

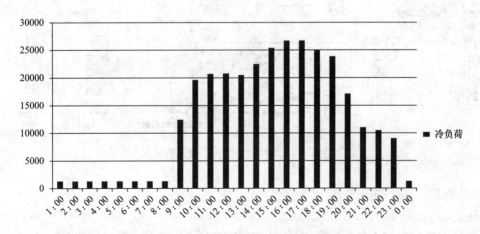

图 5.5.7 南区能源站日逐时冷负荷图

计算时刻	1:00	2:00	3:00	4:00	5:00	6:00	7:00	8:00
冷负荷（MW）	1.38	1.37	1.35	1.34	1.33	1.32	1.40	12.42
计算时刻	9:00	10:00	11:00	12:00	13:00	14:00	15:00	16:00
冷负荷（MW）	19.68	20.86	20.94	20.66	22.52	25.47	26.87	26.84
计算时刻	17:00	18:00	19:00	20:00	21:00	22:00	23:00	0:00
冷负荷（MW）	25.08	24.02	17.27	11.12	10.56	9.05	1.40	1.39

优化控制策略能最大限度地利用蓄冰设备，在部分蓄冰空调系统中，蓄冰融冰能力和冷水机组的制冷能力都比较小，必须两者同时供冷才能满足峰值空调负荷。在典型设计日或接近典型设计日里，空调负荷较大，若不限制每个时刻的融冰量，则峰值空调负荷根本不能满足，整个空调系统就不能正常运行。为了要保证蓄冰设备能负担每天峰值时的空调负荷，所蓄的冰就不能融得太快，所以需要对负荷进行预测以决定各时刻的融冰量。

3. 南区能源站蓄冷系统优化运行控制结果

(1) 文化中心南区 100% 设计冷负荷优化控制

100% 负荷运行控制策略如表 5.5.6、图 5.5.8 所示。

1) 23:00—07:00 双工况供冷兼三工况主机制冰模式。初定开启 4 台三工况主机，2 台双工况主机。

2) 07:00—23:00 联合供冷模式。

07:00—08:00 初定开启 1 台基载主机；

08:00—09:00 初定开启 2 台基载主机，2 台三工况主机；

09:00—18:00 初定开启 2 台基载主机，4 台三工况主机；

18:00—23:00 共 5 小时为机动供冷时间，采取融冰优先原则。根据时间计算的总负荷与确定好的融冰量，计算主机的负荷，从而得到温差，对主机出口温度水温进行重新设定；

18:00—20:00 初定开启 2 台基载主机，4 台三工况主机；

20:00—23:00 初定开启 1 台基载主机，2 台三工况主机。

100% 负荷运行控制策略　　　　　　　　　表 5.5.6

时　段	冷负荷	基载供冷	主机制冰	主机制冷	融冰量
0:00—1:00	1390	1390	8860	0	
1:00—2:00	1380	1380	8860	0	
2:00—3:00	1370	1370	8860	0	
3:00—4:00	1350	1350	8860	0	
4:00—5:00	1340	1340	8860	0	
5:00—6:00	1330	1330	8860	0	
6:00—7:00	1320	1320	8860	0	
7:00—8:00	1400	1344	0	0	56
8:00—9:00	12420	2688	0	7146	2586
9:00—10:00	19680	2688	0	14292	2700

时 段	冷负荷	基载供冷	主机制冰	主机制冷	融冰量
10:00—11:00	20860	2688	0	14292	3880
11:00—12:00	20940	2688	0	14292	3960
12:00—13:00	20660	2688	0	14292	3680
13:00—14:00	22520	2688	0	14292	5540
14:00—15:00	25470	2688	0	14292	8490
15:00—16:00	26870	2688	0	14292	9890
16:00—17:00	26840	2688	0	14292	9860
17:00—18:00	25080	2688	0	14292	8100
18:00—19:00	24020	2688	0	14292	7040
19:00—20:00	18032	2688	0	14292	1052
20:00—21:00	9542	1344	0	7146	1052
21:00—22:00	9340	1312	0	6976	1052
22:00—23:00	9050	1266	0	6732	1052
23:00—24:00	1400	1400	8860	0	0
合计	305640	49912	70880	185796	69988

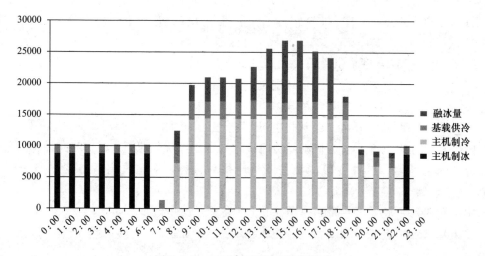

图 5.5.8　100%负荷运行控制策略

（2）文化中心南区 75%设计冷负荷优化控制

5%负荷运行控制策略如表 5.5.7、图 5.5.8 所示。

1）23:00—07:00 双工况供冷兼三工况主机制冰模式。初定开启 4 台三工况主机，2台双工况主机。

2）07:00—23:00 联合供冷模式。

07:00—08:00 初定开启 1 台基载主机；

08:00—09:00 初定开启 2 台基载主机；

09:00—10:00 初定开启 2 台基载主机，1 台三工况主机；

10:00—11:00 初定开启 2 台基载主机，2 台三工况主机；

11:00—17:00 初定开启 2 台基载主机，4 台三工况主机；

17:00—18:00 初定开启 2 台基载主机，3 台三工况主机；

18:00—19:00 初定开启 1 台基载主机，3 台三工况主机；

19:00—20:00 初定开启 1 台基载主机，2 台三工况主机；

20:00—22:00 初定开启 1 台基载主机。

3）22:00—23:00 融冰单供冷模式。

75%负荷运行控制策略

表 5.5.7

时　段	冷负荷	基载供冷	主机制冰	主机制冷	融冰量
0:00—1:00	1043	1043	8860	0	
1:00—2:00	1035	1035	8860	0	
2:00—3:00	1028	1028	8860	0	
3:00—4:00	1013	1013	8860	0	
4:00—5:00	1005	1005	8860	0	
5:00—6:00	998	998	8860	0	
6:00—7:00	990	990	8860	0	
7:00—8:00	1050	1050	0	0	0
8:00—9:00	9315	2688	0	3573	6627
9:00—10:00	14760	2688	0	7146	8499
10:00—11:00	15645	2688	0	13017	5811
11:00—12:00	15705	2688	0	12807	0
12:00—13:00	15495	2688	0	14202	0
13:00—14:00	16890	2688	0	14292	0
14:00—15:00	19103	2688	0	14292	2123
15:00—16:00	20153	2688	0	14292	3173
16:00—17:00	20130	2688	0	14292	3150
17:00—18:00	18810	2688	0	10719	5403
18:00—19:00	18015	1252	0	9935	6778
19:00—20:00	13953	1136	0	6039	6778
20:00—21:00	8122	1344	0	0	6778
21:00—22:00	7920	1152	0	0	6778
22:00—23:00	6788	0	0	0	6778
23:00—24:00	1050	1050	8860	0	0
合计	229234	45500	70880	115059	68675

（3）文化中心南区 50%设计冷负荷优化控制。

50%负荷运行控制策略如表 5.5.8、图 5.5.10 所示。

1）23:00—07:00 双工况供冷兼三工况主机制冰模式。初定开启 4 台三工况主机，2 台双工况主机。

2）07:00—08:00 联合供冷模式，初定开启 1 台双工况主机。

3）08:00—09:00 融冰单供冷。

4）09:00—18:00 联合供冷模式；

09:00—10:00 初定开启 1 台双工况主机；

10:00—11:00 初定开启 2 台双工况主机；

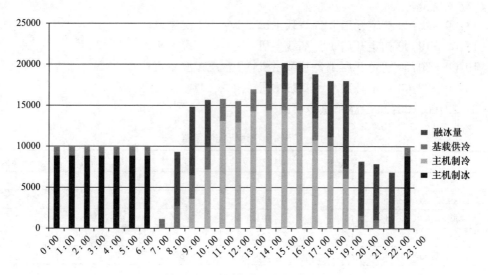

图 5.5.9　75%负荷运行控制策略

50%负荷运行控制策略　　　　　　　　　　　　　　表 5.5.8

时　段	冷负荷	基载供冷	主机制冰	主机制冷	融冰量
0:00—1:00	695	695	8860	0	
1:00—2:00	690	690	8860	0	
2:00—3:00	685	685	8860	0	
3:00—4:00	675	675	8860	0	
4:00—5:00	670	670	8860	0	
5:00—6:00	665	665	8860	0	
6:00—7:00	660	660	8860	0	
7:00—8:00	700	700	0	0	0
8:00—9:00	6210	0	0	0	6210
9:00—10:00	9840	1344	0	0	8496
10:00—11:00	10430	2688	0	0	7742
11:00—12:00	10470	2688	0	7146	636
12:00—13:00	10330	2688	0	7146	496
13:00—14:00	11260	2688	0	7146	1426
14:00—15:00	12735	2688	0	7146	2901
15:00—16:00	13435	2688	0	10719	28
16:00—17:00	13420	2688	0	10719	13
17:00—18:00	12540	2688	0	3563	6289
18:00—19:00	12010	0	0	0	12010
19:00—20:00	8635	0	0	0	8635
20:00—21:00	5560	0	0	0	5560
21:00—22:00	5280	0	0	0	5280
22:00—23:00	4525	0	0	0	4525
23:00—24:00	700	700	8860	0	0
合计	152820	28988	70880	53585	70247

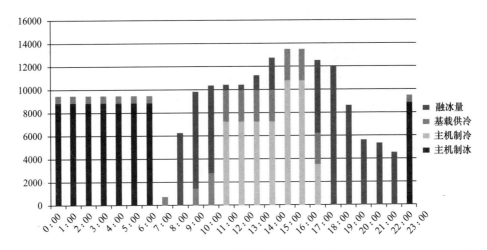

图 5.5.10　50%负荷运行控制策略

11:00—15:00 初定开启 2 台双工况主机，2 台三工况主机；

15:00—17:00 初定开启 2 台双工况主机，3 台三工况主机；

17:00—18:00 初定开启 2 台双工况主机，1 台三工况主机。

5）18:00—23:00 融冰单供冷模式。

（4）文化中心南区 25%设计冷负荷优化控制

1）23:00—07:00 双工况供冷兼三工况主机制冰模式。初定开启 4 台三工况主机，2 台双工况主机。

2）07:00—08:00 联合供冷模式，初定开启 1 台基载主机。

3）08:00—15:00 融冰单供冷模式。

4）15:00—18:00 联合供冷模式，初定开启一台基载主机。

5）18:00—23:00 融冰单供冷模式。

25%负荷运行控制策略　　　　　　　　　　　　　　　　　表 5.5.9

时　　段	冷负荷	基载供冷	主机制冰	主机制冷	融冰量
0:00—1:00	348	348	8860	0	
1:00—2:00	345	345	8860	0	
2:00—3:00	343	343	8860	0	
3:00—4:00	338	338	8860	0	
4:00—5:00	335	335	8860	0	
5:00—6:00	333	333	8860	0	
6:00—7:00	330	330	8860	0	
7:00—8:00	350	350	0	0	0
8:00—9:00	3105	0	0	0	3105
9:00—10:00	4920	0	0	0	4920
10:00—11:00	5215	0	0	0	5215
11:00—12:00	5235	0	0	0	5235
12:00—13:00	5165	0	0	0	5165
13:00—14:00	5630	0	0	0	5630

时 段	冷负荷	基载供冷	主机制冰	主机制冷	融冰量
14:00—15:00	6368	0	0	0	6368
15:00—16:00	6718	1344	0	0	5374
16:00—17:00	6710	1344	0	0	5366
17:00—18:00	6270	1344	0	0	4926
18:00—19:00	6005	0	0	0	6005
19:00—20:00	4318	0	0	0	4318
20:00—21:00	2780	0	0	0	2780
21:00—22:00	2640	0	0	0	2640
22:00—23:00	2263	0	0	0	2263
23:00—24:00	350	350	8860	0	0
合计	76414	7104	70880	0	69310

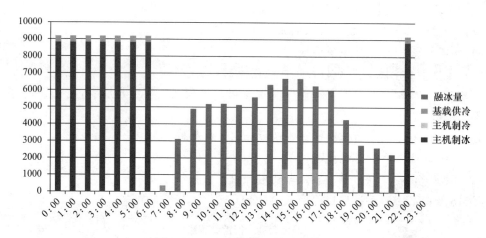

图 5.5.11　25％负荷运行控制策略

由于系统无法始终保持按时间表的参数运行，以及设备启停的滞后现象，使得运行一段时间后剩余冰量与控制要求出现偏差，负荷预测软件将每小时自动检测剩余冰量，并与已经输出的运行策略中的剩余冰量进行比较，综合考虑剩余冰量、基载主机运行台数、主机运行台数、实际运行负荷、尖峰负荷以及当天还需要的供冷时间长短等因素，重新分配以下供冷时段内每小时的融冰量，重新生成新的运行时间表及每个时段内的运行工况等基本信息并输出给自控系统。因为融冰量的分配原则是在规定时间内将冰融完，负荷预测控制策略先分配好每小时的融冰量，然后确定基载主机和主机的出力，来满足末端负荷，因此不会出现冰融不完的现象。

5.5.4　小结

（1）优化控制策略能最大限度地利用蓄冰设备，在文化中心的南区、西区和北区的各区域能源站中蓄冰设备的蓄冰融冰能力和冷水机组的制冷能力都比较小，必须两者同时供冷才能满足峰值空调负荷。在典型设计日或接近典型设计日里，空调负荷较大，为了要保证蓄冰设备能负担每天峰值时的空调负荷，以动态负荷预测的数据为基础采用动态规划法优化冰蓄冷系统各时刻的融冰量及主机运行台数。

（2）建立了文化中心南区域能源站的状态参数模型、优化控制目标函数，并考虑了蓄冷量、余冷量的限制和主机容量等约束条件，采用动态规划优化方法，确定制冷机组逐时启动台数及各时刻融冰速率。通过对南区能源站设备基本参数分析，并以负荷预测为基础，对文化中心南区能源站冰蓄冷系统运行能耗进行优化，控制系统制冰量和制冰时间、控制系统融冰量和融冰时间，进行三工况主机制冰工况、三工况主机制冰、基载机供冷工况、三工况主机、基载机供冷工况、融冰单供冷工况和联合供冷工况的运行工况切换，形成了100％、75％、50％、25％负荷工况下的优化控制策略。

5.6　大规模地下换热器跨季节蓄能与地温场热平衡

文化中心人工湖地下施工了120m深双U地埋孔3786个，孔间距4.8m。由于地下埋管集中、数量超大，存在着热堆积和换热孔间热突破现象，通过地温场的实时监测，根据地温的变化调整调峰冷热源使用比例，维持地温的平衡状态，对于系统长期稳定运行起到重要的作用。

5.6.1　研究区域浅层蓄能层的地热地质条件

地埋管地源热泵系统监测较为复杂，除对运行系统能效监测外，重点是监测埋管井群区域岩土体受热泵系统的影响情况，监测数据要能较好地反映地埋管井壁及整个换热井群区域的土壤温度场分布和变化情况，地埋管地源热泵系统方案设计前，应对工程场区内岩土体地质条件进行勘察，获取地埋管换热系统勘察应包括：岩土层的结构；岩土体热物性；岩土体温度；地下水静水位、水温、水质及分布；地下水径流方向、速度；冻土层厚度。

1. 工程地质条件

按地层时代，成因类型自上而下分述如下。

（1）人工填土层（Q_{ml}）

素填土：黄褐色，湿，可塑，土质不均，主要由黏性土组成，含建筑垃圾等。层厚约3.0m。该层土为近期填垫，年限小于10年。

（2）第Ⅰ陆相层（Q_{4al}^3）

粉质黏土：褐黄色，软～流塑，土质不均，局部含有机质，具锈染。层厚约4.2m。

（3）第Ⅰ海相层（Q_{4m}^2）

粉质黏土：灰色，流塑，土质不均，局部夹粉土薄层，含少量贝壳。层厚约4.8m。

粉土：灰色，湿，稍密～中密，土质不均，含腐殖质及少量贝壳。层厚约1.1m。

（4）第Ⅱ陆相层（Q_{4h}^1）

粉质黏土：灰黄色，软塑，土质不均，具锈染。层厚约2.1m。

（5）第Ⅱ陆相层（Q_{4al}^1）

粉质黏土：褐黄色，可塑，土质较均，具锈染。层厚约4.3m。

粉砂：灰黄色，饱和，密实，砂质不均，局部夹黏性土薄层，含云母。层厚约6.7m。

（6）第Ⅲ陆相层（Q_{3al}^e）

粉质黏土：褐黄色，可塑，土质不均，含姜石。层厚约3.3m。

粉土：褐黄色，湿，密实，土质不均，局部夹粉质黏土薄层，含云母。层厚约6.1m。

（7）第Ⅱ海相层（Q_{3mc}^d）

粉质黏土：灰黄色，硬可塑，土质不均，局部粉粒含量高，夹粉土薄层，具锈染。层厚约19.8m。

（8）第Ⅳ陆相层（Q_{3al}^c）

粉土：灰黄色，湿，密实，土质不均含云母、石英。层厚约3.8m。

粉质黏土：褐黄色，可塑，土质不均，局部砂性大。层厚约7.0m。

粉砂：褐黄色，饱和，密实，砂质不均，局部夹黏性土薄层，含云母、石英。层厚约8.0m。

（9）第Ⅲ海相层（Q_{3m}^b）

粉砂：黄灰色，饱和，密实，砂质不均，分选差，局部夹粉土薄层，含云母、石英。层厚约8.0m。

粉质黏土：褐黄色，硬可塑，土质不均，局部夹砂粒，具锈染。层厚约7.9m。

（10）第Ⅴ陆相层（Q_{3al}^a）

粉砂：灰色，饱和，密实，砂质不均。层厚约11.9m。

（11）第Ⅳ海相层（Q_{2mc}^3）

粉质黏土：黄灰色，硬塑，土质较均，具锈染，层厚约5.8m。

粉土：灰黄色，湿，密实，土质不均，局部夹粉砂薄层，含云母、姜石。该层未揭穿，最大揭露厚度为12.2m。

从结果来看，120m以浅地层有4类，粉质黏土59.2m，占地层厚度的50.6%；粉砂34.6m，占地层厚度的29.5%；粉土23.2m，占地层厚度的19.8%；最上部有较薄的杂填土。含水砂层主要分布于-66.2m以下。

2. 水文地质条件

本工程范围内，地势平坦，钻探表明含水砂层颗粒细小，砂层厚度薄、渗透性和导水性差，这样导致该区地下水补、径、排条件均不佳，在钻探120m深度范围内，主要为第四系浅层淡水和咸水两组含水层。

（1）第四系浅层淡水：该层水主要接受大气降水入渗补给，通过蒸发、人工开采和越流排泄。该层水在水平方向上，由于地势平坦，水力坡度小，径流极缓，总体上是由西北流向东南，含水层厚度15m左右，涌水量为100~500m³/d。

（2）咸水含水组

该组水质差，咸水层底界110~120m。水平方向上由西北流向东南，径流较缓；垂直方向上，接受上覆含水层的越流补给，向下伏含水层越流排泄。

3. 地层热物理性质

根据取样热物性测试结果：自然密度1971kg/m³，含水率19.2%，相对密度2.62，孔隙率36.8%，饱和度87%，导热系数1.53W/(m·K)，比热1373J/(kg·K)，体积比热2705kJ/(m³·K)，热扩散系数0.57×10⁻⁶ m²/s。

由现场热响应试验得出：若地埋管进水为35℃，每延米排热量约为73W/m；若地埋管进水为 5℃，每延米取热量约为 43W/m；120m 范围内土壤平均初始温度约为 15℃；土壤综合导热系数为 1.3W/(m·K)。

5.6.2　地温场动态监测系统设计

地埋管地源热泵系统监测较为复杂，除运行系统能效监测外，重点是监测埋管井群区域岩土体受热泵系统的影响情况，监测数据要能较好地反映地埋管井壁及整个换热井群区域的土壤温度场分布和变化情况。

1. 地埋管井群区域监测孔布置

考虑到地温场分布、地下水流运移及施工简便，本次把天津市文化中心埋管区近似为矩形分布区布设地温监测孔布置示意图，如图 5.6.1 所示。1 号节点为矩形区域的中心位置；2 号节点为矩形对角线中点；3 号节点为矩形对角线端点；4 号节点为中心位置到矩形长边距离的端点位置；5 号节点为矩形区域短边中点；6 号节点为井群区域外围处，此测点主要承担该工程区域地温背景值的监测任务，同时也起到监测埋管区地温场分布的作用。1～6 号节点监测孔深度与地埋管换热孔深度一致，沿埋深垂直向下每间隔 10m 设置 1个测温点，以便监测竖直方向的温度分布。从而能控制整个埋管区地温场分布，并分析地下水径流的影响。

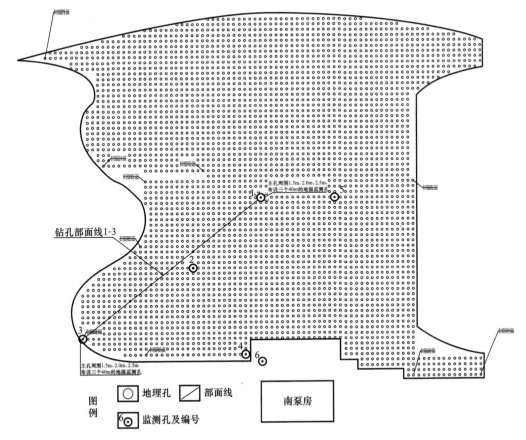

图 5.6.1　地温监测孔布置示意图

另外，为了分析管群的影响，在埋管区中心和边缘地带分别布置影响半径监测孔。中心位置 1 号节点和矩形对角线端点 3 号节点在水平方向布设恒温层内监测孔各 3 个,来监测地埋管平方向温度分布,确定换热器运行时的影响半径。

2. 监测孔测温点布置

垂直方向:为了分析岩土岩性及地下水流对地温及热传导的影响,垂向测点布设能控制主要岩性及地下含水层。根据该地钻孔资料,对垂向上测点进行微调,以期能控制不同岩性分布以及地下水流影响,保证不同地层结构、岩土体冻土层深度、恒温层处均要布设测温点,检测孔垂直方向测温点布置示意见图 5.6.2。

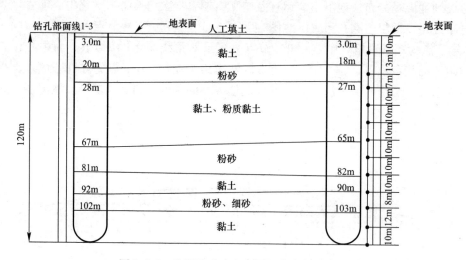

图 5.6.2 监测孔垂直方向测温点布置示意图

水平方向:为了监测换热孔地温影响半径,以换热孔为圆心,在半径 0.2X、0.4X、0.5Xm 处(X 为实际换热地埋孔间距)各设置一个测温孔,各测温孔可不处于同一直线上,深度应达到定温差层内。本次在水平方向上距离换热孔 1m、2m、2.4m 处分别布设地温影响半径监测孔,见图 5.6.3。由于该区定温差层在 30m 以下,为了使测点位于定温差层内,因此布设孔深 40m,分别在垂直向上 30m、35m、40m 处布置测温探头。

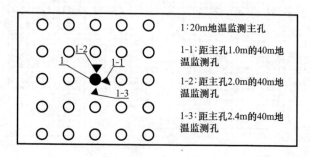

图 5.6.3 地温影响半径测温点布置示意图

3. 现场建设情况

从 2011 年 4 月进入施工现场,经历动态监测工艺设计、监测孔施工、布线、水平线连接、采集器安装、调试等工作,至 2012 年 2 月实现实时监测。在此过程中的监测站建设情况如图 5.6.4 所示。

图 5.6.4　天津文化中心监测站建设现场

（a）地温监测测线穿入套管；（b）监测测线套管下入；（c）监测测线与水平线连接；
（d）水平连接线穿护套管；（e）采集系统现场调试；（f）现场调试的测试数据

5.6.3　地质环境影响分析

天津文化中心施工了 120m 双 U 地埋孔 3786 个，设计布置了 120m 深参与换热监测孔
（1 号~5 号孔）共 5 个，120m 深地温背景值监测孔（6 号孔）1 个以及在 1 号孔和 3 号孔
周围分别布置了 40m 深的地温影响半径监测孔 3 个，距换热孔分别为 1m、2m、2.4m，
见图 5.6.2 所示。

天津市文化中心地埋管地源热泵系统服务面积 38.5 万 m²，2011 年底建成试运行，
2011 年冬季供热时间 2012 年 1 月~3 月 20 日，2012 年夏季制冷时间为 2012 年 6 月 1

日～9月19日。文化中心监测站除在监测孔施工和调试过程取得了零星数据外，于2012年2月实现即时监测。

1. 地温背景值监测

根据120m地温背景值监测孔（6号孔）不同时间所测得的数据，见图5.6.5，地下5m处地层温度受外界影响最为明显。该孔地下5m处2012年8月9日地温最低（14.8℃），而2012年02月1日最高（16.3℃），与大气温度变化出现反常。而5～120m地层温度受大气温度的影响较小，基本稳定在14.8～17.3℃之间。从不同深度地温监测数据分析，监测孔周围变温带深度约为0～40m，定温差带的深度约为40m，地温约为14.9℃，增温带在深度40m以下，随着地层深度的增加，地层温度逐渐变大，至120m深处达到17.3℃，地温梯度约3.0℃/100m。与天津地热院内试验基地地温梯度2.5℃/100m相比，该地处于地温梯度高值区，具有较好的热流背景。

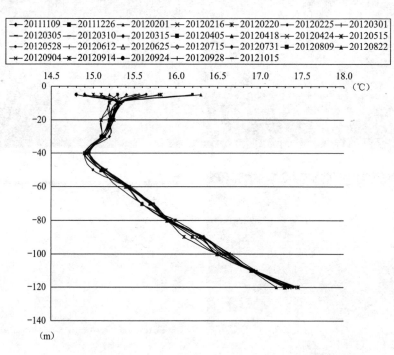

图5.6.5 天津市文化中心背景值监测监测孔监测数据变化图

2. 参与换热孔地温监测

根据参与换热监测孔（1号孔）不同深度地温监测数据分析，见图5.6.6。从图中可以看出，由于天津市文化中心地源热泵系统满负荷试运行，地温快速下降，产生了一个小范围的冷锋面，直至降至8.5℃左右，地温才相对保持稳定，随着2012年2月底逐渐减少负荷运行，地温有所恢复，3月20日停泵后由于冷锋面的作用，地温恢复缓慢。从制热过程可以看出，由于天津市文化中心末端负荷较大，地温在原始值基础上降低6～8℃，停泵后在地下土壤热量传导作用下有所回升，但不足以恢复到原始状态。2012年夏季制冷过程，土壤蓄热地温升高，升高至21℃左右，停泵后地温从最高点处开始恢复，到2012年10月15日120m处地温接近原始地温，120m以浅与原始地温差距0.5～1.5℃，浅部差距

472

更大。从整个制热制冷循环周期看，换热孔处地温与原始地温存在一定差距，不足以达到平衡。需在下一周期进行调整，使其达到平衡。

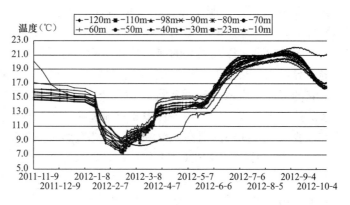

图 5.6.6　天津市文化中心参与换热孔监测数据变化图

3. 地温影响半径监测

根据参与换热监测孔（1 号孔）周围布置的 3 个 40m 深地温影响半径监测孔的监测数据分析：同一深度 40m 处，距换热孔不同距离的监测孔变化幅度不同，距换热孔 1m 冬夏变幅约 3.1℃，而距换热孔 2.4m 地温冬夏变幅约 2.1℃，可见换热孔 40m 处地温影响半径大于 2.4m，换热孔之间存在热突破，而且 2012 年夏季距换热孔 2.0m、2.4m 地温值存在一定异常，可能是由于热突破造成。2012 年夏季制冷土壤蓄热产生了小范围的热堆积，9 月 19 日停泵后地温恢复缓慢，至 2012 年 10 月 15 日距换热孔 1.0m 的监测孔在深 40 处与原始地温仍差距 1.5℃，见图 5.6.7。可见整个制热制冷循环周期内土壤蓄热量大于排热量，换热孔周围的地温将无法恢复到原始状态，出现这种情况应与该地源热泵系统刚建成 2011 年冬季制热时间较短有关，而且换热负荷过大，井群间热突破明显，产生了小范围热堆积效应，使地温无法有效地接受外围热补给。如果得不到应有的调整，一直这样持续下去，将导致地温向一个方向发展。

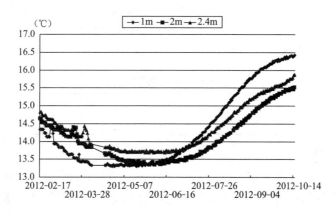

图 5.6.7　不同影响半径监测孔同一深度（40m）处地温监测数据变化图

5.6.4　地温场热平衡性预测

随着计算机技术的推广普及和计算方法的新发展，计算机模拟仿真已经深入到应用科学技术的各个领域，显示出了巨大的社会效益和经济效益。计算流体力学（CFD）技术几十年来也取得了蓬勃的发展，由于数值模拟相对于实验研究有很独特的优点，比如成本低、周期短，能获得完整的数据，克服了传统的实验方法，实验系统规模大、实验历时长、实验结果有地域性限制等问题。能模拟出实际运行过程中各种所测数据状态，它具有丰富的物理模型、先进的数值方法以及强大的前后处理功能，对于设计、改造等商业或实验室应用起到重要的指导作用，目前 CFD 技术在工程领域已得到了广泛的应用。对某一特定的地埋换热器，它的工作年限取决于数年内在钻孔周围提取热量或排放热量的能力，以及周围是否有过多的热量积聚或散失。在工程中要求地埋换热器的模型能够快速精确地进行计算，而且能够计算在长时间内的瞬态温度响应。而热短路现象随着冷热堆积的积累而加剧，需要长时间的监测。因此，用 FLUNT 作模拟，在这方面是很有优势的。

本次工作主要针对 U 形埋管换热器，以非稳态传热理论为基础，结合天津市文化中心地源热泵工程，对地温场热平衡进行预测研究。利用软件 GAMBIT 建立 U 形管与土壤传热的数学模型，在该模型的基础上，利用软件 FLUENT 计算三维传热和流动。通过模拟地埋换热器的工作情况，得出在连续运行工况下，U 形管周围温度分布，热流量变化情况，进而确定换热器的热作用半径情况，为地源热泵系统的优化运行提供一定的参考。

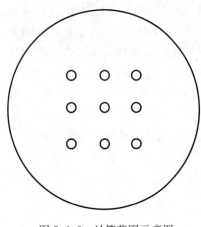

图 5.6.8　计算范围示意图

1. 概念模型建立

（1）计算范围

天津市文化中心地埋管工程地埋孔 3789 眼，孔距 4.8m，分布范围非常大。为了简便 FLUENT 的计算，把计算区范围概化为 9 井井群计算，计算外围与井群边缘距离定为 2 倍孔距，进而忽略侧向边界对井群的影响，计算范围示意如图 5.6.8 所示。

（2）参数选取

岩土体热物性参数包括岩土体的热导率、比热容以及地温场特征等，它反映了岩土体的蓄热和导热能力，是影响浅层地热能资源开发利用的重要因素。通过对天津市文化中心进行场地勘查，获得了岩土体综合热物性参数，作为本次模拟的初始参数，热运移数值模拟计算岩土体初始参数见表 5.6.1。

模拟计算初始参数　　　　　　　　　　　　　　表 5.6.1

热导率［W/(m·℃)］	比热容［J/(kg·℃)］	岩土体密度（kg/m³）
1.53	1373	2010

（3）边界条件设定

计算范围的侧向边界设为定温度边界，文化中心地埋管埋于人工湖底，为简便计算，忽略土壤表面与空气的热量交换，顶面和底面设定为隔热边界。井群土壤初始温度垂向上根据地温背景值监测资料设定。根据总管流量平均到所有井孔，进而设定每个单孔的流量。进出口水温由实测值设定。

2. 数学模型建立及求解

土壤源热泵换热器的传热主要是埋管中的循环液通过埋管将热量传给埋管周围的回填

材料，并通过回填材料将热量向周围土壤传递。换热器与浅层土壤之间的热交换过程满足典型的热传导方程。若考虑采用圆柱坐标，上述三维过程可以转换为以下方程：

（1）土壤体传热方程

$$\begin{cases} \dfrac{\partial^2 t}{\partial r^2} + \dfrac{1}{r}\dfrac{\partial t}{\partial r} + \dfrac{\partial^2 t}{\partial z^2} = \dfrac{1}{a}\dfrac{\partial t}{\partial \tau} \\[2mm] t(r,0,\tau) = t_0 \\[1mm] t(r,z,0) = t_0 \\[1mm] q_1(\tau) = \dfrac{1}{H}\displaystyle\int_D^{D+H} 2\pi rk\,\dfrac{\partial t}{\partial r}\bigg|_{r=r_b}\,\mathrm{d}z \end{cases} \tag{5.6.1}$$

式中，t——土壤温度；t_0——土壤初始地温；H——钻孔深度；τ——时间；r——距离；z——深度方向；q——排热流。

（2）管内侧传热方程

$$\begin{cases} -M_c\dfrac{\mathrm{d}t_{f1}}{\mathrm{d}z} = \dfrac{(t_{f1}-t_b)}{R_1^{\triangle}} + \dfrac{(t_{f1}-t_{f2})}{R_{12}^{\triangle}} \\[3mm] M_c\dfrac{\mathrm{d}t_{f2}}{\mathrm{d}z} = \dfrac{(t_{f2}-t_b)}{R_2^{\triangle}} + \dfrac{(t_{f2}-t_{f1})}{R_{12}^{\triangle}} \end{cases} \quad (0 \leqslant z \leqslant H) \tag{5.6.2}$$

式中，M——管内质量流量；c——流体比热容；R——传热热阻；t_f——流体温度；t_b——钻孔壁温度；见图 5.6.9。

（3）边界条件

$$\begin{cases} z = 0, \quad t_{f1} = t_f' \\[1mm] z = H, \quad t_{f1} = t_{f2} \end{cases}$$
$$\begin{cases} t_{f1} - t_b = R_{11}q_1 + R_{12}q_2 \\[1mm] t_{f2} - t_b = R_{12}q_1 + R_{22}q_2 \end{cases} \tag{5.6.3}$$

式中，热阻 R_{11} 和 R_{12} 分别计算如下：

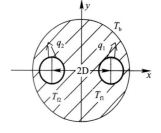

图 5.6.9　U 形埋管换热器截面图

$$\left.\begin{aligned} R_{11} &= \frac{1}{2\pi k_b}\left[\ln\left(\frac{r_b}{r_p}\right) + \sigma\cdot\ln\left(\frac{r_b^2}{r_b^2-D^2}\right)\right] + R_p \\[3mm] R_{12} &= \frac{1}{2\pi k_b}\left[\ln\left(\frac{r_b}{2D}\right) + \sigma\cdot\ln\left(\frac{r_b^2}{r_b^2+D^2}\right)\right] \end{aligned}\right\} \tag{5.6.4}$$

式中，$\sigma = \dfrac{k_b-k}{k_b+k}$，$R_p = \dfrac{1}{2\pi k_p}\ln\left(\dfrac{r_p}{r_{pi}}\right) + \dfrac{1}{2\pi r_{pi}h}$ 为流体至管子外壁的传热热阻；r_{pi} 和 r_p 分别为 U 形管的内、外半径；r_b——钻孔的半径；k、k_b 和 k_p 分别为钻孔周围岩土、钻孔回填材料与 U 形管材料的热导率；h——流体与 U 形管内壁的对流换热系数，对于圆管内流动，湍流状态可采用 $Nu = 0.023R_e^{0.8}P_r^{0.3}$。

上述方程采用 Fluent 软件，通过建立模型、划分网络求解计算。

3. 模型识别验证

模型检验通常是将识别得到的一组参数和模型原封不动地用来模拟另一段时间的野外观测数据，外部影响按该时段的实际情况给出，比较模拟值和实测值，两者应在预先设定的容许误差范围内一致。根据地温监测资料，该地定温差层深度位于 40m 处，其受上下地层的温度影响较少，能尽可能减少模型条件设定带来的误差，而且 40m 处具有翔实的地温影响半径监测数据，便于识别验证。对模型的检验采用对影响半径孔（即观测孔）模拟结果与实测地温过程线进行对比，要求两条对比曲线接近并达到较为理想的拟合结果，观测值与计算值间的误差在允许范围内，拟合期为 2012 年 1 月至 2012 年 3 月，观测孔地温计算值与实测值拟合曲线见图 5.6.10。拟合后的参数值见表 5.6.2，与原始参数值相差不大。

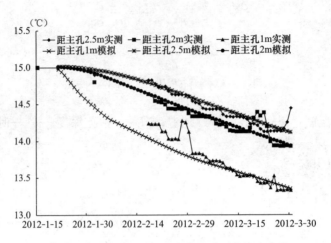

图 5.6.10　观测孔地温计算值与实测值拟合曲线

模拟计算拟合后的参数值　　　　　　　　　　　　　　　表 5.6.2

热导率 [W/(m・℃)]	比热容 [J/(kg・℃)]	岩土体密度（kg/m³）
1.50	1300	2010

4. 地温场预测

在实测地温和模拟地温拟合的基础上，进行地温场的模拟预测，2012 年 1 月至 2013 年 3 月地层 40m 处观测孔位置模拟地温变化情况见图 5.6.11。

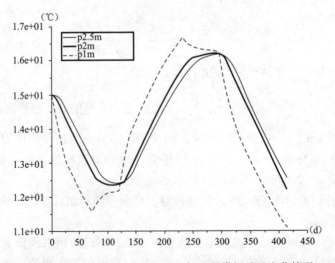

图 5.6.11　2012 年 1 月至 2013 年 3 月模拟地温变化情况

地层 40m 处的地温场从原始地温 14.9℃经历 2012 年 1 月至 3 月制热期土壤放热造成的地温持续下降，2012 年 3 月 20 日换热孔周围地温降至 8.5～15℃，然后经历 2012 年 6

月～9月制冷期土壤吸热阶段，2012年9月20日换热孔周围地温升至15～19℃，2012年11月15日换热孔周围地温恢复至14.9～15.6℃，最后再次经历2012年11月～2013年3月制热期土壤放热阶段，2013年3月20日换热孔周围地温降至8.5～15℃，见图5.6.12～图5.6.16。从整个制热制冷期循环周期（经历一个制热期和一个制冷期以及制冷期后到下一个制热期前的恢复期）可以看出，换热孔周围地温场接近平衡，但整个循环周期后地温比原始地温仍高0.5℃左右，需在下一周期进行调整。

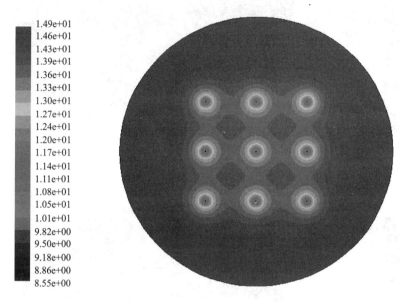

图 5.6.12　2012 年 3 月 20 日地温场分布图（单位：℃）

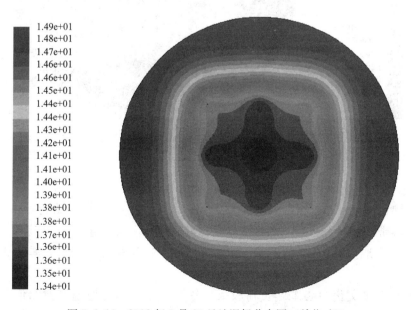

图 5.6.13　2012 年 5 月 20 日地温场分布图（单位：℃）

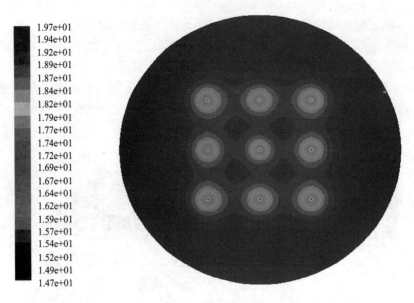

图 5.6.14　2012 年 9 月 10 日地层地温场分布图（单位：℃）

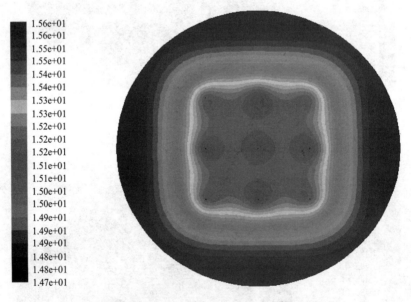

图 5.6.15　2012 年 11 月 15 日地温场分布图（单位：℃）

5.6.5　小结

（1）天津市文化中心变温带深度约为 0～40m，定温差带的深度约为 40m，地温约为 14.9℃，增温带在深度 40m 以下，随着地层深度的增加，地层温度逐渐变大，至 120m 深处达到 17.3℃，地温梯度约 3.0℃/100m。该地处于地温梯度高值区，具有较好的热流背景。

（2）由于天津文化中心末端负荷较大，冬季制热换热孔地温在原始值基础上降低 6～8℃，停泵后地温不足以恢复到原始状态。经过 2012 年夏季制冷土壤蓄热地温升高，

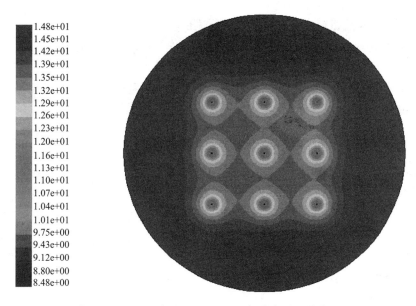

图 5.6.16　2013 年 3 月 20 日地温场分布图（单位：℃）

升高至 21℃左右，到 2012 年 10 月 120m 处地温接近原始地温，120m 以浅与原始地温差距 0.5～1.5℃，浅部差距更大。

（3）距换热孔 2.4m 处地温冬夏变幅约 2.1℃，地温影响半径远大于 2.4m，换热孔之间存在热突破。

（4）在实测地温和模拟地温拟合的基础上，进行地温场的模拟预测，地层 40m 处的地温场从原始地温 14.9℃经历 2012 年 1～3 月制热期土壤放热造成的地温持续下降，2012 年 3 月 20 日换热孔周围地温降至 8.5～15℃，然后经历 2012 年 6～9 月制冷期土壤吸热阶段，2012 年 9 月 20 日换热孔周围地温升至 15～19℃，2012 年 11 月 15 日换热孔周围地温恢复至 14.9～15.6℃。从整个制热制冷循环周期（经历一个制热期和一个制冷期以及制冷期后到下一个制热期前的恢复期）可以看出，整个循环周期后地温比原始地温仍高 0.5℃左右，需在下一周期进行调整。

5.7　区域供热供冷站运行能效理论计算与实际测试分析

文化中心南区能源站所辖区域为博物馆、原博物馆、美术馆、图书馆和大剧院五栋建筑，建筑类型多样，使用时间分散，能源站集中供冷供热工况复杂。所以系统能效研究以南区能源站为例展开。

5.7.1　区域供冷供热系统全年逐时负荷的数值模拟

1. 负荷计算方法概述

对于空调系统能耗分析和系统能效分析均是以系统负荷分析为前提条件，以便对系统进行运行工况确定、设备选择以及运行策略制定。现有的计算空调冷负荷的方法比较多，包括静态的负荷分析方法和动态负荷的分析方法。静态分析方法包括有效传热系数法、度日法、温频法；动态的分析方法包括谐波反应法、反应系数法和 Z—传递函数法、有限差分法以及计算机软件模拟方法。静态分析方法考虑的因素比较简单，仅考虑了单位建筑在一个时期的冷负荷和热负荷，忽略了能耗随时间的变化特点，目前，在建筑工程设计中建筑热负荷多采用稳态的计算方法。动态负荷分析考虑了逐时的室外温度变化特征和室内热扰的变化，对建筑系统中各种影响因素考虑的比较全面，得到的计算结果也比较准确，动态负荷模拟可以详细地分析能耗的构成，可以针对建筑能耗的特点进行较准确的设计。

随着节能要求的不断提高，负荷的计算不仅仅局限于设计日逐时负荷。采用建筑节能分析软件，计算建筑全年的逐时负荷，可以清晰地表明建筑全年负荷比例，更有利于空调系统设计、设备选型以及运行策略的制定。TRNSYS 建筑能效模拟软件可以建立建筑负荷模型，导入气象参数文件，根据建筑物实际的使用情况模拟建筑物全年逐时负荷，得到比较精确的负荷计算结果。软件也支持热区很多的复杂计算，负荷和温度变化可以很方便地以图表的形式展现，特别是对于建筑结构和功能分区较为复杂的建筑，更具有明显的优势，在文献[33-41]中均采用 TRNSYS 建筑能效模拟软件用于建筑能效模拟和制冷空调系统能效分析，得到了较为准确的计算结果。本课题采用 TRNSYS 建筑能效模拟软件，模拟建筑群的全年逐时冷负荷。

2. TRNSYS 软件简介

TRNSYS（Transient system simulation）是一种瞬态模拟程序，该软件是在 1975 年由美国威斯康星大学太阳能研究所的研究人员开发，在随后的几十年里由很多大学和研究所一起共同逐渐完善，本次负荷计算采用的是其最新版本 17.0。它包括 4 个部分：Simulation Studio，作用是调用模块，主要功能是用于系统模型这个里面建立，该模块是由法国的建筑科学研究中心（CSTB）开发的；TRNBuid 模块，其作用是输入建筑模型，该模块是由德国太阳能技术研究中心（TRANSSOLAR）开发；TRNEdit 模块，其作用是形成终端用户程序，该模块同样是由美国的 SEL 开发；TRNOPT 模块是最优化模块，对整个系统进行最优化的模拟计算，该模块由美国的热能研究中心（Tess）开发。

该软件的核心内容是动态化的仿真模拟，它认为每个系统均是由若干个大大小小的不同模块构成，每个模块相当于一个小小的系统，根据物理模型设定的数学函数，能独立实现某一特定的功能，给定输入条件不同时，输出会随着输入动态变化，所以每个模块均可以实现一个动态的变化过程。系统模型的建立有一定的逻辑关系，对应于实际系统有一整套完整的流程，实际系统中的部件在 Trnsys 中均有对应的模块部件，而整个系统是多个模块的组合，比如建筑负荷模块、制冷机模块、水泵模块，可以根据计算的需要任意组合，避免了仅仅分析单一变量对整个系统影响的局限。另外整个系统还有输入输出文件模块，这种模块子程序负责读取输入文件系统和生成，比如气象参数文件的读取，有标准文件和非标准文件的读取以及用户文件的读取，可以读取各种气象文件格式的气象参数文件。对于输出模块，可以直接得到数值模拟的结果，包括数据和直观的图表形式等。

TRNSYS 是一款功能比较强大的动态模拟软件，它的优点主要包括两个方面：软件的开放性、全面性和专业性。

（1）开放性

① 源代码开放，用户可以基于源代码的基础上，根据系统建模的需要，在没有标准模块的情况下，在 Drop-in 的技术支持下，自己利用简单的 FORTRAN 语言进行编程，实现新模块的开发。

② 与众多软件均有接口，在需要外部数据结果的时候，可以独立调入外部文件的数

据，例如 Matlab、Fluent、Excel 等。

③ 可以调用其他能耗模拟软件的逐时负荷计算结果，比如 PKPM、E－quest 等，完成建筑设备系统的优化。

（2）全面性和专业性

① 建筑物全年逐时负荷的计算，建立建筑负荷模型，导入气象参数文件，根据建筑物实际的造型得到比较精确的模拟结果。软件也支持具有多个分区的复杂计算，负荷和室内温度的变化可以很方便地以图表的形式展现出来。

② 建筑物全年能耗模拟及系统优化。软件本身的特点是流程化、系统化和模块化，用户可以根据系统自身的特点方便地完成系统的搭建，修改系统配置和完善系统模型，达到系统优化的效果。

③ 太阳能模拟系统，太阳能光伏系统、太阳能热水系统、太阳能电热水系统等太阳能系统形式在 TRNSYS 系统建模中应用比较广泛。

④ 地源热泵的换热传热模块的应用，地源热泵在 TRNSYS 中的应用比较广泛，垂直地埋管换热器模型是该软件的一大特色，可以进行地埋管的换热计算、土壤换热平衡校核以及复合式地源热泵的计算，在很多的实际工程应用和实际测试中，也验证了 TRNSYS 模型的准确性。

由于 TRNSYS 没有冰蓄冷模块以及南区能源站制冷系统运行工况的多样化等原因，所以在课题的研究过程中只是使用该软件进行了建筑全年冷负荷的模拟和分析，能源站系统的能效计算采用传统的理论计算方法分工况加以计算和分析。

3. 区域供冷系统负荷数值模拟

模拟的建筑为天津市文化中心南区能源站供冷的建筑，服务建筑包括博物馆、美术馆、图书馆、大剧院、自然博物馆（原博物馆）及控制中心，总建筑面积为 304336m²，最大供冷半径为 500m。

（1）建立建筑群的负荷模型

本文的利用 TRNSYS 软件模拟建筑群负荷，首先是模块化系统的建立，这部分主要任务是根据所需要模拟研究的对象和所要实现的功能，选取一系列相应的模块，设定其内部参数，并对模块进行连接。搭建一个建筑的系统，导入多区域建筑模型。运行程序，就可得出模拟结果。结果可以在线显示或以 ＊.sum 和 ＊.out 的文件格式输出。计算热负荷主要选用的模块有建筑模块、气象参数模块、输出模块和计算转换模块。

以建筑模块的建立为例，先对选取的建筑进行分区设置，根据所要模拟的建筑的特点和预期输出结果的不同，可以将建筑分为一个区域和多个区域，根据建筑的特点和建筑相应的参数，用 TRNBuild 生成一个关于建筑几何特性的 BLD 文件和一个关于建筑热特性的 TRD 文件。详细的计算流程如图 5.7.1 所示。

建筑热区域的设置。建筑热区的设置包括 3 个方面内容，一是维护结构的设置，二是区域内的内扰设置，三是室内热湿环境。文化中心整个建筑群可以划分为 98 个热区域，而每个单体建筑的功能并不单一，在模型的建立过程中必须对单体建筑进行区域的划分。单体建筑中每一层的建筑功能也不尽相同，所以在计算或者模拟负荷的时候，根据每层建筑中方位、功能和热湿环境分为若干的区域，整个文化中心南站所供冷的建筑共分为 97 个区域，其中博物馆 21 个区域，大剧院 27 个区域，图书馆 27 个区域，天津美术馆 22 个区域。

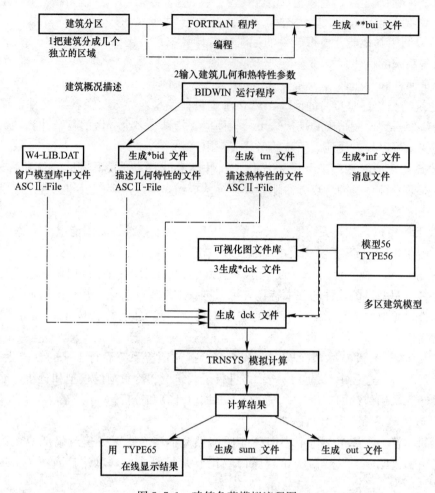

图 5.7.1 建筑负荷模拟流程图

（2）图书馆负荷模型的建立

文化中心共有 4 个建筑单体，下面以图书馆为例进行负荷模拟过程的描述。按照上述的介绍，图书馆负荷模型的建立分为围护结构设置、区域内扰设置、区域内热湿环境控制3 个方面。

图书馆围护结构包括外墙、内墙、屋面、外窗、楼板、玻璃幕墙以及地下室的围护结构。其围护结构的做法以及传热系数如下：

图书馆外墙。建筑外墙作法为：200mm 的加气混凝土，外面为 50mm 厚的 EPS（聚苯乙烯泡沫板材）外保温，加上 20mm 厚的石灰水泥砂浆，水泥砂浆配比为 1∶3，外层有防水层和乳胶漆。针对上述外墙的作法，可以在 TRNSYS 墙体库中进行对应的进行设置，如果墙体材料和导热性等比较特殊，还可以对墙体材料进行重新设置。如图 5.7.2 为图书馆外墙热工性能设置。

$$\lambda_{外墙} = \frac{\delta_{外墙}}{\dfrac{\delta_{加气混凝土}}{\lambda_{加气混凝土}} + \dfrac{\delta_{外保温}}{\lambda_{外保温}} + \dfrac{\delta_{石灰水泥砂浆}}{\lambda_{石灰水泥砂浆}}} \tag{5.7.1}$$

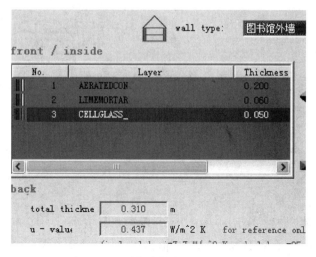

图 5.7.2　图书馆外墙热工性能设置

　　外墙厚度为 0.31m，根据公式计算得到外墙的传热系数为 0.437W/(m² · K)。

　　图书馆内墙。图书馆内墙的做法为：主体结构为 200mm 厚的钢筋混凝土，外围为 20mm 厚的水泥砂浆（同样是 1：3 的配比）和无机保温砂浆。图 5.7.3 为图书馆内墙热工性能设置。

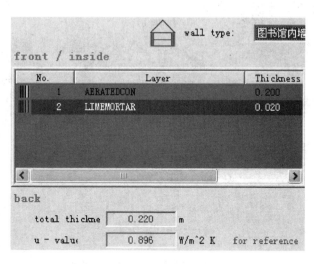

图 5.7.3　图书馆内墙热工性能设置

$$\lambda_{内墙} = \frac{\delta_{内墙}}{\dfrac{\delta_{加气混凝土}}{\lambda_{加气混凝土}} + \dfrac{\delta_{石灰水泥砂浆}}{\lambda_{石灰水泥砂浆}}} \tag{5.7.2}$$

　　内墙厚度为 0.22m，根据公式计算得到外墙的传热系数为 0.896W/(m² · K)。

　　图书馆屋面。

　　主体结构为 120mm 厚的钢筋混凝土，保温结构为 60mm 的 EPS（聚苯乙烯泡沫板材），外加水泥砂浆和防水层。图 5.7.4 为图书馆屋面在 TRNSYS 中的设置。

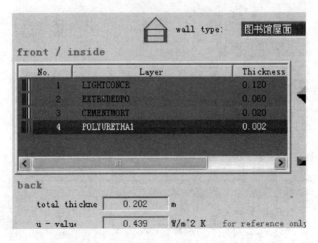

图 5.7.4　图书馆屋面热工性能设置

$$\lambda_{屋面} = \frac{\delta_{屋面}}{\dfrac{\delta_{混凝土}}{\lambda_{混凝土}} + \dfrac{\delta_{外保温}}{\lambda_{外保温}} + \dfrac{\delta_{石灰水泥砂浆}}{\lambda_{石灰水泥砂浆}} + \dfrac{\delta_{防水层}}{\lambda_{防水层}}} \tag{5.7.3}$$

屋面的厚度为 0.202m，根据公式计算得到外墙的传热系数为 0.439W/(m² · K)。

楼板。楼层之间的楼板的作法为：200mm 厚的钢筋混凝土，20mm 的无机保温砂浆，在 TRNSYS 中的设置如图 5.7.5 所示。

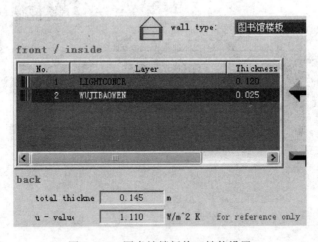

图 5.7.5　图书馆楼板热工性能设置

$$\lambda_{内墙} = \frac{\delta_{内墙}}{\dfrac{\delta_{加气混凝土}}{\lambda_{加气混凝土}} + \dfrac{\delta_{无机保温砂浆}}{\lambda_{无机保温砂浆}}} \tag{5.7.4}$$

楼板的厚度为 0.145m，根据公式计算得到外墙的传热系数为 1.11W/(m² · K)。

地下围护结构。地下围护结构的主体为 300mm 钢筋混凝土，保温结构为 50mmXPS（挤塑板），外层为 20mm 厚的水泥砂浆和 4mm 厚的防水层，在 TRNSYS 中的设置如图 5.7.6 所示。

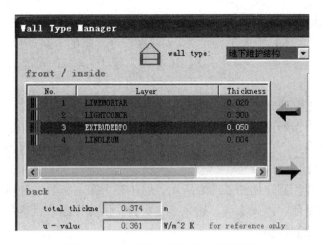

图 5.7.6　地下围护结构热工性能设置

$$\lambda_{地下围护} = \frac{\delta_{地下围护结构}}{\dfrac{\delta_{混凝土}}{\lambda_{混凝土}} + \dfrac{\delta_{外保温}}{\lambda_{外保温}} + \dfrac{\delta_{石灰水泥砂浆}}{\lambda_{石灰水泥砂浆}} + \dfrac{\delta_{防水层}}{\lambda_{防水层}}} \tag{5.7.5}$$

地下围护结构的厚度为 0.374m，根据公式计算得到其传热系数为 0.361W/(m²·K)。

图书馆外窗。图书馆的四面外墙均有窗户，图书馆对光线的要求比较高，墙体的窗墙比较高，基本在 0.3~0.6。在建立模型的过程中，对每个区域的外墙，窗墙比均根据结果设置。窗户断热铝合金＋low-E 中空玻璃，其传热系数为 2.5W/(m²·K)。

区域内扰的设置。内扰主要分为两个方面，人员的散热散湿和灯光的散热。人员内扰，人员在图书馆基本上属于轻微劳动，根据《空气调节设计手册》可以得到人体在 24℃时显热和潜热散热量分别为 71W 和 37W，全热为 108W。在 TRNSYS 单个人员内扰设置中如图 5.7.7 所示。

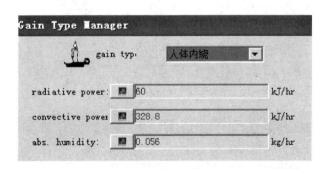

图 5.7.7　室内单体人员散热量设置

人员的密度随着建筑物功能的不同，密度而有所不同，图书馆共有 6 层，地下一层，地上五层，其中第一、第二、第三层均有夹层。在地下一层中，主要为古籍库和基本书库，书库的人员比较少，只有少量的工作人员整理书籍，设定为整个书库共有 30 个工作人员。在第一层到第五层中（包括第一层夹层、第二层夹层、第三层夹层）按照功能分为人员工作室、中文报刊阅读室、大厅、休息室、阅读室、自习室。工作室的人员密度大约为 4m²/人，大厅人员密度为 6m²/人，中文报刊阅览室人员密度为 6m²/人，阅读室人员密度为 3m²/人，休息室人员密度为 4m²/人，自习室的人员密度大约为 3m²/人。对于人员活动时间的设置为：8:00—18:00 有人，晚上 18:00 到凌晨 8:00 之间没有人活动。

照明内扰。根据调研知道，整个图书馆均采用节能的白炽灯，照明得热按照 15W/㎡ 计算，由于整个图书馆的窗墙比比较高，而且有中庭，整个区域在白天的光线条件较好，所以在模型的建立当中，白炽灯仅仅开启了二分之一。开启的时间也图书馆开馆闭馆的时间吻合，为 8:00—18:00。

区域内热湿环境控制。如图 5.7.8 所示，对于整个图书馆热湿环境的设置主要为以下几个方面：初始温度值、冷风渗透、通风换气次数、供热控制、供冷控制、热扰负荷、舒适度的控制和湿度控制模型。

图 5.7.8　区域内热湿环境控制

对于夏季供冷负荷的计算，模型可以简化，仅仅需要 3 个方面的设置，通风换气的设定、供冷控制以及内扰量的控制。天津图书馆建筑负荷模型分为 27 个区域，图 5.7.9 为图书馆某一个区域的室内热湿环境控制模型的设置。

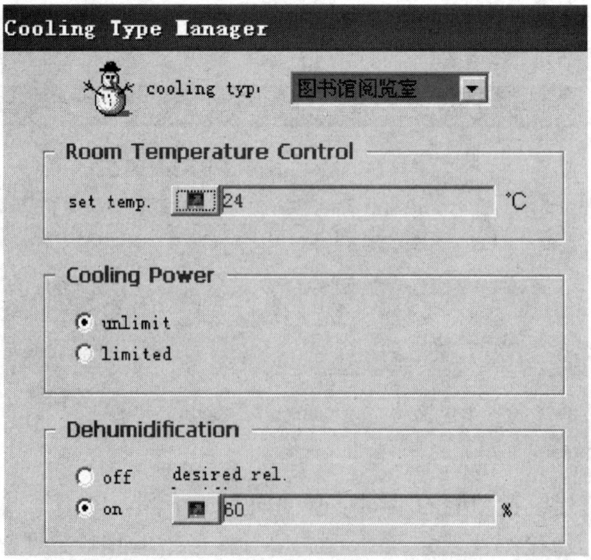

图 5.7.9　夏季室内热湿环境控制模型

486

图书馆阅览室的温湿度控制。该区域为图书馆阅览室，是一个相对独立的空间，室内的温度控制为保持在 24℃，冷源可以满足室内温度控制，即让图书馆阅览室夏季保持在 24℃；对室内的空气的湿度要求是相对湿度保持在 60％左右。冬季保持在 20℃；对室内的空气的湿度要求是相对湿度为保持在 45％左右。

图书馆新风换气次数的设置如图 5.7.10 所示。通风换气次数根据计算核定，采取 3 次/h 的新风换气次数。

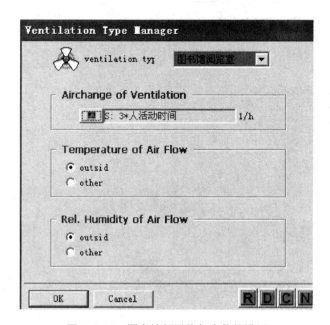

图 5.7.10　图书馆新风换气次数的设置

室内热扰量的设定。室内热扰包括人员热扰和灯光热扰。而人员的设置根据调研的结果，每个区域由于面积功能的不同，其密度和人员数均不一样，具体设置因区域不同而各异；人员热扰为在人员活动的时间内，人数与单个人员热扰量的乘积即为整个室内的人员散热和散湿量，根据图书馆空间的面积和功能可以设置空间内人员的热扰。灯光的热扰主要由建筑的面积决定，在设置时，面积与单位面积照明功率密度的乘积即为该区域灯光的内扰，由于白天光线的原因，灯光的开启灯数平均为设计负荷的一半，所以设置时，灯光内扰热量为原设计值的一半。

图书馆负荷模型的连接。图书馆负荷模型的连接是建立在建筑模型 TRNbuilt 之上的，在建立建筑模型之后，把建筑模型导入到 Simulation studio 之中，可以和气象参数模块以及干、湿球计算温度模块等连接，建筑负荷模型中输入默认的为外界给定的各种气象参数条件，如果需要对建筑负荷模块进行控制，则需要人为的再进行输入模块的设定。建筑负荷模型中 TRNbuilt 的输出有四组，包括区域温度，建筑表面温度，各区域的冷热负荷及单体建筑负荷，建筑群总负荷，其中要求热负荷为负值，冷负荷为正值。

图书馆的建筑负荷计算模型如图 5.7.11 所示，在上述的模型当中，我们可以得到天津图书馆在典型年气象条件下的年逐时负荷，如图 5.7.12 所示。

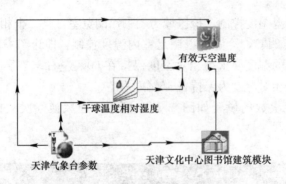

图 5.7.11　图书馆负荷计算模型

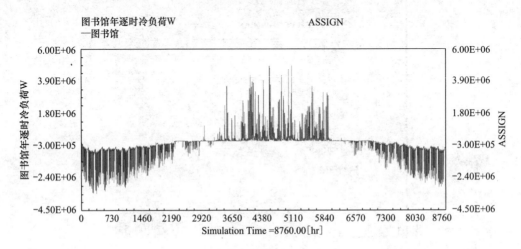

图 5.7.12　图书馆年逐时负荷

（3）文化中心建筑群负荷

天津文化中心南区能源站供冷建筑除了图书馆外，还有博物馆、美术馆和大剧院。根据图书馆建筑负荷模拟相同的设置方式建立模型，可以得到其他三个建筑的年逐时冷负荷以及这 4 个建筑总的年逐时负荷，从图 5.7.12～图 5.7.17 依次是大剧院、博物馆、美术馆、原博物馆、南区能源站的年逐时负荷。

从图 5.7.17 负荷分布线图可以看到，不同的建筑物功能参数不同，其冷热负荷大小和负荷指标均不同。在供冷季节，随着室外气象参数的变化，冷负荷的范围变化较大，而且绝大部分时刻均处于部分负荷时段。部分负荷的时段分布如表 5.7.1 所示。可见负荷分布时间最多的负荷时段是 40%～60% 区间，占 46.52%；然后依次是 0～40% 区间，60%～80% 区间，而 80%～100% 区间，只占到 4.48%。

区域供热系统热负荷主要受到室外气温的影响，没有考虑室内人员、照明及设备等散热量对热负荷的影响。系统最大热负荷出现在 1 月中旬，最大热负荷为 22000kW，不考虑极端天气，系统设计热负荷为 20457kW。部分负荷分布时段如表 5.7.1 所示。

4. 区域供冷系统同时使用系数的确定

在空调系统中，建筑负荷受到建筑物维护结构蓄热特性、内扰、外扰以及环境温度影响，使得不同建筑的空调负荷曲线变化规律有显著变化，在区域供冷系统中，这些负荷曲

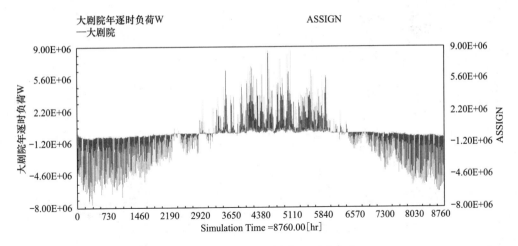

图 5.7.13 天津大剧院年逐时冷负荷

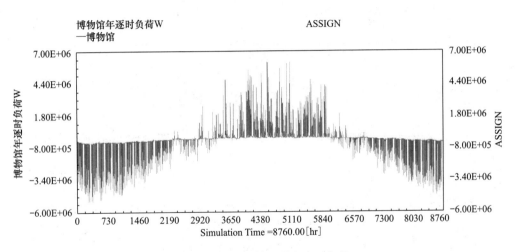

图 5.7.14 天津博物馆年逐时负荷

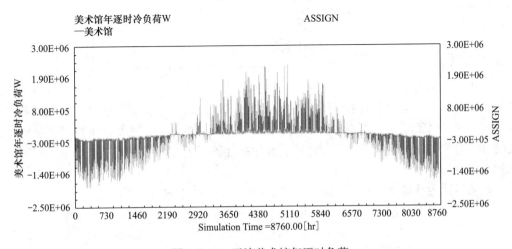

图 5.7.15 天津美术馆年逐时负荷

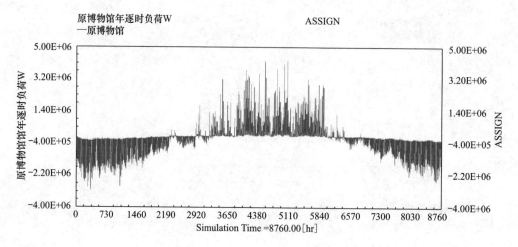

图 5.7.16　原博物馆年逐时负荷

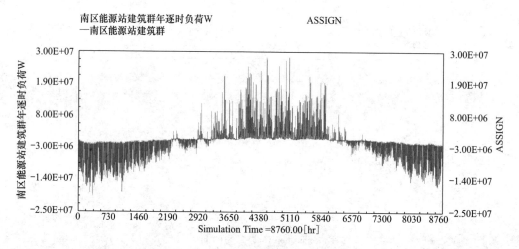

图 5.7.17　南区能源站建筑群年逐时冷负荷

部分负荷率占时间比例   表 5.7.1

负荷率	0~40%	40%~60%	60%~80%	80%~100%
供冷小时百分比	29.20%	46.52%	19.80%	4.48%
供热小时百分比	23.56%	30.05%	37.42%	8.97%

线变化规律不同的建筑组合在一起时，区域供冷负荷峰值将小于任意时刻各建筑空调负荷峰值之和，两者之间的比值可以用同时使用系数 β 来表述，它表示各建筑空调总负荷与各建筑空调负荷峰值之和的比值。所以对于区域供冷系统而言，同时使用系数将可以降低系统的装机容量。通过建筑逐时负荷计算，利用统计的方法可以得到区域供冷系统同时使用系数。

　　区域供冷设计日 24 小时的逐时负荷从 0:00~23:00 记为 S_0、S_1…S_{23}

$$S_0 = S_{0博物馆} + S_{0大剧院} + S_{0老博物馆} + S_{0图书馆} + S_{0控制中心} \tag{5.7.6}$$

$$S_{23} = S_{23博物馆} + S_{23大剧院} + S_{23物} + S_{23馆} + S_{23控制中心} \tag{5.7.7}$$

则区域供冷系统的同时使用系数 β 可以表示为：

$$\beta = \frac{\max(S_0, S_1 \cdots \cdots S_{23})}{\begin{array}{c}\max(S_{0博物馆}, S_{1博物馆} \cdots \cdots S_{23博物馆}) + \max(S_{0大剧院}, S_{1大剧院} \cdots \cdots S_{23大剧院}) \\ + \max(S_{0图书馆}, S_{1图书馆} \cdots \cdots S_{23图书馆}) + \max(S_{0老博物馆}, S_{1老博物馆} \cdots \cdots S_{23老博物馆}) \\ + \max(S_{0控制中心}, S_{1控制中心} \cdots \cdots S_{23控制中心})\end{array}}$$

$$(5.7.8)$$

根据公式（5.7.5）以及模拟的逐时冷负荷值，可以得到文化中心区域供冷的同时使用系数 β 为 0.68。

5.7.2 区域供冷供热系统能效的理论分析

1. 区域供冷系统能效比

（1）系统能源效率

EER（Energy Efficiency Ratio）指制冷系统中运行时供给的冷量与整个系统运行时功耗的比值，为评价系统运行是否高效和节能的标准。一般认为区域供冷系统中能耗包括了制冷站内部和输配系统的能耗，并不考虑用户末端能耗。则以地源热泵与冰蓄冷为冷源的区域供冷系统的能效：

$$EER = \frac{Q}{W} \tag{5.7.9}$$

式中 EER——整个系统的能效比；Q——系统的制冷量；W——系统总耗电量。

区域供冷系统和其他空调系统一样，大部分时间段均处在部分负荷下运行。部分负荷的系统能效指的是系统在部分时段输送的冷量与系统在部分负荷时所使用的设备（制冷设备和输配设备，包括制冷主机、冷冻水泵、地源侧水泵、溶液泵、融冰泵、冷却塔等）的用电量之间的比值。区域供冷系统在部分负荷下运行是否高效是整个系统在运行的周期内是否节能的关键因素。

系统运行时部分负荷率为系统运行的逐时冷负荷与设计日最大负荷的比值：

$$X = \frac{Q_X}{Q} \tag{5.7.10}$$

式中 Q_X——运行时系统的部分负荷；Q——设计日最大负荷。

（2）区域供冷部分负荷下，系统设备功耗和系统的能效：

$$W = W_{X1} + W_{X2} + W_{X3} + W_{X4} \tag{5.7.11}$$

$$EER_X = \frac{Q_X - Q_1 - Q_2}{W_1 + W_2 + W_3 + W_4} \tag{5.7.12}$$

式中 EER_X——部分负荷率为 X 的时候系统能效；

W——部分负荷率为 X 的时候，整个系统的总耗电量；

W_{X1}——部分负荷率为 X 的时候，制冷机组的耗电量；

W_{X2}——部分负荷率为 X 的时候，冷冻水泵的耗电量；

W_{X3}——部分负荷率为 X 的时候，地源侧水泵的耗电量；

W_{X4}——部分负荷率为 X 的时候，地源侧水泵的耗电量；

Q_1——部分负荷率为 X 的时候，冷冻水温升造成的冷量损失；

Q_2——部分负荷率为 X 的时候，冷冻水管道在部分负荷下冷量损失。

（3）机组能耗模型

部分负荷时，区域供冷系统通过优化配置，可以尽可能利用冰蓄冷系统匹配主机，尽可能使机组在额定工况下运行，但是有一些情况，机组并不是在在额定工况下运行，机组只在部分负荷下运行。机组在部分负荷时的能效与部分负荷性能关系密切，部分负荷性能通过影响主机的能耗从而影响整个系统的能效。一台主机的能效与其冷冻水温差、冷却水温差以及部分负荷率成一定的函数关系，而由于当冷冻水和冷却水流量一定时，冷冻水温差和冷却水温差会随着部分负荷的改变而有一些改变，也存在某种函数关系，所以主机的能效值 COP 与系统的部分负荷率相关。不同型号的机组，由于温差和部分负荷的函数关联不一样，所以其能效值（COP）与部分负荷率的函数关系式也不一样。

机组的部分负荷率记为 PLR，根据文献 [26] 知道，机组能效 COP 与部分负荷率可以表示为一组多项式的关系：

$$COP_i = \sum_{m=0}^{3} \left[x_i (PLR)^m \right] = x_0 + x_1 PLR + x_2 (PLR)^2 + x_3 (PLR)^3 \quad (5.7.13)$$

南区能源站采用的基载机和主机性能，根据设备厂家提供的资料，其部分负荷下性能参数见表 5.7.2 和表 5.7.3。

基载机部分负荷下性能参数　　　　　　　　　　　　　表 5.7.2

部分负荷率（%）	100	90	80	70	60	50	40	30	25	20	10
制冷量	1344	1210	1075	940	806	672	538	403	336	268	134
输入功率	264	219	182	155	130	105	85	66	57	51	34
性能系数（COP）	5.1	5.53	5.9	6.05	6.18	6.41	6.36	6.1	5.9	5.3	3.93

由公式（5.7.10）以及表 5.7.2，利用最小二乘法拟合得到基载机的 COP-PLR 公式为

$$COP = 13.727 PLR^3 - 31.618 PLR^2 + 20.848 PLR + 2.2594 \quad (5.7.14)$$

拟合的趋势如图 5.7.18 所示。

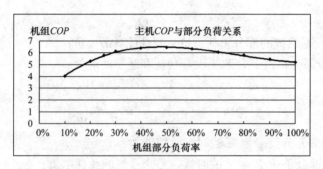

图 5.7.18　基载机性能曲线

主机部分负荷性能参数　　　　　　　　　　　　　表 5.7.3

部分负荷率（%）	100	90	80	70	60	50	40	30	25	20	10
制冷量	3573	3216	2858	2501	2144	1787	1429	1072	893	715	357
输入功率	703	601	514	444	385	333	283	243	228	205	153
性能系数（COP）	5.08	5.35	5.56	5.63	5.57	5.37	5.05	4.42	3.91	3.49	2.34

由公式（5.7.10）以及表（5.7.3）的参数，由最小二乘法拟合得到主机的 COP-PLR

公式为：

$$COP = 5.251PLR^3 - 17.605PLR^2 + 16.599PLR + 0.8395 \tag{5.7.15}$$

拟合的趋势图如图 5.7.19 所示。

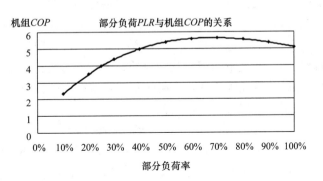

图 5.7.19　主机性能曲线

（4）水泵能耗的模型

中央空调系统中水泵的功耗占到很大的比重，约占系统的能耗比例达到 30%。在常规的一级定频泵空调系统中，水系统的设计选型是根据设计日负荷设计，在部分负荷情况时，为了使末端负荷与系统所配冷量保持平衡，通常会采用调节管路系统的旁通阀门，以达到系统负荷调节的目的，但这样系统水泵的能耗并没有减少。所以大型的供冷系统一般采取的均为二级泵变流量系统。

本节研究的是以冰蓄冷和地源热泵系统为冷源的区域供冷系统，水泵系统包括主机乙二醇溶液泵循环系统、基载机水泵循环系统、冷冻水泵循环系统、地源侧冷却水泵循环系统、融冰泵循环系统，水泵均采用变频调节，水泵的转速会随着部分负荷的改变而改变，当水泵的最高转速下降到设定最低转速的时候，系统会通过减载水泵，来适应负荷的变化。

1）水泵的扬程、功耗与流量的基本关系式

由流体力学泵与风机知道，在额定转速下运行时，管路的扬程与流量的关系可以表示为

$$H = A_0 + A_1Q + A_2Q^2 \tag{5.7.16}$$

功率可以表达为：

$$P = \frac{\varrho HQ}{\eta} \tag{5.7.17}$$

结合上面两式，可以把功率改写为

$$P = x_0 + x_1Q + x_2Q^2 + x_3Q^3 \tag{5.7.18}$$

如果改变水泵的转速，设改变后的工况转速与改变前的工况转速比为 n，则改变后的工况效率和功率分别为：

$$\eta = n^2B_0 + B_1n^2Q + B_2n^2Q^2 \tag{5.7.19}$$

$$H = A_0n^2 + A_1n^2Q + A_2n^2Q^2 \tag{5.7.20}$$

式中，n——当前水泵与水泵额定转速的转速比；A_0、A_1、A_2——管路特性方程系数；

B_0、B_1、B_2——水泵效率方程的系数；x_0、x_1、x_2、x_3——功率与流量方程系数。

不同的转速下，n 的取值不同，在对应的转速下，有对应的流量和功耗，结合系统管路特性曲线方程（5.7.22）和水泵轴功率方程（5.7.28）可以得到不同转速下的功耗，根据系统得到对应的几组不同的数据，可以拟合系统流量与功耗的三次方方程：

$$P = X_0 + X_1 Q + X_2 Q^2 + X_3 Q^3 \qquad (5.7.21)$$

式（5.7.28）中 X_0、X_1、X_2 是功耗方程的系数，在（5.7.21）的公式中，我们确定各系数的方法是先确定某一转速下的流量与功耗的方程，定转速特性方程；在特性方程确定后，需要定保持管路的特性曲线不变，即阻抗不变，根据不同转速下的流量与功耗的关系，可以由最小二乘法拟合求出方程特性参数。

2）定温差、定压差、变压差系统中变频水泵的能耗分析

定温差系统水泵能耗分析。定温差控制系统是指在水泵的变频调节的过程中，系统的供回水温差不随负荷的改变而改变，始终保持恒定，当负荷率减小时，系统的流量随之改变，从而减小水泵的输送能耗。定温差控制系统的结构相对比较简单，系统的延迟时间较长，循环水系统经过一个周期，温差才能反映到传感器中，系统适合整体一致的能耗变化情况。温差控制系统的系统控制的方程为

$$Q = CM\Delta T \qquad (5.7.22)$$

式中 Q——系统的瞬时负荷；C——载冷剂的比热容；ΔT——载冷剂的供回水温差；载冷剂的质量流量与负荷成一次线性变化，从而在负荷减小时，负荷与水泵的流量成正比。

对于闭式系统：

$$H = SQ^2 \qquad (5.7.23)$$

式中 H——水泵扬程；S——管路阻抗。

结合式（5.7.21），水泵的能耗为

$$P = \frac{\rho S Q^3}{\eta} \qquad (5.7.24)$$

式中 η——水泵的效率；ρ——流体的密度。

由公式（5.7.24）知道，对于闭式循环的温差控制系统，水泵的功率与流量满足三次方的关系，这种控制模式具有比较显著的节能效果。不过这种调节如果管网的空调用户负荷变化规律不一致，则容易出现水力失调现象。

定压差控制系统水泵的能耗分析。定压差控制系统是指系统在供、回水干管设置压差传感器，在负荷变化时，室内的温度变化将引起供回水干管的流量变化，系统为了维持压差的稳定，水泵变频调节水系统的流量，从而使整个系统一直处于定压差的状态。在这种系统中，压力的传递速速比温差传递的速度要快，因而压差控制反应比较快。不过在定压差控制系统中，水泵前后状态不相似，水泵的功率与流量之间的关系不是简单的三次方关系，水泵的扬程在整个控制过程中几乎没有改变，通过式（5.7.24）得知，水泵功率与水泵流量成正比，与水泵的效率成反比。水泵的效率与流量也有一定的关系式，但是水泵的效率在一定范围内变化的范围比较小，一般大型的水泵都保持在 $0.75 \sim 0.85$ 之间，所以可以近似地认为水泵的功率与流量成线性变化，即水泵的功耗与水泵的流量成正比。

变压差控制系统水泵的能耗。恒定系统的压差仅仅是为了保证各个末端有足够的压头

来保证每个管路的流量，如果支路管路的流量都可以保证，那么系统可以采用变压差控制。系统的最不利环路的压差等于系统水泵的压力损失，水泵仅需保持最不利环路的压差恒定。当外界的负荷变化时，水泵的转速和环路中的电动二通阀共同作用，调整流量的大小，这种调节由于管路的二通阀改变，所以管路特性曲线也将发生改变，末端系统变压差的控制比定压差控制更节能。这是因为干管上流量变小了，而导致系统阻力变小的缘故，不过这种最不利环路末端控制的系统比较复杂，而且最不利环路系统在实际运行的过程中可能会发生变动，所以需要在多个环路设置压差控制信号，来保证系统控制的准确性。

管网的阻力可以由公式：

$$H = H_x + SQ^2 \tag{5.7.25}$$

当系统为闭式系统时，H_x 为零，S 为系统阻抗系数，只与系统管路有关，和系统的流量无关。

结合水泵的功率公式（5.7.24）

$$\frac{P_1}{P_2} = \frac{(H_x + S_1 Q_1^2) Q_1}{(H_x + S_2 Q_2^2) Q_2} \tag{5.7.26}$$

在部分负荷运行时段，阀门的开启度和机组开启的台数决定系统的阻抗系数，如果系统采用变压差控制，在部分负荷时段的阻抗总比满负荷的阻抗要大。但由式（5.7.26）可知水泵的能耗将比定压控制降低，这是因为其在流量变化的时候，扬程也降低，水泵功率不仅仅受流量的影响，同时扬程的降低也极大地降低了水泵的功耗。

（5）区域供冷系统冷量损失

对于普通的定流量空调制冷系统而言，在计算能效的时候，往往将制冷量与系统得到的冷量视为相等，忽略了管道的损失和泵在运行过程中对冷冻水的热效应影响，因为管路较短，满流量时水泵造成的冷冻水温升很小，冷量损失相对较小，这对于系统的能效基本影响不大。在区域供冷系统中，负荷率比较高的时候，管路的冷量损失所占的比例较小，可以忽略不计；当部分负荷时，管路和水泵的冷量损失占输配冷量的比例增大。系统的冷量损失有两方面因素：一方面区域供冷系统的输配管网比较长，输配系统与环境存在温差，导致一定量的冷量损失；另一方面由于输配系统的阻力比较大，为了克服输配管网的阻力，泵的功耗也比较大，泵的功耗产生的热量大部分由通过其的冷冻水带走，通过传热导致冷冻水的温度升高。对于冰蓄冷系统而言，系统增加了两套装置，分别为主机换热器和融冰换热器，也会在换热过程中造成一定量的冷量损失，这也会降低系统的能效。

1）水泵温升造成的冷量损失

冷冻水泵在运行时，会因为自身的功耗而产生热量，当冷冻水从水泵通过时，冷冻水会带走其大部分热量，对于水泵到底传递多少热量给冷冻水，学术界也一直存在争议。有的认为水泵的功率所产热量完全由冷冻水带走，有的认为是冷冻水泵有效功率与轴功率的差额是产热量，也有认为冷冻水系统通过传热，带走了水泵产生的 80% 的热量，还有20%热量是与空气传热。大多数学者均比较赞同第一种说法，本文的冷冻水系统的冷量损失按水泵功率的80%计算。水泵的功耗可以由式（5.7.24）确定

$$Q_{损失} = 0.8 P_{冷冻水泵} = \frac{0.8 \rho g H q}{\eta} \tag{5.7.27}$$

式中 $Q_{损失}$——冷冻水系统水泵温升造成的损失；$P_{冷冻水泵}$——冷冻水水泵功耗；ρ——输送流体的密度；η——水泵的效率；g——重力常数；H——水泵的扬程；q——水泵的流量。

2）管道散热冷损失

管道损失包括两个方面，一方面是用户建筑内和区域供冷站内的架空保温管与外界空气的热量传递损失，这一部分的长度比较短，其传热量也比较小；另一方面是供冷用户和区域供冷站之间的敷设管道散热损失。

架空保温管道冷损可以用下面公式计算：

$$Q_{架空敷设} = \frac{T_{空气} - T_{冷冻水平均}}{R_{架空}} L_{架空} \tag{5.7.28}$$

式中 $Q_{架空敷设}$——架空敷设管道的冷损；$T_{空气}$——环境空气温度；$R_{架空}$——架空敷设管道的单位长度总热阻；$L_{架空}$——架空敷设的管道的总长度。

架空敷设管道的热阻可以分为三部分，保温管外层与空气的热阻、保温层的热阻、钢管的热阻、冷冻水与钢管的热阻，相对而言，冷水到管壁的热阻比较小，可以忽略。则其他几种热阻的计算公式表达如下：

$$R_{钢管} = \frac{\ln \dfrac{d_{外径}}{d_{内径}}}{2\pi\lambda_{钢管}} \tag{5.7.29}$$

$$R_{保温层} = \frac{\ln \dfrac{d_{外径} + 2\delta}{d_{外径}}}{2\pi\lambda_{保温}} \tag{5.7.30}$$

$$R_{保温层与空气} = \frac{1}{\pi(d_{外径} + 2\delta)\lambda_1} \tag{5.7.31}$$

$$R_{架空} = R_{钢管} + R_{保温层} + R_{保温层与空气} \tag{5.7.32}$$

式中 $R_{钢管}$——钢管的热阻；$R_{保温层}$——保温层的热阻；$R_{保温层与空气}$——空气与保温层的热阻；$d_{外径}$——钢管的外径；$d_{内径}$——钢管的内径；π——圆周率；$\lambda_{钢管}$——钢管的导热系数；$\lambda_{保温}$——材料的导热系数；λ_1——保温层到空气的导热系数；δ——保温层的厚度。

直埋管的管道散热。直埋管有三层组成，首先是直接与冷冻水接触的钢管，中间层为外套管与防腐层，外层为保温层。管道散热可以由公式（5.7.33）计算：

$$Q = \frac{T_{土壤} - T_{冷冻水}}{R_{敷设}} L_{敷设} \tag{5.7.33}$$

直埋管的热阻包括5个方面：钢管与冷冻水之间的对流热阻、钢管的导热热阻、保温层导热热阻、外套管与防腐层的热阻、保温层与土壤的热阻，其中钢管与冷冻水的对流热阻、外套管与防腐层的热阻比较小，一般不到总热阻的 5%，可以忽略不计，则直埋管的热阻为

$$R_{敷设} = R_{钢管} + R_{保温层} + R_{保温与土壤} \tag{5.7.34}$$

直埋管的热阻[32]计算如下：

$$R_{保温层与土壤} = \frac{\ln \dfrac{h}{d_{外径} + 2\delta}}{2\pi\lambda_{土壤}} \tag{5.7.35}$$

保温层的热阻和钢管的热阻同架空敷设的计算方法一样，R——保温层与土壤为保温

496

层与土壤的热阻；$d_{外径}$——钢管的外径；$\lambda_{土壤}$——土壤的导热系数；δ——保温层的厚度。

3）换热器换热冷损失

南区能源站所用换热器为阿法拉伐板式换热器。板式换热器是由一些有某些波纹形状的金属片叠置压紧组成的高效换热器，金属板片之间形成有矩形通道，通过板片进行热量交换。它具有换热效率高、热损失小的特点。换热器的传热系数可以达到$4700W/(m^2 \cdot k)$，传热效率达到97%。对于该系统中融冰换热器和主机换热器，系统的换热器分为主机换热器和融冰换热器，主机制冷的溶液为乙二醇溶液，在主机制冷的工况时，主机板式换热器开启，一次侧为乙二醇溶液，二次侧为系统冷冻水；在融冰工况时，融冰换热器开启，一次侧为低温融冰水，二次侧为系统冷冻水；对于板式换热器的损失，均按照3%来计算。

（6）系统综合能效

系统在不同的负荷条件下，系统的运行工况不同，其融冰策略和机组配置不同，系统的能效也有明显的不同，系统的能效不同主要表现在制冷机组的能耗、系统水泵的能耗、管道的冷损三个方面，从而影响整个系统的效率。

根据公式（5.7.36）结合工程运行的工况情况和控制策略可以从理论上计算出不同控制策略下的系统能效值。

由系统的能效公式：

$$EER = \frac{Q_{制冷机} - Q_{冷损失}}{W_{总耗电量}} \tag{5.7.36}$$

$$W_{总耗电量} = W_{主机} + W_{冷冻水泵} + W_{溶液泵} + W_{地源侧冷却水泵} + W_{溶液泵} \tag{5.7.37}$$

式中　EER——系统制冷机的制冷效率；$Q_{冷损失}$——系统的管道损失和泵的温升损失以及换热损失；$W_{总耗电量}$——系统中总耗电量；$W_{主机}$、$W_{冷冻水泵}$、$W_{溶液泵}$、$W_{地源侧冷却水泵}$、$W_{溶液泵}$——主机的耗电量、冷冻水泵耗电量、溶液泵耗电量、地源侧水泵耗电量、融冰泵耗电量。根据在不同负荷率100%、75%、50%、25%系统能耗折线图如图5.7.20所示。其中，计算过程中蓄冰时段功耗计算在平均分配在释冷时段。

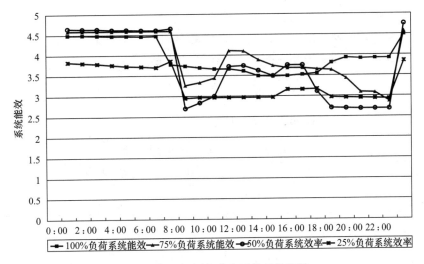

图 5.7.20　不同负荷率下的系统能效

以一天 24 小时为周期，由总负荷和总耗电量，计算出 100％设计日负荷、75％设计日负荷、50％设计日负荷、25％设计日负荷的系统能效比分别为 3.96、3.92、3.71、3.29，冰蓄冷系统由于蒸发温度降低，导致主机制冷系数比常规系统低，本节中主机的制冷工况制冷系数 5.08，制冰工况制冷系数为 3.87，主机的制冷系数降低了 24％，而且在制冰和融冰的过程中有一定的水泵功耗和融冰板式换热器在换热中的冷损失，导致系统的效率比常规的系统低很多，如本系统中，25％设计日负荷的系统能效值比 100％设计日负荷系统能效值低 17％。

负荷区间表 表 5.7.4

负荷率	0～40％	40％～60％	60％～80％	80％～100％
供冷小时百分比	29.20％	46.52％	19.80％	4.48％

系统夏季节运行综合能效为各个负荷时段能效值与其时间比的加权平均值：$IPLVs = 3.96×4.48％+3.92×19.8％+3.71×46.52％+3.29×29.20％=3.64$

2. 区域供热系统能效比的理论计算

设计热负荷为 20457kW，考虑到地源热泵系统地下取热能力，地源热泵系统承担 73％热负荷，城市热网承担 27％热负荷。地源热泵系统中包括两台双工况基载机地源热泵和四台三工况主机，基载机额定制热量为 1411kW，机组满负荷制热 COP 为 4.48，机组的进、出水温为 38℃和 44℃。三工况主机额定制热量为 3930kW，机组满负荷制热 COP 为 5.28。市政管网的供热，通过板式换热器转换后将地源热泵机组供水温度提高到 45℃后给用户供热。

2012 年，冬季实际运行过程中，充分利用城市热网的供热能力，城市热网供热占设计最大负荷的 27％左右，根据室外温度和回水温度确定主机加减控制，机载机作为调峰负荷使用，与市政热网作为调峰负荷设计的设计初衷有所区别。

由于没有蓄能系统的影响，区域供热系统比区域供冷系统系统能效计算简单许多。只考虑地源热泵系统供热能效，不考虑城市热网供热对能效影响。

根据系统供水温度和主机运行电流百分比上限值实现主机的加机控制，根据系统回水温度和主机运行电流百分比下限值实现主机的减机控制。

系统循环泵、地源侧水泵变频控制方式与夏季相同。供热工况下的溶液泵扬程与主机、主机板换和系统管路阻力相匹配，采用在该工况定频率运行，比夏季工况阻力损失减少了 8mH$_2$O。

板式换热器损失为供热量的 3％，管道散热损失为 170kW，参照系统供冷能效计算方式。

冬季运行时主要设备能耗如表 5.7.5 所示。

冬季供暖系统满负荷运行时设备耗能 表 5.7.5

三工况主机制热量（kW）	三工况主机输入功率（kW）	系统循环泵输入功率（kW）	地源侧水泵输入功率（kW）	主机溶液泵输入功率（kW）
3930（4 台）	744（4 台）	75（4 台）	160（4 台）	80（4 台）

系统满负荷运行能效比为

$$EER = \frac{Q_{制热量} - Q_{热损失}}{W_{总耗电量}}$$

$$= (3930 \times 4 \times 0.97 - 170) \div (744 \times 4 + 80 \times 4 + 75 \times 4 + 160 \times 4) = 3.56$$

$$(5.7.38)$$

系统在部分负荷下通过减机控制，并减少相应水泵的运行。所以在三工况热泵机组在部分负荷下系统能效比分别为

75%负荷运行　$(3930 \times 3 \times 0.97 - 170) \div (744 \times 3 + 80 \times 3 + 75 \times 3 + 160 \times 3) = 3.55$

50%负荷运行　$(3930 \times 2 \times 0.97 - 170) \div (744 \times 2 + 80 \times 2 + 75 \times 2 + 160 \times 2) = 3.52$

25%负荷运行　$(3930 \times 0.97 - 170) \div (744 + 80 + 75 + 160) = 3.44$

供热负荷区间表　　　　　　　　　　　　表 5.7.6

负荷率	0~40%	40%~60%	60%~80%	80%~100%
供热小时百分比	23.56%	30.05%	37.42%	8.97%

按照在部分负荷时段比例加权平均的方法，系统冬季季节能效比：

$$IPLVw = 3.56 \times 8.97\% + 3.55 \times 37.42\% + 3.52 \times 30.05\% + 3.44 \times 23.56\%$$
$$= 3.52$$

5.7.3　区域供冷供热系统能耗测试与分析

系统运行能耗测试是对系统进行能效分析、优化运行策略、减少运行费用的必要途径，在测试的过程中需要制定相应的测试方法，准备相应的测试工具，测试方式和测试结果是后期优化运行和节能改造的依据。

本节测试的对象主要是天津市文化中心南区能源站区域供冷供热系统，目的是通过实际运行的数据分析，对系统的实际运行能耗进行诊断，分析不同工况下的主要设备的能耗状况，了解其运行的效率，与理论分析的系统能耗进行对比，评估系统的可靠性。通过运行策略的调整，提高系统的能效，改善系统的经济性。

系统能效数学表达式为

$$EER = \frac{Q}{W} \qquad (5.7.39)$$

由公式（5.7.39）知，在测试中主要内容是区域供冷系统的有效供冷量和区域供冷系统设备的电量消耗。本节对区域供冷系统能效测试的基本思路是对影响能耗的因素入手，分析系统的有效冷量、各耗能设备的电量消耗，逐渐扩展到整个系统的能耗评价。即首先确定整个系统冷冻水输配的冷量，然后确定各能耗设备如冷水机组、水泵、换热器的能效评价指标，最终确立整个区域供冷系统的能效评价指标。文本的能耗评价系统是以整个系统运行测试为基础，整个测试和评价的流程见图 5.7.21。

1. 测试方案

区域供冷供热系统测点布置如图 5.7.22 所示，系统中各管路中布置了一系列的温度、流量传感器，对系统运行中逐时的参数均上传到数据监控中心，电脑对系统的数据自动进行采集。根据系统的数据自动采集功能，对所需要的数据进行处理分析。

（1）测点布置

（2）测量仪表

系统运行测试流程图如 5.7.22 所示，系统测量仪表性能均满足测量的要求，测量仪表如表 5.7.7 所示。

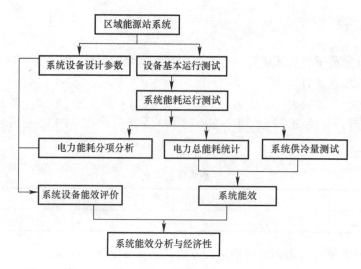

图 5.7.21 区域供冷供热系统测试评价流程图

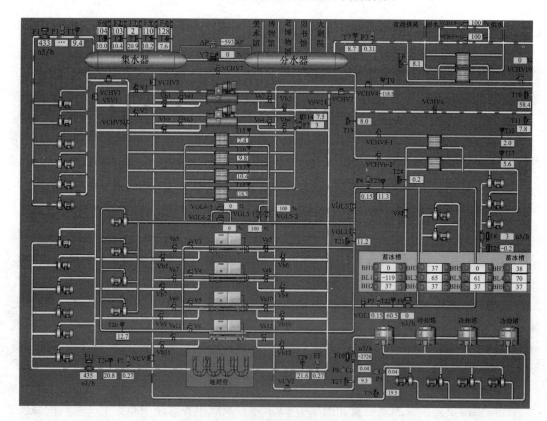

图 5.7.22 区域供冷供热测试系统图

工程测试仪器

表 5.7.7

测试参数	测试仪器	备 注
室外气象参数	温湿度自计仪	精度 0.5℃
水流量	超声波流量计	精度 0.1m³/s
水温度	温度传感器	精度 0.1℃

（3）系统基本参数测量

1）管路温度的测量

管道系统内需要测量温度值的部位见图5.7.22，设置为铂电阻元件的温度传感器，包括主机冷凝器、主机蒸发器、地源侧进口水温、分水器各建筑物供水温度、各级板换进出口温度等共布置有29个温度传感器，利用测量显示仪显示测量的温度，利用数据采集软件每5min采集一次数据，并在电脑中记录下来。

2）管路流量的测定

管道系统内需要测量温度值的部位见图5.7.22，利用超声波流量计对系统管段进行流量监测，按照系统的测点布置，可以测定包括冷冻水流量、地源侧水泵的流量、融冰泵流量等在内的段管路流量，整个系统共有11个流量计，经标定后的精度为≤1%。

3）系统各设备电力参数的确定

系统中需要测量的电力参数主要为系统中水泵的电力参数、冷水机组压缩机耗电的电力参数。测量的设备为智能电表，对于每台水泵和每台冷水机组在配电柜中均有与之对应的智能电表，实时记录系统的能耗数据。

2. 区域供冷系统能效测试

（1）测试结果

实际供冷量则为整个供冷季节的总供冷量，耗电量为整个季节的总耗电量，测试数据为从7月31日到9月16日的实测数据．

在测试期间利用小型气象站，对本地区环境干球温度进行了测试，每5分钟读取一个数据，测试期间室外最低温度12.3℃，最高温度34.6℃，平均温度24.2℃。测试结果如图5.7.23所示。

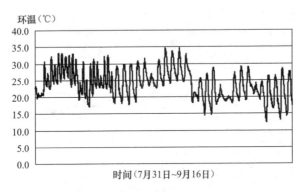

图 5.7.23　夏季测试期间室外空气干球温度

2012年7月31日到2012年9月16日期间，系统逐时负荷范围主要集中在3000kW与8000kW之间，冷负荷峰值为12345kW，晚间供冷负荷保持在1400kW左右，如图5.7.24所示（图中出现负荷在0kW左右的数据点是由于某些时段无供冷负荷所致）。

结合每日耗电量记录数据见图5.7.25，根据测试结果得出南区能源站夏季能效曲线如图5.7.26所示，夏季系统能效在2.98～3.35之间，系统平均能效为3.18。

（2）测试结果与理论计算结果对比与分析

2012年7月31日到2012年9月16日期间，系统逐时负荷范围主要集中在3000kW

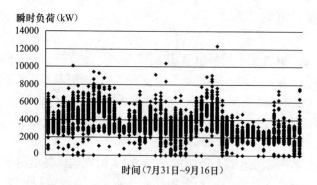

图 5.7.24　夏季实测系统瞬时冷负荷

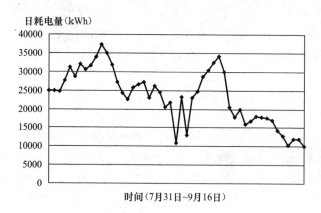

图 5.7.25　夏季实测系统逐日耗电量

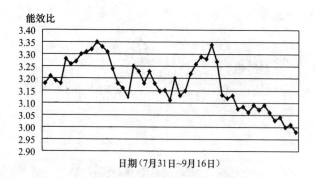

图 5.7.26　夏季实测系统能效曲线

与8000kW之间，在设计负荷12%～30%区间。冷负荷峰值为12345kW左右，处于设计负荷的46%。且晚间供冷负荷较大，负荷保持在1400kW左右。比设计日晚间负荷还大，与设计值略有不同，白天负荷偏小，晚间负荷偏大原因主要如下。

1）原有设计供冷建筑原博物馆（原博物馆沿用原有的中央空调系统）和控制中心没有供冷，这部分负荷占总负荷大约为25%左右；文化中心建筑群今夏为第一次投入使用，人流量少，导致室内人员负荷和照明负荷降低。

2）今年夏天雨水较多，室外空气温度比典型年设计日气温平均降低。

系统的负荷区间采用在25%～50%之间控制策略，实际运行策略与理论分析近似，系统运行模式主要为夜间双工况主机供冷，三工况主机制冰模式，白天主要为融冰单供冷模式。

理论计算中在25%负荷时的理论能效值为3.29，实测结果低于理论计算结果，其偏差在3.3%。偏差产生的原因主要在于：①机房内新风机组供冷没有计量；②板式换热器没有保温造成实际换热过程中的冷量损失大于计算值，以及其他不可计算的冷损失造成。

3. 冬季供热工况系统能效测试

测试数据为从2012年12月5日到2013年1月14日的实测数据。系统运行时优先使用市政热网供热，三工况热泵主机根据供回水温度和主机电流百分比控制加减。机载机并没有投入使用。

（1）测试结果

测试期间室外空气干球温度分布如图5.7.27所示。室外空气最高5.0℃，最低-14.6℃，平均-4.3℃。

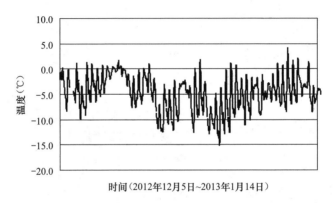

图5.7.27　冬季测试期间室外空气干球温度分布

系统运行时优先使用市政热网供热量，三工况热泵主机，而机载机作为调节负荷使用。系统供热负荷负荷如图5.7.28所示。测试日，不计市政热网供热量，热泵系统供热负荷区间在4559~12430kW，系统运行在29%~79%设计负荷区间。

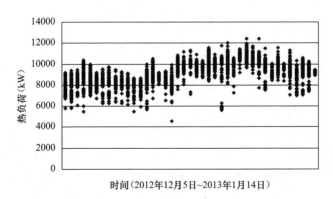

图5.7.28　实测热泵系统逐时热负荷

实测系统逐日耗电量如图5.7.28所示，图5.7.29为日平均能效曲线，系统冬季供热工况COP在3.29~3.63之间，系统平均能效为3.49。

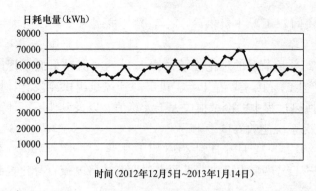

图 5.7.29 实测系统冬季逐日耗电量

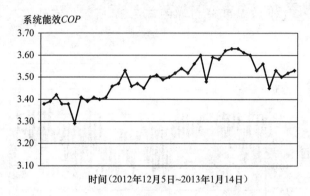

图 5.7.30 实测系统冬季逐日能效曲线图

（2）测试结果与理论计算结果对比与分析

2012 年 12 月 5 日到 2013 年 1 月 14 日期间，热泵系统供热负荷区间在 4559～12430kW，系统运行在 29%～79% 设计负荷区间。热负荷峰值为 12430kW，为设计负荷的 79%。因原博物馆没有独立供暖，使得系统运行负荷区间比设计负荷区间降低 20%，与设计工况相同。

理论计算中在 75%，50%，25% 负荷时的理论能效值为 3.55，3.52 与 3.44，时间加权平均能效为 3.48，实测结果略高于理论计算结果，其偏差在 0.3%。因系统有市政热网补充热量，理论计算中机组及地源侧水泵和主机循环水泵功效均按照额定工况计算，系统在实际使用过程中与设计工况相同，根据系统供水温度采用加减机控制方式。系统实测能效略高于理论计算值的原因在于水泵散热在冬季运行时起到了有益的作用，是对系统热量的提升水泵，而在理论计算中并未考虑水泵温升。

5.7.4 小结

（1）采用 TRNSYS 商业软件模拟了能源站建筑群逐时冷热负荷，按照负荷区间计算得出了夏季 100% 设计日负荷、75% 设计日负荷、50% 设计日负荷、25% 设计日负荷的系统能效比分别为 3.96、3.92、3.71、3.29，夏季节运行综合能效 $IPLV_s$ 为 3.64。冬季地源热泵系统满负荷、75% 负荷、50% 负荷、25% 负荷分别为 3.56、3.55、3.52 和 3.44，系统冬季综合能效比 $IPLV_w$ 为 3.52。

（2）通过夏季 2012 年 7 月 31 日～9 月 16 日，冬季 2012 年 12 月 5 日～2013 年 1 月

14 日的系统运行过程中实测表明，系统夏季和冬季运行能效平均值分别为 3.18 和 3.49. 理论研究与测试同时表明，系统运行 COP 随着系统负荷的增大而升高，两者呈现较好的一致性。夏季由于建筑群刚刚投入使用，系统处于低负荷区间运行致使实测能效值较低于夏季理论计算综合能效值 IPLVs，其偏差为 12.6%。而在冬季由于建筑群的正常运行，理论计算与实际使用情况极为吻合。

5.8 结论与展望

5.8.1 课题取得的研究成果

1. 超大规模建筑群三工况地源热泵实施方式

通过对文化中心区域 81.8 万 m² 多功能建筑群的室外、室内参数的确定和逐时冷负荷的计算，确定了该区域各栋建筑的逐时冷、热负荷及年耗冷量、耗热量，用于指导区域能源站的设计；通过对浅层地下水和地埋管地源热泵实施的资源条件、政策导向、管理风险规避及项目的技术支撑条件分析，确定了南区、北区能源站采用湖底垂直埋管地源热泵系统（3789 口地埋管换热井）、西区能源站采用在生态岛打井的水源热泵系统形式（32 对水源井）。

基于埋管区域面积与埋管换热器性能的土壤吸放热能力的研究和基于水资源咨询报告的浅层地下水吸放热能力的研究，得到了文化中心区域能源系统水、地源热泵地源侧季节（年）热平衡的计算结果，鉴于三个能源站的季节排热量与季节取热量均存在较大差异，因此设计时设置了以市政热网为调峰热源与冷却塔调峰冷源，可保证浅层地源热泵系统长期可靠与高效运行。通过对文化中心区域供冷负荷的动态模拟，最终确定的制冷主机空调工况制冷负荷与由能源站提供的冷负荷匹配关系为：南、北区能源站为 66%，西区能源站为 59.4%。

2. 负荷预测模型的开发与验证

采用时间序列预测文化中心区域供冷负荷的过程中，首先要对已有负荷数据的时间序列进行平稳性检验，并对该负荷数据序列进行 ARMA 模型的定阶，进而利用最大似然估计法对时间序列进行模型参数估计。

由于区域供冷负荷数据的预测误差也包含了负荷的特性，因此对预测误差进行分析与处理，并将其运用到改进算法的过程，提高了负荷预测的精度。在负荷预测中，借鉴反馈控制思想，将预测误差"反馈"回预测算法，对误差进行再建模与预测，并将误差预测的结果与初步预测结果进行叠加，得到了经过误差调整的适合于文化中心短期综合负荷预测数据。

3. 系统的动态优化控制策略的开发与实施

优化控制策略能最大限度地利用蓄冰设备，在文化中心的南区、西区和北区的各区域能源站中蓄冰设备的蓄冰融冰能力和冷水机组的制冷能力都比较小，必须两者同时供冷才能满足峰值空调负荷。在典型设计日或接近典型设计日里，空调负荷较大，为了要保证蓄冰设备能负担每天峰值时的空调负荷，以动态负荷预测的数据为基础采用动态规划法优化冰蓄冷系统各时刻的融冰量及主机运行台数。

建立了文化中心各区域能源站的状态参数模型、优化控制目标函数，并考虑了蓄冷量、余冷量的限制和主机容量等约束条件，采用动态规划优化方法，确定制冷机组逐时启动台数及各时刻融冰速率。通过对南区能源站设备基本参数分析，并以负荷预测为基础，对文化中心南区能源站冰蓄冷系统运行能耗进行优化，控制系统制冰量和制冰时间、控制系统融冰量和融冰时间，进行三工况主机制冰工况、三工况主机制冰、基载机供冷工况、三工况主机、基载机供冷工况、融冰单供冷工况和联合供冷工况的运行工况切换，形成了100％、75％、50％、25％负荷工况下的优化控制策略。

4. 大规模地埋管换热器地温场热平衡预测与监控

通过地温背景监测，采用CFD数值模拟和现场监测验证的方式，得出了第一个制热制冷期循环周期120m以浅与原始地温相差0.5～1.5℃。且换热孔2.4m处地温监测表明冬夏变幅约2.1℃，地温影响半径远大于2.4m，换热孔之间存在着热突破现象。第一个制热、制冷循环周期内土壤蓄热量大于排热量，换热孔周围的地温无法恢复到原始状态，出现这种情况应与该地源热泵系统刚建成2011年冬季制热时间较短有关，而且换热负荷过大，井群间热突破明显，产生了小范围热堆积效应，使地温无法有效地接受外围热补给。

对地温场的监测表明了大规模地埋管换热器的使用设计调峰冷、热源的必要性，可以保证浅层地热能可间歇运行，有利于地温的恢复。

5. 高效的区域供冷、供热系统

采用Trnsys商业软件模拟了能源站建筑群逐时冷热负荷，按照负荷区间计算得出了夏季100％设计日负荷、75％设计日负荷、50％设计日负荷、25％设计日负荷的系统能效比分别为3.96、3.92、3.71、3.29，夏季节运行综合能效为3.64。冬季地源热泵系统满负荷、75％负荷、50％负荷、25％负荷分别为3.56、3.55、3.52和3.44，系统综合能效比为3.52。

通过夏季2012年7月31日～9月16日，冬季2012年12月5日～2013年1月14日的系统运行过程中实测表明，系统夏季和冬季运行能效平均值分别为3.18和3.49。

5.8.2 创新性

1. 工程实践创新

（1）依托于天津市文化中心集中能源站的设计、施工与运行，针对超大规模建筑群可再生能源利用与综合蓄能技术（蓄冰槽蓄冰与浅层土壤蓄热）耦合并复合以调峰冷、热源的多元化复合能源系统用于超大规模公共建筑组团的区域供冷、供热，形成一套完整的分析计算与设计方法、系统工艺集成体系和完善的监控体系，使文化中心集中能源站成了此类项目的示范工程并可复制推广。

（2）3789口超大规模的地埋管换热器垂直埋管换热器全部设置在文化中心景观湖底，设计深度120m，钻孔口径200mm，换热器间距4.8m，全部为同程连接，分别由130路水平集管连至24个分集水器检查井，再输送至南区和北区能源站。水平集管施工在文化中心景观湖开挖完成后进行，钻孔施工工作面的相对高程在－5.3m～－2.9m之间，工期紧、施工难度大。本课题从钻机的选取、钻孔的精准到位、下管、回填、试压等施工技术以及施工组织和管理上形成了用于超大规模地埋管换热器施工工法，可用于同类项目的施工、组织及管理。

（3）文化中心建筑群功能多样，是文化、教育、市政设施、商业等多种建筑的集合，能源站的分区、可再生能源的开发与利用、集中供冷、供热方案的制定、设计及实施等，兼顾了文化中心建筑群经济、节能、低碳和美观的多重要素，其超大规模浅层地热能的应用，全方位的可行性研究论证方法，精确的设计计算方法，基于负荷预测模型的动态优化控制策略，完善的运行监控与数据上传措施，以及由此取得的夏季系统运行电力能效比 3.18、冬季系统运行平均电力能效比 3.49 的业绩，为我国区域供冷、供热能源站的建设提供了不可多得的范例，为我国首个运行 COP 数据实时展示与上报的工程案例，超越了为业界所津津乐道的日本东京晴海 Triton 广场年均电力能效 COP 3.13 的业绩，跻身国际先进行列。

2. 理论创新

通过对文化中心大规模建筑群动态分布式负荷变化规律分析，建立了典型天津地区建筑地源热泵＋冰蓄冷区域供冷系统的负荷预测模型，并进行模型参数的估计及负荷预测误差修正，获取了区域能源系统的短期负荷预测数据；以负荷预测为基础，通过采用动态规划法优化能源站运行费用，控制系统制冰量和制冰时间、控制系统融冰量和融冰时间，进行制冰工况与空调供冷工况主机的双工况切换，形成了 100％、75％、50％、25％负荷工况下的优化控制策略，可为同类项目的系统控制策略的制定提供理论参考。

5.8.3　后期努力方向

1. 大规模地温场热平衡性能

对大规模地下换热器地温场热平衡，影响因素众多，土壤温度场的变化对区域能源站系统运行能效产生重要影响，从 2011～2012 年度整个制热制冷循环周期看，土壤蓄热量大于排热量，换热孔周围的地温也无法恢复到原始状态，而且换热负荷过大，井群间热突破明显，产生了小范围热堆积效应，使地温无法有效地接受外围热量补给，出现这种情况应与该地源热泵系统刚建成的 2011 年冬季制热时间较短有关，因此需在下一周期对系统取热、排热及调峰冷热源设备进行理论分析与调整，使其达到热平衡。

2. 提高负荷预测精度

影响建筑物制冷负荷的因素很多，包括气象因素和人为因素。气象因素包括室外温度、太阳辐射量、室内外相对湿度等，目前文化中心区域供冷、供热建筑部分处于试运行阶段，负荷数据变化缺乏规律性，因此对负荷预测精度产生一定的影响，进而影响夏季冰蓄冷系统工况的切换控制，降低了系统整体运行能效，因此接下来的供冷、供热季还需不断对负荷预测模型进行完善，提高预测精度。

3. 通过优化控制提高系统能效

尽管系统冬、夏季综合运行能效比分别取得了 3.49 和 3.18 的成绩，但是由于系统是处于第一个供冷供热周期，系统的能效监控系统在 2012 年才逐步实施，并于 2013 年 1 月份刚刚调试到位。随着监控系统稳定运行后的进一步完善，系统的运行能效（尤其是夏季能效比）还将有提升的空间。

参 考 文 献

[1] 刁乃仁，方肇洪. 埋管式地源热泵技术 [M]. 北京：高等教育出版社，2006.

[2] 张佩芳. 地源热泵在国外的发展概况及其在我国应用前景初探 [J]，制冷与空调，2003 (3)：12-15.

[3] 孟祥瑞，孙友宏，王庆华，等. 大广高速公路双辽服务区地源热泵系统地层热物性原位测试 [J]. 探矿工程（岩

土钻掘工程），2011，38（1）：47-50.

[4] Kavanaugh S P. Field tests for ground thermal properties methods and impact on ground-source heat pumps [J]. ASHRAE Trans, 1998，104（2）：347-355.

[5] IGSHPA. Design and installations standard [M]. Stillwater, Oklahoma, 1991.

[6] Ingersoll L R, Plass H J. Theory of the ground pipe heat source for the pump [J]. Ashrae Trans，1948，（6）：119-122.

[7] 赵进，王景刚，杜梅霞，等. 地源热泵土壤热物性测试与分析 [J]. 河北工程大学学报（自然科学版），2010，27（1）：58-69.

[8] 方亮，张芳芳，方肇洪. 关于地埋管换热器热响应试验的讨论 [J]. 建筑热能通风空调，2009，28（4）：48-51.

[9] 吴晓寒，孙友宏，李小杰，等. U 形垂直埋管换热器换热性能试验研究 [J]. 世界地质，2008，27（2）：228-232.

[10] 王庆华，孙友宏，陈昌富，等. BTR-4000 型地层热物性原位测试仪及其应用 [J]. 吉林大学学报：地球科学版，2009，39（2）：347-352.

[11] 刘冬生，孙友宏，庄迎春. 增强地源热泵竖直埋管地下换热器换热性能的研究 [J]. 吉林大学学报：地球科学版，2004，34（4）：648-652.

[12] 王庆华，孙友宏，陈昌富，等. BTR－4000 型地层热物性原位测试仪及其应用 [J]. 吉林大学学报（地球科学版），2009，39（2）：348-352.

[13] PRoth, A Georgiev, A Busso. First in situ determination of ground and borehole thermal prope~ies in Latin A-merica [J]. Renewable Energy，2004，29：1947-1963.

[14] 于明志，彭晓峰，方肇洪，等. 基于线热源模型的地下岩土热物性测试方法 [J]. 太阳能学报，2006，，27（3）：279-283.

[15] Ingersoll L R, Zobel O J, Ingersoll A C. Heat conduction with engineering [J]. Geological and Other Applications. New York：Mc Graw-Hill，1954.

[16] J. D. Deerman, S. P. K avanaugh. Simulation of Vertical U-tube Ground-coupled Heat Pump Systems Using the Cylindrical Heat Source Solution [J]. ASHRAE Transactions，1991，97（1）：287-295.

[17] 单奎，张小松，李舒宏. 一种现场测定土壤源热泵岩土热物性的新方法 [J]. 太阳能学报，2010，31（1）：22-26.

[18] LAMARCHE L，BEAUCHAM B. Solutions for the short- time analysis of geothermal vertical boreholes [J]. Inter-national Journal of Heat and Mass Transfer，2007，（7-8）：1408-1419.

[19] 周志华，张觉荣，张士花. 土壤源热泵地埋管周围土壤温度变化规律研究 [J]. 太阳能学报，2009（11）：1487-1490.

[20] 文乾照，李滂，韩肇宇. 双 U 形地埋管换热器冬季周围土壤温度变化 [J]. 煤气和热力，2009，29（6）：7-10.

[21] 黄奕法，陈光明等. 地源热泵研究与应用现状 [J]. 制冷空调与电力机械. 2003，89（24）：6-10.

[22] 蔡晶晶，陈汝东，王健. 地下水渗流对地埋管传热影响的理论分析 [J]. 流体机械，2009，37（12）：62-67.

[23] Q. Zhang, Heat transfer analysis of vertical U-tube heat exchange in a multiple borehole field for ground source heat pump systems [R], PhD Dissertation University of Kentucky，Kentucky，USA，1999.

[24] 李新国，赵军. U 型垂直埋管换热器管群周围土壤温度数值模拟 [J]. 太阳能学报. 2004，25（5）：703-707.

[25] 高青，李明，闫燕. 群井地下换热系统初温和构造因素影响传热的研究 [J]. 热科学与技术，2005，4（1）：34-40.

[26] 纪世昌，胡平放. U 型垂直埋管换热器管群间热干扰的研究 [J]. 制冷与空调. 2007，7（4）：35-37.

[27] Takao Katsura, Method of calculation of the ground temperature for multiple ground heat exchangers [J]. Applied Thermal Engineering，2008，28（2）：1 995-2004.

[28] Hikmet Esen. Temperature distributions in boreholes of a vertical ground-coupled heat pump system [J]. Renew-able Energy. 2009，34（4）：2672-2679.

[29] Shuhong Li，Weihua Yang. Xiaosong Zhang. Soil temperature distribution around a U-tube heat exchanger in a multi·function ground source heat pump system [J]. Applied Thermal Engineering. 2009（29）：3679-3686.

［30］ LEE C K，LAM H N. Computer simulation of boreholeground heat exchangers for geothermal heat pump systems ［J］. Renewable Energy，2006，（6）：1286-1296.

［31］ 李丽新，赵军，汪洪军. 地下耦合地源热泵计算机测控系统的设计与实验研究［J］. 太阳能学报，2005，（4）：463-467.

［32］ 石磊，李兆东，刘伟. 冰蓄冷空调系统模拟优化技术探综. 建筑热能通风空调［J］，2003，（2）：37-39.

［33］ DonaldF. Energy Conservation with Chilled water Storage ［s］. ASHRAE Journal，1993，（5）：22-32.

［34］ 胡翌. 冰片滑落式冰蓄冷系统的研究［硕士学位论文］. 上海：东华大学，2005.

［35］ 华泽钊、刘道平等. 蓄冷技术及其在空调工程中的应用［M］. 北京：科学出版社，1997.

［36］ 严德隆、张维君. 空调蓄冷应用技术［M］. 北京：中国建筑工业出版社，1997. 5.

［37］ 肖斌. 冰蓄冷空调系统优化控制的仿真研究［硕士学位论文］. 上海：上海交通大学，2001.

［38］ 张永锉. 国内外冰蓄冷技术的发展与应用［J］. 制冷技术，1999（2）.

［39］ 吴喜平. 国外冰蓄冷技术发展特点简介［J］. 电力需求侧管理，2001，003（002）.

［40］ 杭州华电华源人工环境工程公司. 冰蓄冷样本.

［41］ 苏文. 冰蓄冷空调经济性分析软件的开发［硕士学位论文］上海：同济大学，2003.

［42］ 方贵银. 蓄冷空调工程应用新技术［M］. 北京：人民邮电出版社，2000.

［43］ 胡兴邦、叶水泉等. 储冷空调系统原理工程设计及应用［M］. 杭州：浙江大学出版社，1997.

［44］ 李涛. 冰蓄冷空调系统的经济性分析与优化［硕士学位论文］. 上海：东华大学，2002.

［45］ 王勇，赵庆珠. 冰蓄冷系统的优化控制分析［J］. 暖通空调，1996，26（3）：3-6.

［46］ 郭齐传，李育冰. 蓄冷空调系统运行控制策略综述［J］. 福建建设科技，2003（l）.

［47］ 李元旦. 建筑物空调负荷预测方法及冰蓄冷空调系统运行优化控制研究［博士学位论文］. 上海：同济大学，2002.

［48］ 陈沛霖，曹叔维，郭建雄. 空气调节负荷计算理论及方法［M］. 上海：同济大学出版社，1987.

［49］ 孙靖，程大章. 基于逐时空调负荷预测的冰蓄冷优化控制策略［J］. 智能建筑与城市信息，2005，5（102）.

［50］ 汪训昌. 关于蓄冷空调工程设计思路的探讨［J］. 暖通空调1998，28（3）：20-23.

［51］ 谢俊，钱以明. 冰蓄冷空调系统的费用优化. 全国暖通空调制冷1998年学术年会论文集.

［52］ 刘业凤，史钟璋，张吉光，胡松涛. 冰蓄冷空调系统优化控制的经济性分析［J］. 暖通空调，1998，28（3）：6-9.

［53］ 倪雪梅，辜兴军，许志浩. 冰蓄冷系统优化蓄冷的策略的探讨［J］. 制冷与空调，2004（l）：21-24.

［54］ Rawlings，L. K. Ice Storage system ontimization and control strategies. ASHRAE Trans. ，1985.

［55］ Stethirnann，DH. Optimal control for cool storage. ASHRAETrans. ，1989，95（1）：1189-1193.

［56］ 龚延风. 冰蓄冷系统的最优控制策略［J］. 流体机械，1997（8）.

［57］ 殷亮，刘道平，陈之航. 蓄冷空调控制策略的选择及运行优化［J］. 能源研究与信息，1997，13（l）：11-16.

［58］ 刘震炎，丁以红，余光宝等. 部分蓄冷的冰蓄冷空调系统的优化. 第8届全国余热制冷与热泵技术学术会议论文集，广州，1997.

［59］ 邓沪秋，谢安生. 蓄冷系统经济性的分析与优化［J］. 基建优化，1999，20（4）.

［60］ 胡豫杰，王文起. 冰蓄冷技术发展初探［J］，天津城市建设学院学报，2000，6.

［61］ 王刚. 瑞典区域供冷技术对中国的启示［J］. 建筑热能通风空调，2004，23（3）：24-29.

［62］ The international association for combined heat and power，district heating and cooling. District Heating and Cooling. Brussles：Euroheat&Power，2005.

［63］ 丁云飞，冀兆良. 区域供冷及其在我国的应用前景分析［J］. 建筑热能通风空调，199915（2）：45-46.

［64］ 冯小平，上海世博园区域供冷系统管网优化设计研究［博士学位论文］. 上海，2007.

［65］ 屠梦婷. 可再生能源在丹麦区域供暖中的运用［J］. 甘肃科技. 2006. 22（11）：212-213.

［66］ 宋孝春. 中关村西区区域供冷设计技术分析. 暖通空调，2004，34（10）：88-90.

［67］ F. Hammer. increasred interest in district cooling ［J］ news from DBDH，1998（3）.

［68］ 罗斯里·穆罕默德萨利姆·赛兰. 马来西亚区域供冷、冰蓄冷和热电联产在高层建筑中的应用经验［J］. 暖通空调，2001（3）：24-26.

[69]　王宇剡，张建忠，黄虎. 南京鼓楼软件园区域供冷供热系统优化 [J]. 暖通空调. 2009. 39 (7)：95-98.

[70]　马微. 重庆市结合水源热泵技术发展区域能源系统的研究 [J]. 建筑节能. 2011. 39 (3)：22-25.

[71]　马宏权，龙惟定. 区域供冷系统的能源效率 [J]. 暖通空调，2008，38 (11)：59-64.

[72]　热供给事业便览 [M]. 日本热供给事业协会：平成 14 年版 (2002 版)，34.

[73]　Shuzo Murakami，Mark D l，Hiroshi Yoshino. Energy consumption，efficiency，conservation，and greenhouse gas，mitigation in Japanps building sector [R]. Lawrence Berkeley Laboratory，2006：56.

[74]　许文发，赵建成，蔺洁. 区域供冷系统在中关村西区的实际应用 [J]. 建筑科学，2004，20 (1)：27-29.

[75]　射场本忠彦，百田真史. 日本蓄冷（热）空调系统的发展与最新业绩 [J]. 暖通空调，2010，6 (40)：13-22.

[76]　关海霞. 冰蓄冷与水源热泵系统设计实例 [J]. 低温工程，2006 (4)：59-62.

[77]　刘学军. 制冷机组的能量调节策略分析 [J]. 江苏广播电视大学学报，2004，16 (6)：58-60.

[78]　丁云飞. 部分负荷性能对冷水机组运行能耗的影响评估 [J]. 节能，2000，16 (1)：3-5.

[79]　丁云飞，马最良. 根据部分负荷性能合理选择冷水机组台数 [J]. 哈尔滨工业大学学报，2001，34 (2)：87-89.

[80]　袁东立，陈晓琳，蒋金山等. 蓄冰技术与水源热泵的巧妙结合 [J]. 工程建设与设计，2004 (4)：35-37.

[81]　齐月松，岳玉亮等. 地源热泵结合水蓄能系统应用分析 [J]. 暖通空调，2010，5 (40)：94-97.

[82]　寿青云，陈汝东. 借鉴国外经验积极发展我国的区域供冷供热 [J]. 流体机械，2003，14 (11)：47-50.

[83]　Jacques Dellbes. The District Cooling Hanbook. Brussels：European Marketing Group of Distrct Heating and Cooling，1999.

[84]　谢龙祥. 滨化锂吸收式制冷机与电制冷机的节能分析与选择 [J]. 浙江省水利水电专科学校学报，2001，13 (6)：63-65.

[85]　肖晓坤. 建筑空调变水量水系统实时优化控制研究 [D]. 上海：上海交通大学，2005.

[86]　龚光彩. 流体输配管网 [M]（第 1 版）. 北京：机械工业出版社，2007：75-76.

[87]　建设部工程质量安全监督与行业发展司，中国建筑标准设计研究所. 全国民用建筑工程设计技术措施　暖通·空调·动力 [M]. 北京：中国计划出版社，2003.

[88]　刘金平，杜艳国，陈志勤. 区域供冷系统中冷冻水输送管线的优化设计 [J]. 华南理工大学学报（自然科学版），2004，32 (10)：28-31.

[89]　潘云钢. 高层民用建筑空调设计 [M]. 北京：中国建筑工业出版社，1999.

[90]　ASGRAE. ASHRAE handbook—system and equipment [M]. Atlanta：American Society of Heating，Refrigerating and Air Conditiong Engineers Inc，2004.

[91]　康英姿，左政. 区域供冷系统二次管网的冷量损失分析 [J]. 暖通空调，2009，39 (11)：31-34.

[92]　Ingersoll L R，H J Plass，Theory of zhe groud pipe heat source for zhe heat pumb，ASHRAE Trans，1948，7：119-122.

[93]　KLEIN S A，BECKMAN W A. Trnsys-a transient system simulation user's manual. 1994.

[94]　胡玮，陈立定，陈奉刚. 基于 Trnsys 的中央空调系统模糊控制仿真 [J]. 低温建筑技术. 2012 (05).

[95]　周智勇，彭三兵，付祥钊，何华. 夏热冬暖地区强制间接循环太阳能热水系统 [J]. 煤气与热力. 2009 (08).

[96]　胡玮，陈立定. 基于 Trnsys 的水冷型中央空调系统建模与仿真 [J]. 制冷，2011 (02).

[97]　Stéphane LASSUE，Laurent ZALEWSKI. Numerical Study of Classical and Composite Solar Walls by TRNSYS [J]. Journal of Thermal Science. 2007 (01).

[98]　李申，沈嘉，张学军，郑幼明. 恒温恒湿空调系统的优化控制与性能模拟 [J]. 制冷学报. 2012 (01).

[99]　孙德宇. 空调负荷计算方法及软件比对研究分析 [D]. 北京：中国建筑科学研究院，2011.

[100]　蔡龙俊，欧阳春生. 区域供冷供热住宅建筑空调负荷同时使用系数的计算 [J]. 能源技术 2006 (06).

第6章 光伏发电系统的即发即用不储能关键技术及应用研究

6.1 绪 论

6.1.1 项目概况

"光伏发电系统的即发即用不储能关键技术研究及应用技术研究"课题是以天津市文化中心商业体屋顶光伏建筑一体化工程为载体，而提出的一个研究性课题。

天津市文化中心商业体屋顶光伏建筑一体化工程，是在建筑屋面敷设 7370m² 的非晶硅光伏组件，额定装机容量为 300.132kW，为文化中心商业体地下停车库提供部分电能。采用光伏发电系统即发即用，并网不上网，不设置储能装置—电池组的方案。

该章的编写由三家单位共同承担，其中天津市建筑设计院为主持单位、天津城市建设学院和天津津能电池科技有限公司为参与单位，各单位人员分工如表6.1.1所示。本章撰写分工如下：6.1、6.7 和 6.9 节由王东林执笔；6.2 节由马子瑞执笔；6.3～6.6 节由潘雷执笔；6.8 节由徐磊执笔；6.11 节由郭曾良执笔；整章由王东林统稿。

人员分工 表6.1.1

主要参加人员名单							
序号	姓名	性别	出生年月	技术职称	文化程度（学位）	工作单位	对成果创造性贡献
1	王东林	男	1964.10	正高级工程师	硕士	天津市建筑设计院	项目总体方案的制定、研究方向的把握和光伏系统的实施
2	潘雷	男	1981.4	讲师	硕士	天津城市建设学院	项目关键技术的理论研究和实验研究
3	徐磊	男	1972.2	高级工程师	大本	天津市建筑设计院	项目清洁维护方法的研究、现场数据测试和光伏系统整体调试
4	郭增良	男	1971.5	高级工程师	硕士	天津市津能电池科技有限公司	光伏组件分析与研究、相关实验方案的制定与环境的搭建
5	王贝贝	男	1983.5	讲师	硕士	天津城市建设学院	项目相关的理论和实验研究
6	鞠伟	男	1978.6	正高级工程师	硕士	天津市财政投资评审中心	经济分析
7	马子瑞	女	1984.11	工程师	大本	天津市建筑设计院	项目清洁维护方法的研究、现场数据测试和光伏系统的调试
8	赵红英	女	1979.6	工程师	大本	天津市津能电池科技有限公司	光伏组件研究和相关实验环境的搭建
9	曹丽冉	女	1984.6	工程师	硕士	天津市津能电池科技有限公司	光伏组件研究和相关实验环境的搭建

6.1.2 研究背景

1. 文化中心商业体地下车库的负荷特征及光伏供电特点

车库，已成为居住建筑和公共建筑必不可缺的附属建筑，在整个建筑物功能中起到非常重要的作用。按使用用途可分为商业用车库、居民用车库、商业及居民混用车库三种情况。分析其使用特点，就会发现它们在一天内的使用高峰时间段会有所不同。对于居民用车库，其一天使用的高峰时间段是早晨 8:00 以前及下午 17:30 以后这两段时间，而对于商业用车库，由于地上商业建筑的业态形式不同，其一天使用的高峰时间段是早晨开业后一小时至晚上闭门前一小时的整个时间段。考虑到开业前商场内部的使用，通常车库运行时间在早晨 8:00 以后到晚上闭门时间。

2. 车库照明负荷的运行特点

车库照明负荷作为大型综合性商业建筑内的重要负荷。其运行特点如下：

（1）对于特大型综合性商业建筑，通常停车场面积较大，为减少车库占用地上商业资源面积，一般车库设置在地下；

（2）商业地下车库在商业营业期间，必须保证不间断照明和照度，这样势必会造成灯具的寿命缩短，车库耗电量的增加，从而增加物业运行维护的费用；

（3）为降低运维成本，一些商业建筑的物业管理公司更换较小瓦数的灯具或人为地使部分灯具不工作，或采取控制措施关闭部分照明灯具，这些方法都是不可取的，都会造成车库照度不足，影响车辆的正常通行和停靠，形成较大的安全隐患。

3. 地下车库照明负荷采用太阳能光伏发电系统供电

地下车库照明负荷由太阳能光伏发电系统供电，主要是考虑以下原因：

（1）地下车库的照明负荷曲线与太阳光日照曲线接近[1]；

（2）商业地下车库照明负荷的高峰用电时间与光伏发电系统的日高峰发电时间趋于一致；

（3）屋顶并网光伏系统的平均发电功率小于地下车库照明负荷平均用电功率，即使在发电功率处于高峰阶段，也能保证光伏系统的发电量全部并入内部电网，无电能输入上级城市电网；

（4）降低商业地下车库运维成本，保证车库照度和车辆的正常通行和停靠；

（5）采用光伏发电系统即发即用、不设置储能装置—电池组的方案，并采用多点并网（内部电网）不上网（市政电网），专电专用的方式，逆变器采用最大功率点跟踪及防孤岛效应保护技术，确保太阳能发电量的最大输出和用电安全。

4. 车库照明用电的管理

地下车库的照明，采用屋顶光伏发电与智能照明灯控系统相结合的形式，共同实现对地下车库照明系统进行全面管理，以达到节能降耗、安全运营的目的。具体方法是：

（1）在商业运行的白天时间段，采用光伏发电系统为车库供电，可以保证灯具开启率，车库照明负荷用电不足部分由市电进行补充供电；

（2）在商业运行的夜晚时间段和无商业运行的夜晚时间段，由于光伏发电系统不能工作，地下车库照明负荷全部由市电进行供电，按照商业关闭时间和客流量大小，通过智能照明灯控系统控制全部或部分车库照明灯具开启。

6.1.3 文化中心商业体建筑屋顶光伏发电系统的建筑特点

光伏与建筑结合，安装在屋顶或屋面上，不需要额外占地；节省了土地资源，而且屋顶区域也能充分接收阳光的辐射；光伏发电没有噪声，没有排放，不消耗任何燃料，安装在建筑物的屋顶上不会给人们的生活带来任何不便，易于接受。本工程利用屋顶敷设光伏板，主要依据以下建筑特点：

（1）根据本建筑的商业特点，采用即发即用，不设储能装置（蓄电池）的光伏发电系统。

（2）工程坐落位置，周围无高大建筑遮挡，且综合体量较大，屋面建筑面积约 4 万多平方米，减去屋顶风机等设备安装位置及不适宜铺装电池板的区域面积，剩余面积足可以满足设计需求。

（3）结合规划整体要求，商业体第五立面（屋面）要求俯视效果美观，建筑专业为遮挡突出屋面的设备、管线及设备机房，在距屋面完成面 2.6m 处架设了一层钢构格栅，这样也为太阳能电池板的铺装提供便利条件。在钢构格栅上直接平铺电池板节省了铺装成本，而且还解决了电池板散热的需求。据相关文献记载[2]：夏季，典型晴天天气状况下，带通风流道光伏屋顶上所铺设的光伏组件的温度最高时，高出环境温度 15～20℃；封闭通风流道光伏屋顶上所铺设的光伏组件的温度最高时，高出环境温度 35～40℃左右。可见通风流道的设置对于降低光伏组件温度，提高光伏组件电性能具有重要作用。

（4）光伏屋顶对建筑负荷影响：夏季、冬季，带通风流道的光伏屋顶内表面温度低于普通屋顶内表面温度可见通风流道的设置降低了屋顶内表面温度，对于夏季而言提高了室内舒适度。此种状况对冬季不太有利，但结合本工程为大型商业建筑内结构有许多共享空间，在冬季采暖后热气会上升在顶层聚集，导致在同样供暖温度要求下，顶层区温度较高，采用带通风流道的光伏屋顶内表面温度低于普通屋顶内表面温度可见通风流道的设置降低了屋顶内表面温度，也提高了室内舒适度。

6.1.4 研究背景

进入 2012 年以来，我国颁布了若干光伏政策，如："可再生能源发展基金管理办法"、"光电建筑应用示范"、"金太阳示范"、"能源科技十二五规划"、"光伏产业十二五规划"和"电价附加补助资金管理办法"等。各项政策排列开来，有规划、有价格、有科技、有并网，还有补助资金的来源落实，应是一幅完美的图画。在国外光伏安装大国纷纷下调补贴的同时，我国的积极态度清晰可见。

大力发展太阳能光伏发电，对推进节能减排和环境保护，保障国家能源安全，实行社会可持续发展有着重要的意义。我国有着全球最大的光伏产品制造能力，是全球光伏产品制造大国，我们更应该成为光伏产品的应用大国。进一步贯彻"可再生能源法"，推进光伏项目的并网应用，鼓励建筑节能和绿色建筑项目在我国的发展，扩大国内光伏发电规模化应用。

可见，光伏发电在未来的前景不仅良好，而且发展越来越规范化。本项目的提出可为光伏系统的应用尤其是光伏建筑一体化方面，提供了一定的技术支撑。

6.1.5 研究内容

本项目所研究的光伏系统为即发即用不储能光伏并网发电系统。主要研究内容如下：

（1）详细分析了本项目选用非晶硅组件的理由，并进行了实验对比；研究了光伏组件内部阻抗的变化规律，为光伏组件和光伏系统的建模和仿真提供了方便。

（2）在传统固定电压法的基础上，研究一种优化电压 MPPT 控制方法，并与实际应用的电导法进行了对比分析，表明了优化电压 MPPT 控制方法的优越性。

（3）研究一种即发即用不储能光伏发电系统能量预测新方法，该方法可为光伏系统的并网设计和电力调度提供良好的技术支持。

（4）研究一种适合于即发即用不储能光伏发电系统的防孤岛检测方法，仿真和实验结果表明了该方法的可行性。

（5）对光伏电池板清洁与维护方案进行了必要的分析和实际应用的研究。

（6）对即发即用不储能光伏发电系统的实施技术方法进行了详细的整理和研究，可为光伏系统的设计和施工提供必要的技术支撑。

6.1.6 研究意义

（1）形成相应的分析计算与设计方法、实施技术方法，使文化中心商业体建筑光伏工程成为此类项目的示范工程，可以复制推广。

（2）对系统的运行及应用提供指导。

（3）对于以后工程项目的建设和评价提供参考。

6.2 光伏系统国内外概况

6.2.1 光伏并网发电的现状

20世纪70年代以来，鉴于常规能源供给的有限性和环保压力，世界上许多国家掀起了开发利用太阳能和其他可再生能源的热潮。太阳能发电的光伏发电技术被用于许多场合，上至航天器，下至儿童玩具，光伏电源无处不在。

欧洲光伏工业协会（European Photovoltaic Industry Association）对近年来太阳能光伏系统的发展情况进行了详细的调查，图6.2.1给出了近年来光伏并网和离网发电系统安装量的比较图，图6.2.2给出了近年来世界各国光伏电池的年生产能力和年产量发展情况，图6.2.3给出了近年来光伏电池和光伏发电系统的价格变化情况。调查表明，光伏并网系统的安装量呈逐年上升趋势，且当前已远远超过离网应用；世界各国的光伏电池年生产能力和年产量也逐年上升，从1993年的不足100MW发展到2011年超过34.8GW的年产量；同时，光伏电池和光伏发电系统的价格也在逐年下降。

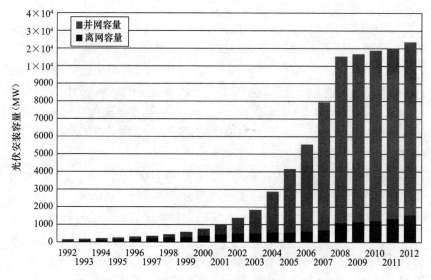

图6.2.1　近年来光伏并网和离网累计安装容量

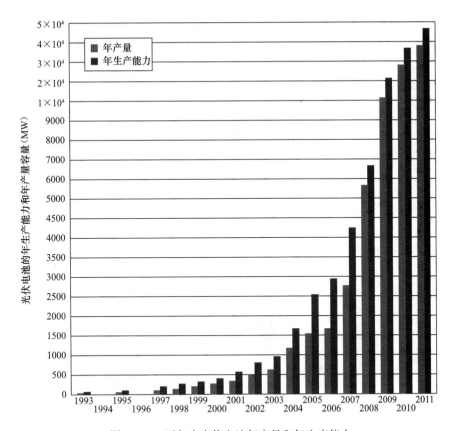

图 6.2.2　近年来光伏电池年产量和年生产能力

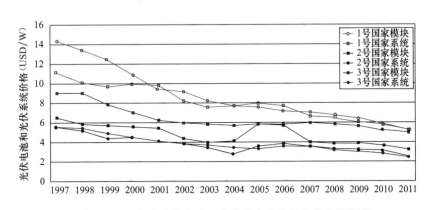

图 6.2.3　近年来光伏电池和光伏发电系统的价格变化情况

分区域来看，欧洲依然是全球光伏终端市场的重心所在，全球 10 大太阳能光伏项目中有 8 座位于欧洲，而排名前 30 的大型项目中有 26 座位于德国，最大的一座光伏电站总容量为 10MW，可见德国在该行业中的主导地位依旧，而在西班牙市场大幅萎缩之后，意大利、捷克、法国的新兴市场的迅速崛起，及时填补了这一空白。而美国市场，随着政策的拉动效应渐显，呈现出稳步增长的态势。在亚洲区域，由于 2009 年恢复面向家庭用途的补助制度，再次激发了民众参与太阳能光伏推广的热情，日本光伏市场重新回到高速增长轨道；而反观中国市场，虽然金融危机后光伏厂商成本控制的优势进一步凸显，带动制造环节的优势继续扩大，但光伏产品过分依赖出口的现状并没有太大改变，国内应用仍然极其有限。

日本在 20 世纪 70 年代世界石油危机后，投入大量资金研究和发展光伏发电，并连续制订和实施了几个光伏发展五年计划。1994 年开始实施"七万屋顶"计划，到 1996 年底已安装 2700 套户用光伏发电系统，平均每套容量是 3kW，到 1997 年末为 1 万套，在政府支持下，又开展了"普及住宅光伏系统计划"，在 1999 年底，已在 3 万户住宅屋顶安装了 120MW 太阳能电池组件。后来通产省提出的"新能源推广的基本原则"要求到 2010 年安装光伏容量累计达到 4600MW，后又修改为 5000MW，图 6.2.4 给出了 2005～2009 年日本光伏安装容量。

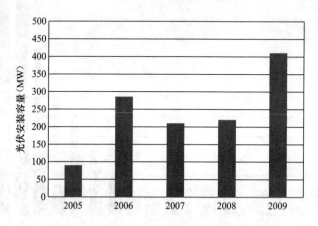

图 6.2.4　2005～2009 年日本光伏安装容量

美国也是最早进行光伏并网发电的国家之一，20 世纪 80 年代初就开始实施 PVUSA（PV Utility Scale Application）计划，即作为规模公共电力应用的光伏发电计划，首批建造了 100kW 以上的大型并网光伏电站 4 座，其中容量最大的为 6MW，1992 年又颁布新的光伏发电计划。1997 年克林顿总统在联合国环境发展会上宣布实施"百万太阳能屋顶计划"，计划到 2010 年安装 101 万套太阳能屋顶，总装机容量为 3025MW，所产生的电力相当于 3～5 座大型燃煤电站，每年可望减排二氧化碳 35 亿吨，相当于减少 85 万辆汽车的尾气排放。美国能源部先后制定了 2001～2005 年国家光伏计划和 2020～2030 年长期规划，力求保持其光伏产业在世界的领先地位，图 6.2.5 给出了 2005 年～2009 年美国光伏安装容量。

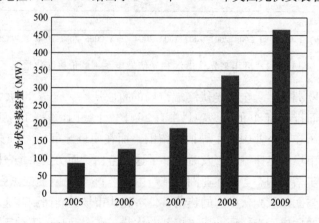

图 6.2.5　2005～2009 年美国光伏安装容量

其他国家如英国、澳大利亚、荷兰、加拿大等也在大力发展光伏发电产业。印度也在 1997 年宣布，到 2020 年，建成 150 万套光伏屋顶并网发电系统。

目前，国际上能够提供各种并网装置的公司主要集中在德国、美国、日本、加拿大、荷兰、奥地利等国，如 SMA、Solectria、SUNPOWER、XANTREX、SYSGRATION、Kyocera、Fuji、MASTERVOLT 等，这些公司具有较为成熟的产品与技术。世界上能够提供屋顶光伏并网服务的企业已超过 200 家，光伏并网发电系统产业已经是一个世界范围内蓬勃发展的高新技术产业。

我国常规能源，特别是石油资源严重不足，已经成为制约我国经济快速发展的一个重要因素。而从世界范围来说，我国属太阳能资源十分丰富的国家。相关数据表明：全国 2/3 以上地区年日照数都大于 2000h，太阳能理论上储量达 17000 亿吨标准煤/年。尤其是西藏西部地区，年太阳最高辐射量居世界第二，仅次于撒哈拉大沙漠，具有利用太阳能资源的良好条件。

我国从 1958 年开始研究太阳能电池，并于 1971 年发射的东方红二号卫星上首次成功应用了太阳能电池。20 世纪 80 年代以后，我国光伏产业快速增长，光伏电池生产能力已经达到 300MW 以上。2006 年上海开始实施"十万屋顶计划"。但由于在电网覆盖的地区，光电应用成本太高，光伏发电并网应用没有竞争力。目前我国的光伏电池多用于独立发电系统，光伏并网发电的份额只占光伏市场的 4% 左右，光伏并网市场还没有形成，已经存在的光伏并网系统只是一些示范工程。

光伏并网发电在我国的障碍主要存在于两方面：首先，从社会的角度看，我国鼓励光伏并网发电的相关政策法规出台较晚，公众的节能环保意识与发达国家仍有较大差距，而且经济发展还没有达到能承受光伏发电较高电价的程度；其次，从技术上看，虽然我国现在太阳电池组件的生产已经能够完全满足并网发电的需求，但并网逆变器的发展现在仍处于起步阶段，尽管我国已有很多并网逆变器的生产厂家，且其产品也已采用了 MPPT 技术，具有了孤岛检测技术，但我们在逆变器的性能上与国外仍有一定的技术差距。

我国正处在经济转轨和蓬勃发展时期，但随之而来的能源和环境问题已经刻不容缓。大力发展光伏并网发电将有助于尽早解决这一问题，合肥工业大学、清华大学等研究机构和光伏发电企业已开展了理论和应用方面的研究工作，并取得了一系列成果，国家相关部门也已开始重视这方面的问题。从 2006 年 1 月 1 日起正式实施的《中华人民共和国可再生能源法》，承诺 2010 年太阳能光伏累计装机容量 450MW。随着我国光伏产业发展政策的出台和市场的发展，光伏并网发电作为未来太阳能利用的主要方式，必将得到迅速发展。国家电网公司 2012 年 10 月正式发布《关于做好分布式光伏发电并网服务工作的意见》。意见明确了适用范围：位于用户附近，所发电能就地利用，以 10kV 及以下电压等级接入电网，且单个并网点总装机容量不超过 6 兆瓦。电网企业按国家政策全额收购富余电力。

按照《太阳能发电发展"十二五"规划》，2015 年太阳能发电发展目标从 1000 万 kW 大幅提高到 2100 万 kW。今明两年全国发展目标为 1500 万 kW，每省规模约 50 万 kW、分散接入近千个并网点。

目前，中节能尚德石嘴山 50MW 太阳能光伏电站一期工程 10MW 项目正式并网投产，这是国内迄今规模最大的太阳能光伏并网发电项目。中节能尚德太阳能光伏发电项目位于宁夏回族自治区石嘴山市，规划占地面积 2km²，规划装机总容量为 50MW。一期工程 10MW 项目共安装多晶硅电池板 37000 多块，支架基础 15260 座。一期工程项目建成后，后续项目将分二期实施，并于 2011 年全部建成。中国节能投资公司目前在建和已经签约的太阳能光伏发电项目总装机已经超过 1100MW，已成为中国最大的太阳能光伏发电投资与系统集成运营商。中国政府实施节能减排可持续发展战略，以及最近正在部署新兴战略性产业的发展，为太阳能光伏行业发展带来了历史的机遇，此次竣工并网投产的 10MW 电站项目在中国环保和新能源领域都具有里程碑意义。但总体来看，由于多种原因的限制，国内光伏市场并未真正打开，产业结构存在的隐患依旧存在，图 6.2.6 给出了 2008～2009 年国内光伏市场规模对比。

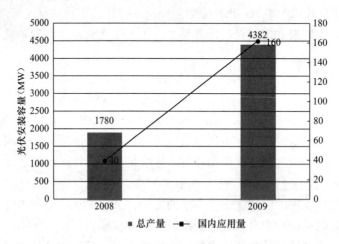

图 6.2.6　2008～2009 国内光伏市场规模对比

6.2.2　非晶硅光伏组件的概况

1. 非晶硅太阳电池产业的现状

非晶硅太阳电池无论在学术上还是在产业上都已取得巨大的成功，全世界的生产能力超过 1.65GW，最大生产线年产为 100MW 组件。这种大规模高档次生产线满负荷正常运转的生产成本已低达 1.1 美元/峰瓦左右。据预测，若太阳电池成本低于每峰瓦 1 美元，寿命 20 年以上，发电系统成本低于每峰瓦 2 美元，则光伏发电电力将可与常规电力竞争。与其他品种太阳电池相比，非晶硅太阳电池更接近这一目标。非晶硅太阳电池目前虽不能与常规电力竞争，但在许多特定的条件下，它不仅可以作为功率发电使用，而且具有比较明显的优势。如依托于建筑物的屋顶电站，它不占地面，免除占地的开支，发电成本较低；作为联网电站，不需要储能设备，太阳电池在发电成本中占主要部分，太阳电池低成本就会带来电力低成本。

目前世界上非晶硅太阳电池总销售量不到其生产能力的一半，应用上除了少数较大规模的试验电站外仍然以小型电源为主。尽管晶体硅太阳电池生产成本是非晶硅电池的两倍，但功率发电市场仍以晶体硅电池为主。这说明光伏发电市场尚未真正成熟。另一方面，非晶硅太阳电池必须跨过一个"门槛"才能进入大光伏市场。一旦跨过"门槛"，市场需求将带动产业规模扩大，而规模越大生产成本越低。要突破"门槛"，一方面须加强市场开拓力度，加强营销措施；另一方面，政府应给予用户以适当补贴鼓励，刺激市场的扩大。许多发达国家正在推行的诸如"百万屋顶计划"这类光伏应用项目，就是这种努力的具体体现。

2. 进一步发展的方向

非晶硅太阳电池一方面面临高性能的晶体硅电池降低成本努力的挑战；一方面又面临廉价的其他薄膜太阳电池日益成熟的产业化技术的挑战。如欲获得更大的发展，以便在未来的光伏能源中占据突出的位置，除了应努力开拓市场，将现有技术档次的产品推向大规模功率发电应用外，还应进一步发挥它对晶体硅电池在成本价格上的优势和对其他薄膜太阳电池技术更成熟的优势，在克服自身弱点上下功夫。进一步提高组件产品的稳定效率，延长产品使用寿命，发展方向如下。

（1）加强晶化薄膜硅材料制备技术探索和研究，使未来的薄膜硅太阳电池产品既具备非晶硅薄膜太阳电池低成本的优势，又具备晶体硅太阳电池长寿、高效和高稳定的优势。

（2）加强带有非晶硅合金薄膜成分或者具有非晶硅廉价特色的混合叠层电他的研究，把非晶硅太阳电池的优点与其他太阳电池的优点嫁接起来。

（3）选择最佳的新技术途径，不失时机地进行产业化技术开发，在更高的技术水平上实现更大规模的太阳电池产业化和市场商品化。

6.3 光伏组件特性研究

本章对非晶硅光伏组件进行了详细介绍，并对比分析了非晶硅、单晶硅和多晶硅光伏组件的优缺点，阐述了本项目采用非晶硅组件的理由，最后给出了一种光伏组件内部阻抗变化规律的分析方法。

6.3.1 光伏电池的概述与分类

自从 1893 年贝克勒尔首先报道了光伏效应后，人们便开始利用各种材料来研制光伏电池。但直到 1954 年硅材料光伏电池的出现才标志着光伏电池的研制工作取得重大进展。到 60 年代初，空间应用的光伏电池设计已经成熟，此时光伏电池主要用于空间。20 世纪 70 年代初，随着硅电池能量转换效率的明显提高，人们对光伏电池的地面应用又发生了兴趣。随后地面应用的光伏电池数量开始超过了空间应用的数量，光伏电池的成本也随着生产量的增加而明显下降。从 20 世纪 80 年代至今，光伏电池的商业应用范围越来越大。目前光伏电池主要以硅系光伏电池为主，超过 89% 的光伏市场由硅系列光伏电池所占领，硅基光伏电池的研究和开发得到广泛的重视。而在硅系列太阳电池中，以单晶硅太阳电池转换效率最高，技术也最为成熟，在当前的光伏应用领域占主导地位，实验单晶电池转换效率高达 24%。除此之外，硅系光伏电池稳定性好、资源丰富、批量生产单晶硅无毒性也是单晶硅且其与半导体技术与设备在很多地方有相通之处，至今仍在不断的研究与发展当中。单晶硅的实物图如图 6.3.1 所示。但单晶硅太阳电池制备工艺较复杂，制备过程中需要消耗大量的材料，因此，受制于单晶硅的材料价格及繁琐的电池工艺，单晶硅太阳电池的成本一直居高不下。为解决材料制备的问题，用浇铸法或晶带法制造的多晶硅太阳电池的开发取得了进展。其优点

图 6.3.1 单晶硅光伏电池

是能直接制成大型方形硅锭，便于工业化生产，且设备简单，材质及能量消耗均比单晶硅电池要少。而晶带法更是能够直接从熔体硅中生长出硅带（片状硅）。1998年以后多晶硅电池的生产量增加很快，超过了单晶硅电池的生产量，但由于多晶硅材料的供不应求，2007年多晶硅材料的价格也一直在飞涨，使得多晶硅电池的生产成本很难降下来。多晶硅太阳电池如图6.3.2所示。与单晶硅电池相比，多晶硅电池的转换效率要低一些，基本在15%～18%之间。例如，Kyocera公司的电池的效率为17%。由于硅材料资源极其丰富且生产工艺相当成熟，晶体硅太阳电池在未来10年内将继续占销售和应用的主导市场。

图6.3.2　多晶硅光伏电池　　　　　图6.3.3　非晶硅光伏电池

光伏电池按结构分类可分为同质结电池和异质结电池。同质结电池是指由同一种半导体材料构成一个或多个p-n结的电池；异质结电池是指用两种不同的半导体材料在相接的界面上构成一个异质结。另外根据所用材料的不同，光伏电池还可分为：硅光伏电池、多元化合物薄膜光伏电池、聚合物多层修饰电极型光伏电池、纳米晶体光伏电池4大类。其中硅光伏电池是目前发展最成熟的，在应用中居主导地位。

（1）硅光伏电池分为单晶硅光伏电池、多晶硅薄膜光伏电池和非晶硅薄膜光伏电池3种。单晶硅光伏电池转换效率最高，技术也最为成熟。在大规模应用和工业生产中仍占据主导地位。单晶硅太阳电池是当前开发最快的一种光伏电池，它的结构和生产工艺已定型，产品已广泛用于空间和地面。这种太阳电池以高纯的单晶硅棒为原料，纯度要求99.999%以上。为了降低生产成本，现在地面应用的太阳电池等采用太阳能级的单晶硅棒材料性能指标有所放宽。有的也可使用半导体器件加工的头尾料和废次单晶硅材料，经过复拉制成太阳电池专用的单晶硅棒。单晶硅太阳电池的单体片制成后，经过抽查检验，即可按需要的规格组装成太阳电池组件，用串联和并联的方法构成一定的输出电压和电流。但由于单晶硅成本价格高，大幅度降低其成本很困难，为了节省硅材料，发展了多晶硅非晶硅薄膜作为单晶硅光伏电池的替代产品。多晶硅薄膜光伏电池是一种以多晶硅为基体材料的光伏电池。它与单晶硅比较成本低廉，而效率高于非晶硅薄膜电池。现在研究和生产的多晶硅电池，有的是用多晶硅锭切割下来的硅片制成的，有的是由直接制成带状、片状或薄膜状的多晶硅制成的。影响多晶硅光伏电池性能的主要因素是晶粒尺寸和形态、晶粒间界以及基体中有害杂质的含量及分布方式。熔铸多晶硅首先被用于多晶硅光伏电池的大量生产。原因是开始时以高纯多晶硅作原料，用熔铸及定向凝固法控制晶粒的生长尺寸和排列，能制得大面积的电池。用熔铸法生产多晶硅，与拉法相比产量高、成本少。多晶硅光伏电池的开路电压与单晶硅光伏电池的开路电压相等，填充因数相仿，但短路电流较低。原因是晶界复合和杂质复合，杂质则偏析在晶界之间。多晶硅光伏电池实验室最高转换效率为 18％，工业规模生产的转换效率为 10％。可以通过采用纯度合理的材料，寻找生长大晶粒的条件和采用钝化晶界的技术来提高多晶硅的转换效率。因此，多晶硅薄膜电池不久将会在太阳能电池市场上占据主导地位。制备非晶硅所要求的条件原则上比制备多晶硅更低。非晶硅材料与晶体材料不同之处在于它的原子结构排列不是长程有序。例如，非晶硅的硅原子通常与 4 个其他硅原子连接，连接键的角度和长度通常与晶体硅相类似，但小的偏离迅速导致长程有序的排列完全丧失。单体的非晶硅本身并不具有任何的重要光伏性质。如果没有周期性的束缚力，硅原子很难与其他 4 个原子键合。这使材料结构中由于不饱和或悬挂键而出现微孔。再加上由于原子的非周期性排列增加了禁带中的允许态密度，结果就不能有效地掺杂半导体或得到适宜的载流子寿命。非晶硅薄膜光伏电池成本低、重量轻，便于大规模生产，有极大的潜力但受制于其材料引发的光电效率衰退效应，稳定性不高，直接影响了它的实际应用。如果能进一步解决稳定性问题及提高转换率问题，那么非晶硅太阳能电池无疑是光伏电池的主要发展产品之一。

（2）多元化合物薄膜光伏电池多元化合物薄膜光伏电池材料为无机盐，其主要包括砷化镓Ⅲ-Ⅴ族化合物、硫化铜及铜铟硒薄膜电池等。砷化镓的结晶结构与硅类似，只是相隔的原子不同（不是镓就是砷）。由于这种材料有接近理想的带隙及先进的工艺，所以砷化镓电池是所有光伏电池中效率最高的，砷化镓光伏电池的效率超过 22％，大大高于硅电池的相应效率值。然而，镓的资源有限，将使得砷化镓永远是贵重材料。硫化铜电池的生产成本低廉，但主要缺点是效率低，缺少硅电池那种固有的稳定性。由于效率低，对于一定的输出来讲所需的光伏电池面积便要增加，因而系统其他部分的成本变得更重要。因为硒剧毒，会对环境造成严重的污染。因此并不是晶体硅光伏电池最理想的替代产品。铜铟硒薄膜电池（简称CIS）适合光电转换，不存在光致衰退问题，转换效率和多晶硅一样。具有价格低廉、性能良好和工艺简单等优点，将成为今后发展光伏电池的一个重要方向。唯一的问题是材料的来源，由于铟和硒都是比较稀有的元素，因此这类电池的发展又必然受到限制。

（3）聚合物多层修饰电极型光伏电池以有机聚合物代替无机材料是刚刚开始的光伏电池制造的另一个研究方向。由于有机材料柔性好，制作容易，材料来源广泛，成本低等优势，从而对大规模利用太阳能，提供廉价电能具有重要意义，但以有机材料制备光伏电池的研究仅仅刚开始，不论是使用寿命，还是电池效率都不能和无机材料特别是硅电池相比。能否发展成为具有实用意义的产品，还有待于进一步研究探索。

（4）纳米晶体光伏电池晶体化学能光伏电池是新近发展的，优点在于它廉价的成本和简单的工艺及稳定的性能。其光电效率稳定在 10％以上，制作成本仅为硅太阳电池的 1/5～1/10。寿命能达到 20 年以上。但由于此类电池的研究和开发刚刚起步，估计不久的将来会逐步走上市场。上面所介绍的各种光伏电池都具有一定的缺陷，所以目前光伏电池工业广泛应用的仍是硅材料。另外由于硅材料密度比较小，同体积的电池较其他材料电池轻，特别适合在卫星和空间站等空间应用。

6.3.2 非晶硅薄膜光伏电池的应用现状

太阳电池的发展，仍向高效、低价和稳定性方向发展。为了进一步降低太阳电池的成本，人们发展了硅基薄膜太阳电池，从此硅基薄膜太阳电池技术日渐兴起。由于该技术所用材料显著减少（薄膜厚度小于 $1\mu m$），采用低温制备技术（不超过 $300℃$），大幅度降低能耗，同时便于在玻璃、塑料等廉价衬底上实现大面积沉积，故在降低成本方面有着不可比拟的优势，近年来受到了人们的广泛关注并取得了很大的发展。为此，太阳电池薄膜化成为最有发展潜力的发展方向和研究课题。其中，非晶硅薄膜太阳电池就是一种很有发展前景的硅基薄膜太阳电池。它属于非晶硅系电池，尽管目前它的转换效率没有结晶硅系的高，但由于它是准直接带隙材料，可见光吸收系数比单晶硅大得多，制造所需能源、使用材料较少（厚度 $1\mu m$ 以下，单晶硅 $300\mu m$），且具有制造工艺简单、易大量生产、大面积化容易、可方便地制成各种曲面形状以及可以做成本较低、售价较低的薄膜光伏电池等特点，特别是近期发展起来的柔性衬底非晶硅太阳电池具有高重量比功率，轻便，柔韧性强等优点，因此在光伏建筑一体化，特别是在城市遥感用平流层气球平台、军用微小卫星、空间航天器等应用中极具优势。所以，非晶硅光伏电池有广阔的应用前景，是一种很有发展前途的太阳电池，值得广泛的研究。目前，非晶硅薄膜太阳电池已在计算器、钟表等消费类电子行业，以及光伏建筑一体化材料（光伏幕墙）中得到广泛应用。过去的二三十年里以氢化非晶硅（a-Si：H）薄膜光伏电池最为引人注目。非晶硅作为光电材料始于Chitick 等人的工作，于 1969 年阐述了硅烷辉光放电方法制备 a-Si：H 薄膜的半导体性质。

几年后，Spear 和 Le Comber 于 1975 年报道了 a-Si：H 薄膜的掺杂特性，获得了 n 型和 p 型的薄膜材料，此后不久即 1976 年美国 RCA 公司的 Carlson 和 Wronsk 首次报道了 a-Si 薄膜太阳电池。现在，用非晶硅及其锗或碳的合金作为本征吸收层，用非晶硅或者微晶硅作为掺杂的 p 层或 n 层的双结或三结等多结 a-Si：H 薄膜光伏电池相继研制成功。非晶硅太阳电池的初始效率已达 15％、稳定效率 12％。多种不同的技术用于 a-Si：H 薄膜及其器件的制备，其中最为普遍的是在低于 300℃ 的低温下，采用硅烷作为反应气体的PECVD 技术。由于 a-Si：H 薄膜的光学和电学性质及其相关的器件特性强烈地依赖于制备方法和制备条件，因此人们在研究 a-Si：H 薄膜的沉积过程、薄膜性质以及器件特性之间的内在联系方面开展了大量的工作。这些工作主要可以分为两个方面，提高电池转换效率与降低电池的衰退率，二者均以进一步降低 a-Si：H 薄膜光伏电池的成本为目的。现阶段影响非晶硅电池广泛应用的最主要问题是效率低、稳定性差。引起效率低和稳定性差的主要原因是光诱导衰变，即所谓的 S-W 效益。用氢稀释硅烷方法生长的 a-Si 和 a-SiGe 薄膜可以有效抑制光诱导衰变，提高效率。使用双叠层、三叠层或多叠层结构可以增加光谱响应，提高效率。但从工业化生产和电池应用的要求来看，问题还远未到令人满意的解决，仍有许多工作要做：一是非晶硅太阳电池效率低的问题还没有得到根本的解决；二是关于非晶硅太阳电池光诱导衰变的机理也还没有完全弄清楚，稳定性差的问题也还没有得到真正的解决。另外就是如何在保证效率和稳定性的情况下进一步降低 a-Si：H 薄膜光伏电池的生产成本的问题。所以，有效地解决非晶硅薄膜光伏电池的低成本与低稳定性、低效率之间的矛盾，获得成本低、效率高及稳定性好的硅基薄膜光伏电池，从而实现其产业化，对于新能源领域的应用研究和技术开发以及整个人类社会可持续发展战略的顺利实施，将具有重大的推动作用。

1. 提高非晶硅电池转换效率方法

在提高非晶硅电池转换效率方面，目前已有很多技术措施。采用 P 型 SiC：H 材料代替 P 型 a-Si：H 材料。前者具有较高的光学带隙，降低了 P 层对光的吸收损失，提高了本征层对光的有效利用，且能有效的提池的短路电流。采用陷光结构也是增加太阳电池效率的一个有效途径。采用叠层电池结构可以有效扩大光谱响应范围，从而更有效的利用太阳光，通过调节叠层各层材料的带隙、各子电池 i 层的厚度、各异质结之间的带隙匹配与过渡，得到最大的能量输出。另外，由于非晶硅太阳电池是一种多层薄膜结构，膜与膜之间的界面问题是制约电池性能的重要因素之一。在非晶硅太阳电，较为重要的是 TCO/P 界面与 P/I 界面。

2. 非晶硅电池稳定性问题

非晶硅电池的稳定性研究关于非晶硅电池的衰降问题，许多科研人员也已进行了多年的实验研究，主要内容有：①高质量本征非晶硅材料的研究（包括晶化技术），光生亚稳态密度，提高稳定性。②高质量 n 型和 p 型非晶硅材料的研究，改膜完整性，提高掺杂效率，增强内建电场，提高电池的稳定性。③改善非晶电池内部界面，降低界态，增强内建电场，提高电池的稳定性。④优质 a-Si：Ge 材料的研究，进一步完善双结、三结、多带隙非晶硅电池，提高效率和电池稳定性。非晶硅叠层电池中使用非晶硅材料与其他薄膜硅基材料（比如微晶硅晶硅）相结合的研究也取得了不错的成果。

由此我们可以看出，目前太阳电池种类丰富，研究成果不尽相同，但就目前市场占有率来看，主要是单晶硅、多晶硅和非晶硅。这 3 种太阳电池技术先进，并可广泛应用于大规模生产中，产品的应用领域也是相当广泛，因此下面我们主要来分析这 3 种主流产品，作为我们选型的标准。

6.3.3 非晶硅组件的分析

1. 非晶硅电池特点

非晶硅电池是一种以非晶硅化合物为基本组成的薄膜太阳电池，具有以下特点：

（1）弱光性能好

非晶硅电池可在很弱的光照（光照强度在正午时的 10%）情况下保持发电的连续性和相对的稳定性，可吸收来自不同方向的光线，对安装的方向和位置要求不高，受环境的影响极小。与晶体硅相比较，非晶硅薄膜太阳电池具有弱光响应好的特性。非晶硅材料的吸收系数在整个可见光范围内，都比单晶硅大一个数量级，使得非晶硅太阳电池无论从理论上和实际使用中都对低光强有很好地适应。越来越多的数据也表明，当峰值功率相同时，在晴天直射强光和阴雨天弱散射光环境下，非晶硅电池板的发电量都比同功率的晶体硅电池的发电量高。

（2）温度特性好

非晶硅电池的功率温度系数为 0.19%，电压温度系数为 -0.28%，电流温度系数为 0.09%（参考天津津能产品）；而晶硅电池的功率温度系数为 -0.45%，电压温度系数为 -0.37%，电流温度系数为 0.06%。

太阳电池工作时所处的温度对其性能影响十分明显，当太阳电池工作温度高于标准测试温度 $25℃$ 时，其最佳输出功率会有所下降。从上面的温度系数看，非晶硅电池受温度系数的影响比晶体硅电池小。

（3）能源回收期短

非晶硅太阳电池的制作工艺是用气体分解法制备非晶硅，基板温度仅 $200\sim300℃$，且放电电极所需的放电功率密度较低。与单晶硅在 $1400℃$ 以上反复熔解相比，所消耗的电力少。晶体硅太阳电池能量偿还时间为 $2\sim3$ 年，而非晶硅电池的偿还时间为 $1\sim1.5$ 年。

目前，主流的光伏组件产品仍以硅为主要原材料，仅以硅原材料的消耗计算，生产1兆瓦晶体硅太阳电池，需要10~12t高纯硅，但是如果消耗同样的硅材料用以生产薄膜非晶硅太阳电池可以产出超过200MW。从能源消耗的角度看，非晶硅太阳电池更体现了其在制造过程中对节约能源的贡献。

（4）采用集成式设计，能与建筑完美结合

非晶硅组件是建筑物总构成的一部分，除了发电功能外，还可成为建筑物的外立面，具有多功能和可持续发展的特征，还能够强化建筑物的美感。

建筑物的外立面能为光伏系统提供足够的面积；不需要额外的昂贵占地面积，省去了光伏系统的支撑结构，省去了输电费用，例如昂贵的外墙包覆装修成本有可能等于光伏组件的成本，如果安装光伏系统被集成到建筑施工过程，安装成本又可大大降低。

建筑光伏集成系统既适用于居民住宅，也适用商业、工业和公共建筑，高速公路音障等，既可集成到屋顶，也可集成到外墙上；既可集成到新建的建筑上，也可集成到现有的建筑上。

（5）单位面积光电转换效率低

非晶硅最大的缺点就是单位面积转换效率低，稳定性差。目前产业化的非晶硅电池的效率为8％而晶体硅电池的效率达15％。光电转换效率低增加了安装面积，在安装空间和光照面积有限的情况下，限制了非晶硅的应用。但是，在不限制光伏板敷设面积的地方，对于同功率的光伏板，非晶硅发电量要比晶硅高。本工程中的光伏发电系统的安装环境为商业体建筑的屋顶，屋顶的可安装光伏组件的面积足够大，所以适当增加光伏组件的安装面积对整个系统无任何影响。

2. 三种电池优劣势的对比

（1）非晶硅组件与晶体硅组件应用特点比较如表6.3.1所示。

非晶硅组件与晶体硅组件的对比　　　　　　　　　　　　表 6.3.1

	单晶硅组件	多晶硅组件	非晶硅组件
电池组件的转换效率	高	较高	较低
弱光效应	差	差	良好
温度特性	差	差	良好
能源回收周期	长	长	短
封装形式	单/双玻璃封装	单/双玻璃封装	双玻璃封装
占地面积	小	较小	大
与建筑结合效果	较差	较差	良好
制造成本	高	较高	低
制造过程中 CO_2 排放量	高	高	低
优点	转换效率高 光伏电站 占地面积小	转换效率较高 光伏电站 占地面积较小	低成本 不存在原材料 供应瓶颈 适合高温地区 利于建筑一体化
缺点	高成本、原材料不易获得、不适合高温地区、不适合光伏建筑一体化	高成本、原材料不易获得、不适合高温地区、不适合光伏建筑一体化	转换效率较低 占地面积大

（2）非晶硅组件与晶体硅组件温度特性比较

非晶硅电池相对于晶体硅具有更低的温度系数（见表6.3.2）（单晶硅电池与多晶硅电池具有相同的温度系数），也即温度的变化对电池输出功率的影响更小。太阳电池组件表面的温度通常比环境温度高出约15～20℃。以300kW光伏电站为例，在不同温度下，电站的输出功率如表6.3.3所示，可以从图6.3.4中获得更为直接的观察。随着温度的升高，非晶硅电池的优势逐渐变得明显，当组件表面温度为80℃时，晶体硅电站的输出功率比非晶硅电站的输出功率低约16%。

晶体硅与非晶硅电池温度系数的比较 表6.3.2

温度系数	晶体硅	非晶硅
功率 γ (%/℃)	−0.45	−0.19
电压 β (%/℃)	−0.37	−0.28
电流 α (%/℃)	0.06	0.09

温度的变化对300kW晶体硅电站与非晶硅电站输出功率的影响 表6.3.3

地表温度（℃）	组件表面温度（℃）	晶体硅	非晶硅	非晶硅输出功率增量百分百分比
—	0	333.6	314.4	−6.11%
—	5	327	311.4	−5.01%
—	10	320.4	308.4	−3.89%
—	15	313.8	306	−2.55%
—	20	306.6	303	−1.19%
—	25	300	300	0.00%
—	30	293.4	297	1.21%
—	35	286.8	294.6	2.65%
20	40	279.6	291.6	4.12%
25	45	273	288.6	5.41%
30	50	266.4	285.6	6.72%
35	55	259.8	283.2	8.26%
40	60	252.6	280.2	9.85%
50	65	246	277.2	11.26%
55	70	239.4	274.2	12.69%
60	75	232.8	271.8	14.35%
65	80	225.6	268.8	16.07%

注：负值表示非晶硅输出低于晶体硅，正值表示非晶硅高于晶体硅。

实际运行的光伏电站，非晶硅组件具有更大的优势。

由于非晶硅电池独特的弱光效应，对于相同容量的光伏电站，在实际运行中，非晶硅能够获得更高的发电量。表6.3.4和图6.3.5给出了在中国天津地区实际运行的两个装机容量为1kW电站发电量的比较，可以发现在夏天（6～8月）的优势更明显。

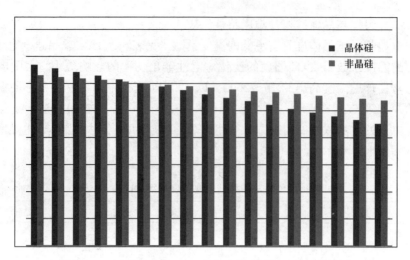

图 6.3.4　温度的变化对 300kW 光伏电站输出功率的影响

中国天津地区相同容量的非晶硅电站与晶体硅电站发电量的对比表　　表 6.3.4

年份	月份	月平均气温（℃）	非硅（kWh）	晶硅（kWh）	非晶硅发电增量（%）
2004	12	−1.6	73.1	82.1	−10.9
2005	1	−4	129.8	136.5	−4.9
	2	−1.6	123.7	124.3	−0.5
	3	5	200.0	195.3	2.4
	4	13.2	207.4	179.5	15.6
	5	20	215.8	161.3	33.8
	6	24.1	125.2	71.7	74.5
	7	26.4	189.5	111.2	70.5
	8	25.5	161.1	123.2	30.7
	9	20.8	352.4	348.5	1.1
	10	13.6	209.0	182.0	14.8
	11	5.2	111.7	111.7	0.0
合计			2098.6	1827.3	14.8
平均			174.9	152.3	14.8

因此，在能够提供较大场所，要求外观一致性好，阳光照射不是很充足的商业体，非晶硅电池显示出它的优越性，可作为首选考虑。

6.3.4　光伏组件电阻迭代计算方法

光伏系统可以直接将太阳能转换成电能，光伏系统的基本组件为光伏电池，由多个光伏电池可以构成光伏板或光伏阵列。光伏组件末端输出的电压和电流可以直接给小型照明负载或小型直流电机供电。经过变换器处理后，光伏组件的电能可以更复杂地对用电设备供电，这些变换器可以用于调节负载的电压和电流，可以控制并网系统的功率流向，但最主要的应用是为了跟踪光伏组件的最大功率输出点。

为了更好地研究光伏系统变换器，首先应了解怎样对与变换器相连接的光伏组件进行建模。对于实际应用的光伏组件，它的伏安特性曲线是非线性的，需要通过实验数据对多个参数进行调整。为了更好地研究变换器的动态分析、最大功率点跟踪算法以及使用电路

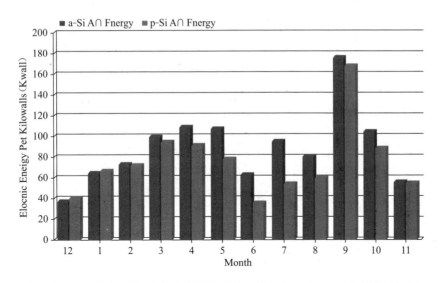

图 6.3.5 中国天津地区相同容量的非晶硅电站与晶体硅电站发电量的对比图

模拟器对光伏系统及其组件进行仿真都需要对光伏组件进行数学建模。本节主要研究光伏组件内部结构随外界条件的变化规律，可为技术工程人员的对光伏组件的建模、设计和仿真提供一定依据。针对光伏组件内部动态电阻的变化规律给出了一种小信号模型变换器的数学模型和系统设计方法。

首先介绍本节所用字母含义：

E_g——带隙能量，eV；

$\bar{G}$——阴影遮挡后，光伏电池板的平均照度，W/m^2；

G——未受遮挡，光伏电池板的实际照度，W/m^2；

G_{std}——标准条件下的辐照度，$1000W/m^2$；

I_{sat}——电池单元的二极管反向饱和电流，A；

I_{msat}——光伏组件等效电路中二极管反向饱和电流，A；

I_d——光伏电池中二极管电流，A；

I_{dstd}——标准条件下，二极管电流，A；

I_{dm}——光伏组件等效电路中二极管电流，A；

I_{gstd}——标准条件下，光伏电池的光生电流，A；

I_g——光伏电池的光生电流，A；

J_0——光伏电池光生电流温度系数；

I_c——光伏电池输出电流，A；

I_{cm}——光伏电池输出最大功率时刻输出电流，A；

P_c——光伏电池输出功率，W；

P_{cm}——光伏电池输出最大功率，W；

I_m——光伏组件输出电流，A；

I_{mm}——光伏组件输出最大功率时刻输出电流，A；

I_{gm}——光伏组件等效电路中光生电流，A；

I_{SC}——光伏组件的短路电流，A；

$I_{SC(n)}$——标准条件下，光伏组件的短路电流 A；

V_{kT}——$V_{kT}=AkT/q$；

A——二极管理想因子；

A_m——光伏组件等效电路中二极管理想因子；

k——波尔兹曼常数，1.38×10^{-23}J/K；

T——光伏电池与光伏组件的绝对温度，K；

T_{std}——标准条件下，光伏电池和光伏组件的绝对温度，K；

q——电子电荷，1.6×10^{-19}C；

m——光伏组件中，光伏电池的串联个数；

P——光伏组件输出功率，W；

P_m——光伏组件最大输出功率，W；

R_s——光伏电池串联等效电阻，Ω；

R_{sm}——光伏组件等效电路中，串联等效电阻，Ω；

R_p——光伏电池并联等效电阻，Ω；

R_{pm}——光伏组件等效电路中，并联等效电阻，Ω；

s——光伏组件的遮挡因子，为光伏组件阴影面积与整个面积的比值；

V_c——光伏电池输出电压，V；

V_{cm}——光伏电池输出最大功率时刻输出电压，V；

V_1——未遮挡部分，光伏组件中光伏电池等效输出电压和，V；

V_2——遮挡部分，光伏组件中光伏电池等效输出电压和，V；

V_m——光伏组件输出电压，V；

V_{mm}——光伏组件最大功率点时刻输出电压，V；

V_d——光伏电池等效电路中，二极管两端电压，V；

V_{dm}——光伏组件等效电路中，二极管两端电压，V；

V_{mocs}——标准条件下，光伏组件的开路电压，V；

V_{moc}——光伏组件开路电压，V。

测试光伏组件的参数如表 6.3.5 所示。

光伏组件参数   表 6.3.5

I_{sc}	1.23A	K_V	-0.28%/K
V_{oc}	61.21V	K_I	0.09%/K
I_{pm}	1.02A	I_{gms}	1.29A
V_{pm}	47.1V	I_{0ms}	$5.36*10^{-15}$A
P_m	48.02W	A_m	1.8

1. 光伏电池模型

式（6.3.1）描述了理想光伏电池（图 6.3.6）的单二极管模型中电流的关系。有些作者也提出了可以获得更高精度或其他作用的更复杂的模型，例如，参考文献［5～9］提到的双二极管电路模型，其中额外的一个二极管用于体现载流子复合的效果。参考文献［10］中使用了三个二极管的模型，这个模型对更多的影响因素进行了分析。为简化分析，本项目研究了图 6.3.7 所示的单二极管模型，这个模型简单，但基本体现了光伏组件的结构，即由一个电流源和一个二极管并联构成，可以在分析简化和准确性中做出较好的折中，先前也有许多作者使用过这个模型。本项目提出的简化的单二极管模型及参数调节和改进方法研究了光伏组件对外界环境参数发生变化时，对光伏电池和组件输出特性的影响，对寻求光伏组件和电力变换器仿真与应用模型的电力电子工程师非常有益。

图 6.3.7 给出了当 m 个光伏电池串联组成光伏组件时的等效电路。

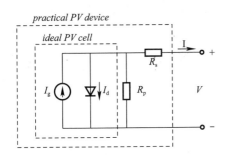
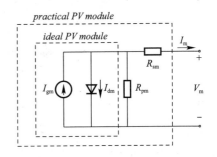

图 6.3.6　光伏电池的单二极管电路模型　　　图 6.3.7　光伏组件的等效单二极管电路模型

$$I = I_g - I_{sat}\left\{\exp\left(\frac{V}{V_{kT}}\right) - 1\right\} \tag{6.3.1}$$

理想光伏电池方程（6.3.1）不足以描述光伏电池的 I-V 特性，实际的光伏电池 I-V 特性还要考虑其他额外的因素，如方程（6.3.2）所示：

$$I = I_g - I_{sat}\left\{\exp\left(\frac{V}{V_{kT}}\right) - 1\right\} - \frac{V + R_s I}{R_p} \tag{6.3.2}$$

通过方程（6.3.2）可得到，在任意条件下的光伏电池的 I-V 特性曲线，其中在某一条件下的 I-V 特性曲线如下所示：

一般来说，电源可分为电压源和电流源。而光伏电池是一个具有混杂行为的电源，它作为电流源或者电压源是由运行状态决定的如图 6.3.8 所示，MPP 点左侧可看为电流源，MPP 点右侧可看为电流源。

当光伏电池输出特性受环境影响较大，下面给出了光伏电池相关参数受光照和温度影响的关系。

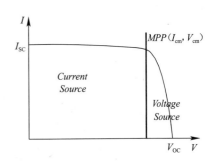

图 6.3.8　光伏电池的 I-V 曲线

$$I_g = \frac{G}{G_0}I_{g0} + J_0(T - T_{std}) \tag{6.3.3}$$

$$I_d = I_{0m}\left[\exp\left(\frac{U_d}{V_{kT}}\right) - 1\right] \tag{6.3.4}$$

$$I_0 = I_{0s}\left(\frac{T}{T_{std}}\right)\exp\left[\frac{qE_g}{nk}\left(\frac{1}{T_{std}} - \frac{1}{T}\right)\right] \tag{6.3.5}$$

$$E_g = 1.16 - 7.02 \times 10^{-4}\frac{T_c^2}{T_c + 1108} \tag{6.3.6}$$

$$T_c = 273 + T + \left(\frac{NOCT - 20}{0.8}\right)G \tag{6.3.7}$$

2. 光伏组件模型

工程上所用的光伏组件通常是由多个相同特性的光伏电池串联，已得到较高的输出电压，一个由 m 个相同特性的光伏电池串联也可以等效成如图 6.3.7 所示的单二极管等效电路，其中各参数与光伏电池参数关系如下：

$$R_{sm} = mR_s, \quad R_{pm} = mR_p, \quad A_m = mA, \quad I_{0m} = mI_0, \quad I_{gm} = mI_g \quad (6.3.8)$$

则光伏组件的 $I-V$ 特性方程如下：

$$I_m = I_{gm} - I_{0m}\left\{\exp\left[\frac{V_m + I_m R_{sm}}{V_{kTm}}\right] - 1\right\} - \frac{V_m + I_m R_{sm}}{R_{pm}} \quad (6.3.9)$$

由图 6.3.6 可知，等效二极管两端压降为

$$U_d = V_m + I_m R_{sm} \quad (6.3.10)$$

由二极管特性可知，$I_d = I_{0m}\left[\exp\left(\frac{U_d}{V_{kT}}\right) - 1\right]$，可得

$$U_d = V_{kT}\ln(I_d/I_{0m} + 1) \quad (6.3.11)$$

将式 (6.3.10) 和 (6.3.11) 合并：

$$V_m + I_m R_{sm} = V_{kT}\ln(I_d/I_{0m} + 1) \quad (6.3.12)$$

可见，式 (6.3.12) 中仅有 R_{sm} 一个未知数，则可得等效串联电阻的大小。

3. 光伏组件等效电阻的计算

(1) 在满足计算精度的条件下将 $I_d = I_{0m}\left[\exp\left(\frac{U_d}{V_{kT}}\right) - 1\right]$ 进行级数展开，即：

$$I_d = I_{0m}\left[\frac{U_d}{V_{kT}} + \frac{1}{2!}\left(\frac{U_d}{V_{kT}}\right)^2 + \cdots + \frac{1}{n!}\left(\frac{U_d}{V_{kT}}\right)^n\right] \quad (6.3.13)$$

(2) 将式 $U_d = V_m + I_m R_{sm}$ 带入式 (6.3.13)，得

$$I_d = I_{0m}\left[\frac{V_m + I_m R_{sm}}{V_{kT}} + \frac{1}{2!}\left(\frac{V_m + I_m R_{sm}}{V_{kT}}\right)^2 + \cdots + \frac{1}{n!}\left(\frac{V_m + I_m R_{sm}}{V_{kT}}\right)^n\right] \quad (6.3.14)$$

(3) 将式 (6.3.14) 带入 (6.3.12)，得

$$V_m + I_m R_{sm} = V_{kT}\ln\left[1 + \frac{V_m + I_m R_{sm}}{V_{kT}} + \frac{1}{2!}\left(\frac{V_m + I_m R_{sm}}{V_{kT}}\right)^2 + \cdots + \frac{1}{n!}\left(\frac{V_m + I_m R_{sm}}{V_{kT}}\right)^n\right]$$

$$(6.3.15)$$

对 n 进行迭代，引入误差的概念：

$$Erro_{Rs} = V_m + I_m R_{sm} - V_{kT}\ln\left[1 + \frac{V_m + I_m R_{sm}}{V_{kT}} + \frac{1}{2!}\left(\frac{V_m + I_m R_{sm}}{V_{kT}}\right)^2\right.$$

$$\left. + \cdots + \frac{1}{n!}\left(\frac{V_m + I_m R_{sm}}{V_{kT}}\right)^n\right] \quad (6.3.16)$$

一般可认为

$$\frac{1}{n!}\left(\frac{V_m + I_m R_{sm}}{V_{kT}}\right)^n < 0.01 \quad (6.3.17)$$

基于此首先确定迭代次数。

当 $Erro$ 满足精度要求，即可得到 R_{sm} 的值。

(4) 在满足一定精度的前提下，给 n 赋值，便可得到 R_{sm} 的值。

在最大功率点处进行并联电阻的迭代，可得到并联电阻和最大功率之间的关系

引入误差概念

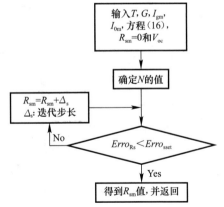

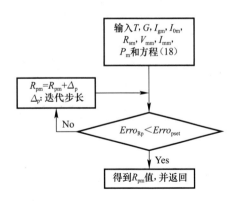

图 6.3.9　最大功率点，串联电阻迭代方法　　　　图 6.3.10　最大功率点，并联电阻迭代方法

$$Erro_{\mathrm{Rp}} = P_{\mathrm{m}} - V_{\mathrm{mm}} \left\{ I_{\mathrm{gm}} - I_{\mathrm{0m}} \left[\exp\left(\frac{V_{\mathrm{mm}} + I_{\mathrm{mm}} R_{\mathrm{sm}}}{V_{\mathrm{kTm}}} \right) - 1 \right] - \frac{V_{\mathrm{mm}} + I_{\mathrm{mm}} R_{\mathrm{sm}}}{R_{\mathrm{pm}}} \right\}$$

$$(6.3.18)$$

当满足误差条件时，便得到该点所对应并联电阻大小。

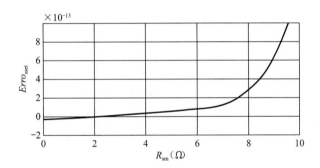

图 6.3.11　最大功率点处，串联电阻迭代误差曲线

（5）并联电阻的计算

由式（6.3.9）可得

$$R_{\mathrm{pm}} = (V_{\mathrm{m}} + I_{\mathrm{m}} R_{\mathrm{sm}}) \Big/ \left\{ I_{\mathrm{gm}} - I_{\mathrm{0m}} \left[\exp\left(\frac{V_{\mathrm{m}} + I_{\mathrm{m}} R_{\mathrm{sm}}}{V_{\mathrm{kTm}}} \right) - 1 \right] - I_{\mathrm{m}} \right\} \qquad (6.3.19)$$

将式（6.3.15）中得到的 R_{sm} 值带入到式（6.3.19）便可得到 R_{pm} 值。

当 $V_{\mathrm{mm}}=55.99$，$I_{\mathrm{mm}}=1.019021$，$N=85$ 时，经迭代可得 $R_{\mathrm{sm}}=2.19\Omega$；

将 $V_{\mathrm{mm}}=55.99$，$I_{\mathrm{mm}}=1.019021$，$R_{\mathrm{sm}}=2.19\Omega$，$R_{\mathrm{pm}}$ 初值取 0，且迭代步长取 0.1，带入式（6.3.19）进行迭代，结果如图 6.3.12 所示，可得 R_{pm} 的值。

迭代初值的选取如下。

由图 6.3.12 可见在最大功率点处的并联电阻值较大，这样就有初值的选取问题，上例中是从 0 开始进行迭代，明显看出迭代时间较长。

由式（6.3.19）可得，当光伏组件开路时：

$$R_{\mathrm{pm}} = V_{\mathrm{moc}} \Big/ \left\{ I_{\mathrm{gm}} - I_{\mathrm{0m}} \left[\exp\left(\frac{V_{\mathrm{moc}}}{V_{\mathrm{kTm}}} \right) - 1 \right] \right\} \qquad (6.3.20)$$

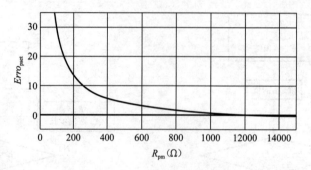

图 6.3.12 并联电阻误差曲线

这是并联电阻的一元一次函数，将 V_{moc}、I_{gm}、I_{0m} 和 V_{kTm} 输入即可直接得到 R_{pm} 值，可将此值作为并联电阻求解的初始迭代值。

根据上例参数可得

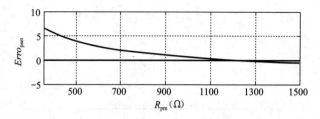

图 6.3.13 改变迭代初始值，并联电阻误差曲线

根据以上分析，如果得到每一时刻光伏组件的输出电压和电流值，便可得到光伏组件每一时刻的串联电阻和并联电阻值。由式（6.3.18）和式（6.3.19）可得

$$Erro'_{Rs} = V_m + I_m R_{sm} - V_{kTm} \ln\left[1 + \frac{V_m + I_m R_{sm}}{V_{kTm}} + \frac{1}{2!}\left(\frac{V_m + I_{mm} R_{sm}}{V_{kTm}}\right)^2\right.$$

$$\left. + \cdots + \frac{1}{n!}\left(\frac{V_m + I_m R_{sm}}{V_{kTm}}\right)^n\right] \tag{6.3.21}$$

$$Erro'_{Rp} = P_m - V_m\left\{I_{gm} - I_{0m}\left[\exp\left(\frac{V_m + I_m R_{sm}}{V_{kTm}}\right) - 1\right] - \frac{V_m + I_m R_{sm}}{R_{pm}}\right\} \tag{6.3.22}$$

具体迭代过程如图 6.3.14 和图 6.3.15 所示。

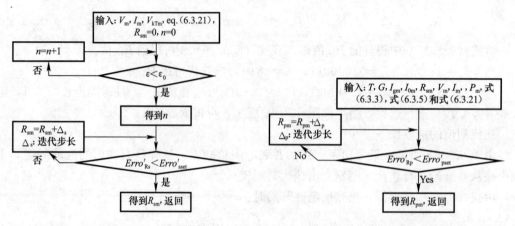

图 6.3.14 串联电阻迭代流程图　　图 6.3.15 并联电阻迭代流程图

当 $n=50$，$T=25℃$，光照为 $1kW/m^2$ 时，仿真结果如下：

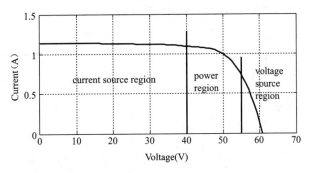

图 6.3.16 光伏组件 I-V 仿真曲线

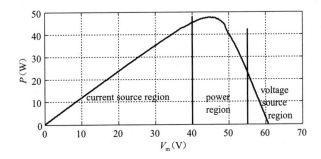

图 6.3.17 光伏组件 P-V_m 仿真曲线

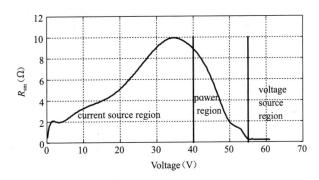

图 6.3.18 光伏组件 R_s-V 仿真曲线

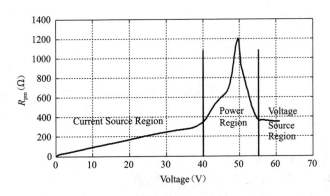

图 6.3.19 光伏组件 R_p-V 仿真曲线

4. 实验结果

实验的环境条件为 $T=25℃$，光照为 $1kW/m^2$。

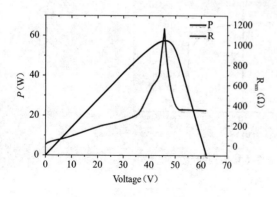

图 6.3.20　光伏组件 R_p-V 与 P-V 实验曲线

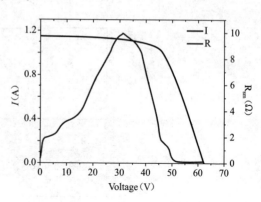

图 6.3.21　光伏组件 R_s-V 与 I-V 实验曲线

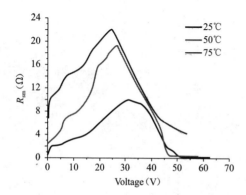

图 6.3.22　不同温度，光伏组件 R_{sm}-V 实验曲线

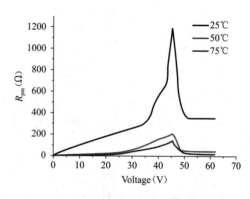

图 6.3.23　不同温度，光伏组件 R_p-V 实验曲线

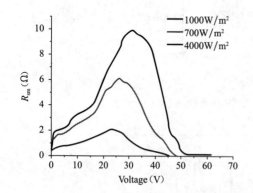

图 6.3.24　不同照度，光伏组件 R_{sm}-V 实验曲线

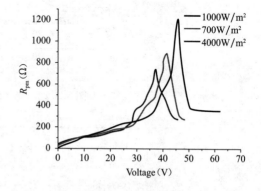

图 6.3.25　不同照度，光伏组件 R_p-V 实验曲线

5. 小结

从实验和仿真曲线中可以看出：

（1）串联电阻和并联电阻的变化趋势都是随着光伏组件输出电压的变化而变化，而且均为先增加后减小，都有一个极大值点。在相同输出电压条件下，并联电阻随着温度的增加而减小，随着光照强度的增加而增加；在相同输出电压条件下，串联电阻随着温度的增

加而增加，随着光照强度的增加而减小。

（2）串联电阻的极大值大概出现在光伏组件开路电压的 1/2 的位置；输出电流变化较小时，串联电阻变化也较小；当输出电流变化较大时，串联电阻的变化也较大。并联电阻的大小随着输出功率的大小变化而变化，输出功率增加，并联电阻增加，反之减小。并联电阻的变化率在功率区较大，有唯一的最大值，并且与功率的最大值在同一时刻出现。并联电阻在接近开路时，其阻值变化很小。

（3）并联电阻在电流源区逐渐增加，光伏组件内部损耗逐渐减小，输出功率逐渐增加；由于并联电阻在功率区较大，所以此时光伏组件内部损耗较小，而输出功率较大；在电压源区，并联电阻逐渐减小，内部损耗逐渐增加，输出功率逐渐减小。综上分析，在功率区忽略并联电阻对输出产生的影响最小。

6.4 光伏并网系统拓扑结构与控制技术

一般来说光伏并网系统技术可分为两大部分：光伏并网系统拓扑结构和光伏并网控制技术。

下面从这两方面介绍一下当前光伏并网系统拓扑结构和光伏并网控制技术的发展现状以及本项目所采用的相关技术。

6.4.1 光伏并网系统拓扑结构

不同的着眼点使得光伏并网发电系统的分类略有不同，下面从 3 个方面讨论一下光伏发电系统的分类。

1. 光伏组件与电力电子变换电路的链接方式

从该角度看，光伏并网发电系统主要分为集中式、多支路式、单支路式、直流模块式、交流模块式等多种形式如图 6.4.1 所示。

（1）集中式

相同光伏组件串并联连接，组成光伏矩阵，由大功率电力电子变换电路实现并网，由图 6.4.1(a) 所示。通常用于光伏电站，功率范围一般在 $100kW \sim 1MW$ 之间，一般用于三相系统，优点是电路成本低；缺点是集中实现 MPPT 功能，由于光伏矩阵面积非常大，因此容易受灰尘、云朵和积雪等遮挡阳光引起的部分阴影问题。另外，一块或多块光伏组件出现故障时，会影响整个光伏发电系统的电功率和转换效率。

（2）支路式

支路式分为单支路式和多支路式两种。单支路式是相同组件串联连接，组成一条光伏组件支路，由中小功率电力电子变换电路实现并网，如图 6.4.1（b）所示。多支路式是单支路式的扩展，它由多条光伏组件支路组成，每条光伏组件支路与独立的具有 MPPT 功能的 DC/DC 变换电路连接，通过公共的电力电子变换电路实现并网，如图 6.4.1（c）所示，可用于单相或三相系统。支路式通常用于建筑集成方面，功率范围一般在 $1 \sim 100kW$ 之间。它们的优点是光伏组件可与建筑物表面有机结合，同时保证 MPPT 功能得以很好地实现，硬件成本略高。对于多支路式，同一条支路采用相同的光伏组件，但不同支路可以采用不同功率和数量的光伏组件，这有利于建筑集成与维护。其缺点是部分改善了功率损失和阴影问题，仍然存在光伏组件串联故障问题。

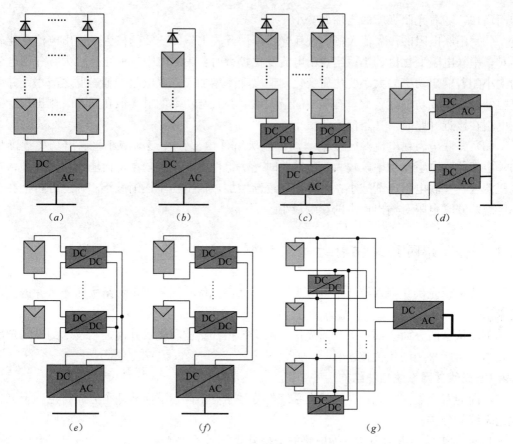

图 6.4.1　光伏组件与电力电子变换电路的链接方式

(*a*) 集中式；(*b*) 单支路式；(*c*) 多支路式；(*d*) 交流模块式；(*e*) 并联型直流模块式；

(*f*) 串联型直流模块式；(*g*) 旁路型直流模块式

（3）交流模块式

每块光伏组件连接一个小功率电力电子变换电路，直接实现并网，如图 6.4.1 (*d*) 所示。其功率范围一般在 $50\sim300\mathrm{W}$ 之间，它是由单块光伏组件功率决定的，一般用于单相系统。由于每块光伏组件都具有独立的 MPPT 功能，因此完全解决了阴影问题。缺点是成本高，电路效率低，电能质量差。若存在滤波电解电容，则可导致电路寿命大大缩短。

（4）直流模块式

与多支路式电路结构类似，不同的是每块光伏组件连接一个具有 MPPT 功能的 DC/DC 变换电路，称此结构为直流模块式，分为并联型、串联型和旁路型。

串联型指多个直流模块串联到电力电子逆变电路的输入端，如图 6.4.1 (*f*) 所示。光伏组件的输出电压一般只有几十伏，为了满足后端并网逆变器较高的直流母线电压要求，通常将几个光伏组件串联给逆变器供电，构成常规的串式光伏发电系统，因此系统只能运行在一串组件的全局最大功率点，而无法保证串中每个组件均运行在最大功率点，造成能量损失。

旁路型如图 6.4.1 (*g*) 所示，在常规的串式光伏发电系统中，当串中某些组件所处的光照条件不同时，整串的输出电流将受输出电流最小的组件限制，导致整串的输出能力大大降低，在失配严重时，输出电流较小的组件甚至由发电单元转变为负载单元，形成热斑，造成组件不可逆的损坏。为了改善串式系统在阴影等失配条件下的输出能力。相关文献提出了为每个组件集成一个旁路 DC-DC 变换器的方案。图 6.4.1 (g) 中 DC-DC 变换器为双向 Buck-Boost 变换器，通过控制 DC-DC 变换器的输入和输出电压相等，保证每个光伏组件的输出端口电压相等。在不同光照条件下，相同型号的光伏组件的最大功率点电压相差不大，因此当串中每个组件端电压相等时，通过后级 DC-AC 中的最大功率点跟踪控制，可以大大提高系统的输出功率。

并联型指多个直流模块并联连接到公共直流母线上，通过公共的电力电子变换电路实现并网，如图 6.4.1 (e) 所示。串联直流模块和旁路直流模块式光伏发电系统能在一定程度上提高系统的能量转化效率，然而从图 6.4.1 (a) 和图 6.4.1 (b) 可以看出，已经设计好的系统扩容必须改变串的结构，或者只能以串为单位扩容，且存在系统接线比较复杂等问题。为了改善上述问题，文献 [7] 提出了一种新型的并联直流模块式系统，如图 6.4.1 (e) 所示，系统中每个光伏组件集成一个 DC-DC 变换器，将光伏组件输出的较低电压变换为与后端逆变器输入电压匹配的较高的电压，同时进行独立的最大功率点跟踪控制，可大大提高系统的输出功率。

图中 DC-DC 变换器一般也用于单相系统。优点是完全解决了阴影问题，同时电路效率较高，电能质量也较高。其缺点是成本较高，但比交流模块式低得多。最好采用有机薄膜电容代替电解电容，利于延长装置寿命。

2. 电力电子变换电路自身特点

从电力电子变换电路的自身特点划分，光伏并网发电系统主要分为单级电路拓扑结构、两（多）级电路拓扑结构和基于公共直流母线的电路拓扑结构，如图 6.4.2 所示。

（1）单级拓扑结构

光伏阵列直接与并网逆变电路相连接，在有隔离要求的前提下，除了工频变压器外，不再含有其他能量传递的电路，如图 6.4.2 (a) 所示。单级电路拓扑结构既要实现最大功率点跟踪，同时还要实现并网控制功能，通常用于三相中大功率场合，但在单相小功率场合也有少量应用。在没有工频隔离的条件下，它具有体积小、效率高和成本低等优点，缺点是输入电压范围受到限制，能量传输也受到限制，控制方法复杂等；在有工频隔离的情况下，它具有输入电压范围大，可靠性高等优点，缺点是体积大、笨重、变压器偏磁与温升的影响也较大。

（2）两（多）级拓扑结构

对于两（多）级拓扑结构，前级是实现最大功率点跟踪的 DC/DC 变换电路，后级是实现并网的逆变电路，如图 6.4.2 (b) 所示，通常用于小功率场合，多用于单相系统。它又分为两级电路拓扑结构和多级电路拓扑结构。两级电路拓扑结构大多属于非隔离型电路拓扑，多级电路拓扑结构多数属于高频隔离电路拓扑结构。优点是 MPPT 控制与并网控制通过软件或硬件电路进行解耦，控制简单明了。同时具有体积小、重量轻、噪声小和效率高的优点。其缺点是电路级数越多，效率越低，可靠性也越低。

（3）基于公共直流母线的电路拓扑结构

它是基于模块化设计思想的光伏并网发电系统。以公共直流母线为基础，其前端部分与多支路式或直流模块式类似，由多个 DC/DC 变换电路将对应的光伏支路或组件输出的低压直流电能变换为高压直流电能，并联运行，实现各自的 MPPT 功能；其后端部分是多个逆变并网模块并联运行，将直流母线上的电能馈送到交流电网，如图 6.4.2（c）所示。通常用于建筑集成场合以及三相系统。模块化结构提高了系统冗余性和可靠性。在该光伏并网发电系统中，各模块间通过通信方式由上位机或主模块集中控制，实现多台群控，根据外部环境条件，启动及关闭合理数量的并网逆变模块，避免多个模块轻载运行，从而提高系统运行效率。其缺点是成本高，控制方法复杂。

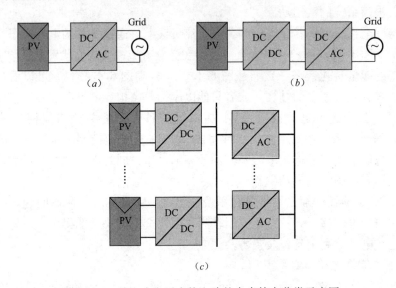

图 6.4.2　从电力电子变换电路的自身特点分类示意图

（a）单级电路拓扑结构；（b）两（多）级电路拓扑结构；（c）基于公共直流母线的电路拓扑结构

3. 电路隔离性质

根据电路是否隔离，光伏并网发电系统也可分为隔离型和非隔离型。隔离型又分为工频隔离型和高频隔离型。

（1）非隔离型

对于非隔离型电路而言，也分为单级电路拓扑结构和两级电路拓扑结构。如图 6.4.3（a）所示，单级电路拓扑要求光伏阵列输出高压高于最大交流电网峰值，因此受到限制较多。对于两级电路拓扑，其前级是具有 MPPT 功能的 DC/DC 变换电路，一般为 BUCK、BOOST 等斩波电路，后级是具有并网控制功能的 DC/AC 逆变电路，如图 6.4.3（b）所示。

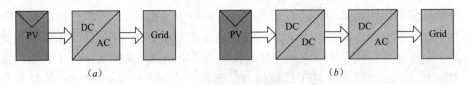

图 6.4.3　非隔离型电路结构示意图

（a）单级电路拓扑；（b）两级电路拓扑

由于输入与输出之间无电气隔离，无变压器型拓扑产生的对地漏电流成为一个需要解决的技术难题。光伏模块存在一个随外部环境变化而变化且范围很大的对地寄生电容，其容值在 $0.1\sim10\mu F$ 之间，所以由许多光伏模块串并联构成的光伏阵列对地寄生电容变得更大，从而可能导致相当大的对地漏电流。较大的对地漏电流一方面会严重影响变流器的工作模式；另一方面也会给人身安全带来威胁。该系统多数用于中小功率的单相或三相系统。优点是体积小、重量轻、转换效率最高。缺点是存在电磁兼容、并网电流不对称和地电流抑制问题，不符合个别国家或地区光伏并网发电标准。

本项目根据项目自身应用特点，选择了单级电路拓扑结构作为应用逆变器的拓扑结构。

（2）工频隔离型

工频隔离型基本属于单级电路拓扑结构类型，如图 6.4.4 所示，通常适用于中大功率的三相系统。优点是电路结构简单、安全性高和效率较高。缺点是体积大、笨重和噪声大等。

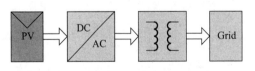

图 6.4.4　工频隔离型电路拓扑结构示意图

（3）高频隔离型

高频隔离型多数属于多级电路拓扑结构，如图 6.4.5 所示。系统的能量变换为三级变换，即 DC→HFAC→DC→LFAC。一般来说，高频隔离系统同时具有电气隔离和重量轻的优点，系统效率在 93％以上。但也有其缺点，如由于隔离 DC/AC/DC 的功率等级一般较小，所以这种拓扑结构集中在 2kW 以下；由于高频 DC/AC/DC 的工作频率较高，一般为几十千赫兹，或更高，系统的 EMC 比较难设计；系统的抗冲击性能较差。其典型电路前级是带有高频变压器的半桥或全桥电路，后级是高频整流与 DC/AC 逆变电路。

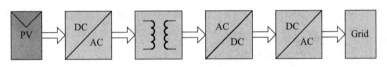

图 6.4.5　高频隔离型电路拓扑结构示意图

6.4.2　光伏系统控制技术

光伏发电系统由两大类组成：光伏独立发电系统和光伏并网发电系统，发电系统组成部分如图 6.4.6 所示。整个发电控制系统涉及的技术主要有：逆变器并网控制技术、最大功率跟踪技术及反孤岛检测技术。本节主要介绍逆变器并网控制技术，其他两项技术将在第 5 节和第 7 节做主要介绍。

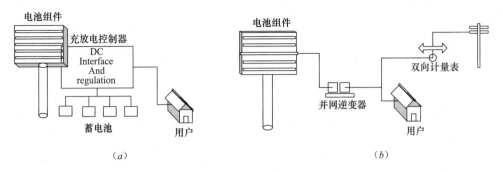

图 6.4.6　光伏发电系统

（a）独立发电系统；（b）并网发电系统

1. 光伏逆变器并网系统技术

由于独立光伏发电系统的容量不容易确定，储能环节充放电损耗较大，同时调节能力有限，投资成本较高。为了优化电力结构和方便统一调度，并网发电已是大势所趋。为了不影响电网质量，必须保证使发电系统的输出电压与电网电压在频率、相位和幅值上保持高度一致，而且发电系统和电网间功率能够双向调节。这就牵涉到功率因数校正、大功率变换以及高稳定性系统设计等技术。在这些技术中光伏逆变器的并网控制是关键。而光伏逆变器并网一般采用两种方式：电压源型并网方式与电流源型并网方式。

（1）电压源型并网控制技术

逆变器控制为正弦电压源并网：基本控制原理如图 6.4.7 所示，V_{out} 和 V_{th1} 分别表示 PWM 电压源型逆变器输出电压的基波和由于死区效应等因素造成的谐波；V_{grid} 和 V_{th2} 则分别表示电网电压的基波和在谐波分量中占主要部分的低次谐波；V_{th} 为逆变器需要主动注入的谐波分量。

当并网电抗器 L 上流过的谐波电流为零时，根据图 6.4.7 的电压关系有：

$$V_{th} + V_{th1} = V_{th2} \qquad (6.4.1)$$

因此，逆变器需要主动补偿的谐波分量为：$V_{th} = V_{th2} - V_{th1}$，即并网电感上的谐波压差。如果能将 V_{th} 调制到指令信号中并确保其准确输出，就能做到通过主动的注入谐波电压使并网电感两端的谐波压差为零，实现通过对输出电压的调节间接控制并网电流的目的。

虽然并网光伏逆变器有电压源型并网和电流源型并网两种方式，但是电压源型并网方式（并网电流间接控制），控制策略比较复杂，其次并网电流的质量取决于电网电压谐波检测，对电网电压的参数变化比较敏感，再者动态响应慢，考虑到电网许多不稳定因素，例如电压复制波动、频率波动和波形畸变等等。如果采用逆变器控制为正弦电压源并网，这些因素很有可能导致逆变器并网失败或者并网电流波形质量不高很难满足国际或国内光伏并网的相关标准。

（2）电流源型并网控制技术

随着电流源型 PWM 控制技术逐渐成熟，使用电流源型光伏逆变器实现了正弦波电流跟踪控制的方案逐渐被人们所采纳，电流源型光伏并网逆变器控制为正弦电流源并网的关键要求是输出正弦电流与电网电压同频、同相，只要采用合适的逆变器控制策略就不难实现与电网并联。如图 6.4.8 所示，光伏逆变器被控为电流源，在实现锁相控制后通过滤波器直接与电网容量无穷大的电压源并联。

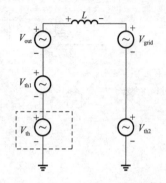
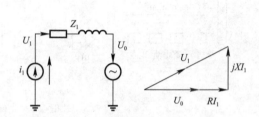

图 6.4.7　电压源型并网逆变器基本等效工作原理图

图 6.4.8　电流源型并网逆变器基本等效工作原理图

因此采用电流源型并网方式，其一控制策略比较简单；其二并网电流的质量主要取决于电流控制器的性能；其三动态响应快，对电网电压的参数变化能够快速调节，因此逆变器控制为正弦电流源并网控制方式被广泛采用。

随着国内外兆瓦级光伏并网电站的项目不断建成，大功率的三相光伏并网发电系统越来越被广泛采用，因此三相大功率变换技术研究也越来越深入。但是大功率设备采用 PWM 调制技术时，为了尽量减少损耗，开关频率的选择一般低于中小功率设备。同时为了使三相光伏并网逆变器输出的并网电流满足例如 IEC61727-2004、IEEE 929-2000 和 IEC61000-3-2 等国际电工委员会、北美或欧洲等相关标准，选择合适的并网滤波器以及并网控制策略是关键。当三相光伏逆变器控制为电流源并网时，并网滤波器一般有三种电路拓扑结构即 L 型、LC 型和 LCL 型，下面对采用这三种滤波器的单级式三相光伏逆变器的模型与并网电流控制技术作分别介绍。

2. L 型滤波器的三相光伏逆变器模型及控制

如图 6.4.9 所示采用 L 型滤波器的三相光伏并网发电系统的拓扑结构，在图中 PV 阵列代表太阳能电池阵列，C_1 代表输入直流母线滤波电容、$T_1 \sim T_6$ 代表三相逆变器的 6 个 IGBT 开关管，R_1 代表滤波电感 L_1 的内阻和由每相桥臂上、下管互锁死区所引起的电压损失。这里选择流过电感 L_1 的电流 i_1 为状态变量，其两相同步旋转 dq 坐标系下并网逆变器如图 6.4.10 所示。u_{dc} 表示光伏并网逆变器直流侧母线电压，i_{PV} 表示光伏并网逆变器直流侧输入电流，s_d 和 s_q 分别表示 d 轴和 q 轴开关函数，u_d 和 u_q 分别表示电网电压 d 轴和 q 轴分量。

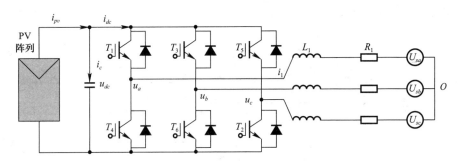

图 6.4.9　L 型滤波器的三相光伏并网逆变器拓扑结构图

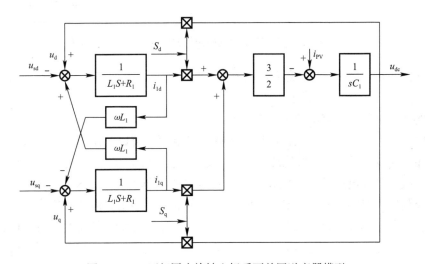

图 6.4.10　两相同步旋转坐标系下并网逆变器模型

基于 L 型滤波器的三相光伏逆变器的常用控制策略如图 6.4.11 所示，采用并网电流单闭环控制，其控制器可以采用经典的控制方法，例如：PI 控制、滞环控制、重复控制和无差拍控制等。该控制策略的优点是控制简单，控制器的选择比较灵活，且控制器设计比较容易、并网控制的实现也较为容易；结合图 6.4.11 虚线框里面的电网电压前馈补偿可以消除电网电压扰动对并网电流的不利影响。其缺点是由于单电感滤波的滤波性能有限，如果做到很好的谐波抑制效果，比较依赖控制器的性能。

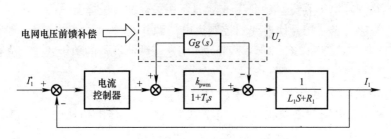

图 6.4.11　L 型滤波器的并网逆变系统控制框图

3. LC 型滤波器的三相光伏逆变器模型及其控制

　　如图 6.4.12 所示采用 LC 型滤波器的三相光伏并网发电系统的拓扑结构图，其主电路拓扑结构与 L 型滤波器的三相光伏并网发电系统基本一致，只是并网逆变器交流侧采用 LC 滤波器。

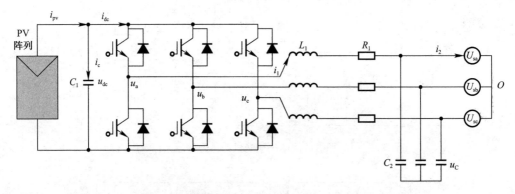

图 6.4.12　LC 型滤波器的三相光伏并网逆变器拓扑结构图

　　这里选择流过电感 L_1 的电流 i_1，电容 C_2 两端电压 u_C 为状态变量，同理其两相同步旋转 dq 坐标系下并网逆变器模型如图 6.4.13 所示。

　　在并网情况下忽略电容电流的影响，LC 型滤波器的三相光伏逆变器的工作状态与 L 型滤波器的三相光伏逆变器相同。所以其并网控制器完全可以参照图 6.4.14 设计。

　　当然光伏逆变器采用 LC 型滤波器一般考虑独立、并网双模式运行。因此外环并网电流控制器一般与独立电压源工作模式下的电压外环控制器共用一个控制器以及控制参数，所以外环控制器需要同时满足电流调节和电压调节的性能要求。内环控制变量一般采用滤波电感电流，其经典控制策略如图 6.4.14 所示，其优点是可以实现独立与并网两种工作模式运行，实现光伏发电功能多样化，缺点是由于工作模式有切换过程，系统设计相对复杂，同时，在设计并网模式下控制器时需要考虑抑制滤波电容电流的影响。因为当输出功

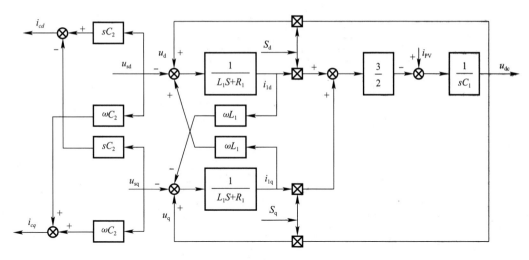

图 6.4.13 两相同步旋转坐标系下并网逆变器模型

率低时且进网电流给定 i_{ref} 为零时，由图 6.4.12 和图 6.4.14 可知，进网电流 i_{grid} 跟踪零变化，但是不等于零，i_1 也不等于零，输出滤波器电容电流 i_C 将由逆变器和电网共同提供。i_{grid} 相位超前电网电压，与电网电压不同相，会对电网产生污染，且污染程度随输出滤波电容值的增加而增加，另一方面，要将独立运行时输出电压的 η_{THD} 控制在一定范围内，输出滤波电容值不可能很小。当电网电压 η_{THD} 较大时，i_C 的失真度也较大，如果不对电容电流 i_C 进行谐波补偿，则 i_2 就不可能为纯正弦，从而就会增大进网电流 η_{THD}，减小输出功率因数，且输出功率越小，影响越大。由于太阳能作为并网逆变器的输入能源，当太阳光照不足时，此时太阳能电池的输出功率很低，如果采用如图 6.4.12 所示的控制策略可能出现低功率因数和低进网电流 η_{THD}。

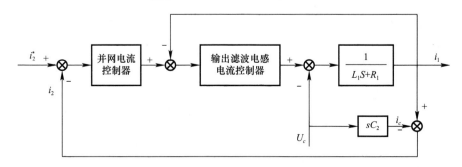

图 6.4.14 LC 型滤波器的并网逆变系统控制框图

本项目采用了 LC 型滤波器的三相光伏逆变器，系统硬件结构图如图 6.4.15 所示，采用的控制方法为图 6.4.14 所示的经典控制策略。

4. LCL 型滤波器的三相光伏逆变器模型及其控制

并网电流的谐波抑制问题已经成为国内外学者的研究热点之一。由于在相同电感值的条件下，LCL 滤波器在滤除高次谐波方面效果要明显好于 L 型滤波器。因此光伏并网逆变器采用 LCL 滤波器是抑制高频电流谐波的最有效手段之一，但其并网控制技术也更加复杂。如图 6.4.16 所示的采用 LCL 型滤波器的三相光伏并网发电系统与 LC 型系统基本一致，同样只是并网逆变器交流侧采用 L_1、C_2 和 L_2 代表 LCL 型并网滤波器。

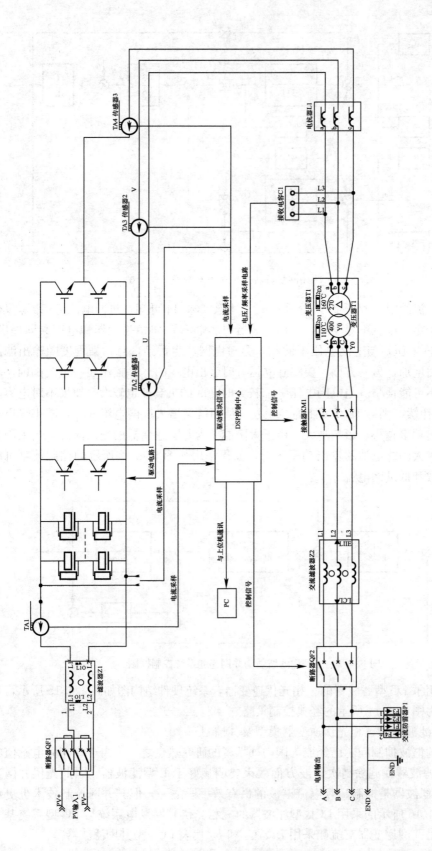

图 6.4.15　LC型滤波器硬件结构图

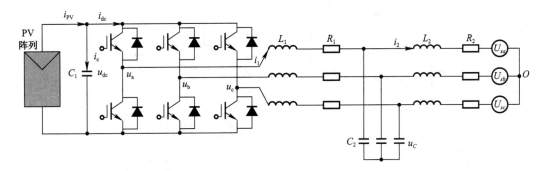

图 6.4.16　LCL 型滤波器的三相光伏并网逆变器拓扑结构图

目前国内外学者针对 LCL 滤波器的光伏逆变器的并网运行提出了一些相应的控制方案。基本上可以分为两类，即间接电流控制与直接电流控制。图 6.4.17 为其数学模型。

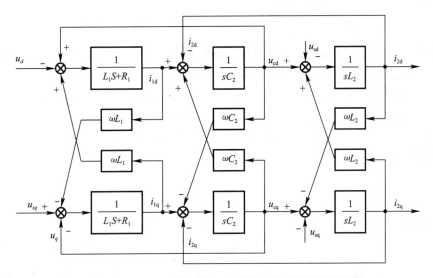

图 6.4.17　LCL 型滤波器在 dq 旋转坐标系下的数学模型

间接电流控制就是通过控制 LCL 滤波器中滤波电感 L_1 的电流或者是滤波电容 C_2 的电压间接控制并网电流 i_2。文献 [15～18] 介绍了比较典型的控制方案，而直接并网电流控制如文献 [17，18] 所提出的控制方案。下面分别分析其控制策略的原理与特点。

如图 6.4.18 所示的控制策略其控制思想是通过控制电感电流 i_1 间接控制并网电流 i_2，其优点在于被控对象由原来的三阶 LCL 滤波器变为一阶的单 L 滤波器，这样控制器只需采用电流单闭环控制就可保证系统的稳定性，因此控制器设计比较简单，其中引入电网电压前馈是为了克服电网扰动对并网电流控制产生影响。但是由于并网电流的间接控制，所有并网电流 i_2 不仅取决于电感电流 i_1 的调控，还依赖于电路参数。

如图 6.4.19 所示的控制策略其实是图 6.4.18 所示的控制策略的改进方案，在原来单闭环控制的基础上加入了并网电流 i_2 的前馈补偿，这样使系统稳定性对控制器参数的依赖有所减少，同时也在很大程度上减少系统对电流调节器 $G_c(s)$ 增益的依赖，进而提高了系统的响应速度。

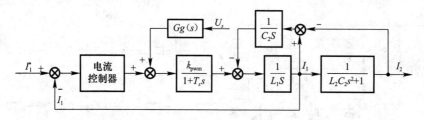

图 6.4.18　基于电感电流 i_1 的闭环控制结构框图

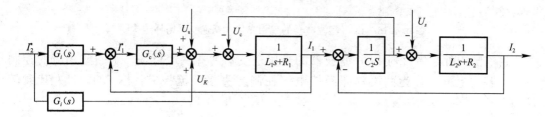

图 6.4.19　带双前馈的电感电流 i_1 的闭环控制结构框图

如图 6.4.20 所示的分裂电容法，其原理是首先令 $L=L_1+L_2$，$a=L_1/L$，$C_1=\beta C$，$C_2=(1-\beta)C$。其次是采用电流加权平均法即选择并网电流 i_2 与电容电流 i_c 的加权平均值作为反馈电流控制，其中 $i_{12}=i_2+\beta\times i_c$，然后推导出 I_{12} 与逆变桥输出 V_i 之间的传递函数为

$$G_{i12}(s)=\frac{I_{12}(s)}{V_i(s)}=\frac{(1-\beta)(1-\alpha)LCs^2+1}{\alpha(1-\alpha)L^2Cs^3+Ls} \tag{6.4.2}$$

如果满足

$$L_1C_1=L_2C_2 \tag{6.4.3}$$

$$i_{12}=\alpha i_1+(1-\alpha)i_2 \tag{6.4.4}$$

最终 I_{12} 与逆变桥输出 V_i 之间的传递函数式（6.4.2）可化简为

$$G_{i12}(s)=\frac{I_{12}(s)}{V_i(s)}=\frac{1}{Ls} \tag{6.4.5}$$

因此基于以上原理，分裂电容法选择合适的加权电流 i_{12} 使被控对象 LCL 型滤波器化简为单 L 型滤波器，很大程度上化简了控制器的设计；但是从物理意义上分析，并网电流 i_2 仍然是间接控制，而且电流反馈量的计算略显复杂。

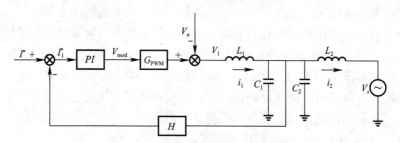

图 6.4.20　分裂电容法闭环控制结构框图

如图 6.4.21 所示的控制策略是基于间接电流控制算法的并网逆变器无缝切换方案，该方案是基于并网电流外环和电容电压 V_{c2} 内环的双环控制策略，并网电流外环通过跟踪并网电流的幅值指令计算出电容电压 V_{c2} 与电网电压的相位角，同时检测电网电压的相位

和幅值计算出电容电流 I_{c2} 的瞬时值指令，然后通过 PI 调节器调节电容电流 I_{c2}，从而可以间接调节电感 L_2 的电压 V_{L2}，最终实现并网电流 i_2 的调节，具体电压相量关系如图 6.4.22 所示。

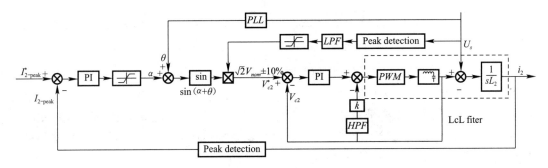

图 6.4.21　基于电容电压 U_c 的闭环控制结构框图

该方案的优点是针对 LCL 型滤波器的拓扑结构，提出了适用于电压源与电流源控制模式无缝切换的控制策略；其缺点是控制器设计复杂，内环采用电容电压调节在一定程度上影响控制系统的动态响应速度。

针对 LCL 滤波器所产生的谐振现象，图 6.4.23 给出了一种采用无源阻尼的抑制方法，具体就是在 LCL 型滤波器的电容上串联电阻 R_d，其并网工作模式下的传递函数为

$$G_{a2}(s) = \frac{1 + R_d C_2 s}{L_1 L_2 C_2 s^3 + (L_1 + L_2) R_d C_2 s^2 + (L_1 + L_2) s} \tag{6.4.6}$$

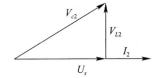

图 6.4.22　电压向量图

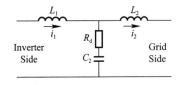

图 6.4.23　串入无源阻尼后电路结构图

对于阻尼电阻 R_d 的选择其实是谐波衰减度与谐振阻尼抑制效果的折中，如果阻尼电阻较大，就会造成滤波器的谐波衰减效果变差，阻尼值太小，又会导致谐振现象抑制效果较差，进而使系统不稳定，增大电流谐波畸变率。考虑以上因素，一般可以选择 $R_d = 1/(3\omega_{res} C_2)$，其中 $\omega_{res} = 2\pi f_{res}$ 为谐振角频率。如图 6.4.24 所示串入阻尼电阻 R_d 的系统一对共轭极点明显向 s 域的左半平面移动，增加系统阻尼，使系统的稳定性不完全依赖于控制器的性能。

因此如图 6.4.25 所示的串入无源阻尼采用单闭环电流调节器就能满足系统稳定性要求，不过缺点也很明显，就是增加了系统额外的能量损耗，LCL 滤波器的高频谐波抑制能力减弱。

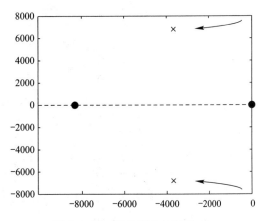

图 6.4.24　串入阻尼电阻 R_d 的
系统极点位置分布图

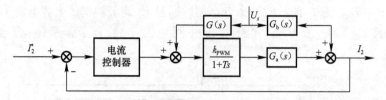

图 6.4.25　串入无源阻尼并网控制框图

如图 6.4.26 所示的外环采用并网电流 i_2 控制、内环采用电容电流 i_c 控制的双环控制策略。该方案的优点是需要检测的变量较少，其次并网控制容易实现，而且动态响应速度快。但是由于检测的状态变量只有电容电流 i_c 以及并网电流 i_2 两个变量，而 LCL 滤波器是一个三阶系统，无法通过两个变量反馈自由配置系统闭环极点到最优的动态品质和稳定性能，只能保证系统具备一定的稳定裕度和动态性能。

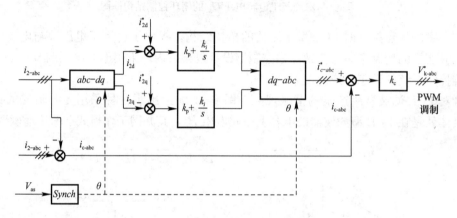

图 6.4.26　电流双环控制原理框图

图 6.4.27 提出的基于状态反馈极点配置与重复控制相结合的并网策略，利用 LCL 型滤波器的电感电流和电容电压反馈，将系统的闭环极点配置在所希望的位置以获得满意的动态品质和稳定性。然后利用重复控制改善状态反馈控制后系统的稳态性能，提高波形质量，使系统具有良好的动态、稳态性能，能满足光伏并网控制的性能要求。

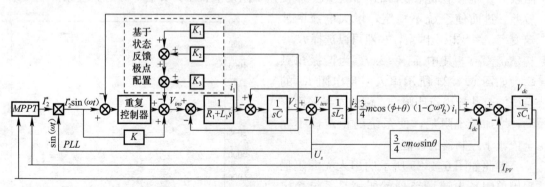

图 6.4.27　基于重复控制与极点配置相结合的并网控制结构框图

复合控制方案虽然能够获得满意的并网电流波形质量，但是动态跟踪性能在光照强度快速变化时可能导致直流电压剧烈波动；其次，状态反馈极点配置所采用的系统参数很多，无疑使控制器设计更加复杂。

6.4.3 小结

本节介绍了光伏并网系统拓扑结构的研究现状。详细分析了各种逆变器拓扑结构的优缺点和应用特点，给出了本项目所采用的拓扑结构。

介绍了光伏并网控制技术的研究现状。详细分析了光伏逆变器的数学模型和控制方法，根据各种逆变器的各种数学模型和控制方法的对比分析，折中选择了本项目所采用的数学模型和控制方法。

6.5 最大功率点跟踪方法研究

由于光伏阵列的输出功率随着光照强度和温度的变化而变化，并且在不同的输出电压下输出功率不同，为了充分发挥光伏阵列的作用，提高光伏阵列发电的效率，需要对光伏阵列进行最大功率点跟踪，调整光伏阵列的工作点以调整光伏阵列的输出功率，使光伏阵列能够以最大功率输出。本项目研究了一种优化电压MPPT算法，并与传统的控制方法进行了比较，结果表明了该方法的有效性。

6.5.1 最大功率点跟踪控制方法

1. 固定电压法

由图6.5.1可以看出，虽然光伏阵列的最大功率点的输出功率随着光照强度的增强而增大，但最大功率点电压基本变化不大。因此，只要通过光伏阵列生产商提供的光伏阵列的特性数据或者通过实际测量就可以得到近似最大功率点电压 U_m，系统只需将光伏阵列的输出电压固定在 U_m 上，就可以使光伏阵列以近似最大功率输出。这样就将最大功率点跟踪控制简化成稳压控制，光伏阵列的工作点比较稳定，实现方法简单，系统稳定可靠。

但是，这种方法忽略了温度对光伏阵列工作特性的影响。由图6.5.2可以看出，当温度上升时，光伏阵列的最大功率点电压下降，并且变化较大。如果仍然采用固定电压法控制，光伏阵列的输出功率将损失较大，无法充分发挥作用，效率下降。因此，在冬夏、早晚等温度变化较大时，采用固定电压控制并不合适，此时，可以通过以下方法根据实际情况改变 U_m。

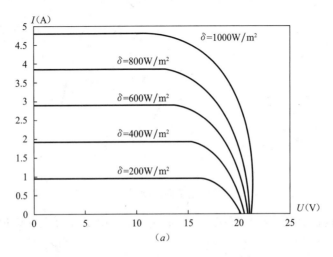

图6.5.1 光伏阵列在不同光照强度下的 *I-U* 和 *P-U* 曲线（一）

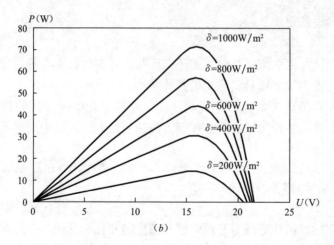

(b)

图 6.5.1　光伏阵列在不同光照强度下的 I-U 和 P-U 曲线（二）

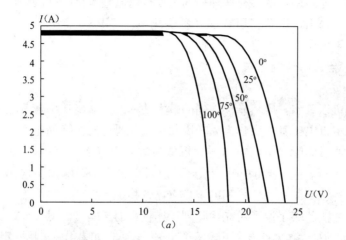

(a)

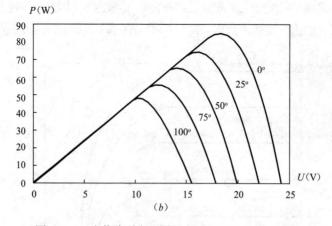

(b)

图 6.5.2　光伏阵列在不同温度下的 I-U 和 P-U 曲线

（1）根据冬夏、早晚的实际情况，手工调整 U_m。由于需要人工维护，费时费力，因此较少采用。

（2）将光伏阵列在不同温度下对应的 U_m 存储在系统的存储器内，根据温度传感器测量得到的温度相应的将光伏阵列输出电压固定在此温度下对应的 U_m。

（3）根据光伏阵列的最大功率点电压与开路电压之间存在近似的比例关系这一特性改变 U_m。

根据以上分析，可知固定电压法的特点如下

（1）原理简单，控制方法容易实现，只需要将光伏阵列输出电压固定在近似最大功率点电压 U_m 处即可。

（2）由于光伏阵列输出电压固定在某一特定值，因此系统比较稳定，不易出现振荡。

（3）在外部环境发生变化的情况下控制精度较低，因此适用于外部环境（光照强度、温度等）变化不大的场合，如太空。

2. 扰动观察法

扰动观察法是一种通过主动改变光伏阵列工作点、根据改变前后的输出功率的变化来确定最大功率跟踪方向的一种方法。它的工作原理是：给光伏阵列的工作点施加一定的扰动，然后判断光伏阵列输出功率的变化，如果输出功率增大，则保持扰动方向不变继续扰动；如果输出功率减小，则反方向扰动。

图 6.5.3 是扰动观察法的原理示意图，其工作过程如下：假设光伏阵列某一时刻工作点位于 A，通过施加扰动增大光伏阵列的输出电压，光伏阵列工作点到 B，此时由于 $P_B > P_A$，所以保持扰动方向不变，继续增大光伏阵列的输出电压，光伏阵列工作点到 C，同样由于 $P_C > P_B$，所以继续增大光伏阵列的输出电压，光伏阵列工作点到 D，此时由于 $P_D < P_C$，光伏阵列的输出功率减小，应当改变扰动方向，减小光伏阵列的

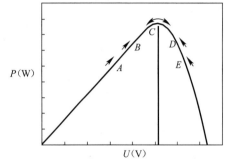

图 6.5.3　扰动观察法原理示意图

输出电压，光伏阵列工作点到 C，根据这一原理，光伏阵列的工作点最终将在 B、C 和 D 三点之间来回振荡，即在光伏阵列的最大功率点附近振荡。因此，扰动观察法又被形象地称为爬山法。

图 6.5.4 是扰动观察法的程序控制流程图，其中 P_1、U_1、I_1 分别表示当前检测到的光伏阵列的输出功率、输出电压和输出电流，P_0、U_0 分别表示上一次检测到的光伏阵列的输出功率和输出电压，U_r 表示光伏阵列输出电压的参考值，ΔU 表示光伏阵列输出电压扰动变化量，即跟踪步长。

当外部环境发生剧烈变化时，扰动观察法会发生"误判"现象（图 6.5.5）。在扰动观察法寻找最大功率点的过程中，假设此时工作点位于 A，检测到此时光伏阵列的输出功率为 P_A，通过施加扰动，增大光伏阵列的输出电压，外部环境不变时工作点变化至 B，检测到的输出功率为 P_B，此时 $P_B > P_A$，因此应继续增大光伏阵列的输出电压，扰动方向正确。但是，如果此时光照强度突然下降，如光照被乌云遮住，光伏阵列的 P-U 曲线就会发生变化，假设此条件下与 B 点相同输出电压的工作点为 C，测得的功率为 P_C，而 $P_C <P_A$，根据扰动观察法的跟踪原理，会使光伏阵列的输出电压减小，扰动方向发生错误，这就是扰动观察法的"误判"现象。如果光照强度不是持续发生剧烈变化，扰动观察法能够自我修正，最终回到正确的跟踪方向，完成最大功率点跟踪。

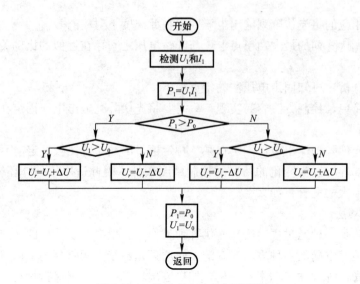

图 6.5.4 扰动观察法控制流程图

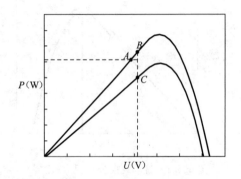

图 6.5.5 扰动观察法的
"误判"现象示意图

根据以上分析，可知扰动观察法的特点如下

（1）跟踪算法简单，容易实现。

（2）光伏阵列最终会在最大功率点附近振荡，造成部分功率损失。

（3）跟踪步长会对跟踪精度及跟踪速度产生影响。跟踪步长过大，可以提高跟踪速度，但会使跟踪精度下降，功率损失增大；跟踪步长过小，可以最终提高跟踪精度，但是过小的步长会使系统长时间工作在非最大功率点附近，跟踪速度缓慢。

（4）在外部环境发生急剧变化时，系统会发生"误判"现象，但是能够实现自我修正。

3. 电导增量法

电导增量法是另外一种比较常用的最大功率点跟踪方法。通过光伏阵列的 $P-U$ 曲线可看出：当光伏阵列的工作点位于最大功率点的左侧时，$dP/dU>0$；当光伏阵列的工作点位于最大功率点时，$dP/dU=0$；当光伏阵列的工作点位于最大功率点的右侧时，$dP/dU<0$。因此，只要确定了 dP/dU 的大小，就可以判断出光伏阵列的工作点的位置，也就可以确定应该如何调整光伏阵列的工作点。

光伏阵列的输出功率：

$$P = UI \tag{6.5.1}$$

所以有

$$\frac{dP}{dU} = I + U\frac{dI}{dU} \tag{6.5.2}$$

$$\frac{1}{U}\frac{dP}{dU} = \frac{I}{U} + \frac{dI}{dU} \tag{6.5.3}$$

因此，要判断 dP/dU 与 0 的关系，可以通过判断 $I/U+dI/dU$ 与 0 的关系来确定：

当 $I/U+dI/dU>0$ 时，$dP/dU>0$，光伏阵列工作点位于最大功率点左侧，应该增大光伏阵列的输出电压；当 $I/U+dI/dU=0$ 时，$dP/dU=0$，光伏阵列工作点位于最大功率点处，保持光伏阵列的输出电压不变；当 $I/U+dI/dU<0$ 时，$dP/dU<0$，光伏阵列工作点位于最大功率点右侧，应该减小光伏阵列的输出电压。

图 6.5.6 是电导增量法的控制流程图，其中 U_1、I_1 分别表示当前检测到的光伏阵列的输出电压和输出电流，U_0、I_0 分别表示上一次检测到的光伏阵列的输出电压和输出电流，U_r 表示光伏阵列输出电压参考值，ΔU 表示光伏阵列输出电压扰动变化量，即跟踪步长。

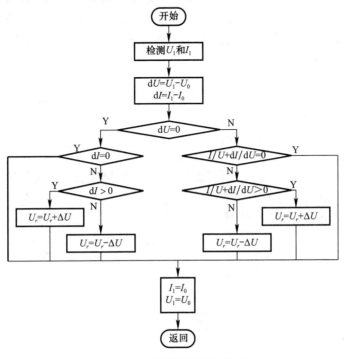

图 6.5.6　电导增量法控制流程图

与扰动观察法类似的是，当外部环境发生剧烈变化时，电导增量法也会发生"误判"现象，甚至有可能导致无法完成最大功率点跟踪。

如图 6.5.7 所示，在电导增量法寻找最大功率点的过程中，假设此时工作点位于 A，检测到此时光伏阵列输出电压和输出电流分别为 U_A、I_A，增大光伏阵列的输出电压，至工作点 B，在外部环境没有发生变化时，检测到此时光伏阵列输出电压和输出电流分别为 U_B、I_B，根据电导增量法的原理可以判断：

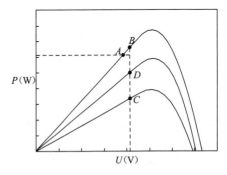

图 6.5.7　电导增量法的"误判"现象示意图

$$\frac{I}{U}+\frac{dI}{dU}=\frac{I_B}{U_B}+\frac{I_B-I_A}{U_B-U_A}>0 \tag{6.5.4}$$

因此，应继续增大光伏阵列的输出电压。但是，如果此时光照强度突然下降，光伏阵列的 $P\text{-}U$ 曲线发生变化，假设此条件下与 B 点相同输出电压的工作点为 C，测得的光伏阵列输出电压和输出电流分别为 U_C、I_C $(U_C = U_B)$，根据电导增量法原理，由于光照下降导致输出电流减小程度增大，即：

$$I_C < \frac{U_C}{2U_C - U_A} I_A \tag{6.5.5}$$

此时，可以判断：

$$\frac{I}{U} + \frac{\mathrm{d}I}{\mathrm{d}U} = \frac{I_C}{U_C} + \frac{I_C - I_A}{U_C - U_A} < 0 \tag{6.5.6}$$

电导增量法会使光伏阵列输出电压减小，跟踪方向错误，发生"误判"现象。一般来说，与扰动观察法相同，电导增量法仍会自我修正，最终回到正确的跟踪方向。

但是，假设光照强度下降后，达到与 B 点相同输出电压的工作点 D 时，测得的光伏阵列输出电压和输出电流分别为 U_D、I_D $(U_D = U_B)$，并且

$$I_D = \frac{U_D}{2U_D - U_A} I_A \tag{6.5.7}$$

则可以判断

$$\frac{I}{U} + \frac{\mathrm{d}I}{\mathrm{d}U} = \frac{I_D}{U_D} + \frac{I_D - I_A}{U_D - U_A} < 0 \tag{6.5.8}$$

根据电导增量法原理，判断 $\mathrm{d}P/\mathrm{d}U = 0$，工作点 D 被错误的认定为最大功率点。如果外部环境不再发生变化，光伏阵列将保持在此工作点工作，从而导致最大功率点跟踪失败。只有当外部环境再次发生变化时，电导增量法才会自我修正到正确的跟踪方向。

根据以上分析，可以看出电导增量法含有复杂的除法运算，这对于数字处理器的实时处理影响较大。如果能够去除除法运算，程序的运算效率将大大提高，实时性也将更强。

对式 (6.5.2) 进行处理，两边都除以 I，可以得到：

$$\frac{1}{I} \frac{\mathrm{d}P}{\mathrm{d}U} = 1 + \frac{U}{I} \frac{\mathrm{d}I}{\mathrm{d}U} \tag{6.5.9}$$

(1) $\mathrm{d}U > 0$ 时。

当 $I\mathrm{d}U + U\mathrm{d}I > 0$，可得

$$\frac{1}{I} \frac{\mathrm{d}P}{\mathrm{d}U} = 1 + \frac{U}{I} \frac{\mathrm{d}I}{\mathrm{d}U} > 0 \tag{6.5.10}$$

此时 $\mathrm{d}P/\mathrm{d}U > 0$，输出电压应继续增大；

当 $I\mathrm{d}U + U\mathrm{d}I < 0$，可得

$$\frac{1}{I} \frac{\mathrm{d}P}{\mathrm{d}U} = 1 + \frac{U}{I} \frac{\mathrm{d}I}{\mathrm{d}U} < 0 \tag{6.5.11}$$

此时 $\mathrm{d}P/\mathrm{d}U < 0$，输出电压应减小；

当 $I\mathrm{d}U + U\mathrm{d}I = 0$，可得

$$\frac{1}{I} \frac{\mathrm{d}P}{\mathrm{d}U} = 1 + \frac{U}{I} \frac{\mathrm{d}I}{\mathrm{d}U} = 0 \tag{6.5.12}$$

此时 $\mathrm{d}P/\mathrm{d}U = 0$，输出电压保持不变；

(2) $\mathrm{d}U < 0$ 时

当 $I\mathrm{d}U + U\mathrm{d}I > 0$，可得 (6.5.11)，此时 $\mathrm{d}P/\mathrm{d}U < 0$，输出电压应继续减小；

当 $\mathrm{d}P/\mathrm{d}U < 0$，可得 (6.5.10)，此时 $\mathrm{d}P/\mathrm{d}U > 0$，输出电压应增大；

当 $I\mathrm{d}U + U\mathrm{d}I = 0$，可得 (6.5.12)，此时 $\mathrm{d}P/\mathrm{d}U = 0$，输出电压保持不变。

（3）$dU=0$ 时

当 $IdU+UdI>0$，$dI>0$，输出电压应增大；

当 $dP/dU<0$，$dI<0$，输出电压应减小；

当 $IdU+UdI=0$，$dI=0$，输出电压保持不变。

通过以上分析可以得出经过改进不含除法运算的电导增量法的控制流程图如图6.5.6所示。改进后，算法中已经不存在除法运算，工作过程得到简化，程序运行效率得到提高。

总结电导增量法的特点如下。

（1）与扰动观察法不同，电导增量法在达到最大功率点后将稳定在此工作点工作，控制效果较好，控制精度较高。

（2）对采样参数精度要求高，导致硬件成本高。

（3）算法比较复杂，存在除法运算，运算量大，经过改进后可以去除除法运算，提高程序运行效率。

（4）跟踪步长对跟踪精度及跟踪速度产生影响。跟踪步长过大，可以提高跟踪速度，但不易实现在最大功率点处稳定工作，导致在最大功率点附近产生振荡；跟踪步长过小会使系统长时间工作在非最大功率点附近，跟踪速度缓慢。

（5）在外部环境发生急剧变化时，系统会发生"误判"现象，极端情况会导致最大功率点跟踪失败。

6.5.2 基于动态电阻法的光伏发电系统最大功率跟踪方法原理

1. 光伏组件动态电阻特性

在直流电路中，电路元件的两端电压和流过该元件电流的比值称为该电路元件的电阻；而组件两端电压和输出电流是时刻变化的，动态电压与动态电流的比值称为动态电阻，光伏组件的动态电阻被定义为式（6.5.13），且具有负电阻特性，图6.5.8和图6.5.9给出了动态电阻在不同温度和照度条件下的特性曲线。

$$r_{pv} = \frac{dV_{pv}}{dI_{pv}} \tag{6.5.13}$$

一般来说，很难通过解析式对动态电阻进行求解，而是通过实验测试得到动态电阻的分布情况，如果了解了动态电阻随温度和光照变化的分布情况，就可对组件进行 MPP 跟踪控制。图6.5.10给出了最大功率点处动态电阻的分布情况，其大小随着温度的增加而增加，随着光照的增强而增加。另外从图6.5.11中虚线的斜率可以看出，动态电阻的绝对值在电压源区最小，在电流源区最大，而理想的工作条件应该在功率区，这样才可使太阳能最大限度地被利用。

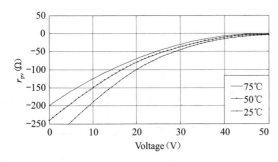

图6.5.8　不同温度条件下，动态电阻曲线

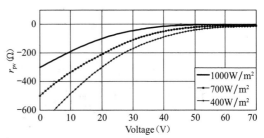

图6.5.9　不同照度条件下，动态电阻曲线

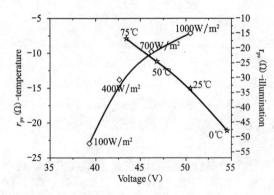

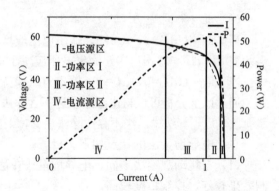

图 6.5.10　不同温度和不同照度条件下，
　　　最大功率点处动态电阻分布

图 6.5.11　组件 V-I 和 P-I 特性曲线

2. DC-DC 转换电路

光伏发电系统由于受日照强度及环境温度变化的影响，其最大功率点处所对应电压是时变的。为了在负载变化较大时系统有较大的灵活性和较高的转换效率，本系统的主电路

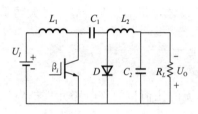

图 6.5.12　Cuk 电路结构图

选用 Cuk 电路。图 6.5.12 为 Cuk 电路的拓扑结构，其原理为 Boost 电路与 Buck 电路的组合，一级电路实现了两级调压。

Cuk 电路的工作模式有 CCM（连续导电模式）和 DCM（不连续导电模式）。运行于 CCM 时的输入、输出电压关系为

$$U_o = \beta U_i / (1 - \beta) \tag{6.5.14}$$

式中　U_i 和 U_o 分别为输入、输出电压；

　　　β——占空比。

输出电流波形如图 6.5.13 所示，其中 I 为理想电流波形；i_L 为实际电流波形。这种控制方式的优点为恒频控制；工作在电感电流连续状态，开关管电流有效值小、EMI 滤波器体积小；能抑制开关噪声；输入电流波形失真小。

DCM 是 L_1 或 L_2 较小，或负载较大，或开关周期 T_s 较大时产生的，波形如图 6.5.14 所示。根据伏秒值相等的原则可以求得电压增益为

$$n = U_o / U_i = T_{on} / \sqrt{2\tau_{Le}} \tag{6.5.15}$$

式中　T_{on}——开关管的导通时间；

　　　$\tau_{Le} = L_e / (R_L T_s)$；

　　　$L_e = L_1 / L_2 R_{eq}$。

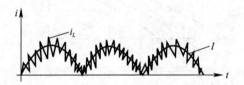

图 6.5.13　CCM 工作模式下电流波形

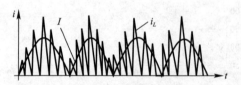

图 6.5.14　DCM 工作模式下电流波形

利用这种方法时的功率因数和输入电压 U_i 与输出电压 U_o 的比值有关，即当 U_i 变化时，功率因数值也将发生变化，同时输入电流波形随 U_i/U_o 值的加大而使 THD 变大；开关管的峰值电流大（在相同容量情况下，DCM 中通过开关器件的峰值电流为 CCM 的 2 倍），从而导致开关管损耗增加．因而本系统采用 Cuk 电路的 CCM 工作模式，该工作模式的特性非常接近于一个匝数比可调的 DC-DC 变压器。能量的储存和传递同时在两次开关动作期间和两个回路中进行，变换器效率很高。

3. 最大功率点跟踪控制算法

神经网络控制方法在理论上已经证明：对于一个 3 层的前馈网络，只要选择足够多的隐藏节点，总可以任意逼近一个平滑的非线性函数。

因此采用一前馈网络，通过仿真和试验，就可使逼近的非线性函数达到所要求的精度，从而实现 PV 系统的建模、辨识和控制。神经网络包括 3 层结构：输入层、隐藏层和输出层。各层的结点数分别为 4、6、1；神经网络有 4 个输入信号分别为负载两端电压、负载电流、组件输出电压和组件输出电流，其中各参数变化范围均为 $[-110，0，110]$。神经网络的输出是经过计算后得到的最优电压 U_{op}，其结构如图 6.5.15 所示。

设其输入样本向量为

$$X = (x_1, x_2, \cdots x_i, \cdots, x_n)$$

期望的输出向量为

$$D = (d_1, d_2, \cdots, d_i, \cdots, d_n)$$

计算隐含层各神经元的"净输入"：

$$I_j = \sum_{i=1}^{N} W_{ij} x_i + \theta_j \quad (j = 1, 2, \cdots, p) \tag{6.5.16}$$

式中　W_{ij}——输入层第 i 神经元与隐含层第 j 神经元间的连接权值；θ_j 为隐含层第 j 神经元的阈值；

　　　　p——隐含层神经元总数。

用 S 型函数计算隐含层各神经元的输出：

$$y_j = 1/(1 + e^{-I_f}) \quad (j = 1, 2, \cdots, p) \tag{6.5.17}$$

式中　y_j——隐含层第 j 神经元的输出。

输出层各神经元的"净输入"：

$$I_t = \sum_{i=1}^{N} W_{jt} y_j + \theta_t \quad (t = 1, 2, \cdots, q) \tag{6.5.18}$$

式中　W_{jt}——隐含层第 j 神经元与输出层第 t 神经元之间的连接权值；θ_t 为输出层第 t 神经元的阀值；

　　　　q——输出层神经元总数。

输出层各神经元的实际输出：

$$y_t = 1/(1 + e^{-I_t}) \tag{6.5.19}$$

式中　y_t——输出层第 t 神经元的实际输出。

由于期望输出 d_t 与实际输出 y_t 不一致而产生误差，通常用方差 $E =$

$1\big/\big(2\sum_{t=1}^{q}(d_t-y_t)^2\big)$ 来表示这一误差，按照误差 E 来修改网络的权值 W 和阈值 θ，权值 W 和阈值 θ 的修改应使 E 最小。对本系统来讲，E 最小时所对应的功率输出就是最大功率输出点。为得到系统优化工作点的模型，先对实验所用光伏组件的样本进行实际测量，得到一组优化模型。将优化模型中的数据作为 PV 工作点的目标值，然后选取适当的训练函数对神经网络进行训练加速极小化的过程，最终达到误差收敛，使系统一直跟踪最佳工作点并输出最大功率。

神经网络输出的控制电压 U_{op}^* 经 PI 回路输出后（β_i）直接送入斩波电路，控制斩波电路的占空比，进而调节输出功率，使输出功率达到最大，也就是使 e 为零。PI 控制如图 6.5.16 所示，图中 $e=U_{op}^*-U_o$；K_p 为比例系数；τ_i 为积分时间常数。

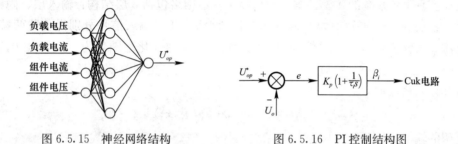

图 6.5.15　神经网络结构　　　　　　图 6.5.16　PI 控制结构图

6.5.3　动态电阻 MPPT 控制方法

光伏发电系统应该包括以下部分：光伏组件、DC/DC 电路、直流负载和控制器等，如果是交流负载还应包括 DC/AC 电路。光伏发电系统的输出具有强烈的非线性，受外界天气影响较大；同时直接将光伏与负载相连接，不但不能满足负载电压电流需求，也不能实现光伏最大功率输出，所以现代光伏发电系统一般通过控制 DC/DC 电路的 MOSFET 或 IGBT 的开关占空比来实现 MPPT。该部分主要讨论光伏发电系统的 MPPT 控制策略，所以负载采用直流负载。

一般来说用于光伏发电系统的 DC/DC 电路有 Buck 和 Boost 电路，当然也可采用 Sepic 和 Cuk 电路，主要是通过 DC/DC 电路的开关频率实现输出电压的上升或下降，进而实现光伏输出的 MPPT。而开关占空比一般是通过单片机或 DSP 端口输出的 PWM 波进行控制，即单片机输出 PWM 经过驱动后就可以控制 MOSFET 或 IGBT 的开关占空比，进而实现 DC/DC 电路输出电压的上升和下降。而单片机的 PWM 输出是由 MPPT 算法控制的，所以一种高效的 MPPT 控制策略对于提高光伏输出是非常必要的。本项目中采用了 CUK 电路作为 MPPT 控制电路，其输出电流平滑，纹波小，且输出电压范围较大，输出效率较高，控制系统控制结构如图 6.5.17 所示，实验结果如图 6.5.18 和表 6.5.1 所示。

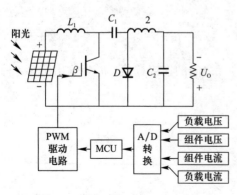

图 6.5.17　系统控制结构图

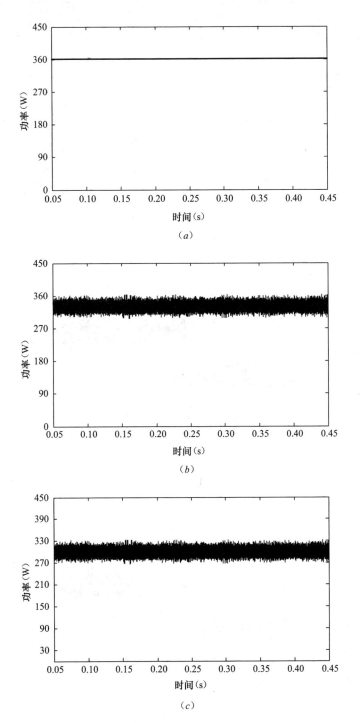

图 6.5.18 不同负载条件下，目标功率、动态电阻法和传统电导法响应曲线（一）

(*a*) 不变负载条件下，目标功率曲线；(*b*) 不变负载条件下，优化电压 MPPT 控制方法功率曲线；

(*c*) 不变负载条件下，传统电导法功率曲线

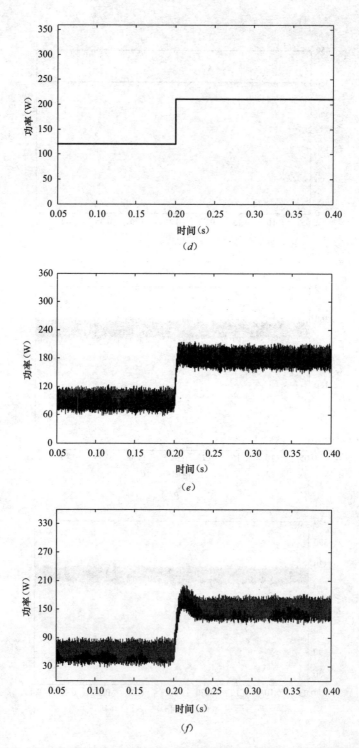

图 6.5.18　不同负载条件下，目标功率、动态电阻法和传统电导法响应曲线（二）

（d）负载突然升高条件下，目标功率曲线；（e）负载突然升高条件下，动态电阻法响应曲线；

（f）负载突然升高条件下，传统电导法响应曲线

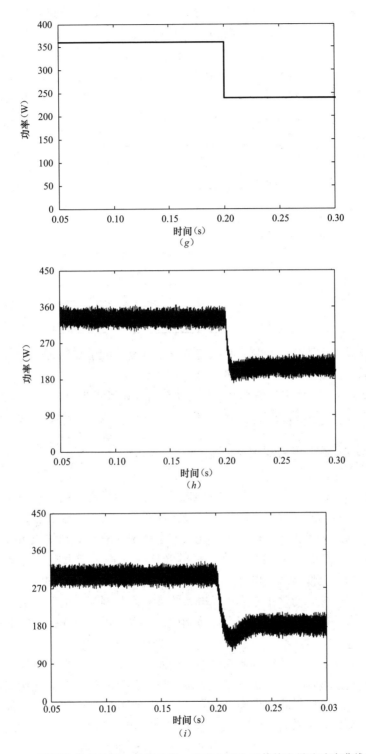

图 6.5.18　不同负载条件下，目标功率、动态电阻法和传统电导法响应曲线（三）

（g）负载突然降低条件下，目标功率曲线；（h）负载突然降低条件下，动态电阻法响应曲线；

（i）负载突然降低条件下，传统电导法响应曲线

在各种天气状况和变负载的情况下，输出如图 6.5.18 所示，同时和传统电导法的输出进行了比较。其中图 6.5.18 (a) 是在稳定负载的情况下，动态电阻法与传统电导法的功率输出曲线；图 6.5.18 (b) 是负载突然上升情况下的变电压算法与传统电导法的功率输出曲线；图 6.5.18 (c) 是负载突然下降情况下的动态电阻法与传统电导法的功率输出曲线。

表 6.5.1 给出了两种方法在 2012 年 8 月中发电量的对比数据。从表 6.5.1 可以看出，动态电阻法比传统电导法的日发电量提高了 2% 以上。

给出了采用两种不同方法的发电量对比   表 6.5.1

时间	发电量（Wh）		发电量提高百分比
	传统电导法	动态电阻法	
2012.8.11	682	702	2.95
2012.8.12	634	649	2.37
2012.8.13	323	331	2.41
2012.8.14	528	542	2.65
2012.8.15	335	343	2.41
2012.8.16	2993	3076	2.77
2012.8.17	1854	1895	2.21
2012.8.18	1061	1085	2.26
2012.8.19	1183	1212	2.45

从图中可见动态电阻法明显优于传统电导法，提高了光伏系统输出的效率，输出动态特性有明显改善，同时算法的跟踪速度非常迅速。

通过动态电阻法与传统电导法相比，可见动态电阻 MPPT 控制方法的优越性，但是该方法暂时还处于实验研究阶段，并未投入实际使用。本项目实际采用的仍是传统电导法。

6.6 光伏发电系统的能量预测

光伏发电作为一种重要的可再生能源形式，它是目前可再生能源中技术最具规模化开发条件和商业化发展前景的发电方式之一，越来越受到人们的关注。目前大规模的光伏发电系统已经在国内外大量建成。但是由于光伏发电系统的输出受到气候条件和环境因素的影响，其发电量具有较强的随机性。大规模的光伏并网相对于大电网将是一个不可控电源，其电能输出的随机性会对大电网造成影响。目前，对于太阳能的随机性和光伏发电系统预测模型的研究不多，而这正是光伏发电系统大规模并网应用的难点之一。因此，加强光伏发电预测技术的研究对于电网安全经济调度、电力市场以及光伏微网的能量管理和经济运行都有重要意义。

本项目主要研究了一种基于神经网络的光伏发电模型，主要内容包括：（1）讨论了气象因素作用于光伏发电预测的分析思路，比较分析了各个气象因素对光伏发电的影响，选择了太阳辐照强度、温度、湿度作为光伏发电预测模型的最优输入；（2）根据不同天气类型下光伏发电系统的输出特性建立了数字天气预报模糊识别模块，给出了一种基于 RBF 神经网络的光伏发电在线预测模型，讨论了隐含层点数和扩展速度对预测网络的影响。

6.6.1 光伏发电预测中气象因素的分析和处理

1. 气象因素与光伏发电的关系

由于光伏发电系统的输出电能受到气象因素的影响，不同的气候条件下，光伏发电系统的输出有着较大的区别。因此，对于光伏发电来说，在进行光伏发电规划、光伏电站工程设计（如光伏电站选址）、电力生产调度等工作时，必须考虑气候因素。研究表明，气象因素是影响光伏发电的主要因素。为了摸清光伏发电系统输出功率随气候状况变化的规律，做好光伏发电系统的能量预测，本项目在分析光伏发电系统输出功率变换特点的基础上，结合季节性气候变化的特征，定量地分析了光伏发电与气候等各类相关因素之间的关系。

2. 气象因素作用于光伏发电的分析思路

对于气象因素作用于光伏发电的分析思路，可以分为下面四个层次：

（1）首先考虑各个气象因素独立作用于光伏发电系统，分析各个气象因素对光伏发电的影响；

（2）考虑气象因素对光伏系统发电影响的多日累积效应；

（3）在分析气象因素独立作用于光伏发电的基础上，进一步认为多个气象因素产生某种耦合效果后才作用于光伏发电，分析多个气象因素的耦合效果对光伏发电的影响，这种耦合效果可称为综合天气指数；

（4）在分析当日综合天气指数对光伏发电影响的基础上，进一步考虑综合天气指数的多日累积效应。

3. 光伏发电预测中气象因素的处理方法

通过上面气象因素作用于光伏发电系统的影响的分析可知，当思考光伏发电能量预测中考虑相关因素的处理方法，大致可以将光伏发电能量预测中气象因素的处理策略分为5种类型，可以分别对应于五个不同的阶段。

（1）第一阶段，光伏发电预测中完全不考虑气象因素的影响。在光伏发电预测研究的初期，为了找出光伏发电能量曲线的内在联系，只根据光伏发电系统监控数据库中的历史数据进行光伏发电预测，比较常用的方法有基于时段相似性和基于天气类型相似性的分析方法。

（2）第二阶段，光伏发电能量预测中考虑气象因素的校正。通过第一阶段对光伏发电系统发电数据序列内部关联性的分析，发现当进行光伏发电能量短期预测时，采用历史数据能够取得较好的精度，但是，当时间尺度变长，仅仅采用历史数据进行预测时模型的精度显著下降。因此，对于较长时间尺度的光伏发电预测中需要考虑加入对光伏发电系统影响较大的气象因素进行校正，例如太阳辐射强度、大气温度等。

（3）第三阶段，直接采用特征气象因素进行光伏发电预测。这种方法我们经常用于光伏电站的规划和设计。通过对当地历史气象数据的整理分析，可以知道当地的日太阳辐射量、月太阳辐射量、年太阳辐射总量，然后根据太阳辐射量和其他的相关气象数据就可以预测光伏发电系统的输出。

因为气象因素对于光伏发电的影响具有隐含性。通过对光伏发电系统历史发电数据和气象数据的整理发现，气象因素对光伏发电系统输出功率曲线的影响主要分为两个部分：一部分其实已经隐含于历史数据中，当采用光伏发电系统的历史数据进行光伏发电预测时，已经引用了这些气象因素。而另一部分影响是无法从光伏发电的历史数据中体现出来的，因此为了提高光伏发电预测的精度必须另外考虑气象因素的影响。

（4）第四阶段，在光伏发电预测中建立规范化的处理特征相关因素的方法。因为光伏发电预测考虑的相关因素不仅仅是气象因素，而是包括了其他的各类因素，例如：天气类型（晴、阴等）、大气温度、相对湿度、风速、大气压力和云量等。随着科学技术的发展，还有哪些新增加其他的相关因素。因此，需要一种规范化的策略分析和处理与光伏发电相关的气象因素，使研究人员可以在一个统一标准的框架下考虑各种其他相关因素。该策略既可以指导预测人员构造新的光伏发电短期预测方法，也可以对各种现有的预测方法进行改造，使之可以计算各种相关因素的影响。

（5）第五阶段，在光伏发电预测模型中直接考虑实时气象因素的复杂影响。通过对现有光伏发电预测模型的分析可知，光伏发电预测中气象因素的处理绝大多数是仅仅依靠于光伏发电相关性较高的日特征因素，例如太阳辐射强度、大气温度、相对湿度、日天气类型等。目前，光伏发电预测模型在晴天或者阴天的预测精度较高，但是在雨天或者天气变化比较剧烈时，光伏发电预测模型的精度较差，甚至可以出现预测模型失效的可能性。如果在预测模型中直接引入实时气象因素，应该能较好地提高预测模型的准确性。

6.6.2 气象因素直接作用于光伏发电的规律分析

为了分析各个气象因素对光伏发电系统的影响规律，需要观测和记录光伏发电系统和气象因素等各类数据，包括：日电量、太阳辐射强度、温度、相对湿度、大气压力等。图6.6.1 为天津市文化中心商业体屋顶光伏阵列，图 6.6.2 为现场的气象站。气象观测站建立在光伏阵列的屋顶，安装常规 5 参量（风速、风向、温度、湿度、气压）和水平总辐射传感器。

图 6.6.1 天津市文化中心商业体屋顶光伏阵列

图 6.6.2 气象观测站

1. 数据的直观分析

首先，通过曲线来观察随时间变化时光伏发电系统日输出功率与各种气象数据的关系。由于直接的日输出功率与气象数据不具有可比性，因此，在本项目中采用归一化值进行相关性分析：

$$p_i^* = \frac{p_i - p_{\min}}{p_{\max} - p_{\min}} \tag{6.6.1}$$

式中　　p_i——原始数据；

　　　　i——数据序号；

$p_{\min}$，$p_{\max}$——$\{p_i\}$ 中的最小值和最大值；

　　　　p_i^*——p_i 的归一化值。

然后，做出时间变化时光伏输出功率与各种气象数据的关系曲线如图 6.6.3 所示。

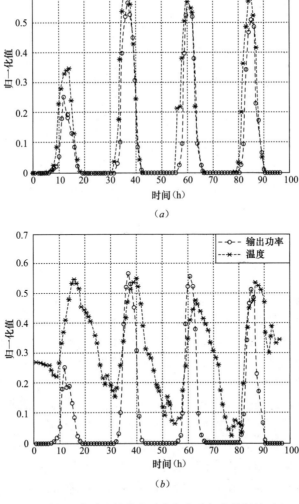

图 6.6.3　时间变化时光伏输出功率与各种气象数据的对比（一）

（a）输出功率与太阳辐射强度的关系曲线；（b）输出功率与温度的关系曲线

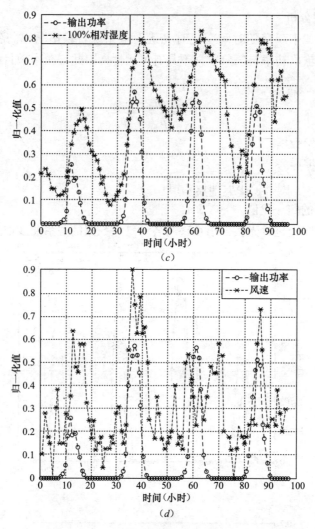

图 6.6.3 时间变化时光伏输出功率与各种气象数据的对比（二）

(c) 输出功率与相对湿度的关系曲线；(d) 输出功率与风速的关系曲线

（1）太阳辐射强度与光伏发电系统输出功率的变化趋势是较为一致的。当太阳辐射升高时，光伏发电系统的输出功率处于升高的阶段；当太阳辐射减小时，光伏发电系统的输出功率也在逐渐变小。特别是，太阳辐射强度和光伏发电系统输出功率变化曲线上的峰点和谷点所出现的时间也是基本重合的。从图中可以判断出光伏发电系统的输出功率与太阳辐射强度具有较大的相关性。当然，在某些时刻光伏发电系统的输出功率和太阳辐射的变化情况并不完全一致，这是因为影响光伏发电系统输出功率的因素并不仅仅是太阳辐射强度，除了太阳辐射强度还有其他多种因素影响光伏发电系统的输出。

（2）大气温度与光伏发电系统输出功率的变化趋势是基本相似的。从图中可以看出，当输出功率升高时，大气温度也会随之升高；当输出功率降低时，大气温度也会随之降低，并存在一定的时间滞后。因此，大气温度和光伏发电系统的日发电量也是有着一定的相关性。

（3）相对湿度与光伏发电系统输出功率的变化趋势基本相反。一般来说，当太阳辐射强度较高时，光伏输出功率较大，此时的相对湿度较低；当太阳辐射强度较低时，光伏输出功率较小，此时的相对湿度较高，这说明相对湿度和光伏发电系统的输出功率也是有着相关性的。

（4）从图中可以看出风速与光伏发电系统日发电量的变化趋势没有明显的相似性。因此，在后面的分析中，主要考虑太阳辐射强度、温度和相对湿度对光伏发电系统的影响。

以上是针对输出功率受太阳辐射强度、温度和相对湿度等气象因素的影响关系作出的分析。

2. 主要影响因素的识别

一般而言，距离分析是对变量之间相似程度的一种测量，它计算一对变量之间的广义距离。本项目利用该方法分析各个气象因素对光伏发电系统输出功率的影响，识别其中对光伏发电输出功率影响最大的因素，为后续的光伏发电预测提供参考输入。

这里对日输出功率与太阳辐射强度、温度等气象因素作差异度分析。差异度分析中采用欧式距离：

$$d = \Big[\sum_{i=1}^{M} (x_i - y_i)^2 \Big]^{\frac{1}{2}} \tag{6.6.2}$$

式中　M——图 6.6.3 中曲线的采样点数。

由于各变量的量纲不同，直接进行距离分析缺乏可比性，因此在分析之前要先对数据做标准化处理。

表 6.6.1 给出了采用欧式距离的差异度分析结果，表中列出的是各个变量进行归一化处理后的欧式距离。

采用欧式距离的差异度分析结果 表 6.6.1

编　号	指　标	欧式距离
1	太阳辐射强度与输出功率	0.7323
2	温度与功率	2.354
3	相对湿度与输出功率	5.5598
4	相对湿度（取反）与输出功率	3.8637

如表 6.6.1 所示，日输出功率与太阳辐射强度、温度和相对湿度之间的欧式距离显示出它们之间具有比较大的相关性。其中，日输出功率与太阳辐射强度的欧式距离最小，即表示它们之间的关系最密切，或者说，太阳辐射强度是影响日输出功率的主要因素。

3. 连续变量和离散变量的特征选择

上节的分析中考虑的特征因素都是连续变量，而在实际问题中还不可避免地会遇到离散变量，比如光伏发电预测中要考虑到天气类型和季节类型等，这些特征因素都是以离散的状态出现在数学模型中的。图 6.6.4 为不同季节类型下光伏发电系统的日输出功率。

为了说明这个问题，这里将通过一个同时考虑连续变量和离散变量的例子，来进一步说明光伏发电预测中同时包含连续变量和离散变量的特征选择问题及其解决方案。

对数据的预处理过程如下：

（1）基于上节的分析结果，可以认为光伏发电系统日输出与太阳辐射强度、温度和相对湿度相关度最大，因此在特征选择时仍然引入这三个特征因素。

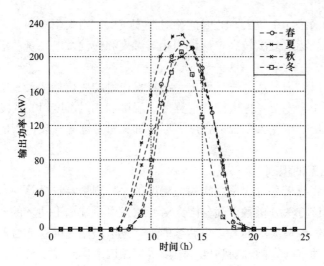

图 6.6.4　不同季节类型下光伏发电系统的输出功率

（2）为了量化地考虑天气情况，将气象条件大致分为 3 种情况：晴、阴和雨，分别对应 1、2 和 3 共三个映射数值。一天中天气情况有变化时，以映射数值较大的天气情况为准，比如某天的天气如果是"晴转雷阵雨"，其中天气为"晴"的映射值为 1，天气为"雨"的映射值为 3，于是认为该天天气的映射值为 3。由于神经网络的输入范围是 [−1，1]，因此需要注意将 [1，3] 区间映射为 [−1，1] 区间。

（3）季节类型分为 4 种类型：春、夏、秋和冬分别对应 1、2、3 和 4 四个映射数值。同时，还要注意将 [1，4] 区间映射为 [−1，1] 区间。

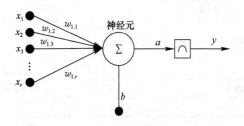

图 6.6.5　人工神经元模型

6.6.3　径向基函数神经网络结构

人工神经网络的基本处理单元是人工神经元，它用于模仿生物神经细胞最基本的特性，与生物原型相对应，人工神经元的主要结构单元是信号的输入、综合处理和输出，其输出信号的强度反映该单元对相邻单元影响的强弱。人工神经元结构的数学模型图 6.6.5 所示。

图中：x_1，x_2，x_3，$\cdots$，x_r——输入信号分量；

　　　　　　　　y——神经元对输入信息的响应特性；

$w_{1.1}$，$w_{1.2}$，$w_{1.3}$$\cdots$，$w_{1.r}$——权值分量；

　　　　　　　　b——神经元的偏差；

　　　　　　　　a——神经元输出。

将人工神经元通过一定的结构组织起来，就可构成人工神经元网络，如本项目所采用的 RBF 神经网络（Radial Basis Function Neural Network）。

径向基函数（RBF）神经网络是由输入层、隐含层和输出层构成的 3 层前馈反向传播网络，结构如图 6.6.6 所示。输入层由信号源节点组成，第二层是隐藏层，该层的变换函数采用 RBF。理论证明：对于一个 3 层的前馈网络，只要选择足够多的隐含层节点，总可以任意逼近一个平滑的非线性函数。这就为 RBF 神经网络算法在光伏发电系统能量预测中的应用提供了理论依据。

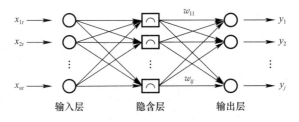

图 6.6.6　RBF 神经网络结构

常用的径向基函数有以下几种形式：

$$f(x) = \exp^{-(x/\sigma)^2} \tag{6.6.3}$$

$$f(x) = 1/(\sigma^2 + x^2)^\alpha, \quad \alpha > 0 \tag{6.6.4}$$

$$f(x) = (\alpha^2 + x^2)^\beta, \quad \alpha < \beta < 1 \tag{6.6.5}$$

以上这些函数都是径向对称的，但最常用的是高斯函数：

$$R_i(x) = \exp(- \parallel x - c_i \parallel^2)/2\sigma_i^2, \quad i = 1,2 \cdots m \tag{6.6.6}$$

式中　x——n 维输入向量；

c_i——第 i 个基函数的中心，与 x 具有相同维数的向量，σ_i 是第 i 个感知的变量，它决定了该基函数围绕中心点的宽度；

m——感知单元的个数（隐含层节点数）。$\parallel x - c_i \parallel$ 是向量的范数，它通常表示 x 与 c_i 之间的距离。

$R_i(x)$ 在 c_i 处有一个唯一的最大值，随着 $\parallel x - c_i \parallel$ 的增大，$R_i(x)$ 迅速衰减到零。对于给定的输入，只有一小部分靠近 x 的中心被激活。

RBF 神经网络的隐含层作用基函数选用高斯函数，设输入层的输入为

$$X = (x_1, x_2, \cdots, x_j, \cdots, x_n)$$

实际输出 $Y = (y_1, y_2, \cdots, y_k, \cdots, y_p)$。输入层实现从 $X \rightarrow R_i(x)$ 的非线性映射，输出层实现从 $R_i(x) \rightarrow Y$ 的线性映射，输出层第 k 个神经元网络输出为

$$\hat{y}_1 = \sum_{i=1}^{m} \omega_{ik} R_i(x), \quad k = 1,2,\cdots,p \tag{6.6.7}$$

式中　n——输入层节点数；

m——隐层节点数；

p——输出层节点数；

ω_{ik}——隐层第 i 个神经元与输出层第 k 个神经元的连接权值；

$R(x)$——隐层第 i 个神经元的作用函数。

因此，由上可总结 RBF 网络的基本思想是：用 RBF 作为隐单元的"基"构成隐含层空间，这样就可将输入矢量直接（即不需要通过权连接）映射到隐空间。当 RBF 的中心点确定以后，这种映射关系也就确定了。而隐含层空间到输出空间的映射是线性的，即网络的输出是隐单元输出的线性加权和，此处的权即为网络可调参数。由此可见，从总体上看，网络由输入到输出的映射是非线性的，而网络输出对可调参数而言却又是线性的。这样网络的权就可由线性方程组直接解出，从而大大加快学习速度并避免局部极小问题。即当确定了 RBF 网络的聚类中心 c_i、权值 ω_{ik} 以后，就可求出给定某一输入时，网络对应的输出值。

6.6.4 数值天气预报模糊识别模块

常用的天气类型包括晴天、多云、阴天、雾、小雨、中雨、大雨、雷阵雨、雨夹雪、小雪、中雪、大雪等，不同的天气类型下光伏发电系统的输出电量也是不同的。通过对光伏发电系统和气象因素历史数据的整理分析，将天气类型主要分为三类：晴天、阴天和雨天。其中，如晴转多云划分为晴天，多云转阴天则划分为阴天，而雨雪天气则统一划分为雨天。光伏发电系统发电量数据也按这三种天气类型划分为三类。由图6.6.7可知，当天气类型相同时，光伏阵列的输出功率是相似的。

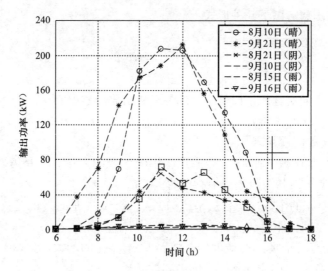

图 6.6.7　不同大气类型下光伏阵列的输出功率

当天气类型不同时，光伏阵列的输出功率相差较大。因此，如果使用单一的神经网络对其进行拟合时需要的样本量和学习时间都较大而且预测精度也会因为模型的复杂而降低。一个比较实用的方法就是将单一的神经网络转换为不同的子模型进行分开设计，可以采用不同的子模型对应不同的天气类型，这样，既可以加快预测模型的训练速度，又可以提高预测模型的精度。

数值天气预报提供的信息主要有太阳辐射、云量、风速、风向、气温、气压、湿度等，因此这些数据构成神经网络模糊识别模块的基本输入数据空间，神经网络的输出是模糊识别参数，如图6.6.8所示。

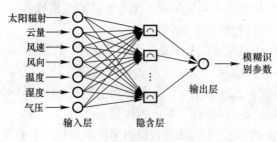

图 6.6.8　参数模糊识别模块

6.6.5 在线预测模型

对应于模糊识别模块，本节按天气类型建立了4个不同的预测子模型，分别是晴天预测子模型、阴天预测子模型、雨天预测子模型和雪天预测子模型，其总体结构如图 6.6.9 所示。

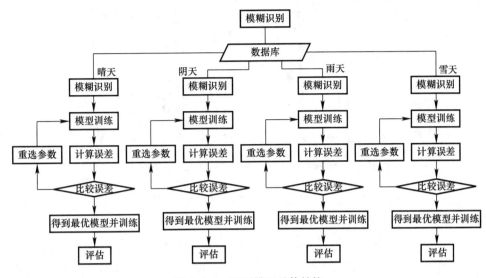

图 6.6.9　预测模型总体结构

径向基神经网络预测子模型的基本结构如图 6.6.10 所示。模型的输入变量为模糊识别参数 $F(t+1)$，光伏发电系统总的输出功率 $P_s(t)$，由数值天气预报得到的太阳辐射强度 $G(t+1)$ 和大气温度 $T(t+1)$。模型的输出变量 $G_1(t+1)$，$G_2(t+1)$，$\cdots G_{24}(t+1)$ 对应于 24 个时间点的发电量。

$$(P_1(t+1),P_2(t+1),\cdots,P_{24}(t+1)) = f(G(t+1),T(t+1),P_s(t),F(t+1))$$

$$(6.6.8)$$

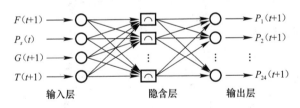

图 6.6.10　预测子模型

6.6.6　在线预测模型的评估

1. 隐层节点数对预测网络的影响

训练数据为数值天气预报数据和光伏发电数据，包含了不同太阳辐射强度、不同温度的数据。对于径向基神经网络，3 层网络理论上就可以逼近任何非线性函数，因此选择包含 1 个隐含层的 3 层网络。隐含层节点数会影响预测精度。图 6.6.11 为不同隐含层节点数下预测模型的预测结果。经逐一筛选分析，当网络的隐含层节点数为 10 时，训练样本误差最小；隐层节点数继续增加，出现过学习现象，网络外推能力变差，预测误差反而增大。

2. 扩展速度对预测网络的影响

图 6.6.12 为不同扩展速度下预测模型的预测结果。径向基函数的扩展速度 SPREAD 越大，函数的拟合就越平滑。但是，过大的 SPREAD 意味着需要非常多的神经元以适应

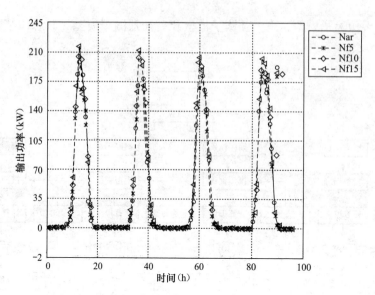

图 6.6.11　不同隐含层节点数下预测模型的预测结果

函数的快速变化。如果 SPREAD 设定得过小，则意味着需要许多神经元来适应函数的缓慢变化，这样一来，设计的网络性能就不会很好。因此，在网络设计过程中需要用不同的神经网络的 SPREAD 值进行尝试，以确定一个最优值。

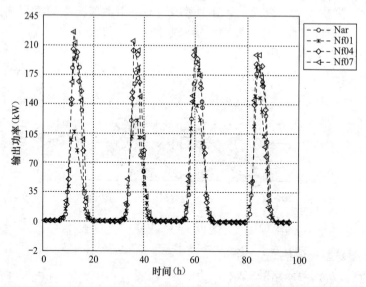

图 6.6.12　不同拓展速度下，预测模型的预测结果

3. 在线预测模型的评估

与离线预测模型一样，在线预测模型也可以采用绝对值最大误差、绝对值最大残差、平均残差、绝对值最大相对误差、平均绝对百分比误差和平均误差等进行评估。本项目采用绝对百分比误差 MAPE 进行光伏发电在线预测模型的评估。

4. 天津市文化中心商业体光伏发电系统预测结果分析

图 6.6.13 为预测模型的预测结果。图 6.6.13 (a) 中，Nas 为晴天时光伏发电系统的实际功率输出曲线，Nfs 为晴天时径向基神经网络预测模型预测的输出功率曲线；

图 6.6.13 (*b*) 中，Nac 为阴天时光伏发电系统的实际功率输出曲线，Nfc 为阴天时径向基神经网络预测模型预测的输出功率曲线；图 6.6.13 (*c*) 中，Nar 为雨天时光伏发电系统的实际输出功率曲线，Nfr 为雨天时径向基神经网络预测模型预测的输出功率曲线。表 6.6.2 为预测结果的平均绝对百分比误差。4 个晴天预测结果的平均绝对百分比误差分别为 12.19%、13.62%、7.15% 和 8.15%；4 个阴天预测结果的平均绝对百分比误差分别为 9.43%、9.15%、13.27% 和 8.58%；4 个雨天预测结果的平均绝对百分比误差分别为 36.41%、47.31%、58.76% 和 23.20%。由图 6.6.13 和表 6.6.2 可以看出，当天气类型为晴天和阴天时，预测模型的预测精度较高，当天气类型为雨天时，预测模型的预测精度稍次，这主要是由于雨天的气象数据差异性很大和雨天预测参数的选取不当造成的。

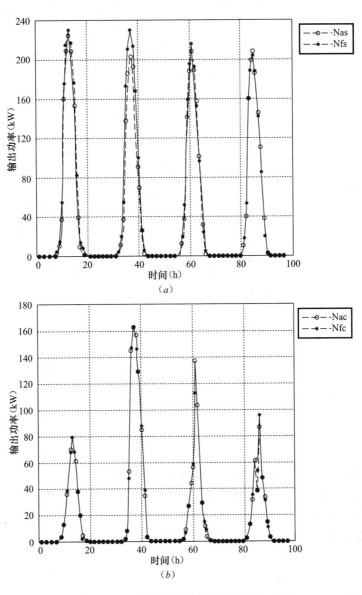

图 6.6.13　在线预测模型的预测结果（一）

（*a*）晴天；（*b*）阴天

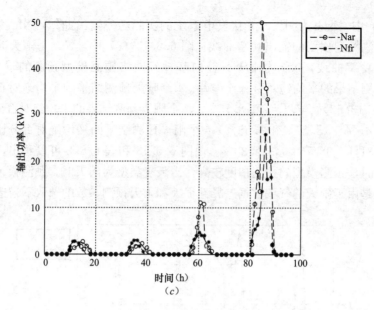

图 6.6.13　在线预测模型的预测结果（二）

(c) 雨天

预测结果的误差分析　　　　　　　　　　　表 6.6.2

序　号	天气类型	相关系数	MAPE
1	晴天	97.87%	12.19%
2	晴天	94.64%	13.62%
3	晴天	99.14%	7.15%
4	晴天	99.64%	8.15%
5	阴天	99.06%	9.43%
6	阴天	99.88%	9.15%
7	阴天	98.46%	13.27%
8	阴天	98.74%	8.58%
9	雨天	44.22%	36.41%
10	雨天	42.12%	47.31%
11	雨天	76.84%	58.76%
12	雨天	74.62%	23.20%

6.6.7　小结

光伏发电预测是制定光伏发电系统发展规划、经济运行的重要保障，为了减小光伏发电预测误差、提高预测精度，需要解决以下两个关键技术问题：

（1）光伏发电预测中主要影响因素的识别、分析和处理方法；

（2）光伏发电预测模型神经网络拓扑结构的选择、设计、训练与测试方法。

本项目主要研究了光伏发电的在线预测模型，取得了下列结果：

（1）给出了气象因素作用于光伏发电的分析思路和光伏发电预测中气象因素的处理方法，通过关系曲线图分析了各种气象因素对光伏发电系统输出功率的影响，分析结果表明，太阳辐射强度、温度是影响光伏发电系统的输出功率的主要因素，将作为光伏发电预测模型的参考输入。

（2）采用 RBF 神经网络对数值天气预测数据进行模糊识别，建立了基于模糊识别的光伏发电在线预测模型。预测结果表明，RBF 神经网络的结构和扩展速度对预测结果有一定的影响；把数值天气预测数据进行模糊识别后作为神经网络的输入有利于提高神经网络的预测精度；设计的神经网络在线预测模型具有较高的精度，有助于电力系统的功率平衡和经济运行。

（3）该方法可为其他光伏并网系统提供良好的预测分析，尤其是光伏微网和大型分布式发电系统提供了良好的技术支持，为光伏并网发电的电力调度提供了一定依据。

6.7 光伏发电系统防孤岛检测方法

由于光伏并网发电系统直接将太阳能逆变后输送到电网，所以需要各种完善的保护措施。除了通常的电流、电压和频率监测保护外，还需要考虑一种特殊的故障状态，即孤岛状态。本节介绍了孤岛状态的定义，并介绍了国际通行标准中对孤岛状态检测方法的要求。在此基础上，对目前常用的孤岛检测方法进行了分析比较。针对有功干扰法在孤岛中存在多个光伏并网系统并联供电时的失效问题，给出了一种基于频率微小不对称的功率匹配型孤岛检测法。该方法对多个系统并联的情况具有较好的检测能力，并且实施简单，对采样精度要求不高，不需要额外硬件成本。

6.7.1 孤岛的概念

所谓孤岛，根据 IEEE 标准 IEEE Std 929—2000 所给出的定义，是指：电网的一部分，其中同时包括负载和分布式电源，在与电网的其他部分隔开时仍然保持运行的一种状态。具体到光伏并网逆变系统的情况，可以做如下定义：电网由于电气故障、人为或自然等原因中断供电时，光伏并网系统未能即时检测出停电状态并脱离电网，使该系统和周围的负载组成一个不受电力公司掌控的自给供电孤岛的情况。

事实上，不仅光伏并网发电系统存在着孤岛问题，只要是分布式发电系统，例如分布式风力发电系统、燃料电池发电系统等与市电直接相连的发电设备，都可能存在孤岛问题。孤岛效应可能带来以下不利影响：

（1）导致孤岛区域的供电电压和频率不稳定；

（2）影响配电系统的保护开关动作程序；

（3）光伏并网系统在孤岛状态下单相供电，引起本地三相负载的欠相供电问题；

（4）电网恢复供电时由于相位不同步导致的冲击电流可能损坏并网逆变器；

（5）可能导致电网维护人员在认为已断电时接触孤岛供电线路，引起触电危险。

处于孤岛运行状态的单个光伏并网系统示意图如图 6.7.1 所示。另外，由于户用光伏并网系统的应用日益广泛，孤岛中也可能存在多个光伏并网系统并联运行，共同向孤岛内负载供电的情况，如图 6.7.2 所示。图 6.7.2 所示的孤岛情况下，由于孤岛中存在多个分布式发电系统和负载，主动式孤岛检测方法的检

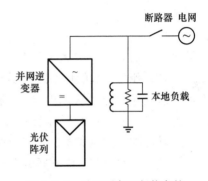

图 6.7.1 处于孤岛运行状态的
单个光伏并网系统示意图

575

测效果会被平均削弱,发生孤岛效应的几率也更高。

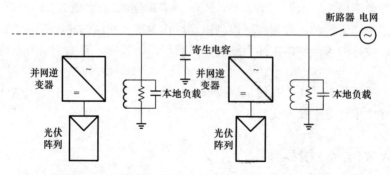

图 6.7.2 处于同一孤岛中的多个并联光伏发电系统

6.7.2 国际通行标准中对孤岛检测方法的要求

目前涉及光伏并网领域的国际、国内通行标准主要包括:

(1) IEEE 标准 929—2000:与电网连接的光伏系统推荐实施标准(IEEE Std. 929-2000-Institute of Electrical and Electronics Engineers, Recommended Practice for Utility Interface of Photovoltaic(PV)Systems);

(2) UL 1741 标准:光伏发电系统中静止逆变器和充电控制器的安全标准(Underwriters Laboratories Standard for Safety-Static Inverters and Charge Controllers for Use in Photovoltaic Power Systems);

(3) 美国国家电气设计规范 2002:(National Electrical Code 2002,NEC-2002);

(4)《光伏系统并网技术要求》GB/T 19939—2005;

(5)《光伏(PV)系统电网接口特性》GB/T 20046—2006。

这些标准在内容上基本一致,本项目以 IEEE 标准 929-2000 为基础。

1. 基本要求

IEEE 标准 929—2000 明确给出了并网逆变器在电网断电后检测孤岛状态和断开与电网连接的时间限制,并给出了具有反孤岛功能的并网逆变器(nonislanding inverter)的基本要求。

其中,具有反孤岛功能的并网逆变器(nonislanding inverter)是指:当下列两种典型的孤岛负载中的任一种供电时,能够在 10 个电网周期内检测出孤岛状态并停止供电的并网逆变器:

(1) 负载有功与并网逆变器有功输出存在至少 50% 的差别(即有功负载小于并网逆变器输出有功的 50% 或大于其 150%);

(2) 孤岛负载的功率因数小于 0.95(超前或滞后)。

除上述两种负载情况外,如果负载有功与并网逆变器输出有功的比值在 50% 到 150% 之间,且功率因数大于 0.95,那么在孤岛负载的品质因数 Q 小于或等于 2.5 时,具有反孤岛功能的并网逆变器也应该能在 2s 内检测出孤岛状态并停止向输电线路供电。

其中,对于常见的并联 R-L-C 负载,品质因数 Q 由式(6.7.1)给出。

$$Q = R\sqrt{\frac{C}{L}} \tag{6.7.1}$$

或者在供电系统中，P 为有功负载，P_{qL} 为感性无功负载，P_{qC} 为容性无功负载，则品质因数 Q 由式（6.7.2）给出：

$$Q = (1/P)\sqrt{P_{\mathrm{qL}} \cdot P_{\mathrm{qC}}} \qquad (6.7.2)$$

IEEE 标准 929—2000 还就电压波动给出了并网逆变器的响应时间要求，如表 6.7.1 所示。

IEEE Std. 929—2000/UL1741 对孤岛效应最大检测时间的限制　　　　　表 6.7.1

状态	断电后电压幅值	断电后电压频率	允许最大检测时间
A	$0.5V_{\mathrm{nom}}$	f_{nom}	6 cycles
B	$0.5V_{\mathrm{nom}}<V<0.88V_{\mathrm{nom}}$	f_{nom}	2 seconds
C	$0.88V_{\mathrm{nom}}\leqslant V\leqslant 1.10V_{\mathrm{nom}}$	f_{nom}	正常运行
D	$1.10V_{\mathrm{nom}}\leqslant V\leqslant 1.37V_{\mathrm{nom}}$	f_{nom}	2 seconds
E	$1.37V_{\mathrm{nom}}\leqslant V$	f_{nom}	2 cycles
F	V_{nom}	$f<f_{\mathrm{nom}}-0.7\mathrm{Hz}$	6 cycles
G	V_{nom}	$f>f_{\mathrm{nom}}+0.5\mathrm{Hz}$	6 cycles

2. 频率和电压保护功能测试方法

IEEE 标准 929—2000 中还给出了针对光伏并网逆变器一般保护功能和孤岛检测方法的具体测试电路和测试流程。其测试电路如图 6.7.3 所示。

基于如图 6.7.3 所示的测试电路，IEEE 标准 929-2000 中给出了对频率和电压保护功能的测试流程：

（1）将并网逆变器输出连接到一个模拟的电网环境中，该电网环境可以吸收逆变器发出的能量，频率和电压限制测试中不需要逆变器处于满负荷运行状态；

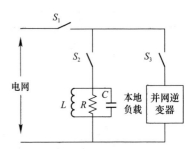

图 6.7.3　IEEE 标准 929—2000 给出的反孤岛能力测试电路

（2）调整模拟电网的电压幅值和频率，验证并网逆变器正常情况下输出有功的功能；

（3）升高或降低模拟电网的电压幅值，逐一验证表 6.7.1 中给出的电压波动情况下的响应时间；

（4）以不超过 0.5Hz/s 的速度升高或降低模拟电网的频率，验证表 6.7.1 中给出的频率波动情况下的响应时间；

（5）在与模拟电网断开后，储存当前并网逆变器的输出频率和电压，验证：

① 对逆变器进行手动复位不改变其与模拟电网的断开状态；

② 具有自动复位功能的逆变器能保持其与模拟电网的断开状态，直到电网的频率和电压恢复正常 5min 后。

以上重复 10 遍，全部顺利通过的才认为通过该项测试。

3. 反孤岛能力测试方法

通过了频率和电压保护功能测试，就可以对并网逆变器进行反孤岛能力的测试。为了测试方便，电网电压和频率不需要可调，而是设定成固定值。负载品质因数设为 2.5。该测试方法同时适用于具有无功补偿功能的光伏并网系统，测试流程如下：

（1）确定并网逆变器输出有功功率 P_{inv}；

（2）将并网逆变器输出功率运行在输出有功为 P_{inv} 的状态，并测量逆变器输出无功

$P_{\text{q-inverter}}$；

（3）关闭并网逆变器，断开 S2；

（4）调整 $R-L-C$ 负载电路参数使品质因数 $Q=2.5$；

（5）依次连通 S_1 和 S_2，保证并网逆变器输出有功为步骤（1）中设定值；

（6）断开 S_0，开始测试；

（7）每次测试完，对可调参数进行 1‰的调整，调整的范围不超过 5‰，可调参数包括电感 L 和电容 C，每次调整后重新进行测试并记录测试结果，如果任何一次测试中孤岛状态检测时间超过 2s，则认为该项测试失败。

该项测试要根据表 6.7.2 所示的功率设置重复 4 次，其中百分比值都以并网逆变器的额定输出有功作为基值。

反孤岛测试有功设定值 表 6.7.2

负载有功	逆变器输出有功
25％	25％
50％	50％
100％	100％
125％	100％

6.7.3 孤岛检测方法

孤岛检测方法一般可以分为被动式和主动式两类。被动式检测方法通过监测市电状态，如电压、频率和相位是否偏离正常范围，以此作为孤岛检测依据。这种方法在本地负载功率和并网逆变器发出功率不平衡时具有其有效性，但是，从上一节给出的 IEEE 标准 929-2000 反孤岛能力测试方法可以看出，在本地负载和并网逆变器输出功率达到平衡时，被动式检测方法就会失效。为解决这一问题，许多主动式检测方法被提出。主动式检测方法的基本原理是，在并网逆变器的输出中加入较小的电流、频率或相位扰动信号，然后检测线路上检测点的电压、频率或相位。如果并网逆变器仍与主电网相连，不处于孤岛运行状态，在电网的等效无穷大电压源效应下，这些扰动是无法检测出来的；如果并网逆变器已经与主电网断开，处于孤岛运行状态，扰动信号的作用就会在线路上体现。通过同一方向的不断扰动，当输出变化超出规定的门限值时就能检测出孤岛运行状态。以下对常用的被动式和主动式孤岛检测方法进行介绍。

1. 被动式孤岛检测方法

在发生孤岛运行情况时，孤岛系统的电压、频率和相位都可能发生一定波动。被动式检测方法就是根据这一原理来判断是否发生孤岛情况的。根据检测的参数不同，可以分为下面几种方法，在实际应用中也可以将它们结合起来同时作为判断的依据。

（1）基本的电压和频率监测方法功能

一个具有过压、欠压、过频和欠频保护功能的光伏并网系统，可以看为具有了基本的孤岛检测功能。当并网逆变器输出电压和频率超出正常范围，则认为与电网连接已经中断。逆变器停止输出或转为独立供电状态以确保系统安全。但是在逆变器输出与负载平衡时，由于电压、频率都没有变化，这种检测方法会失效。

（2）电压谐波监测法（Voltage Harmonics Monitoring Method）

这种方法主要基于分布式发电系统中变压器或电感的非线性特性。当与电网断开时，并网逆变器的输出电流会导致线路电压上出现较大的谐波分量。监测线路电压的谐波含量，当发现谐波含量突然增加时，就可以认为发生了孤岛现象。文献［7］指出这种方法中很难找到合适的谐波幅值门限，影响判断的准确性。

（3）相位跳变监测法（Phase Jump Detection Method）

该方法原理是在电网断开的瞬间，逆变器输出的电压和电流相位关系将决定于负载情况，一般会产生一个瞬时的相位跳变，保护电路监测此相位变化作为孤岛检测的信号。

上述三种被动式方法都具有一定的孤岛检测能力，但是在本地负载和并网逆变器输出功率完全平衡时都会失效。因此，要达到 IEEE 标准中反孤岛功能的要求，被动式方法必须和主动式检测方法结合起来使用。

2. 主动式孤岛检测方法

主动式检测方法通过在并网逆变器的输出加以电流、频率或相位扰动信号，并检测其对线路电压的影响，在孤岛运行状态，扰动信号将会在线路电压上体现并累积，从而检测出孤岛状态。主动检测方法主要有以下几种。

（1）有功干扰法

该方法原理简单，实现方便，对于孤岛中仅有一个或较少并网发电系统时有较好的检测效果，其原理是：周期性的改变并网逆变器的有功输出功率，同时检测电网线路上的电压幅值是否受到影响。该方法在光伏发电系统与本地负载平衡时仍然有效，但对于孤岛中存在多个分布式发电系统的情况，由于存在平均效应，单个并网逆变器的干扰对总体线路的影响将不明显。

（2）无功（相位）干扰法

该方法与有功干扰法相似，不同处在于干扰量是并网逆变器的无功输出。系统并网运行时，负载端电压受电网电压钳制，基本不受逆变器输出无功功率多少的影响。当系统进入孤岛状态时，一旦逆变器输出的无功功率和负载需求不匹配，负载电压相位或幅值将发生变化。由于逆变器输出的无功电流可调节，而负载无功需求在一定的电压幅值和频率条件下是不变的，因此将逆变器输出设定为对负载的部分无功补偿或波动补偿可避免系统在孤岛条件下的无功平衡，从而使得负载电压相位或者幅值持续变化达到可检测阈值，最终确定孤岛的存在。

（3）动频移法（Active frequency drift method，AFD）

如图 6.7.4 所示，该方法主动提高输出电流的频率，在电网周期开始（电网电压过零点）时发出正弦波电流，这样半波后线路电压和逆变器电流过零点的时刻间就会存在时间差 t_z，系统保持这一时间差 t_z 与电网 1/2 周期的比值 cf 固定。这样，当光伏并网系统处于孤岛运行状态时，若负载为纯阻性，电压波形完全跟随电流波形，系统为保持 cf 值，就将不断提高输出电流频率，直到线路电压频率超出门限值，触发孤岛保护功能。该方法存在的一个问

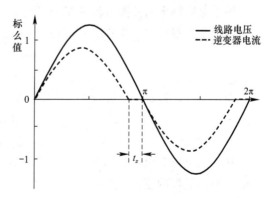

图 6.7.4　应用主动频移法的光伏并网系统电压与电流波形

题是，若负载为 $R-L-C$ 并联谐振负载，在其谐振频率附近检测方法可能失效，这一频率区域称为检测盲区（Nondetection Zone，NDZ）。

6.7.4 基于频率微小不对称的功率匹配型孤岛检测法

反孤岛效应的基本点和关键点是电网的断电检测。当电源与负载的有功不匹配时，形成孤岛后负载端电压发生变化，当电源与负载无功不匹配时，孤岛发生后，频率发生变化。当功率不匹配程度足够大时，引起的电压、频率等的变化足以应用被动式检测法检测出来，使孤岛停止运行。

然而，当电源输出功率与负载的功率相匹配的情况下，电网断电后，负载电压和频率就不会发生明显的变化，以至不能用被动式检测法检测出孤岛效应。因此，需采用主动检测法，通过对逆变器输出进行主动的干扰，在并网运行时，微小的干扰不会影响电能质量，而当孤岛发生时，由于干扰的存在，孤岛系统将不再稳定，使系统电压、频率会有明显变化，从而检测出孤岛的存在，并切除逆变电源。但是，由于不间断供电等越来越高的供电要求，计划性的孤岛运行也是存在的，因此在检测孤岛的时候，应该尽量减小对逆变电源输电质量的影响。因此，本项目使用了一种基于频率微小不对称的功率平衡型孤岛检测方法。

1. 检测原理

在检测功率匹配型孤岛时，受主动式频移检测法的启示，通过对逆变器 PWM 调制波的控制，使逆变器输出电流的频率有微小不对称，PWM 调制波形按以下方程式构成：

$$f(t) = \begin{cases} \sin\left[2\pi t(f+\Delta f)\right] & 0 \leqslant t \leqslant \dfrac{1}{2(f+\Delta f)} \\ \sin\left[2\pi t f\left(1-\dfrac{\Delta f}{f+2\Delta f}\right)+\dfrac{2\pi\Delta f}{f+2\Delta f}\right] & \dfrac{1}{2(f+\Delta f)} \leqslant t \leqslant \dfrac{1}{f} \end{cases} \quad (6.7.3)$$

式中，$f=50$Hz，当上式中 $\Delta f=0$ 时，其波形为一标准正弦波；当 $\Delta f \neq 0$ 时，其波形特征是前半周期和后半周期会有一定的偏移，但频率仍为 50Hz。也就是说，$\Delta f \neq 0$ 的波形相对于波形前后半周期有一些轻微的不对称。如果将该波形作为逆变器的 PWM 调制波，则逆变器输出电流波形也将出现同样的轻微不对称。

设并网电压为

$$v_p(t) = V_m \sin(\omega t) \quad (6.7.4)$$

设逆变器输出的并网电流前半周期与并网电压相位差为 θ_1，后半周期的相位差为 θ_2，则经过轻微不对称波形调制的并网逆变器输出电流为：

$$I(t) = \begin{cases} I_m \sin(\omega t - \theta_1) & I(t) \geqslant 0 \\ I_m \sin(\omega t - \theta_2) & I(t) < 0 \end{cases} \quad (6.7.5)$$

由式（6.7.2）、式（6.7.3）可以推得并网逆变器的输出功率为

$$P(t) = \begin{cases} V_m I_m \cos\theta_1 & I(t) \geqslant 0 \\ V_m I_m \cos\theta_2 & I(t) < 0 \end{cases} \quad (6.7.6)$$

从上式可以看出，在两个连续的半周期内，由于电流的轻微不对称，输出的功率是变化的。前半周期的变化量为

$$\Delta P(t) = V_m I_m \cos\theta_1 - V_m I_m \cos\theta_2 \quad (6.7.7)$$

后半周期的变化量为

$$\Delta P(t) = V_{\mathrm{m}} I_{\mathrm{m}} \cos\theta_2 - V_{\mathrm{m}} I_{\mathrm{m}} \cos\theta_1 \qquad (6.7.8)$$

即

$$\Delta P(t) = \begin{cases} V_{\mathrm{m}} I_{\mathrm{m}} (\cos\theta_1 - \cos\theta_2) & I(t) \geqslant 0 \\ -V_{\mathrm{m}} I_{\mathrm{m}} (\cos\theta_1 - \cos\theta_2) & I(t) \leqslant 0 \end{cases} \qquad (6.7.9)$$

由式（6.7.9）可以看出，并网逆变器的输出功率变化量在两个连续的半周期内产生正负交替的规律性变化，这种变化可以用来检测孤岛。但是由于功率的测量是要经过大量计算的，相对比较复杂，所以进行进一步的推导。

假设光伏并网发电系统可分为两个子系统 A 和 B，A 子系统包含电网电压，B 子系统只包含光伏发电系统及本地负载。根据电力系统有功平衡和频率调整相关知识可以得出：

$$\Delta f_A = K_A \Delta P_A \qquad (6.7.10)$$

$$\Delta f_B = K_B \Delta P_B \qquad (6.7.11)$$

式中　Δf_A，Δf_B——子系统 A、B 的频率变化量

　　　　ΔP_A，ΔP_B——子系统 A、B 的输出功率变化量，

　　　　K_A，K_B——功频静特性系数，反比于子发电系统容量，

因此 $K_A \ll K_B$

当逆变电源并网运行时，逆变电源和电网组成一个整体，其输出功率变化量和频率变化的关系可以写成如下形式：

$$\Delta f = \Delta P \frac{K_A K_B}{K_A + K_B} \qquad (6.7.12)$$

由于 $K_A \ll K_B$，以及电网的容量很大，ΔP 很小，所以 Δf 也很小，约等于零。这时由调制的轻微不对称波形所控制的逆变器输出的不对称电流不会对系统频率造成影响。而当光伏电源脱离电网，形成独立运行的电力孤岛情况下，子系统 B 的功率变化和频率变化的关系如式（6.7.12）所示。

由于光伏发电系统容量不大，功率的变化对频率的变化影响较为明显，因此，孤岛出现时，连续两个半周期内的功率变化将引起频率的变化，频率的变化规律和功率的变化规律相一致，也将出现正负交替变化，即频率将围绕 50Hz 上下波动，这样检测频率的变化即可检测出是否产生孤岛运行的情况。

2. 孤岛效应的判断及分析

实验系统仿真模型的主电路主要由三部分构成，分别为有源逆变器部分，本地负载部分和电网部分，公共耦合点电网侧装有断路器，用以形成孤岛运行。为了使效果比较明显，设定 $\Delta f = 1$，孤岛发生时间设定为 0.5s，仿真时间为 1s。

图 6.7.5 为 PCC 点的电压，从图中可以看出，由于光伏发电系统为功率匹配型，并网运行时与公共大电网没有功率的交换，所以在并网和孤岛运行时两种状态下，公共耦合点电压值基本保持不变，符合标准 IEEE Std.2000-929/UL1741 中正常运行的相关规定，因此利用电压值不能检测出孤岛效应的发生。在图中 0.5s 并网点断开，发生孤岛的瞬间产生了一个小小的冲击，但变化量很小，可近似认为电压是恒定不变的。

图 6.7.6 为负载端测得的有功功率曲线，从图中可以看出在并网运行时，由于电网容量很大，有功功率基本保持不变，不受电流频率偏移的影响，而当并网点断开后，形

成孤岛运行，有功功率随着电流偏移而发生相应的上下波动，符合之前理论推导的结果。

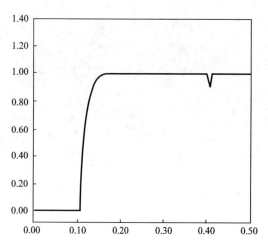

图 6.7.5 公共耦合点 PCC 电压变化值

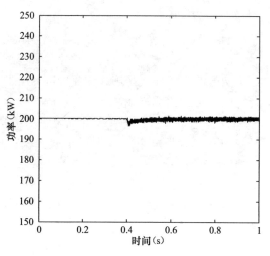

图 6.7.6 逆变电源功率的输出值

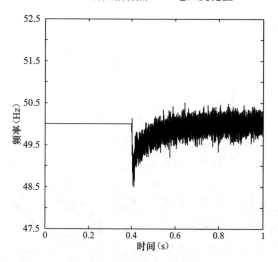

图 6.7.7 系统的频率变化值

图 6.7.7 为系统频率变化结果，在 0.5s 之前，系统的频率稳定在 50Hz 不变；在 0.5s 并网点断开之后，系统的频率发生了改变，逐渐地稳定在 49.6～50.4Hz 之间变化。这是由于在 0.5s 前，逆变电源并网运行，电网的容量很大，所以频率变化几乎为零，当孤岛发生后，逆变电源独立运行，容量有限，频率跟随逆变电流的规律变化很明显。因此，可以根据频率的变化来检测孤岛效应的产生，即当功率匹配型孤岛效应产生时，频率随即发生变化，在 50Hz 上下产生微小的变化。在图中可以看出，在孤岛发生的一瞬间，频率有一个冲击，变化较大，可见该检测方法的可行性。

如前所述，根据式（6.7.8）和式（6.7.9）可以得出，相邻两个半周期的频率变化值是等值相反的，那么，只要计算出相邻两个半周期的频率变化值，并将两者做积，所得的结果为负值，这样排除频率波动的偶然性，只要连续几个周期都检测出相邻两个半周期的频率变化积为负值，就可以判断孤岛已经产生，这样的检测方式比直接检测频率变化更加准确，灵敏性较高。

3. 实验结果与分析

应用本项目所采用的基于频率微小不对称的功率匹配型孤岛检测法，在实验系统上进行了多次孤岛检测试验。图 6.7.8 和图 6.7.9 分别给出了两次检测过程的线路电压、逆变器输出电压和电流波形。表 6.7.3 和表 6.7.4 给出了孤岛试验测试结果与 IEEE 标准 929—2000 要求的具体指标的对比数据。

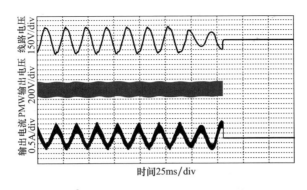

图 6.7.8 负载不平衡时的孤岛检测过程

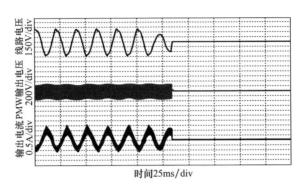

图 6.7.9 负载平衡时孤岛检测过程

孤岛检测结果（1） 表 6.7.3

状 态	断电后电压幅值	分闸时间			允许最大分闸时间
		33% (ms)	66% (ms)	100% (ms)	
A	110V	49	57	68	0.1s
B	186V	818	748	848	2.0s
C	187V	继续运行	继续运行	继续运行	继续运行
D	242V	继续运行	继续运行	继续运行	继续运行
E	243V	1112	1156	1200	2.0s
F	297V	48	43	48	0.05s

孤岛检测结果（2） 表 6.7.4

频 率	分闸时间			允许最大分闸时间
	33% (ms)	66% (ms)	100% (ms)	
49.4Hz	137	154	130	0.2s
50.6Hz	188	164	128	0.2s

实验结果表明，该方法完全符合 IEEE 标准 929—2000 对孤岛检测方法的要求。

6.7.5 小结

本章通过详细分析主动和被动孤岛检测方法的优缺点，给出了一种基于频率微小不对称的功率匹配型孤岛检测法，该方法可排除频率波动的偶然性，只要连续几个周期都检测出相邻两个半周期的频率变化积为负值，就可以判断孤岛已经产生，这样的检测方式比直接检测频率变化更加准确，灵敏性较高。

6.8　光伏电池板的清洁与维护

光伏电池板清洁与维护和光伏发电的效率直接相关，太阳能电池转换率低的原因除了与材料有关外，还与空气中的灰尘覆盖有直接的关系。

2004年2月"机遇"号刚刚开始火星探测任务的时候，它上面长达1.3m的太阳能电池板每天可以提供900Wh的电能，然而到2004年6月，随着"机遇"号的太阳能面板上慢慢沾上火星灰尘，太阳能面板的功能大大降低，每天提供的电能降到了500到600Wh。NASA科学家不得不通过命令，尽量让两台火星车停靠在朝南的斜坡上，让它们可以接受到更多的太阳光，但尽管如此，火星车每天提供的电量仍然无法提高。

在国内，实测深圳地区某光伏发电系统2009年一年未进行清洗、维护的光伏板，表面堆积有厚厚的积灰层，由于灰尘附在光伏板表面遮挡了阳光的直射，其光伏发电效率绝对值比清洁表面光伏的发电效率低4.13%。

6.8.1　积灰等因素对光伏电池板性能影响的国内外研究现状

西班牙Ciudad大学的M. C. Alonso-Garcia和J. M. Ruiz等人对光伏板的匹配及阴影对发电效率的影响做了实验研究，提出了光伏板匹配系数，得出光伏板经过串并联后会的发电量比单个组件发电量之和少0.24%；得出当光伏板被遮挡一半时，最理想的情况下功率损失19%，当全部被遮挡时，功率可损失79%。

希腊的E. Skoplaki和A. G. Boudouvis等人研究了光伏板温度对光伏发电效率及发电量的影响，提出了光伏板运行温度方程式，以及包含光伏板温度，环境温度，风速，太阳辐射量和光伏板安装参数的光伏发电效率方程式。

国内现有的研究也主要集中在遮挡与电池板温度等对光伏发电性能的影响，而对于灰尘、大气清洁度、降雨等对光伏工程的影响还处于研究初期。目前，虽然已有国内学者提出了光伏积灰理论；建立了光伏板积灰无冲刷、非充分冲刷、充分冲刷"三情景"基准模型；提出了光伏板积灰的遮挡效应、温度效应、侵蚀效应；提出了评价积灰对光伏发电性能影响的因子——光伏积灰系数，研究分析出其影响主要因素为：气象条件（降尘量、降雨强度与周期、风力与风向）、灰尘性质（灰尘质量、积灰层导热系数、粒径分散度、酸碱性）、光伏板安装倾角、积灰状态（干松积灰、黏结积灰）等，并通过光伏积灰系数实验得到进一步证实。但积灰对光伏发电影响涉及因素众多，仍存在一些尚未解决的问题，需要从微观角度深入研究各种因素对光伏积灰系数的影响，还需要进一步研究环境空气品质、气候特点与积灰、清灰的关系。

6.8.2　光伏电池板清洁与维护国内外研究现状

在美国化学协会第240届全国会议上，科研人员描述了一种太阳能电池，它不仅能实现自动清洁，还能提高光能发电效率，降低大型太阳能设备的维护成本。

领导该研究的波士顿大学马勒·马札姆达博士说，每 m^2 仅有4.05g的灰尘层就能减少太阳能转换40%。这种自动清洁电池板甚至不需要借助水或机械，非常适合在灰尘和颗粒物污染高度集中的地区使用。这种自动清洁技术主要是在玻璃或透明塑料上沉积一层透明的电敏感材料薄层，覆盖在电池板上。由传感器监测电池板表面的灰尘水平，当灰尘密度达到一定水平时就会通电，电荷就能在材料表面发出一种灰尘排斥波，将灰尘推到保护屏边缘。马札姆达说，这种技术在 2min 内，就能清除电池板上大约 90％的灰尘，整个程序只消耗电池板自身产生的很少量电能。

而 Tel Aviv 大学（TAU）的研究者则表示，他们发现了一项可能被用于制造这种高效能电池的新型涂层技术。他们已经在材料表面 100 纳米级别尺寸中的区域内成功制出了连片的多肽物质涂层，这种多肽涂层可以帮助太阳能电池板自动清除依附在这些设备表面的灰尘和水等污物，从而提高这些设备工作效率。

目前，国内对于光伏电池板清洁及维护在新技术研究等领域还没有取得新的突破，虽然已初步形成了光伏电池板清洁及维护方法的理论，通过光伏积灰系数实验研究得出光伏积灰系数在积灰初期受积灰量的影响较大，当灰尘累积到一定程度时，光伏积灰系数受积灰量的影响越来越小，因此需特别重视积灰初期灰尘对光伏发电的影响。另外，同积灰质量下，干松积灰状态下的光伏积灰系数要比黏结积灰状态下光伏积灰系数小。因此需要特别注意黏结积灰状态对光伏发电的影响，重视雨后的积灰形态，及时将黏结灰尘清理掉，以免对发电效率产生较大的影响。但如何确定清灰周期等，还需要进一步深入的研究。

6.8.3 光伏电池板的清洁与维护方法

目前，光伏电池板清洁与维护方法主要是依靠传统的水冲洗来清洗堆积在电池板面上的灰尘，方法主要有三种。

方法一，自然清洗方法，即利用降雨等环境因素自清洁光伏板表面灰尘，但此种方法只能考虑在雨季时（大约为每年 5～9 月）或雨水较丰沛的南方地区使用。

方法二，人工清洗方法，如图 6.8.1 所示。即用压力达到 5MP 的汽油机水泵一体机，带动高压清洗机的方法进行清洗，此种方法由于用高压水枪直接对附着在电池组件上的污渍直接冲洗，应该清洗效果较好，但这种方法不适合空间较小的屋顶、墙面等处，同时也会造成较大的人力及水资源的浪费。

图 6.8.1　人工清洗方法

方法三，机械清洗方法，有两种方式。

一种方式为绿化喷淋清洗方法，如图 6.8.2 所示。经过喷淋清洗后，电池组件的洁净度达到了预期效果。此种方法不仅解决了人工清洗工作效率低，影响发电量的问题，而且

图 6.8.2　绿化喷淋清洗方法

能极大地节省人力和用水量。随着夏季因气温升高，造成电池组件功率下降，也可利用喷淋方法降低高温天气电池组件表面温度，提高电池组件效率。此种方法虽然具备上述优势，但也有清洗效果未必最佳（如电池组件表面污渍比较顽固，仅靠喷淋清洗未必能清理掉那些附着在表面的顽固污渍）、一次投资费用较高（需要在电池组件下敷设喷淋水管）及由于水管裸露在室外，在气温较低的地区冬季清洗必须增加保温措施，以防止管道内水结冰和水管冻裂等二次维护费用增加等缺点。

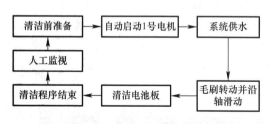

图 6.8.3　程序化清洁步骤

另一种方式为机械自动清洁方法（见图 6.8.4），该系统是通过一整套程序化清洁步骤（图 6.8.3）来完成清洁工作的。每天早晨对装有清洁系统的光伏板清洗一次。清洁系统的工作流程为：定时自动启动 1 号直流电机，电机将带动安装在电池阵列斜面下方的固定槽中的同步带工作，而清

洁工具部件——毛刷、2 号直流电机和部分清洁组件也将在同步带的带动下，按照控制器中设定的工作模式开始对电池阵列进行清洗，同时 2 号直流电机带动毛刷按设定的速率转

(a)

(b)

图 6.8.4　机械自动清洁方法

动；同样，当电动机启动时，安装在电池阵列斜面上方的供水系统开始运行，为整个清洁过程提供所需的清洁用水。通过清水的冲洗和毛刷的反复刷洗，对电池板表面进行清洁处理，最终达到系统设计目的。此种方法相对于绿化喷淋清洗方法，虽然具备同样的优缺点，但由于可以清理掉那些附着在表面的顽固污渍，并可实现定期定时自动清洁太阳能电池表面，而应值得大力推广。

综合比较上述三种方法，各有优缺点。应该在具备条件的情况下，把自然清洗和人工或机械清洗结合使用，确实做到因地制宜、因时制宜，并节省人力和水、电资源。如果为雨季，降尘较少，降雨较多的情况下，可考虑不设置人工或自动清洗系统，让降雨等自然因素清洗光伏板表面的灰尘；如果在旱季时降尘量较多，降雨较少时，此时需要考虑是采用人工清洗还是安装机械设备进行清洗。可以对降尘量和降雨量逐月分析，如果某个月的降尘较少，降雨量较大，且降雨不足以完全冲刷完全灰尘时，可以考虑采用人工清洗系统；如果降尘较大，降雨较少时，且降雨不足以完全冲刷完全灰尘时，可以考虑设置自动清洗系统。这样既能保证清洁电池组件，又能在夏季降低太阳能电池组件表面温度，从而通过整体维护达到提高电池组件效率的目的。

当采用人工清洗时，需要在设计中考虑清洗的水源，当采用机械清洗时，需要考虑光伏系统清灰系统的设计，包括水源、清洗设备的设计以及清洗设备的控制等方面内容。

6.8.4 文化中心商业体屋顶光伏电池板清洁与维护实施方法

1. 电池板布置情况

文化中心商业体屋顶光伏电站 300.132kW 项目，电池板组件共计 7146 块，集中铺装于屋面中央地区，总铺装面积 7370m²，横向总铺装长度 336m，纵向最宽处铺装宽度 66m。共分为 A，B，C 三个铺装区域，其中 A 区电池板组件共计 2736 块，B 区电池板组件共计 2538 块，C 区电池板组件共计 1872 块，电池板组件采用 9 串 15 并、9 串 16 并、9 串 17 并、9 串 18 并的组合方式水平铺装于屋面 2.6m 高的金属隔栅上，每个电池板之间均预留 20mm 缝隙，一方面解决了电池板面由于热胀冷缩效应产生的电池板挤压变形问题，另一方面为电池板面雨水积存及板面清洁后的残留冲洗污水起到散流作用。另外，此工程还在铺装电池板组件区域的四周设置了环行马道，以方便清洁维护人员冲洗电池板面及参观人员参观此示范工程。太阳能电池板安装当天的积尘情况、安装后 10～15 天的积尘情况、太阳能电池板铺装区域四周的环行马道、太阳能电池板面之间预留的 20mm 的缝隙，如图 6.8.5～图 6.8.8 所示。

2. 清洗方法

该工程采用人工清洗方法对附着在光伏组件上的灰尘进行清洗。

(1) 清洗工具：3 套清洗水管，每套包括：100m 长 4 分粗加厚的橡胶水管，1 个水枪。

(2) 清洗水源及清洗设施设置：清洗水源为文化中心商业体项目内部设置在消防泵房水池内的冲洗用水（消防水池内储存着消防用水及冲洗用水，冲水用水容积未占用消防用水容积，通过设置液位计，保证消防用水容积），在消防泵房冲洗管道出水口设增压泵和压力表，管道可承受 10kg 压力，在屋面铺装电池组件区域四周环行马道附近每间隔 40～50m 设一个出水口，如图 6.8.9 所示，便于清洗管道的连接。出水口保温考虑采用电伴热措施，以防冬季清洗电池组件时管道结冰。清洗后的板面污水顺电池板之间 20mm 缝

图 6.8.5　电池板安装后当天的
板面积尘情况

图 6.8.6　电池板安装后 10～15 天的
板面积尘情况

图 6.8.7　电池组件铺装区域四周的环行马道

图 6.8.8　电池板面之间预留的 20mm 缝隙

图 6.8.9　预留的
屋面出水口位置

隙流至屋面，借用屋面雨水收集系统引下，经收集过滤，排至位于此工程南侧的中央大湖。这样，通过定期清洗、定期补充冲洗用水，不仅部分改善了消防用水水质，解决了消防水池内死水久置变质问题，还达到了节约自来水资源的目的，可谓一举两得。

（3）清洗作业过程：清洗人员用橡胶水管就近连接好屋面出水口后，手持水枪，上至环行马道，直接对电池板进行冲洗，鸟粪等顽固污渍采用喷洒专用清洁剂并结合竹竿绑抹布的方法进行清理。清洗作业时，对电池组件铺装区域窄处，可采取单向作业实施清洗。对电池组件铺装区域宽处，可采取双向作业实施清洗。

（4）清洗人员配置：三人一组，分别对 A、B、C 三个铺装区域进行清洗，同时作业。

（5）清洗时间：洗一次需要 1 天时间，平均间隔 15～20 天清洗一次。全年清洗 18～24 次。冬春两季多风，多沙，可适当考虑增加清洗次数，保持电池组件清洁。

（6）清洗费用：不考虑保险费用，洗一次需要 2500～3000 元人民币，全年清洗费用约 5～6 万元人民币。

3. 清洗前后发电量对比

通过实时记录发电量数据，对比光伏电池板清洗前后的发电量，未清洗前当日发电量最大差值为 50kWh，而清洗后当日发电量最大差值约为 80kWh，即清洗后 300.132kW 光伏电池板组件比清洗前每天多发电 30kWh，按一年计算，如在同样的天气情况下坚持每天清洗，则全年清洗比未清洗多发电约 10950kWh，其多发之电量约占全年预估总发电量的 3%～4%。

6.8.5　小结

迄今为止，还没有一种成熟可靠的清洁办法。对于光伏工程，必须在项目策划、设计和运行阶段考虑灰尘对光伏发电性能的影响。策划阶段，必须结合当地的降尘和降雨量的情况进行分析，考虑光伏板表面灰尘对光伏工程的影响。设计阶段，计算光伏发电容量时，光伏系统的效率需要考虑光伏积灰系数因素；同时根据旱季和雨季的降尘、降雨情况，确定清洗方案。若采用机械设计时，还需要机械清灰系统的设计。运行阶段，需要根据具体工程所在地的实际情况，分旱季和雨季考虑光伏板表面灰尘对光伏工程的影响，从而确定雨季是否需要清洗，以及旱季清洗周期等。

6.9　即发即用不储能光伏系统的实施技术方法研究

6.9.1　工程概况

天津市文化中心商业体屋顶光伏建筑一体化工程

环境温度：平均 12.3℃，极端最低温度−18.3℃，极端最高温度 39.7℃。

水平面太阳辐射量年平均 5256MJ/m²，日峰值小时数 4.0 小时，年平均日照时数在 2500～2900 小时之间。

额定装机容量为 300.132kW。

非晶硅薄膜电池为 7146 块，安装采用支架平铺屋顶的方式，安装面积为 7370m²。

光伏发电系统是由光伏组件、并网逆变器、直流集线箱、并网控制柜、并网配电柜、环境监控系统等组成。

6.9.2　总体设计

1. 系统设计原则

（1）美观性

与建筑结合。在不改变原有建筑风格和外观的前提下，设计安装太阳能光伏阵列。

（2）高效性

光伏系统在给定的安装面积内，尽可能地提高光伏组件的利用效率，提供最大发电量的目的。

（3）安全性

电气安全：设计的光伏系统应安全可靠，不能给建筑物内的其他用电设备带来安全隐患，施工过程中要保证绝对安全。充分考虑运行维护过程中的安全操作性和便利性。

结构安全：工程所在地基本风压为 0.50kN/m²（50 年一遇），基本雪压为 0.40kN/m²（50 年一遇），冲击荷载按冰雹直径 25mm，时速 $v=23$m/s 考虑；光伏支架表面做防腐蚀处理光，伏支架设计使用年限为 50 年。

2. 系统设计说明

光伏并网系统额定装机容量为 300.132kW，光伏阵列平铺安装在屋顶区域，总安装面积约 7370m²。整个光伏并网发电系统的设备主要包括：42Wp 非晶硅光伏组件 7146 块，直流集线箱 46 台，25kW 并网逆变器 13 台，逆功率保护系统 1 套和监控系统 1 套，光伏并网控制柜 3 套，以及线槽线缆若干。

系统采用多点并网模式，光伏系统输出分为 15 路分别并入商业体地下一、二层变电站内 15 路照明配电柜的低压母线上，为商场内地下车库照明负载提供电力，并网方式为即时发电不储能，余电不上网。系统配备逆功率控制保护装置，根据设定的电流方向与电流大小进行检测，并给出相输出信号控制执行机构动作，控制光伏发电系统回路投入并网运行与切断并网运行，当出现电流反向倒送电时，光伏发电系统回路切断并网运行，以达到防止逆功率倒送的功能。

系统具有友好的人机互动功能，采用液晶显示屏，可监测和显示系统直流工作电压和电流、交流输出电压和电流、功率、功率因数、频率、故障信息以及环境参数（如辐射照度、环境温度等），统计和显示日发电量、总发电量等信息，并可打印报表。

在设计中充分考虑了光伏系统的安全及后期维护的问题：光伏板支架通过预埋件与屋面可靠连接，使整个光伏系统具有良好的抗风、抗雪性能；光伏阵列之间预留合适的间距并在屋面设置合理的上水点，为光伏系统的清洁及维护提供条件。

6.9.3 系统主要参数及性能

1. 系统原理图

光伏发电系统的额定装机容量为 300.132kW，使用 13 台 25kW 的光伏并网逆变器，将直流电转换为与市电相匹配的 380V 交流电，再通过并网控制柜将电力输送到地下车库照明负载上。系统原理图如图 6.9.1 所示。

2. 系统主要参数

系统额定装机容量：300.132kW；电池组串方式：9 串 17 并，9 串 18 并等；系统运行总效率＞81.4%；系统寿命＞20 年。

光伏系统的组串方式、阵列数、额定装机容量等电气参数如表 6.9.1 所示。

3. 并网系统的主要性能

（1）同步闭环控制功能：实时对外部电网的电压、相位、频率等信号进行采样并比较，始终保证逆变器输出与外部电网同步，电能质量稳定可靠，不会污染电网。

（2）最大功率跟踪功能：逆变器最基本的功能，保证太阳能发电逆变输出最大电能。

（3）具有自动关闭与运行功能：逆变器实时对外部电网的电压、相位、频率，直流输入及交流输出的电压、电流等信号进行检测，当出现异常情况时会自动进行保护，断开交流输出；当故障原因消失，电网恢复正常时，逆变器会进行检测并延时一定的时间后，才恢复交流输出并自动并网运行。

（4）保护功能：具有过压、失压、频率检测与保护、过载过流、漏电、防雷、接地短路、自动隔离电网、逆向功率自动检测与保护功能。

（5）防孤岛效应功能：能有效地防止孤岛效应的发生。

（6）通讯功能：逆变器自带 RS485 与 RS232 通信接口，可与主机进行通信，可采用多种通讯方式，包括电力载波通信、无线通信等。

（7）"孤岛效应"光伏逆变器可以采用"孤岛效应"的检测方法，在并网光伏逆变器检测到公共电网失电后，会立即停止工作。光伏逆变器采用主动式防孤岛保护方案，当电网失压后，逆变器在 2s 内与电网断开。

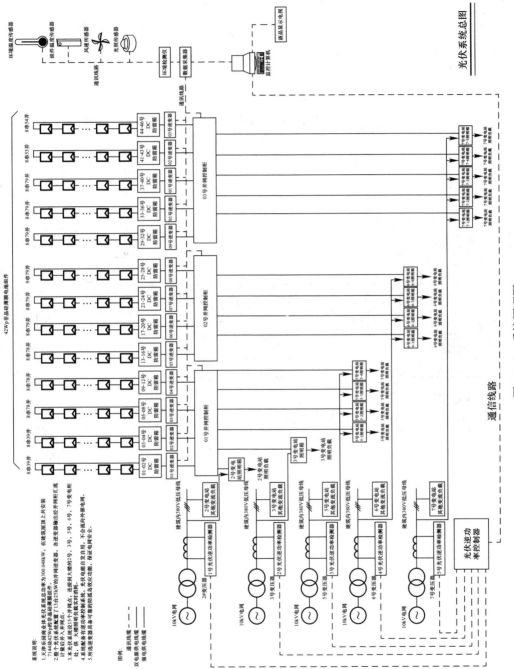

图 6.9.1 系统原理图

安装区域	光伏组件类型	安装数量	额定装机容量	串并方式	集线箱数目	逆变器匹配
屋顶	42Wp 非晶硅标准薄膜电池	7146 块	300.132kW	9 串 15 并、16 并、17 并、18 并	46 台	25kWx13

6.9.4 主要设备参数

1. 太阳能电池组件

电池组件的性能参数如表 6.9.2 所示。

电池组件性能参数一览表   表 6.9.2

参数名称	具体参数
型号	42Wp 非晶硅薄膜电池组件
开路电压 V_0（V）	61
短路电流 Isc（A）	1.05
最佳工作电压 Vm（V）	46
最佳工作电流 Imp（A）	0.92
额定功率 Pmp（W）	42
组件尺寸（长×宽×高）	1245mm×635mm×7mm
重量	12.4kg
最大系统电压	≤1000VDC
功率温度系数	−0.19%/℃
电压温度系数	−0.28%/℃
电流温度系数	+0.09%/℃

2. 并网逆变器

（1）并网逆变器技术参数如表 6.9.3 所示。

逆变器性能参数一览表   表 6.9.3

逆变器型号	25kW
光伏组件功率	28kWp
最大直流输入电压	600VDC
输入电压工作范围	330～600V
最大直流输入电流	85A
直流输入路数	2
额定交流功率	25kW
额定交流电流	38A
交流电压范围	380V
交流电压频率	50±0.5Hz
功率因素	＞0.99（额定功率情况下）
最大效率	95%
加权平均效率	94%
待机状态功率	＜30W
冷却方式	强迫风冷

逆变器型号	25kW
防护等级	IP23
防雷等级	C级（第Ⅱ级）
接地方式	TN-S
外形尺寸（宽/高/深）	700mm×1900mm×650mm

（2）具备极性反接保护，电网/系统故障自诊断功能，防"孤岛效应"功能，带工频隔离变压器。

（3）具备先进的通信接口，配套的数据采集系统提供日辐射数据采集接口、温度数据采集接口。

3. 直流光伏电缆

采用隐蔽线槽敷设，线缆连接附件具有防水、抗老化性能。在光伏系统中，选用通过TUV、CE等认证的专业光伏电缆产品。电缆具有以下特点。

（1）满足防潮、阻燃（IEC60332-1）、低烟（IEC61034EN50286-2）、UV（ISO4892-2）、无卤、臭氧（IEC60811-2）的国家标准及规范要求。

（2）额定电压：U0/U：600/1000VAC，900/1500VDC。

（3）符合国家对直流电力电缆耐化学腐蚀性的规范要求。

（4）最高长期工作温度可达 90℃。

（5）低温条件下的非晶保持；敷设时的环境温度在－40℃及以上；敷设时的最小弯曲半径不大于5d。

（6）绝缘电阻：在20℃时，导体电阻 $\rho \leqslant 5.5\Omega/km$ 及护套表面电阻 $\rho \geqslant 109\Omega/cm$。

（7）耐压试验：在水温 $20\pm5℃$，浸水长度 10m，时间 1h，交流工频电压 8000V，保持 5min 不击穿。

4. 交流电力电缆

电缆电线选用环保型低烟无卤阻燃电力电缆。

制造标准：GB12706-91 或 IEC502（1994）。技术规格：环保型低烟无卤阻燃 YJY 电力电缆。

5. 直流集线箱

系统设计安装直流集线箱 46 台，所采用的集线箱符合《低压成套开关和控制设备》等国家标准及国际标准。箱体采用防锈处理的优质电解钢板，环氧树脂静电喷涂。符合IEC529，室内箱外壳不低于 IP54。

绝缘电压：DC1000V，内部元器件采用国内知名品牌产品，性价比出色。

6. 并网控制柜

并网柜制造符合《低压成套开关和控制设备》等国家标准及国际标准。

额定工作电压：AC400V。

额定绝缘电压：AC690V。额定频率：50Hz。

室内外壳不低于 IP20。交流侧安装逆功率保护模块、电能计量表、隔离开关等。

6.9.5 防雷设计

太阳能电池组件主要会受到直击雷和感应雷的袭击。

1. 针对直击雷的措施

太阳电池阵列安装在室外，当雷电发生时太阳电池方阵有可能会受到雷击的侵入。太阳能电池组件防雷击措施主要有：

（1）金属支架结构及所有箱体柜体外壳与建筑物主体避雷系统进行可靠连接；

（2）直流集线箱内进行防雷保护，安装防雷过电压浪涌保护器；

（3）交流侧的防雷，并网逆变器内均安装有浪涌保护器。

2. 针对感应雷的措施

（1）在太阳电池方阵的直流集线箱内进行二级防雷保护，安装防雷过电压浪涌保护器。

（2）并网逆变器内置防雷模块，同时并接的外部电网系统也有防雷系统进行保护作用。

（3）对所有引入配电房的线槽金属外壳进行可靠接地处理以减少雷电波侵入的幅值。

6.9.6 通讯监控系统

监控系统包括以下设备：数据采集器、环境检测仪及其检测配件、监控主机、显示设备等。

监控系统采用高可靠性计算机集中采集数据，并且具有以下功能：

（1）可测量和显示系统工作电压和电流、系统的工作状态、直流侧的电压和电流，交流输出电压和电流、功率、功率因数、频率、故障报警信息以及环境参数，统计和显示日发电量、总发电量、节能减排指标等信息，并形成可打印报表。

（2）环境监测仪内置太阳辐射表，并可以提供光伏组件温度采集接口，风速风向信息采集接口。

（3）系统具有数据存储查询功能，能够记录5年以上数据，可以方便地归档查询。

（4）系统还具有开放的通信协议、标准通信接口，能实现实时通讯，进行集中监控并实现故障自动记录。

（5）系统具有以太网接口，通过计算机网络，在任何一个地方都可以实现对系统的实时监测控制。其监控系统软件界面如图6.9.2所示。

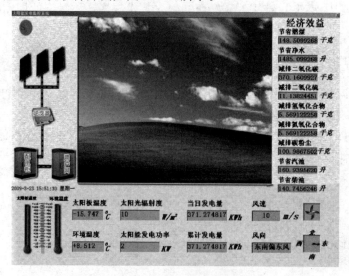

图6.9.2 监控软件界面示意图

6.9.7 逆功率保护系统

逆功率保护系统采用单片机对并网点侧的变压器二次总输出电流进行监控。

（1）逆功率检测装置功能是用来检测太阳能光伏发电系统并网点所连的变压器低压二次侧总出线的总输出功率、各相的功率与电流方向，根据设定电流方向和功率的大小的进行检测，并将采集到的信号传输给光伏系统主机进行处理。

（2）逆功率控制器依据逆功率检测装置采集的数据判断电网系统处于逆功率或非逆功状态，从而控制接通或断开光伏发电系统。

（3）将逆功率与电流检测装置的电流方向设定为正电流方向，即电流由变压器二次侧流向低压母线负载的方向。当一旦出现逆功率反向电流时（电流由低压母线负载流向变压器二次侧的方向），所有的光伏发电子系统全部切断。

6.9.8 最大功率跟踪

最大功率跟踪（MPPT）是并网发电中的一项重要技术，它是通过改变太阳电池阵列的输出电压或电流的方法使阵列始终工作在最大功率点上，本工程采用的是增量电导法，该方法设定输出功率对输出电压的一阶导数等于零。因此在环境光强发生改变时，根据 dI/dV 的计算结果是否等于 I/V，决定是否继续调整输出电压，即可实现最大功率点的跟踪。

本工程采用 13 台 25kW 的小型逆变器，比用大型逆变器具有更大的灵活性和更多的电力输出。

6.9.9 系统保护功能说明

1. 线缆保护

光伏线缆，采用专用太阳能电力线缆。

2. 电气保护

光伏系统以三相并入公共电网，其三相电压不平衡度不得超过《电能质量三相电压允许不平衡度》GB/T 15543 的相关规定。对接入公共连接点的每个用户，其电压不平衡度允许值不得超过 1.3%，否则逆变器在 2s 内自动退出运行。

10kV 及以下并网光伏系统正常运行时，与公共电网接口处电压允许偏差，对于三相电路为额定电压的 $\pm 7\%$。

并网光伏系统应与公共电网同步运行，频率允许偏差为 $\pm 0.5Hz$。

并网光伏系统的输出应有较低的电压谐波畸变率和谐波电流含有率。总谐波电流含量应小于功率调节器输出电流的 5%。

光伏系统并网运行时，逆变器向公共电网馈送的直流分量不应超过其交流额定值的 1%。

3. 故障隔离保护

（1）在公共电网接口处的电压超出下表 6.9.4 中规定的范围时，光伏系统应停止向公共电网送电，该功能由逆变器实现。

光伏系统接入条件一览表 表 6.9.4

电压（公共电网接口处）	最大分闸时间[①]
$U < 50\% U$ 正常	0.1s

电压（公共电网接口处）	最大分闸时间①
50%U 正常≤U＜85%U 正常	2.0s
85%U 正常≤U≤100%U 正常	继续运行
100%U 正常＜U＜135%U 正常	2.0s
135%正常≤U	0.05s

① 最大分闸时间是指异常状态发生到逆变器停止向公共电网送电的时间：U 正常为正常电压值（范围）。

（2）光伏系统在公共电网接口处频率偏差超出规定限值时，频率保护应在 0.2s 内动作，将光伏系统与公共电网断开，该功能由逆变器实现。

（3）当公共电网失压时，防孤岛效应保护应在 2s 内完成，将光伏系统与公共电网断开，该功能由逆变器实现。

（4）光伏系统对公共电网应设置短路保护。当公共电网短路时，逆变器的过电流应不大于额定电流的 1.5 倍，并应在 0.1s 内将光伏系统与公共电网断开，该功能由逆变器实现。

（5）逆流检测装置在检测到的逆电流超出逆变器额定输出的 5%时，逆功率检测装置应在 0.5～2s 内将光伏系统与公共电网断开。

6.9.10 施工实施技术

1. 支架安装

（1）光伏组件安装支架需进行耐腐蚀、防锈处理，外露部分刷防锈漆，钢架使用年限为 50 年。

（2）支架与屋面埋件焊接固定，并通过支架与防雷接地装置连接。

（3）支架的安装构件、施工方法应便于运营管理及维护。

2. 组件安装

安装在支架上的非晶硅组件采用粘结连接方式，组件之间预留通风间隙，用以减少风压。

3. 直流集线箱安装

直流集线箱安装在室外光伏板下方，金属支架上，安装做好防水处理。

4. 线缆敷设

（1）直流侧电缆选用双绝缘防紫外线阻燃铜芯电缆，并减少线损和电磁干扰。

（2）交流侧采用环保型电力电缆，并考虑合理敷设的方式。

（3）直流侧的电缆与光伏组件的连接采用工业防水快速接插件，并有足够的强度，线缆连接附件应防水、抗老化。

（4）配线线槽的布置应美观，与建筑结构协调一致。配电线槽采用镀锌线槽并做等电位接地；太阳能电池组件与线槽防雷与整个建筑防雷接地结合考虑。

（5）系统配线应符合电力配线安装标准，所有的线缆连接都有方便的入口，方便日常维护与更换。

（6）配线槽采用金属线槽，线槽壁厚不小于 1.5mm，线槽之间以及线槽与屋面金属构件的连接应焊接。线缆防雷需与整个建筑防雷接地结合考虑。

5. 小结

本工程施工组织是根据工程的具体情况、合同要求、劳动力调配情况、机械的装备情况、材料供应情况、预制构件的生产情况、运输能力、气候和水文等综合条件而精心设计。施工组织符合国家相关标准，并形成了相关文件，为工程建设提供良好的技术支撑。

6.9.11 即发即用不储能光伏并网系统测试数据与分析

系统运行的数据测试是对即发即用不储能光伏并网系统的整体架构、控制策略及运行效果进行验证的必要途径，在测试的过程中需要制定相应的测试方法。

测试的对象是以位于地下二层 6 号变电站内四处光伏与市电并网点为例，目的是通过实际运行的数据分析，对系统的实际运行状况进行分析，了解其运行的效果，为日后提高系统的能效，改善系统的经济性提供依据。

即发即用不储能光伏并网系统并网点的有功功率及电流的数学表达式为：

$$P_{fz} = P_{gf} + P_{dw} \tag{6.9.1}$$

$$i_{fz} = i_{gf} + i_{dw} \tag{6.9.2}$$

式中　P_{fz}、i_{fz}——并网点负荷侧的有功功率和电流值；

　　　P_{gf}、i_{gf}——并网点光伏侧的有功功率和电流值；

　　　P_{dw}、i_{dw}——并网点市政电网侧的有功功率和电流值。

由公式（6.9.1）、（6.9.2）知，在测试中主要测量的内容是并网点处市政电网、光伏发电与实际用电的负荷侧之间的关系，是否能准确实现即发即用不储能光伏并网系统的功能。

1. 测试方案

即发即用不储能光伏并网系统测点布置如图 6.9.1 所示，系统中在 2 号、3 号、5 号、6 号、7 号变电站的并网点分别设置了多功能测量仪表，对系统运行中的有功功率、单相/三相电流逐时的参数进行监测，在系统调试完成后这些数据分别上传到光伏发电系统监控系统和变电站电力监控系统中，系统再对这些数据进行分析和处理。

（1）测点布置

如图 6.9.1 所示。

（2）测量仪表

系统测量仪表性能均满足测量的要求，测量仪表参数如表 6.9.5 所示。

表 6.9.5

测试仪表参数一览

测试参数	测试仪器	备　注
有功功率、电流等参数	多功能测量仪表	精度 1 级

（3）系统基本参数测量

由于系统仍处于调试阶段，因此，在 2012 年 12 月份进行测试并不是一个很好的测试时间点，但所测试的数据还是可以说明系统的实际运行情况。本次测试是以位于地下二层 6 号变电站内 4 处并网点为数据采集点。在并网点处进行有功功率、电流的测量。

6 号变电站内 4 处并网点配电箱需要测量的部位如图 6.9.3～图 6.9.6 所示，设置电流互感器和多功能测量仪表，分别测量并网点负荷侧的有功功率和电流值、并网点光伏侧的有功功率和电流值和并网点市政电网侧的有功功率和电流值。共设置有 12 处多功能测量仪表，每 5 分钟采集一次数据，并记录下来。

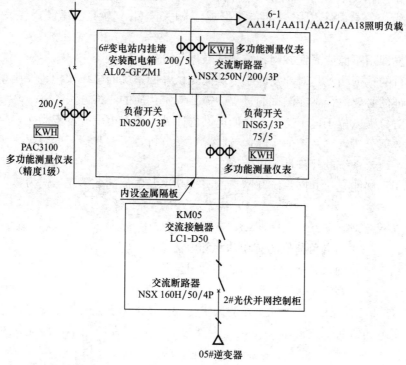

图 6.9.3 　AL02-GFZM1 并网配电箱测试图

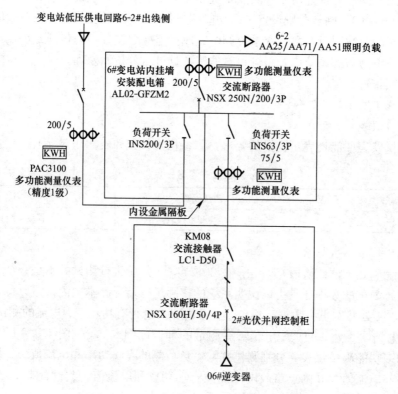

图 6.9.4 　AL02-GFZM2 并网配电箱测试图

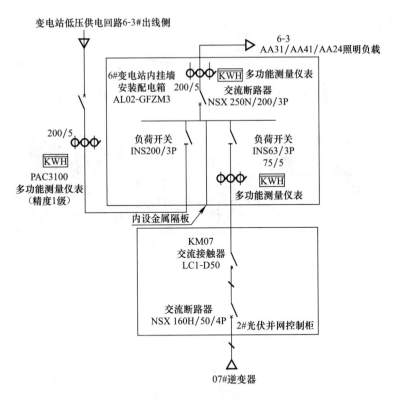

图 6.9.5　AL02-GFZM3 并网配电箱测试图

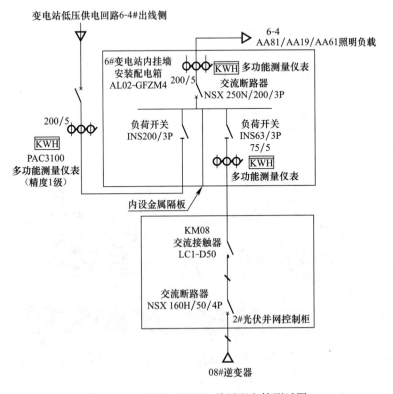

图 6.9.6　AL02-GFZM4 并网配电箱测试图

2. 并网点测试

（1）测试结果

在 2012 年 12 月 17 日下午 15:00~16:00 点时间段内每隔约 5min，实测位于地下二层 6 号变电站内 4 处光伏与市电并网点处并网配电箱内的单相电流（I_1，I_2，I_3）和三相有功功率实时数据。如图 6.9.7~图 6.9.13 所示。

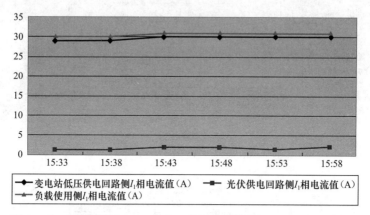

图 6.9.7　实测系统 AL02-GFZM1 并网配电箱单相（I_1）电流曲线图

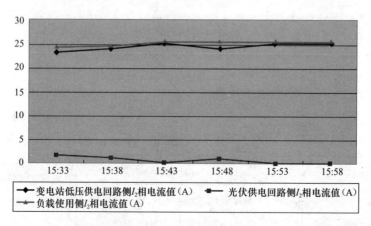

图 6.9.8　实测系统 AL02-GFZM2 并网配电箱单相（I_2）电流曲线图

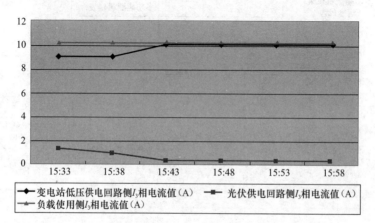

图 6.9.9　实测系统 AL02-GFZM3 并网配电箱单相（I_3）电流曲线图

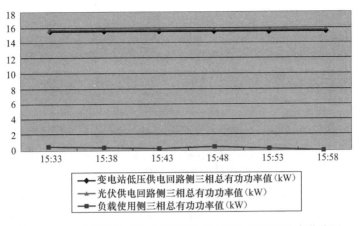

图 6.9.10 实测系统 AL02-GFZM1 并网配电箱有功功率曲线图

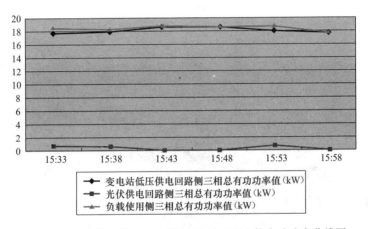

图 6.9.11 实测系统 AL02-GFZM2 并网配电箱有功功率曲线图

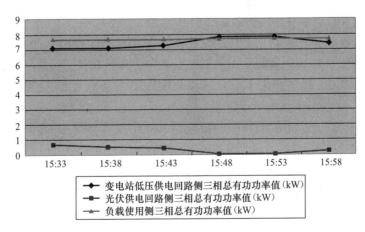

图 6.9.12 实测系统 AL02-GFZM3 并网配电箱有功功率曲线图

（2）测试结果与理论计算结果对比与分析

2012 年 12 月 17 日下午 15：00～16：00 时段内，测得的太阳能辐射量如下：
环境温度为－1℃、电池板温度 0℃。

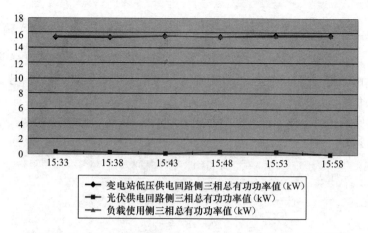

图 6.9.13　实测系统 AL02-GFZM4 并网配电箱有功功率曲线图

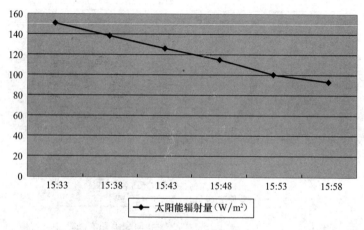

图 6.9.14　太阳能辐射量图

系统负荷侧（对应 6 号变压器）实际用电量：

AL02-GFZM1 并网配电箱所对应的负荷侧实际安装功率约为 20.28kW（其中单管荧光灯 T8 约 469 套，双管荧光灯 T8 约 20 套）；

AL02-GFZM2 并网配电箱所对应的负荷侧实际安装功率约为 17.06kW（其中单管荧光灯 T8 约 379 套，双管荧光灯 T8 约 25 套）；

AL02-GFZM3 并网配电箱所对应的负荷侧实际安装功率约为 17.76kW（其中单管荧光灯 T8 约 406 套，双管荧光灯 T8 约 20 套）；

AL02-GFZM4 并网配电箱所对应的负荷侧实际安装功率约为 15.16kW（其中单管荧光灯 T8 约 360 套，双管荧光灯 T8 约 10 套）。

在实际测试数据中，与设计值略有不同，光伏发电量偏小，数据存在偏差，其原因主要有如下几点：

（1）由于地下车库的照明灯具开启数量与营业时间、停车数量均有关系，在试营业阶段又非节假日，照明灯具是分区开启，并非全部开启，因此，其实际用电负荷不会超过其负荷侧最大负荷。

（2）在天津地区 12 月份太阳能辐射量是非常低的时期，同时，12 月中旬天气阴间多云，并伴有小雪。17 日下午 15:00～16:00 时间段阳光较弱，同时，温度较低也影响其发电量。因此，光伏的发电量较低。

（3）由于市政电网侧的多功能测量仪表的数据并未归入光伏发电系统监控系统，而是上传至变电站电力监控系统中，需要通过后台调试完成后，再将数据传输到统一的后台中。在实际采集数据时，其有功功率和电流值均通过设置在变电站低压柜和并网配电箱的多功能测量仪表，经过目测获取的，因此，存在一定的时间误差和计量误差。

3. 小结

从理论计算上符合公式（6.9.1）、（6.9.2）就可以认为基本实现了光伏并网系统的即发即用不储能的功能，从实测数据也基本可以得到证实。

在本项目中，对应于 AL02-GFZM1～AL02-GFZM4 并网点的并网控制柜为 2 号柜，与 05 号～08 号逆变器柜相连，其容量均为 25kW，而负荷侧实际安装功率最大不超过 21kW，对应 2 号并网控制柜，其上一级的 6 号变压器容量为 1600kVA，远小于其 25% 的要求。但对于一个并网点，在光伏发电量最大时有可能出现发电量大于负荷侧实际用电量，其富余电量通过 AL02-GFZM1～AL02-GFZM4 并网配电柜反送到 6 号变压器的低压侧。

因此，本项目的实测数据还需要经过一段时间的继续测量，获取一年完整的数据，对系统各参数进行更全面的分析，可为日后更好地发挥系统能效提供依据。

6.10 即发即用不储能光伏并网系统示范工程的效益

本工程属于光伏建筑一体化工程，对优化能源结构，保护环境，减少二氧化碳温室气体排放，推进光伏产业发展非常积极的意义。

6.10.1 即发即用不储能光伏系统示范工程的社会效益

天津市文化中心商业体屋顶上建立光伏发电系统具有显著的示范意义，有利于促进太阳能光伏技术在建筑领域的应用和推广，促进新能源经济的可持续发展。

本工程的节能及环保效益显著，表 6.10.1 给出了每度电产生的节能及环保效益。工程年发电量 35.7 万度，计算结果见表 6.10.1。因此本工程的建成对于促进节能减排，优化能源结构，转变经济增长方式具有重要意义。

节能及环保效益 　　　　　　　　　　　　　　　　表 6.10.1

	每 1kWh 节约量	每 35.7 万 kWh 节约量
标准煤	0.36kg	128.5t
燃油	0.26L	9.28 万 L
二氧化碳	0.98kg	350t
二氧化硫	0.0112kg	4t
氮氧化合物	0.0042kg	1.5t
粉尘	0.272kg	97t
节约净水	3.92L	140 万 L

该工程预计每年可发电 35.7 万 kWh，且主要集中在电网负荷较大的峰值用电时段，作为自发自用的并网系统，这部分电量将直接并入 0.4kV 用户侧供其使用，太阳能光伏

并网系统对补偿高峰用电的效果见图 6.10.1。除了显著的调峰作用外，作为自发自用的并网系统，电力运输距离短，减少了电力的输配电损失。

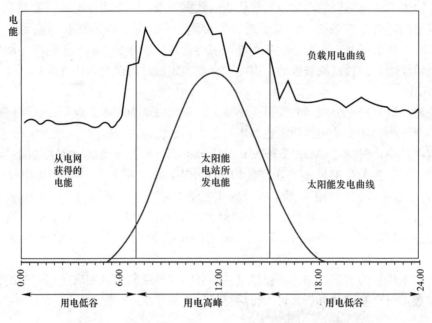

图 6.10.1　太阳能光伏电站并网项目补偿高峰用电示意图

在能源消耗日益增多，生态环境日益恶化的今天，全世界都在呼唤清洁机制。清洁发展机制，简称 CDM（Clean Development Mechanism），是《京都议定书》中引入的灵活履约机制之一。CDM 允许发达国家与发展中国家联合开展二氧化碳等温室气体减排项目。发达国家通过资金和技术的形式，支持发展中国家开展能实现温室气体减排的项目。这些项目产生的减排量经联合国的认证可以成为核证减排量（Certified Emission Reductions，CERs），可以用于发达国家履行他们所承诺的减排任务。对发达国家而言，CDM 提供了一种灵活的履约机制；而对于发展中国家，通过 CDM 项目可以获得部分资金援助和先进技术。

我国是温室气体减排潜力较大的发展中国家，具有良好的投资环境，开展 CDM 项目合作的市场前景广阔。电力行业特别是光伏发电行业是 CDM 项目的一个重点区域，光伏发电领域实施开展 CDM 项目开发具有极大的潜力和优势。不但可以扩大天津环境保护的宣传影响，且促进项目的实施和建设，从而促进太阳能光伏产业的发展。

截止到 2010 年 10 月，全球已有 78 个太阳能项目申请了 CDM 项目，其中中国项目为 19 个。中国的 19 个太阳能项目中包含 9 个太阳能灶项目、1 个太阳能热水器项目、9 个光伏发电项目，其中 4 个已经注册成功。

天津文化光伏电站项目可以在可行性研究阶段确定上网电价之后并且结合项目收益情况进行 CDM 项目的申请。如果申请成功，本项目每年可以获得更多收益。

本工程培养相关工程研发、设计和施工人员多名。在国内外产生一定影响，促进我市在新能源利用方面的发展和体现我市在新能源应用领域科研实力，为我市新能源开发和应用技术的进一步发展做出贡献。

在大力培育新能源产业，构建低碳经济体系的今天，本工程有非常重要的意义，对提高能源科技创新能力，加快能源体系建设，促进低碳社会的发展都有着示范性和方向性的意义。

本工程以产学研结合为主体，市场为导向，对加快先进适用技术研究与推广，加强前沿科学技术研发和建设都有着示范性和方向性的重要意义。

6.10.2 即发即用不储能光伏系统示范工程的经济效益

光伏工程由于光伏组件及配套相关设备的制造成本较高，因此投资方稳定的资金来源和政府适度的财政支持，是光伏工程顺利建设的必要条件。本光伏工程属于光伏建筑一体化技术，实现了专电专用，具有非常大的示范效益，同时也得到了国家住建部、能源局及相关部门的鼓励和支持，得到了光电建筑一体化的补贴。

本工程位于天津市文化中心商业体屋顶，总装机容量为 300.132kW，年发电量合计为 35.7 万 kWh。工程建设期为 103 天，财务评价计算期为 25 年。

经济性分析：

(1) 工程静态投资 1091.38 万元，注册资金来源于天津乐城置业有限公司，出资占工程动态投资的 100%，无贷款；

(2) 该项目年发电量为 35.7 万度；

(3) 评价期为 25 年；

(4) 根据国家光电建筑一体化补贴政策，申请国家补贴：300.048 万元，扣除补贴后总投资 791.332 万元；

(5) 本工程产生的电能全部自用，其收益主要体现于电费的节省；项目电站每年发电量为 35.7 万 kWh，按照 1 元/kWh（含税）的电价计算，每年节省电费 35.7 万元。若按静态电价（25 年）计算，项目电站总发电量为 892.5 万 kWh，累计节省电费（25 年）892.5 万元。

通过本项目研究所取得的成果，可以有效提高本工程光伏系统的发电量，从而节约更多的电费，提高经济性。另外随着光伏产业的不断发展和国家政策的相关扶持，目前每系统瓦的成本大幅下降至 15 元以下，有效缩短投资回收期，光伏系统的经济效益在不断提高。

综上所述，本工程对本市建设资源节约型、环境友好型社会，推进经济结构调整和实施可持续发展战略具有重要意义。

6.11 结论与展望

光伏发电技术和产业不仅是当今能源的一个重要补充，更具备成为未来能源来源的潜力。本项目以即发即用不储能光伏并网发电系统的综合控制策略为研究对象，并网系统特性以及模型、光伏阵列最大功率点跟踪方法、并网系统孤岛状态检测方法和光伏发电系统的清洁与维护等问题进行了系统深入地研究并将这些研究应用于光伏并网系统中。

6.11.1 课题取得的研究成果

(1) 光伏阵列应用特性是光伏并网发电系统研究中的最基本问题，本项目对光伏组件的阻抗特性进行了深入分析，为实现器件级和系统级仿真、指导理论研究和系统设计提供了必要的支撑。提出了光伏组件内部串联电阻和并联电阻的迭代计算方法，并进行了仿真和实验。仿真和实验结果表明了该方法的正确性和可行性，为准确反映光伏阵列应用特性，对于了解和光伏阵列特性、系统建模和指导实际系统设计具有重要的理论意义和实用价值。

（2）本项目首先分析了常用的 MPPT 方法的优缺点，在恒定电压法的基础上，实现了变电压 MPPT 算法，通过对照度、温度二极管品质因子和反向饱和电流对优化输出电压影响的分析利用综合补偿优化了输出电压。最后利用传统的控制方法对所实现算法进行了验证，结果表明传统控制方法输出效率较低，因此对传统方法进行了改进，所实现的功率、电压双闭环控制方法明显提高了光伏输出的效率，输出动态特性也有明显改善，同时算法的跟踪速度非常迅速。最后，利用仿真和实验结果证明了该方法的有效性和实用性。

（3）光伏发电预测是制定光伏发电系统发展规划、经济运行的重要保障，为了减小光伏发电预测误差、提高预测精度，需要解决以下两个关键技术问题：①光伏发电预测中主要影响因素的识别、分析和处理方法；②光伏发电预测模型神经网络拓扑结构的选择、设计、训练与测试方法。项目主要研究了光伏发电的在线预测模型，取得了下列结果。

① 给出了气象因素作用于光伏发电的分析思路和光伏发电预测中气象因素的处理方法，通过关系曲线图分析了各种气象因素对光伏发电系统输出功率的影响，分析结果表明，太阳辐射强度、温度是影响光伏发电系统的输出功率的主要因素，将作为光伏发电预测模型的参考输入。

② 采用 RBF 神经网络对数值天气预测数据进行模糊识别，建立了基于模糊识别的光伏发电在线预测模型。预测结果表明，RBF 神经网络的结构和扩展速度对预测结果有一定的影响；把数值天气预测数据进行模糊识别后作为神经网络的输入有利于提高神经网络的预测精度；设计的神经网络在线预测模型具有较高的精度，有助于电力系统的功率平衡和经济运行。

（4）针对主动有功干扰法在孤岛中存在多个光伏并网系统并联供电时的失效问题，本项目采用了一种基于正反馈有功干扰的孤岛检测方法。该方法对多个系统并联的情况具有较好的检测能力，并且实施简单，对采样精度要求不高，不需要额外硬件成本。理论分析和实际应用结果证明：这种基于正反馈有功干扰的孤岛检测方法在光伏并网系统反孤岛功能的设计中，具有重要的实用价值。

（5）详细介绍了目前各种保持太阳能电池板的清洁方法，并介绍了本项目中所采用的清洁方法和设计时为清洁维护提供的便利。

（6）通过对天津市文化中心商业体项目屋顶光伏系统工程的建设施工，总结了该工程的实施技术方法，可为相关工程项目的设计和施工提供技术支撑。

6.11.2 课题的创新性

（1）本项目提出了一种光伏组件的阻抗特性的分析方法，为实现器件级和系统级仿真、指导理论研究和系统设计提供了必要的支撑。

（2）采用了一种新型的优化电压 MPPT 算法，通过对辐照度、温度二极管品质因子和反向饱和电流对优化输出电压的影响的分析利用综合补偿优化了输出电压。

（3）采用 RBF 神经网络对数值天气预测数据进行模糊识别，建立了基于模糊识别的光伏发电在线预测模型。

（4）本项目采用了一种基于正反馈有功干扰的孤岛检测方法。

6.11.3 展望

光伏发电技术在实际应用中已经展现了它的发展潜力，随着国内环保意识的增强和国家相关法规的出台，它必将成为我国新能源中一个闪光点，在研究光伏并网发电系统过程中，还存在许多没有解决的问题，它们限制了光伏发电的应用。

（1）对于不同功率等级光伏发电系统，拓扑结构和参数都有很大的不同，限制了光伏发电系统的通用化，给以后用户升级换代带来不便并增加了成本。因此设计出一种可适用多种功率等级，具有通用性的光伏发电系统拓扑是光伏发电研究的一个重要方向。

（2）局部阴影造成光伏阵列输出功率严重下降的问题仍没有一个良好的解决方法，它严重降低了系统的输出功率，造成光伏电能的大量浪费，增加用户的投资成本。目前已有的方法过于复杂，而且基本上都是通过硬件电路实现，因此系统成本较高。希望能找到一种结构简单的拓扑或软件控制方法来解决这一问题。

（3）实用化光伏发电预测软件的分析与设计。为了使光伏发电预测模型更具实用性，还需要对所提出的预测模型进行深入研究并进行预测效果的检验，包括：①在外界扰动的情况下预测模型的鲁棒性分析；②预测模型准确性评价；③预测模型的有效性评价；④为完成预测而采取的数据准备与处理措施评价；⑤预测系统的在线能力与性能评价。

参 考 文 献

[1] 王春明，王金全，刘文良. 天和家园 43kW_p 屋顶并网光伏发电系统设计 [J]. 建筑电气 2007，02：13～18.

[2] 任建波. 光伏屋顶形式优化的实验和理论研究 [D]. 天津大学，2006.

[3] 滨川圭弘，张红梅. 太阳能光伏电池及其应用 [M]. 北京：科学出版社，2008.

[4] 程明. 新能源与分布式电源系统 [J]. 电力需求侧管理. 2003，3 (3)：44～46.

[5] 李红波，俞善庆. 太阳能光伏技术及产业发展 [J]. 上海电力. 2006，4：331～337.

[6] 刘钧哲，鞠振河. 太阳能技术应用及产业化对策研究 [J]. 2009，5 (1)：14～17.

[7] 陆维德. 太阳能利用技术发展趋势评述 [J]. 世界科技研究与发展. 2007，29 (1)：95～99.

[8] 王飞. 单相光伏并网系统的分析与研究 [D]. 合肥工业大学. 2005.

[9] 杨金焕，葛亮等. 太阳能光伏发电的应用 [J]. 上海电力. 2006，4：355～361.

[10] 杨金焕，邹乾林等. 各国光伏路线图与光伏发电的进展 [J]. 中国建设动态（阳光能源）. 2006，4：51～54.

[11] 车导明. 光伏屋顶利国利民 [J]. 建筑节能. 2007，(3)：17～19.

[12] 张耀明. 中国太阳能光伏产业的现状与前景 [J]. 能源研究与利用. 2007，1：1～6.

[13] 殷洪亮，吕建等. 浅析太阳能电池并网发电技术 [J]. 中国建设动态（阳光能源）. 2006，1：51～54.

[14] 鞠洪新. 分布式微网电力系统中多逆变电源的并网控制研究 [D]. 合肥工业大学，2006.

[15] 张超. 光伏并网发电系统 MPPT 及孤岛检测新技术的研究 [D]. 浙江大学，2006.

[16] 吴理博. 光伏并网逆变系统综合控制策略研究及实现 [D]. 清华大学，2006.

[17] 吴春华. 光伏发电系统逆变技术研究 [D]. 上海大学，2008.

[18] 董密. 太阳能光伏并网发电系统的优化设计与控制策略研究 [D]. 中南大学，2007.

[19] 李晓刚. 中国光伏产业发展战略研究 [D]. 吉林大学，2007.

[20] 苏建徽，余世杰，赵为，等. 硅太阳能电池工程用数学模型 [J]. 太阳能学报，2001 (4)：409～412.

[21] C. Carrero, J. Amador, S. Arnaltes. A single procedure for helping PV designers to select silicon PV module and evaluate the loss resistances [J]. Renewable Energy, 2007, 32, (15): 2579～2589.

[22] G. E. Ahmad, H. M. S. Hussein, and H. H. El~Ghetany, Theoretical analysis and experimental verification of PV modules [J]. Renewable Energy, 2003, 28 (8): 1159～1168.

[23] 徐鹏威，刘飞，刘邦银，等. 几种光伏系统 MPPT 方法的分析比较及改进 [J]. 电力电子技术，2007，41 (5)：3～5.

[24] M. Veerachary. PSIM circuit-oriented simulator model for the nonlinear photovoltaic sources [J]. IEEE Trans. Aerosp. Electron. Syst.，2006，42 (2)：735～740.

[25] A. Kajihara, A. T. Harakawa. Model of photovoltaic cell circuits under partial shading [C], in Proc. IEEE Int. Conf. Ind. Technol. 2005：866～870.

[26] N. D. Benavides, P. L. Chapman. Modeling the effect of voltage ripple on the power output of photovoltaic modules [J]. IEEE Trans. Ind. Electron.，2008，55 (7)：2638～2643.

[27] 习李晶，窦伟，徐正国，等. 光伏发电系统中最大功率点跟踪算法的研究 [J]. 太阳能学报，2007，25 (3)：269～273.

[28] 钟水库，刘长青，沈晓明. 太阳电池基本参数的实验与分析 [J]. 半导体光电，2007，28 (4)：498～500.

[29] 阎江威. 光伏发电系统的最大功率点跟踪控制技术研究 [D]. 武汉：华中科技大学，2006.

[30] 禹华军，潘俊民. 光伏电池输出特性与最大功率跟踪的仿真分析 [J]. 计算机仿真. 2005，22 (6)：248～252.

[31] Evagelia V. Paraskevadaki, Stavros A. Papathanassiou. Evaluation of MPP Voltage and Power of mc-Si PV Modules in Partial Shading Conditions. IEEE TRANSACTIONS ON ENERGY CONVERSION，2011，26，3：923～932.

[32] Pasquinelli M., Barakel D.. Serial resistance effect on p-type and n-type silicon concentrated solar cells [C]. Clean Electrical Power，2011：161～163.

[33] Hacke P., Gee J., Kumar P.. Optimized emitter wrap-through cells for monolithic module assembly [C]. 2009 34th IEEE Photovoltaic Specialists Conference，2009：2102～2106.

[34] 孙向东，张琦，任碧莹，等. 用于光伏并网发电系统的电路拓扑结构性能评价 [J]. 变频器世界，2011，4：45～47.

[35] 余运江，李武华，邓焰，等. 光伏并网逆变器拓扑结构分析与性能比较 [J]. 苏州市职业大学学报，2010，21 (1)：13～18.

[36] 沈辉，曾祖勤. 太阳能光伏发电技术 [M]. 北京：化学工业出版社，2005.

[37] Soeren Baekhoej Kjaer, John K. A Review of Single-Phase Grid-Connected Inverters for Photovoltaic Modules [J]. IEEE Trans. on Industry Applications，2005，41 (5)：1292～1306.

[38] 陈维，沈辉，邓幼俊，等. 光伏发电系统中逆变器技术应用及展望 [J]. 电力电子技术，2006 (4)：130～133.

[39] 关守平，郝立颖. 太阳能光伏系统中的低压电网拓扑结构优化 [J]. 东北大学学报（自然科学版），2009，30 (12)：1698～1701.

[40] 刘邦银，梁超辉，段善旭. 直流模式式建筑集成光伏系统的拓扑研究 [J]. 中国电机工程学报，2008，28 (20)：99～104.

[41] 肖鹏，陈国呈，吴春华，等. 一种新型光伏独立发电系统拓扑及控制策略 [J]. 上海大学学报（自然科学版），2008，14 (6)：633～636.

[42] 舒杰，傅诚，陈德明，等. 高频并网光伏逆变器的主电路拓扑技术 [J]. 电力电子技术，2008，42 (7)：79～82.

[43] JAIN S, AGARWAL V. A single-stage grid connected inverter topology for solar PV systems with maximum power point tracking [J]. IEEE Trans. power electronics，2007，22 (5)：1928～1940.

[44] GONZALEZ R, LOPEZ J, SANCHIS P, et al. Transformerless inverter for single-phase photovoltaic systems [J]. IEEE Trans. Power Electronics，2007，22 (2)：693～697.

[45] LOPEZ O, TEODORESCU R, DOVAL-GANDOY J. Multilevel transformerless topologies for single-phase grid-connected converters [C]. IECON，2006：6～10.

[46] 蒋永和. 光伏并网电压型逆变器 [D]，合肥工业大学，2007.

[47] 周东. 三相光伏并网电流型 PWM 逆变器的研究 [D]. 浙江大学，2010.

[48] R. Teodorescu, F. Blaabjerg, U. Borup, et al. A new control structure for grid-connected LCL PV inverters with zero steady-state error and selective harmonic compensation [C]. Applied Power Electronics Conference and Exposition，2004，1：580～581.

608

［49］ Guoqiao Shen，Dehong Xu，Luping Cao，et al. An Improved Control Strategy for Grid-Connected Voltage Source Inverters With an LCL Filter［J］. IEEE TRANSACTIONS ON POWER ELECTRONICS，2008，23（4）：1899～1906.

［50］ Qiang Zhang，Lei Qian，Chongwei Zhang，et al. Study on grid connected inverter used in high power wind generation system［C］. Forty-first IAS Annual meeting Conference Record of the 2006 IEEE，2006，2：1053～1058.

［51］ Taesik Yu，Sewan Choi，Hyosung Kim. Indirect Current Control Algorithm for Utility Interactive Inverters for Seamless Transfer［C］. Power Electronics Specialists Conference，2006：1～6.

［52］ 白志红，张仲超. 单相电流型多电平逆变器组合拓扑及其 SPWM 调制策略研究［J］. 电工技术学报，2007，12（11）：80～84.

［53］ 张喜军，焦翠坪，任晓鹏等. 预测电流无差拍控制的并网型三相光伏逆变器［J］，电力电子技术，2009，43（10）：71～73.

［54］ 潘雷，苏刚. 一种新型光伏电源最大功率点跟踪控制方法［J］，煤炭学报，2008. 8，33（8）：956～960.

［55］ Pan Lei，Gong Wei，Wang Yinghong. Maximum Power Point Tricking Control of Solar Photovoltaic Power Generation System Based on Model Reference Adaptive［C］，2009 SUPERGEN，2009. 4（8）：1～5.

［56］ 赵庚申，王庆章，许盛之. 最大功率点跟踪原理及实现方法的研究［J］. 太阳能学报，2006，27（10）：997～1001.

［57］ 叶满园，官二勇，宋平岗. 以电导增量法实现 MPPT 的单级光伏并网逆变器［J］. 电力电子技术，2006，40（2）：30～32.

［58］ 罗昉，徐鹏威，康勇，等. 一种光伏系统变步长 MPPT 策略研究［J］. 通信电源技术，2007，24（2）：1～5.

［59］ Xiang-Dong Sun，Matsui M.，Yanagimura K.. Novel single-voltage-sensor-based maximum power point tracking method［J］. Power Electronics，2007：847～850.

［60］ 郑诗程. 光伏发电系统及其控制的研究［D］. 合肥：合肥工业大学. 2005.

［61］ 陈维. 户用光伏建筑一体化发电系统及太阳能半导体照明技术研究［D］. 合肥：中国科学技术大学. 2006.

［62］ 欧阳名三. 独立光伏系统中蓄电池管理的研究［D］. 合肥：合肥工业大学. 2004.

［63］ 吴理博. 光伏并网逆变系统综合控制策略研究及实现［D］. 北京：清华大学. 2006.

［64］ 田玮. 光伏建筑的性能优化及其与城市微气候的相互影响［D］. 天津：天津大学. 2006.

［65］ 余发平. LED 光伏照明系统优化设计［D］. 合肥：合肥工业大学. 2006.

［66］ 焦在强. 单级式并网型光伏发电系统用逆变器的研究［D］. 北京：中国科学院电工研究所. 2004.

［67］ 王超. 独立运行光伏发电系统控制器的研究与设计［D］. 杭州：浙江大学. 2004.

［68］ 孔娟. 太阳能光伏发电系统的研究［D］. 青岛：青岛大学. 2006.

［69］ 张化德. 太阳能光伏发电系统的研究［D］. 济南：山东大学. 2007.

［70］ 张铁良. 有源电力滤波器与光伏发电的统一控制研究［D］. 合肥：合肥工业大学. 2007.

［71］ 林珊. 太阳能发电系统研究［D］. 广州：广东工业大学. 1999.

［72］ 韩环. 太阳能电池阵列模拟器的研究与设计［D］. 合肥：合肥工业大学. 2006.

［73］ 杨化鹏. 基于单片机的 IGBT 光伏充电控制器的研究［D］. 西安：西安理工大学. 2006.

［74］ 吴忠军. 基于 DSP 的太阳能独立光伏发电系统的研究与设计［D］. 镇江：江苏大学. 2007.

［75］ LoPez G.，Batlles F. J.，Tovar PescadorJ.. Selection of input Parameters to model direct solar irradiance by using artificial neural networks［J］. Energy，2005，30（9）：1675～1684.

［76］ Elminir H. K.，Azzam Y. A.，Younes F. I. Prediction of hourly and daily diffuse fraction using neural network as compared to linear regression models［J］. Energy，2007. 32（8）：1513～1523.

［77］ Cao S.，Cao J. Forecast of solar irradiance using recurrent neural network combined with wavelet analysis［J］. Applied Thermal Engineering，2005，25（2）：161～172.

［78］ ChangG. W.，ChenC.，Teng Y.. Radial-Basis-Function-Based neural network for harmonic detection［J］. IEEE Transactions on Industrial Electronics，2010，57（6）：2171～2179.

［79］ SinglaP.，SubbaraoK.，Junkins J. L.. Direction-dependent learning approach for radial basis function networks［J］. IEEE Transactions on Neural Networks，2007，18（1）：203～222.

[80] HocaogluF. 0., Gerek0. N., Kurba M. Hourly solar radiation forecasting using Optional coefficient 2-D linear filters and feed-forward neural networks [J]. Solar Energy, 2008, 82 (8): 714~726.

[81] MellitA., BenghanemM., Kalogirou S. A. An adaptive wavelet network model for forecasting daily total solar radiation [J]. Applied Energy, 2006, 83 (7): 705~722.

[82] 郭力, 王成山. 含多种分布式电源的微网动态仿真 [J]. 电力系统自动化, 2009, 33 (2): 82~86.

[83] 郭力, 王成山, 王守相等. 微型燃气轮机微网技术方案 [J]. 电力系统自动化, 2009, 33 (9): 81~85.

[84] 陈伟, 石晶, 任丽等. 微网中的多元复合储能技术 [J]. 电力系统自动化, 2010, 34 (1): 112~115.

[85] Yona A., Senjyu T., Funabashi T.. Application of recurrent neural network to Short-Term-Ahead generating Power forecasting for Photovoltaic system [C]. IEEE Power Engineering Society General Meeting, 2007: 1~6.

[86] Mellit A., PavanA. M.. A 24-h forecast of solar irradiance using artificial neural network: Application for Performance Prediction of a grid-connected PV plant at Trieste, Italy [J]. Solar Energy, 2010, 84 (8): 807~82.

[87] 王成山, 肖朝霞, 王守相等. 微电网综合控制与分析 [J]. 电力系统自动化, 2008, 32 (7): 98~103.

[88] 王成山, 杨占刚, 王守相等. 微网实验系统结构特征及控制模式分析 [J]. 电力系统自动化, 2010, 34 (1): 99~106.

[89] 橄奥洋, 邓星, 文明浩, 等. 高渗透率下大电网应对微网接入的策略 [J]. 电力系统自动化, 2010, 34 (1): 78~83.

[90] 茹美琴, 丁明, 张榴晨, 等. 多能源发电微网实验平台及其能量管理信息集成 [J]. 电力系统自动化, 2009, 34 (10): 106~111.

[91] Hung G K, Chang C C, Chen C L. Automatic phase-shift method for islanding detection of grid-connected photovoltaic inverters [J]. IEEE Transactions on Energy Conversion, 2003, 18 (1): 169~173.

[92] 李元诚, 方廷健, 于尔鉴. 短期负荷预测的支持向量机方法研究 [J]. 中国电机工程学报, 2003, 23 (6): 55~59.

[93] 卢静, 翟海青, 刘纯等. 光伏发电功率预测统计方法研究 [J]. 华东电力, 2010, 38 (4): 563~567.

[94] 禹华军, 潘俊民. 无功补偿技术在光伏并网发电系统孤岛检测中的应用 [J]. 电工电能新技术, 2005, 24 (3): 22~26.

[95] Smith G A, Onions P A, Infield D G. Predicting islanding operation of grid connected PV inverters [J]. Electric Power Applications, IEEE Proceedings, 2000, 147 (1): 1~6.

[96] 郭小强, 赵清林, 邬伟扬. 光伏并网发电系统孤岛检测技术 [J]. 电工技术学报, 2007, 22 (4): 157~162.

[97] 郑诗程, 丁明, 苏建徽, 等. 光伏发电系统及其孤岛效应的仿真与实验研究 [J]. 系统仿真学报, 2007, 17 (12): 3085~3088.

[98] 张纯江, 郭忠南, 孟慧英, 等. 主动电流扰动法在并网发电系统孤岛检测中的应用 [J]. 电工技术学报, 2007, 22 (7): 176~180.

[99] 王志峰, 段善旭, 刘芙蓉. 光伏并网系统反孤岛控制策略仿真分析 [J]. 通信电源技术, 2007, 24 (2): 29~31.

[100] 易新, 陆于平. 分布式发电条件下的配电网孤岛划分算法 [J]. 电网技术, 2006, 30 (7): 50~54.

[101] 欣平, 马广, 杨晓红. 太阳能发电变频器驱动系统的最大功率追踪控制法 [J]. 中国电机工程学报, 2005, 25 (8): 95~99.

[102] 吴理博, 赵争鸣, 刘建政, 等. 单级式光伏并网逆变系统中的最大功率点跟踪算法稳定性研究 [J]. 中国电机工程学报, 2006, 26 (6): 73~77.

[103] 杨以涵, 张东英, 马骞, 等. 大电网安全防御体系的基础研究 [J]. 电网技术, 2004, 28 (9): 23~27.

[104] Kobayashi H, Takigawa K, Hashimoto E, et al. Method for preventing islanding phenomenon on utility grid with a number of small scale PV systems [C]. Proc. 22nd IEEE Photovoltaic Specialists Conf. Las Vegas, NV: IEEE, 1991: 695~700.

[105] Woyte A, Belmans R, Nijs J. Testing the islanding protection function of photovoltaic inverters [J]. IEEE Transactions on Energy Conversion, 2003, 18 (1): 157~162.

[106] 居发礼. 积灰对光伏发电工程的影响研究 [D]. 重庆: 重庆大学, 2010: 1~100.

[107] M. C. Alonso-Garcia, J. M. Ruiz. Experimental study of mismatch and shading effects in the I-Vcharacteris-

610

tic of a photocoltaic module ［J］. Solar Energy Materials & Solar cells，2006（90）：329～340.

［108］ E. Skoplaki，A. G. Boudouvis，J. A. Palyvos. A simple correlation for operating temperature ofphotovoltaic modules of arbitrary mounting ［J］. Solar Energy Materials & Solar cells，2008（92）：1393～1402.

［109］ E. Skoplaki，J. A. Palyvos. Operating temperature of photovoltaic modules：A survey of pertinent correlation ［J］. Renewable Energy，2009（34）：23～29.

［110］ 美开发出自动除尘太阳能电池板 ［J］. 发明与创新（综合科技），2010（10）：33.

［111］ CNBeta，编译. 具备表面自清洁功能：科学家发现新的纳米涂层制造技术 ［EB/OL］（2009～12～07）［2013～01～12］. http：//www. cnbeta. com/articles/99420. htm.